普通高等教育“十三五”规划教材

燃烧学理论与应用

主　编　李先春

副主编　马光宇

参　编　刘常鹏　庞克亮　方志刚　林　科

北　京

冶金工业出版社

2023

内 容 提 要

本书主要内容包括燃烧及燃烧计算、化学热力学和动力学、燃烧流体力学、气体燃料燃烧理论及设备、液体燃料燃烧理论及设备、煤的燃烧理论及设备、新型燃烧技术概述等；以基本概念为主，深入浅出地介绍了燃烧理论基础、研究进展和近年来应用上的新成就，注重理论与实用相结合，突出应用性。

本书为能源与动力工程专业教材，也可供相关专业的工程技术人员参考。

图书在版编目(CIP)数据

燃烧学理论与应用/李先春主编. —北京：冶金工业出版社，2019.3 (2023.1 重印)

普通高等教育"十三五"规划教材

ISBN 978-7-5024-8052-3

Ⅰ.①燃… Ⅱ.①李… Ⅲ.①燃烧学—高等学校—教材 Ⅳ.①O643.2

中国版本图书馆 CIP 数据核字(2019)第 042435 号

燃烧学理论与应用

出版发行 冶金工业出版社 **电　话** (010)64027926
地　　址 北京市东城区嵩祝院北巷 39 号 **邮　编** 100009
网　　址 www.mip1953.com **电子信箱** service@mip1953.com

责任编辑 郭冬艳 宋 良 美术编辑 吕欣童 版式设计 孙跃红
责任校对 郑 娟 责任印制 禹 蕊
北京建宏印刷有限公司印刷
2019 年 3 月第 1 版，2023 年 1 月第 3 次印刷
787mm×1092mm 1/16；28 印张；677 千字；436 页
定价 68.00 元

投稿电话 (010)64027932 投稿信箱 tougao@cnmip.com.cn
营销中心电话 (010)64044283
冶金工业出版社天猫旗舰店 yjgycbs.tmall.com
(本书如有印装质量问题，本社营销中心负责退换)

前　言

燃烧学是一门复杂的交叉学科，燃烧科学的研究分为燃烧理论的研究和燃烧技术的应用研究。燃烧理论的研究对象为燃烧涉及的基本过程，主要包括燃烧反应的动力学机理，燃料的着火、熄灭，火焰的传播、稳定、火焰、扩散，层流和湍流燃烧，以及催化燃烧等。燃烧技术的应用研究主要是运用理论研究成果解决工程中的实际问题，包括燃烧方法的改进，燃烧过程的组织，新的燃烧方法的建立，提高燃料利用率，拓宽燃烧利用范围，改善燃烧产物的组成，实现对燃烧过程的控制，控制燃烧过程污染物的形成与排放等。

本书内容紧紧围绕燃料及燃烧计算，化学热力学与化学动力学以及燃烧流体力学进行论述，分别介绍了气、液、固（煤）三种燃料的燃烧理论和设备。

本书共分 10 章。第 1、3、8、10 章由李先春编写，第 4、5 章由马光宇编写，第 2 章由方志刚编写，第 6、7 章由刘常鹏和庞克亮共同编写，第 9 章由林科、李先春共同编写。

感谢辽宁科技大学教材出版专项基金对本书出版的资助；感谢辽宁省先进煤焦化及煤资源高效利用工程研究中心、辽宁科技大学化工学院的各位领导和同事对本书编写工作给予的帮助。

鞍钢集团徐春柏处长对本书做了全面审阅校对，并提出了宝贵意见。

由于书中内容涉及面较广，在编写过程中参考了大量国内外公开发表的文献，在此对文献作者及其所在单位表示衷心的感谢！在编写过程中，作者的硕士研究生苏佳明、李伯阳、王焕然、李艳鹰、王晴、刘月珺、旺冠宇、肖恺明等做了文献收集、文字录入和图表绘制等工作，对他们付出的辛勤劳动表示感谢。

近年来，燃烧学理论与应用技术发展很快，其所涉及的科学和工程领域很广。由于编者水平所限，书中倘有不足之处，诚望读者批评指正。

李先春　马光宇

2019 年 1 月

目　录

0 绪 论

0.1 燃烧科学的发展简史

燃烧是物质剧烈氧化而发光、发热的现象，这种现象又称为“火”。恩格斯指出："摩擦生火第一次使人类支配了一种自然力，从而最终把人和动物分开。”火的使用是人类进步的标志之一。火使人类摆脱了茹毛饮血和黑暗寒冷。第一次工业革命在英国发生，其标志就是蒸汽机的产生，这是人类对“火”（燃烧）现象的长期认知和经验积累的结果。人类的物质文明史与燃烧技术的发展密不可分。火的历史也就是人类社会进步的历史。人类在征服和利用火的过程中，也开始了对火的认识过程。在古希腊的神话中，火是神的贡献，是普罗米修斯为了拯救人类的灭亡从天上偷来的；在我国，燧人氏钻木取火的故事更为切合实际和动人。但这些离火的本质相距甚远。1702 年，德国物理学家施塔尔提出燃素论作为燃烧理论，可以说是让燃烧成为一门科学的最早的努力。按照燃素学说，一切物质之所以能够燃烧，都是由于其中含有被称为燃素的物质。该理论后来被证明是完全错误的。但他注意观察和理论总结的研究方法，却为后代科学家提供了一个范例。也正是这种精神，使后来正确的燃烧学说得到很快的发展。燃素论认为，是燃素逸至空气中引起了燃烧现象，逸出的程度愈强，就愈容易产生高热、强光和火焰；物质易燃和不易燃的区别，就在于其中含有燃素量的多少。这一学说对于许多燃烧现象给予了说明，但一些本质问题尚不清楚。例如：燃素的本质是什么，为什么物质燃烧后重量反而增加，为什么燃烧会使空气体积减少？1772 年 11 月 1 日，法国科学家拉瓦锡关于燃烧的第一篇论文发表了，其要点是由燃烧而引起的质量增加。这种“质量的增加”是由于可燃物同空气中的一部分物质化合的结果。燃烧是一种化合现象。但拉瓦锡尚未完全弄清楚空气中的这一部分物质是什么。1774 年，英国化学家普利斯特列发现了氧。拉瓦锡很快在实验中证明，这种物质在空气中的比例为 1/5，并命名这一物质为“氧”。由此拉瓦锡正确的燃烧学说得到确立，并因此引起了化学界的一大革新。但是，这仅仅是揭开燃烧的本质的开始。19 世纪，由于热力学和热化学的发展，燃烧过程开始被作为热力学平衡体系来研究，并由此阐明了燃烧过程中一些最重要的平衡热力学特性，如燃烧反应的热效应，燃烧产物平衡组成，绝热燃烧温度、着火温度等。热力学成为当时认识燃烧现象重要而唯一的基础。直到 20 世纪 30 年代，美国化学家刘易斯（B. Lewis）和俄国化学家谢苗诺夫（Semenov）等人将化学动力学的机理引入燃烧的研究，并确认燃烧的化学反应动力学是影响燃烧速率的重要因素，发现燃烧反应具有链锁反应的特点，这才初步奠定了燃烧理论的基础。之后，随着 20 世纪初各学科的迅猛发展，在 30 年代到 50 年代，人们开始认识到影响和控制燃烧过程的因素不仅仅是化学反应动力学因素，还有气体流动、传热、传质等物理因素，燃烧则是这些因素综合作用的结果，从而建立了着火、火焰传播、湍流燃烧的规律。20 世纪

50年代到60年代，美国力学家冯·卡门（Von. Karman）和我国力学家钱学森首先倡议用连续介质力学来研究燃烧基本过程，并逐渐建立了“反应流体力学”理论，学者们开始以此为基础对一系列的燃烧现象进行了广泛的研究。计算机的出现，使燃烧理论与数值方法相结合，展现出巨大的威力。斯波尔丁（D. B. Spalding）在20世纪60年代后期，首先得到了层流边界层燃烧过程控制微分方程的数值解，并成功地接受了实验的检验；但在进一步研究中，他遇到了湍流问题的困扰。斯波尔丁和哈洛在继承和发展了普朗特、雷诺和周培源等人工作的基础上，将“湍流模型方法”引入了燃烧学的研究，提出了一系列的湍流输运模型和湍流燃烧模型，并成功地对一大批描述基本燃烧现象和实际的燃烧过程进行了数值求解。到20世纪80年代，英、美、俄、日、德、中、法等国相继开展了类似的研究工作，形成了“计算燃烧学”，用它能够很好地定量预测燃烧过程，使燃烧理论及其应用达到了一个新的高度。同时，燃烧过程测试手段的进步，先进的激光技术、现代质谱、色谱等光学、化学分析仪器，改进了燃烧实验的方法，提高了测试精度，使人们可以更深入、全面、精确地研究燃烧过程的各种机理，使燃烧学理论在深度和广度上都有了飞速的发展。

0.2 燃烧科学的应用

燃烧学是一门内容丰富、发展迅速，既古老又年轻且实用性很强的交叉学科。现代社会的动力来源，主要来自于矿物燃料的燃烧，其应用遍及各个领域，如火力发电厂的锅炉、冶金企业的加热炉、各种交通工具的发动机等，都是以固体、液体和气体燃料的燃烧产生的热能为动力的。燃烧科学的应用极其广泛，在冶金、化工、玻璃、化肥、水泥、陶瓷、石油化工等生产过程中，都是以燃料的燃烧来提供热源的。火给人类带来了伤痛，燃烧在给人类带来文明的同时，也给人类带来了威胁。燃烧过程失控就会带来灾害。例如，危险品仓库发生火灾并引起爆炸，煤矿瓦斯爆炸和锅炉爆炸。燃烧造成的污染主要包括烟尘污染、硫氧化物、氮氧化物、二氧化碳、重金属污染、一氧化碳、酸雨、温室效应、二噁英。

0.3 学习燃烧学的目的

任何事物都是一分为二的，人们应利用燃烧过程为人类造福，避免燃烧过程给人类带来危害。燃烧学的核心问题是燃烧过程的可控制性。学习燃烧学的目的是掌握燃烧过程基本概念和基本原理，学会应用基本概念和原理分析判断燃烧过程，逐步学会控制、利用燃烧过程。

0.4 燃烧科学的研究方法

燃烧科学的研究包括两大方面：一是燃烧理论方面的研究，主要以燃烧涉及的基本过程为对象，如燃烧反应的动力学机理，燃料的着火、熄灭，火焰传播，火焰稳定，预混火焰，扩散火焰，层流和湍流燃烧，催化燃烧，液滴燃烧，碳粒燃烧，煤的热解和燃烧，燃烧产物的形成机理等；二是燃烧技术的研究，主要是应用上述理论研究的结果解决工程技术中的各种实际问题，包括燃烧方法的改进、燃烧过程的组织、新的燃烧方法的建立、提高燃料利用率、拓宽燃烧利用范围、改善燃烧产物的组成、实现对燃烧过程的控制、控制燃烧过程污染物的形成与排放等。由于上述内容的复杂性，使燃烧科学的研究方法具有多样性。总的来说燃烧科学发展的最重要的形式是理论的更替，而理论的更替正是科学实践的结果，也就是研究方法的更替，从燃烧学的发展简史可以看出，仅靠实验并不能确定理论的正确与否，如燃素说的基础也是实验，但得到的却是错误的理论，燃烧理论的建立是实验研究和理论总结的结合。由于燃烧过程的复杂性，到目前为止，燃烧科学的研究仍然以实验研究为主，但理论和数学模型的方法正显得越来越重要。

1 燃料及燃烧计算

锅炉、内燃机、燃气轮机和工业加热炉等燃烧设备上所用的燃料有固体燃料（以煤为主)、液体燃料和气体燃料三大类。本章主要分为2个部分，1.1~1.3节在简要介绍燃料分类的基础上，重点介绍燃料的组成、各种组成成分的性质、燃料成分的基准及其换算方式，以煤为例介绍燃料元素分析、工业分析、发热量、煤灰熔融性及焦炭特性等概念，对其他燃料也做简要介绍。在燃烧设备的设计过程中，热力计算是非常重要的内容，1.4~1.6节主要介绍燃料的燃烧计算方法、燃烧所需空气量、燃烧产物及计算、理论燃烧温度和烟气焓的确定。

1.1 燃料的分类及其组成

1.1.1 燃料的分类

燃料是指可以用来获取大量热能的物质，燃料是锅炉等燃烧设备的“粮食”。

燃料按物态可分为固体燃料、液体燃料和气体燃料；按获得的方法可分为天然燃料和人工燃料。人工燃料是经过一定处理后所获得的燃料。燃料的分类见表1.1。

表1.1 燃料分类

类　别	天 然 燃 料	人　工　燃　料
固体燃料	木柴、泥煤、烟煤、石煤、油页岩	木炭、焦炭、泥煤砖、煤矸石、甘蔗渣、可燃垃圾等
液体燃料	石油	汽油、煤油、柴油、沥青、焦油
气体燃料	天然气	高炉煤气、发生煤炉气、焦炉煤气、液化石油气

燃料按用途可分为工艺燃料和动力燃料。工艺燃料是指特殊工艺生产过程所需的燃料，大都是优质燃料；动力燃料是指除了其燃烧放热可供利用外，在其他方面没有更大经济价值的燃料，主要是劣质燃料。锅炉一般燃用劣质燃料，这些劣质燃料燃烧比较困难，而且会给锅炉工作带来许多不利影响。虽然我国燃料资源比较丰富，但为了满足国民经济建设各方面的要求，应做到能源的合理使用，所以我国的燃料政策规定电站锅炉以燃煤为主，并且在保证综合效益的条件下主要燃用劣质煤。

煤、石油、天然气、油页岩等也被称为化石燃料（即矿物燃料)。这类燃料是地壳内动植物遗体经过漫长的地质年代，经历长期的化学、物理变化形成的。远古时代的植物通过光合作用收集、转化了太阳能，并转存于动植物的有机体中，成为化石燃料的原料。从数百万年前照到绿色植被的太阳能，转变为今天埋在地下的化石燃料的化学能，不仅需要漫长的岁月，而且转换的效率极低。因此，目前地球上储存的化石燃料是非常宝贵的。

燃料特性是锅炉等燃烧设备设计、运行的基础。对于不同的燃料，要相应采用不同的燃烧设备和运行方式。对于燃烧设备的设计及运行人员，必须了解设备所使用燃料的性能特点，才能保证其运行的安全性和经济性。

1.1.2 燃料的组成

固体燃料的成分有碳(C)、氢(H)、氧(O)、氮(N)、硫(S)、水分(M)、灰分(A)。其中C、H、S为可燃元素。

液体燃料的成分也是碳、氢、氧、氮、硫、水分和灰分，但碳和氢含量较高。

气体燃料有天然气和人造气两类。天然气分气田气和油田伴生气两种。气田气主要成分是甲烷；油田气除含甲烷外，还有丙烷、丁烷等烷烃类，CO_2 含量也比气田气高。

1.1.2.1 固体燃料和液体燃料

A 碳和氢

碳是燃料中基本可燃元素，煤中碳含量（质量分数）一般占燃料成分的20%~70%，油类燃料中碳的含量达83%~88%。氢是燃料中热值最高的元素，煤中含量（质量分数）一般占燃料成分的3%~5%，油类燃料中氢的含量达11%~14%。碳和氢两种元素结合成各种碳氢化合物，也称为烃，按其化学结构不同一般分为烷烃、环烷烃和芳香烃三类。

1kg碳完全燃烧生成二氧化碳时可放出32783kJ的热量；在缺氧或燃烧温度较低时会形成不完全燃烧产物一氧化碳，仅放出9270kJ的热量。烃类物质受热可分解成为氢气或各种碳氢化合物气体挥发出来。氢是一种着火容易、燃烧性能好的气体，1kg氢完全燃烧时可放出120370kJ的热量，约是碳燃烧放热量的3.67倍。燃料中的碳和氢的含量的比例称为碳氢比，用符号 k_{CH} 表示，$k_{CH}=C/H$。碳氢比可以用来衡量燃料及燃烧的性能。碳氢比小的燃料热值较高，燃烧过程中着火容易、燃烧完全，形成的不完全燃烧产物（如炭黑、一氧化碳）较少。

B 氧和氮

氧是燃料中反应能力最强的元素，燃烧时能与氢化合成水，降低了燃料的热值；氮是燃料中的惰性和有害元素，燃烧时，燃料中氮易转化成为氮氧化合物 NO_x（NO及 NO_2），排放后对环境造成污染。氧和氮都是煤在形成期间便存在的，他们都不是可燃物质，不能燃烧放热。氧虽能助燃，但其在煤中含量与大气中的氧含量相比是很少的。氮的质量分数约为0.1%~2.5%，氧的质量分数一般小于2%。但泥煤的氧含量可高达40%。氧随煤的碳化程度加深而减少。氧在煤中主要以羧基、羟基、甲氧基、羰基和醚基形态存在，也有些氧与碳骨架结合成杂环。燃料中的氮绝大部分为有机氮。

C 硫

硫也是有害成分。尽管硫也是一种可燃物质，但其热值很低，1kg硫燃烧后仅放出9040kJ的热量，燃烧生成 SO_2 和少量 SO_3，排出后会造成严重污染，是形成酸雨的主要物质。若与烟气中的水蒸气反应生成硫酸或亚硫酸，在锅炉低温受热而凝结后产生强烈的腐蚀作用。硫在煤中以三种形式存在：(1) 有机硫，与碳、氢等结合成复杂化合物；(2) 黄铁矿硫，如 FeS_2 等；(3) 硫酸盐硫，如 $CaSO_4$、$NaSO_4$ 等。其中有机硫和黄铁硫矿参加燃烧；硫酸盐硫进入灰分，我国煤的硫酸盐硫含量极少。我国动力用煤的含硫量大部分为1%~1.5%，一些煤中含硫3%~5%，个别的高达8%~10%。含硫量高于2%的煤称为高硫煤，直接燃烧可生成大量的SO_2，若不处理危害严重。

硫在石油中以硫酸、亚硫酸或硫化氢、硫化铁等化合物的形式存在。燃料油在运输过程中对金属管道也有很强的腐蚀性，硫是评价油质的重要指标。按照硫在燃烧中的含量多少可分为：高硫油，质量分数大于2%；含硫油，质量分数大于0.5%~2%；低硫油，质量分数小于0.5%。也有的将含量大于1%的油即视为高硫油。我国低硫石油有大庆、大港、克拉玛依等地的产品，胜利油田原油属含硫油，而高硫油主要集中在中东产油区。石油在加热蒸馏提取各种燃料油的过程中，80%的硫残存在重馏分（润滑油、渣油）中。

D 灰分

煤的灰分是燃烧后剩余的固体残余物。灰分降低了煤的品质；给燃烧造成困难；可能使锅炉积灰、结渣，并磨损金属受热面。我国煤的灰分随煤种变化很大，少则4%~5%，多则60%~70%。煤中灰分的组成见表1.2。

表1.2 煤中灰分的组成

成分	含量/%	成分	含量/%
SiO_2	20~60	Fe_2O_3	5~35
Al_2O_3	10~35	CaO	1~20
MgO	0.3~0.4	Na_2O 和 K_2O	1~4
TiO_2	0.5~2.5	SO_3	0.1~1.2

石油中的灰分是矿物质杂质在燃烧过程中经过高温分解和氧化作用后形成的固体残存物（V_2O_5、Na_2SO_4、$MgSO_4$、$CaSO_4$等），会在锅炉的各种受热面上形成积灰并引起金属的腐蚀。石油灰分的含量极少，质量分数小于0.05%，但化学成分十分复杂，含有30多种微量元素，如铁、镁、镍、铝、铜、钙、纳、硼、硅、氯、磷、砷等。由于石油中灰分具有较强的黏结性，导致燃油锅炉受热面上的积灰不易清除，含量很少的灰分会对长期运行的锅炉产生很大的影响。

除了灰分外，石油及其产品在开采、输运、储存过程中还会混入一些不溶物质，称为机械杂质，在燃料油中其含量（质量分数）约为0.1%~0.2%。这些以悬浮或沉淀状态存在的杂质有可能堵塞或磨损油喷嘴和管道设备，使锅炉的正常运行受到影响。

E 水分

水分也是燃料中的不可燃成分。不同燃料的水分含量变化很大。液体燃料约含有1%~4%，褐煤可达40%~60%。水分增加，影响燃料的着火和燃烧速度，增大烟气量，增加排烟热损失，加剧尾部受热面的腐蚀和堵灰。

通常石油与水共存于油田中，原油中含有很高的水分。燃料油中的高水分会使燃料的热值降低，导致燃烧过程中出现火焰脉动等不稳定工况或熄火，增大排烟热损失，一般是有害成分。但若有少量水分呈乳状液并与油均匀混合，雾化后油滴中的水分会先受热蒸发膨胀，产生所谓的“微爆”效应，使油滴形成二次破碎雾化，可改善燃烧条件，提高燃烧火焰温度，降低不完全燃烧热损失。石油运输前要经过脱水处理，燃料油中的水分含量（质量分数）应低于2%。

1.1.2.2 气体燃料

各种气体燃料均由一些单一气体混合组成，也包括可燃物质与不可燃物质两部分。主要的可燃气体成分有甲烷（CH_4）、乙烷（C_2H_6）、氢气（H_2）、一氧化碳（CO）、乙烯（C_2H_4），硫化氢（H_2S）等，不可燃气体成分有二氧化碳（CO_2）、氮气（N_2）和少量的氧气（O_2）。其中可燃单一气体的主要性质如下：

（1）甲烷。无色气体，微有葱臭，难溶于水，0℃时水中的溶解度为0.0556%，低位热值为35906kJ/m^3。甲烷与空气混合后可引起强烈爆炸，其爆炸极限范围为5%~15%，最低着火温度为540℃。当空气中甲烷浓度高达25%~30%时，才具有毒性。

（2）乙烷。无色无臭气体，0℃时水中的溶解度为0.0987%，低位热值为64396kJ/m^3，最低着火温度为515℃，爆炸极限范围为2.9%~13%。

（3）氢气。无色无臭气体，0℃时水中的溶解度为0.0215%，低位热值为10794kJ/m^3 最低着火温度为400℃，极易爆炸，在空气中的爆炸极限范围为4%~75.9%。燃烧时具有较高的火焰传播速度，约为260m/s。

（4）一氧化碳。无色无臭气体。难溶于水，0℃时水中的溶解度为0.0354%，低位热值为12644kJ/m^3。一氧化碳的最低着火温度为605℃，若含有少量的水蒸气，可降低着火温度，在空气中的爆炸极限范围为12.5%~74.2%。一氧化碳是一种毒性很大的气体，空气中含有0.06%即有害于人体，含0.2%时可使人失去知觉，含0.4%时致人死亡。空气中允许的一氧化碳浓度为0.02g/m^3。

（5）乙烯。无色气体，具有窒息性的乙醚气味，有麻醉作用，0°C时水中的溶解度为0.266%，低位热值为59482kJ/m^3，相对较高。乙烯最低着火温度为425℃，在空气中的爆炸极限范围为2.7%~3.4%，浓度达到0.1%时对人体有害。

（6）硫化氢。无色气体，具有浓厚的腐蛋气味，易溶于水，0℃时水中的溶解度为4.7%，低位热值为23383kJ/m^3。硫化氢易着火，最低着火温度为270℃，在空气中的爆炸极限范围为4.3%~45.5%。毒性大，空气中含有0.04%时有害于人体，0.10%可致人死亡，大气中允许的硫化氢浓度为0.01g/m^3。

1.1.3 燃料成分的基准及其换算

由前述可知，固体燃料和液体燃料由碳、氢、氧、氮、硫五种元素及水分、灰分等组成，这些成分以质量百分数含量计算，其总和为100%。

燃料中水分和灰分的含量最易受外界条件的影响而发生变化，水分或灰分的含量变化了，其他元素成分的含量也会随之而变化。例如，水分含量增加时，其他成分的百分含量便相对减小；反之，水分含量减少时，其他成分的百分含量便相对增加。所以不能仅用各成分的质量百分数来表示燃料的成分组成特性。有时为了使用或研究工作的需要，在计算燃料的各成分含量时，可不将某种成分（例如水分或灰分）计算在内。这样按不同的"成分组合"计算出来的各成分百分数就会有较大的差别。这种根据燃料存在的条件或根据需要规定的"成分组合"称为基准。所用的基准不同，同一种煤的同一成分的百分含量结果就不一样。

常用的基准有以下4种：

（1）收到基（as-received basis）。以收到状态的燃料为基准计算燃料中全部成分的组合称为收到基。例如，对进厂原煤或炉前煤都应按收到基计算各项成分。收到基以下角标ar表示。

$$C_{ar}+H_{ar}+O_{ar}+N_{ar}+S_{ar}+A_{ar}+M_{ar}=100\% \quad (1.1)$$

（2）空气干燥基（air-dried basis）。以与空气湿度达到平衡状态的燃料为基准，即供分析化验的煤样在实验室一定温度条件下，自然干燥失去外在水分，其余的成分组合便是空气干燥基。空气干燥基以下角标 ad 表示。

$$C_{ad}+H_{ad}+O_{ad}+N_{ad}+S_{ad}+A_{ad}+M_{ad}=100\% \quad (1.2)$$

（3）干燥基（dry basis）。以假想无水状态的燃料为基准，以下角标 d 表示。干燥基中因无水分，故灰分不受水分变动的影响，灰分含量百分数相对比较稳定。

$$C_{d}+H_{d}+O_{d}+N_{d}+S_{d}+A_{d}=100\% \quad (1.3)$$

（4）干燥无灰基（dry and ash-free basis）。以假想无水、无灰状态的煤为基准，以下角标 daf 表示。

$$C_{daf}+H_{daf}+O_{daf}+N_{daf}+S_{daf}=100\% \quad (1.4)$$

干燥无灰基因无水、无灰，故剩下的成分便不受水分、灰分变动的影响，是表示碳、氢、氧、氮、硫成分百分数最稳定的基准，可作为燃料分类的依据。

对于煤来说，由于煤质分析使用的煤样是空气干燥基煤样，分析结果的计算是以空气干燥基为基准得出的，但在锅炉设计、计算时，是按实际进入锅炉的炉前煤，即收到基进行计算的，所以一方面要测定炉前煤的收到基水分，另一方面还要对煤的各种成分进行基准换算。基准换算的基本原理是物质不灭定律，即煤中任一成分的分析结果采用不同的基准表示时，可以有不同的相对数值，但该成分的绝对质量不会发生变化。

例 1-1 若已知干燥无灰基含碳量 C_{daf}，求收到基含碳量 C_{ar}。

解：以收到基煤样的质量为 100，则干燥无灰基的煤样质量为 $100-A_{ar}-M_{ar}$。

收到基煤样中碳的绝对质量为 $100\times\frac{C_{ar}}{100}$，干燥无灰基煤样中碳的绝对质量为 $(100-A_{ar}-M_{ar})\times\frac{C_{daf}}{100}$，根据质量守恒定律，则有

$$100\times\frac{C_{ar}}{100}=(100-A_{ar}-M_{ar})\times\frac{C_{daf}}{100}$$

于是

$$C_{daf}=\frac{C_{ar}}{100-A_{ar}-M_{ar}}\times 100$$

或

$$C_{ar}=C_{daf}\times\frac{100-A_{ar}-M_{ar}}{100}$$

干燥无灰基的其他成分都可用同样的方法换算得到相应的收到基成分，它们的换算系数也都是 $\frac{100-A_{ar}-M_{ar}}{100}$。类似地，可以获得其他基准之间的换算方法。

一般来说，各种基准之间的换算公式为

$$w=Kw_0 \quad (1.5)$$

式中，w_0 为按原基准计算的某一成分的质量分数；w 为按新基准计算的同一成分的质量分数；K 为换算系数，可由表 1.3 查出。

表 1.3 不同基准的换算系数 K

w_0 \ w	收到基	空气干燥基	干燥基	干燥无灰基
收到基	1	$\frac{100-M_{ad}}{100-M_{ar}}$	$\frac{100}{100-M_{ar}}$	$\frac{100}{100-A_{ar}-M_{ar}}$
空气干燥基	$\frac{100-M_{ar}}{100-M_{ad}}$	1	$\frac{100}{100-M_{ad}}$	$\frac{100}{100-A_{ad}-M_{ad}}$
干燥基	$\frac{100-M_{ar}}{100}$	$\frac{100-M_{ad}}{100}$	1	$\frac{100}{100-A_{d}}$
干燥无灰基	$\frac{100-M_{ar}-A_{ar}}{100}$	$\frac{100-A_{ad}-M_{ad}}{100}$	$\frac{100-A_{d}}{100}$	1

1.2 固体燃料

1.2.1 煤及其特性

1.2.1.1 煤的组成特性

煤是一种植物化石。古代丰茂的植物随地壳变动而被埋入地下，经过长期的细菌、生物、化学作用以及地热高温和岩层高压的成岩、变质作用，植物中的纤维素、木质素发生了脱水、脱 CO、脱甲烷等反应，逐渐成为煤。

煤既然由植物形成，组成植物的有机质元素碳、氢、氧和少量的氮、硫便是煤的主要元素；另外，在煤的形成、开采和运输过程中，加入的水分和矿物质（燃烧后成为灰分），也成为煤的组成成分。

煤的化学组成和结构十分复杂。但作为锅炉燃料使用，多数情况下我们只需了解它与燃烧有关的组成，如元素分析成分组成和工业分析成分组成，就能满足锅炉燃烧技术和有关热力计算等方面的要求。

A 煤的元素分析

通常所说的元素分析是指对煤中碳、氢、氧、氮和硫的测定。煤的元素分析结果用各种元素的质量分数表示。

煤的组成变化与煤的成因类型、煤的岩相组成和煤化度密切相关，各类煤的元素组成见表 1.4。煤的元素组成对研究煤的成因、类型、结构、性质和利用等都有十分重要的意义。

表 1.4 各类煤的元素组成（质量分数） （%）

煤的类别	C_{daf}	H_{daf}	O_{daf}	N_{daf}
褐煤	60~77	4.5~6.6	15~30	1.0~2.5
烟煤	73~93	4.0~6.8	2~15	0.7~2.2
无烟煤	89~98	0.8~4.0	1~3	0.3~1.5

采用元素分析仪进行煤的元素分析时，一般直接测定出C、H、N和S的含量，而氧含量一般用差减法来计算：

$$O_{ad} = 100 - (C_{ad} + H_{ad} + N_{ad} + S_{ad}) - M_{ad} - A_{ad} \tag{1.6}$$

计算所得的氧含量，包括了对碳、氢、氮和硫等所有测定的误差，是一个准确度不高的近似值。

在锅炉设计、热工试验和燃烧控制等方面都需掌握煤的元素分析成分组成。

B 煤的工业分析

在煤的着火、燃烧过程中，煤中各种成分的变化情况是：将煤加热到一定温度时，首先水分被蒸发出来；接着再加热，煤中的氢、氧、氮、硫及由部分碳组成的有机化合物开始分解，变成气体挥发出来，这些气体称为挥发分；挥发分析出后，剩下的是焦炭，焦炭就是固定碳和灰分。

计算煤中水分(M)、灰分(A)、挥发分(V)和固定碳(FC)等四种成分的质量百分数，称为煤的工业分析。煤的工业分析一般还应包括全硫和发热量。M、A和V可通过测定得到，FC可由差减法计算得到。利用工业分析结果可初步判断煤的性质，作为煤合理利用的初步依据。

工业分析成分也可用“收到基”、“空气干燥基”、“干燥基”或“干燥无灰基”来表示（图1.1）。元素分析与工业分析成分间的关系如下：

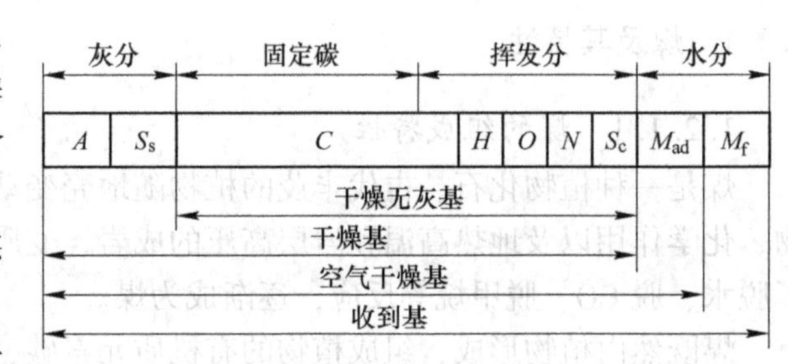

图1.1 煤的成分图解

(1) 水分。煤中水分的存在状态分为外在水分(M_f)、内在水分(M_{inf})和结晶水。外在水分和内在水分属于游离水，结晶水则为化合水。

外在水分是指附着于煤粒表面的水和存在于直径大于0.1μm的毛细孔中的水分。这种水分以机械的方式，如附着吸附方式，与煤相结合，在常温下容易失去。在实验室中为制取分析煤样（空气干燥煤样），一般将煤在45~50℃下放置数小时，使其与大气湿度相平衡以除去外在水分。含有外在水分的煤称为收到基煤（ar），失去外在水分的煤称为空气干燥基煤（ad）。外在水分多少与外界条件及煤的粒度有关，而与煤质无关。

内在水分是指吸附或凝聚在煤粒内部毛细孔（直径小于0.1μm）中的水分。由于这部分水以物理化学方式与煤相结合，故较难蒸发除去。一般规定，把空气干燥煤在105~110℃的条件下，干燥1.0~1.5h所失去的水分称为内在水分。失去内在水分的煤称为干燥煤。

煤样在温度为30℃，相对湿度为96%的大气气氛中达到平衡时，即煤颗粒中毛细孔所吸附的水分达到饱和状态时，内在水分达到最高值，称为最高内在水分（moisture with highest content or moisture holding capacity，MHC）。由于煤的孔隙率与煤化度有一定关系，因此，煤的最高内在水分也能在一定程度上反映煤化度。不同煤种的最高内在水分和内在水分含量见表1.5。由表1.5可见，中等变质程度的烟煤，即肥煤和焦煤的最高内在水分和空气干燥基水分（基本上为内在水分）最低，这与它们的孔隙率是一致的。

表 1.5 煤的最高内在水分和空气干燥基水分（质量分数） （%）

项目	泥炭	褐煤	长焰煤	不黏煤	弱黏煤	气煤	肥煤	焦煤	瘦煤	贫煤	无烟煤
MHC	30~50	15~30	5~20	5~20	3~10	1~6	0.5~4	0.5~4	1~3.0	1~3.5	1.5~10
M_{ad}①	30~50	10~28	3~12	3~15	0.5~5	1~6	0.3~2.0	0.3~1.5	0.4~1.8	0.5~2.5	0.7~9.5

①空气干燥基水分。

结晶水是指以化学方式与煤中矿物质结合的水，如存在于高岭土（$Al_2O_3 \cdot 2SiO_2 \cdot 2H_2O$）和石膏（$CaSO_4 \cdot 2H_2O$）中的水。结晶水需要在200℃以上才能从煤中分解析出。

煤的外在水分和内在水分的总和称为全水分（M_t）。工业分析一般只测定煤样的全水分和空气干燥煤样的水分。表1.3中的换算系数K并不适用于水分的换算。水分之间的换算公式为

$$M_t = M_f + M_{inf}\frac{100 - M_f}{M_f} \quad 或 \quad M_{ar} = M_f + M_{ad}\frac{100 - M_f}{100}$$

式中，M_t为燃料的全水分，即收到基水分M_{ar}；M_f为燃料的外在水分，以收到基为基准；M_{inf}为燃料的内在水分，即空干基水分M_{ad}。

（2）灰分。煤中灰分是指煤样中所有可燃物质在规定条件下（(815±10)℃）完全燃烧时其中的矿物质经过一系列分解、化合等复杂反应后剩余的残渣或称为固体残留物。煤中灰分全部来自煤中的矿物质，但它的组成或重量与煤中的矿物不完全相同，确切地说煤中灰分是矿物质的灰分产率。

煤中矿物质以氧化物的形态存在。煤中矿物质由原生矿物质、次生矿物质和外来矿物质三个部分构成。原生矿物质即原始成煤植物含有的矿物质，它参与成煤，很难除去，一般不超过1%~2%；次生矿物质为成煤过程中由外界（如沼泽中的泥沙）混入到煤层中的矿物质，这类矿物质在煤中的含量通常在10%以下，可用机械的方法部分脱除；外来矿物质为采煤时从煤层顶板、底板和夹石层掉入煤中的矿物质，它的含量随煤层结构的复杂程度和采煤方法而异，一般为5%~10%，高的可达20%以上，这类矿物质用重力洗选容易除去。原生矿物质和次生矿物质合称内在矿物质，来自内在矿物质的灰分称为内在灰分；外来矿物质所形成的灰分称为外在灰分。

（3）挥发分。煤样在规定条件下隔绝空气加热，煤中的有机质受热分解出一部分分子量较小的液态（此时为蒸气状态）和气态产物，这些产物称为挥发物。挥发物占煤样重量的百分数，称为挥发分产率或简称为挥发分。挥发分的测定结果有时受煤中矿物质的影响，当煤中碳酸盐含量较高时，有必要对测得的挥发分值加以校正。

煤的挥发分主要是由有机质中的支链和一些结合较弱的环裂解形成；此外，还有一部分是无机质分解产生的。挥发分的组成比较复杂，它不仅包括了简单的有机化合物和无机化合物（如H_2O、H_2S、CO_2、CH_4、C_nH_m，…），而且还含有许多复杂的有机化合物以及少量不挥发的有机质剧烈氧化（燃烧）的产物。总的来说，煤的挥发分主要由有机化合物组成。因此，可以根据挥发分产生率来判断煤中有机物的性质，初步确定煤的用途。应该强调指出，煤的挥发分产率及其组成不是固定的，它因煤种和矿物质含量不同而异，并且还受测定时操作条件的影响。即使是同一种煤，由于加热时间的长短、温度高低、速度的快慢等不同，都会使煤的挥发分产率和组成发生变化。因此，测定挥发分产率的规范

性很强。

挥发分随煤化度加深而有规律地降低，在烟煤阶段，挥发分与煤的镜质组反射率呈良好的线性关系，可用来初步估计煤的种类和化学、工艺性质以及确定加工途径。挥发分的测定方法简易、快速、设备简单，所以大多数国家仍采用它作为煤炭工业分类和煤炭贸易中的重要指标之一。煤用于炼焦时，还可根据挥发分预测焦化产品的收率。挥发分测定后的固体残留物称为焦渣。由焦渣的形状和特征可得出一系列序号，用以初步估计煤的黏结性和膨胀性。

（4）固定碳。煤的固定碳是指从煤中除去水分、灰分和挥发分后的残留物，即

$$FC_{ad} = 100 - M_{ad} - A_{ad} - V_{ad} \tag{1.7}$$

式中，FC_{ad}为分析煤样的固定碳,%；M_{ad}为分析煤样的水分,%；A_{ad}为分析煤样的灰分,%；V_{ad}为分析煤样的挥发分,%。

所谓煤中的固定碳，实际上是煤中有机质在隔绝空气加热时热分解的残留物。有机质元素组成和焦炭一样，不仅含有碳元素，而且还含有氢、氧、氮等元素，因而固定碳含量与煤中有机质的碳元素含量是两个不同的概念。就数量上来说，煤的固定碳小于煤中有机质的碳含量，只有在高变质程度煤中两者才趋于接近。固定碳和挥发分之比（FC/V）称为燃料比，其值的大小也可用来初步判断煤的种类及工业用途。

煤的工业分析要在一定条件下进行，才能测定各种成分的质量百分数。按照国家标准(GB 211—1996《煤的全水分测定法》及 GB 212—2001《煤的工业分析测定法》)的规定，测定方法有多种。

煤在隔绝空气的条件下加热（900℃±10℃持续 7min），分解出来的气（汽）态物质剔除水分后称为煤的挥发分，用符号 V 表示。剩下的不挥发物质称为焦渣，焦渣除去灰分成为固定碳，用符号 FC 表示。用挥发分、固定碳、灰分、水分分析煤的组分称为煤的工业分析成分，工业分析成分用各种基表示如下：

$$V_{ar} + FC_{ar} + A_{ar} + M_{ar} = 100\% \tag{1.8}$$

$$V_{ad} + FC_{ad} + A_{ad} + M_{ad} = 100\% \tag{1.9}$$

$$V_{d} + FC_{d} + A_{d} = 100\% \tag{1.10}$$

$$V_{adf} + FC_{adf} = 100\% \tag{1.11}$$

1.2.1.2 煤的发热量

煤的发热量是指单位质量的煤在完全燃烧时释放出的热量，单位是 kJ/kg。煤的发热量常用弹筒发热量、高位发热量和低位发热量来表示。

A 弹筒发热量

煤的发热量一般采用氧弹量热法来测定。氧弹式量热计如图 1.2 所示，其中的主要部件——氧弹，如图 1.3 所示。测量时将一定量的煤样放入不锈钢制的耐压弹型容器中，用氧气瓶将氧弹充氧至 2.6~2.8MPa，为容器中煤样的完全燃烧提供充分的氧气。利用电流加热弹筒内的金属丝使煤样着火，试样在压力和过量的氧气中完全燃烧，产生 CO_2 和 H_2O。燃烧产生的热量被氧弹外具有一定质量的环境水吸收，根据水温的上升并进行一系列的温度校正后，可计算出单位质量煤燃烧所产生的热量，用 $Q_{b,v,ad}$表示。

由于燃烧反应有不同的条件（主要是恒压和恒容的区别），燃烧产物的状态有不同的指定（主要是液态和气态），煤的发热量根据不同的用途有几种不同的定义。

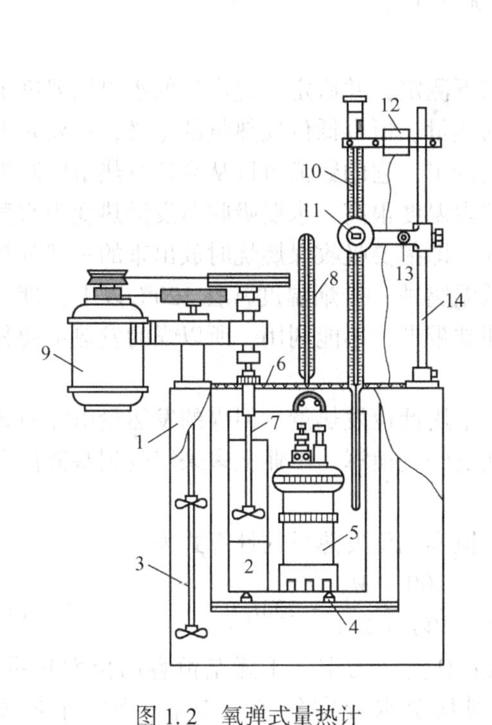

图 1.2 氧弹式量热计

1—外筒；2—内筒；3—外筒搅拌器；4—绝缘支柱；5—氧弹；6—盖子；7—内筒搅拌器；8—普通温度计；9—电动机；10—贝克曼温度计；11—放大镜；12—振动器；13—计时指示灯；14—导杆

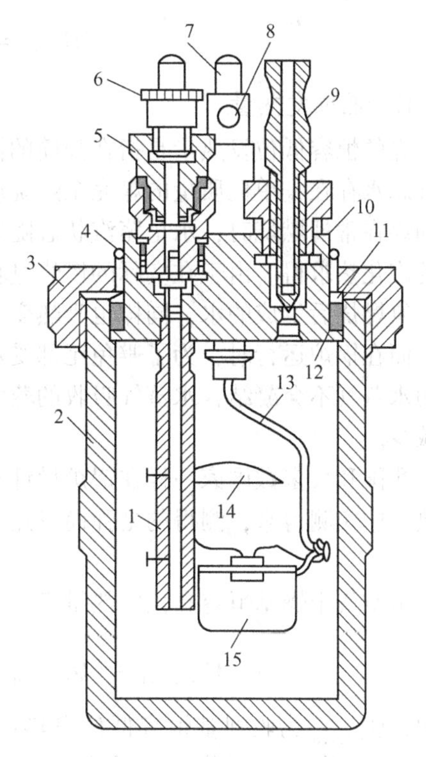

图 1.3 氧弹结构

1—进气管；2—弹筒；3—盖圈；4—弹簧环；5—进气阀；6—螺帽；7—电极柱；8 —圆孔；9—针形阀；10—弹头；11—金属垫圈；12—橡胶垫圈；13—金属导杆；14—防火罩；15—燃烧皿

B 高位发热量

煤的恒容高位发热量是指在弹筒的恒定容积下测定，并假定燃烧产生的气体中所有的气态水都冷凝为同温度下的液态水，单位质量的煤完全燃烧后放出的热量。

若煤样在开放体系中燃烧，煤中氮和硫分别以游离氮和 SO_2 的形式逸出。在弹筒内煤的燃烧是在高温高压下进行，所以试样和弹筒内空气中的氮生成氮氧化物并溶解在水中变为稀硝酸；同样的原因，煤中的硫则生成稀硫酸。上述稀硝酸和稀硫酸的生成及溶解于筒内预先加入的水均为放热反应。从弹筒发热量中减去硝酸、硫酸的生成热和溶解热后即得到煤的恒容高位发热量，计算式如下：

$$Q_{gr,v,ad} = Q_{b,v,ad} - (95S_{b,ad} + \alpha Q_{b,v,ad}) \tag{1.12}$$

式中，$Q_{gr,v,ad}$为煤的空气干燥基恒容高位发热量，kJ/kg；$Q_{b,v,ad}$为煤的空气干燥基弹筒发热量，kJ/kg；$S_{b,ad}$为由弹筒洗液测得的煤空气干燥基含硫量，%；95 为煤中每 1%的硫的校正值，kJ；α 为硝酸生成热的比例系数，其值与 $Q_{b,v,ad}$有关，当 $Q_{b,v,ad} \leqslant 16700$kJ/kg 时，$\alpha = 0.001$，当 16700kJ/kg $< Q_{b,v,ad} \leqslant 25100$kJ/kg 时，$\alpha = 0.0012$，当 $Q_{b,v,ad} > 25100$kJ/kg 时，$\alpha = 0.0016$。

前述各种基准的换算可应用于高位发热量的换算。例如，由空气干燥基高位发热量 $Q_{gr,ad}$换算为收到基高位发热量 $Q_{gr,ad}$的计算式为

$$Q_{gr,vr} = Q_{gr,ad}\frac{100 - M_{ar}}{100 - M_{ad}} \tag{1.13}$$

C　低位发热量

煤的恒容低位发热量是指在弹筒的恒定容积下测定，并假定燃烧产生的水以同温度下的气态水存在，单位质量的煤完全燃烧后放出的热量。恒容低位发热量的定义，主要是考虑到煤在常规燃烧时，水呈蒸汽状态随燃烧废气排出，它的数值可以从高位发热量中减去水的汽化热求得。由于在实际的燃烧过程中，炉内温度很高，水要吸收蒸发潜热变为水蒸气，氢燃烧后生成的水，同样也吸热变为水蒸气，即都要吸收煤燃烧时放出来的一部分热量，而在锅炉运行时，为了避免尾部受热面的低温腐蚀，排烟温度常在120℃以上，烟气中的水蒸气不会凝结，水蒸气吸收的蒸发潜热便被带走，不能利用，所以煤的发热量便相应减少。

我国和大多数国家一样在锅炉设计和计算中采用低位发热量。但煤的发热量由弹筒式量热计中实测得来，测得的是弹筒发热量，因此要经过换算。工业上多采用收到基低位发热量。

由空气干燥基恒容高位发热量换算为收到基恒容低位发热量的计算式为

$$Q_{net,v,ar} = (Q_{gr,v,ad} - 206H_{ad})\frac{100 - M_t}{100 - M_{ad}} - 23M_t \tag{1.14}$$

式中，$Q_{net,v,ar}$为收到基恒容低位发热量，kJ/kg；$Q_{gr,v,ad}$为空气干燥基恒容高位发热量，kJ/kg；H_{ad}为空气干燥基氢含量,%；M_t为收到基全水分空气,%；M_{ad}为空气干燥基水分,%。

煤的恒压低位发热量$Q_{net,p,ar}$是指在恒定压力下测定，并假定燃烧产生水以同温度下的气态水存在，单位质量的煤完全燃烧后放出的热量。恒压低位发热量的定义，主要是考虑到煤在实际燃烧中处于恒压状态而不是恒容状态，它的数值与生成气体的膨胀功有关，可以从高位发热量换算求得

$$Q_{net,p,ar} = (Q_{gr,v,ad} - 212H_{ad} - 0.80O_{ad})\frac{100 - M_t}{100 - M_{ad}} - 24.5M_t \tag{1.15}$$

D　发热量近似计算

煤的发热量除了用氧弹法直接测量外，还可利用煤的工业分析或元素分析数据进行近似计算。例如，煤的发热量和干燥无灰基元素成分之间的关系可用如下经验式来表示：

$$Q_{net,daf} = k_1C_{daf} + k_2H_{daf} + 62.8S_{daf} - 104.7O_{daf} - 20.9(A_d - 10)\quad \text{kJ/kg}$$

对于$C_{daf}>95\%$或$H_{daf}\leqslant 1.5\%$的煤，式中的系数$k_1=327$，对于其他煤$k_1=335$；对于$C_{daf}<77\%$的煤，k_1为1256，对于其他煤$k_2=1298$。上式可用来复核提供设计的煤质资料，锅炉设计应以实测值为准。

在工业上为核算企业对能源的消耗量，统一计算标准，便于比较和管理，采用标准煤的概念。规定将收到基低位发热量为29300kJ/kg的燃料称为标准煤，即每29300kJ的热量可换算成1kg的标准煤。火力发电厂的煤耗就是按每发1kW·h的电所消耗的标准煤的kg（或g）数来计算的。

E　折算成分

在实际中，如果甲、乙两种煤具有相同的水分含量而发热量不同，例如，A种煤的发

热量高于B种煤，那么需要产生同样多的热量时，由A种煤带入锅炉的水分就会少于B种煤。因此，为了比较煤中各种有害成分（水分、灰分及硫分）对锅炉工作的影响，更好地鉴别煤的性质，不应简单地用含量的百分比来比较，而应该以发出一定热量所对应的成分来比较，通常引入折算成分的概念。

目前有两种折算的方法。第一种方法规定把相对于每4182kJ/kg（即1000kcal/kg）收到基低位发热量的煤所含的收到基水分、灰分和硫分分别称为折算水分、折算灰分和折算硫分，其计算公式如下。

折算水分

$$M_{ar,zs} = \frac{M_{ar}}{\frac{Q_{net,ar}}{4128}} = \frac{M_{ar}}{Q_{net,ar}} \times 4182 \tag{1.16}$$

折算灰分

$$A_{ar,zs} = \frac{A_{ar}}{\frac{Q_{net,ar}}{4128}} = \frac{A_{ar}}{Q_{net,ar}} \times 4182 \tag{1.17}$$

折算硫分

$$S_{ar,zs} = \frac{S_{ar}}{\frac{Q_{net,ar}}{4128}} = \frac{S_{ar}}{Q_{net,ar}} \times 4182 \tag{1.18}$$

如果燃料中的$M_{ar,zs}>8\%$，称为高水分燃料；$A_{ar,zs}>4\%$，称为高灰分燃料；$S_{ar,zs}>0.2\%$，称为高硫分燃料。这种折算方法曾得到广泛的应用。

第二种折算方法是用每MJ所对应的这些成分的质量来表示，就是将每MJ折算出的成分称为折算成分含量（以下角标zs表示）。这样对水分来说

$$M_{zs} = 1000 \times \frac{\frac{M_{ar}}{100}}{\frac{Q_{net,ar}}{1000}} = 10000 \times \frac{M_{ar}}{Q_{net,ar}} \tag{1.19}$$

式中，M_{zs}为每兆焦所对应的水分的克数，g/MJ。

同样，对灰分、硫分可有

$$A_{zs} = 10000 \times \frac{M_{ar}}{Q_{net,ar}} \tag{1.20}$$

$$S_{zs} = 10000 \times \frac{S_{ar}}{Q_{net,ar}} \tag{1.21}$$

可以看出，由上述两种折算方法得到的折算成分数值上相差0.4182倍。后一种方法得到的数值更大。

1.2.1.3 高温下煤灰的熔融性

A 煤灰的熔融性及其三个特征温度的测定

煤燃烧后残存的煤灰不是一种纯净的物质，没有固定的熔点，即没有固态和液态共存

的界限温度。煤灰受热后，从固态逐渐向液态转化，这种转化的特性就是熔融性。表示煤灰熔融性的方法，各国不尽相同，但都是在严格规定的试验条件下，将煤灰制成特定的形状，然后在不断加热情况下观察其形态变化与温度的关系。

我国采用国际上广泛采用的角锥法来测定煤灰的熔融性。将煤灰制成高 20mm、底边长为 7mm 的等边三角形锥体，将此锥体放在可以调节温度的，并充满弱还原性（或称半还原性）气体的专用硅碳管高温炉或灰熔点测定仪中，以规定的速度升温。加热到一定程度后，灰锥在自重的作用下开始发生变形，随后软化和出现液态。根据灰锥在受热过程中形态的变化，用下列三种形态对应的特征温度来表示煤灰的熔融性，如图 1.4 所示。

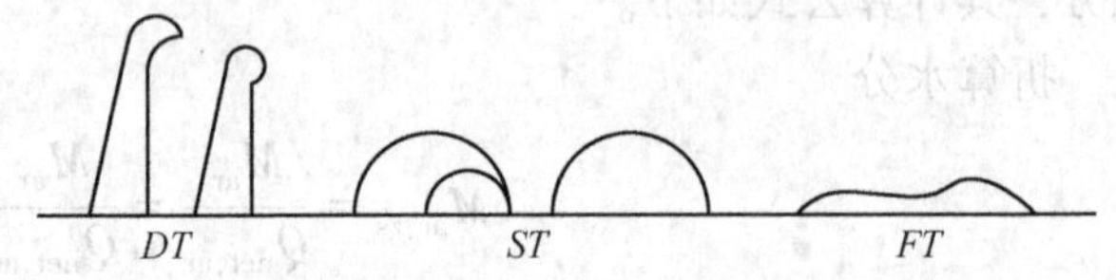

图 1.4 灰锥的变形和表示熔融性的三个特征温度
DT—变形温度；*ST*—软化温度；*FT*—流动温度

（1）变形温度 *DT*。灰锥顶端开始变圆或弯曲时的温度。

（2）软化温度 *ST*。灰锥锥体至锥顶触及底板或锥体变成球形或高度等于或小于底长的半球形时所对应的温度。

（3）流动温度 *FT*。锥体熔化成液体或展开成厚度在 1.5mm 以下的薄层，或锥体逐渐缩小，最后接近消失时对应的温度。流动温度也称熔化温度。

DT、*ST* 和 *FT* 是液相和固相共存的 3 个温度，不是固相向液相转化的界限温度，它们仅表示煤灰形态变化过程中的温度间隔。*DT*、*ST*、*FT* 的温度间隔对锅炉工作影响很大。如果温度间隔很大，那就意味着固相和液相共存的温度区间很宽，煤灰的黏度随温度变化很慢，这样的灰渣称为长渣。长渣在冷却时可长时间保持一定的黏度，故在炉膛中易于结渣。反之，如果温度间隔很小，那么灰渣的黏度就随温度急剧变化，这样的灰渣称为短渣。短渣在冷却时其黏度增加得很快，只会在很短时间内造成结渣。一般认为，*DT*、*ST* 之差值在 200~400℃ 时为长渣，100~200℃ 时为短渣。

值得指出的是，有时也采用 4 个特征温度来表示煤灰的熔融性。即除上述三个温度外，还有一个所谓的半球温度。

B 影响煤灰熔融性的因素分析

主要是煤灰的化学组成和煤灰周围高温的环境介质（气氛）性质会影响煤灰的熔融性，前者是内因，后者是外因，但两者又相互影响。

a 煤灰的化学组成

煤灰的化学组成比较复杂，通常以各种氧化物的百分含量来表示，可以分为酸性氧化物和碱性氧化物两种。酸性氧化物如 SiO_2、Al_2O_3 和 TiO_3，碱性氧化物则有 Fe_2O_3、CaO、MgO、Na_2O 和 K_2O 等，这些氧化物在纯净状态下，其灰熔点大都很高，而且发生相变的温度是恒定不变的，见表 1.6。

表 1.6 煤灰中常见的纯净氧化物的熔化温度

氧化物名称	熔化温度/℃	氧化物名称	熔化温度/℃
SiO	1716	K_2O	800~1000
Al_2O_3	2043	Fe_3O_4	1597

续表 1.6

氧化物名称	熔化温度/℃	氧化物名称	熔化温度/℃
CaO	2521	Fe_2O_3	1566
MgO	2799	FeO	1377
Na_2O	800~1000	TiO_3	1837

一般认为，煤灰中的 Al_2O_3 能提高灰熔点。根据经验，Al_2O_3 含量大于40%时，*ST* 一般都超过1500℃；大于30%时，*ST* 也在1300℃以上。而煤灰中的碱性氧化物则会使煤灰的灰熔点降低。

然而，煤中矿物质大都以多种复合化合物的混合物的形式存在，燃烧生成的灰分也往往是多种组合成分结合成的共晶体。这些复合物的共晶体的熔化温度要比纯净氧化物的熔化温度低得多（见表1.6和表1.7），而且没有明确固定的由固相转变为液相的相变温度。从个别组分开始相变到全部组分完全相变，要经历一个或长或短的温度区域。在这个温度区域内，煤灰中各组分之间也可能互相反应，生成具有更低熔点的共晶体，也可能进一步受热分解成熔点较高的化合物；而且低熔点的共晶体也有熔化其他尚呈固相矿物质的性能。因而使煤灰的某些成分可在大大低于它的灰熔点温度下熔化，而使煤灰组分的熔化温度低于表1.7所列的温度。

表1.7　几种复合化合物的熔化温度

复合化合物	熔化温度/℃	复合化合物	熔化温度/℃
$Na_2 \cdot SiO_2$	877	$Ca \cdot MgO \cdot 2SiO_2$	1391
$K_2 \cdot SiO_2$	997	$Ca \cdot SiO_2$	1540
$Al_2O_3 \cdot Na_2O \cdot 6SiO_2$	1099	$3Al_2O_3 \cdot 2SiO_2$	1800
$Fe \cdot SiO_2$	1143	$CaO \cdot FeO \cdot SiO_2$	1100
$FeO \cdot SiO_2$	1065	$CaO \cdot Al_2O_3$	1605
$CaO \cdot Fe_2O_3$	1249	$CaO \cdot Al_2O_3 \cdot SiO_2$	1170

b　煤灰周围高温介质（气氛）的性质

在锅炉炉膛中，煤灰周围的高温介质主要有两种，一是氧化性介质，即介质中含有氧和完全燃烧产物。这种氧化性介质主要产生在燃烧器出口的一段距离以及炉膛出口部位。二是弱还原性介质，即气体中含氧量很少，主要由完全燃烧产物和不完全燃烧产物组成，这种弱还原性介质主要产生在煤粉炉前部的局部部位。

介质的性质不同，灰渣中的铁具有不同的形态。例如在氧化介质中，铁呈氧化铁（Fe_2O_3）状态，熔点较高；在还原性介质中，铁呈金属Fe状态，熔点也高；但在弱还原性介质中，铁呈FeO状态，虽然其熔点有1377℃，但FeO最容易与灰渣中的 SiO_2 形成低熔点的 $2FeO \cdot SiO_2$，其熔点很低，仅为1065℃。

如果在锅炉炉膛中燃烧过程组织得不好，就会出现不完全燃烧产物，炉膛中的介质便是弱还原性介质，会使灰熔点下降而导致炉内结渣。

1.2.1.4　焦炭的特性

焦炭的外形特征与煤种有关，可作为煤炭分类的一项参考指标。一般把焦炭特征分为

8类，用来初步鉴定煤的黏结性、熔融性和膨胀性：

（1）粉状。焦炭全部成粉末状，无黏着的颗粒。

（2）黏着状。以手指轻压，即碎成粉状。

（3）弱黏结。以手指轻压，即碎成小块。

（4）不熔融黏结。以手指用力压才裂成小块，焦炭的上表面无光泽，下表面稍有银白色光泽。

（5）不膨胀熔融黏结。焦炭成扁平的饼状，碳粒界限不清，表面有明显的银白色金属光泽，下表面尤为明显。

（6）微膨胀熔融黏结。用手指压不碎，在焦炭上下表面均有银白色金属光泽，但在上表面有微小的膨胀泡。

（7）膨胀熔融黏结。焦炭上下表面均有银白色金属光泽，且明显膨胀，但膨胀高度不超过15mm。

（8）强膨胀熔融黏结。焦炭上下表面均有银白色金属光泽，膨胀高度大于15mm。

1.2.2 煤炭的分类

煤炭之间的性质差别很大。为了适应不同用煤部门的需要，做到合理开发，洁净利用，优化资源配置，需要对煤炭进行分类。煤的分类是按照同一类别煤的基本性质相近的科学原则进行的。制订完整、科学的煤炭分类体系是一项复杂的系统工程。主要有技术型和科学/成因型分类。我国和其他国家一样，煤炭的分类综合考虑了煤的形成以及各种特性、用途等。除了工业技术分类外，为了便于选用动力煤，又有发电用煤的分类和工业锅炉用煤的分类。

1.2.2.1 煤的技术型分类法

我国煤的技术型分类法（GB 5751—86）采用表征煤的煤化程度的主要参数，即以干燥无灰基挥发分 V_{daf} 作为分类指标，将煤分为三大类：褐煤、烟煤和无烟煤。凡 $V_{daf} \leqslant 10\%$ 的煤为无烟煤，$V_{daf}>10\%$ 的煤为烟煤，$V_{daf}>37\%$ 的煤为褐煤。

A 无烟煤

无烟煤为煤化程度最深的煤，含碳多最多，一般 $C_{ar}>50\%$，最高可达95%，$A_{ar}=6\%\sim25\%$，水分较少，$M_{ar}=1\%\sim5\%$，发热量很高，可达25000~32500kJ/kg，挥发分含量少，$V_{daf}\leqslant10\%$，而且挥发分释出温度较高，其焦炭没有黏结性，着火和燃尽均较困难，燃烧时无烟，火焰呈青蓝色。无烟煤的表面有明亮的黑色光泽，机械强度高，储藏时稳定，不易自燃无烟煤再按 V_{daf} 和 H_{daf} 分为三小类，即无烟煤1号、无烟煤2号和无烟煤3号。

B 烟煤

烟煤的煤化程度低于无烟煤，含碳量一般为 $C_{ar}=40\%\sim60\%$，个别可达75%，灰分不多，$A_{ar}=7\%\sim30\%$，水分也较少，$M_{ar}=3\%\sim18\%$。其发热量一般为20000~30000kJ/kg。除贫煤挥发分较少外，其余烟煤都因挥发分较高，其着火、燃烧均较容易。烟煤的焦结性各不相同，贫煤焦炭呈粉状，而优质烟煤则常呈强焦结性，多用于冶金企业。烟煤在精选过程得到的洗中煤和煤泥都是劣质烟煤，M_{ar} 为25%左右，A_{ar} 达50%，$Q_{ar,net}$ 在10000~18000kJ/kg之间，劣质烟煤常用作锅炉燃料。烟煤采用表征工艺性能的参数，即黏结指

数 G、胶质层最大厚度 Y 和奥亚膨胀度 b 作为指标，分为贫煤、贫瘦煤、瘦煤、焦煤、肥煤、1/3 焦煤、气肥煤、气煤、1/2 中黏煤、弱黏煤、不黏煤和长焰煤等 12 种。

C 褐煤

褐煤含碳量为 $C_{ar}=40\%\sim50\%$，水分和灰分含量较高，$M_{ar}=20\%\sim50\%$，$A_{ar}=6\%\sim50\%$，因而发热量较低，$Q_{ar,net}=10000\sim21000$kJ/kg。因它含有较高的挥发分，$V_{daf}=40\%\sim50\%$，所以容易着火燃烧。褐煤外表面多呈褐色或黑褐色，机械强度低，化学反应性强，在空气中易风化，不易储存和远运。褐煤除用 V_{daf} 分类外，还用透光率 P_M 和含最高内在水分的无灰高位发热量 Q'_{gr} 作为指标区分褐煤和烟煤，并将褐煤分成褐煤 1 号和褐煤 2 号。具体的分类见表 1.8。

表 1.8 中国煤炭分类总表（1989 年 10 月 1 日起正式实施）

类别	代号	数码	分类指标						
			V_{daf}/%	$G_{R,L}$①	Y/mm	b/%	H_{daf}②/%	P_M③/%	$Q_{gr,daf}$ /MJ·kg^{-1}
无烟煤	WY	01	≤3.5				≤2.0		
		02	>3.5~6.5				>2.0		
		03	>6.5~10				>3.0		
贫煤	PM	11	>10.0~20.0	≤5					
贫瘦煤	PS	12	>10.0~20.0	>5~20					
瘦煤	SM	13	>10.0~20.0	>20~50					
		14	>10.0~28.0	>50~65					
焦煤	JM	15	>10.0~28.0	>65					
		24	>20.0~28.0	>50~65	≤25.0	≤150			
		25	>20.0~28.0	>65					
1/3 焦煤	1/3JM	35	>28.0~37.0	>65	≤25.0	≤220			
肥煤	FM	16	>10.0~20.0	>85①	>25.0	>150			
		26	>20.0~28.0	>85①	>25.0	>150			
		36	>28.0~37.0	>85①	>25.0	>220			
气肥煤	QF	46	>37.0	>85①	>25.0	>220			
气煤	QM	34	>28.0~37.0	>50~65					
		43	>37.0	>35~50	25.0	≤220			
		44	>37.0	>50~65					
		45	>37.0	>65					
1/2 中黏煤	1/2ZN	23	>20.0~28.0	>30~50					
		33	>28.0~37.0	>30~50					
弱黏煤	RN	22	>20.0~28.0	>5~30					
		32	>28.0~37.0	>5~30					
不黏煤	BN	21	>20.0~28.0	≤5					
		31	>28.0~37.0	≤5					

续表 1.8

类别	代号	数码	分类指标						
			$V_{daf}/\%$	$G_{R,L}$ ①	Y/mm	$b/\%$	H_{daf} ②$/\%$	P_M ③$/\%$	$Q_{gr,daf}$ $/MJ \cdot kg^{-1}$
长焰煤	CY	41	>37.0	≤5				>50	
		42	>37.0	>3~35					
褐煤	HM	51	>37.0					≤30	
		52	>37.0					>30~50	≤24

注：分类用煤样，除 A_d≤10.0%的采用原煤样外，凡 A_d>10.0%的各种煤样应采用 $ZnCl_2$ 重液选后的浮煤（对易泥化的低煤化度褐煤，可采用灰分尽可能低的原煤样）。详见 GB 474—1983《煤样的制备方法》。

①当 $G_{R.L}$>85 时，再用 Y 值（或 b 值）来区分肥煤，气肥煤与其他煤类的界线，当 Y>25.0mm 时，如 V_{daf}≤37.0%，则划分为肥煤；如 Y≤25.0mm，则根据其 V_{daf} 的大小划分为相应的其他煤类。当用 b 值来划分肥煤、气煤与其他煤类的界线时，如 V_{daf}≤28.0%，暂定 b>150%的为肥煤，如 V_{daf}>28.0%，则暂定 b>220%的为肥煤或气肥煤（V_{daf}>37%时）。当按 b 值划分的类别与 Y 值划分的类别有矛盾时，以 Y 值划分的为准。

②如用 V_{daf} 和 H_{daf} 划分的小类有矛盾，则以 H_{daf} 划分的小类为准。在已确定了无烟煤小类的生产厂、矿的日常检测中，可以只按 V_{daf} 来分类；在煤田地质勘探中，对新区确定小类或生产矿，厂家要重新核定小类时，应同时测定 V_{daf} 和 H_{daf} 值，按规定确定出小类。

③对 V_{daf}>37.0%，$G_{R,L}$≤5%的煤，再以煤样的透光率 P_M 来确定其为长焰煤或褐煤。如 P_M>30%~50%，再测 $Q_{gr,daf}$，如其值大于 24MJ/kg，则应划分为长焰煤；地质勘探煤样，对 V_{daf}>37%，焦渣特征为 1~2 号的应在不压饼的条件下测定，再用 P_M 来区分烟煤和褐煤。

1.2.2.2 发电用煤的分类

为适应火力发电厂动力用煤的特点，提高煤的使用率，我国提出了发电厂用煤国家分类标准 VAWST，见表 1.9。该标准中的质量等级是根据锅炉设计、运行等方面影响较大的煤质常规特性制定的。这些常规特性包括干燥无灰基挥发分 V_{daf}、干燥基灰分 A_d、收到基水分 M_{ar}、干燥基硫分 S_d 和灰的软化温度 ST 等五项。又因煤的低位发热量 Q_{net} 与煤的挥发分密切有关，并能影响锅炉燃烧时的温度水平，所以用它作为 V_{daf} 和 ST 的一项辅助指标，两者相互配合使用。表中各特征指标 V、A、M、S、T 等级的划分是根据实际锅炉燃烧工况参数的大量统计资料和煤质特种分析指标数据用有序量最优分割法计算并结合经验确定的。其中 V、A、M 指标体现煤的燃烧特性，尤以 V 最为明显，同时还包括 $Q_{net,v,ar}$。如果 $Q_{net,v,ar}$ 低于辅助分类指标界限值，则将这一类煤归入 V 低一级的类别中。ST 则反映了煤的结渣特性。

（1）V_{daf} 与 Q_{net} 配合，可分为六个等级。表中的各级煤种，在锅炉正确的设计和运行时，可以保证燃烧的稳定性和最小的不完全燃烧热损失。若煤的 V_{daf}≤6.5%，则煤粉的着火性能差，燃烧会出现不稳定，运行经济性也较差，在设计、运行中要采取相应的有效措施。

（2）灰分 A_d 可分为三级。它可以用来判断煤燃烧时的经济性。A_d 值超过第三级（A_3）的煤，不仅燃烧经济性差，而且还会造成锅炉辅助系统的设备及管道的磨损以及对流受热面的严重磨损，也要增大维修费用。

（3）水分则按外在水分 M_f 及全水分 M_{ar} 各分为三级。当外在水分过大，会造成输煤管道的黏结堵塞，中断供煤；当外在水分 M_f≤8%时（第一级），输煤运行正常。超过第

表 1.9 发电厂煤粉锅炉用煤国家分类标准 VAWST

分类指标	煤种名称	等级	代号	分级界限	辅助分类指标界限值	鉴定方法
挥发分 (V_{daf})②	超级挥发分无烟煤	特级	V_0	≤6.5%	$Q_{net,v,ar}$>23023kJ/kg	煤的工业分析方法（GB 212—77）煤中发热量测定方法（GB 213—79）
	低挥发分无烟煤	1 级	V_1	>6.5%～9%	$Q_{net,v,ar}$>20930kJ/kg	
	低中挥发分贫瘦煤	2 级	V_2	>9%～19%	$Q_{net,v,ar}$>18418kJ/kg	
		3 级	V_3	>19%～27%	$Q_{net,v,ar}$>16325kJ/kg	
	中高挥发分无烟煤	4 级	V_4	>27%～40%	$Q_{net,v,ar}$>15488kJ/kg	
	高挥发分烟褐煤	5 级	V_5	>40%	$Q_{net,v,ar}$>11721kJ/kg	
灰分 (A_d) (A_z)③	常灰分煤	1 级	A_1	≤34%(≤7%)		煤的工业分析方法（GB 212—77）
	高灰分煤	2 级	A_2	>34%～45%（>7%～13%）		
	超高灰分煤	3 级	A_3	>45%（>13%）		
外在水分 (M_f)	常水分煤	1 级	M_1	≤8%	V_{daf}≤40%	煤中全水分的测定方法（GB 211—79）煤的工业分析方法（GB 212—77）
	高水分煤	2 级	M_2	>8%～12%	V_{daf}≤40%	
	超高水分煤	3 级	M_3	>12%		
全水分 (M_t)	常水分煤	1 级	M_1	≤22%	V_{daf}>40%	
	高水分煤	2 级	M_2	>22%～40%		
	超高水分煤	3 级	M_3	>40%		
硫分 $S_{d,f}$ ($S_{t,z}$)④	低硫煤	1 级	S_1	≤1%(≤0.2%)		煤中全硫的测定方法（GB 214—77）
	中硫煤	2 级	S_2	>1%～2.8%(>0.2%～0.55%)		
	高硫煤	3 级	S_3	>2.8%（>0.55%）		
煤灰熔融性 ST	不结渣煤	1 级	T_{2-1}	>1350℃	$Q_{net,v,ar}$>12558kJ/kg	煤灰熔融性的测定方法（GB 219—74）煤中发热量测定方法（GB 213—79）
				不限	$Q_{net,v,ar}$≤12558kJ/kg	
	易结渣煤	2 级	Y_{2-2}	≤1350℃	$Q_{net,v,ar}$>12558kJ/kg	

①煤的采样按商品煤采样方法（GB 475—77）；煤样缩制按煤样缩制方法（GB 474—77）；

②$Q_{net,v,ar}$低于下限值时应划归 V_{daf} 数值较低的 1 级；

③$A_z = 1486A_{ar}/Q_{net,v,ar}$；

④$S_{t,z} = 4186S_{ar}/Q_{net,v,ar}$。

一级则会出现原煤斗落煤管堵塞现象，对直吹式制粉系统，则会直接影响锅炉的安全运行；M_f超过第二级（M_f>12%）时，则难以安全运行。全水分 M_{ar} 可决定制粉系统的干燥出力和对干燥介质的选择。M_{ar} 的第一级（M_{ar} ≤22%），可选用预热空气作干燥剂，超过第一级应考虑采用预热空气和炉烟的混合干燥系统。

（4）全硫分 S_{ar} 可分为两级。S_{ar} 的分级是根据煤燃烧后生成的 SO_2 及少量的 SO_3 与烟气露点的关系而分级的。当 S_{ar} ≤1%（第一级）时，酸露点较低；S_{ar}>3%（超过第二级）时，酸露点急剧上升，会容易使硫酸蒸汽凝结在低温受热面上造成腐蚀。

（5）灰的软化温度与收到基低位发热量 $Q_{net,ar}$ 配合，可分为两级。属第一级的煤不易结渣，属第二级的煤则易结渣。

1.2.2.3 工业锅炉用煤的分类

根据煤的挥发分产率、水分、灰分以及发热量的不同，工业锅炉用煤可分为石煤及煤矸石、褐煤、无烟煤、贫煤和烟煤5大类。其中无烟煤、烟煤和石煤又各自再分为3小类。工业锅炉用煤分类见表1.10。各小类均有代表性煤种可用于工业锅炉的设计。

表1.10 工业锅炉行业用煤分类

类别		干燥无灰基挥发分 $V_{daf}/\%$	收到基低位发热量 $Q_{net,ar}/MJ\cdot kg^{-1}$
石煤、煤矸石	Ⅰ类		≤5.4
	Ⅱ类		>5.4~8.4
	Ⅲ类		>8.4~11.5
褐煤		>37	≥11.5
无烟煤	Ⅰ类	6.5~10	<21
	Ⅱ类	<6.5	≤21
	Ⅲ类	6.5~10	≥21
贫煤		>10~20	≥17.7
烟煤	Ⅰ类	>20	>14.4~17.7
	Ⅱ类	>20	>17.7~21
	Ⅲ类	>20	>21

1.2.3 煤的常规特性对锅炉工作的影响

（1）挥发分的影响。不同燃料开始放出挥发分的温度是不同的。挥发分是煤燃烧的重要特性，它对锅炉的工作有很大的影响。挥发分多的煤容易着火，也易于燃尽，燃烧的热损失较少。因为一方面挥发分为气体可燃物，其着火温度低，着火容易，大量挥发分析出着火燃烧后可以放出大量热量，造成炉内高温，有助于固定碳的迅速着火和燃烧；另一方面在挥发分析出后，燃料表面呈多孔性，与助燃空气接触的机会增多，即增大了反应表面积。挥发分的含量是对煤进行分类的重要依据。

（2）水分的影响。水分是燃料中的主要杂质。由于它的存在，不仅使燃料中可燃元素相对减少，发热量降低，而且在燃烧时水分蒸发还要吸收热量，使炉膛温度降低，燃烧着火困难，排烟带走的热损失增加，同时还可能加剧尾部低温受热面的低温腐蚀和堵灰。各种固体燃料的水分含量变化很大，在5%~60%范围内变动。

（3）灰分的影响。灰分是燃料中不可燃的固体矿物杂质。由于灰分的存在，使固体燃料的发热量降低，燃料着火、燃烧困难，增加运煤、出灰的工作量和运输费用。此外，灰分中的一部分飞灰在锅炉中随烟气流动，造成受热面和引风机磨损，排入大气污染环境。若灰的熔点过低，会造成炉排和受热面结渣，影响传热和正常燃烧。固体燃料中灰分含量变化很大，一般为5%~40%。通常将灰分含量超过40%的煤称为劣质煤。

(4) 灰渣熔融性的影响。灰渣的熔融性是受热面积灰和结渣的主要根源，影响传热、破坏水循环的安全性，导致排烟温度升高，甚至被迫停炉。

(5) 硫分的影响。煤中的硫包括三种形态，即有机硫、硫化铁硫和硫酸盐硫。前两种硫能参与燃烧，称为可燃硫；后一种硫不参与燃烧，算在灰分中。硫的燃烧产物二氧化硫和三氧化硫气体能与烟气中凝结的水蒸气化合成亚硫酸或硫酸，对锅炉低温受热面会引起腐蚀作用；二氧化硫、三氧化硫随烟气排入大气中会污染环境，对人体和动植物产生危害，所以燃料中的硫是一种有害成分。

1.2.4 煤的特种分析

1.2.4.1 特种分析的意义

煤质特性对锅炉的设计和运行有十分重要的影响，而煤的组成和结构特别复杂，尤其是燃烧过程中进行着复杂的化学和物理变化，不仅不同煤种，不同矿甚至不同煤层的煤的特性都可能不一样。长期的锅炉设计和运行经验表明，仅仅依靠煤的常规分析数据只能间接地反映煤的燃烧特性，尚不足以判明煤的各种特性。为此，人们发展了一些煤的特种分析方法，在一定程度上可直接反映出煤的燃烧特性。但是这些方法和指标规范性很强，只有在相同的方法和规范条件下，甚至只有在同一实验室中得出的结果才有比较的意义。尽管如此，该类方法较过去常规使用的方法仍然能够更确切地表征出各种煤的燃烧特性和灰渣特性，如煤的着火特性、燃烧反应速度、燃尽程度、燃烧中煤渣的表面状态及形态变化等，而且能在不同程度上反映出煤的燃烧特性本质，有很强的实用价值。

1.2.4.2 特种分析方法

A 热重分析

热重分析仪（thermo gravimetric analyzer，TGA）是一种利用热重法检测样品质量-温度变化关系的仪器。热重法是在程序控温下，测量样品的质量随温度（或时间）的变化关系。当被测物质在加热过程中有热解或燃烧时，被测的物质质量就会发生变化。通过对质量-温度曲线（TG）、质量微分-温度曲线（DTG）、热流-温度曲线（DSC）进行定量的分析可以获得热解和燃烧过程中的特征温度、反应活性及动力学参数（活化能 E 和指前因子 K_0）。

煤的燃烧特性对煤粉锅炉的运行有着至关重要的影响，煤粉的燃烧特性是用一些特征参数来表示的。影响煤粉着火与燃烧的诸多因素中，煤本身的性质和燃烧工艺参数是其中两个重要的因素。燃烧动力学参数是反映煤与 O_2 反应性能最基本的参数。用来表征燃烧的特征参数有着火温度 T_i、最大失重率温度 T_{max}、可燃性指数 C_b、燃尽指数 H_j、燃烧综合指数 S 和反应性指数 R_c。

(1) 着火温度 T_i 是煤样从缓慢的氧化反应过程转变为剧烈、发光、发热的化学反应的临界值，着火温度越低，煤粉的燃烧过程越易发生。选用TG-DTG切线法可以确定着火温度，图1.5所示为着火点确定图。已知YN褐煤燃烧过程的失重曲线TG及微分失重曲线DTG，过DTG曲线失重峰值点作垂线，与TG曲线交于 A 点，过 A 点作TG曲线的切线，与失重起始平行线的交点所对应的温度即为着火温度。

（2）最大失重速率，是反映煤质特性的一个重要参数，对应反应过程中最快的失重速率点，在 DTG 曲线上表现为最低峰值点，用 $(dw/dt)_{max}$ 来表示。最大失重速率温度是最大失重速率所对应的温度值，用 T_{max} 来表示。

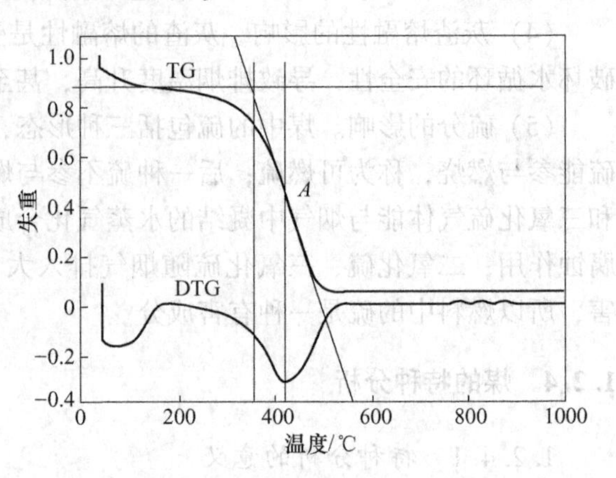

图 1.5 着火温度的确定方法

（3）可燃性指数 C_b，具体计算见下式：

$$C_b = \frac{(dw/dt)_{max}}{T_i^2} \tag{1.22}$$

式中，T_i 中为着火温度，℃；$(dw/dt)_{max}$ 为最大失重率，mg/min；C_b 主要反映煤样燃烧前期的反应能力，该值越大，可燃性越好。

（4）燃尽指数 H_j 是判断煤粉燃尽性能好坏的特征参数。将煤粉的燃烧特性曲线 DTG 前段中 $(dw/dt)/(dw/dt)_{max} = 1/2$ 与 $(dw/dt)_{max}$ 的温度区间 $\Delta T_{1/2}$ 称为前半峰宽，表示煤粉前期燃烧的集中程度。后段中 $(dw/dt)_{max}$ 和 $(dw/dt)/(dw/dt)_{max} = 1/2$ 的温度区间 $\Delta T'_{1/2}$ 称为后半峰宽，反映煤粉燃尽的集中耗时程度。令 $\Delta T_q = \Delta T_{1/2}$，$T_h = \Delta T'_{1/2}$，$\Delta T = \Delta T_q + \Delta T_h$。$\Delta T$ 所对应的 DTG 曲线下所包围的面积为煤粉可燃质聚集燃烧份额的大小，ΔT 越大，煤粉可燃质聚集份额越多。

$\Delta T_h/\Delta T$ 表示煤粉燃烧后期燃烧的聚集程度，它可间接反映煤粉后期燃烧的快慢。$\Delta T_h/\Delta T$ 的比值越小，表明煤粉燃尽所需时间越短；反之，后期燃烧所需时间越长，燃尽情况越差。H_j 具体公式如下：

$$H_j = \frac{(dw/dt)_{max}}{T_i \cdot T_{max} \cdot \dfrac{\Delta T_h}{\Delta T}} \tag{1.23}$$

式中，T_i 为着火温度，℃；$(dw/dt)_{max}$ 为最大失重率，mg/min；T_{max} 为最大失重速率温度，℃；ΔT_h 为 DTG 后半峰宽温度差，℃；ΔT 为 DTG 总峰宽温度差，℃。

（5）综合燃烧特性指数 S 表征煤的综合燃烧性能。定义过程如下：对于缓慢加热的燃烧过程，燃烧反应初期即着火阶段可认为动力区，即化学动力学因素控制反应速度，并可近似地用阿累尼乌斯定律表达燃烧速率，即

$$\frac{dw}{dt} = A\exp(-E/RT) \tag{1.24}$$

式中，dw/dt 为燃烧速率，mg/min；A 为指前因子，min^{-1}；E 为燃烧反应的表观活化能，kJ/mol；T 为颗粒温度，K；R 为通用气体常数，8.314J/(mol·K)。

对式（1.24）求导并整理得

$$\frac{R}{E}\frac{d}{dT}\left(\frac{dw}{dt}\right) = \frac{dw}{dt}\frac{1}{T^2} \tag{1.25}$$

在着火点有

$$\frac{R}{E}\frac{\mathrm{d}}{\mathrm{d}T}\left(\frac{\mathrm{d}w}{\mathrm{d}t}\right)_{T=T_\mathrm{i}}=\left(\frac{\mathrm{d}w}{\mathrm{d}t}\right)_{T=T_\mathrm{i}}\frac{1}{T_\mathrm{i}^2} \tag{1.26}$$

将式（1.26）进一步变形整理得

$$\frac{R}{E}\frac{\mathrm{d}}{\mathrm{d}T}\left(\frac{\mathrm{d}w}{\mathrm{d}t}\right)_{T=T_\mathrm{i}}\frac{(\mathrm{d}w/\mathrm{d}t)_{\max}}{(\mathrm{d}w/\mathrm{d}t)_{T=T_\mathrm{i}}}\frac{(\mathrm{d}w/\mathrm{d}t)_{\mathrm{mean}}}{T_\infty}=\frac{(\mathrm{d}w/\mathrm{d}t)_{\max}\cdot(\mathrm{d}w/\mathrm{d}t)_{\mathrm{mean}}}{T_\mathrm{i}^2\cdot T_\infty} \tag{1.27}$$

式中，$(\mathrm{d}w/\mathrm{d}t)_{\mathrm{mean}}$为平均燃烧速率，mg/min；$T_\infty$为燃尽温度，℃；其他符号意义同前。

式（1.27）等式左边部分可做如下解释：R/E 表示煤的活性，E 越小，反应能力越高；$\frac{\mathrm{d}}{\mathrm{d}T}\left(\frac{\mathrm{d}w}{\mathrm{d}t}\right)_{T=T_\mathrm{i}}$ 为燃烧速度在着火点的转化率，其值越大，表明着火越猛烈；$\frac{(\mathrm{d}w/\mathrm{d}t)_{\max}}{(\mathrm{d}w/\mathrm{d}t)_{T=T_\mathrm{i}}}$ 为燃烧速度峰值与着火时的燃烧速度之比；$\frac{(\mathrm{d}w/\mathrm{d}t)_{\mathrm{mean}}}{T_\infty}$ 为平均燃烧速度与燃尽温度之比，其值越大，表明燃尽越快，这几项的乘积反映了煤粉的燃烧特性。将式（1.27）等式右边简记为：

$$S=\frac{(\mathrm{d}w/\mathrm{d}t)_{\max}(\mathrm{d}w/\mathrm{d}t)_{\mathrm{mean}}}{T_\mathrm{i}^2T_\infty} \tag{1.28}$$

S 综合反映了煤粉的着火特性与燃尽特性，S 值越大，说明煤的燃烧特性越好。

（6）半焦的反应性又称为反应活性，指在一定条件下半焦与不同气体介质（如氧气、二氧化碳、水蒸气等）发生化学反应的能力。反应性强的煤在气化和燃烧过程中反应速度快、效率高。半焦反应性的评定有多种方法，如用二氧化碳还原率来评价煤（半焦）的气化反应性，这已经作为我国的国家标准。日本学者 Takarada 提出“反应性指数 R”的概念来表示半焦的反应性，其定义为 $R=0.5/\tau_{0.5}$，其中 $\tau_{0.5}$为半焦转化率达到50%所需要的时间。Ruseell 等用等温条件下燃烧（或气化）时的速度来评价半焦的反应性，其定义式为（1.29）。

当反应温度恒定，反应级数 $n=1$ 时，由化学反应速率方程 $\frac{\mathrm{d}\alpha}{\mathrm{d}t}=k(1-\alpha)^n$ 得到 $\frac{\mathrm{d}\alpha}{\mathrm{d}t}=k(1-\alpha)$，即 $k=\frac{\mathrm{d}\alpha/\mathrm{d}t}{1-\alpha}$。而 $\alpha=\frac{w-w_0}{w_0-w_\infty}$，于是，

$$k=\frac{\mathrm{d}\alpha/\mathrm{d}t}{1-\alpha}=\frac{-\frac{\mathrm{d}w}{\mathrm{d}t}\frac{1}{w-w_0}}{\frac{w-w_\infty}{w-w_0}}=-\frac{1}{w-w_\infty}\frac{\mathrm{d}w}{\mathrm{d}t}$$

令 $R_\mathrm{c}=k$，得到，

$$R_\mathrm{c}=-\frac{1}{w-w_\infty}\frac{\mathrm{d}w}{\mathrm{d}t} \tag{1.29}$$

式中，k 为化学反应速率；α 为半焦转化率；w 为 t 时刻未反应半焦的质量，mg；w_0 为反应初始时刻半焦的质量，mg；w_∞ 为反应结束时半焦的质量，mg；$\mathrm{d}w/\mathrm{d}t$ 为 t 时刻燃烧曲线的斜率。

B 着火温度试验炉

热重分析显示的是煤样在坩埚中由静止状态被缓慢加热的反应特征，与煤粉在锅炉内

的实际燃烧条件相差较远。因此，采用小型燃烧试验装置，在规定的试验工况条件下研究不同煤种煤粉气流的燃烧，得出一些直观的数据评价煤的燃烧性能是十分必要的。美国燃烧工程公司采用着火指数炉、美国 B&W 公司与法国煤炭科学院采用小型电加热煤粉燃烧试验炉等，评价煤粉气流的着火与火焰的稳定性能。此外，美国、加拿大等国的一些机构建立了功率较大的燃烧试验炉，以便更直观更接近实际燃烧状况地评价煤的燃烧性能。

为了得出直观的煤粉气流着火温度及研究着火条件的影响，西安热工研究院于 1986~1987 年建立了煤粉气流着火试验炉。试验炉的结构及试验原理是参考法国煤炭科学院及美国 B&W 公司的熄火温度测定炉建立的，经过多煤种、多工况试验确定了规范的试验工况条件。试验中发现，煤粉气流着火与熄火温度基本一致，因此只用一个煤粉气流着火温度作为判别着火或火焰稳定性指标。该项试验与测试方法较国外有所改进，在测定着火温度时，以炉内装设的两个抽气热电偶得出煤粉气流温度，该温度与壁温的交叉点温度（图 1.6）表达煤粉气流由吸热转为放热的特征，而不是仅仅依赖试验人员的观察。这样对火焰现象不够明显的无烟煤可大大提高试验的准确性。该试验炉也可测定试验煤种在不同一次风煤粉浓度下的着火温度，研究煤粉浓度对着火的影响。图 1.7 所示为煤粉气流着火试验炉的系统简图。

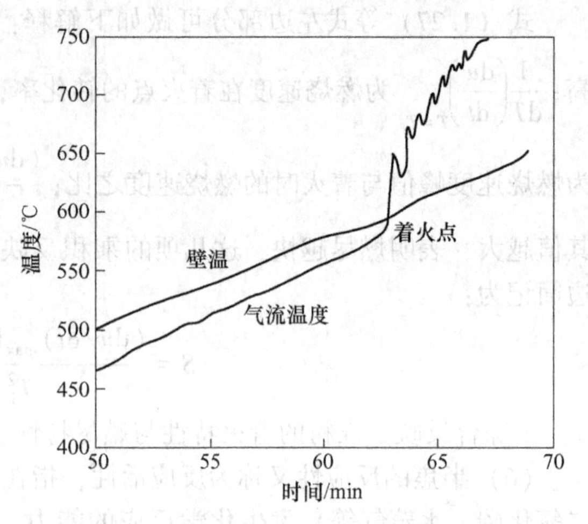

图 1.6　某种烟煤的温升记录曲线

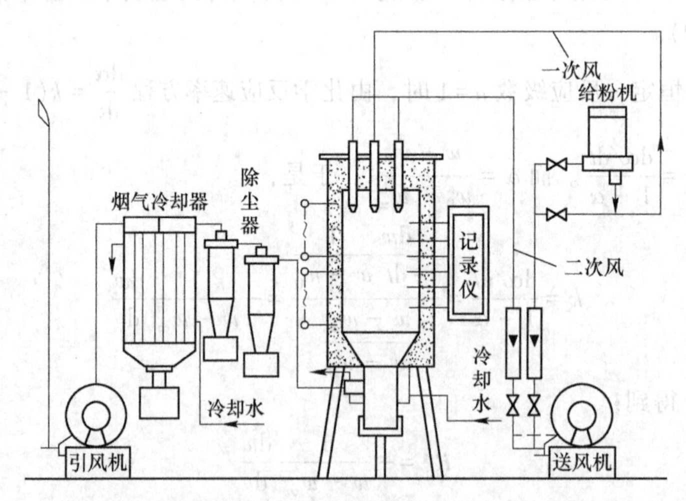

图 1.7　煤粉空气混合物射流着火温度试验炉及系统

试验炉炉体为立式电加热碳化硅夹层筒体，炉膛内径为 175mm，有效高度为 610mm，可分成两段，各配有调压器以调节炉壁升温速度。在水平炉顶轴线上固定安装一个圆管形一次风（煤粉空气混合物）喷嘴，在其两侧装有两只圆管形二次风（空气）喷嘴，与一次风喷嘴的轴线距离约 40mm。炉壁温度最高可达 1300℃，用嵌入碳化硅内层套筒炉壁的热电偶测量，炉内气粉流温度采用两只抽气热电偶插入着火区（距喷口 300~400mm）内进行测量；同时，沿炉膛高度装设有石英玻璃窥视窗以观察炉内着火现象。

规范的着火温度试验工况条件如下：

（1）试验煤粉细度

依煤的干燥无灰基挥发分 V_{daf}按式（1.30）取定 90μm 筛上剩余量百分率 R_{90}（取 $n=1$）。锅炉在 BRL 及 BMCR 工况下煤粉细度按式（1.30）选取，即

$$R_{90} = K + 0.5nV_{daf} \tag{1.30}$$

式中，R_{90}为煤粉细度,%；n 为煤粉均匀性指数；K 为系数。

对于 $V_{daf}>25\%$的烟煤，$K=4$；对于 $V_{daf}=25\%\sim15\%$的煤，$K=2$；对于 $V_{daf}<15\%$的煤，$K=0$。

对于褐煤，R_{90}可以增大到 35%~50%（V_{daf}高时取大值）；相应的 1.0mm 筛上剩余量 $R_{1.0}<1\%\sim3\%$。将空气干燥后的煤样全部研磨至上述细度（R_{90}允许略低于上述规定值）。

（2）试验煤给粉量

按燃料输入热功率 4.65kW 计，即每小时给粉量应为

$$G = 16.74/Q_{net,ad} \tag{1.31}$$

式中，G 为试验煤给粉量，kg/h；$Q_{net,ad}$为试验煤空气干燥基低位发热量，MJ/kg。

（3）入炉空气总量为 5.5kg/h；一、二次风比为 1∶4。

（4）一次风参数。风温为室温；喷嘴出口风速为 4m/s。

（5）二次风参数。风温为室温；喷嘴出口风速为 8m/s。

（6）炉膛内气压。绝对压力维持（101.3±5%）kPa；炉膛负压维持 0~10Pa。

（7）炉壁升温速率为 5~8℃/min，无烟煤取较低值。

试验时，用电热丝将碳化硅炉壁缓慢均匀加热，使炉壁温度保持规定的升温速率（5~3℃/min）。通过圆管形一次风喷嘴，以规定速度向下喷入规定浓度的煤粉空气混合物，混合物射流在通过炉膛时，吸收炉壁的辐射对流放热而升温。随着炉壁温度的升高，混合物射流的温度也逐步升高。混合物射流一旦达到准着火温度，就会有部分煤粉颗粒首先燃烧，即可观察到有比发光的炉壁背景亮度更高的火星掠过炉膛。炉壁温度继续升高，炉内火星数量增加，气粉流温度也以较快速度增加，直到发生爆燃，开始稳定着火燃烧（褐煤、烟煤）。此时气粉流温度会迅速超过炉壁温度，如图 1.7 所示。定义气粉流温度升高到与炉壁温度相等，并即将超过时的温度为该煤粉气流的着火温度（*IT*）。对于无烟煤，在上述过程条件下观察不到爆燃着火现象时，可仅依据上述定义确定其着火温度（*IT*），如图 1.8 所示。

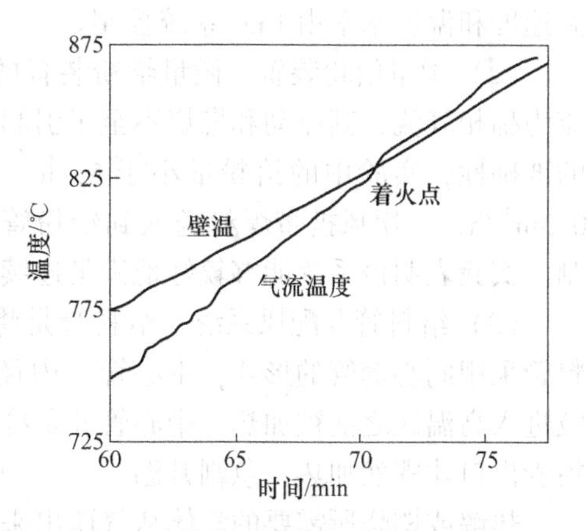

图 1.8 某种无烟煤的温升记录曲线

根据多煤种试验结果得出的着火温度（*IT*）与挥发分（V_{daf}、V_{ad}）的关系如图 1.9 所示，两者呈现出较大的分散度。煤粉气流着火温度测试是在煤粉浓度较高且与煤粉锅炉实际运行更为接近的条件下进行的，因此更有实际应用价值。

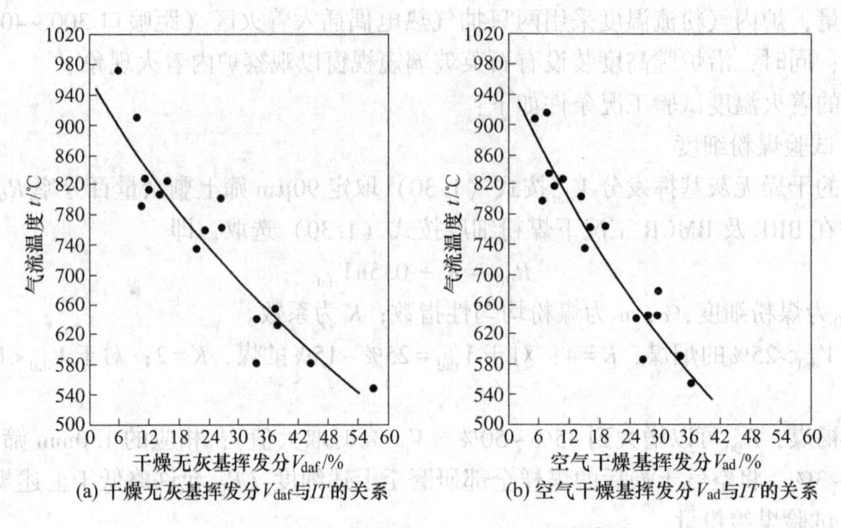

(a) 干燥无灰基挥发分 V_{daf}与 IT 的关系　(b) 空气干燥基挥发分 V_{ad}与 IT 的关系

图 1.9　IT 与挥发分（V_{daf}、V_{ad}）的关系

C　沉降炉

高温沉降炉（drop tube furnace，DTF）是用于研究煤的快速热解和燃烧实验的关键设备，由于炉子的体积小，炉内温度可以按照需要控制在一定的水平，本实验设备最高温度可以达到 1600℃，煤粉在炉内的停留时间控制在 0.4~0.6s，其加热速率可以达到 105℃/s，和锅炉炉膛内煤粉气流的加热速度具有相同的数量级，并且二者的加热方式相当，因此高温沉降炉能够很好地模拟炉膛内煤粉的实际热解及燃烧过程。沉降炉实验台系统如图 1.10 所示，主要包括沉降炉炉体、微量给粉系统、配风系统、给料管、样品收集系统和电源及炉温控制系统等。

（1）炉体部分。炉体的中心是一个内径为 0.042m、长为 0.5m 的刚玉管，它是煤粉热解和燃烧的地方。刚玉管外侧是硅化钼发热元件、耐火材料保护层及炉外壁，炉体发热元件采用氩气保护。炉内的气氛温度最高达到 1600℃，恒温区长度为 0.26m，炉体的升温速度和温度水平由 PLC 系统控制。

（2）微量给粉装置。微量给粉装置的作用是实现均匀的微量给粉。为了保证煤粉气流为稀相气流，其流动和燃烧不至于引起明显的气相流场、温度场的变化，保证实验数据的准确性，实验中的给粉量小于 5g/h。给粉装置是利用流态化携带原理，一次风量为 0.3m³/h，一次风携带煤粉送入到给粉管内。给粉量通过调整调速电机和一次风量来控制。实验表明该系统能够较好地满足连续微量给粉的要求。

（3）给料管及配风系统。给料管是将煤粉和热解或燃烧所需要的气体送入炉膛。给料管采用同心套管的形式，中心管（内径为 0.012m）内是一次风和煤粉颗粒，为防止颗粒进入高温区之前被加热，中心管外是冷却水套管。这种结构可以使煤粉颗粒只有到达给粉管出口才骤然加热，急剧升温。

热解或燃烧所需要的气体从气瓶出来，经质量流量计调节混合后，一部分（一次风）进入给粉系统携带煤粉颗粒，其余部分（二次风）从炉膛顶部送入炉内，二次风流量为 0.2m³/h。二次风的作用是防止煤粉颗粒热解或燃烧后黏结到炉膛管壁上，并顺利进入到收集管内。

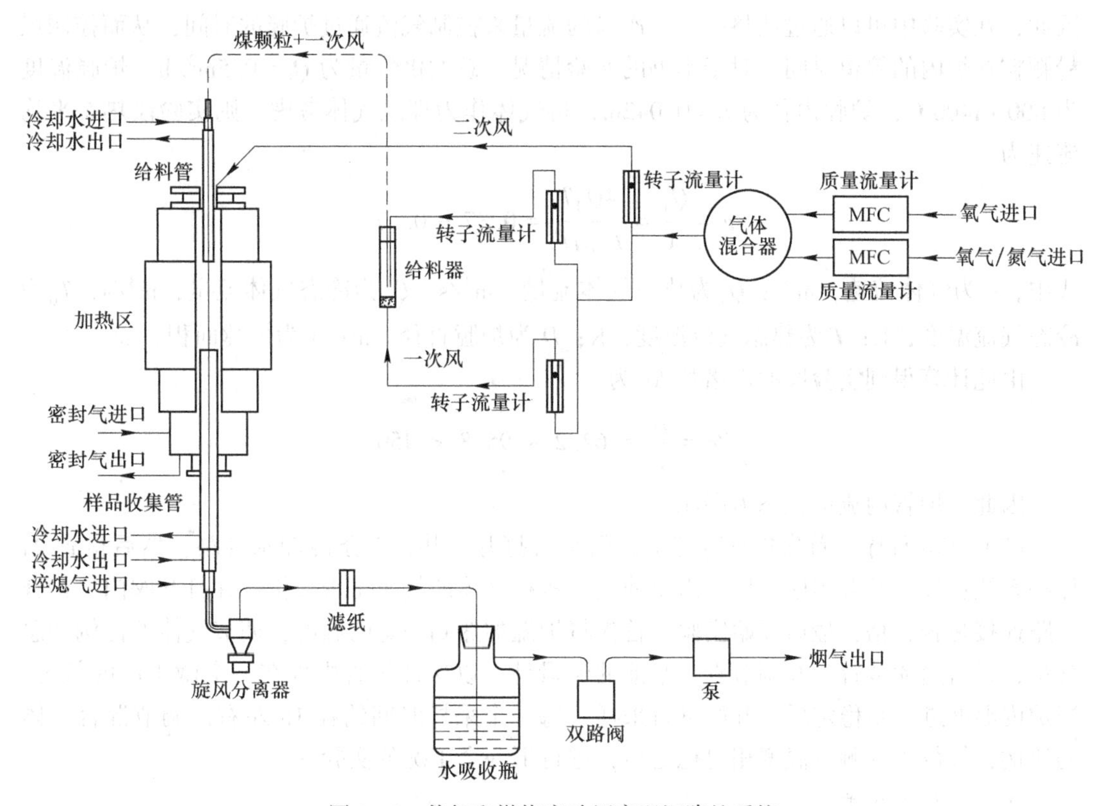

图 1.10 热解和燃烧实验用高温沉降炉系统

(4) 样品收集系统。样品收集系统包括取样管、旋风分离器、过滤器、真空泵等。取样管的中心管为抽出的烟气，为了保证热解后的半焦能够迅速冷却，防止发生二次热解，中心管的内壁开有4排小孔，并通入淬冷氮气。中心管的外侧为淬冷气套管，淬冷气套管外侧为水冷套管，用于冷却烟气。取样管的头部采用了向外倾斜的锥形结构，既可以增加对样品的收集率，又可以防止在台上积聚的残样混入待取的样品中影响燃尽率的准确测量。旋风分离器的作用是进行气、固分离，收集半焦或燃烧后的灰分。过滤器的作用是过滤煤粉热解后的气态产物焦油，防止焦油影响真空泵的正常工作。

(5) 沉降炉中温度分布。沉降炉的温度控制是依靠可控硅稳压电源和PLC控制器实现的，控制柜面板上显示炉内的温度，在开始实验前进行热态调试，使用铂铑热电偶测定炉内沿轴线方向温度场的分布情况。

(6) 颗粒在沉降炉中运动情况分析。颗粒在沉降炉中集中在炉膛轴线附近的关键是保证炉膛中的流动时严格层流。根据有关文献介绍，要保证炉膛内气流的流动状态是层流，只要保证一、二次风速度比 $w_1/w_2>8$，二次风气流流动的雷诺数 $Re<450$ 即可，本实验的工况能够满足要求。

文献中利用激光多普勒测速仪测量了高温气体携带炉中气体与颗粒的流场，发现在冷态流场中，颗粒对气流的跟随性不好；但在热态流场中，由于气体黏性系数增大，颗粒的跟随性较好。本实验的温度在800~1400℃之间，可以采用气相速度直接代替颗粒的速度。

因此，在实验中可以通过调整一、二次风的流量来控制气流通过炉膛的时间，从而控制煤粉颗粒在炉内的停留时间。对于本书的实验情况，总的供气量为 $Q_0=0.5m^3/h$，炉膛温度为 800~1400℃，炉膛内径为 $D=0.042m$，将气体作为理想气体考虑，则实验段热态平均流速为

$$u=\frac{Q_1}{A}=\frac{4Q_0T}{T_0\pi D^2}=0.37-0.57$$

式中，u 为气体流速，m/s；Q_1为热态气体流量，m^3/s；Q_0为冷态气体流量，m^3/s；T_0为冷态气流温度，K；T 为热态气流温度，K；D 为炉膛直径，m；A 为炉膛面积，m^2。

由此计算得到实验段的雷诺数 Re 为

$$Re=\frac{uD}{\nu}=62.2\sim95.8<450$$

因此，炉管内流动状态为层流。

(7) 实验程序：首先检查冷却水阀门是否打开，共计 3 条冷却水管路；然后检查 Ar 保护系统；设定升温程序；检查需要使用的各种气体的气压是否合格，并打开阀门，检查气路连接是否合格；最后开始实验。首先将炉温加热到一定的温度，调节气体的比例和总气量，开启给粉装置，并调节真空泵前的流量计，以保证炉管内处在一个微正压的状态，当炉内温度进一步稳定后，开始进行采样。每一个采样时间约在 1h 左右，调节混合气体的比例，等待炉内测点温度相对稳定后，进行下一个工况的实验。

D 一维燃烧炉

一维炉是一种用于开展煤燃烧的试验研究，而且能够应用于生物质、天然气、液体燃料及多种燃料混燃过程中的燃烧特性、污染排放特性等试验研究，也能够开展分级燃烧、烟气再循环和 Oxy-fuel 燃烧等过程的试验性装备。是目前国际上开展燃烧研究及污染物排放的最佳试验设备。

图 1.11 为一维燃烧试验系统简图。整个系统分成八个部分，分别为空气系统、多燃料组合式燃烧器、给料系统、烟气系统、冷却水系统、取样系统、金属溶液喷射系统以及仪控系统等八个部分。煤粉（生物质）经刷式称重螺旋给料机下落后，由一次风输送进入燃烧器。燃烧器由三层套管组成，中心管可以喷入液体燃料或者其他辅助添加剂；第二层引入风粉混合物，最外层引入经过电加热器加热的二次风。燃料进入炉膛后，开始燃烧，火焰向下传播。为了对燃烧过程中的固体和气体取样，在每段炉体上布置有大小不同的取样孔和测温孔。燃烧后的烟气由一维炉底部排出去，进入两级冷却器的第一级——套管式换热器，然后通过 SCR 后进入第二级冷却器：管壳式换热器，最后烟气进入布袋除尘器，经引风机排入大气中。引风机出口的烟气也可直接通过阀门控制引入送风机进口，进行烟气再循环与空气管道中加入的纯氧实现 Oxy-fuel 燃烧。

空气系统由罗茨风机驱动，提供燃烧所需的空气，分为流量可独立调节的一次风和二次风。一次风管路也是固体燃料输送管路，通过锁气器与固体燃料输送系统连接。二次风管路加装 5kW 的电加热器，用于预加热二次风。

燃料输送系统分为气体燃料输送和固体燃料输送两部分。一维炉使用过程中，气体燃料一般用于系统预热或工况维持，相对于固体燃料具有操作简便、安全可靠的特点。当预

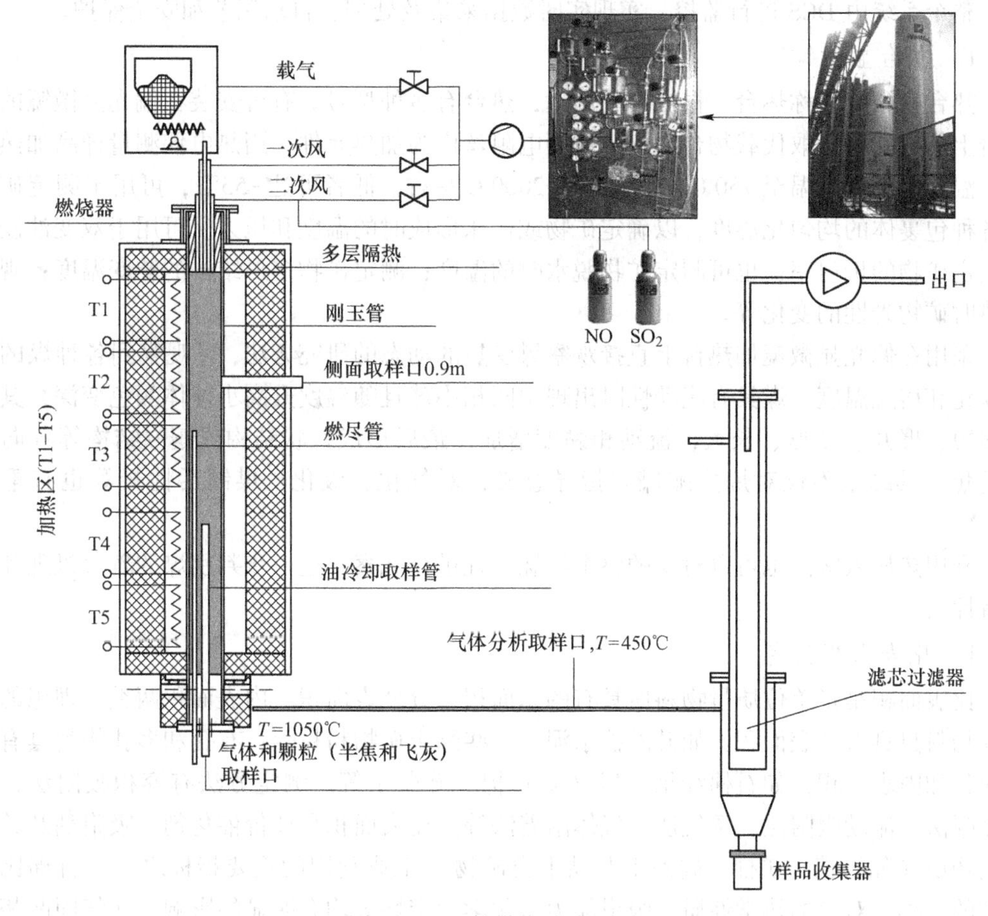

图 1.11　一维燃烧试验炉系统

热完成系统达到既定工况后，通常完全或部分切换至固体燃料。一维炉系统的固体燃料（煤或生物质）的消耗速度大致为 2~10kg/h，要求燃料输送速度稳定均匀。系统配备了刷式称重螺旋给料机和刮板式给料机两套给粉装置，以适应不同物理特性的固体燃料。燃料输送系统供给的燃料经锁气器后由一次风夹带进入燃烧器。

多燃料组合式燃烧器布置在一维炉顶部，可燃用气体燃料（如天然气、液化石油气等）和固体粉状燃料（煤粉、生物质等），从外至内分共三个环形通道口和一个中心通道，依次为二次风旋流喷口、一次风风粉、气体燃料直流喷口和中心通道。中心通道内径 13mm，可满足不同研究实验的需要，如往炉管内加入不同的反应物质（催化剂、SO_2、HCl 等）或取样，用插入雾化喷头和加长杆，把金属盐溶液雾化并喷射到燃烧区域。在燃烧器出口，一侧加装高压点火电极，另一侧是紫外火焰探测器。

炉管是一维炉系统的主要部件，由内径为 150mm 的重结晶碳化硅高温陶瓷材料做成，最高耐温为 1600℃，炉管总高 3.8m，分成 5 节，每节高约 770mm。沿炉管轴线方向依次均匀布置了 8 个热电偶用于温度分布的测量，此外每节炉管均设置采样口。

烟气系统的主要部件包括尾部烟道、氧化锆分析仪、换热器、布袋除尘器和引风机。此外，还布置了一系列与仪控系统连接的热电阻和压力传感器。

整个系统由DCS进行监控，实现实时数据采集及处理、自动调节和安全保护。

E 热台显微镜

热台显微镜简称热台。根据不同用途，热台有多种型号。有可安装在偏光显微镜的载物台上的，有直接取代载物台的，一般用电阻丝作为加热元件，用热电偶测量样品加热温度。温度范围由室温至750℃，高者可达2000℃左右，低者可达-55℃，可用于测定矿物中各种包裹体的均匀化温度，以确定矿物或矿床形成时的温度和压力。可用于双变油浸法中测定矿物的折射率；也可测定矿物脱水时的温度；测定矿物多形结构的转变温度；观察加热时矿物光性的变化等。

采用在偏光显微镜加热台上直接观察煤受热的动态的研究方法，可观察到各种煤的不同软化和熔融温度。煤具有流动性时出现中间相小球且随温度升高小球体颜色变深，其距离缩短、聚并、变形、长大，流动相黏度增加，最后形成针状结构或镶嵌结构等各向异性的焦。其结果不仅对炼焦配煤有指导意义，对气化、液化、煤制活性炭等也有重要意义。

利用热显微镜法也可以对煤的整个燃烧过程进行观察，进一步判别煤的着火机理和结渣特性。

F 比表面积测定

比表面积是指单位质量物料所具有的总面积。分外表面积、内表面积两类。理想的非孔性物料只具有外表面积，如硅酸盐水泥、一些黏土矿物粉粒等；有孔和多孔物料具有外表面积和内表面积，如石棉纤维、岩（矿）棉、硅藻土等。测定方法有容积吸附法、重量吸附法、流动吸附法、透气法、气体附着法等。比表面积是评价催化剂、吸附剂及其他多孔物质（如石棉、矿棉、硅藻土及黏土类矿物）工业利用的重要指标之一。石棉比表面积的大小，对它的热学性质、吸附能力、化学稳定性等均有明显的影响。在气固两相反应中，比表面积可作为直观反应活性的一种简单度量。

煤是多孔物质，释放挥发分后的焦更是典型的多孔物质。通常以N_2在77K时的吸附量，用BET方程给出煤样或焦样的比表面积；也有的以CO_2在298K时的吸附量，用Dubinin Polngi方程给出试样的比表面积；也有用压汞法测得孔隙面积来表示比表面积。BET法是BET比表面积检测法的简称，该方法以著名的BET理论为基础而得名。BET是三位科学家（Brunauer，Emmett和Teller）的首字母缩写，三位科学家在从经典统计理论推导出的多分子层吸附公式，即著名的BET方程，成为颗粒表面吸附科学的理论基础，并被广泛应用于颗粒表面吸附性能研究及相关检测仪器的数据处理中。比表面积是指每克物质中所有颗粒总外表面积之和，国际单位是m^2/g。比表面积是衡量物质特性的重要参量，可由专门的仪器来检测，通常该类仪器需依据BET理论来进行数据处理。

G 重力筛分法

重力筛分就是考虑到各煤粉之间的重度差别，用不同重度的有机溶剂（如$CHBr_3$）分别将各重度煤粉分离出来，并研究其矿物质的含量及分布特性。重力筛分法用于评价煤质结渣特性较之于单一常规结渣指标有更高的分辨率，并已在工业实践中得到应用。研究表明，重力筛分法只适用于判别由矿物质（FeS_2）偏析引起的结渣现象，而对不是由矿物质偏析引起的炉内结渣则不能做出合理判断。

1.2.5 其他固体燃料

1.2.5.1 油页岩

油页岩又称油母页岩，是可燃性矿产之一，像煤炭一样为固体燃料。但从油页岩成分中所含的有机物来看，它们更像石油。油页岩有机质中氢含量很高，低温干馏可获得碳氧比类似天然石油的页岩油。

油页岩是一种混在砂土中的含有碳酸盐和硫化铁杂质的岩石，其中含有油母质。随着产地的不同，油页岩的化学组成可有很大差别。油页岩可以磨成粉后直接燃烧。油页岩这样利用时热值较高，约9200kJ/kg，但由于其中含有许多灰分，会在燃烧表面形成沉积层，另外还有腐蚀问题。

我国抚顺、茂名、桦甸三个已开采或曾开采的矿区，已探明的油页岩储量有100多亿吨。此外，如吉林的农安、内蒙古的东胜、甘肃的炭山岭和窑街、新疆的博格达山北麓、陕西北部的鄂尔多斯地台以及广东的儋县等，都是我国较有希望的油页岩矿区。

我国油页岩的灰分较高，可达60%~85%，质量较好的灰分仅50%左右。发热量大多在2093~6280kJ/kg，也有少数更低（2000~3000kJ/kg）或更高（16747~20934kJ/kg）的。干燥无灰基挥发分一般达60%以上。元素组成的特点是氢量高，H_{daf}达6.5%~10%，氮含量变化大，从0.5%以下至3%以上的均有，干燥无灰基碳含量多低于80%，氧含量多为10%左右。油页岩的特点是燃点低，当发热量在3349kJ/kg左右时可作沸腾锅炉的燃料。从我国油页岩资源含油少、发热量低的特点来看，极大部分可作为燃料使用，尤其是与煤共生时更应考虑它的开采和利用。部分含油率高的油页岩可作为人造石油的原料。如广东茂名石油公司就是利用油页岩炼制多种石油制品。提取页岩油后的残留半焦还可作沸腾锅炉等的动力燃料。

1.2.5.2 炭沥青

炭沥青，又称沥青煤或炭沥青煤，是指充填于断层破碎带或裂隙带中的一种含碳量和发热量均较高的固体可燃矿产。我国炭沥青主要产于南方缺煤省、自治区。与一般煤矿床相比，炭沥青的产出形态复杂、变化较大、规模较小，不具有大规模工业开采价值，但对南方缺煤地区具有一定现实意义。浙江某地的储量达百万吨以上，在安徽、湖南和广西等地也发现了相当储量的炭沥青矿点。

炭沥青是一种低灰、低硫，质地较为均匀的高发热量有机可燃矿物，收到基低位发热量达29.27MJ/kg。目前炭沥青主要作为燃料使用，其中富集的钒等稀有金属元素可以综合利用进行回收。

1.2.5.3 天然焦

天然焦是在自然界中存在的一种焦炭。那些古代火成岩活动频繁的地区，由于放出大量的热液，使附近的煤层受热干馏而变成了焦炭——天然焦。煤层受岩浆的热作用比较均匀时，生成一种质量比较均匀的天然焦；如岩浆从一个方向侵入煤层而带入的热能不很大，常生成质量不均一的天然焦，且其附近还常伴随着无烟煤、贫煤和其他变质烟煤。

天然焦的外观有的与焦炭相近，有的呈钢灰色。天然焦是在地层的密闭状态下受压经干馏作用而生成的，常有气体和水分封存在天然焦的内部，因此天然焦常具有热爆性。天然焦块在燃烧、气化或在小高炉中炼铁时，受热时易爆裂成小块甚至成粉末，从而影响正常生产。但经低于300℃预热处理后即能消除热爆性；或把焦块粉碎到50网目以下，热爆性也会消失。

我国的天然焦资源比较丰富，分布范围较广，山东的枣庄、安徽的淮北、辽宁的阜新、河北的井陉以及其他许多矿区都储存不少天然焦。特别是山东，天然焦资源最丰富，有的煤矿全部生产天然焦。

天然焦的用途非常广泛，可以代替焦炭或无烟煤来烧石灰，热爆性对此影响不大；还可用来制造电石，但最好用低灰、低硫、高固定碳、低挥发分的天然焦；此外，天然焦也可用作气化和锅炉燃料，也可烧制水泥和熬盐等。天然焦粉可用来压制蜂窝煤或煤球，也可作煤粉锅炉的燃料。天然焦一般是劣质燃料，因此只宜于在矿区附近就地使用，不适合远距离运输。

1.2.5.4 木炭

木炭是木材或薪柴通过不完全燃烧，即熏烧或干馏、热解而得到的固体可燃性产物。木炭表面呈多孔状，其主要成分为无定形碳，燃烧灰分较少。木炭热值约为27.2~30.5MJ/kg，燃点300℃木炭按烧制及出窑时熄火方法的不同，可分为黑炭和白炭两种。

木炭可以作为锅炉点火时的引火材料。

1.2.5.5 植物性燃料

植物性燃料又称生物质燃料，包括农作物秸秆、薪柴、柴草、牛粪等。一是作为农村的生活燃料，二是作为农副产品加工和农村工业的燃料。植物性燃料均直接燃烧，热能利用率只有10%左右，浪费极大；使用省柴节能灶，可使薪柴热效率从10%提高到30%。

（1）薪柴。薪柴泛指可提供燃料的一切木本植物，包括薪炭林、用材林、灌木林、经济林、防护林等。林种和树种的不同，提供的薪柴量差别很大，就每一棵树而言，薪柴是指枝梢、树根、树干不成材部分、树皮及木材加工废物。薪炭林、灌木林是薪柴的主要来源。在第三世界国家农村和不发达地区生活用能的结构中，薪柴是重要能源。它具有以下特点：资源的广泛性；可再生性；效用多样性；具有平衡生态、改善环境的生态作用；作为燃料，对环境污染较少。薪柴不仅是农村重要的生活用燃料，而且可用作农副产品加工和烧砖瓦、石灰、制土纸等农村企业的燃料，每年会消耗大量林木。

（2）木材。木材又称木头或木质。指各种树木树皮以内未经加工的木质组织。木材的主要成分为木质素、纤维素、半纤维素等高分子碳水化合物，具有16MJ/kg的发热值。它可用作建筑材料、造纸原料、化工原料等。作为生物质能，它的最古老的利用方法是直接燃烧取得热能。此外，通过干馏、热解、气化、液化等热加工方法，可将它转化为木炭气、木焦油、木醋酸、木油精、木炭等优良的燃料或化工产品。木材作为燃料是一个巨大的能量资源，约占世界能量消耗量的10%。

（3）秸秆。秸秆是各种农作物的籽粒或果实收获后所剩的茎秆和叶片，如稻草、玉米秸、高粱秆等。秸秆的主要成分为粗纤维和木质素，它的用途广泛，既是良好的生物质能，也可作饲料、肥料和工业原料。秸秆可直接燃烧取得热能，也可通过生物发酵将其转化为酒精、沼气等燃料。秸秆重量轻，体积大。为了便于运输，可将其压制成成型燃料。

（4）甘蔗渣。甘蔗渣是甘蔗被榨取糖汁后所剩的纤维状残渣。甘蔗渣的成分为纤维素（约占43%）、半纤维素（约占38%）、木质素（约占12.5%）和少量水分、糖及其他物质。甘蔗渣可作为沼气发酵原料，但最好对它进行预处理，因为木质素、纤维素的厌氧消化过程很慢，而且其消化程度也有限。干燥的甘蔗渣可以直接作燃料或作为生物质气化的原料。

1.2.5.6 城市生活垃圾

城市生活垃圾是人类城市活动的副产品。由于它具有一定的热值，处理时可作为锅炉燃料来燃烧，以回收热能。

生活垃圾物理组成的分类方法在不同的国家、不同的地区或城市有所不同，通常应根据当地生活垃圾的特点以及具体用途来确定分类方法。一般比较能全面地反映城市生活垃圾的特性的分类方法，是以无机物和有机物为基础进行详细划分。有机物包括厨余、纸类、橡塑、布类、果皮、竹木类等；无机物包括玻璃、金属、杂物（煤灰、土、碎石等）。

我国城市生活垃圾组成的特点是有机物含量低，不可燃物含量高。在国外经济发达国家，由于城市经济发展水平和居民消费水平大大高于中国，城市生活垃圾中的有机物成分含量明显高于我国。

城市生活垃圾的化学组成同样也可通过元素分析和工业分析的方法获得。与其他固体燃料相比，组成城市生活垃圾的化学元素中，除碳、氢、氧、氮、硫外，还有氯以及铁、铝、铅、汞、铜等微量金属元素。这些元素在焚烧过程中以单质或化合态的形式排出，造成对环境的污染。另外，城市生活垃圾的水分一般都较高，并且随地区、季节、温度等变化很大。

1.3 液体燃料和气体燃料

1.3.1 油类燃料及其特性

1.3.1.1 油质燃料的分类与特点

石油经过一系列加工处理后，获得的产品可分为两类：一类是工业生产中使用的油剂或原料，如在油脂、橡胶、油漆生产中作溶剂用的溶剂油；机械设备上作润滑油剂用的润滑油；作为防锈和制药用的凡士林；生产蜡纸和绝缘材料用的石蜡；铺路、建筑、防腐剂用的沥青，以及制作电极和生产碳化硅用的石油焦。另一类是油质燃料。

常用油质燃料主要可以分为4类：汽油、煤油、柴油和重油。其中汽油和煤油一般不作为锅炉燃料来使用。

柴油是压燃式内燃机的燃料，也能作为锅炉的燃料。柴油按用途划分，通常可分为轻柴油和重柴油两类：

轻柴油为原油在一定温度条件下的常压直馏馏分与深加工的柴油组分按一定比例调制而成，颜色呈淡黄，主要由C_{15}~C_{24}的烃类组成，馏程宽度为260~360℃。轻柴油适用于转速高于960r/min的高速柴油发动机。一般作为火力发电厂锅炉的点火燃料，当前已成为小型燃油锅炉的主要用油。轻柴油的燃烧性能好，具有足够的黏度，能够保证良好的雾化和平稳燃烧。杂质含量极少，燃烧时不易在燃烧室内形成明显的结焦、积炭和沾污物。由于含硫、酸、碱等化合物很少，使用过程中不会对设备产生腐蚀性，对环境污染小。

重柴油为原油的常、减压重质直馏馏分，或与深加工中重质柴油组分，或与轻质柴油组分调制而成，主要由 C_{18}~C_{40}的烃类组成，馏程宽度一般为 250~450℃。主要用于转速低于 960 r/min 的中、低速柴油发动机，也作为锅炉的燃料。重柴油与轻柴油相比，其黏度大得多，凝点也高，故一般使用时应先进行预热；相对杂质含量较高，油品易氧化，使用前须进行过滤和沉淀，以免堵塞油喷嘴和滤清器。

重油是石油各种加工工艺过程中重质馏分和残渣的总称，是燃料油中密度最大的油品，主要作为各种锅炉、冶金加热炉和工业窑炉的燃料。石油经过常压、减压蒸馏得到重质直馏重油；经过各种裂化加工后得到裂化重油；蒸馏和裂化工艺中的残留物即为渣油。商品重油一般通过各种重油与轻质油按不同比例调和制成，如常压重油和渣油的黏度较小，有时可不加轻质油直接作为各种窑炉燃油；减压渣油因含沥青质较多，黏度大，须调和一些轻质油料（如柴油）后才能燃用；而裂化加工后的渣油黏度更大，并存在大量游离碳和不饱和烃类，着火温度高，不易燃烧，无法直接燃用，须调制更多的轻质油。重油或渣油由于其热值较高，着火和燃烧及时稳定，生产量大，对环境污染较小，是目前燃油锅炉的首选燃料。重油、渣油是原油提取轻质馏分后的残余油，元素分析成分中碳、氢、氮、硫等含量均比原油高。其中碳的质量分数约 85%，氢的质量分数约 12%。这两种可燃元素合计含量超过 95%，因此热值较高，约为 39300~44000kJ/kg，具有很好的燃烧性能。一般来说，含氢量越高，越容易着火燃烧；含碳量越高，重油的黏度也就越大。

1.3.1.2 锅炉常用燃料油

锅炉常用燃料油有柴油和重油两大类。柴油一般多用于中、小型工业锅炉和生活锅炉，重油多用于电厂锅炉的燃料。特别是对燃煤电站锅炉点火及低负荷运行时，要使用液体燃料暖炉或助燃。

（1）柴油。柴油按其馏分的组成和用途分为轻柴油和重柴油两种。

轻柴油按其质量分为优等品、一等品和合格品三个等级，每个等级按其凝点分为 10、0、-10、-20、-35、-50 等 6 种牌号。

10 号轻柴油——凝点为 10℃，使用中应有预热设备；

0 号轻柴油——凝点为 0℃，适用于最低气温在 4℃以上的地区使用；

-10 号轻柴油——凝点为-10℃，适用于最低气温在-5 ℃以上的地区使用；

-20 号轻柴油——凝点为-20℃，适用于最低气温在-5~-14℃的地区使用；

-35 号轻柴油——凝点为-35℃，适用于最低气温在-14~-29℃的地区使用；

-50 号轻柴油——凝点为-50℃，适用于最低气温在-29~-44℃的地区使用。

轻柴油的使用和输送温度应高于凝点 3~5℃，因为在凝点前几度柴油中就开始析出石蜡结晶，将会堵塞油料供应系统，降低供油量，严重时会中断供油。

表 1.11 列出锅炉设计代表性 0 号轻柴油的油质资料。

表 1.11　锅炉设计用代表性 0 号轻柴油油质资料

组成	M_{ar}	A_{ar}	C_{ar}	H_{ar}	O_{ar}	N_{ar}	S_{ar}	$Q_{net,v,ar}$/kJ·kg^{-1}
含量/%	0.00	0.01	85.55	13.49	0.66	0.04	0.25	42900

注：表中成分为质量分数。

重柴油按其凝点分为 10、20 和 30 等三个牌号，代号分别为 RC3-10，RC3-20，RC3-

30。这些重柴油的凝点相应不高于10℃、20℃和30℃。

各种牌号的重柴油的性质应符合表1.12的指标。

表1.12 重柴油的性质指标（GB 445—1977）

项目		质量指标			试验方法
		10号	20号	30号	
运动黏度（50℃）/$mm\cdot s^{-1}$	（不大于）	13.5	20.5	35.2	GB 265
残炭含量（质量分数）/%	（不大于）	0.5	0.5	1.5	GB 268
灰分（质量分数）/%	（不大于）	0.04	0.06	0.08	GB 508
硫含量（质量分数）/%	（不大于）	0.5	0.5	1.5	GB 387
机械杂质含量（质量分数）/%	（不大于）	0.1	0.1	0.5	GB 511
水分（质量分数）/%	（不大于）	0.5	1.0	1.5	GB 260
闪点（闭口）/℃	（不低于）	65	65	65	GB 261
倾点/℃	（不高于）	13	23	33	GB 3536
水溶性酸或碱	（不高于）	无	无	—	GB 259

注：1. 由硫含量（质量分数）0.5%以上的原油炼制的重柴油，出厂时硫含量许可不大于2.0%，残炭含量（质量分数）许可不大于3.0%。

2. 海运和河运时水分（质量分数）许可不大于2.0%，但须由总量中扣除水分全部质量。

（2）重油。重油的特性指标有黏度、凝固点、闪点、燃点、含硫量和含灰分量等。

1）黏度。黏度是表征液体燃料流动性能的指标。燃油黏度用恩氏黏度计测量，用°E表示。黏度愈小，流动性能愈好。重油的黏度随温度升高而减少。重油在常温下黏度过大，为保证重油的输送和油喷嘴的雾化质量，重油必须加热，使油喷嘴前的重油黏度小于4°E，才能正常使用。

2）凝固点。凝固点是表征燃油丧失流动性能时的温度。将燃油样品放在倾斜45°的试管中，经过1min后油面保持不变时的温度即为该油的凝固点。燃油的凝固点高低与燃油的石蜡含量有关。含石蜡高的油，其凝固点高。

3）闪点及燃点。在常压下，随着油温升高，油表面上蒸发出的油气增多，油气和空气的混合物与明火接触而发生短促闪光时的油温称为燃油的闪点。闪点可在开口或闭口的仪器中测定，闭口闪点通常较开口闪点高20℃。燃点是油面上的油气和空气的混合物遇到明火能着火燃烧并持续5s以上的最低油温。闪点和燃点是燃油防火的重要指标。因此，储运时的油温，必须使敞口容器中的温度低于开口闪点10℃以上，在压力容器中则无此限制。

4）含硫量。燃油的含硫量高，会对锅炉低温受热面产生腐蚀。按油中含硫量的多少，燃油可分为低硫油（$S_{ar}<0.5\%$）、中硫油（$S_{ar}=0.5\%\sim2\%$）和高硫油（$S_{ar}>2\%$）三种。一般来说，当燃油的含硫量高于0.3%时，就应注意低温腐蚀问题。

5）灰分。重油的灰分虽少，但灰中常含有钒、钠、钾、钙等元素的化合物，所生成的燃烧产物的熔点很低，约600℃，对壁温高于610℃的受热面会产生高温腐蚀。重油按其在50℃时的恩氏黏度$°E_{50}$分为20、60、100和200等4个牌号，如60号重油在50℃时其恩氏黏度为60，200号重油在50℃时其恩氏黏度为200等。这些牌号的数值相应于该种油品在80℃时的运动黏度值，即20号重油在80℃时的运动黏度和50℃时的恩氏黏度均为20。

由于各种牌号重油的黏度存在差异，使用时应使用不同的喷嘴，以保证良好的雾化燃烧。20号重油适于较小喷嘴（30kg/h以下）的燃油锅炉；60号重油适用于中等喷嘴的工业炉或船用锅炉；100号重油适用于大型喷嘴的各种锅炉；200号重油适用于与炼油厂有直接输送管道的具有大型喷嘴的锅炉。60、100和200等3个牌号重油在使用中应先进行预热，牌号越大的重油预热要求越高。表1.13列出锅炉设计用代表性100号和200号重油油质资料。

表1.13　锅炉设计用代表性重油油质资料

重油牌号	M_{ar} /%	A_{ar} /%	C_{ar} /%	H_{ar} /%	O_{ar} /%	S_{ar} /%	N_{ar} /%	$Q_{net,v,ar}$ /kJ·kg^{-1}	密度 /g·cm^{-3}	黏度 /°E	开口闪点/℃	凝点 /℃
200号重油	2	0.026	83.976	12.23	0.568	1	0.2	41860	0.92~1.01	80℃时15.5，100℃时5.5~9.5	130	36
100号重油	1.05	0.05	82.5	12.5	1.91	1.5	0.49	40600	0.92~1.01		120	25

注：表中成分均为质量分数。

各种牌号的重油的性质应符合表1.14的指标。

由于原油的产地和性质以及各炼油厂的原油加工工艺不同，各种重油产品的性质也存在差异。

表1.14　重油性质指标

参　数		重油牌号			
		20号	60号	100号	200号
黏度/°E$_{80}$	（不大于）	5.0	11	15.5	5.5~9.9(°E$_{100}$)
凝固点/℃	（不高于）	15	20	25	36
闪点（开式）/℃	（不低于）	80	100	120	130
灰分（质量分数）/%	（不大于）	0.3	0.3	0.3	0.3
水分（质量分数）/%	（不大于）	1.0	1.5	2.0	2.0
硫（质量分数）/%	（不大于）	1.0	1.5	2.0	3.0
机械杂质（质量分数）/%	（不大于）	1.5	2.0	2.5	2.5

1.3.2　其他液体燃料

1.3.2.1　煤焦油

煤焦油是煤炭干馏时生成的具有刺激性臭味的黑色或黑褐色黏稠状液体，简称焦油。在焦化厂中，它是焦炉煤气净化产品之一。煤焦油按干馏温度可分为低温煤焦油和高温煤焦油，在冶金焦化领域中一般用以指焦炉煤气冷却时从煤气中冷凝分离出来的高温煤焦油。

煤焦油是一种高芳香度的碳氢化合物的复杂混合物，绝大部分为带侧链或不带侧链的多环、稠环化合物和含氧、硫、氮的杂环化合物，并含有少量脂肪烃、环烷烃和不饱和烃，还夹带有煤尘、焦尘和热解炭。刚回收的煤焦油还含有5%左右的溶有多种无机盐和其他杂质的水分。由于有颗粒极细的热解炭的存在，水分往往和油形成稳定的乳化液。煤焦油的绝大多数组分熔点较高，但由于大量单体化合物互相溶解而形成低共溶混合物，使煤焦油在常温下仍呈液体状态。煤焦油的许多组分还组成大量多元共沸体系，给蒸馏分离造成很大困难。高温煤焦油 含有1万多种化合物，按化学性质可分为中性的烃类、酸性的酚类和碱性的吡啶、喹啉类化合物。

煤焦油一般作为加工精制的原料，制取各种化工产品，也可直接利用，如作为工业型煤、型焦和煤质活性炭用的黏结剂的配料组分；还可用作燃料油、高炉喷吹燃料以及木材防腐油和烧炭黑的原料。

1.3.2.2 页岩油

页岩油为油页岩干馏时所含的固体有机物质受热分解生成的一种褐色有臭味的黏稠状液体产物。页岩油类似天然石油（原油），富含烷烃和芳烃，但都不含烯烃，并有较多的含氧、氮、硫等非烃类化合物。页岩油可作为燃料油，也可进一步加工生成汽油、煤油、柴油等液体燃料，其加工方法与天然石油炼制工艺基本相同。中国抚顺和茂名有页岩油的生产。

1.3.2.3 其他合成液体燃料

合成液体燃料是由煤、油页岩、油砂、天然气等经过一系列不同的加工方法得到的一类液体燃料。合成液体燃料的生产过程较复杂，生产费用较高，而原油（天然石油）的开采和加工费用较低，故各种液体燃料大都来源于天然石油。当前仅有少数国家生产合成液体燃料，例如，加拿大从油砂抽提焦油，加工为轻质油品；南非将煤气化，再合成各种轻质油品；新西兰从天然气合成液体燃料。中国和苏联自油页岩干馏制取页岩油，作为燃料油，或进一步加工成轻质油品和化工产品。此外，一些国家（如美国、澳大利亚等）开展了合成液体燃料的科学研究和工业试验，随着天然石油资源的逐渐减少，合成液体燃料作为一种替代或补充能源发展前景广阔。

（1）煤液化合成燃料。煤液化是煤经化学加工转化为液体燃料（合成液体燃料）的过程。煤的液化包括直接液化和间接液化。煤直接液化是将煤在高压和较高温度下直接转化为液体；间接液化是将煤在有氢气和催化剂作用下使其加氢转化为一氧化碳和氢，然后在催化剂作用下合成为烃类或醇类液体燃料（汽油、柴油或甲醇燃料）。

（2）醇类燃料。用做发动机燃料的有机含氧化合物的混合物主要是醇类物，如工业甲醇和乙醇，用做甲醇燃料或酒精燃料；一般与石油燃料掺和使用，常用掺和比例为3%~20%，以节省车用汽油。掺和后仍保持原石油燃料基本性质，不必改造发动机，且具有燃烧效率高的优点。单独使用醇类作为车用发动机燃料的工作正在进行。

甲醇是一种具有20MJ/kg发热值的干净的液体燃料，可以作为汽车的燃料。

乙醇亦称酒精，分子式为C_2H_5OH，是无色的挥发性液体，可与大多数溶剂互溶，具有良好的燃烧性能。纯乙醇液体沸点为78.3℃，相对密度0.785，燃烧低热值为26900kJ/kg。工业上用化学合成法和发酵法制取乙醇。合成法是用乙烯或天然气来催化合成乙醇。发酵法的基本过程为：淀粉等碳水化合物由糖化酶转化为糖类，再在酵母菌作用下分解为乙醇和二氧化碳。酒精发酵原料有三种：质原料，如甘蔗汁；淀粉质原料，如玉米、薯类；纤维素原料，如甘蔗渣、高粱秆。乙醇除用作化学试剂和药品外，还是良好的燃料，燃烧后不产生污染物。

1.3.2.4　煤浆

煤浆是由煤、水（或油、甲醇等）和少量添加剂按一定比例组成，通过物理加工处理，制成类似油一样的新型洁净流体燃料。煤浆具备像燃料油那样易于装、储、管道输送及雾化燃烧等特点。

煤浆是20世纪70年代石油危机中发展起来的一种新型低污染代油燃料。它既保持了煤炭原有的物理特性，又具有石油一样的流动性和稳定性，被称为液态煤炭产品。大约2t水煤浆可以替代1t石油。不同的煤浆产品根据煤与不同流体的混合来命名。主要有：50%煤粉和50%油组成的油煤浆；煤粉、油及10%以上水组成的煤油水浆；60%~70%煤粉与40%~30%的水及少量添加剂组成的水煤浆；60%煤粉和40%甲醇组成的煤-甲醇混合物。

根据原煤的灰分高低又可将水煤浆分为超低灰、低灰、中灰和高灰煤浆。其中高灰煤浆又称做煤泥水煤浆，它是用洗煤泥与水混合而成，可作为矿区工业锅炉替代优质煤的代用燃料。

此外，还有石油焦浆（石油焦为低灰高热值的石油残渣），石油焦浆又可分为石油焦与油混合的油焦浆和水与石油焦浆混合的水焦浆。

煤浆技术的应用将使煤炭的品质、运输、工业应用、环境效益发生根本性的改变。首先煤炭的洗选与制浆相结合，可使煤浆变成低灰、低硫、高品位的燃料。其次，在矿区制备好的煤浆可以不用传统的火车运输方式，而用封闭式、低损耗、洁净化的管道运输方式运向工业用户，使用户能得到稳定的、高质量的燃料供应，同时又能大幅度降低运输的投资与运行成本以及煤炭的运输损耗。最后，用户能得到的易储存、能泵送、毋须在厂房内布置煤粉制备系统的洁净燃料，大大改善了环境，降低了投资及使用成本。

但在锅炉中燃烧煤浆仍有许多问题没有得到很好解决。诸如受热面的腐蚀和磨损问题；炉内燃烧和传热问题；煤浆雾化及喷嘴磨损问题等。

1.3.3　天然气体燃料

气体燃料是由多种可燃与不可燃单一气体成分组成的混合气体。可燃成分包括碳氢化合物、氢气、一氧化碳等，不可燃成分包括氧气、氮气、二氧化碳等。按燃气的获得方式可分为天然气体燃料和人工气体燃料两大类。

天然气体燃料是指从自然界直接收集和开采得到的，不需经过再加工即可投入使用的气体燃料。这些气体燃料按其储藏特点可分为以下三种。

1.3.3.1　气田气

气田气通常称为天然气，是储集在地下岩石孔隙和裂缝中的纯气藏。气田天然气的主要成分是甲烷，体积分数大于90%，还含有少量的乙烷、丙烷、丁烷和非烃气体。气田气的热值较高，标态下低位热值约为35000~39000kJ/m^3；同时也因甲烷含量高，会影响火焰的传播，是常用燃气中燃烧速度最低的几种之一。气田气中还含有一些不利于运输和使用的有害杂质，如H_2S和H_2O。H_2S有毒且有很强的腐蚀性，对钢材起氢脆作用；CO_2

与 H_2S 作用可生成 COS（羰基硫），对金属有腐蚀性，含量高会降低天然气的热值并影响管道输送能力；H_2O 在一定的温度和压力下，能与烃生成水合物，若温度低于露点还会结冰，堵塞输运管道。因此，这些杂质含量高时应进行净化处理。

以气相储存在地层中的还有一种凝析气田天然气。凝析气田气开采出来后，在降压减温的作用下，部分气体会凝结成液相。这表明凝析气田气的组成中除含有与纯气田气相同的成分外，还含有一定数量临界温度较高的化合物，如丙烷、丁烷及戊烷以上烃类气体、天然气汽油、柴油等。

我国四川气田气甲烷的体积分数一般大于 90%，标态下低位热值为 34800 ~ 36800kJ/m^3；陕西长庆气田气甲烷体积分数高达 98%，标态下低位热值约 36590kJ/m^3。

1.3.3.2　油田气

油田气是与原油共存或是石油开采过程中压力降低析出的气体，因此，又称为油田伴生气。它的组成与分离凝析油以后的凝析气田天然气相类似，主要成分甲烷的体积分数为 80%左右，另外还含有一些其他烃类。伴生气标态下低位热值约 39000 ~ 44000kJ/m^3，一般高于气田气，其燃烧速度与气田气相差不多。我国四川南充的油田气甲烷的体积分数为 88.6%，乙烷、丙烷、正丁烷等体积分数约为 9.5%，标态下低位热值约为 39300kJ/m^3；大港油田气甲烷体积分数约为 80%，乙烷、丙烷、丁烷等体积分数约为 15%，标态下低位热值约 41900kJ/m^3。

1.3.3.3　煤田气

煤田气是在采煤过程中从煤层或岩层内释放出的可燃气体，通常称为矿井瓦斯或矿井气。这种气体不仅有爆炸的危险，而且对人体有窒息作用。因此，为保证安全生产，煤田在采掘过程中，若采用通风方法仍不能达到安全要求时，就要采取抽吸法将井下瓦斯排至地面。煤田气可燃成分甲烷的体积分数为 50%左右，其余为氢气、氧气和二氧化碳。它的热值较低，标态下低位热值为 13000 ~ 19000kJ/m^3，燃烧速度也比气田气和油田气低。我国山西阳泉煤矿煤田气甲烷的体积分数约 42%，标态下低值热值为 15200kJ/m^3。

1.3.4　人工气体燃料

人工气体燃料是以煤、石油产品或各种有机物为原料，经过各种加工方法而得到的气体燃料。主要的人工气体燃料有以下 6 种。

1.3.4.1　气化炉煤气

气化炉煤气是将煤、焦炭与气化剂通过一系列复杂的物理化学变化，使之气化为燃料用的煤气或合成用煤气。常用的气化剂有空气、水蒸气、氧气或它们的混合气体，按照原料和气化剂的不同组合，可以产生发生炉煤气、水煤气、加压气化煤气等气化炉煤气。

发生炉煤气以煤或焦炭为气化原料，空气或空气和水蒸气的混合气作为气化剂从下部送入并通过燃烧的煤层。气化剂在通过中部还原层内完成二氧化碳及水蒸气的还原反应，得到一氧化碳和氢气等可燃气体，即发生炉煤气。它的可燃成分体积分数约 40%左右，其余成分为氮气和二氧化碳。标态下低位热值仅为 5000kJ/m^3 左右，达不到工业和民用煤气的规范要求，可作为工厂内部燃料或城市煤气中的掺混燃气。

水煤气是以水蒸气为气化剂，与碳在高温下反应生成的可燃气体。整个制气过程中需要与蒸汽交替鼓入空气，使煤或焦炭燃烧以保持一定的气化分解反应温度。水煤气的主要可燃成分也是一氧化碳和氢气，体积分数大于80%，二氧化碳和氮气含量仅占10%左右。因而它的热值约为发生炉煤气的1倍，标态下低位热值为10400kJ/m^3。由于含氢量大，水煤气的燃烧速度较高。

高压气化煤气是以不黏或弱黏结性块煤为气化原料，以氧气和水蒸气为气化剂，在2~3MPa炉压下完成气化反应而产生的燃气。加压气化工艺主要提高了煤气的质量，可燃成分中除了有与水煤气基本相同体积分数的一氧化碳和氢气以外，还含有体积分数9%~17%不等的甲烷。因此它的热值比发生炉煤气和水煤气都要高，标态下低位热值约为16000kJ/m^3。此外，这种工艺还有对原料煤适应性强、生产的煤气便于输送等优点。

1.3.4.2 焦炉煤气

焦炉煤气是煤在炼焦炉的炭化室内进行高温干馏时分解出来的燃气。煤气的组成随着炉内的干馏温度和炭化时间不断变化，因此其出炉煤气的成分很复杂，包括主体部分、焦油雾、水蒸气和各种杂质。作为工业和民用燃料用的焦炉煤气，必须经过清除焦油雾、氨、苯类、萘以及硫化物等杂质的净化处理。它的主要可燃成分有氢，体积分数约60%；甲烷体积分数约为25%。标态下其低位热值约15000~25000kJ/m^3。焦炉煤气含氢量高，具有易燃性，燃烧速度在常用燃气中较高，使用时应防止爆炸。

1.3.4.3 高炉煤气和转炉煤气

高炉煤气是高炉炼铁过程中的副产品。其主要的可燃成分一氧化碳的体积分数约为30%，还含有极少量的氢气和甲烷。由于含有大量的氮气和二氧化碳（体积分数63%~70%），高炉煤气的热值非常低，标态下低位热值约3500kJ/m^3。较高含量的一氧化碳使高炉煤气具有很强的毒性，为一种密度较大的无色、无味、无臭气体，使用过程中应特别注意防止煤气中毒。高炉生产过程中焦炭的热量约有60%转移到高炉煤气中，因此，充分利用这种低热值燃料可以有效地降低钢铁企业的能耗。

转炉煤气是氧气顶吹转炉炼钢过程中铁水中的碳和氧气作用后产生的可燃气体。其主要可燃成分一氧化碳的含量更高，体积分数为60%~90%，标态下低位热值为7000kJ/m^{3}左右。转炉煤气中不含硫，含氢量也很少，是一种非常理想的燃料和化工原料。据资料介绍，炼1t钢若能回收60m^{3}的转炉煤气用于余热锅炉，产生的蒸汽基本可以满足冶炼1t钢所需氧气消耗的热量及转炉辅助设备所需能量。

1.3.4.4 液化石油气

液化石油气是在气田、油田的开采中，或是从石油炼制过程中获得的部分气态碳氢化合物。这种气态烃类的主要可燃成分是丙烷（C_3H_8）、丁烷（C_4H_{10}）、丙烯（C_3H_6）和丁烯（C_4H_8），在常压、常温下以气态形式存在。它的临界压力和临界温度较低，为3.53~4.45MPa和92~162℃。因此，采用降低温度或提高压力的方法，很容易使气态烃类液化。通常采用压缩的方法，即在常温下对混合燃气加压超过0.8MPa，碳氢化合物中的C_3、C_4组分从气态转为液态，从而获得液化石油气。

液态的液化石油气体积缩小了约270倍，标态下密度约为2.0kg/m^{3}左右，比空气重，便于运输和储存。液化石油气的热值很高，标态下低位热值为90000~120000kJ/m^3（气态）或45000~46000kJ/kg（液态）。它的燃烧速度中等，使用时通常采用降压气化的方法，也可以直接雾化燃烧。因为液化石油气的爆炸下限低于2%，泄漏后极易形成爆炸气体，遇明火将引起火灾或爆炸事故，危害各种设施和人员人身安全，因此使用过程中要特别注意防范这类事故的发生。

液化石油气除了作为工业燃料和民用燃料外，其中的烯烃是合成橡胶、化纤、塑料等工业的重要化工原料。

1.3.4.5 油制气

油制气是以石油或重油为原料油，通过加热裂解或部分氧化等制气工艺获得的燃气。加热裂解法按其不同的工艺可以分为热裂解气和催化裂解气两种。

热裂解气通常是在800~900℃温度下对原油、石脑油、重油等相对分子质量较大的碳氢化合物进行热裂解得到。其中C—C链断裂后形成较小的烃类，C—H键分解释放出氢气，若加入适量蒸气还可生成一氧化碳。热裂解气的主要可燃成分是甲烷、乙烯和氢气，体积分数超过70%；还含有一氧化碳和丙烯、乙烷等其他烃类。

催化裂解气是在镍、钴等催化剂的作用下，碳氢化合物与水蒸气反应生成氢、一氧化碳、甲烷等可燃气体。其中氢的含量（原油裂化气的体积分数约60%）较高，因此其燃烧速度较快。

上述两种裂解制气的工艺方法相同，区别仅在于反应过程中是否有催化剂的存在。热裂解气标态下热值为35900~39700kJ/m^3，可作为城市天然气供应的调峰气源；催化裂解气按裂化工艺温度不同，热值变化范围较大，标态下热值约为18800kJ/m^3（高温深裂）或27200kJ/m^3（低温浅裂）。

1.3.4.6 沼气

沼气是各种有机物（动植物残骸、人畜粪便，城市垃圾及工业废水等）在无氧条件下，通过兼性菌和厌氧菌的代谢作用，对有机物进行生化降解产生的生物燃气。其中主要成分是甲烷，体积分数为55%~70%，还有少量的一氧化碳、氢气及硫化氢等。其标态下热值约为23000kJ/m^3。由于沼气的原料来源广泛，价格低廉，热值较高，又是固体和液体中有机废物处理时的副产品，有利于环境保护，所以是一种优质的气体燃料，在工业生产中和农村被广泛开发和利用。

1.4 燃烧所需空气量

燃烧是一种化学反应。燃料燃烧时，其中的可燃质碳生成二氧化碳，氢生成水蒸气，硫生成二氧化硫，同时放出相应的反应热。即

$$C + O_2 \longrightarrow CO_2, \quad \Delta_r H_m^{\ominus} = +32860\text{kJ/kg} \tag{1.32}$$

$$2H_2 + O_2 \longrightarrow 2H_2O, \quad \Delta_r H_m^{\ominus} = +120370\text{kJ/kg} \tag{1.33}$$

$$S + O_2 \longrightarrow SO_2, \quad \Delta_r H_m^{\ominus} = +9050\text{kJ/kg} \tag{1.34}$$

上述化学反应方程式表示的是燃料的完全燃烧反应。如果燃烧时空气不足或混合不好，则燃料中的碳发生不完全燃烧而生成一氧化碳，所放出的反应热也相应减少，即

$$2C + O_2 \longrightarrow 2CO, \quad \Delta_r H_m^{\ominus} = +9270\text{kJ/kg} \tag{1.35}$$

燃烧计算即燃烧反应计算，是建立在燃烧化学反应的基础上的。在进行燃烧计算时，

将空气和烟气均看作为理想气体，即每 1kmol 气体在标准状态（$t=273.15\text{K}$，$p=0.1013\text{MPa}$）下其体积为 22.4m^3，燃料以 1kg 固体及液体燃料或标准状态下 1m^3 干气体燃料为单位。按照国家质量技术监督局规定，“标准状态”不标在单位上，而是写在文字中。

1.4.1 理论空气量

1.4.1.1 固体及液体燃料

1kg 固体及液体燃料完全燃烧并且燃烧产物（烟气）中无自由氧存在时，所需要的空气量（指干空气）称为理论空气需要量或化学计量空气量，简称理论空气量，并以标准状态下 $V^0(\text{m}^3/\text{kg})$ 或 $L^0(\text{kg/kg})$ 来表示。V^0（或 L^0）可根据燃料中 C、S、H 等可燃元素所需要的氧气量计算得到。

碳的相对分子质量为 12，每 1kg 碳完全燃烧所需要的氧气量为 $22.4/12\text{m}^3$。已知每 1kg 燃料中碳的含量为 $C_{ar}/100\text{kg}$，因而所需氧气量为

$$\frac{22.4}{12}\times\frac{C_{ar}}{100}=1.866\frac{C_{ar}}{100}\quad \text{m}^3$$

同样可得出氢完全燃烧所需要的氧气量：

$$\frac{22.4}{4\times1.008}\times\frac{H_{ar}}{100}=5.55\frac{H_{ar}}{100}\quad \text{m}^3$$

硫完全燃烧时所需要的氧气量为

$$\frac{22.4}{32}\times\frac{S_{ar}}{100}=0.7\frac{S_{ar}}{100}\quad \text{m}^3$$

每 1kg 燃料中本身所包含的氧量为

$$\frac{22.4}{32}\times\frac{O_{ar}}{100}=0.7\frac{O_{ar}}{100}\quad \text{m}^3$$

因此，每 1kg 燃料完全燃烧时，所需要的氧气量为

$$1.866\frac{C_{ar}}{100}+5.55\frac{H_{ar}}{100}+0.7\frac{S_{ar}}{100}-0.7\frac{O_{ar}}{100}\quad \text{m}^3$$

锅炉燃烧所需要的氧气来源于空气。由于空气中氧气的体积分数为 21%，所以，1kg 燃料完全燃烧所需要的理论空气量为

$$\begin{aligned}V^0&=\frac{1}{0.21}\left(1.866\frac{C_{ar}}{100}+5.55\frac{H_{ar}}{100}+0.7\frac{S_{ar}}{100}-0.7\frac{O_{ar}}{100}\right)\\&=0.0889(C_{ar}+0.375S_{ar})+0.265H_{ar}-0.0333O_{ar}\\&=0.0889K_{ar}+0.265H_{ar}-0.0333O_{ar}\quad \text{m}^3\end{aligned}\tag{1.36}$$

式中，K_{ar} 为每 1kg 燃料中的“当量含碳量”，$K_{ar}=C_{ar}+0.375S_{ar}$。

由于标准状态下空气的密度 $\rho=1.293\text{kg/m}^3$，故用质量表示的理论空气量为

$$L^0=1.293V^0=0.115K_{ar}+0.342H_{ar}-0.043O_{ar}\quad \text{kg/kg}\tag{1.37}$$

用式（1.36）和式（1.37）计算燃烧需要的空气量时，必须知道燃料的元素分析数据。当缺乏燃料的元素分析数据时，可由下列经验式近似求出标准状态下的 V^0 值：

对于贫煤及无烟煤（$V_{daf}<15\%$）：

$$V^0 = \frac{1.0088Q_{net,v,ar}}{4186} + 0.61 \quad m^3/kg$$

对于 $V_{daf}>15\%$的烟煤：

$$V^0 = \frac{1.059Q_{net,v,ar}}{4186} + 0.278 \quad m^3/kg$$

对于劣质烟煤（$Q_{net,v,ar}<12500kJ/kg$）：

$$V^0 = \frac{1.0088Q_{net,v,ar}}{4186} + 0.455 \quad m^3/kg$$

对于液体燃料：

$$V^0 = \frac{1.101Q_{net,v,ar}}{4186} \quad m^3/kg$$

式中，$Q_{net,v,ar}$为收到基低位热值，kJ/kg。

1.4.1.2　气体燃料

标准状态下 $1m^3$ 气体燃料按燃烧反应计量方程完全燃烧所需要的空气量（指干空气）称为气体燃料的理论空气量（m^3/m^3）。

和固体及液体燃料一样，气体燃料的燃烧计算也是建立在其可燃成分的燃烧化学反应方程式的基础上的。气体燃料中各单一可燃气体的燃烧化学反应方程式见表 1.15。

表 1.15　各种单一可燃气体的燃烧化学反应式

名称	燃烧化学反应式	反应热/$kJ \cdot m^{-3}$	
		最高	最低
氢	$2H_2 + O_2 \rightarrow 2H_2O$	12761	10743
一氧化碳	$2CO + O_2 \rightarrow 2CO_2$	12636	12636
甲烷	$CH_4 + 2O_2 \rightarrow CO_2 + 2H_2O$	39749	35709
乙炔	$2C_2H_2 + 5O_2 \rightarrow 4CO_2 + 2H_2O$	58464	56451
乙烯	$2C_2H_4 + 3O_2 \rightarrow 2CO_2 + 2H_2O$	63510	59465
乙烷	$2C_2H_6 + 7O_2 \rightarrow 4CO_2 + 6H_2O$	69639	63577
丙烯	$2C_3H_6 + 9O_2 \rightarrow 6CO_2 + 6H_2O$	92461	86407
丙烷	$C_3H_8 + 5O_2 \rightarrow 3CO_2 + 4H_2O$	99106	91029
丁烯	$C_4H_8 + 6O_2 \rightarrow 4CO_2 + 4H_2O$	121790	113713
丁烷	$2C_4H_{10} + 13O_2 \rightarrow 8CO_2 + 10H_2O$	128501	118407
戊烯	$2C_5H_{10} + 15O_2 \rightarrow 10CO_2 + 10H_2O$	148485	138374
戊烷	$C_5H_{12} + 8O_2 \rightarrow 5CO_2 + 6H_2O$	157893	145776
苯	$2C_6H_6 + 15O_2 \rightarrow 12CO_2 + 6H_2O$	152106	145994
硫化氢	$2H_2S + 3O_2 \rightarrow 2SO_2 + 2H_2O$	25385	23383

由表 1.15 可以归纳出碳氢化合物的燃烧反应通式。即

$$C_mH_n + \left(m + \frac{n}{4}\right)O_2 \longrightarrow mCO_2 + \frac{n}{2}H_2O \tag{1.38}$$

已知碳氢化合物的分子式，就可由式（1.38）求得该碳氢化合物完全燃烧所需要的理论空气量。

当气体燃料的组成已知时，便可计算出标准状态下气体燃料燃烧所需要的理论空气量 V^0，即

$$V^0=\frac{1}{0.21}\frac{1}{100}\left[0.5\varphi(H_2)+0.5\varphi(CO)+\sum\left(m+\frac{n}{4}\right)\varphi(C_mH_n)+1.5\varphi(H_2S)-\varphi(O_2)\right]$$

$$=0.0476\left[0.5\varphi(H_2)+0.5\varphi(CO)+\sum\left(m+\frac{n}{4}\right)\varphi(C_mH_n)+1.5\varphi(H_2S)-\varphi(O_2)\right] \tag{1.39}$$

式中，V^0 为理论空气量（干空气/干燃气），m^3/m^3；$\varphi(H_2)$、$\varphi(CO)$、$\theta(C_mH_n)$、$\varphi(H_2S)$ 为燃气中各种可燃组分的体积百分数，%；$\varphi(O_2)$ 为燃气中氧的体积分数，%。

气体燃料的热值越高，燃烧所需要的理论空气量也越多。当燃气的成分资料不全时，可采用近似式来估算理论空气量的大小[2]。

当燃气的低位热值 $Q_{net,v,ar}<10500kJ/m^3$ 时：

$$V^0=\frac{0.209}{1000}Q_{net,v,ar}$$

当 $Q_{net,v,ar}>10500kJ/m^3$，有

$$V^0=\frac{0.26}{1000}Q_{net,v,ar}-0.25$$

对烷烃类燃气（天然气、石油伴生气、液化石油气）可采用

$$V^0=\frac{0.268}{1000}Q_{net,v,ar}$$

或

$$V^0=\frac{0.24}{1000}Q_{gr,v,ar}$$

式中，$Q_{net,v,ar}$ 为收到基高位热值，kJ/m^3。

1.4.2 实际空气量、过量空气系数和漏风系数

由于影响燃料完全燃烧程度的因素很多，其中空气的供给量是否充分、燃料与空气的混合是否良好是很重要的条件。实际送入锅炉的空气量 V（m^3/kg，固体或液体燃料；m^3/m^3，气体燃料）称为实际空气量，其值一般都大于理论空气量。比理论空气量多出的这一部分空气称为过量空气。因而实际空气量为理论空气量与过量空气量之和。

实际空气量与理论空气量的比值称为过量空气系数或空气燃料当量比，用 α 或 β 表示，即

$$\alpha=\frac{V}{V^0}\quad 或\quad \beta=\frac{V}{V^0} \tag{1.40}$$

式中，α 用于烟气量的计算；β 用于空气量的计算。

通常所指的过量空气系数是炉膛出口处的值 α_1''，它是一个影响锅炉燃烧工况及运行经济性的非常重要的指标。选择 α_1'' 作为判断指标，是因为燃料的燃烧过程到炉膛出口处

已基本结束。α_1'' 偏小时，炉内的不完全燃烧热损失便增大；α_1'' 偏大时，锅炉的排烟热损失又增多，因此，存在最佳的 α_1'' 值，使得锅炉的上述热损失之和最小。

锅炉的最佳 α_1'' 数值与燃烧室的结构、燃料种类和燃烧器的形式等有关。如气体和液体燃料比固体燃料容易燃烧，高挥发分固体燃料比低挥发分固体燃料容易燃烧。又如火室炉（燃料悬浮于空间燃烧，与空气接触好）比火床炉（燃料在炉排上燃烧，与空气接触差）燃烧效果好，旋风炉（燃料和空气在旋风筒中强烈旋转，使燃烧大大强化）又比一般煤粉炉燃烧效率高，等等。这些都可使不完全燃烧热损失减小，亦即可使最佳 α_1'' 值减小。燃煤锅炉的最佳 α_1'' 数值通常为 1.2～1.3；燃油锅炉的最佳 α_1'' 数值通常为 1.05～1.10；燃气锅炉的最佳 α_1'' 数值通常为 1.03～1.10。

许多锅炉为微负压燃烧，即锅炉的炉膛、烟道等处均保持一定的负压，以防止燃烧产物外漏。此时，外界空气将从炉膛、烟道的不严密处（如穿墙管、人孔、看火孔等）漏入炉内，使得锅炉的烟气量随着烟气流程而一路增大。应该指出，空气预热器区段烟道内的漏风并非来自外界空气，而是来自空气预热器内的空气。

各部件所处烟道内漏入的空气量 ΔV 与理论空气量的比值，称为该烟道的漏风系数，以 $\Delta\alpha$ 表示，即

$$\Delta\alpha = \frac{\Delta V}{V^0} \tag{1.41}$$

锅炉各烟道漏风系数的大小取决于负压的大小及烟道的结构形式，一般为 0.01～0.1。若锅炉为微正压燃烧，则烟道的漏风系数为零。

在保证燃料充分燃尽的前提下，应尽可能降低过量空气系数，亦即使 α 趋近于 1。

1.5 燃烧产物及其计算

燃料燃烧后的产物就是烟气。燃料中的可燃物质被全部燃烧干净，即燃烧所生成的烟气中不再含有可燃物质时的燃烧，称为完全燃烧。当只供给理论空气量时，燃料完全燃烧后产生的烟气量称为理论烟气量。理论烟气的组成为 CO_2、SO_2、N_2 和 H_2O。前三种组成合在一起称为干烟气；包括 H_2O 在内的烟气称为湿烟气。由于烟气中的 CO_2 和 SO_2 同属三原子气体，产生的化学反应式也有许多相似之处，并且在烟气分析时常常被同时测出，因此，将它们合并表示，称为三原子气体，用 RO_2 表示。当有过量空气时，烟气中除上述组分外，还含过量的空气，这时的烟气量称为实际烟气量。若燃烧不完全，则除上述组分外，烟气中还将出现 CO、CH_4 和 H_2 等可燃成分。

1.5.1 理论烟气量和实际烟气量

标准状态下，1kg 固体及液体燃料在理论空气量下完全燃烧时产生的燃烧产物的体积称为固体及液体燃料的理论烟气量，用式（1.42）表示。

$$V_y^0 = V_{CO_2} + V_{SO_2} + V_{N_2}^0 + V_{H_2O}^0 \tag{1.42}$$

式中，V_y^0 为标准状态下理论烟气量，m^3/kg；V_{CO_2} 为标准状态下 CO_2 的体积，m^3/kg；V_{SO_2}为标准状态下 SO_2 的体积，m^3/kg；$V_{N_2}^0$为标准状态下 N_2 的理论体积，m_3/kg；$V_{H_2O}^0$标准状态下的理论水蒸气体积，m^3/kg。

1.5.1.1 三原子气体体积 V_{RO_2}

由碳和硫的完全燃烧反应式可知，标准状态下，1kg 碳完全燃烧后产生$\frac{22.4}{12}$=1.866m³ 的 CO_2，1kg 硫完全燃烧后产生$\frac{22.4}{32}$=0.7m³ 的 SO_2。所以标准状态下，1kg 固体及液体燃料完全燃烧后产生 CO_2 和 SO_2 的体积分别为

$$V_{CO_2} = 1.866\frac{C_{ar}}{100} = 0.01866C_{ar} \quad m^3/kg \tag{1.43}$$

$$V_{SO_2} = 0.7\frac{S_{ar}}{100} = 0.007S_{ar} \quad m^3/kg \tag{1.44}$$

用 V_{RO_2} 表示三原子气体的体积，则有

$$V_{RO_2} = V_{CO_2} + V_{SO_2} = 0.01866(C_{ar} + 0.375S_{ar}) = 0.01866K_{ar} \tag{1.45}$$

1.5.1.2 理论氮气体积 $V_{N_2}^0$

理论氮气体积由两部分组成：

（1）理论空气量中的氮，其体积为 $0.79V^0$；

（2）燃料本身包括的氮。出于 1kg 燃料含$\frac{N_{ar}}{100}$的氮，而 1kg 氮分子的体积为$\frac{22.4}{28}$，因此，燃料本身含有氮的体积为$\frac{22.4}{28}\times\frac{N_{ar}}{100}=0.008N_{ar}$(m³/kg)。所以

$$V_{N_2}^0 = 0.79V^0 + 0.008N_{ar} \tag{1.46}$$

于是，不含有水蒸气的理论干烟气的体积为 V_{gy}^0 为

$$V_{gy}^0 = V_{RO_2} + V_{N_2}^0 = 0.01866K_{ar} + 0.79V^0 + 0.008N_{ar} \quad m^3/kg \tag{1.47}$$

1.5.1.3 理论水蒸气体积 $V_{H_2O}^0$

理论水蒸气的三个来源如下：

（1）燃料中氢的燃烧。由氢的燃烧反应方程可知，标准状态，1kg 氢完全燃烧后产生$\frac{2\times22.4}{2\times2.016}$=11.1m³ 的水蒸气，故 1kg 燃料中氢燃烧产生的水蒸气的体积为 $0.111H_{ar}$(m³/kg)。

（2）随燃料带入的水分蒸发后形成的水蒸气。1kg 燃料中因水分蒸发形成的水蒸气的体积为$\frac{22.4}{18}\times\frac{M_{ar}}{100}=0.124M_{ar}$(m³/kg)。

（3）随理论空气量带入的水蒸气的体积。设 1kg 干空气中含有的水蒸气为 d(g/kg)，则标准状态下 1m³ 干空气中含有的水蒸气的质量为 $1.293d/1000$(kg)。而标准状态下，水蒸气的密度为$\frac{22.4}{18}$=0.804kg/m³，亦即 1m³ 干空气中含有的水蒸气的体积为$\frac{0.001293d}{0.804}$=$0.00161d$(m³)。d 即为工程热力学中所讲的空气的绝对湿度，可由干球温度和湿球温度查图获得或由相应的计算公式求得。一般情况下，可取 d=10g/kg，则理论空气量 V^0 带入的水蒸气的体积为 $0.0161V^0$(m³/kg)。

所以，理论水蒸气体积为 $V_{H_2O}^0$ 为

$$V_{H_2O}^0 = 0.111H_{ar} + 0.0124M_{ar} + 0.0161V^0 \quad m^3/kg \tag{1.48}$$

当燃用重油时，由于重油的黏度较大，常采用蒸汽进行雾化，雾化蒸汽也喷入炉内，因此，理论水蒸气容积还应考虑雾化用蒸汽。若已知相当于 1kg 燃料的蒸汽耗量为 G_{wh}（kg/kg），则这部分水蒸气的体积为 $\frac{G_{wh}}{0.804}=1.24G_{wh}$（$m^3/kg$）。所以，对于蒸汽雾化燃油的锅炉，其理论水蒸气容积为

$$V_{H_2O}^0 = 0.111H_{ar} + 0.0124M_{ar} + 0.0161V^0 + 1.24G_{wh} \quad m^3/kg \tag{1.49}$$

1.5.1.4　理论烟气量 V_y^0

$$V_y^0 = V_{gy}^0 + V_{H_2O}^0 = V_{RO_2} + V_{N_2}^0 + V_{H_2O}^0 \quad m^3/kg \tag{1.50}$$

实际燃烧是在过量空气（$\alpha>1$）条件下进行的，故实际烟气体积中除理论烟气量外，还有过量空气及随过量空气带入的水蒸气。

因此，实际烟气体积 V_y 为

$$V_y = V_{gy} + V_{H_2O} \tag{1.51}$$

式中，V_y 为实际烟气体积，m^3/kg；V_{gy} 为实际干烟气体积，m^3/kg，它等于理论干烟气体积 V_{gy}^0 与过量空气 $(\alpha-1)V^0$（干空气）之和，由式（1.52）计算；V_{H_2O} 为实际水蒸气体积，m^3/kg，它等于理论水蒸气体积 $V_{H_2O}^0$ 与过量空气带入的水蒸气 $0.0161(\alpha-1)V^0$ 之和，由式（1.53）计算。

$$V_{gy} = V_{gy}^0 + (\alpha - 1)V^0 \quad m^3/kg \tag{1.52}$$

$$V_{H_2O} = V_{H_2O}^0 + 0.0161(\alpha - 1)V^0 \quad m^3/kg \tag{1.53}$$

将式（1.52）、式（1.53）代入式（1.51）得

$$V_y = V_{gy}^0 + V_{H_2O}^0 + 1.0161(\alpha - 1)V^0 = V_y^0 + 1.0161(\alpha - 1)V^0 \quad m^3/kg \tag{1.54}$$

实际氮气的体积为 V_{N_2} 为

$$V_{N_2} = V_{N_2}^0 + 0.79(\alpha - 1)V^0 \quad m^3/kg \tag{1.55}$$

过量空气中的氧气体积为

$$V_{O_2} = 0.21(\alpha - 1)V^0 \tag{1.56}$$

因此，实际烟气体积也可写成

$$\begin{aligned} V_y &= V_{RO_2} + V_{N_2} + V_{O_2} + V_{H_2O} \\ &= V_{RO_2} + V_{N_2}^0 + (\alpha - 1)V^0 + V_{H_2O}^0 + 0.0161(\alpha - 1)V^0 \\ &= V_{RO_2} + V_{N_2}^0 + V_{H_2O}^0 + 1.0161(\alpha - 1)V^0 \end{aligned} \tag{1.57}$$

对于气体燃料来说，燃气中各可燃组分单独燃烧后产生的理论烟气量可通过燃烧反应式来确定。

含有标态下 1m³ 干燃气的湿燃气完全燃烧后产生的烟气量，按以下方法计算：

（1）理论烟气量计算（当 $\alpha=1$ 时）

1）三原子气体体积按下式计算：

$$V_{RO_2}=V_{CO_2}+V_{SO_2}=0.01(CO_2+CO+\sum mC_mH_n+H_2S) \tag{1.58}$$

式中，V_{RO_2} 标态下干燃气中三原子气体体积，m^3/m^3；V_{CO_2}、V_{SO_2} 为标态下二氧化碳和二

氧化硫的体积，m^3/m^3。

2）水蒸气体积按下式计算：

$$V^0_{H_2O}=0.01\left[H_2+H_2S+\sum\frac{n}{2}C_mH_n+0.124(d_g+V^0d_a)\right] \tag{1.59}$$

式中，$V^0_{H_2O}$为理论烟气中水蒸气体积（水蒸气/干燃气），m^3/m^3；d_g为标态下燃气的含湿量，g/m^3；d_a为标态下空气的含湿量，g/m^3，可取 $d_a=10g/m^3$。

3）氮气体积按下式计算：

$$V^0_{N_2}=0.79V^0+0.01N_2 \tag{1.60}$$

式中，$V^0_{N_2}$为标态下理论烟气中氮气的体积，m^3/m^3。

4）理论烟气总体积按下式计算

$$V^0_y=V_{RO_2}+V^0_{H_2O}+V^0_{N_2} \tag{1.61}$$

式中，V^0_y 为标态下的理论烟气量，m^3/m^3。

各种燃料的理论烟气量可用如下经验公式来估算。

①对于无烟煤、贫煤及烟煤：

$$V^0_y=0.248\frac{Q_{net,v,ar}}{1000}+0.77$$

②对于劣质煤（$Q_{net,v,ar}$<12500kJ/kg）：

$$V^0_y=0.248\frac{Q_{net,v,ar}}{1000}+0.54\quad m^3/kg$$

③对于液体燃料：

$$V^0_y=0.265\frac{Q_{net,v,ar}}{1000}\quad m^3/kg$$

④对于气体燃料：

当气体的低位热值 $Q_{net,v,ar}$<10467kJ/m³ 时：

$$V^0_y=0.173\frac{Q_{net,v,ar}}{1000}+1.0$$

$Q_{net,v,ar}$>10467kJ/m³ 时：

$$V^0_y=0.272\frac{Q_{net,v,ar}}{1000}-0.25$$

式中，$Q_{net,v,ar}$为收到基低位热值，kJ/kg。

（2）实际烟气量计算（当 α>1 时）

1）三原子气体体积 V_{RO_2}仍按式（1.58）计算。

2）水蒸气体积按下式计算：

$$V_{H_2O}=0.01\left[H_2+H_2S+\sum\frac{n}{2}C_mH_n+0.124(d_g+\alpha V^0d_a)\right] \tag{1.62}$$

式中，V_{H_2O}为实际烟气中氮气的体积，m^3/m^3。

3）氮气体积按下式计算：

$$V_{N_2}=0.79\alpha V^0+0.01N_2 \tag{1.63}$$

式中，V_{N_2}为实际气体中的氮气体积，m^3/m^3。

4）过剩氧气体积按下式计算：

$$V_{O_2} = 0.21(\alpha - 1)V^0 \tag{1.64}$$

式中，V_{O_2}为实际烟气中过剩的氧体积，m^3/m^3。

5）实际烟气总体积按下式计算：

$$V_y = V_{RO_2} + V_{H_2O} + V_{N_2} + V_{O_2} \tag{1.65}$$

式中，V_y 为实际烟气量，m^3/m^3。

由于三原子气体、水蒸气对炉内辐射换热具有明显的影响，在进行燃烧产物计算时，还需计算三原子气体、水蒸气的体积分数和分压力。

三原子气体体积分数 φ_{RO_2}为

$$\varphi_{RO_2} = \frac{V_{RO_2}}{V_y} \tag{1.66}$$

水蒸气的体积分数 φ_{H_2O}为

$$\varphi_{H_2O} = \frac{V_{H_2O}}{V_y} \tag{1.67}$$

根据道尔顿分压定律，三原子气体的分压 p_{RO_2}和水蒸气的分压力 p_{H_2O}分别为

$$p_{RO_2} = \varphi_{RO_2}p \tag{1.68}$$

$$p_{H_2O} = \varphi_{H_2O}p \tag{1.69}$$

式中，p 为烟气总压力，MPa。

1.5.2　完全燃烧方程和不完全燃烧方程

锅炉实际运行中，往往有不完全燃烧产物（CO、H_2、C_mH_n等）存在于烟气中。H_2及 C_mH_n通常含量极少，可不考虑，而 CO 含量则不能忽略。烟气量一般是借助于烟气分析仪确定的，即通过烟气分析测定各种成分的容积份额，并据此计算出干烟气量，同时用计算的方法求出烟气中的实际水蒸气容积，然后计算出烟气的总容积。

用烟气分析仪测定的是干烟气中各种成分的体积分数：

$$\varphi(RO_2) = \frac{V_{CO_2} + V_{SO_2}}{V_{gy}} \times 100 = \frac{V_{RO_2}}{V_{gy}} \times 100\% \tag{1.70}$$

$$\varphi(CO) = \frac{V_{CO}}{V_{gy}} \times 100\% \tag{1.71}$$

两式相加并整理后得到

$$V_{gy} = \frac{V_{RO_2} + V_{CO}}{\varphi(RO + CO)} \times 100\% \tag{1.72}$$

由碳的燃烧化学反应式可知，无论是生成二氧化碳还是一氧化碳、二氧化碳兼有，其总容积是相同的，即

$$V_{RO_2} + V_{CO_2} = 1.866 \times \frac{C_{ar} + 0.375S_{ar}}{100} \tag{1.73}$$

代入式（1.72），得

$$V_{gy}=1.866\times\frac{C_{ar}+0.375S_{ar}}{\varphi(RO_2+CO)} \tag{1.74}$$

由式（1.74）计算出的干烟气容积与水蒸气容积之和即为不完全燃烧时的烟气总容积。

当不考虑烟气中含量极微的氢及碳氢化合物时，不完全燃烧时的烟气成分可表示为

$$\varphi(RO_2)+\varphi(O_2)+\varphi(CO)+\varphi(N_2)=100\% \tag{1.75}$$

其中，三原子气体与氧所占干烟气的份额可由烟气分析仪测定。

氮的来源有两个，即燃料中所含的氮与实际供给空气中所含的氮，分别用 N_2^r 与 N_2^k 表示。

$$N_2^r=\frac{V_{N_2}^r}{V_{gy}}\times100=\frac{22.4}{28}\times\frac{N_{ar}}{100}\times\frac{1}{V_{gy}}\times100=\frac{N_{ar}}{1.25V_{gy}} \tag{1.76}$$

$$N_2^k=\frac{V_{N_2}^k}{V_{gy}}\times100=\frac{79}{21}\times\frac{V_{O_2}^k}{V_{gy}}\times100 \tag{1.77}$$

烟气中的三原子气体、一氧化碳、水蒸气生成时所消耗的氧分别以 $V_{O_2}^{RO_2}$，$V_{O_2}^{CO}$、$V_{O_2}^{H_2O}$ 表示，烟气中多余的氧及燃料中的氧以 V_{O_2} 及 $V_{O_2}^r$ 表示。这样，供给空气中的氧容积即可表示成

$$V_{O_2}^k=V_{O_2}^{RO_2}+V_{O_2}^{CO}+V_{O_2}^{H_2O}+V_{O_2}-V_{O_2}^r\quad m^3/kg \tag{1.78}$$

三原子气体、一氧化碳和水蒸气生成时所消耗的氧，可根据它们的燃烧化学反应式予以确定，即

$$V_{O_2}^{RO_2}=V_{RO_2}\quad m^3/kg$$

$$V_{O_2}^{CO}=0.5V_{CO}\quad m^3/kg$$

$$V_{O_2}^{H_2O}=\frac{22.4}{4}\times\frac{H_{ar}}{100}\quad m^3/kg$$

$$V_{O_2}^r=\frac{22.4}{32}\times\frac{O_{ar}}{100}\quad m^3/kg$$

代入式（1.78）并整理后得

$$V_{O_2}^k=V_{RO_2}+0.5V_{CO}+V_{O_2}+\frac{22.4}{32}\times\frac{8H_{ar}-O_{ar}}{100}\quad m^3/kg \tag{1.79}$$

将式（1.79）代入式（1.77），得

$$N_2^k=\frac{79}{21}\left(V_{RO_2}+0.5V_{CO}+V_{O_2}+\frac{22.4}{32}\times\frac{8H_{ar}-O_{ar}}{100}\right)\times\frac{100}{V_{gy}}\% \tag{1.80}$$

由式（1.74）~式（1.76）和式（1.80）得

$$21=\varphi(RO_2)+\varphi(O_2)+0.605\varphi(CO)+2.35\frac{H_{ar}-\frac{O_{ar}}{8}+0.038N_{ar}}{C_{ar}+0.375S_{ar}}(\varphi(RO_2)+\varphi(CO))$$

令

$$\beta = 2.35\frac{H_{ar} - \frac{O_{ar}}{8} + 0.038N_{ar}}{C_{ar} + 0.375S_{ar}}$$

则

$$21 = \varphi(RO_2) + \varphi(O_2) + 0.605\varphi(CO) + \beta(\varphi(RO_2) + \varphi(CO)) \tag{1.81}$$

式（1.81）称为不完全燃烧方程式，它表示当有不完全燃烧产物且只考虑一氧化碳时，烟气中各种成分的体积分数与燃料中元素组成成分之间应满足的关系。进一步得到一氧化碳的含量

$$\varphi(CO) = \frac{21 - \beta\varphi(RO_2) - (\varphi(RO_2) + \varphi(O_2))}{0.605 + \beta} \tag{1.82}$$

β 的数值与燃料的可燃质有关，与燃料中的水分、灰分无关，燃料一定，β 值便可算出，而且是一定值。所以，β 值称为燃料特性系数。一般来说，对于木柴，$\beta \approx 0.05$；对于无烟煤，$\beta \approx 0.1$；对于烟煤，$\beta \approx 0.2$；对于褐煤，$\beta \approx 0.06$；对于重油，$\beta \approx 0.36$；对于天然气，$\beta \approx 0.80$；对于焦炉煤气，$\beta \approx 1.2$。

若忽略燃料中含量较少的硫和氮，则有

$$\beta' = 2.35\frac{H_{ar} - \frac{O_{ar}}{8}}{C_{ar}}$$

分子表示尚未与氧化合的“自由氢”，分母为碳含量。“自由氢”越多，系数 β 越大。若燃烧完全，即无一氧化碳产生，则

$$21 - O_2 = (1 + \beta)\varphi(RO_2) \tag{1.83}$$

$$\varphi(RO_2) = \frac{21 - O_2}{1 + \beta} \tag{1.84}$$

式（1.83）或式（1.84）称为完全燃烧方程式。当燃料的 β 值一定时，无论过量空气量如何，只要干烟气成分测量值满足该式，就说明燃烧是完全的；若不能满足该式，则说明烟气分析不准确或者烟气中有 CO 而碳未燃尽，即为不完全燃烧。

因此，当烟气中剩余氧为零（即 $\alpha=1$）时，烟气中 $\varphi(RO_2)$ 值达到最大，即

$$\varphi(RO_2)_{max} = \frac{21}{1 + \beta} \tag{1.85}$$

实际运行的锅炉中，由于烟气中或多或少总有过剩氧和一氧化碳存在，所以三原子气体不可能达到它的最大值。

1.5.3 烟气分析及运行过量空气系数的确定

烟气分析的主要目的是通过对烟气中各种成分及含量的测定，了解炉内的燃烧工况，提出正确的燃烧调整方案，以保持锅炉运行的高效率。因为一台锅炉运行时的效率是随当时的运行工况（主要是燃烧工况）而变化的，不同的运行工况将产生不同的烟气成分及含量；同时，烟气中的某些成分及含量还可反映出锅炉机组本身的状况，如燃烧设备的设计和布置、烟气及空气侧的密封装等，可为设备的检修和进一步改进提供依据。

烟气分析的方法很多，有化学吸收法、电气测量法、红外光谱法以及色谱分析法等。

（1）奥氏（Orsat）烟气分析仪是一种典型的化学吸收法烟气分析仪器，它是利用某些化学药剂对气体具有选择性吸收的特性来实现烟气成分测量的。如将一定量的烟气（通常为100mL）反复多次流经这些药剂时，其中某一成分的气体便与之反应而被吸收。通过在等温等压条件下对气体减少量的测定，便可获得该气体的容积百分数。一般来说，使用奥氏烟气分析仪最先获得的是RO_2，其次是O_2，最后是CO。奥氏烟气分析仪的具体构造可参见参考文献［1］。奥氏烟气分析仪具有结构简单、操作容易、测量准确等优点，但该仪器所需分析时间长，一般一个熟练的操作人员需要15~20min才能完成一次测量。因而，不宜作为锅炉运行时监督燃烧工况的仪表使用。

（2）热导式CO_2烟气分析仪是利用二氧化碳的热导率比其他成分小这一物理特性来测定烟气中CO_2的含量；磁性氧量计是利用氧的顺磁性来测定烟气中的O_2含量。以上两种烟气分析仪均能连续测量，并自动记录，可作为大型电站锅炉的运行监督仪表使用。

用来测量氧含量的仪器称作氧量分析仪，或氧量计。常用的氧量计除磁性氧量分析仪外，还有氧化锆氧量分析仪。氧化锆氧量计是根据氧浓差电池的原理制造的。当二氧化锆掺入一定数量的氧化钙或氧化镱，氧化锆就具备了传递氧离子的特性，这样，在烟气和掺入空气之间便组成了氧浓差电池，测定该电池的电动势便可确定烟气中的含氧量。由于氧化锆氧量计具有结构简单、信号准确、使用可靠、反应迅速（反应时间小于0.4s）、维修方便等一系列优点，因而其应用范围日益广泛。

有时为了研究锅炉的燃烧过程，需要全面地测定烟气成分，除RO_2、O_2、CO外，还需测定H_2、C_mH_n等。

（3）色谱法（gas chromatography，GC）是一种分离混合物组分的技术，其基本原理是：被分析的混合物样品在流动气体或液体（流动相）的推动下，流经一根装有填充物（固定相）的管子（称色谱柱）时，受固定相的吸附或溶解作用，样品中的各组分在流动相和固定相中产生浓度分配。由于固定相对不间组分的吸附或溶解能力不同，因此各种组分在流动和固定相中的浓度分配情况不同，最终导致各自从色谱柱流出的时间不同，从而达到分离混合物组分的目的。根据不同的流动相物态，色谱法又分为液相色谱法和气相色谱法，前者用液体作为流动相，后者用气体作为流动相，通常称为载气。色谱柱中的固定相也有两种状态，即固态和液态，因此，以气相色谱为例，它又有气固色谱和气液色谱之分。前者利用固态充填物对不同组分吸附能力的差别进行组分分离，后者利用不同组分在液态充填物中的不同溶解度实现组分分离。

（4）在烟气的主要成分中，除同原子的双原子气体（H_2、N_2和O_2等）外，其他非对称分子气体，如CO、CO_2、H_2O、NO、C_mH_n等，在红外区均有特定的吸收带（波段）。这种特定的吸收带对于某一种分子是确定的、标准的，其特性如同"物质指纹"。也就是说，根据特定的吸收带可以鉴别分子的种类。利用这一原理可制成各种红外气体分析仪，实现对烟气进行定性或定量的分析和测量。

用二氧化碳仪对锅炉运行状况进行监督时，正常的二氧化碳值可参照值RO_2^{max}来确定。但实际烟气中或多或少都有一氧化碳的存在，所以三原子气体含量都比RO_2^{max}小一些。RO_2^{max}与β一样，基本上只与燃料的可燃物含量有关。测定RO_2（或CO_2）的目的与直接测定氧含量的目的一样，都是为了调整供给锅炉的空气量，控制好过量空气系数，减小锅炉的各项热损失。

一般来说，依据氧量控制燃烧工况更为方便，更为合理。其原因如下：

(1) 如图1.12所示，在同一过量空气系数下，不同燃料燃烧产生的 CO_2 含量相差很大，而在相同情况下 O_2 的含量却相差很小。

(2) 只凭 $\varphi(CO_2)$ 的指示，有时会导致错误的风量调节，原因如下：一般 $\varphi(CO_2)$ 较小时意味着过剩空气较多，应该减少送风量，但这仅在完全燃烧或烟气中CO含量很少的情况下才是正确的；而当有明显的不完全燃烧时，燃料中的C不仅氧化成 CO_2，还氧化成CO，使烟气中的 CO_2 减少。正确的调节应该是增大风量以减少不完全燃烧损失。同时，烟气中的氧含量能直接反映送风量进否适当。

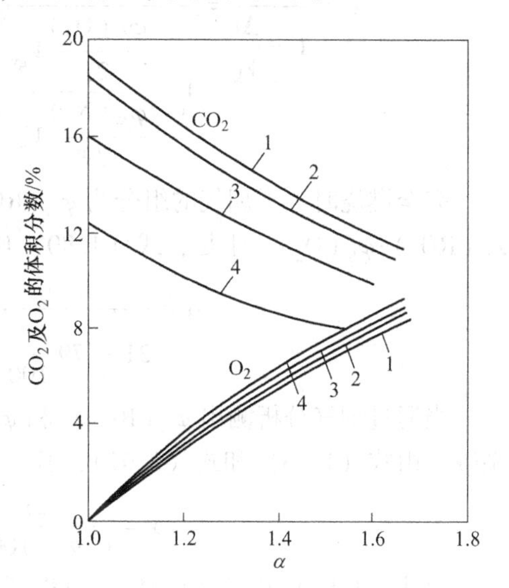

图1.12 烟气中 CO_2 及 O_2 含量随 α 变化的关系

1—无烟煤；2—褐煤；3—重油；4—天然气

锅炉运行时的过量空气系数 α 可根据烟气分析的结果予以确定。

$$\alpha = \frac{V_k}{V^0} = \frac{V_k}{V_k - \Delta V} = \frac{1}{1 - \dfrac{\Delta V}{V_k}} \tag{1.86}$$

由于燃料中的氮含量很少，故燃烧后燃料释放出来的氮的容积远小于烟气中氮的容积，即 $0.8\dfrac{N_{ar}}{100} \ll V_{N_2}$。

忽略燃料中的氮时，进入炉内的实际空气量可简化为

$$V_k = \frac{V_{N_2} - 0.8\dfrac{N_{ar}}{100}}{0.79} \approx \frac{V_{N_2}}{0.79} \tag{1.87}$$

烟气中氮的容积为

$$V_{N_2} = \frac{\varphi_{\%}(N_2)}{100} V_{gy}$$

所以

$$V_k = \frac{\dfrac{\varphi_{\%}(N_2)}{100} V_{gy}}{0.79} = \frac{\varphi_{\%}(N_2)}{79} V_{gy} \tag{1.88}$$

同样

$$\Delta V = \frac{V_{O_2}}{0.21} = \frac{\dfrac{\varphi_{\%}(O_2)}{100} V_{gy}}{0.21} = \frac{\varphi_{\%}(O_2)}{21} V_{gy} \tag{1.89}$$

于是

$$\alpha=\frac{1}{1-\dfrac{\Delta v}{V_{\mathrm{k}}}}=\frac{1}{1-\dfrac{\dfrac{\varphi_{\%}(O_2)}{21}V_{\mathrm{gy}}}{\dfrac{\varphi_{\%}(N_2)}{79}V_{\mathrm{gy}}}}=\frac{1}{1-\dfrac{79}{21}\dfrac{\varphi_{\%}(O_2)}{\varphi_{\%}(N_2)}}=\frac{21}{21-79\dfrac{\varphi_{\%}(O_2)}{\varphi_{\%}(N_2)}} \tag{1.90}$$

完全燃烧时，干烟气的组分为 $\varphi_{\%}(RO_2)+\varphi_{\%}(O_2)+\varphi_{\%}(N_2)=100$，即 $\varphi_{\%}(N_2)=100-\varphi_{\%}(RO_2)-\varphi_{\%}(O_2)$，于是，式（1.90）成为

$$\alpha=\frac{21}{21-79\dfrac{\varphi_{\%}(O_2)}{100-\varphi_{\%}(RO_2)+\varphi_{\%}(O_2)}} \tag{1.91}$$

当通过烟气分析测出 $\varphi_{\%}(RO_2)$ 和 $\varphi_{\%}(O_2)$ 之后，便可由式（1.91）求得过量空气系数。由式（1.83）和式（1.91），有

$$\alpha=\frac{21}{(79+100\beta)}\left(\frac{79}{\varphi_{\%}(RO_2)}+\beta\right) \tag{1.92}$$

由式（1.84）和式（1.91），可得到

$$\alpha=\frac{21-\dfrac{21\beta}{79+100\beta}\varphi_{\%}(O_2)}{21-\varphi_{\%}(O_2)} \tag{1.93}$$

对于燃煤锅炉来说，$\beta=0.06\sim0.2$，数值上是很小的。从以上两式不难得出，若采用式（1.92）来确定过量空气系数 α 时，燃料特性系数 β 的影响是较大的；而若采用式（1.93）来确定过量空气系数 α 时，燃料特性系数 β 的影响是较小的。事实上，图 1.12 中各曲线就是依据以上两式做出的。

这样一来，在式（1.93）中忽略 β 的影响，即认为

$$\frac{21\beta}{79+100\beta}\varphi_{\%}(O_2)\approx 0 \tag{1.94}$$

则有

$$\alpha\approx\frac{21}{21-\varphi_{\%}(O_2)} \tag{1.95}$$

因此，完全燃烧时，过量空气系数 α 与烟气中氧的容积成分 O_2 基本上是对应的。若知道了运行中锅炉的烟气中的含氧量，就可以知道过量空气系数。

不完全燃烧时，烟气中的氧既来自过量空气，也来自理论空气中由于碳不完全燃烧而未消耗的氧。若不完全燃烧产生仅考虑 CO 时，未消耗的氧的体积分数为 $0.5\varphi_{\%}(CO)$，即过量空气中的氧应为烟气分析测定的氧减去 $0.5\varphi_{\%}(CO)$。因此

$$\Delta V=\frac{\varphi_{\%}(O_2)-0.5\varphi_{\%}(CO)}{21}V_{\mathrm{gy}} \tag{1.96}$$

此时，干烟气中氮的容积份额为

$$N_2=100-(\varphi_{\%}(RO_2)+\varphi_{\%}(O_2)+\varphi_{\%}(CO)) \tag{1.97}$$

由式（1.86）、式（1.88）、式（1.93）及式（1.94）得

$$\alpha = \frac{21}{21 - 79\dfrac{\varphi_{\%}(O_2) - 0.5\varphi_{\%}(CO)}{100 - (\varphi_{\%}(RO_2) + \varphi_{\%}(O_2) + \varphi_{\%}(CO))}} \tag{1.98}$$

式（1.98）即为确定不完全燃烧时的过量空气系数表达式。同样也可确定气体燃料燃烧的过量空气系数。

1.6 燃烧温度和烟气焓

1.6.1 燃烧温度及其含义

燃料燃烧时放出的热量传给气态的燃烧产物产生的温度，称为燃料的燃烧温度。

燃料的燃烧温度可以通过燃烧过程中的能量平衡关系求出。燃料和空气送入炉内进行燃烧，它们带入的热量包括两部分：一是由燃料和空气带入的物理显热（燃料和空气的热焓）；二是燃料的化学热量（发热值）。

稳恒条件下，燃料燃烧前后的热平衡方程式为

$$Q_{net,v,ar} + Q_{rl} + Q_k = I_y \tag{1.99}$$

式中，$Q_{net,v,ar}$为收到基低位热值，kJ/kg 或 kJ/m^3；Q_{rl}为燃料的物理显热，kJ/kg 或 kJ/m^3；Q_k为由空气带入的物理显热，kJ/kg 或 kJ/m^3；I_y为燃烧后产生的烟气的焓，kJ/kg 或 kJ/m^3。

实际过程中燃料燃烧释放出的热量并不能全部都用来加热燃烧产物使其温度升高。因为燃料燃烧过程并不是在瞬间完成的，而需要一定的时间，在此时间内有部分热量被传到周围介质中去而成为热损失；同时可能有部分热量被用来对外做功；此外在高温下燃烧，燃烧产物中有某些组成部分要产生离解，这时要吸收一定数量的热量[7]。

在一般锅炉炉膛中，当燃烧温度为1500℃、烟气中CO_2含量等于10%时，只有0.7%的CO_2发生分解，水蒸气的分解量则更小，分解所消耗的热量也就很少。因此在实际计算中，当烟气温度低于1500℃时，CO_2和H_2O分解的影响可以忽略不计；但当烟气温度高于1800~2000℃时，分解反应开始明显，应考虑和H_2O的分解吸热。

如果在热平衡方程式中不考虑因CO_2和H_2O的离解吸热而损失的热量，全部热量用来加热烟气（即绝热），则获得的烟气温度称为理论燃烧温度或绝热火焰温度（adiabatic flame temperature）。这个温度是在给定燃料和空气组合条件下，燃烧产物所能达到的最高温度。理论燃烧温度在$\alpha=1$时达到最大值，称为燃烧热量温度。此温度可用来显示燃料的高温能力。理论燃烧温度的高低与燃料的热值、燃烧产物的热容量、燃烧产物的数量、燃料与空气的温度和过量空气系数等因素有关。

一般说来，理论燃烧温度随燃料的热值的增大而增大。当燃料中含有较多的重烃时，由于热值增高，理论燃烧温度也增高。但是，有时热值较低的燃料的理论燃烧温度可能高于热值较高的燃料的理论燃烧温度。这主要是燃烧产物的数量和比热容等因素起了主要作用。

若过量空气系数太小，由于燃烧不完全，不完全燃烧热损失增大，使得理论燃烧温度降低；若过量空气系数太大，则会增加燃烧产物的数量，使燃烧温度也降低。因此，为了

提高燃烧温度，应在保证完全燃烧的前提下尽量降低过量空气系数的数值。

预热空气和燃料均可提高理论燃烧温度。由于燃烧时空气量比燃料量大，预热空气对提高理论燃烧温度的影响更为明显。

由于吸热和散热，炉膛内的实际燃烧温度比理论燃烧温度要低得多。锅炉传热计算中，理论燃烧温度是经常使用的术语。

1.6.2　烟气焓值及燃烧温度的确定

在锅炉的热力计算或热工试验时，常常需要根据空气或烟气的温度求得空气或烟气的焓，或者由空气或烟气的焓求得空气或烟气的温度。空气或烟气的焓都是指将1kg固体及液体燃料或标准状态下1m^{3}气体燃料所需的空气量或所产生的烟气量从0℃加热到t(空气）或θ(烟气）时所需的热量，单位为kJ/kg。焓温表的计算和编制是锅炉热力计算中很重要的一项预备性计算。

在标准状态下理论空气量的焓I_k^0为

$$I_k^0 = V^0 c_k t_k \tag{1.100}$$

式中，c_k为空气的平均体积比定压热容，kJ/(m^3·℃)；t_k为空气温度,℃。

实际空气的焓I_k为

$$I_k = \beta I_k^0 \tag{1.101}$$

烟气是多种气体的混合物，其焓值等于理论烟气焓、过量空气焓和飞灰焓之和，即

$$I_y = I_y^0 + (\alpha - 1) I_k^0 + I_{fh} \tag{1.102}$$

式中，I_y^0为理论烟气体积的焓，kJ/kg或kJ/m^3。当温度为θ(℃）时，其值为

$$I_y^0 = (V_{RO_2} c_{RO_2} + V_{N_2}^0 c_{N_2} + V_{H_2O}^0 c_{H_2O})\theta \tag{1.103}$$

式中，c_{RO_2}、c_{N_2}、c_{H_2O}分别为θ时RO_2、N_2、H_2O气体的平均体积定压比热容，kJ/(m^3·℃)。由于烟气中SO_2的含量较CO_2的含量少得多，计算中可取$c_{RO_2}=c_{CO_2}$。

烟气中飞灰的焓为

$$I_{fh} = \frac{A_{ar}}{100} a_{fh} c_h \theta$$

式中，c_h为飞灰的平均比定压热容，kJ/(kg·℃)；$\frac{A_{ar}}{100} a_{fh}$为1kg燃料中的飞灰质量，kg/kg。

一般来说，只有当$1000\frac{A_{ar} a_{fh}}{Q_{net,v,ar}} > 1.43$时，飞灰焓才需计入烟气焓中，否则可略去不计。

各种成分的平均定压比热容值见表1.16。

表1.16　各种气体成分的平均比定压热容［kJ/(m^3·℃)］和灰的平均比定压热容［kJ/(kg·℃)］

θ/℃	二氧化碳 c_{CO_2}	氮气 c_{N_2}	氧气 c_{O_2}	水蒸气 c_{H_2O}	干空气 c_{gk}	湿空气 c_k	飞灰 c_h
0	1.5998	1.2648	1.3059	1.4943	1.2971	1.3118	0.7955

续表 1.16

θ/℃	二氧化碳 c_{CO_2}	氮气 c_{N_2}	氧气 c_{O_2}	水蒸气 c_{H_2O}	干空气 c_{gk}	湿空气 c_k	飞灰 c_h
100	1.7003	1.2958	1.3176	1.5052	1.3004	1.3243	0.8374
200	1.7873	1.2996	1.3352	1.5223	1.3071	1.3318	0.8667
300	1.8627	1.3067	1.3561	1.5424	1.3172	1.3423	0.8918
400	1.9297	1.3136	1.3775	1.5654	1.3280	1.3544	0.9221
500	1.9887	1.3276	1.3980	1.5897	1.3427	1.3682	0.9240
600	2.0411	1.3402	1.4168	1.6148	1.3565	1.3829	0.9504
700	2.0884	1.3536	1.4344	1.6412	1.3708	1.3976	0.9630
800	2.1311	1.3670	1.4499	1.6680	1.3842	1.4114	0.9797
900	2.1692	1.3796	1.4645	1.6957	1.3976	1.4248	1.0048
1000	2.2035	1.3917	1.4775	1.7229	1.4097	1.4374	1.0258
1100	2.2349	1.4034	1.4892	1.7501	1.4214	1.4583	1.0509
1200	2.2638	1.4143	1.5005	1.7769	1.4327	1.4612	1.0969
1300	2.2898	1.4252	1.5106	1.8028	1.4432	1.4725	1.1304
1400	2.3136	1.4348	1.5202	1.8280	1.4528	1.4830	1.1849
1500	2.3354	1.4440	1.5291	1.8527	1.4620	1.4926	1.2228
1600	2.3555	1.4528	1.5378	1.8761	1.4708	1.5018	1.2979
1700	2.3743	1.4612	1.5462	1.8996	1.4788	1.5102	1.3398
1800	2.3915	1.4687	1.5541	1.9213	1.4867	1.5177	1.3816
1900	2.4074	1.4758	1.5617	1.9423	1.4939	1.5257	
2000	2.4221	1.4825	1.5692	1.9628	1.5010	1.5328	
2100	2.4359	1.4892	1.5759	1.9824	1.5072	1.5399	
2200	2.4484	1.4951	1.5830	2.0009	1.5135	1.5462	
2300	2.4602	1.5010	1.5897	2.0189	1.5194	1.5525	
2400	2.4710	1.5064	1.5964	2.0365	1.5253	1.5583	
2500	2.4811	1.5114	1.6027	2.0528	1.5303	1.5638	

为了方便计算，一般用式（1.91）编制成焓-温表。由式（1.88）和式（1.91）和表1.18可知，仅知道燃料的组成、燃料的发热量、燃料及供给燃烧用空气的温度以及过量空气系数等，并不能直接确定燃烧温度。因为烟气的比热容也与温度有关。一般须用迭代法或查表通过内插法来获得燃烧温度。

2 化学热力学与化学动力学

燃烧学是一门复杂的交叉学科。燃烧是强烈放热同时伴随着发光的快速化学反应过程。化学反应过程中，原子和原子外层电子重新组合，经过一系列变迁，最后产生新物质，燃烧产物化学能降低，同时释放出热能和光能，形成火焰。

化学热力学是研究化学反应过程中能量（热能）转化（释放或吸收）、传递和反应的方向和限度的学科。化学热力学是将燃烧作为热力学系统，考察其初始和最终热力学状态，研究燃烧的静态特性。化学热力学的主要内容包括：(1) 根据热力学第一定律，分析化学能转变为热能的能量变化，这里主要确定化学反应的热效应；(2) 根据热力学第二定律分析化学平衡条件及平衡时系统的状态。

有些化学反应进行得快，有些又进行得很慢。当温度升高时，多数化学反应的速度加快。化学动力学就是解释这些现象的基本理论。化学动力学是化学学科的一个组成部分，它定量研究化学反应进行的速率及其影响因素，并用反应机理来解释由实验得出的动力学定律，研究燃烧的动态特性。

化学动力学研究的基本任务也有两个：第一个是确定各种化学反应速度以及各种因素（浓度、温度等）对反应速率的影响，从而提供合适的反应条件，使反应按人们所希望的速度进行；第二个是研究各种化学反应机理，即研究从反应物过渡到生成物所经历的途径。大量实验表明，反应速率的快慢主要取决于化学反应的内在机理，而其外界因素（如温度、压力等）都是通过影响或改变反应机理起作用的。因此，研究反应机理，揭示化学反应速率的本质，能使人们更自觉地控制化学反应。

2.1 化学热力学

燃烧系统计算所必需的最基本参数是平衡燃烧产物的温度和成分。如果反应放出的全部热量完全用于提高燃烧产物的温度，则这个温度就称为绝热燃烧温度。由于绝热燃烧温度和燃气成分在燃烧研究中处于重要的地位，所以化学热力学对于燃烧研究非常重要。

2.1.1 生成热、反应热和燃烧热

所有的化学反应都伴随着能量的吸收和释放，而能量通常是以热量的形式出现的。

如果忽略有化学反应的流动系统中的动能和势能的变化，同时除流动功以外没有其他形式的功交换，则加入系统的热量 Q 应等于该系统焓的增加 ΔH，即

$$Q = \Delta H \tag{2.1}$$

当反应系统在等温条件下进行某一化学反应过程时，除膨胀功外，不做其他功，此时系统吸收或释放的热量称为该反应的热效应。对已知某化学反应来说，通常所谓热效应如不特别注明，都是指等压条件下的热效应。当反应在101.325kPa、298K(25℃) 条件下进

行，此时的反应热效应称为标准热效应，用 $\Delta H_{298}^{\ominus}$ 表示，上标"$\ominus$"表示标准压力，下标"298"表示标准温度 298K，在压力 101.325kPa，温度 T(K) 条件下的生成热表示为 $\Delta H_{T}^{\ominus}$。根据热力学惯例，吸热为正值，放热为负值。对于系统来讲，只有加入（正值）或排出（负值）热量，才能保证系统的温度稳定。

2.1.1.1 生成热

标准生成热定义为：由最稳定的单质物质化合成标准状态下 1mol 物质的反应热，以 $\Delta h_{f,298}^{\ominus}$ 表示，单位为 kJ/mol。

一些物质的标准生成热见表 2.1。很明显，稳定单质的生成热都等于零。

表 2.1 一些物质的标准生成热（1atm，25℃） （kJ/mol）

名称	分子式	状态	生成热
一氧化碳	CO	气	-110.54
二氧化碳	CO_2	气	-393.51
甲烷	CH_4	气	-74.85
乙烷	C_2H_6	气	-84.68
乙炔	C_2H_2	气	226.90
乙烯	C_2H_4	气	52.55
苯	C_6H_6	气	82.93
苯	C_6H_6	液	48.04
辛烷	C_8H_{18}	气	-208.45
正辛烷	C_8H_{18}	液	-249.95
氧化钙	CaO	晶体	-635.13
碳酸钙	$CaCO_3$	晶体	-1211.27
氧	O_2	气	0
氮	N_2	气	0
碳（石墨）	C	晶体	0
碳（钻石）	C	晶体	1.88
水	H_2O	气	-241.84
水	H_2O	液	-285.85
丙烷	C_3H_8	气	-103.85
正丁烷	C_4H_{10}	气	-124.73
异丁烷	C_4H_{10}	气	-131.59
正戊烷	C_5H_{12}	气	-146.44
正己烷	C_6H_{14}	气	-167.19
正庚烷	C_7H_{16}	气	-187.82
丙烯	C_3H_6	气	20.42
甲醛	CH_2O	气	-113.80

续表 2.1

名称	分子式	状态	生成热
乙醛	C_2H_4O	气	-166.36
甲醇	CH_3OH	液	-238.57
乙醇	C_2H_6O	液	-277.65
甲酸	CH_2O_2	液	-409.20
醋酸	$C_2H_4O_2$	液	-487.02
乙二酸	$C_2H_2O_4$	固	-826.76
四氯化碳	CCl_4	液	-139.33
氨	NH_3	气	-41.02 *
溴化氢	HBr	气	-35.98 *
碘化氢	HI	气	25.10 *

注：* 标准温度为 18℃。

例如，氢 H_2 与碘 I_2 反应的化学方程式可写为

$$\frac{1}{2}H_2(g)+\frac{1}{2}I_2(s)=\!=\!=HI(g);\ \Delta h^{\ominus}_{f,298}=25.10\mathrm{kJ/mol}$$

这里氢 H_2 和碘 I_2 是稳定的单质，故 $\Delta h^{\ominus}_{f,298}=25.10\mathrm{kJ/mol}$ 是 HI 的标准生成热。式中，(g) 表示气态；(s) 表示固态；(l) 表示液态。

但下列化学方程式

$$CO(g)+\frac{1}{2}O_2(g)=\!=\!=CO_2(g);\ \Delta h^{\ominus}_{f,298}=-282.84\mathrm{kJ/mol}$$

$$N_2(g)+3H_2(g)=\!=\!=2NH_3(g);\ \Delta h^{\ominus}_{f,291}=82.04\mathrm{kJ/mol}$$

由于 CO 是化合物，不是稳定单质，故 $\Delta h^{\ominus}_{f,291}=-282.84\mathrm{kJ/mol}$ 不是 CO_2 的标准生成热；N_2 和 H_2 虽是稳定的单质，但生成物为 2mol 的 NH_3，故 $\Delta h^{\ominus}_{f,291}=82.04\mathrm{kJ/mol}$ 也不是 NH_3 的生成热。

因为有机化合物大部分不能由稳定单质生成，因此表 2.1 中的有机化合物的生成热并不是直接测定的，而是通过计算得到的。

2.1.1.2　反应热

在等温等压条件下，反应物形成生成物时吸收或释放的热量称为反应热，以 Δh_r 表示，其值等于生成物焓的总和与反应物焓的总和之差，在标准状态下的反应热称为标准反应热，以 $\Delta h^{\ominus}_{r,298}$ 表示，由式（2.2）计算，单位为 kJ，即

$$\Delta h^{\ominus}_{r,298}=\sum M_i\Delta h^{\ominus}_{f,298i}-\sum M_j\Delta h^{\ominus}_{f,298j} \tag{2.2}$$

式中，M_i、M_j 分别表示生成物、反应物的摩尔数；$\Delta h^{\ominus}_{f,298i}$、$\Delta h^{\ominus}_{f,298j}$ 分别表示生成物、反应物的标准生成热。

例如以下化学反应：

$$C(s)+O_2(g)=\!=\!=CO_2(g)$$

该反应的标准反应热可由式（2.2）求得，即

$$\Delta h_{r,298}^{\ominus} = M_{CO_2}\Delta h_{f,298CO_2}^{\ominus} - (M_C\Delta h_{f,298C}^{\ominus} + M_{O_2}\Delta h_{f,298O_2}^{\ominus})$$
$$= 1\times(-393.51) - (1\times 0 + 1\times 0)$$
$$= -393.51\text{kJ}$$

上式也意味着，如果反应物是稳定单质，生成物为1mol的化合物时，该式的反应热在数值上就等于该化合物的生成热。

对任意给定压力和温度的反应热的计算，也可以按以上方法确定。对理想气体，焓值不取决于压力，反应热也与压力无关，而只随温度变化。在任意压力和温度下，反应热Δh_r应等于系统从反应物转变成生成物时焓的减少。

Δh_r随温度的变化可由式（2.3）给出，即

$$\frac{d\Delta h_r}{dT} = \sum_{i=f} M_i c_{pi} - \sum_{j=r} M_j c_{pj} \tag{2.3}$$

这个结果说明，反应热随温度的变化速率等于反应物和生成物的等压比热容差。式（2.3）即为反应热随温度变化的基尔霍夫定律。如果要求两个温度间的反应热的变化，可以积分式（2.3）。

如果已知标准反应热$\Delta h_{r,298}^{\ominus}$，则可计算出任何温度下的反应热$\Delta h_r$。

2.1.1.3 燃烧热

1mol的燃料和氧化剂在等温等压条件下完全燃烧释放的热量称为燃烧热，以Δh_c表示。标准状态时的燃烧热称为标准燃烧热，以$\Delta h_{c,298}^{\ominus}$表示，单位为kJ/mol。

表2.2为某些燃料在等温等压条件下的标准燃烧热，完全燃烧产物为$H_2O(l)$、$CO_2(g)$和$N_2(g)$。需要注意的是，这里的H_2O为液态，而不是气态。由表2.1看出，$H_2O(l)$的生成热和$H_2O(g)$的生成热是不同的，即

$$H_2O(l) \longrightarrow H_2O(g); \quad \Delta h_{f,298}^{\ominus} = 44.01 \quad \text{kJ/mol}$$

这里$\Delta h_{f,298}^{\ominus}$为1mol水的汽化潜热。表2.2列出的燃烧热在工程上称为高位热值。燃烧热也可以根据燃烧反应式按照式（2.2）进行计算。

表2.2 某些燃料的燃烧热［101.325kPa，25℃，产物为$H_2O(l)$、$CO_2(g)$和$N_2(g)$］

（kJ/mol）

名称	分子式	状态	燃烧热
碳（石墨）	C	固	-392.88
氢	H_2	气	-285.77
甲苯	C_7H_8	液	-3908.69
氨基甲酸乙酯	$C_5H_7NO_2$	固	-1661.88
乙烷	C_2H_6	气	-1541.39
丙烷	C_3H_8	气	-2201.61
丁烷	C_4H_{10}	液	-2870.64
戊烷	C_5H_{12}	液	-3486.95
庚烷	C_7H_{16}	液	-4811.18

续表 2.2

名称	分子式	状态	燃烧热
辛烷	C_8H_{18}	液	-5450.50
十二烷	$C_{12}H_{26}$	液	-8132.43
十六烷	$C_{16}H_{34}$	液	-10707.27
乙烯	C_2H_4	气	-1411.26
乙醇	C_2H_5OH	液	-1370.94
甲醇	CH_3OH	液	-712.95
苯	C_6H_6	液	-3273.14
环庚烷	C_7H_{14}	液	-4549.26
环戊烷	C_5H_{10}	液	-3278.59
醋酸	$C_2H_4O_2$	液	-876.13
苯甲酸	$C_7H_6O_2$	固	-3226.7
乙基醋酸盐	$C_4H_8O_2$	液	-2246.39
萘	$C_{10}H_8$	固	-5155.94
蔗糖	$C_{12}H_{22}O_{11}$	固	-5646.73
莰酮	$C_{10}H_{16}O$	固	-5903.62
苯乙烯	C_8H_8	液	-4381.09

2.1.1.4 热化学定律

在工程实际中常常会遇到有些难以控制和难以测定其热效应的反应，通过热化学定律可以用间接方法把它计算出来，这样就不必每个反应都要通过做试验来确定其热效应。

(1) 拉瓦锡-拉普拉斯定律。该定律指出，化合物的分解热等于它的生成热，而符号相反。

根据该定律，我们能够按相反的次序来写热化学方程式，从而可以根据化合物的生成热来确定化合物的分解热。

(2) 盖斯定律。1840 年，俄国化学家盖斯在大量实验的基础上指出，不管化学反应是一步完成，还是分几步完成，该反应的热效应相同。换言之，反应的热效应只与起始状态和终了状态有关，与反应的途径无关，这就是盖斯定律。

该定律表示热化学方程式可以用代数方法做加减。

为了求出反应的热效应，可以借助于某些辅助反应，至于反应究竟是否按照中间途径进行可不必考虑。但是由于每一个实验数据都有一定的误差，所以应尽量避免引入不必要的辅助反应。

2.1.2 绝热燃烧温度、自由能和平衡常数

2.1.2.1 绝热燃烧温度

某一等压、绝热燃烧系统，燃烧反应放出的全部热量完全用于提高燃烧产物的温度，

则这个温度就叫绝热燃烧温度，以 T_f表示。该温度取决于系统初始温度、压力和反应物成分。

通常是用标准反应热来计算 T_f的。为了便于计算，绝热燃烧温度也以 298K 为起点，则有

$$\Delta h_{r,298}^{\ominus} = -\sum \int_{298}^{T_f} M_i c_{pi} dT \tag{2.4}$$

其中标准反应热可按式（2.2）计算。

如果式（2.4）中燃烧产物各组分摩尔数 M_i已知，则解该方程便可求出绝热燃烧温度 T_f。对于燃烧产物温度低于1250K 的反应系统，由于燃烧产物 CO_2、H_2O、N_2 和 O_2 等是正常的稳定物质，因而它们的摩尔数可以根据简单的质量平衡计算出来。然而大多数燃烧系统达到的温度明显地高于 1250K，这时就会出现上述稳定物质的离解。由于离解反应吸热很多，因此少量的离解将会显著地降低火焰温度。根据化学平衡原则，燃烧产物的组成极大地取决于最终温度。可以看出，在有离解的情况下，燃烧产物的确定变得更加复杂，式（2.4）中的 M_i及 T_f同样都是未知数。为了求解该方程，必须借助于化学平衡的概念。

2.1.2.2　热力学平衡与自由能

燃烧化学反应系统一般是非孤立系统，通常必须同时考虑环境熵变。因此，在判别其变化过程的方向和平衡条件时，不能简单地用熵函数判别，而需要引入新的热力学函数，利用系统函数值的变化来判别自发变化的方向，无须考虑环境的变化。这就是亥姆霍兹（Hel moholtz）自由能和吉布斯（Gibbs）自由能，分别定义为

$$F = U - TS \tag{2.5}$$

$$G = H - TS \tag{2.6}$$

式中，F 为亥姆霍兹自由能，J；U 为热力学能，J；T 为热力学温度，K；S 为熵，J/K；H 为焓，J；G 为吉布斯自由能，J。

由于 U、T、S、H 为状态参数，故 F、G 也是状态参数。根据状态参数的特性就可判别过程变化的方向和平衡条件。

（1）熵判据。对孤立系统或绝热系统，有

$$dS \geqslant 0 \tag{2.7}$$

在孤立系统中，如果发生了不可逆变化，则必定是自发的，自发变化的方向是熵增的方向。当系统达到平衡状态之后，如果有任何自发过程发生，必定是可逆的。此时，$dS=0$。由于孤立系统的热力学能 U、体积 V 不变，所以熵判据也可写为

$$(dS)_{U,V} \geqslant 0 \tag{2.8}$$

（2）亥姆霍兹自由能判据。在定温、定容、不做其他功的条件下，对系统任其自燃，则发生的变化总是朝着亥姆霍兹自由能减少的方向进行，直到系统达到平衡状态。其判据可写为

$$(dF)_{T,V} \leqslant 0 \tag{2.9}$$

（3）吉布斯自由能判据。在定温、定压、不做其他功的条件下，对系统任其自燃，则发生的变化总是朝着吉布斯自由能减少的方向进行，直到系统达到平衡状态。其判据可写为

$$(dG)_{T,p} \leqslant 0 \tag{2.10}$$

吉布斯自由能与压力和温度的关系可推导为

$$\left(\frac{\partial G}{\partial T}\right)_p = -\Delta S = \frac{\Delta G - \Delta H}{T} \tag{2.11}$$

式（2.11）称为吉布斯-亥姆霍兹方程。

吉布斯自由能可作为化学反应的平衡和自发性的判据。根据标准摩尔反应，吉布斯自由能还可以计算出化学反应的平衡常数。因此，确定标准摩尔反应吉布斯自由能很重要。但是由于无法知道各种物质的吉布斯自由能绝对值，因此选定某种状态作为标准并取其相对值。

一般规定，在101.325kPa、25℃条件下，稳定单质的吉布斯自由能为零。由稳定单质生成1mol化合物时的吉布斯自由能，称为该化合物的标准摩尔生成吉布斯自由能，以$\Delta G^{\ominus}_{f,298}$表示，单位为kJ/mol。

对某一反应系统，可用类似于标准反应热的定义方法，定义标准反应吉布斯自由能$\Delta G^{\ominus}_{r,298}$为

$$\Delta G^{\ominus}_{r,298} = \sum_{i=f} M_i \Delta G^{\ominus}_{f,298i} - \sum_{j=r} M_j \Delta G^{\ominus}_{f,298j} \tag{2.12}$$

系统的标准反应吉布斯自由能单位为kJ，$\Delta G^{\ominus}_{r,298}$的“正”值表示必须向系统输入功；“负”值表示反应能自发进行，并在反应过程中对环境做出净功。反应处于化学平衡状态时，反应自由能为零。

2.1.2.3　标准平衡常数

根据反应物的相态，化学反应可分为均相反应（气相与气相反应）和多相反应（多种相态物质的反应）。现以气相均相反应为例说明平衡常数的概念，对反应

$$aA(g, p_A) + bB(g, p_B) \longrightarrow cC(g, p_C) + dD(g, p_D)$$

在定温条件下，吉布斯自由能与压力的关系式为

$$\Delta G = nRT\ln\frac{p}{p_0} \tag{2.13}$$

可得

$$\Delta G^{\ominus}_{r,298} = -RT\ln\frac{(p_C)^c(p_D)^d}{(p_A)^a(p_B)^b} = -RT\ln K_p \tag{2.14}$$

式中，K_p为以分压力表示的标准平衡常数。

将式（2.14）变形，有

$$\ln K_p = -\frac{\Delta G^{\ominus}_{r,298}}{RT} \tag{2.15}$$

式（2.14）称为范特霍夫方程，它给出了标准平衡常数与温度的关系。

2.2　化学反应速率

2.2.1　浓度及其表示方法

单位体积中所含某物质的量即为该物质的浓度。物质的量可以用不同的单位来表示，

故浓度也有不同的表示方法。

(1) 分子浓度 n_i。分子浓度指单位体积内含某物质的分子数，即

$$n_i = N_i/V \tag{2.16}$$

式中，N_i为某物质的分子数目；V为体积。

(2) 摩尔浓度 c_i。摩尔浓度指单位体积内所含某物质的摩尔数，即

$$c_i = M_i/V = N_i/(N_0 V) \tag{2.17}$$

式中，M_i为某物质的摩尔数；N_0为阿伏伽德罗（Avogadro）常数，$N_0 = 6.0221367 \times 10^{23} \text{mol}^{-1}$。

摩尔浓度与分子浓度的关系为

$$c_i = n_i/N_0 \tag{2.18}$$

(3) 质量浓度 ρ_i。质量浓度指单位体积内所含某物质的质量，也称为密度，即

$$\rho_i = G_i/V \tag{2.19}$$

式中，G_i为某物质的质量。

质量浓度与摩尔浓度的关系为

$$\rho_i = m_i c_i \tag{2.20}$$

式中，m_i为某物质的分子质量。

(4) 摩尔分数 x_i。摩尔分数指某物质的物质的量（摩尔数或分子数）与同一体积内总物质的量（摩尔数或分子数）的比值，即

$$x_i = N_i/N_t = n_i/n_t = M_i/M_t \tag{2.21}$$

式中，N_t为容积中总分子数；n_t为总分子浓度；M_t为容积中总摩尔数。

(5) 质量分数 w_i。质量分数指某物质的质量与同一容积内的物质总质量之比，即

$$f_i = G_i/G_z = \rho_i/\rho \tag{2.22}$$

式中，G_z为混合物的质量；ρ为混合物的密度。

2.2.2 化学反应速率

2.2.2.1 定义

化学反应速率指单位时间内反应物浓度的减少（或生成物浓度的增加）。一般常用符号 ω 来表示。

采用不同的浓度单位，化学反应速率可分别表示为

$$\omega_n = \pm \mathrm{d}n/\mathrm{d}t \tag{2.23}$$

$$\omega_c = \pm \mathrm{d}c/\mathrm{d}t \tag{2.24}$$

$$\omega_\rho = \pm \mathrm{d}\rho/\mathrm{d}t \tag{2.25}$$

2.2.2.2 质量作用定律

化学反应速率与各反应物质的浓度、温度、压力和物理化学性质等有关。质量作用定律说明了在一定温度下化学反应速率与物质浓度的关系。

质量作用定律表述为当温度不变时，某化学反应的反应速率与该瞬间各反应物浓度的乘积成正比。如果该反应按化学反应方程式的关系进一步完成，则每种反应物浓度的方次等于化学方程式中反应物化学计量数。例如下列化学反应：

$$aA + bB \longrightarrow eE + fF$$

则质量作用定律可表示为

$$\omega = kc_A^a c_B^b \tag{2.26}$$

式中，k 为反应速率常数，它与反应物的浓度无关；$n=a+b$ 称为该反应的反应级数。

当各反应物的浓度等于1时，反应速率常数 k 在数值上等于化学反应速率，所以 k 也称为比速率。不同的反应有不同的反应速率常数，它的大小直接反映了速率的快慢和反应的难易，并取决于反应温度和反应物的物理化学性质。

在应用质量作用定律时应注意：要正确地判断反应物浓度对反应速率影响的程度，必须由实验方法来测定反应物浓度的方次，以及由实验了解化学反应的机理。所以在明确了该化学反应的真实过程，并能写出反映反应过程的动力学方程式后，才能应用质量作用定律来判断该反应中浓度对反应速率的影响。

应该指出，除了一步完成的简单化学反应以外，还有复杂反应。在复杂反应中，所形成的最终产物是由几步反应完成的，故而化学反应方程式并非表示整个化学反应的真实过程，所以无法用质量作用定律直接按照该化学反应方程式来判断其反应物浓度对反应速率的影响关系，必须通过实验来求得。

在电站锅炉燃烧技术中可采用炉膛容积热负荷，即单位时间内和单位体积内燃烧的燃料释放出的热量，来表示燃烧反应速度。

对于多相燃烧，如煤粉燃烧，反应在煤粉颗粒表面进行，反应速度取决于燃料表面区域的氧浓度和燃料的表面积。

2.3　影响化学反应速率的因素

影响化学反应速率的因素主要有系统压力、反应物浓度、温度和活化能等。

2.3.1　反应系统压力对化学反应速率的影响

对于一个恒温反应，反应物质的浓度 c 与摩尔相对浓度 x 之间存在如下关系；

$$c_i = x_i p/(RT) \tag{2.27}$$

代入质量作用定律式可得

$$\omega = k\left(\frac{p}{RT}\right)^n x_A^a x_B^b \tag{2.28}$$

式中，$n=a+b$ 为反应级数；x_A、x_B 为反应物A、B的相对浓度。

由于 $x_A + x_B = 1$，因此 $x_A = 1 - x_B$，代入式（2.29）可得

$$\omega = k\left(\frac{p}{RT}\right)^n x_A^a (1 - x_A)^b \tag{2.29}$$

该式表明了在恒温反应的条件下，反应速率与压力的 n 次方成正比，即

$$\omega \propto p^n \tag{2.30}$$

化学反应级数 n 可以通过以下方法确定。

对式（2.29）取对数，可得

$$\ln\omega = n\ln p + \ln\left[k\frac{x_A^a(1-x_A)^b}{(RT)^n}\right] \tag{2.31}$$

在恒温条件下，测定反应速率和系统压力，绘制 $\ln\omega$-$\ln p$ 的关系图，斜率即为反应级数 n，如图 2.1 所示。

上述压力与反应速度的关系只对简单的一步反应有效，对链式反应不适用。

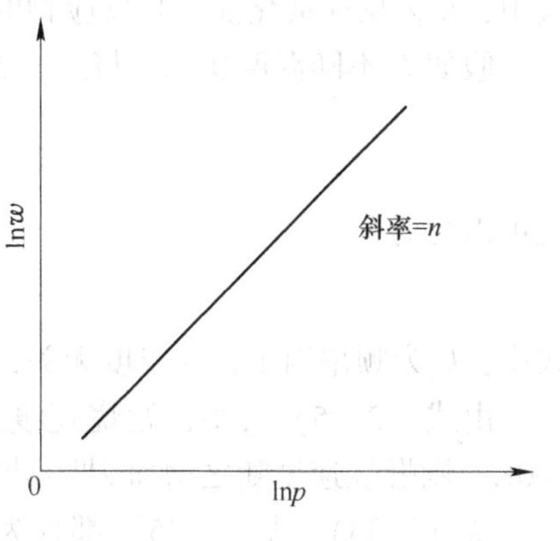

图 2.1　$\ln\omega$-$\ln p$ 关系图

2.3.2　反应物浓度对化学反应速率的影响

为讨论方便，假定化学反应为双分子反应，则式（2.29）可写为

$$\omega = k\left(\frac{p}{RT}\right)^2 x_A(1-x_A) \tag{2.32}$$

在其他条件不变的情况下，最大反应速率与浓度的关系 $d\omega/(dx_A=0)$，则最大反应速率对应的反应物相对浓度为

$$x_A = x_B = 0.5$$

图 2.2 所示为化学反应速率 ω 与相对浓度 x_A的关系曲线，该曲线表明化学反应速率随反应物的浓度而变化。在一定范围内，化学反应速率随反应物的浓度升高而增大，反应物质浓度过大或过小都将使反应速率下降。

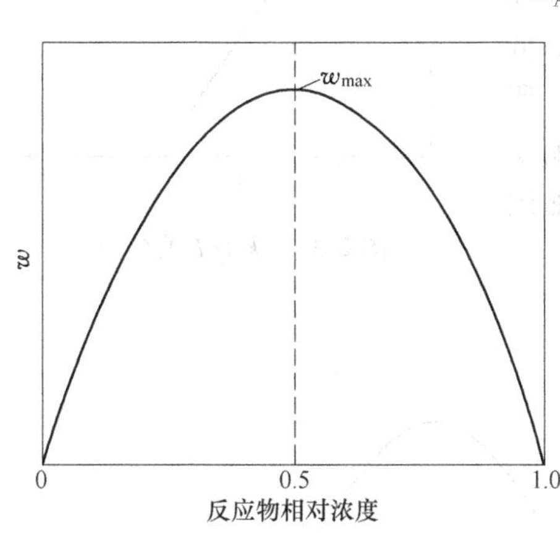

图 2.2　化学反应速率与反应物相对浓度的关系

这是因为燃烧反应属于双分子反应，只有当两个分子发生碰撞时，反应才能发生。浓度越大，即分子数目越多，分子间发生碰撞的几率越大，反应也就越快。当然，反应物浓度也不是越高越好，当燃料浓度过高时，则氧相对不足，燃烧不充分。只有在燃料与氧达到化学当量比时，即反应物相对浓度等于 0.5 时，燃烧速度才最快。

当反应物质中混合有惰性物质时，会降低反应物的浓度，使得反应速率下降。但最大反应速率仍发生在 $x_A = x_B = 0.5$ 处。

2.3.3　温度对化学反应速率的影响

温度是影响化学反应速率的重要因素之一，它主要影响反应速率常数 k 值。根据范特霍夫（Van't Hoff）规则，反应温度每升高 10℃，反应速率大约增加 2～4 倍。这是一个近似的经验规则，对于不需要精确的数据或者缺少完整数据的情况，不失为一种估计温度对反应速率常数影响的方法。

在范特霍夫方程基础上，阿累尼乌斯（Arrhenius）通过大量实验与理论研究，揭示了反应速率常数与温度之间的关系式

$$\frac{\mathrm{d}(\ln k)}{\mathrm{d}T} = \frac{E}{RT^2} \tag{2.33}$$

式中，E 为反应活化能，是反应物的物性参数，kJ/mol。

假如 E 不随温度变化，将式（2.33）积分，可得

$$\ln k = -\frac{E}{RT} + \ln k_0 \tag{2.34}$$

也可以写为

$$k = k_0 \mathrm{e}^{-\frac{E}{RT}} \tag{2.35}$$

式中，k_0为频率因子，与温度无关，由实验确定；R 为通用气体常数；T 为系统温度。

由式（2.35）可知，燃烧速度随温度升高而升高，并呈指数关系。例如温度升高 100K，则燃烧速度随之增加 2^{10}~4^{10}倍。

式（2.33）~式（2.35）都称为阿累尼乌斯公式。按照式（2.34）以 $\ln k$-$1/T$ 作图，可得到一条直线，直线的斜率为$-E/R$，由此可求出物质的活化能 E，如图 2.3 所示。

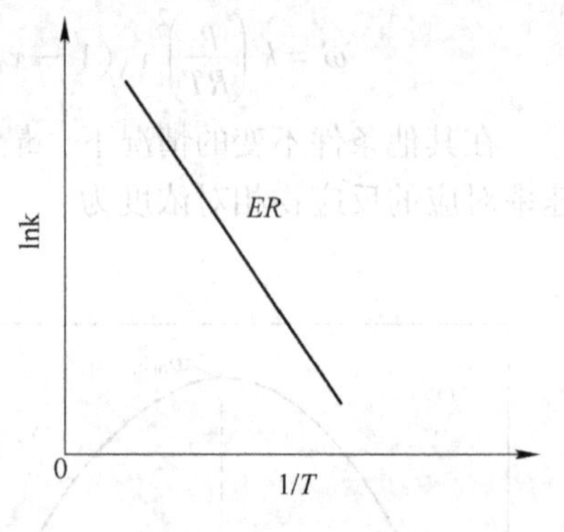

图 2.3 $\ln k$-$1/T$ 关系图

应该指出的是，并非所有的化学反应都遵循此规律，有些化学反应的反应速率是随温度的升高而降低的，如图 2.4 所示。一般的化学反应如图 2.4（a）所示，少数如图 2.4（b）~图 2.4（d）所示，例如酶反应如图 2.4（b）所示，某些碳氢化合物的氧化如图 2.4（c）所示，合成 NO_2 如图 2.4（d）所示。

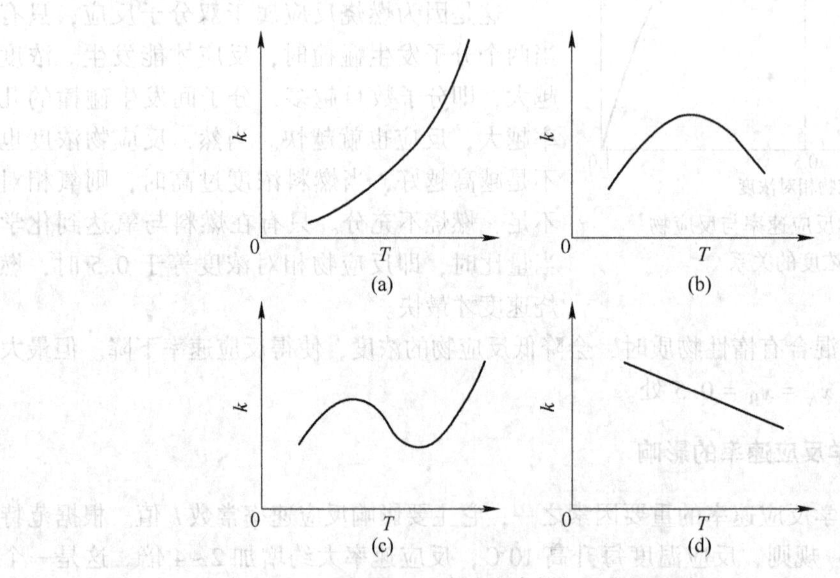

图 2.4 反应速率常数与温度间的关系

2.3.4 活化能的影响

在阿累尼乌斯公式中，活化能 E 的数值对反应速率的影响很大，E 越小，反应速率越

大。阿累尼乌斯在解释上述经验公式时首先提出了活化能的概念。分子相互作用的首要条件是它们必须相互碰撞，显然并不是每次碰撞都是有效的，因为分子彼此碰撞的次数很多。如果每次碰撞都是有效的，则一切气体反应都将瞬时完成。但实际上只有少数能量较大的分子碰撞才能有效。使普通分子（即具有平均能量的分子）变为活化分子（即能量超出一定值的分子）所需的最小能量，称为活化能。活化能也可定义为使化学反应得以进行所需要吸收的最低能量。由定义可知，活化能表示吸收外界能量的大小，数值越大，表示燃料越难燃烧。活化能如图2.5所示。

由图2.5可知，要使反应物A反应生成燃烧产物G，必须首先吸收能量E_1，达到活化状态，然后进行燃烧反应，变成产物G，同时放出热量E_2。扣除吸收的热量E_1，Q为燃烧反应的净放热量，也就是燃料的发热量。

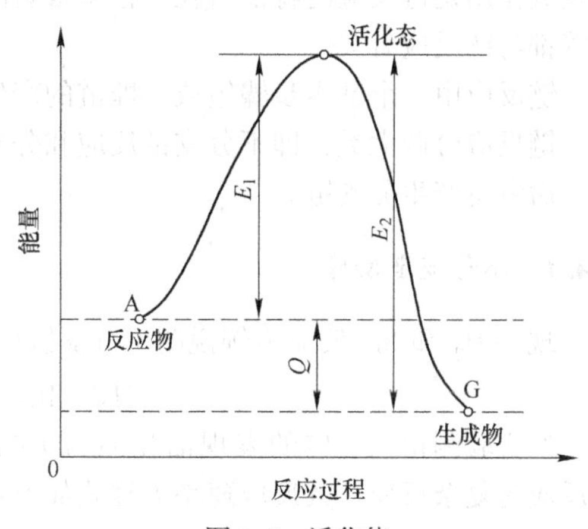

图2.5 活化能

阿累尼乌斯对活化能的解释只对基元反应才有明确的物理意义，而绝大多数反应都是非基元反应。因此，对复杂反应，直接由实验数据按阿累尼乌斯得到的活化能只是表观活化能，它实际上是组成该复杂反应的各基元反应活化能的代数和。

一般化学反应的活化能均为42~420kJ/mol，其中大多数为60~250kJ/mol。活化能小于42kJ/mol的反应，由于反应速度很快，一般实验方法已难以测定；活化能大于420kJ/mol的反应，由于反应速度极慢，可以认为不发生化学反应。

从阿累尼乌斯公式可以看出，活化能E的大小既反映了反应进行的难易程度（活化能E越小，反应越容易），同时也反映了温度对反应速率常数的影响的大小。E值较大时，温度升高，k值的增大就很显著；反之，就不显著。例如有两个化学反应，一个反应的活化能为83.68kJ/mol，另一个为167.36kJ/mol，当温度由500K增加到1000K时，若不计频率因子的变化，则活化能低的反应速率增加4×10^4倍，活化能高的反应速率增加3×10^8倍。这一结果说明，对于两个活化能不同的反应，当温度增加时，活化能较高的反应速率增加的倍数比活化能较低的反应速率增加的倍数大。换句话说，即温度升高有利于活化能较大的反应。对于一个给定的反应，例如活化能为83.68kJ/mol，温度从500K升到1000K，升温500K，其反应速率增加4×10^4倍；如果温度从1000K升高到1500K，同样升温500K，此时反应速率增加25倍。这一结果说明，对于一个给定的反应来说，在低温范围内反应速率随温度的变化更敏感。

从影响燃烧的因素可知，要强化煤的燃烧，提高燃烧效率，可以提高煤粉浓度、压力和温度。在电站锅炉技术中，煤粉炉采用微负压燃烧，可从浓度和温度方面入手，提高燃烧效率。如浓淡燃烧技术、热风送粉等都是从这个原理出发的。

2.4 链式反应

阿累尼乌斯定律在分子运动理论基础上，建立了化学反应速率关系式。但是化学反应的种类很多，特别是燃烧过程的化学反应，都是复杂的化学反应，无法用阿累尼乌斯定律和分子运动理论来解释。比如有些化学反应即使在低温条件下，其化学反应速率也会自动加速而引起着火燃烧；有些反应在常温下也能达到极大的化学反应速率，比如爆炸。因此，不得不寻求化学动力学的新理论来解释这些现象。链反应就是其中之一。

链反应也称链锁反应。其特点是不论用什么方法，只要使反应开始，它便能相继产生一系列的连续反应，使反应不断发展。在这些反应过程中始终包括自由原子或自由基，这些原子或自由基统称为链载体，只要链载体不消失，反应就一定能进行下去。链载体的存在及其作用是链反应的特征所在。很多重要的工艺过程如石油热裂解、碳氢化合物氧化燃烧等都与链反应有关。

链反应由三个基本步骤组成，即链的产生、链的传递和链的终止。

链反应分两大类，即不分支链反应和分支链反应。前者在链的发展过程中不产生分支链，后者将产生分支链。

2.4.1 不分支链反应

现以 H_2 和 Br_2 反应为例说明不分支链反应的机理。H_2 和 Br_2 的化学反应方程式为

$$H_2 + Br_2 \longrightarrow 2HBr$$

经实验测得该反应的表现活化能为 167kJ/mol，实验中还测到了 H 和 Br 自由原子。该反应为复杂反应，其反应速率方程式如下：

$$\frac{dc_{HB\rho}}{dt} = \frac{k'c_{H^2}c_{Br_2}^{1/2}}{1 + k''c_{HBr}/c_{Br_2}} \tag{2.36}$$

有下列反应历程：

链的产生 $Br_2 + M \longrightarrow 2Br + M$

链的传递 $Br + H_2 \longrightarrow H + HBr$

$H + Br_2 \longrightarrow Br + HBr$

$H + HBr \longrightarrow H_2 + Br$

链的终止 $2Br + M \longrightarrow Br_2 + M$

上述反应步骤简要说明如下：

（1）链的产生。由反应物分子生成最初链载体的过程称为链的产生。这是一个比较困难的过程，因为断裂分子中的化学键需要一定的能量。通常可以用加热、光照射、加入引发剂等方法使之形成自由基或自由原子。这里，Br_2 分子是通过与惰性分子 M 相碰撞获得足够的振动而离解，称为热离解。

（2）链的传递。自由基或自由原子与分子相互作用的交替过程称为链的传递。由此可见，Br 与 H 两个自由原子交替地进行着生成 HBr 的反应，这里自由原子及自由基即链载体，起着链的传递作用，犹如链条上的各个链环，周期性地重复进行。

（3）链的终止。自由原子或自由基与如果与容器壁面碰撞而形成稳定的分子，或者两个自由基与第三个惰性分子相撞后失去能量而成为稳定分子，则链中断，称为链的终止。

总的来说，本例的链反应在条件适宜时可以形成很长的链。因为在反应中链载体的数目始终没有增加，故称为不分支链反应或直链反应。

链反应机理是否正确需要加以验证。首先必须按照上面的反应机理求算反应速率方程式，并考察它是否与实验相等；其次要根据基元反应的活化能来计算总反应的表观活化能，看所得的数值是否和实验值一致；最后，如果实验中还有其他现象出现，则还需考察所提供的反应机理能否解释这些现象。

根据不分支链反应的特点，可以作出反应速率与时间之间的关系曲线，如图 2.6 所示。该曲线表示，在一定温度工况下，在达到可能的最大值之前，反应速率的增加是与反应物原子浓度在反应初期的增加有关的；反应速率达到最大值以后，由于反应物质浓度的降低，使链反应的速率降低。

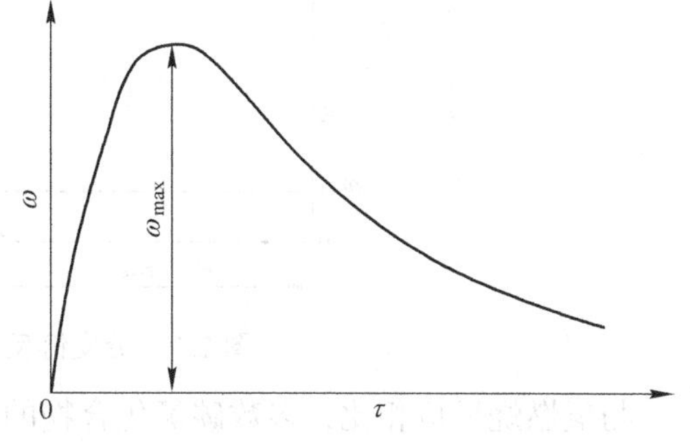

图 2.6　不分支链反应速率与时间的关系

2.4.2　分支链反应

分支链反应是在等温条件下，基元反应产生的链载体的数目比消失的数目多，链的发展过程呈现分支发射状。在一定条件下，链载体的浓度及生成物的反应速率会趋于无穷大，发生爆炸反应。下面以 H_2 燃烧为例说明分支链反应的过程。

氢和氧反应的方程式为　$2H_2 + O_2 \longrightarrow 2H_2O$

实际上氢和氧的化合过程要复杂得多。

链的产生

$$H_2 + O_2 \longrightarrow 2OH$$

$$H_2 + M \longrightarrow 2H + M$$

链的传递

$$OH + H_2 \longrightarrow H_2O + \frac{1}{2}H_2$$

分支

$$H + O_2 \longrightarrow OH + O$$

$$O + H_2 \longrightarrow OH + H$$

$$OH + H_2 \longrightarrow H_2O + \frac{1}{2}H_2$$

链的终止

$$H + H \longrightarrow H_2$$

$$H + OH \longrightarrow H_2O$$

$$O + O \longrightarrow O_2$$

总的反应式为　$H + 3H_2 + O_2 \longrightarrow 3H + 2H_2O$

可见，在氢与氧的燃烧反应过程中，链传递的每一个循环，1 个氢原子可转变为 3 个氢原子。因此，如果链载体的产生速率超过销毁速率，则反应速率会增加得很快而引起爆炸，这就是分支链反应。

在该分支链反应中，反应产物的形成速率与链载体——氢原子的浓度成正比。在反应开始阶段，氢原子的初始浓度很低，产物的形成速率很不显著。只有在经过一定的时间之后，由于分支链反应的传递过程，氢原子浓度不断增加，这样反应速率才得以自动加速直到最大的数值。以后由于反应物的浓度不断降低，当氢原子的销毁速率超过产生速率，以及氧分子浓度消耗到一定程度以后，反应速率开始下降。图 2.7 所示即为一定温度工况下氢燃烧的反应速率和时间的关系曲线。图中 τ_{res} 称为分支链反应的感应期。在这段时间内，反应速率很不显著，难以观察到。ω_{res}表示一个很小但能观察到的反应速率。在经过感应期后，反应才自动加速到最大速率值ω_{max}。

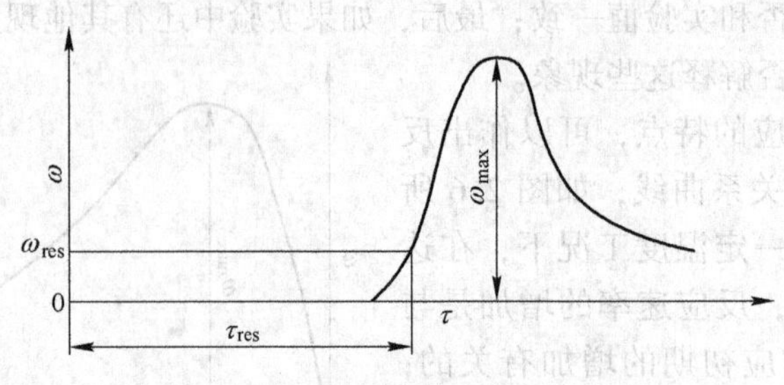

图 2.7　分支链反应速率与时间的关系

与氢燃烧反应相比，多数碳氢化合物的燃烧反应进行得比较缓慢，因为碳氢化合物的燃烧是一种退化的分支链反应，即新的链环要依靠中间生成物分子的分解才能发生，其动力学机理尚在研究中。

3 燃烧流体力学

燃烧通常是在燃料与空气之间进行的，无论燃料的形态如何，都要通过与空气的良好混合完成燃烧，因此燃烧过程的基本条件是流动。当燃料是气体时，气体燃料和空气形成单相流动，这一流动的基本特征是射流；当燃料是液体时，液体燃料经过雾化，再以气态的形式与空气形成单相流动，因此液体和气体燃料的流动反应相似；当燃料是固体时，固体燃料与空气形成气-固两相流动。但无论是单相流动还是两相流动，为了改善燃烧效率，都需要很好的混合，而混合效果可以通过湍流来实现。因此实际燃烧过程通常为湍流流动，只有很少的特殊情况为层流。本章介绍燃烧流体力学的基本内容。

3.1 燃烧湍流流动的输运方程

3.1.1 黏性流动基本方程组（纳维-斯托克斯方程组）

1883 年，雷诺首先发现了黏性流体运动存在着两种不同物理本质的流动状态，即层流和湍流。

由流体力学的试验得知，当雷诺数 $Re \geqslant 2300$ 时，管道内气流流动工况将由层流过渡到湍流。在燃烧技术的实践中，由于燃烧设备的尺寸较大，形状较复杂，气流速度较高，加上燃料燃烧等化学反应的影响，因此炉内气流一般都处于燃烧湍流工况。湍流运动的内部结构虽然十分复杂，但它仍遵循连续介质的一般动力学定律，即质量守恒定律、动量守恒定律和能量守恒定律。湍流中任何物理量虽然都随时间和空间而变化，但是任一瞬间的运动仍然符合连续介质流动的特性，即流场中任一空间点上的流动参数满足黏性流体流动的纳维-斯托克斯（N-S）方程组，下面介绍用张量形式表示的 N-S 方程组。

（1）连续性方程，计算式为

$$\frac{\partial \rho}{\partial t} + \frac{\partial}{\partial x_i}(\rho \nu_j) = 0 \tag{3.1a}$$

直角坐标系中，$\frac{\partial}{\partial x}(\rho \nu_j)$ 可写成分量形式，即

$$\frac{\partial}{\partial x}(\rho \mu) + \frac{\partial}{\partial y}(\rho \nu) + \frac{\partial}{\partial z}(\rho \omega) \tag{3.1b}$$

式（3.1a）表示进入单位体积的净流率等于密度的增加率。

（2）动量方程，计算式为

$$\frac{\partial}{\partial t}(\rho \nu) + \frac{\partial}{\partial x_i}(\rho \nu_j \nu_i) = -\frac{\partial \sigma_{ij}}{\partial x_j} + S_{\nu_i} \tag{3.2}$$

式中

$$\sigma_{ij} = p\delta_{ij} - \mu\left(\frac{\partial\nu_i}{\partial x_j} + \frac{\partial\nu_j}{\partial x_i}\right) + \frac{2}{3}\mu\frac{\partial\nu_i}{\partial x_j}\delta_{ij}$$

而克罗内克尔函数 δ_{ij} 为

$$\delta_{ij} = \begin{cases} 0, & i \neq j \\ 1, & i = j \end{cases}$$

式（3.2）中，S_{ν_i} 项包括体积力与阻力在 i 方向的分量。动量方程表示单位体积的 i 方向动量的增加率，等于 i 方向动量进入此单位体积的净流率加上作用于该单位体积的净体积力。

（3）化学组分方程，计算式为

$$\frac{\partial}{\partial t}(\rho m_{\mathrm{a}}) + \frac{\partial}{\partial x_j}(\rho\nu_j m_{\mathrm{a}}) = \frac{\partial}{\partial x_j}\left(\Gamma_{\mathrm{a}}\frac{\partial m_{\mathrm{a}}}{\partial x_j}\right) + R_{\mathrm{a}} \tag{3.3}$$

式中，R_{a} 为包括化学反应引起的产生（或消耗）率及颗粒反应的质量源。化学组分 a 的质量分数 m_{a} 的定义式为

$$m_{\mathrm{a}} = \frac{\rho_{\mathrm{a}}}{\rho} = \frac{\rho_{\mathrm{a}}}{\sum_{\mathrm{a}}\rho_{\mathrm{a}}} \tag{3.4}$$

Γ_{a} 表示化学组分 a 的交换系数，即

$$\Gamma_{\mathrm{a}} = \rho D_{\mathrm{a}} \tag{3.5}$$

式中，D_{a} 为化学组分 a 的扩散系数。

式（3.3）表明，化学组分 a 的质量增加率等于组分 a 进入单位体积的净流率加上单位体积中由于化学反应引起的产生（或消耗）率。

（4）能量方程，计算式为

$$\frac{\partial}{\partial t}(\rho\widetilde{H} - p) + \frac{\partial}{\partial x_j}(\rho\nu_j\widetilde{H}) = \frac{\partial}{\partial x_j}\left(\Gamma_{\mathrm{h}}\frac{\partial\widetilde{H}}{\partial x_j} + \sum_{\mathrm{a}}\Gamma_{\mathrm{a}}Q_{\mathrm{a}}\frac{\partial m_{\mathrm{a}}}{\partial x_j}\right) + Q_{\mathrm{h}} \tag{3.6}$$

$$H = h + p/\rho, \qquad \widetilde{H} = H + \nu\cdot\nu/2$$

式中，h 为焓；H 为滞止焓；Q_{a} 为组分 a 的反应热；$\widetilde{H}$ 为包括动能的总焓；Q_{h} 为包括剪切功流入的净速率和反应所产生和吸收的热能、辐射能、电能等。

式（3.6）表示内能加动能的增加率等于滞止焓以对流与扩散两种方式流入单位体积内的净速率，再加上源项 Q_{h}。

式（3.6）中的 Γ_{h} 表示热交换系数，其定义为

$$\Gamma_{\mathrm{h}} = \frac{\lambda}{c_p} \tag{3.7}$$

而普朗特数 Pr 则可写为

$$Pr = \frac{c_p\mu}{\lambda} = \frac{\mu}{\Gamma_{\mathrm{h}}} \tag{3.8}$$

式中，μ 为动力黏度。

（5）状态方程，计算式为

$$\rho = \rho(p,\ T) \tag{3.9}$$

对于理想气体，当温度变化范围不大时，有

$$p = \rho RT \tag{3.10}$$

式中，R 为理想气体常数。

在上述各方程中，未知量为 ν_i（或 μ、ν、ω）、p、ρ、$\widetilde{H}$（或 T）和 m_a，共 7 个，而方程数也是 7 个，所以该方程组是封闭的。纳维-斯托克斯方程组描述了任一瞬间流体的运动特性，因此它既适用于层流运动，同时也适用于湍流运动。由于湍流运动的特性标尺均很小，在求方程的数值解时必须将求解区域划分成许多网格，由于目前一般的计算机的存储量和计算时间还无法解决如此庞大的计算量，因此必须从其他方面寻求描述湍流运动的方法。

3.1.2 湍流运动的时均方程组（雷诺方程组）

运用湍流运动中常用的时间平均方法，把 N-S 方程组中任一瞬时物理量用平均量和脉动量之和的形式来表示，再对整个方程组进行时间平均运算，即可得湍流运动的时均方程组（即雷诺方程组）。

（1）时均连续性方程，计算式为

$$\frac{\partial \bar{\rho}}{\partial t} + \frac{\partial}{\partial x_i}(\overline{\rho'}\ \overline{\nu_j'}) = 0 \tag{3.11}$$

（2）时均动量方程，计算式

$$\frac{\partial}{\partial t}(\bar{\rho}\,\overline{\nu_i} + \overline{\rho'}\ \overline{\nu_i'}) + \frac{\partial}{\partial x_j}(\bar{\rho}\,\overline{\nu_i}\ \overline{\nu_j} + \bar{\rho}\,\overline{\nu_i'}\ \overline{\nu_j'} + \overline{\nu_i}\ \overline{\rho'}\ \overline{\nu_j'} + \overline{\nu_j}\ \overline{\rho'}\ \overline{\nu_i'} + \overline{\rho'}\ \overline{\nu_i'\nu_j'}) = -\frac{\partial \sigma_{ij}}{\partial x_j} + \overline{S_{\nu_i}} \tag{3.12}$$

式中，$\sigma_{ij} = \bar{p}\delta_{ij} - \bar{\mu}\left(\frac{\partial \overline{\nu_i}}{\partial x_j} + \frac{\partial \overline{\nu_j}}{\partial x_i}\right) + \frac{2}{3}\overline{\mu'\frac{\partial \nu_i}{\partial x_j}}\delta_{ij} - \overline{\mu'\left(\frac{\partial \nu_i}{\partial x_j} + \frac{\partial \nu_j}{\partial x_i}\right)}$。

（3）时均化学组分方程，计算式为

$$\begin{aligned}&\frac{\partial}{\partial t}(\bar{\rho}\,\overline{m_a} + \overline{\rho'}\ \overline{m_a'}) + \frac{\partial}{\partial x_j}(\bar{\rho}\,\overline{\nu_i}\ \overline{m_a} + \bar{\rho}\,\overline{\nu_i' m_a'} + \overline{\nu_i}\,\overline{\rho' m_a'} + \overline{m_a}\,\overline{\rho'\nu_i'} + \overline{\rho'\nu_i' m_a'})\\ &= -\frac{\partial}{\partial x_j}\left(\Gamma_a\frac{\partial \overline{m_a}}{\partial \overline{x_j}}\right) + \overline{R_a}\end{aligned} \tag{3.13}$$

（4）时均能量方程，计算式为

$$\begin{aligned}&\frac{\partial}{\partial t}(\bar{\rho}\,\overline{\widetilde{H}} - \bar{p} + \overline{\rho'\widetilde{H}'}) + \frac{\partial}{\partial x_j}(\bar{\rho}\,\overline{\nu_i}\,\overline{\widetilde{H}} + \bar{\rho}\,\overline{\nu_i'\widetilde{H}'} + \overline{\nu_i}\,\overline{\rho'\widetilde{H}'} + \overline{\widetilde{H}}\,\overline{\rho'\nu_i} + \overline{\rho'\nu'\widetilde{H}_i'})\\ &= \frac{\partial}{\partial x_j}\left(\Gamma_h\frac{\partial \overline{\widetilde{H}}}{\partial x_j} + \sum_a \Gamma_a\overline{\widetilde{H}}\frac{\partial \overline{m_a}}{\partial x_j}\right) + \overline{S_h}\end{aligned} \tag{3.14}$$

如果以 φ 表示任一标量参数，则上述诸方程均可写成下列通用形式，即

$$\begin{aligned}&\frac{\partial}{\partial t}(\bar{\rho}\,\bar{\varphi} + \overline{\rho'\varphi'}) + \frac{\partial}{\partial x_j}(\bar{\rho}\,\overline{\nu_i}\bar{\varphi} + \bar{\rho}\,\overline{\nu_i'\varphi'} + \overline{\nu_i}\,\overline{\rho'\varphi'} + \bar{\varphi}\,\overline{\rho'\nu_i'} + \overline{\rho'\nu_i'\varphi'})\\ &= -\frac{\partial}{\partial x_j}\left(\Gamma_\varphi\frac{\partial \bar{\varphi}}{\partial x_j}\right) + \overline{S_\varphi}\end{aligned} \tag{3.15}$$

从式（3.15）中可以看到，当采用时间平均方法后，时均方程中将出现一些新的未知关联项，即$\overline{\rho' v_j'}$、$\bar{\rho}\,\overline{v_j'\varphi'}$、$\bar{\rho}\,\overline{v_i'v_j'}$与$\overline{\rho'\varphi'}$，以及三阶关联项$\overline{\rho' v_j'\varphi'}$，即在求解这一方程组时，首先必须对这些关联项进行确定或加以模化。一般来说，模化过程可近似忽略所有涉及密度脉动的项和所有三阶关联项，即取$\overline{\rho' v_j'}=\overline{\rho'\varphi'}=0$，$\overline{\rho' v_j'\varphi'}=0$，这样所剩下的关联式只有$\bar{\rho}\,\overline{v_j'\varphi'}$和$\bar{\rho}\,\overline{v_i'v_j'}$，称为雷诺应力项，它们的数值模化将在以后的燃烧数值模拟章节中介绍。

3.2 直流燃烧器空气动力特性

3.2.1 自由射流原理

3.2.1.1 等温自由射流

A 等温自由射流的特点

在燃烧技术中，由于燃烧器喷射到炉膛空间中的气流可作为自由射流来处理，所谓自由射流流就是指气流射入一个相当大的空间，气流不受固体边界的限制，可在这个大空间自由扩散。该空间亦充满着物理性质一定的介质。该介质可以是流动的，也可以是静止的。

假定气流沿 x 轴的正方向自喷嘴流出，初速度为 u_0。在射流进入空间后，由于微团的不规则运动，特别是微团的横向脉动速度引起和周围介质的动量交换，并带动周围介质流动，导致射流的质量增加、宽度变大，但射流的速度却逐渐衰减，并一直影响到射流的中心轴线上。根据图 3.1 所示的速度分布，可发现自由射流有如下几个主要特性。

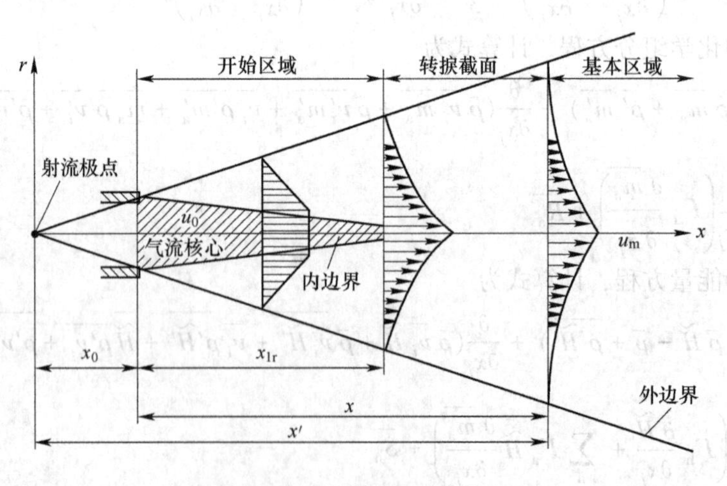

图 3.1 自由射流的速度分布

（1）转折面。只有射流中心线上一点的速度仍保持初始速度 u_0 的射流断面称为转折面。转折面距喷嘴出口的距离约为喷嘴直径的 4~5 倍，喷出射流的湍流强度越大，此距离越短。

（2）开始区域和基本区域。喷嘴出口与转折面之间的区域称为开始区域，而转折面以后的区域称为基本区域。

(3) 射流核心区。在开始区域中，气流具有初始速度 u_0 的部分称为气流核心区。

(4) 边界层。位于射流核心区外面。自由边界层中，在与流动垂直的方向上发生动量交换与质量交换。

(5) 射流极点。射流外边界的交点称为射流极点。

若把自由射流基本区域中各截面上的轴向速度分布表示在 u/u_m-$y/y_{0.5}$ 的无因次坐标上（这里 u_m 表示该截面上射流在 x 轴线上的速度，$y_{0.5}$ 表示该截面上速度为 $0.5u_m$ 的点与 x 轴之间的距离），则得如图 3.2 所示的速度无因次值分布。

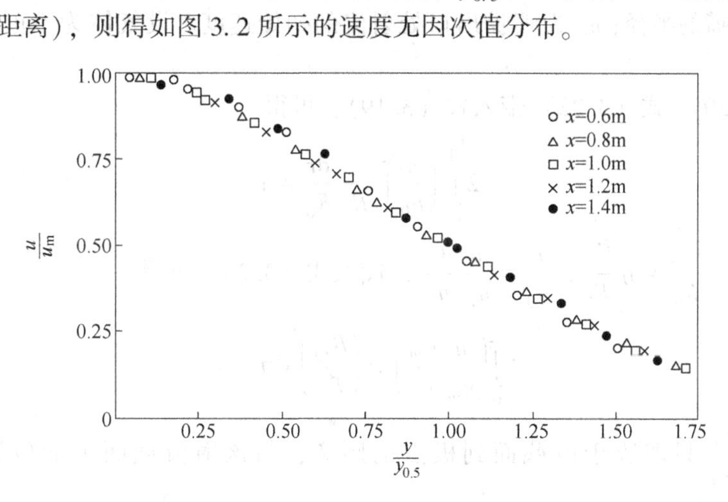

图 3.2 自由射流基本区域中各截面无因次速度分布

由图 3.2 可知，在基本区域中自由射流各截面上的轴向速度分布是相似的，并且可用比较简单而通用的关系式来描述。通常用的有下列几种经验关联式，即

$$\frac{u}{u_m} = \left[1 - \left(\frac{y}{y_{0.5}}\right)^{3/2}\right]^2 \tag{3.16}$$

$$\frac{u}{u_m} = \exp\left[-k\left(\frac{y}{x}\right)^2\right] \tag{3.17}$$

$$\frac{u}{u_m} = 0.5\left(1 + \cos\frac{\pi y}{2x\tan\alpha_u}\right) \tag{3.18}$$

式中，y 为横截面上任一点到轴线之间的垂直距离；x 为横截面距喷嘴出口的轴向距离；k 为实验常数，其值为 82~96；α_u 为射流半角，其值约为 4.85°。

B 圆形自由射流的半经验理论

由实验可知，自由射流中的压力改变是不大的，可认为射流中的压力等于周围空间介质的压力。所以在射流的任何一个截面上，总动量 p 保持不变，其数学表达式为

$$p = \int_0^m u\mathrm{d}q_m = \text{const}\ (常量) \tag{3.19}$$

式中，u 表示射流任一横截面上某点的轴向速度；$\mathrm{d}q_m$ 表示单位时间内流过该横截面上某微元横截面的射流质量流量；m 表示射流流过该横截面的总质量。

自圆形喷嘴喷出的自由射流的横截面也是圆形的。设 x 轴的方向与射流方向一致且距

离射流极点 x' 处的射流边界层宽度的一半为 R_{rp}，则该横截面上某微元横截面积 dA（见图3.1）为

$$dA = 2\pi r dr \tag{3.20}$$

而流过 dA 的射流质量流量为

$$dq_m = \rho u 2\pi r dr \tag{3.21}$$

圆形喷口出口处的初始动量为

$$p_0 = \pi \rho_0 u_0^2 R_0^2 \tag{3.22}$$

式中，R_0 为喷嘴的半径；u_0 为喷嘴出口处射流的初始速度。设气体为不可压缩气体，则 $\rho = \rho_0 =$ 常数。

将式（3.20）~式（3.22）带入式（3.19），可得

$$2\int_0^{R_{rp}} \left(\frac{u}{u_0}\right)^2 \frac{r}{R_0}\frac{dr}{R_0} = 1 \tag{3.23}$$

令 $\frac{r}{R_0} = \frac{r}{R_{rp}}\frac{R_{rp}}{R_0} = \eta\frac{R_{rp}}{R_0}$，$\frac{u}{u_0} = \frac{u}{u_m}\frac{u_m}{u_0}$，代入式（3.23）可得

$$2\int_0^1 \left(\frac{u}{u_m}\frac{u_m}{u_0}\right)^2 \eta \left(\frac{R_{rp}}{R_0}\right)^2 d\eta = 1 \tag{3.24}$$

式中，$\frac{R_{rp}}{R_0}$ 和 $\frac{u_m}{u_0}$ 只取决于该截面到极点的距离，与该射流截面上的位置无关。故式（3.24）可改写为

$$2\left(\frac{u_m}{u_0}\right)^2 \left(\frac{R_{rp}}{R_0}\right)^2 \int_0^1 \left(\frac{u}{u_m}\right)^2 \eta d\eta = 1 \tag{3.25}$$

由于无因次速度分布是相似的，对圆形射流来说，$\int_0^1 \left(\frac{u}{u_m}\right)^2 \eta d\eta = 0.0464$，因此最终结果为

$$\frac{R_{rp}}{R_0} = 3.3\frac{u_0}{u_m} \tag{3.26}$$

式（3.26）给出了圆形自由射流某一截面上的边界层宽度与该截面轴心线上的中心速度之间的关系。在转捩截面上，$u_m = u_0$，故有

$$\left(\frac{R_{rp}}{R_0}\right)_{tr} = 3.3 \tag{3.27}$$

另外，流过任一横截面的气体质量流量为

$$q_m = \int_0^{R_{rp}} \rho u \cdot 2\pi r dr \tag{3.28}$$

初始流量为 $q_{m0} = \pi R_0^2 \rho u_0$，则由同样方法可得射流卷吸量为

$$\frac{q_m}{q_{m0}} = 2.13\frac{u_0}{u_m} \tag{3.29}$$

同样，在转捩截面上，$u_m = u_0$，故有

$$\left(\frac{q_m}{q_{m0}}\right)_{\mathrm{tr}} = 2.13 \tag{3.30}$$

定义某一截面上的质量流量 q_m 和该截面面积 A 之比称为射流在该截面上的平均速度 u_∂，即

$$u_\partial = \frac{q_m}{\rho A} \tag{3.31}$$

用相同的方法可得在某一截面上的平均速度和该截面上的最大速度（即射流轴心线上的速度 u_{m}）之间的关系式

$$u_{\mathrm{a}} = 0.2u_{\mathrm{m}} \tag{3.32}$$

以上所列公式说明射流在任一截面上的特性都和该截面的中心速度 u_{m} 有关。由于射流中心速度 u_{m} 在基本区域内是沿着 x 轴方向改变的，为了计算出射流任一截面的边界层宽度、流量及平均速度，就必须求出中心速度 u_{m} 与距离 x 的关系。其经验公式为

$$\frac{u_{\mathrm{m}}}{u_0} = \frac{0.96}{\frac{ax}{R_0} + 0.29} \tag{3.33}$$

式中，a 为实验常数，取值范围为 0.07~0.08。

最后要指出的是，以上所列各种关系式仅适用于圆形自由射流的基本区域。

C 出口湍流度对自由射流的影响

从燃烧器喷出的射流都是湍流射流。由于燃烧器的设计和加工各不相同，因而射流喷出时具有不同的起始湍流度，将导致射流喷出后扩散和衰减规律有较大的差异。图 3.3 所示为不同初始湍流度的等温射流和不等温射流的相对动压头沿射流轴线的变化规律。图中，$\rho_{\mathrm{m}}u_{\mathrm{m}}^2$ 为不同距离处射流轴心的动压头，$\rho_0u_0^2$ 为射流出口的动压头。曲线 3 为根据式（3.33）计算所得的射流衰减规律；曲线 1 是在喷嘴前装了细的网格，使其喷出的湍流度降低至如图 3.3 右上方所示的 1.8%时射流的衰减规律；曲线 2 所示的射流由普通管道喷出，其喷出时横断面速度场服从管道湍流流动的 1/7 次方分布规律，相应的湍流度为 3.05%；曲线 4 为收缩喷嘴喷出的射流，其湍流度为 2.8%；曲线 5 为在喷嘴喷出前装置了湍流强化器的射流，喷出的起始湍流度达 4.8%；曲线 6、7 是不等温射流，曲线 6 为 1200K

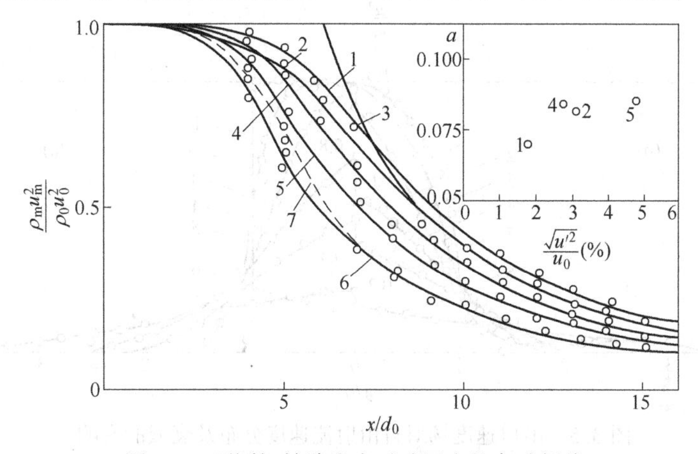

图 3.3 不同初始湍流度对动压头的衰减规律

高温射流喷入空间介质中，两者的相对密度为3.6；曲线7为4000K的高温射流喷入空间介质，两者的相对密度高达14。由于高温射流具有较大的温度梯度和速度梯度，因而气流的湍流脉动水平将明显提高，亦即有较高的湍流度。

从图3.3的试验曲线可以明显发现，随着喷出射流的起始湍流度的增大，湍流射流的初始段缩短，射流卷吸量增大，轴心速度的衰减变快，亦即射流实验常数 a 相应增大。目前的试验尚不足以得出实验常数 a 和起始湍流度的直接关系，在工程计算中可根据喷嘴的情况估计其湍流度。对起始湍流度较高的燃烧器喷嘴，应选取较高的 a 值。通常工程粗糙管道内喷出的射流，其起始湍流度可达7%～10%。

D 出口速度场对自由射流的影响

在射流理论中，为了研究方便，往往假定射流以恒等不变的直角方波形速度分布喷出，如图3.4（a）所示，因而推导出一系列的近似计算公式。但实际的直流燃烧器喷嘴所喷出射流的出口速度场往往不是方波形的，最常见的是如图3.4（b）所示的1/7次方速度分布，即

$$\frac{u_0}{u_{0m}} = \left(1 - \frac{r}{R}\right)^{1/7} \tag{3.34}$$

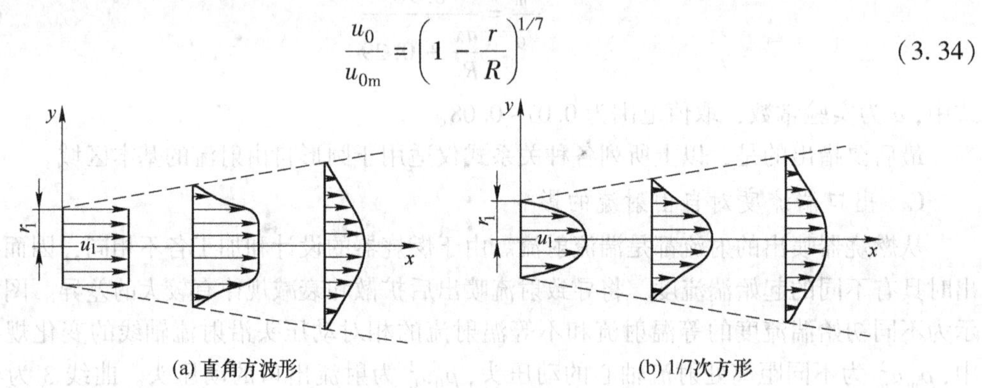

图3.4 喷嘴出口速度场

比较这两种不同的出口速度场对自由射流的影响，发现在射流初始段两者有显著差别。在图3.5中，（a）是以方波喷出的射流离喷嘴不同距离处的横截面上轴向速度分布的试验曲线，（b）则是以1/7次方速度分布喷出时的情况。

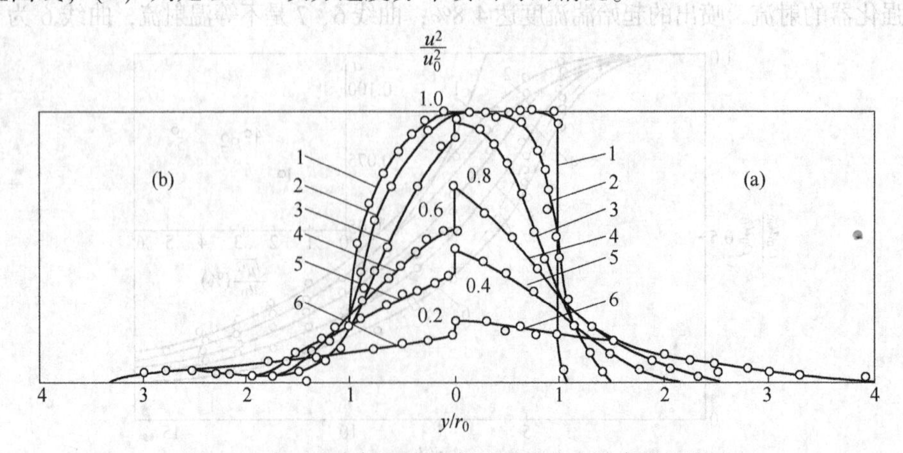

图3.5 出口速度场对自由射流速度分布及衰减的影响

从图中可以清楚地发现，以1/7次方速度分布喷出的射流比方波射流要衰减得快，初始段长度也较小，即射流实验常数 a 值较大。因此，研究燃烧射流时，应密切注意射流喷出时速度分布的影响。

3.2.1.2　不等温自由射流

在燃烧技术中，经常会碰到射流的温度和周围介质温度不同的情况，这种自由射流称为不等温自由射流。

实验指出，在不等温自由射流中，其温度差 $\Delta T = T - T_\infty$（式中 T 为射流某点的温度，T_∞ 为周围介质的温度）的分布和速度分布相似，即存在着温度转捩截面、温度开始区域、温度基本区域、温度核心区域和温度边界层。

当与周围介质温度不等的自由射流在介质中扩散时，由于气流的横向湍流脉动，在与周围介质不断进行物质质量交换和动量交换的过程中，射流必然和周围介质有热量交换。假如射流的温度低于周围介质的温度，则射流被逐渐加热；假如射流的温度高于周围介质的温度，则射流被逐渐冷却。由此可见，在不等温自由射流中的热交换过程也是一种湍流转移，因此自由射流速度场的相似性也会引起不等温自由射流温度场分布的相似性。由于空气湍流的普朗特数 $Pr = \frac{\nu_t}{a_t} \approx 0.7 \sim 0.8$（$\nu_t$ 为湍流运动黏度，a_t 为湍流导温系数），因此不等温自由射流的温度分布和速度分布是不重合的，温度分布比速度分布要宽些。图3.6所示为不等温射流在 $x/d = 20$ 截面处无因次温度分布和速度分布的实验结果。另外，经过研究可知，温度分布和浓度分布规律很接近，几乎具有相同的形状，而速度衰减却比前两者快些。

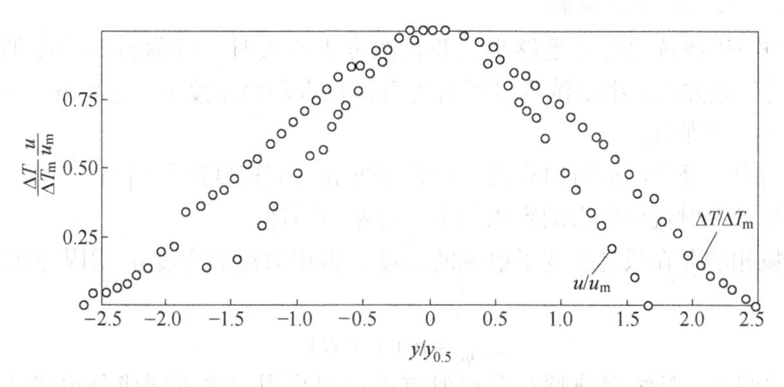

图3.6　不等温自由射流无因次温度分布和速度分布（$x/d=20$）

总的来说，在自由射流中，速度、温度和浓度分布是比较相似的，可用与雷诺数无关的普遍无因次规律来表示，这种特性称为自由射流的自模性。

根据泰勒湍流理论，无因次温度 $\frac{\Delta T}{\Delta T_m}$ 与无因次速度 $\frac{u}{u_m}$ 之间存在着下列关系，即

$$\frac{\Delta T}{\Delta T_m} = \frac{T - T_\infty}{T_m - T_\infty} = \sqrt{\frac{u}{u_m}} \tag{3.35}$$

按射流的温度差值计算射流的热焓时，由于周围空间介质的温差等于零，因此它被射流吸入的热焓也等于零，这样通过射流任一横截面的全部流体的热焓，应等于同一时间间

隔内由喷嘴喷出的初始质量流体所具有的热焓。按温度值计算的不等温射流热焓不变定律可写成下列关系，即

$$\int_0^m c_p \Delta T \mathrm{d} q_m = \text{const (常量)} \tag{3.36}$$

对圆形不等温射流，设 c_p 为常数且 ρ 基本不变，则将式（3.21）代入式（3.36），得

$$2\pi \int_0^{R_{\mathrm{p}}} \Delta T u r \mathrm{d} r = \pi R_0^2 u_0 \Delta T_0 \tag{3.37}$$

最后可得不等温自由射流某截面中心温度差的衰减规律经验公式为

$$\frac{\Delta T_{\mathrm{m}}}{\Delta T_0} = \frac{T_{\mathrm{m}} - T_\infty}{T_0 - T_\infty} = \frac{0.7}{\dfrac{ax}{R_0} + 0.29} \tag{3.38}$$

式中，a 为实验常数，0.07~0.08；x 为某截面到喷嘴的距离。

3.2.2 气固多相射流的流动特性

由于颗粒相的存在，使多相射流的流动特性变得更为复杂。目前由于理论上和试验技术上的困难，即使对最简单的多相自由射流研究得也很不够，更不用说工程中使用的复杂形式的多相射流了。为了能对多相射流的流动特性有一个初步了解，根据目前已有的关于多相射流流动特性的试验数据，把多相射流按其浓度的大小分成低浓度多相射流和较高浓度的多相射流两种情况予以讨论。

3.2.2.1 低浓度多相射流

当射流中固体颗粒的尺寸足够小，并且浓度也不大时，可称为低浓度细颗粒多相射流。最简单的处理方法是把低浓度多相射流看作具有较高密度 ρ_{m} 的多相射流喷入较低密度 ρ_{g} 的空气中，即假定：

（1）喷嘴出口处及沿射流射程内，颗粒速度和气流速度近似相等。

（2）颗粒相在射流中所占的容积很小，可略去不计。

（3）颗粒相的存在只是改变了射流的密度，多相射流的密度 ρ_{m} 用颗粒的质量浓度 C 来修正。即

$$\rho_{\mathrm{m}} = \rho_{\mathrm{g}}(1 + C) \tag{3.39}$$

根据上述假定，低浓度细颗粒多相射流可近似采用有关不同成分组成的射流的公式计算。

另外，阿勃拉莫维奇曾建议在颗粒浓度较小时，多相射流横截面无因次速度分布和浓度分布可近似地采用单相空气射流的通用形式来表示，即

$$\frac{u_{\mathrm{g}}}{u_{\mathrm{gm}}} = (1 - \eta^{3/2})^2 \tag{3.40}$$

$$\frac{C}{C_{\mathrm{m}}} = 1 - \eta^{3/2} \tag{3.41}$$

试验表明，当颗粒的浓度 $C = 8\times10^{-7} \sim 4\times10^{-6}\,\mathrm{m^3}$(固)/$\mathrm{m^3}$(气)，颗粒平均直径 d_{p} = 15~20μm，喷出速度 u_0 = 20~100m/s 时，其多相射流中气相速度分布和纯空气射流近似

相同，符合式（3.40）的规律。

3.2.2.2 较高浓度的多相射流

当射流中的颗粒是较粗的分散相，并且浓度又较高时，可称为较高浓度的多相射流。大多数煤粉射流或工程气-固多相射流均属较高浓度多相射流。此时，由于气、固相之间将存在明显的滑移速度，再用低浓度多相射流的处理方法显然是不行的。较高浓度的多相射流具有下列几方面的特点。

A 喷嘴出口处颗粒相和气相的相对速度

在喷嘴出口处，颗粒的速度可能有如下三种不同的情况：

（1）当颗粒在喷嘴出口前的管道内已有足够的加速段，或颗粒足够细时，此时出口处的颗粒速度和气相的速度十分接近，可近似认为两者是相等的，即 $u_{p0}=u_{g0}-u_t$（u_t 为终端沉降速度）。

（2）当颗粒在管内加速段还不够长时，喷嘴出口处颗粒速度要低于气流速度，即 $u_{p0}\leqslant u_{g0}$。例如，当管径为25mm、加速段为2500mm 时，对不同颗粒度的石英砂的实验表明，在喷出气流速度 $u_{g0}=25\text{m/s}$ 时，石英砂颗粒的速度只有 $u_{p0}=20\sim22\text{m/s}$，即为气流速度的 70%~80%。必须注意的是，在很多工程气、固多相射流中，由于不可能有很长的加速段，故 $u_{p0}\leqslant u_{g0}$的情况普遍存在，这给理论研究带来了一定的困难。

（3）当射流喷嘴前有截面扩大的管道或渐扩喷嘴时，射流出口处颗粒的速度将会大于气流速度。此时由于颗粒惯性的带动，使得气流加速，同时阻力的影响又使颗粒速度衰减加快。

B 多相射流的速度衰减

由于颗粒的存在和颗粒所具有的惯性作用，使多相射流中气相速度沿射流轴向的衰减比单相射流时有所变慢，从而增加了多相射流的射程。在颗粒直径相同的情况下，随颗粒质量浓度的增加，气相中心速度的衰减将更加缓慢；而在相同的质量浓度情况下，随着颗粒直径的减小，气相中心速度的衰减也将变慢。试验结果还表明，颗粒相中心速度的衰减比气相速度衰减得慢。这是固体颗粒惯性大造成的。尽管喷嘴出口处颗粒速度通常低于气流速度，由于颗粒具有较大的惯性，因此在射流衰减过程中，颗粒相速度终将大于气流速度。颗粒越粗，浓度越大，其差别就越大。随着多相射流的进一步发展，颗粒的初始惯性逐渐消失，颗粒和气流的速度又将逐渐接近。在颗粒平均直径为 79~207μm、质量浓度为 0.2~0.66 的常用多相射流范围内，颗粒平均直径越大，惯性也越大，其速度就越不易衰减。

C 多相射流的速度分布和浓度分布

煤粉沿射流横截面的分布对燃料的着火、燃烧及炉内结渣等影响较大。当射流中有固体颗粒时，喷嘴喷出的气流仍基本服从 1/7 次方速度分布规律，但颗粒速度分布比较均匀。

多相射流的气相速度分布比单相射流窄一些，即气固多相射流的扩散率比单相射流的扩散率小，并且随着颗粒浓度或颗粒度的增加，扩散率减小的趋势更明显。固相速度分布则和气相相反，其分布相对比较均匀。由于颗粒的惯性较大，径向扩散率比气相的小，因此使其浓度的分布维持在很窄的范围内，通常比气相射流的宽度小 2~3 倍，颗粒的直径及颗粒的浓度均对颗粒相的扩散有较大的影响。颗粒浓度越大，多相射流的外边界就越窄。

D 多相射流的湍流特性

射流的湍流特性在很大的程度上决定了射流的形状、热量交换和质量交换过程。试验研究表明，在射流边界层上有着强烈的湍流混合和湍流脉动，使被射流所卷吸的周围静止介质产生运动，但在射流核心区内则保持较平稳的流动，气流的湍流强度和管内流动相差不远，在射流的核心区内，沿横向及纵向分布的湍流参数均不为常量，而是由核心中间向核心边界逐渐增长，并随着射流的发展，湍流强度不断升高。在边界层内，平均速度不断降低，脉动速度却不断增加，其最大值约位于与出口喷嘴直径相等的环形截面上。试验证明，在边界层内，射流湍流强度的最大值比核心区约高3倍。射流的开始区域和基本区域内，无因次脉动速度和湍流强度基本是自模化的。

对于气、固多相射流来说，由于固体颗粒的密度比气流密度大得多，颗粒具有较大的惯性，因此在射流中颗粒的湍流脉动必定落后于气流的湍流脉动，当颗粒的直径大于某一临界值后就基本上不随气流脉动。相反，气流由于要曳引颗粒脉动，就要多耗费一部分脉动能量，因而使气流的脉动速度和强度减弱，即多相射流中气相的湍流强度比单相射流要低。单相射流的脉动速度及湍流脉动动能比多相射流中气相脉动来得强烈，而颗粒相的脉动速度和脉动动能则明显低于气相。颗粒越大和浓度越高，颗粒相的脉动速度比气相脉动速度低得越多，即表明颗粒的存在削弱了湍流脉动的水平。颗粒沿径向的脉动速度大大小于气相。

E 多相射流中颗粒的湍流扩散

气固多相射流中颗粒湍流扩散的施密特数 Sc_p 为

$$Sc_p = \nu_t / D_p \tag{3.42}$$

式中，ν_t 为气体的湍流动力黏度；D_p 是由于湍流引起的颗粒扩散系数。

对气固多相射流而言，$Sc_p \gg 1$，即颗粒湍流扩散比速度扩散慢。另外 Sc_p 数和颗粒的直径以及颗粒的质量浓度等因素有关。试验表明，小颗粒的湍流 Sc_p 数接近于1，即颗粒扩散系数和湍流射流中动量扩散系数相接近。对大颗粒来说，其扩散速率将明显小于小颗粒的，故 Sc_p 数将增大。当颗粒直径一定时，随着颗粒浓度的增加，颗粒扩散系数将降低，因而 Sc_p 数增大。

3.2.3 平行射流组的流动特性

在燃烧装置中，往往使用的不是一只燃烧器，而是一组燃烧器，其最基本的空气动力结构就是一组相互平行的自由射流组成的射流组。可以预料，由于射流间的相互混合和影响，使射流组中每一个射流和单个的自由射流的流动规律有较大的差异。特别是当射流组中两个相邻射流在离喷嘴一定距离处汇合以后，由于相互的混合作用，使速度场起了较大的变化。因此，射流组的流动过程是很复杂的，虽然一些研究者在这方面做过初步的研究，但仍是不全面的，尚需进一步加以研究。

设有一射流组（图3.7），其中各射流均处于同一平面，宽度为 $2b_0$，喷嘴的截面积和出口速度均相同，两相邻射流中心距均为 $2B_0$。

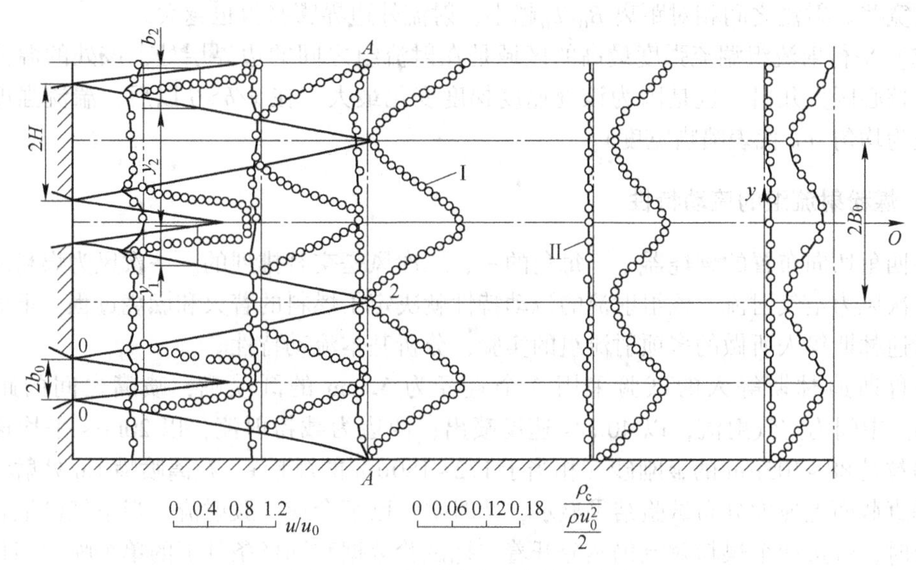

图 3.7 平行射流组成的流动特性

对平行射流组来说，其起始段的定义仍然是在轴心保持初始速度 u_0 的距离。对于基本段则比较难以划分，一般认为两相邻射流汇合的截面即为基本段开始截面（如图 3.7 中的 A-A 截面），这样在起始段和基本段之间存在一个过渡段。实验表明，射流组的流动特性和各喷嘴间的相对距离值 B_0/b_0 关系极大，在两射流相交之前，它们基本上是独立的。相交的位置和 B_0/b_0 的大小有关。当 B_0/b_0 足够小时，相交可在射流起始段内；而当 B_0/b_0 足够大时，相交可在起始段之后发生。

伊久莫夫等人对一列矩形喷嘴射流进行了试验研究，其试验范围为：喷嘴宽度 $2b_0$ = 11.0~24.0mm 喷嘴的相对高度 h_0/b_0 = 2.5~10.0，喷嘴个数为 3~5 个，喷出速度 u_0 = 15~50m/s。实验结果表明：

（1）在起始段内，速度分布和自由射流一样，在射流边界层内是自模化的。即

$$\frac{u_0 - u}{u_0} = (1 - \eta^{3/2})^2 \tag{3.43}$$

式中，$\eta = \dfrac{y_2 - y_0}{b}$；$y_2$ 为由喷嘴边缘引起的水平线的坐标；b 为边界层混合区的宽度。

（2）在基本段内，喷嘴中心线处的速度仍为最大值 u_a，位于喷嘴间的速度为最小值 u_2。如果把基本段总结成适当的无因次参数，可以发现，无因次速度仍可服从自由射流的速度分布公式，即

$$\frac{u - u_2}{u_m - u_2} = \left[1 - \left(\frac{\bar{y}}{2.27}\right)^{3/2}\right]^2 \tag{3.44}$$

式中，$\bar{y} = y/y_{0.5}$。

（3）平行射流组沿轴向衰减的规律是比较复杂的，对于不同的 B_0/b_0 值及 h_0/b_0 值，有不同的规律。

（4）由于在射流组之间有限空间内的卷吸作用，平行射流组的外边界比自由射流膨

胀得更宽些。射流之间相对距离 B_0/b_0 越小，射流外边界膨胀得也越大。

（5）平行射流组湍流强度最高的区域是在射流组之间的边界层处，该处的湍流强度比射流核心区大几倍，这是因为该处速度梯度变化最大。在 $x/b>6$ 以后，湍流强度逐步变得较为均匀（b 代表喷嘴宽度）。

3.2.4 煤粉射流组的流动特性

在四角切向布置的燃烧器中，每角的一、二次风是交替排列的。一次风为煤粉多项射流，二次风为空气射流。该组射流的流动特性就决定了燃料的着火和燃烧过程。下面根据布鲁斯迪林斯等人所做的多项射流组的实验，分析基本流动特性。

布鲁斯迪林斯等人的试验采用 3 个直径为 52mm 的圆喷嘴，喷嘴之间的距离为 160mm。中间为空气射流，以 40m/s 速度喷出；两边为载粉射流，以 20m/s 平均速度喷出，粉粒是 88~105μm 的金刚砂（相当于 172~180μm 的煤粉）。在离喷嘴 1m 处射流组水平、垂直截面上速度分布试验结果显示，此时空气已汇合成一股射流。当空气已汇合成一股射流时，旁边两个煤粉射流仍然分开着。把试验数据和同样条件下的单个喷嘴多相射流的数据进行比较，发现两个外部射流的颗粒只有少量被中间的空气射流所吸引。多相射流组中空气很快地相互混合，而煤粉浓度却变化极小。要使煤粉火炬顺利着火和燃尽，必须设法使二次风穿透至煤粉射流核心，亦即使一、二次风形成一定角度喷入，例如一次风喷嘴角度为 16°，这样在离喷嘴 1m 处两组射流的粉粒可彼此混合形成一股射流。由此可见，一、二次风的交角对多相射流组的结构影响是十分显著的。

梅莫特也曾对一、二次风的混合进行了模型试验，并用平均直径分别为 18μm、38.6μm 和 47.3μm 的砂粒来模拟煤粉；一次风速为 30.5m/s，二次风速为 38~61m/s。一次风中引入氩气，沿一次风射程取样，用色谱对氩气进行分析，用等速取样对颗粒浓度进行测量，作为一、二次风混合程度的示踪。结果表明，无论一、二次风的交角是 0°还是 30°，速度的衰减都比煤粉颗粒浓度的衰减快得多，因此在进行锅炉试验时，不能完全根据速度场来判断煤粉在炉内的分布及射程。其次，一、二次风交角增大至 30°时，煤粉和二次风的混合加速，浓度衰减较快，即二次风更易穿透至一次风中。当一、二次风平行喷出时，二次风速越高，一次风气流核心缩得越短，但粉粒浓度变化却不大。只有一、二次风的交角为 30°时，粉粒浓度的起始段才明显缩短，即此时随着二次风速的增加，煤粉颗粒和二次风的混合显著加强。当煤粉颗粒变粗时，其规律类似。目前关于多相射流组流动特性的试验数据还很缺乏，将有待今后进一步研究。

3.3 旋流燃烧器空气动力特性

3.3.1 旋转气流特性

3.3.1.1 旋转气流的速度场

旋转气流的速度矢量分布如图 3.8 所示，此时旋流强度 $\Omega = 2.07$。由图可见，在不同的横截面上，旋转气流的切向速度和径向速度的合速度 $\sqrt{\frac{v^2 + w^2}{\bar{u}}}$ 沿射程不断衰减。当

$x/d_0 \geqslant 10$ 时，旋转速度基本消失，即射流已不旋转。

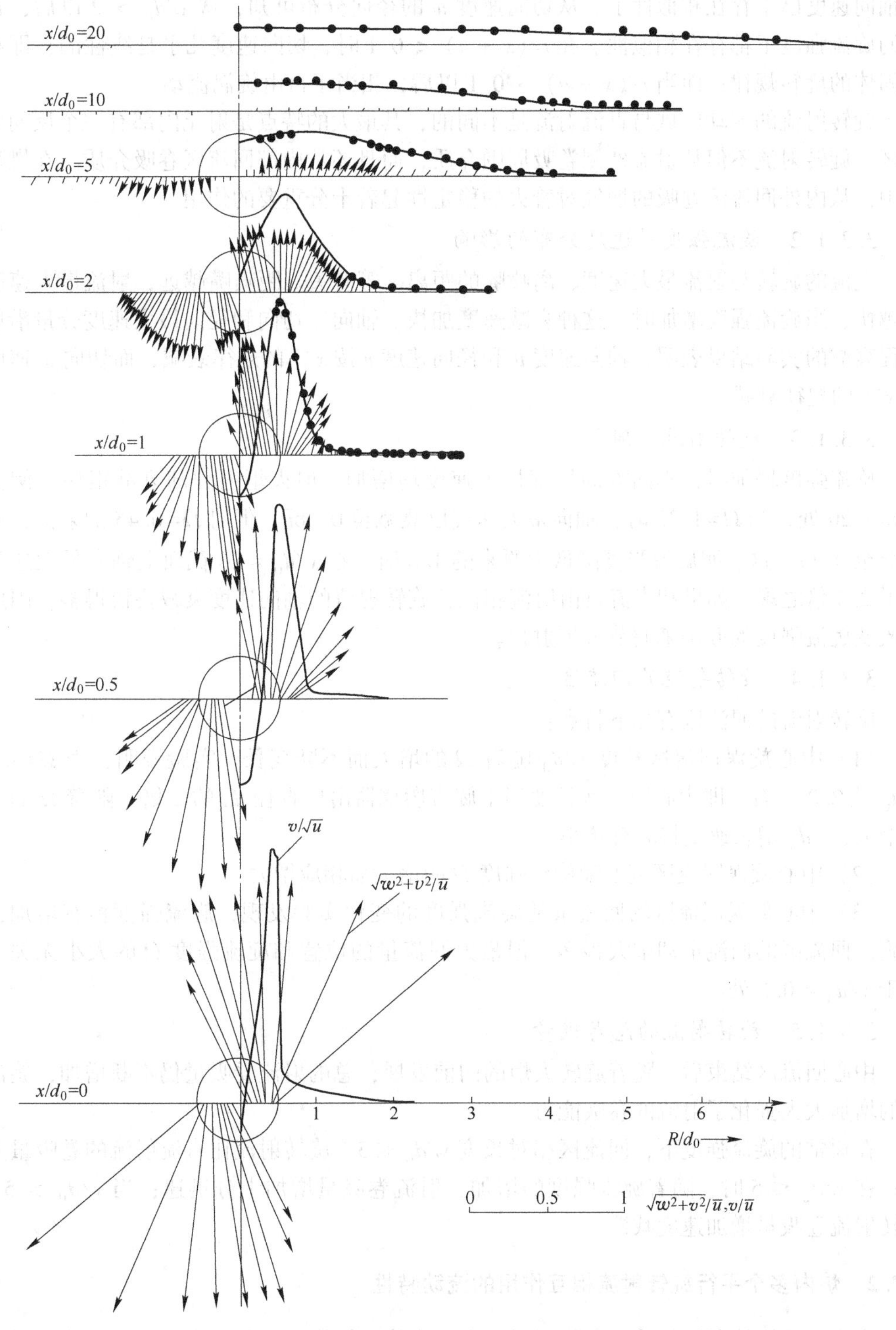

图 3.8 旋转气流旋转速度矢量图（Ω=2.07）

不同旋流强度下旋转气流的轴向速度分量和旋转速度分量的实验表明，对较低的旋流强度Ω来说，从$x/d_0 > 4$以后，轴向速度分布具有相似性。但对$\Omega>0.6$的旋转气流来说，其轴向速度已不存在相似性了。从切向速度w的径向分布可知，从$x/d_0 > 2$以后，在所有的旋流强度下都存在相似性。在$r/(x+a) < 0.1$时，切向速度几乎是线性的，即相当于固体的旋转规律；而当$r/(x+a) > 0.1$以后，相当于自由旋涡流动。

旋转射流的流动区域与直流射流是不同的，其最大的特点是射流内部有一个反向的回流区。旋转射流不但从射流外侧卷吸周围介质，而且还从内部回流区卷吸介质。在燃烧过程中，从内外回流区卷吸的烟气对着火的稳定性起着十分重要的作用。

3.3.1.2 旋流强度对速度分布的影响

气流的旋转与射流最大速度、离喷嘴的距离x等有关。距喷嘴越远，射流最大速度下降越快，当旋流强度增加时，这种衰减速度加快。轴向、切向和径向最大速度分量沿射流射程衰减的实验结果表明，轴向速度u和径向速度v按x^{-1}的规律衰减，而切向w速度则按x^{-2}的规律衰减。

3.3.1.3 旋转射流的射程

旋流强度增加时，不同方向局部最大速度均增加，但火炬射程却衰减很快。例如在$x/d_0 = 20$处，当$\Omega=1.33$时，轴向最大速度已衰减至$0.08\bar{u}$，但对$\Omega=0.45$的射流，则只衰减至$0.2\bar{u}$。这表明旋流强度降低为原来的1/3时，在$x/d_0 = 20$截面上轴向最大速度增加了2.5倍之多。如果和直流自由射流相比，旋转射流的轴向速度衰减要快得多，因此可用改变旋流强度的办法来调节火炬射程。

3.3.1.4 旋转射流的回流区

旋转射流的回流区有如下特点：

（1）中心旋涡回流区长度x/d_0随着Ω的增大而不断变长。实验表明，当$\Omega=4$时，x/d_0达2.0左右，即中心回流区长度等于旋流燃烧器出口直径d_0的2倍。随着Ω的进一步增大，x/d_0增长速度将略有减小。

（2）中心旋涡回流区宽度随旋流强度Ω的增大而相应增大。

（3）中心旋涡回流区的回流量随旋流强度的变化实验发现，旋流强度稍有增加，中心旋涡回流区的回流量却增大很多。但最大回流量的位置和旋流强度Ω的大小无关，均位于$x/d_0 = 0.5$处。

3.3.1.5 旋转射流的总卷吸量

中心回流区结束后，随着旋转火炬的向前发展，总的射流卷吸量仍不断增加，旋流强度的增加大大强化了射流的卷吸能力。

在通常的旋流强度下，回流区相对长度$x/d_0 \leqslant 5$，旋转射流比直流射流的卷吸量大得多；在$x/d_0 \leqslant 5$时，随着旋流强度的增加，射流卷吸量增加十分迅速；当$x/d_0 > 5$时，旋转射流卷吸量增加速度减慢。

3.3.2 炉内多个平行旋转射流相互作用的流动特性

大型电站锅炉所用的旋流燃烧器通常由多个旋流燃烧器对称组合而成，在炉内形成复杂的多个组合的、互相平行的旋转射流。由于其对称性，可用一对旋转射流在炉内相互作用的空气动力特性为例加以分析。炉内相邻两旋流燃烧器的旋转方向可以是相同的，也可

以是相反的（图 3.9），在燃烧器附近，它们是比较对称的，故可以用叠加法处理。

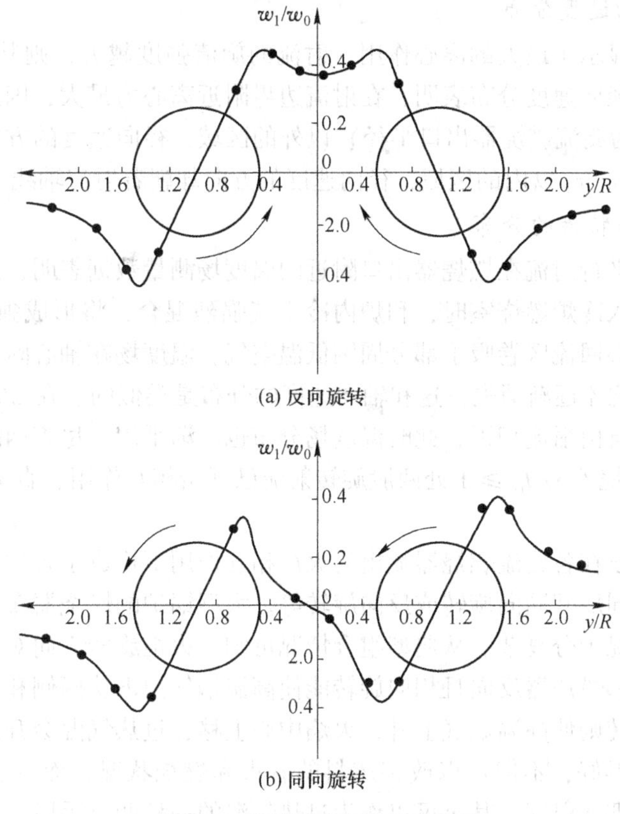

图 3.9 旋转射流组的相互作用

实验研究的结果表明，平行旋转射流组的流动可分为具有 3 个不同特征的区域。第一个区域是从旋流器截面开始到 $x/d_0 = 5.0 \sim 2.0$ 的截面处。在这个区域中，两个旋转射流都保持各自的特性，几乎是独立存在的，其合成的速度场由各自的速度来决定；第二个区域由 $x/d_0 > 2.0$ 截面开始，大约延伸到 $x/d_0 = 3.0$ 截面。在这个区域中，两股射流开始并在一起作为一个复合射流而扩展；第三个区域是在 $x/d_0 > 3.0$ 截面以后，复合射流具有自由旋转射流的特性。

下面通过分析平行旋转射流组出口附近的轴向、切向和径向速度的分布情况来了解两个反向旋转射流的相互影响。

3.3.2.1 轴向速度的分布

旋流燃烧器出口附近轴向速度的分布情况表明，最大轴向速度的径向位置很接近射流的边界和燃烧器的外壁。沿射流长度方向的最大轴向速度位置几乎没有什么变化。试验表明，最大轴向速度随旋流强度的增加而增大。

3.3.2.2 切向速度的分布

反向旋转射流的切向速度分布情况表明，两个反向旋转射流的切向速度最大值都在燃烧器出口壁面附近，而内部区域几乎是线性的（即拟固体旋转规律），外部区域符合自由旋涡运动。研究表明，两个平行旋转射流切向速度的合成场可以简化成两个理想旋涡的叠加。

3.3.2.3 径向速度分布

燃烧器出口处显示了最大的离心作用。射流的旋流强度越大，则其离心力作用越强。两反向旋转射流的径向速度分布表明，在射流边界附近离心力最大，因此在燃烧器外壁附近。在 $0.6r_0$（r_0 为旋流燃烧器出口半径）以外的区域，径向速度的方向都是沿射流轴线指向外部的；但在 $0.6r_0$ 以内的区域，径向速度的方向却朝着射流轴线。

3.3.2.4 混合特性的分布

两股反向旋转平行射流在燃烧器出口附近的温度场测量数据表明，当两股被加热的反向旋转平行射流喷入冷炉燃烧室时，和炉内冷空气强烈混合，将形成独特的温度场分布。在旋流作用下，中心回流区卷吸了部分周围低温空气，温度场在轴心附近呈凹坑状，直到 $x/d_0 > 1.5$ 后，凹坑才逐渐消失，这和轴向速度的分布是类似的。在 $x/d_0 \geqslant 3$ 后，轴向速度分布较平坦，与自由射流相近，此时温度场分布也逐渐平坦。尽管两旋流燃烧器间的喷距为 $3d$，但在离燃烧器 $x/d_0 \geqslant 1$ 处两股旋转射流已开始相互作用，直至 $x/d_0 \approx 3$ 时才基本相互作用完毕。

炉内空气动力场在各旋流燃烧器喷出的火炬相互作用下构成了各种复杂流动图形，如对冲、相间对冲、同层间同向旋转或反向旋转等。大型锅炉的燃烧器布置都由上述的典型方案组合而成，情况十分复杂。从典型组合情况可知，火炬旋转方向对炉内空气动力场的影响是很大的。相邻燃烧器反向且相向旋转能使高温烟气向下从两侧和后墙上升；相邻燃烧器反向且背向旋转则使高温烟气上升，火焰中心上移，过热气温会升高。各旋转射流的旋转方向如果组合得好，不但可以改善燃料的着火和燃烧状况，而且也可以控制火焰中心，控制炉膛出口烟气温度，甚至可以作为过热气温的一种调节手段。

有研究者提出了换向燃烧器的设想，即在运行中将某些旋流燃烧器改换旋转射流方向，以达到在煤种或负荷变动时调节过热气温的目的。由于蜗壳式或切向叶片式换向旋流燃烧器的结构比较复杂，目前还仅限于在燃气炉或燃油炉上采用。由实验结果可以得出：

（1）改变火焰旋转方向对燃烧及炉内空气动力结构影响较大，并能使过热气温升高或降低 14~94℃。凡使旋转火炬从向下改成向上旋转，都能使过热气温有不同程度的升高；反之亦然。

（2）运行中变更个别燃烧器的旋转方向，可代替减温器。

（3）换向燃烧后，因炉内组织更合理，可以在低氧下运行。

（4）气温调节的滞后时间一般不大于 60s，旋转方向改变后的动态响应时间为 12min。

（5）锅炉负荷可能增加 15%~20%。

最后应该指出，换向燃烧的效果是显著的，但是在燃烧器结构方面还存在许多问题，有待今后进一步研究改进。

4 气体燃料燃烧理论

前面两章介绍了与化学动力学和燃烧流体力学的有关知识，把化学反应和各种物理过程（传热、传质、流动等）结合起来讨论燃烧过程的一些规律，本章讨论气体燃料的燃烧理论。

相对于其他燃料，特别是固体燃料，使用气体燃料具有一系列的优点。例如，气体燃料的输送比较方便、燃烧设备较为简单、自动控制较容易、燃烧产物中有害物质含量较少。因此，气体燃料的开发和利用，具有广阔的前景。

正如第 1 章所介绍，气体燃料通常是不同气体的混合物，其中含有可燃成分，如碳氢化合物、氢气和一氧化碳等；也含有一些不可燃成分，如氮气、二氧化碳等；有的可燃气体混合物中还混有一些其他微量成分，如水蒸气、氧气、氨气、硫化氢、粉尘等。一般说来，杂质的含量决定了某类气体燃料的优劣。杂质越多，单位体积气体燃料燃烧释放的热量越少。我国一些常用气体燃料的热值、可燃成分含量等物性参数见表 4.1。

表 4.1 各种常用气体燃料的物性参数

气体燃料种类名称		体积分数/%							密度/kg·m^{-3}	热值/kJ·m^{-3}		理论燃烧温度/K
		H_2	CO	CH_4	O_2	N_2	CO_2	其他 C_+		高位	低位	
人造煤气	炼焦煤气	59.2	8.6	23.4	1.2	3.6	2.0	2.0	0.4636	18310	17620	2271
	直立炉气	56.0	17.0	18.0	0.3	2.0	5.0	1.7	0.5527	18050	16140	2276
	混合炉气	48.0	20.0	13.0	0.3	12.0	4.5	1.7	0.6695	15410	13860	2259
	发生炉气	8.4	30.4	1.8	0.4	56.4	2.2	0.4	1.1627	6000	5740	1873
	水煤气	52.0	34.4	1.2	0.2	4.0	8.2	—	0.7005	11450	10330	2448
	催化制气	58.1	10.5	16.6	0.7	2.5	6.6	5.0	0.5374	13470	16520	2282
	热硫化制气	31.5	2.7	28.5	0.6	2.4	2.1	32.1	0.7909	37950	33650	2311
天然气	四川干气	—	—	98.0	—	1.0	—	1.0	0.7435	40400	36440	2243
	大庆油田伴生气	—	—	81.7	0.2	1.8	0.7	15.6	1.0415	52830	48380	2259
	天津石油伴生气	—	—	80.1	—	0.6	3.4	16.9	0.9709	48080	43640	2246
液化石油气	北京	—	—	1.5	—	—	—	98.5	2.527	123680	115060	2323
	大庆	—	—	1.3	—	1.0	0.8	96.6	2.527	122280	113780	2333

4.1 气体燃料火焰的着火

气体燃料，作为一种重要的燃料，一直受到人们的普遍重视。有关燃烧的许多基本理论，都是建立在气体燃料燃烧实验研究的基础上的。

4.1.1 气体火焰着火的概念

燃烧过程既然包括发光放热的化学反应，必然存在两个最基本的阶段：着火阶段和着火后的燃烧阶段。着火阶段是燃烧的准备阶段，在这一阶段，可燃物质与氧化剂在缓慢氧化的基础上，不断地积累热量和活性粒子，当温度上升到一定程度时，燃料就会整体着火燃烧。

从化学反应动力学的角度讲，着火的反应机理有两个方面。一种是热着火。可燃混合物或者由于本身的氧化反应热，或者由于外部热源的加热，温度不断升高，温度升高导致反应加速，从而积累更多的热量，最终导致着火。失去控制的、速度极快的放热化学反应称为爆炸（也称为热爆炸）。另一种是化学链着火。如果由于某种原因使可燃物反应中存在链载体，特别当链载体产生速度超过其销毁速度，或者反应本身是分支链锁反应时，由于链载体的大量产生，使反应速率大大加快，同时又产生更多的链载体，结果使反应物着火。失去控制的、速度极快并释放大量热量的化学链反应也是爆炸，它是爆炸的另一种机理，称为化学链锁爆炸。

从工程和应用的角度讲，着火的方式有两类：自燃和点燃。自燃属于自发着火。在一定的条件下，可燃混合物在缓慢放热反应的基础上，不断地积累热量和活性粒子。当混合物温度升高以后，按 Arrhenius 定律，其反应速率会大大增加，即使这时可燃混合物所处的环境不是绝热的，一旦反应生成热量的速率超过散热速率而且不可逆转时，整个容积的可燃混合物也会同时着火。煤粉仓、干草堆、煤堆、含碳量较高时的静电除尘器料斗飞灰以及可燃气体混合物都有可能发生自燃。点燃属于强迫着火，或称强燃。它是借助于外部能源，如电火花、炽热固体表面、小火焰等，去接近可燃混合物，使其局部升温并着火，然后将火焰传播到整个可燃混合物中去。

在工程上，点燃的实例很多。煤粉炉中煤粉空气混合物的着火、飞机和汽车发动机中燃料油和空气混合物的着火，都是最常见的点燃例子。

4.1.2 自燃热力理论

有关自燃的热力理论，主要讨论因缓慢的放热反应而自行升温，并加速反应增加放热，最后着火的过程。文献中通常称为热力爆炸理论。

自燃过程不仅和可燃物反应时的放热规律有关，而且和可燃混合物所处的环境有关，即和周围环境的散热有关。下面分别讨论不同环境条件下的自燃过程。

4.1.2.1 绝热条件下的自燃过程

可燃混合物在反应中的释热率（或称产热率）一般可表示为

$$q_g = Q \cdot v = Qk_0\exp\left(-\frac{E}{RT}\right)C_A^a C_B^b \tag{4.1}$$

式中，q_g 为可燃混合物反应的释热率，kJ/(s · m^3)；v 为化学反应速率，mol/(s · m^3)；Q 为可燃物热值，kJ/mol；C 为可燃物组分浓度。

若可燃物各组分浓度相等，即 $C_A = C_B = \cdots = C$，则式（4.1）可写成

$$q_g = Qk_0\exp\left(-\frac{E}{RT}\right)C^n \tag{4.2}$$

式中，n 为化学反应级数，$n=a+b+\cdots$。

当可燃混合物置于绝热的容器中时，其反应释放的热量将全部用以提高混合物的温度，此时的能量平衡满足

$$Vq_g - \rho c_p V\frac{dT}{d\tau} = 0 \tag{4.3}$$

式中，ρ 为混合物的平均密度；c_p 为混合物的平均比热容；T 为混合物的平均温度；V 为容器体积。

现假定容器中混合物各组分的初始浓度均为 C_0，初始温度为 T_0，则由

$$v = -\frac{dC}{d\tau}$$

得

$$q_g = Q\left(-\frac{dC}{d\tau}\right)$$

代入式（4.3），可得

$$\frac{dT}{dC} = -\frac{Q}{\rho c_p} \tag{4.4}$$

积分式（4.4），并考虑初始条件：

$$\tau = 0:\ T = T_0,\ C = C_0$$

同时假定 $\frac{Q}{\rho c_p}$ 为常数，则有

$$\frac{T - T_0}{C_0 - C} = \frac{Q}{\rho c_p} \tag{4.5}$$

或

$$T - T_0 = \frac{Q}{\rho c_p}(C_0 - C) \tag{4.6}$$

式（4.6）表明，混合物温度与其浓度呈线性关系，如图 4.1 所示。这就是说，随着反应的进行，反应释热不断增加，混合物的温度不断增加，但同时可燃物也在不断地消耗，因而其浓度逐渐降低。直至反应结束时可燃物的浓度 $C=0$，此时的温度达到绝热火焰温度 T_t，代入式（4.6），可得

$$T_t - T_0 = \frac{Q}{\rho c_p}C_0 \tag{4.7}$$

即

$$\frac{Q}{\rho c_p} = \frac{T_t - T_0}{C_0}$$

代入式（4.5），即得

$$\frac{T - T_0}{T_t - T_0} = \frac{C_0 - C}{C_0} \tag{4.8}$$

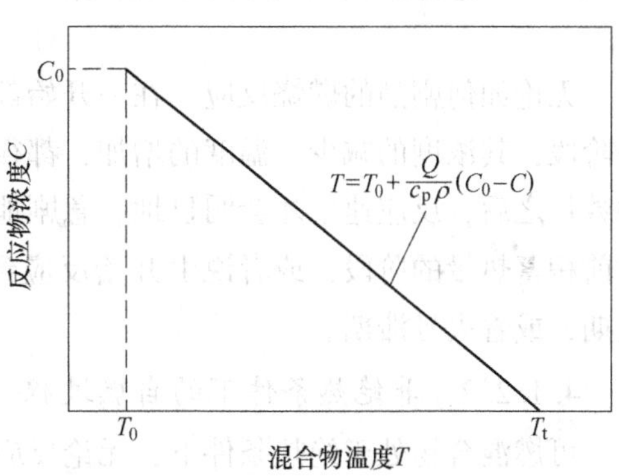

图 4.1 反应物温度与浓度之间的关系

将式（4.8）对时间微分，整理后得

$$-\frac{dC}{d\tau}=\frac{C_0}{T_t-T_0}\frac{dT}{d\tau} \tag{4.9}$$

式（4.9）说明了反应速率与温度变化速率之间的关系。图4.2中的实线为反应物温度随时间的变化，双点划线 $a—b—c$ 表示反应速率的变化，单点划线为浓度的变化。由于反应速率和温度成指数关系，反应速率开始急剧增加（图中 $a—b$ 段）。当反应进行到一定程度后，因反应物浓度降低而使反应速率逐步降低（图中 $b—c$ 段）。

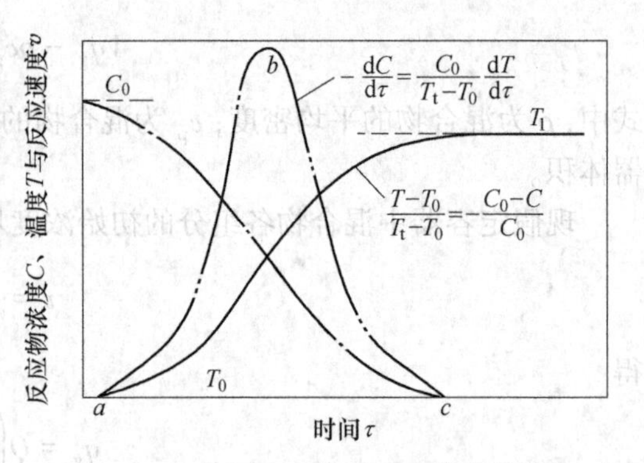

图4.2 一定温度变化下反应速率的变化

绝热容器内的燃烧反应过程中，可燃混合物在着火后温度升高得很快，同时浓度迅速降低，如图4.3所示。

将 $C=f_c(\tau)$ 与 $T=f_T(\tau)$ 的关系一并代入式（4.2），可以得到绝热容器中可燃混合物的释热率与时间的函数关系，如图4.4所示。显然，释热率达到最大值以后，由于反应物浓度降低，释热率减小。

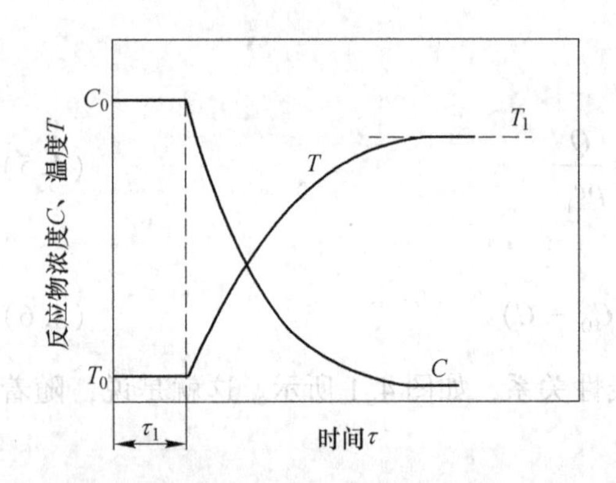

图4.3 绝热容器中 C 与 T 随时间的变化

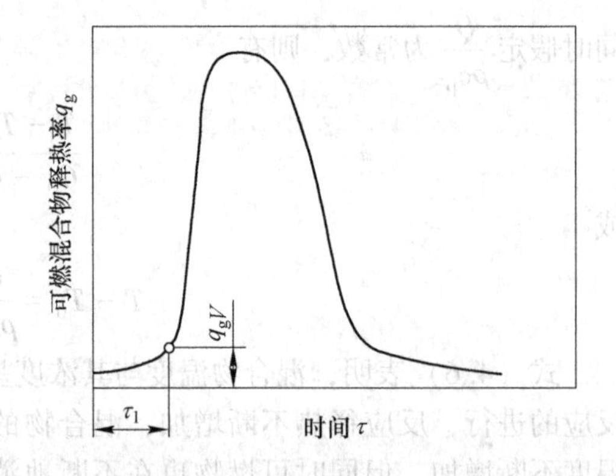

图4.4 绝热容器内释热率随时间的变化

无论如何剧烈的燃烧反应，在一开始都要经历一个缓慢氧化、逐渐放热的阶段。在这一阶段，其浓度的减少、温度的增加，都很不显著，甚至不易察觉。直到热量积累到一定的数量之后，反应速率才会明显地、急剧地增加，最后达到着火或称热力爆燃。达到着火之前积蓄热量的阶段，或者说由开始反应到着火所经历的时间 τ_i，燃烧学上称为着火感应期，或着火延滞期。

4.1.2.2 非绝热条件下的自燃过程

可燃混合物处于绝热条件下，无论反应在开始时如何缓慢，最后总会着火。但在工程实际中，燃料并非在绝热的环境中进行化学反应，反应过程中放出的热量总有一部分要散失。因此，有散热情况的可燃混合物的氧化反应能否自燃，需要做具体的分析。就是说，非绝热条件下自燃的发生是有条件的，它是放热和散热综合作用的结果。

当有散热时，热量的损失速率即散热速率为

$$q_1 = \frac{\alpha S(T - T_0)}{V} \tag{4.10}$$

式中：α 为反应物向外界的换热系数；T_0为周围介质温度或容器壁面温度，一般情况下即为可燃混合物的初始温度；S 为容器壁面总表面积。

此时的能量平衡满足下列方程：

$$Vq_g - \left[\rho c_p V \frac{dT}{d\tau} + \alpha S(T - T_0)\right] = 0 \tag{4.11}$$

即

$$q_g - q_1 = \rho c_p \frac{dT}{d\tau} \tag{4.12}$$

当容器的压力恒定时，反应释热速率 q_g 与 T 的函数关系如图 4.5 所示。图中的直线表示 q_1 与 T 的函数，其斜率为$\frac{aS}{V}$。

当$\frac{aS}{V}$不变时，对应于 3 个壁温 T_0的 3 条不同的 q_1 直线一并绘于图 4.5（a）中。图 4.5（b）表示对应于不同的 T_0，容器内物质焓随温度的变化。

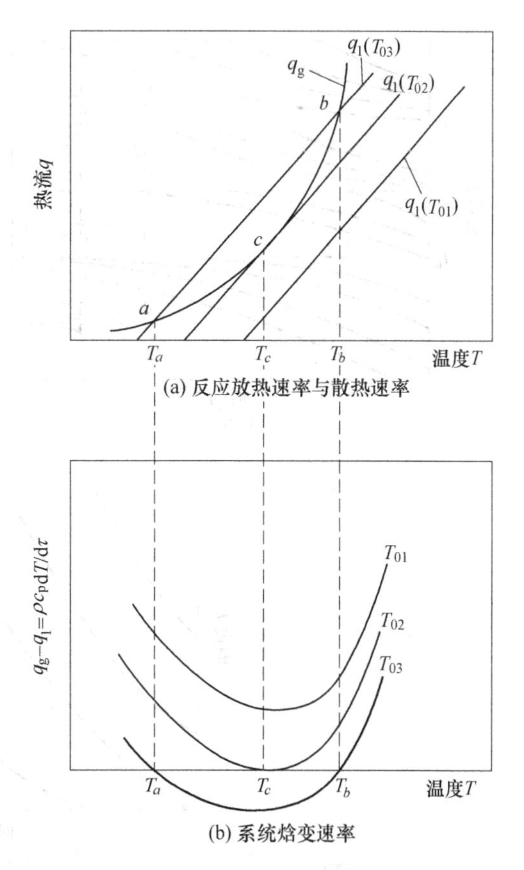

图 4.5　非绝热条件下的热平衡

假定 $T_{03}<T_{02}<T_{01}$。当壁面温度较低时，即 $T_0=T_{03}$时，曲线 q_g 和 q_1 相交于 a、b 两点。当混合气体的温度小于 T_a时，由图 4.5（a）可知，此时反应的释热率大于系统向外界的散热率；整个系统的温度缓慢地上升，即 $\frac{dT}{d\tau}>0$。但由图 4.5（a）可看出，这一阶段的 $\frac{d(q_g - q_1)}{d\tau} < 0$。即这时系统温度增加的速率随时间而降低。

当系统温度上升到 T_a时，此时 $\frac{dT}{d\tau}=0$。如果由于外部扰动，使得系统温度下降，即使 $T<T_a$，则根据上面的分析，可知系统还会缓慢地被加热到 T_a。如果在：$T=T_a$时，外部扰动使 $T>T_a$，则从图 4.5（a）可以看出，在图上 a 到 b 这一段，反应的释热速率小于系统的热损失速率。如果去掉外部扰动，系统的温度将会降低，从而又回到 a 点，由此可见，a 点是一个稳定点，混合温度处于 T_a时，即使有外界扰动，它也能维持这个温度。当系统温度处于 T_a与 T_b之间时，由图可知，混合气体温度将以一定的速率冷却到 T_a。图 4.6（a）中表示了不同起始温度的上述冷却曲线。

如果由于某种原因，使系统温度达到 T_b 时，$\frac{dT}{d\tau}=0$。但这时若系统受外部扰动，则使其温度或者上升，或者下降。当系统温度略有下降，根据在此之前的分析，系统会逐渐冷却到 T_a；若系统温度稍有增加，则由图中可以看出，在 b 点以上，反应的释热率大于系统的热损失率，这时的 $\frac{dT}{d\tau}$ 和 $\frac{d^2T}{d\tau^2}$ 均大于零，系统将被迅速加热而着火。所以，T_b 虽然是个平衡点，但不是个稳定点，轻微的外部扰动即可失去平衡。

当壁面温度较高时，如当 $T_0=T_{01}$ 时，由图 4.5（a）可知，q_g 与 q_1 的曲线不会相交，反应的释热率远大于系统的散热率，即 q_g-q_1 总为正值，如图 4.5（b）所示，因而能迅速着火燃烧。四种不同起始温度下的加热曲线如图 4.6（c）所示。

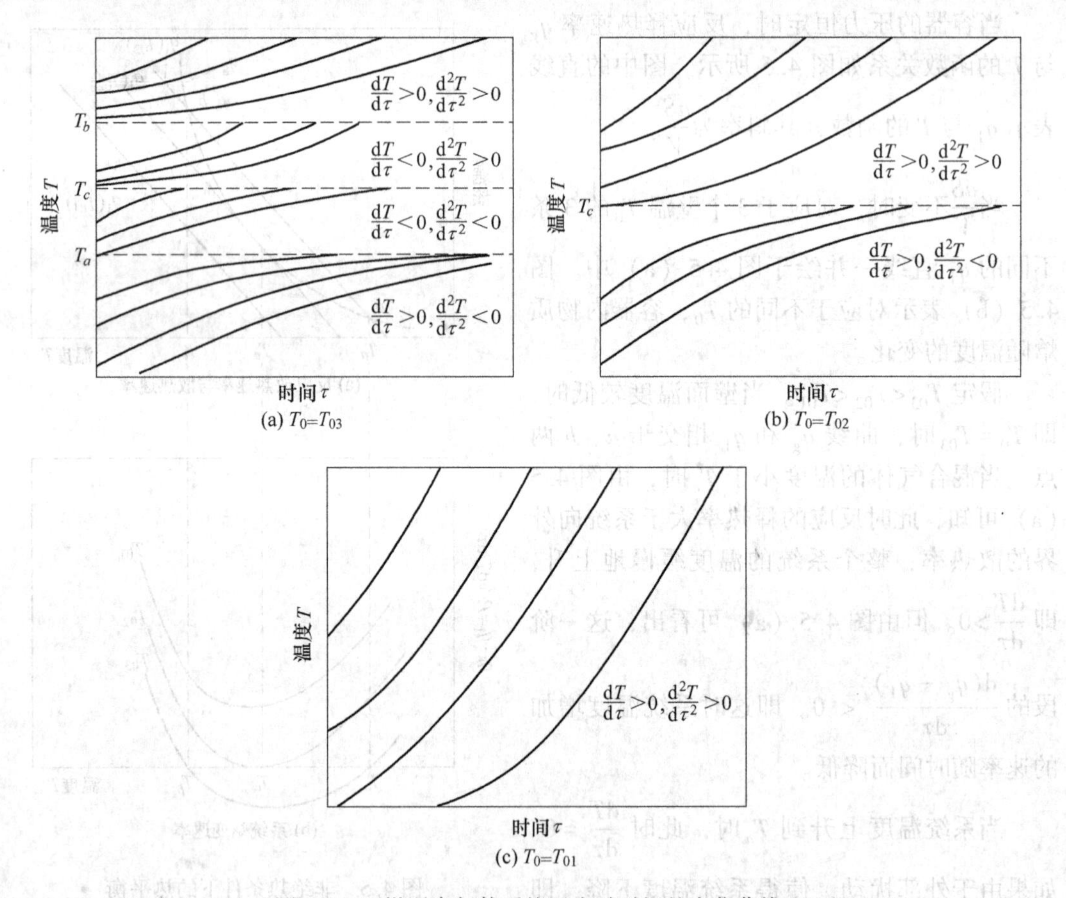

图 4.6　可燃混合气体系统温度随时间的变化曲线

当壁面温度处于 T_{03} 和 T_{01} 之间，即当 $T_0=T_{02}$ 时，和上述两种情形有所不同。这种情形可以看做是 T_0 从 T_{03} 逐步上升到 T_{02}，即 q_g 曲线不变，混合气的释热性能不变，而直线 q_1 由左向右平移，则 a 点和 b 点将不断接近。假定当 $T_0=T_{02}$ 时，a、b 两点完全重合为一点 c，这时的热平衡曲线和加热曲线分别如图 4.5（b）和图 4.6（b）所示。由图 4.5

（a）可以看出，c 点也是不稳定点。当系统温度受到向下扰动时，由于反应的释热率大于系统的散热率，即 $\frac{\mathrm{d}T}{\mathrm{d}\tau}>0$，系统温度会上升到 T_c。但当系统温度受到向上扰动时，由于反应的释热率大于系统的散热率，即 $\frac{\mathrm{d}T}{\mathrm{d}\tau}$ 和 $\frac{\mathrm{d}^2T}{\mathrm{d}\tau^2}$ 均大于 0，系统温度将迅速上升。正因为如此，c 点称为着火的临界点，c 点对应的温度 T_c 称为着火温度，而它对应的壁面温度 T_{02} 则称为自燃温度。由此也可以定义，前面所说的着火感应期 τ_i，就是指可燃混合物从初始温度 T_0 升高到着火温度 T_c 所需要的时间。

由图 4.5（a）可知，c 点是曲线 q_g 与 q_1 的切点，因此可得自燃的临界条件

$$q_g|_c = q_1|_c \tag{4.13}$$

$$\frac{dq_g}{\mathrm{d}T}\Big|_c = \frac{dq_1}{\mathrm{d}T}\Big|_c \tag{4.14}$$

按照上述分析，要使可燃混合气体达到自燃临界状态，无非是增加反应的释热率和减少系统的热损失。在其他条件不变的情况下，增加预混可燃气体的压力及改变燃料和氧化剂的相对浓度，都可以增加释热率，如图 4.7 所示。减少系统的散热率，可以通过提高壁面温度、减少容器的散热面积和放热系数等来实现，其对反应过程的影响如图 4.8 所示。

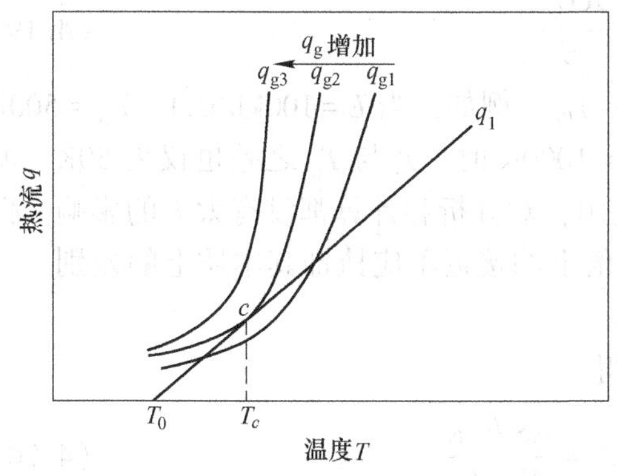

图 4.7　不同成分压力下释热率与散热率的关系

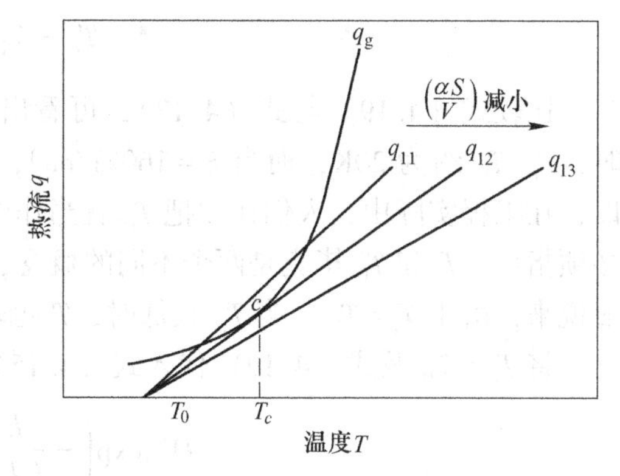

图 4.8　不同散热程度和释热反应过程的关系

4.1.2.3　自燃界限

理论和实验都证明，着火温度 T_c 和自燃温度 T_0 不是燃料的固有属性，它们与可燃混合物所处的环境，特别是与可燃物的压力、浓度等条件有很大的关系[3]。

根据自燃临界条件式（4.13）和式（4.14），分别代入 q_g 和 q_1 的值，可得

$$QVk_0C^n\exp\left(-\frac{E}{RT}\right) = \alpha S(T_c - T_{0c}) \tag{4.15}$$

$$\frac{E}{RT_c^2}QVk_0C^n\exp\left(-\frac{E}{RT}\right) = \alpha S \tag{4.16}$$

式中，T_{0c} 为着火时的容器壁温。

由于着火延滞期内可燃物浓度 C 可近似认为不变，即可燃物的消耗可以忽略不计。

故式（4.15）和式（4.16）两式相除，可得

$$T_c - T_{0c} = \frac{RT_c^2}{E} \tag{4.17}$$

式（4.17）为 T_c 的二次方程，它有两个根，其较大的根没有物理意义。在给定容器中混合物的着火温度

$$T_c = \frac{E}{2R} - \frac{E}{2R}\sqrt{1 - \frac{4RT_{0c}}{E}} \tag{4.18}$$

一般情况下，$\frac{RT_{0c}}{E}$ 远远小于 1。例如，大多数烃类燃料与空气的预混可燃气体的反应活化能为 100~250kJ/mol。若 T_{0c} 为 500~1000K，则 $\frac{RT_{0c}}{E}$ 约为 0.05。因此可按泰勒级数将 $\sqrt{1 - \frac{4RT_{0c}}{E}}$ 展开

$$\sqrt{1 - \frac{4RT_{0c}}{E}} = 1 - 2\frac{RT_{0c}}{E} - 2\left(\frac{RT_{oc}}{E}\right)^2 - \cdots$$

代入式（4.18），得

$$T_c - T_{0c} \approx \frac{RT_{0c}^2}{E} \tag{4.19}$$

比较式（4.19）与式（4.17），可看出 $T_c \approx T_{0c}$。例如，当 $E = 100$kJ/mol，$T_{0c} = 500$K 时，$T_c - T_{0c}$ 约为 20K；而当 $E = 160$kJ/mol，$T_{0c} = 1000$K 时，T_c 与 T_{0c} 之差也仅为 50K。所以，在工程实际中，人们往往把 T_{0c} 就当作 T_c 使用，对分析和计算都没有太大的影响。但必须指出，T_c 和 T_{0c} 毕竟是两个不同的概念，数值上的接近不应掩饰其本质上的差别。一般说来，由于 $T_c = T_{0c}$，当 T_{0c} 较低时，T_c 也较低。

将 $T_c \approx T_{0c}$ 及式（4.19）代入式（4.15），得

$$Qk_0 \exp\left(-\frac{E}{RT_{0c}}\right) C^n = \frac{\alpha S}{V}\frac{RT_{0c}^2}{E} \tag{4.20}$$

假定预混气体为理想气体，则 $p = CRT$。根据式（4.20），在自燃临界条件下，预混气体压力 p 和温度 T_{0c} 应满足：

$$\frac{p^n}{T_{0c}^{n+2}} = \frac{\alpha SR^{n+1}}{VQk_0 \exp\left(-\frac{E}{RT_{0c}}\right) E} \tag{4.21}$$

实际上，临界条件下压力 p_c 和着火温度 T_c 也满足上述关系，即

$$\frac{P_c^n \exp\left(-\frac{E}{RT_c}\right)}{T_c^{n+2}} = \frac{\alpha SR^{n+1}}{VQk_0 E} \tag{4.22}$$

式中，右边各参数的组合可以看做仅与预混气体性质和散热情况有关的常数。

式（4.21）表达的关系如图 4.9 所示。曲线的右上方为自燃区，左下方为非着火区。从图 4.9 中可以看出，当预混气体的压力很低时，必须具备很高的温度才能使燃料着火；同样，如果预混气体的温度很低，若要使燃料着火，必须施加较高的压力。

各种燃料与氧化剂的混合物的临界压力 p_c 和自燃温度 T_c 可由实验测定。一般方法是将预混气体在一定压力下送入具有一定温度的容器，对预混气体加热，并连续记录其温度变化。当混合气温度突然急剧上升时，容器壁面温度 T_{0c} 即可作为自燃温度 T_c。另外一种常用的方法是将预混可燃气体放在一个容器中压缩，达到爆燃时测其压力和温度，即为临界压力和着火温度。对于一般放热反应，实验的结果与图 4.9 的理论分析基本一致。

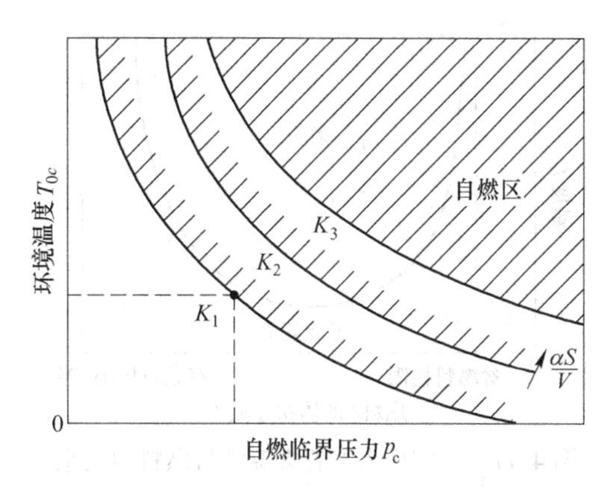

图 4.9　自燃临界条件下温度与压力的关系

着火的研究还提供了一个测量简单反应活化能的方法。假设一个简单的二级放热反应，式（4.21）可以写成

$$\frac{p_c^2}{T_c^4}=\frac{\alpha SR^3}{VQk_0\exp\left(-\frac{E}{RT_c}\right)E} \tag{4.23}$$

两边取对数：

$$\ln\frac{p_c}{T_c^2}=\ln\sqrt{\frac{\alpha SR^3}{QVk_0E}}+\frac{E}{2RT_c} \tag{4.24}$$

由实验测得 p_c 和 T_c 后，将式（4.24）的关系画在图上，如图 4.10 所示，应得一直线，其斜率为 $\frac{E}{2R}$，由此可求得活化能 E。如果用这个方法求得的活化能 E 和用 Arrhenius 方法求得的活化能 E 基本一致，则可以认为热力自燃理论中关于热反应和忽略着火前反应物消耗量的假定是合理的。

预混气体着火的临界条件（压力、温度等），还与混合物中燃料的浓度有关。假定燃料与氧化剂的混合物中仅包含燃料 A 和氧化剂 B，其反应为双分子二级反应。若用 C_A 代换 C 并注意到：

$$C_A=\frac{p_A}{RT}=\frac{\varphi_A p}{RT}$$

式中，φ_A 为 A 的体积分数，则式（4.24）可以写成

$$\ln\frac{p_0}{T_c^2}=\ln\sqrt{\frac{\alpha SR^3}{QVk_0\varphi_A^2E}}+\frac{E}{2RT_c} \tag{4.25}$$

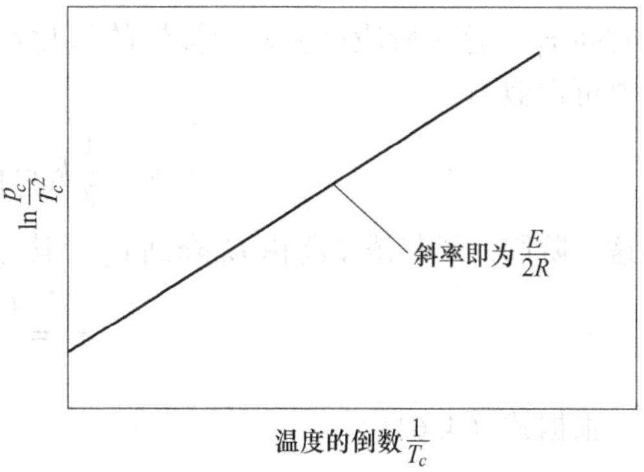

图 4.10　临界压力随温度的变化

在一定的压力下，温度与燃料之间的关系如图 4.11 所示。而在一定温度下，自燃的临界压力与燃料的关系描绘在图 4.12 中。

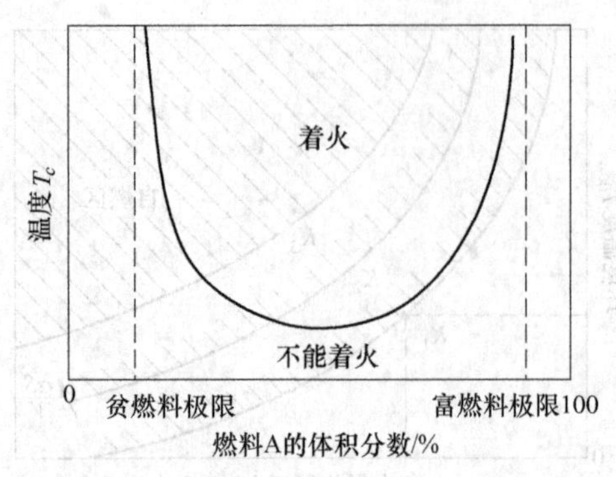

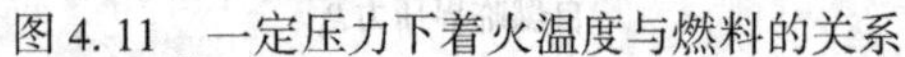
图 4.11　一定压力下着火温度与燃料的关系

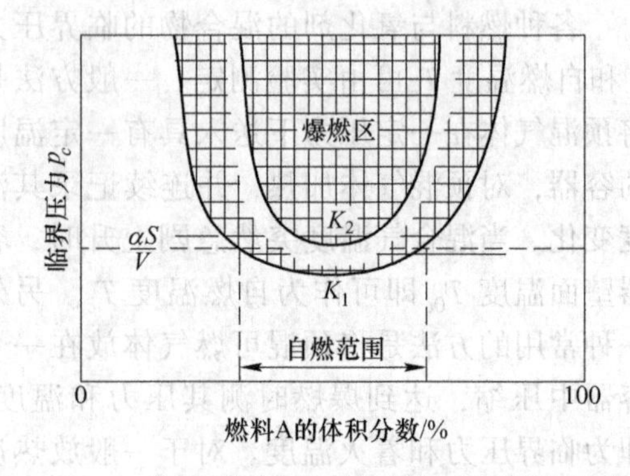

图 4.12　一定温度下自燃的临界压力与燃料的关系

从图 4.11 和图 4.12 这两个图中可以看出：

（1）在一定的压力或一定的温度下，都存在维持着火的燃料浓度限。低于某个燃料浓度值，预混气体不能着火时，该浓度值称为着火的燃料浓度低限；而当高于某个燃料浓度值，燃料也不能着火时，则该浓度值称为着火的燃料浓度高限。

（2）在一定的压力下，当温度降低时，或者在一定的温度下，压力降低，燃料浓度的高限和低限相互靠近，使着火范围变窄。

（3）在一定的压力下，如果温度很低；或者在一定的温度下，如果压力很低，则任意的燃料浓度下都不会着火。

（4）容器的散热状况将影响着火的浓度限。容积散热程度增加将使着火范围变窄，而不能着火的温度或压力范围则增加。

4.1.2.4　着火延滞期

实际的燃烧设备，不仅要求燃料能稳定地燃烧，而且要求预混气体能及时地着火，因此了解可燃混合物的着火延滞期具有实际意义。

前面已经说过，着火延滞期就是可燃混合物从初始温度 T_0 上升到着火温度 T_c 所经历的时间 τ_i。这一阶段燃料处于缓慢的氧化反应过程，其反应速度很小，一般情况下其平均值可近似为

$$\bar{v} = \frac{1}{2}k_0\exp\left(-\frac{E}{RT}\right)C_0^n \tag{4.26}$$

在这一阶段，燃料浓度将由 C_0 降到 C_c，其经历的时间为

$$\tau_i = \frac{C_0 - C_c}{\bar{v}} \tag{4.27}$$

根据式（4.6）：

$$T_c - T_0 = \frac{Q}{\rho c_p}(C_0 - C_c) \tag{4.28}$$

将式（4.17）和式（4.28）一起代入式（4.27），得

$$\tau_i = \frac{\rho c_p}{Q}\frac{RT_c^2}{E}\frac{2}{k_0\exp\left(-\frac{E}{RT_c}\right)C_0^n} \tag{4.29}$$

对于一定的反应，根据实验测得的 T_c，即可由式（4.29）估算 τ_i。

由于推导式（4.29）的过程中，所用的一些公式均基于一定的假设，如果式（4.26）所做的假定缺乏普遍性，将导致式（4.29）的计算结果有较大的误差，所以着火延滞期基本上还是由实验确定。但用式（4.29）可以定性分析一些因素对 τ_i 的影响。

着火延滞期实验中，是将燃料和氧化剂分别单独加热到同一温度，然后同时射入特定的容器内使之迅速混合，精确测出从射入到着火的时间，即为着火延滞期。

液体燃料和固体燃料的自燃过程更为复杂。当液体燃料与空气发生反应时，液体首先蒸发成气体，然后与氧化剂接触发生反应；而固体燃料在着火前要经加热、脱水、析出挥发物质等阶段。

4.1.3　链锁自燃理论

上述的热力自燃理论有两个重要的假定，即化学反应为简单反应，着火前反应物浓度的变化忽略不计。热力自燃理论虽有一定的局限性，但在其所讨论的范围内，还是能说明许多预混气体自燃过程的机理。很多碳氢化合物和空气混合物自燃界限的实验结果，在一定的压力和温度范围也和这一理论大致符合。

但对许多复杂的反应，特别是反应速率不仅受最终产物浓度的影响很大，而且受中间不稳定成分浓度影响很大的链锁反应，热力自燃理论显然是无能为力的。在第2章中，已经介绍了链锁反应的概念。由于影响链载体销毁因素的变化，所以有第2章中介绍的 H_2 和 O_2 混合气体的链锁自燃“半岛”形曲线。正丁烷和空气混合物的着火也呈现类似的特性，如图4.13所示。

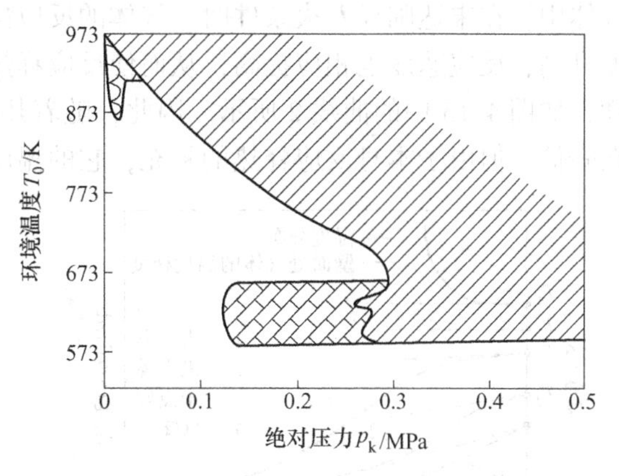

图4.13　3.8%的正丁烷和空气混合的着火界限

由于着火的下限是因链载体与壁面碰撞而销毁所引起的，故它受容器的尺寸、材料和表面性质影响很大。

着火“半岛”的中间部分，链载体主要在气相销毁，它的销毁速率受压力的影响较大，而增殖速率受压力影响相对较小。

在上面的区域，即所谓爆燃的上限，属于热力自燃区，则完全遵循前面叙述的热力自燃的规律。

应当指出，对大多数的烃类燃料与氧化剂的混合气体，实验测定的着火“半岛”曲线存在一定的差异。这种差异说明，在实际的燃烧反应中，链载体和热效应可能同时起作用，只不过在某一阶段，或在某一压力或温度范围内，可能有一种因素起主导作用，而不是如前面所说的存在明显的链锁自燃区和热力自燃区的分界。

4.1.4　预混可燃气体的点燃

自燃是可燃气体混合物由缓慢反应自行过渡到着火，因而自燃过程的可控性很差。工程上希望对着火有很强的可控性，因此使可燃混合物着火的方法很少采用自燃，而是用具有较高能量的外部能源去接触可燃混合物，使之在靠近外部能源传入的部分先行发生剧烈的反应而着火，然后火焰传播到整个混合物中去。这种方法称为点燃，或称强迫着火。下面分析点燃的特点及有关的机理，至于局部着火后向其他部分的火焰传播，将在以后专门讨论。

一定温度、压力和成分的均匀可燃混合物，当其未达自燃临界条件时，只是处于缓慢的氧化状态。此时若用一个较强的能源，如炽热的球体、小火焰或电火花去接触混合物，由于温差，热源将向混合物传播热量。

现假定用一个炽热固体去加热可燃混气，炽热固体的表面温度为 T_w，可燃混气的初始温度为 T_0。由于传热，紧靠物体壁面的气体温度很快上升接近 T_w，并且热量继续沿壁面的法线方向传播。离开壁面越远温度越低，无穷远处，混合气体的温度仍保持 T_0。若混合气体本身是流动的，则在壁面附近将形成一个热边界层。当达到稳定状态时，边界层内的热流也将达到稳定。此时混气中的温度分布如图 4.14 所示。

图 4.15 表示外部热源对可燃混合气和对惰性气体的影响是不同的。在惰性气体中，由于不存在反应，只有热量的传播，因而温度较低，如图 4.15 中的曲线 1 所示。在可燃气体中，在未达临界着火条件时，气体的反应虽然比较慢，但经外部热源加热后，由于温度升高，反应速度也相应提高，从而使反应释热率大为增加，这又提高了可燃混合物的温度，如图 4.15 中的曲线 2 所示。因此，随着热量向远处传播，可燃混合物的温度虽然也在降低，但由于本身反应释热的补充，它的温度比在惰性气体中高。

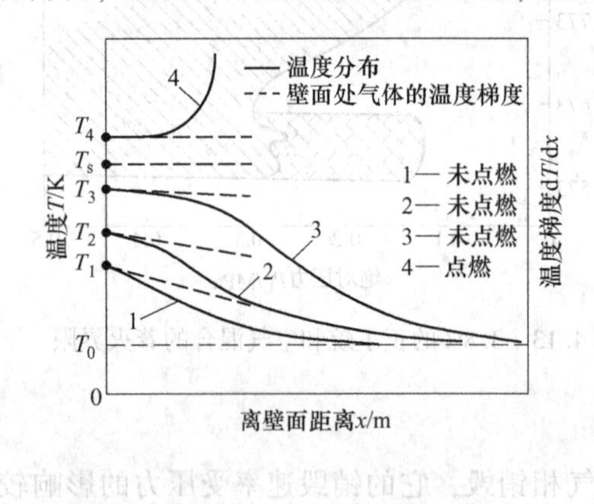

图 4.14　热物体附件混合气体温度场

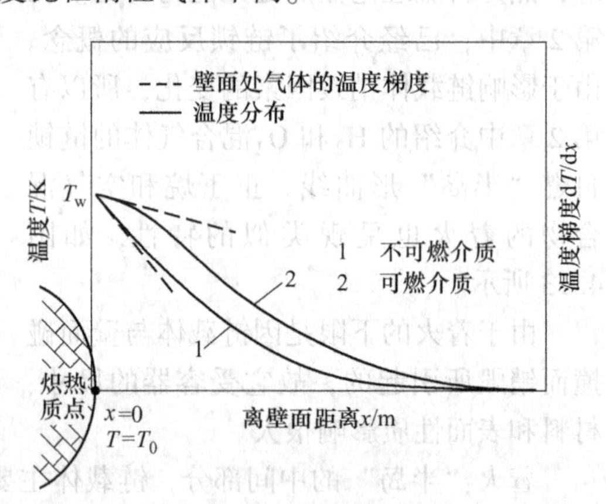

图 4.15　不可燃和可燃介质中热物体附件的温度场

在可燃混合物中，最初的浓度场是均匀分布的。在外热源作用下反应加速，可燃气被消耗，产生热量。因此，在紧靠热物体表面处，可燃物的浓度较低，其浓度分布如图 4.16 所示。

假定热物体表面附近可燃混合物中的温度分布和浓度分布处于稳定状态。若可燃物的温度为 T，密度为 ρ，质量浓度为 f，现取一厚度为 dx 的薄层气体，当传热和氧化反应均达稳定状态时，薄层内各点的导热量应等于反应的释热量，反应物消耗量应等于由浓度梯度引起的扩散。因此，在厚度 dx 内的热量平衡和物质平衡应满足

$$\lambda \frac{d^2 T}{dx^2} + Qk_0 C^n \exp\left(-\frac{E}{RT}\right) = 0 \tag{4.30}$$

$$\frac{d}{dx}\left(D\rho \frac{df}{dx}\right) = k_0 C^n \exp\left(-\frac{E}{RT}\right) \tag{4.31}$$

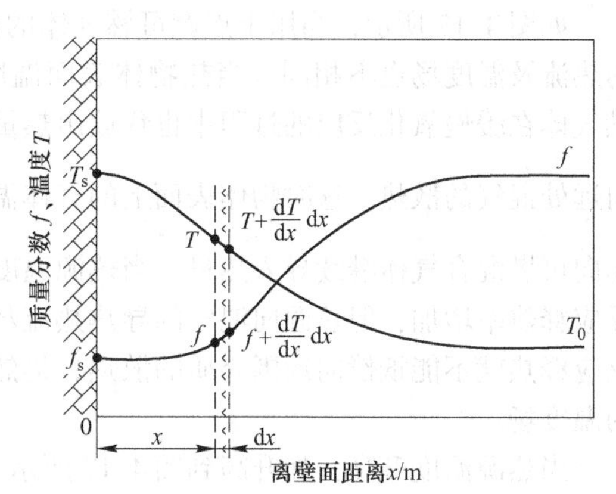

图 4.16　稳定的缓慢氧化状态下热物体附面层中的温度场和浓度场

式（4.31）两边乘以 Q，代入式（4.30），得

$$-\lambda \frac{d^2 T}{dx^2} = Q \frac{d}{dx}\left(D\rho \frac{df}{dx}\right) \tag{4.32}$$

式中，D 为可燃气体的扩散系数。

一般情况下，Lewis 数 $Le = 1$，气体的扩散系数 D 等于其导温系数 a，$a = \frac{\lambda}{c_p \rho}$，式（4.32）变为

$$-\frac{d^2 T}{dx^2} = \frac{Q}{c_p}\frac{d^2 f}{dx^2} \tag{4.33}$$

积分式（4.33），并代入边界条件：

$x = +\infty$ 时，$T = T_0$，$f = f_0$。

式中，f_0 为可燃气体的初始相对浓度。

同时考虑理论燃烧温度 T_t 和 Q 的下述关系：

$$C_0 Q = c_p \rho_0 (T_t - T_0) \tag{4.34}$$

即

$$\frac{Q}{c_p} = \frac{T_t - T_0}{\frac{C_0}{\rho_0}} = \frac{T_t - T_0}{f_0} \tag{4.35}$$

并把式（4.34）代入式（4.33）积分后的式子得到

$$\frac{f}{f_0} = \frac{T_t - T}{T_t - T_0} \tag{4.36}$$

联立求解式（4.30）、式（4.31）和式（4.36），即可得到可燃混气中的温度及浓度分布。

4.1.5　点燃热力理论

在外部热源作用下，可燃混合气体中形成了不均匀的温度场及浓度场。在热物体表面附近，混合气体的温度很高，接近 T_w，但由于其反应速率也高，因而可燃成分的浓度较低。在远离热物体表面处，由于反应缓慢，可燃物的消耗很少，但其温度较低，基本维持其初始温度 T_0。由此可见，在外部热源作用下，可燃混合物能否着火要进行具体分析。在热物体表面处，虽然温度可能较高，但由于可燃成分浓度太低，未必一定能够着火。总之，可燃混合气体的点燃是有一定条件的，下面就此进行讨论。

如图4.17所示，当用于点燃可燃气体的热物体的温度不同时，可燃气中由此而形成的热流及温度场也不相同。当热物体表面温度较低时，如图4.17中的T_{w1}，虽然这时可燃气体在缓慢氧化反应的过程中也释放出热量，但它与自热源传过的热量之和，方能补偿向远处混气的散热。这时物体表面上的气体温度梯度$\frac{dT}{dx}<0$，混合气体不会着火，热物体向可燃混合气体继续导入热量。当热源温度升高时，可燃混合气体中的反应加快，因而反应释热率增加，但热源向混气的导热热流却因此降低。只要反应释热不是足够大，这些反应释热就不能抵偿向周围介质的散热，仍然依靠热物体向气体输入热量使气体保持稳定的温度场。

当热源温度升高，如升高到图4.17所示的T_{w4}，紧靠热物体表面的气体层中，由于温度足够高，反应速度足够快，反应释热足以抵偿向周围介质的散热，因而外热源向可燃混合气体的导热热流率为零，此时，热源表面的气体温度梯度$\frac{dT}{dx}=0$。若热源温度再略微升高，可燃混气中反应释热将超过向温度较低部分介质的散热，紧靠热物体表面的气体薄层中的稳定温度场受到破坏，此处可燃气体的温度继续升高将发生着火，火焰将向未燃部分传播。点燃热力理论认为，维持热物体表面附近一薄层气体稳定氧化的极限状态，即为点燃的临界状态。在点燃临界状态下，可燃气体层中的温度和浓度分布满足

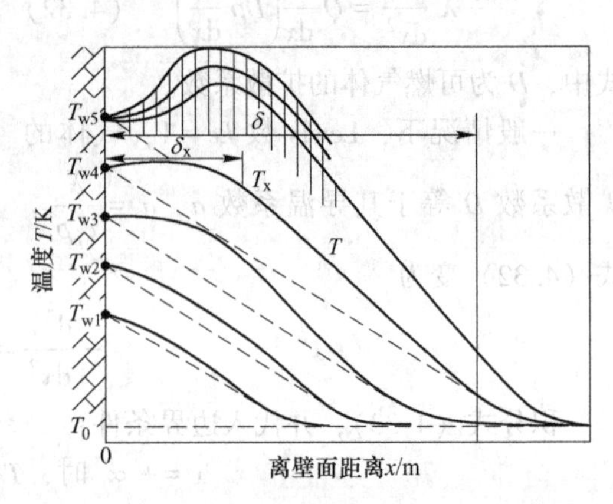

图4.17　温度不同的热物体点燃时的温度分布

$$\lambda\frac{d^2T}{dx^2}+Qk_0C^n\exp\left(-\frac{E}{RT}\right)=0 \tag{4.30}$$

$$\frac{f}{f_0}=\frac{T_t-T}{T_t-T_0} \tag{4.36}$$

$$\frac{dT}{dx}\Big|_w=0 \tag{4.37}$$

式（4.37）为点燃时特有的极限条件。

将式（4.30）、式（4.36）和式（4.37）三式联立，即可得出临界状态下混合气体的物理化学参数及热物体的几何形状、温度之间的相互关系。但此三式很难获得分析解，因此只能在一些合理简化的基础上，得到它们的近似解。

温度对化学反应释热率的影响，主要表现在指数项$\exp\left(-\frac{E}{RT}\right)$上。在靠近热物体表面的可燃气体层中，混气温度$T$与热物体表面临界状态下的温度$T_c$非常接近，即$T\approx T_c$，故有

$$\exp\left(-\frac{E}{RT}\right)=\exp\left[-\frac{E}{RT_c\left(1-\frac{T_c-T}{T_c}\right)}\right]$$

$$\approx\exp\left[-\frac{E}{RT_c}\left(1+\frac{T_c-T}{T_c}\right)\right]$$

$$=\exp\left(-\frac{E}{RT_c}\right)\exp\left[-\frac{E(T_c-T)}{RT_c^2}\right] \tag{4.38}$$

当 T_c 与 T 相差 $\frac{RT_c^2}{E}$ 时，由式（4.38）可知 $\exp\left(-\frac{E}{RT}\right)/\exp\left(-\frac{E}{RT_c}\right)=1/e$。由前面的讨论可知，$\frac{RT_c^2}{E}$ 是不大的。而 T_c 下降了这个不大的温度时，反应速度、反应释热率要下降 e 倍；如果 T_c 下降 $2\frac{RT_c^2}{E}$ 度，则反应速度、反应释热率将要下降 e^2 倍。由此可知，在离开热物体表面一定距离之后的可燃混合气体中，其反应及反应释热均可忽略不计，可以作为惰性气体处理。现假定，在紧靠热物体表面、厚度为 δ_x 的一薄层气体内，反应进行比较迅速，反应的热量也主要由这一称为反应区的区域放出。这一区域的边界温度为 T_c 和 T_x，$T_c-T_x=\frac{RT_c^2}{E}$。超过 δ_x 的区域，温度由 T_x 逐渐降到 T_0，假定这一区域不进行化学反应，只能从反应区导出热量，因而称这一区域为导热区。当气体边界层的厚度为 δ，放热系数为 α 时，导热区的散热量为

$$q_R\approx\alpha(T_c-T_0)=\frac{\lambda}{\delta}(T_c-T_0) \tag{4.39}$$

在导热区内，即 $x>\delta_x$ 时

$$-\left.\frac{dT}{dx}\right|_{\delta_x}\approx\frac{T_c-T_0}{\delta}=\frac{a}{\lambda}(T_c-T_0) \tag{4.40}$$

又根据式（4.36）和 $\frac{\rho}{\rho_0}=\frac{T_0}{T}$，有

$$C=f\rho=f_0\rho_0\frac{T_t-T}{T_t-T_0}\frac{T_0}{T}=C_0\frac{T_t-T}{T_t-T_0}\frac{T_0}{T}$$

将此式和式（4.38）代入式（4.30），得

$$\lambda\frac{d^2T}{dx^2}+Qk_0C_0^n\left(\frac{T_t-T}{T_t-T_0}\frac{T_0}{T}\right)^n\exp\left(-\frac{E}{RT_c}\right)\exp\left[-\frac{E(T_c-T)}{RT_c^2}\right]=0 \tag{4.41}$$

现分别就零级、一级和二级反应来求解（4.41）。对于零级反应，当温度为 T_c 时，其反应速度为

$$v_{co}=k_0\exp\left(-\frac{E}{RT_c}\right) \tag{4.42}$$

则式（4.41）变为

$$\lambda\frac{d^2T}{dx^2}=Qv_{co}\exp\left[-\frac{E(T_c-T)}{RT_c^2}\right]=0 \tag{4.43}$$

利用变量置换法，令 $y=\frac{dT}{dx}$，对式（4.43）积分，并考虑热物体表面的边界条件：$T=T_c$，$y=\left.\frac{dT}{dx}\right|_w=0$，可以得到反应区终了时的温度梯度：

$$\left.\frac{dT}{dx}\right|_{\delta_x}=-\sqrt{\frac{2}{\lambda}Qv_{co}\frac{RT_c^2}{E}\left\{1-\exp\left[-\frac{E(T_c-T_x)}{RT_c^2}\right]\right\}} \tag{4.44}$$

T_c与T_x的差值越大，式（4.44）中 $\left\{1-\exp\left[-\frac{E(T_c-T_x)}{RT_c^2}\right]\right\}$ 越接近于1。为了使反应区域的假定更接近实际，通常取T_x为更接近于T_0的较低的值。因此式（4.44）可以写成

$$-\left.\frac{dT}{dx}\right|_{\delta_x}\approx\sqrt{\frac{2}{\lambda}Qv_{co}\frac{RT_c^2}{E}} \tag{4.45}$$

将式（4.45）代入式（4.40），得

$$\frac{a}{\lambda}(T_c-T_0)\approx\sqrt{\frac{2}{\lambda}Qv_{co}\frac{RT_c^2}{E}} \tag{4.46}$$

热物体为圆球时，可用传热无因次准数努谢尔数 $\frac{Nu^H}{d}=\frac{ad}{\lambda}$ 代入，得

$$\frac{a}{\lambda}(T_c-T_0)\approx\sqrt{\frac{2}{\lambda}Qv_{co}\frac{RT_c^2}{E}} \tag{4.47}$$

式（4.47）为零级反应点燃条件的数学表达式，表示在点燃条件混合气体和热物体各有关参数之间的相互关系。说明在临界条件 $\left.\frac{dT}{dx}\right|_w=0$ 下，可燃混气依靠本身的反应释热向导热区传热，在反应区边界上，释热率和散热率之间存在：

$$q_g=-\lambda\left.\frac{dT}{dx}\right|_{\delta_x}=q_1 \tag{4.48}$$

图4.18所示为式（4.47）所表达的点燃临界温度T_c与热球直径d之间的关系。当可燃混气的各有关参数Q、E、k_0、λ以及T_0等一定时，可以根据式（4.47）确定零级反应中能达到点燃条件的热物体圆球尺寸d和温度T_c。

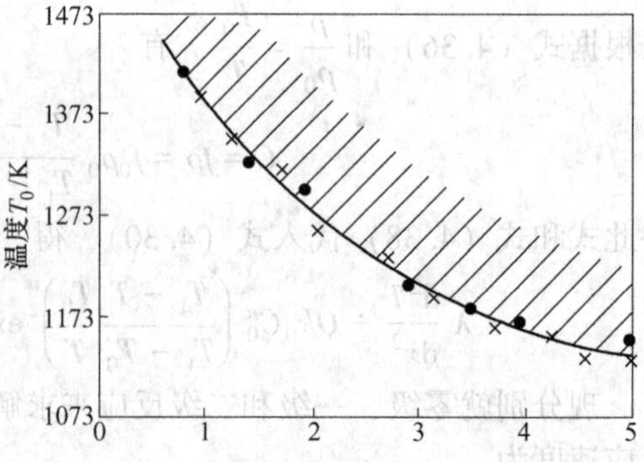

当反应级数不为零时，可以通过更复杂的数学推导，得到类似于式（4.47）的关系式。在此不再详细介绍，有兴趣的读者可以自己推导。

图4.18　点燃温度T_c与热球直径d的关系

对一级反应，式（4.41）可写成

$$\left(\frac{Nu^H}{d}\right)^2\frac{(T_c-T_0)^2}{T_c}\frac{T_t-T_0}{T_t-T_c}\approx A_1C_0\frac{T_0}{T_c}\exp\left(-\frac{E}{RT_c}\right) \tag{4.49}$$

对二级反应

$$\left(\frac{Nu^{\mathrm{H}}}{d}\right)^2 \frac{T_c - T_0}{T_c} \frac{(T_t - T_0)^2}{(T_t - T_c)^2} \approx A_2 C_0 \left(\frac{T_0}{T_c}\right)^2 \exp\left(-\frac{E}{RT_c}\right) \tag{4.50}$$

式中，A_1、A_2为取决于混合气体性质的常数。

一般碳氢燃料燃烧反应级数不大于 2，因而其各参数之间的关系可用式（4.50）表示。当初始浓度一定时，式（4.50）可改写成对数形式：

$$\ln\left[A_2 C_{A0} C_{B0} \left(\frac{d}{Nu^{\mathrm{H}}} \frac{T_0}{T_c - T_0} \frac{T_t - T_c}{T_t - T_0}\right)^2\right] = \frac{E}{R} \frac{1}{T_c} \tag{4.51}$$

图 4.19 所示为几种混合气体的实验结果，与式（4.51）符合得较好。

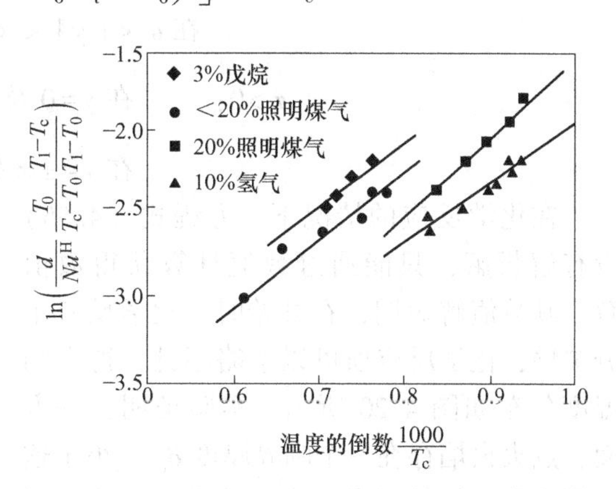

图 4.19　热球点燃可燃气体的实验结果

4.1.6　点燃方法

点燃的方法很多，目前工程上还在不断采用一些更新的点燃方法，以便加速燃料的着火，同时又节约点燃的能源。这里只介绍几种普通的点燃方法。

4.1.6.1　热球点火

当把炽热的石英球或铂金球放入可燃混合气体中时，如果球温 T_w 超过临界温度 T_c 时，燃气有可能着火。如前所述，临界温度 T_c 和球的尺寸、混合气体初温及物理化学特性有关。前面式（4.47）、式（4.49）和式（4.50）已经给出了零级、一级和二级反应时，热球尺寸、临界温度和其他一些参数的近似关系。

还可进一步简化对这个问题的分析。在忽略着火前反应物消耗和反应为简单反应的前提下，着火时应满足下列条件[5]

$$Q\pi d^2 \delta_{kr} k_0 C_0^n \exp\left(-\frac{E}{RT_w}\right) \geqslant \pi d^2 \frac{\lambda}{\delta}(T_w - T_0) \tag{4.52}$$

式中，d 为热球直径；δ_{kr} 为热球周围一薄层可燃混气的厚度，假定气体温度通过该薄层后由 T_w线性下降至 T_0。

当 T_w等于 T_c时，式（4.52）用等号。当可燃混气绕球流动的 Re 和 Pr 较高时，热边界层的厚度较小，而温度梯度较大，因此，当壁温一定时，流速越高，越难着火。

根据 Nu^{H}数和换热系数的定义，临界着火条件可以写成

$$\frac{T_c - T_0}{d} = \frac{Qdk_0 C_0^n}{(Nu^{\mathrm{H}})^2 \lambda} \exp\left(-\frac{E}{RT_c}\right) \tag{4.53}$$

热球尺寸和其他参数的关系是

$$d = Nu^{\mathrm{H}} \sqrt{\frac{\lambda(T_c - T_0)}{Qk_0 C_0^n} \exp\left(-\frac{E}{RT_c}\right)} \tag{4.54}$$

Silver 的实验也证实，球的尺寸较大、球速较低时，临界温度较小，见图 4.18。

4.1.6.2　平面火焰点火

当用小火焰点燃可燃混合气体时，着火的可能性与混合物的组成、点火火焰与混合物

的接触时间、点火火焰的尺寸及温度、混合强度等参数有关。

为简化推导，点火火焰假定为厚度等于 δ 的无限大平板，其温度为 T_w，如图 4.20 所示。当把它放入温度为 T_0 的可燃混气中去时，假定没有流动，则有

$$\rho c_p \frac{\partial T}{\partial \tau} = \lambda \frac{\partial^2 T}{\partial^2 y} + Qk_0 C_0^n \exp\left(-\frac{E}{RT_c}\right) \tag{4.55}$$

初始条件及边界条件为

$\tau \leqslant 0$：在 $0 < |y| < a$ 区间　　$T = T_w$

　　　　在 $a < |y| < \infty$ 区间　　$T = T_0$

$\tau > 0$：　在 $y=0$ 及 $y=\pm\infty$　　$\dfrac{\partial T}{\partial y}=0$

　　　　在 $y=\pm\infty$ 处　　$T=T_0$

在化学反应的情况下，方程式（4.55）没有解析解，只能通过数值计算获得数值解。其数值解表明，在开始时，化学反应十分缓慢，化学反应项可以忽略不计，得出的温度分布如图 4.20 所示。实验证明，一方面，点火火焰存在一个临界厚度 δ_c，小于这个厚度将不能使可燃混合气体着火。这是因为点火火焰厚度小于临界厚度时，由于热量的大量导出和较低的反应释热率，温度衰减得很快，最后可能导致点火火焰熄灭；另一方面，如果点火火焰厚度比临界尺寸大，则在点火火焰能量的作用下，迅速的放热反应可能扭转温度衰减的趋向，而产生火焰的传播。实际上，这就是后面将要讨论的点火能量的问题。实验还证明，点火火焰的临界厚度大约为稳定传播的火焰锋面厚度的 2 倍。

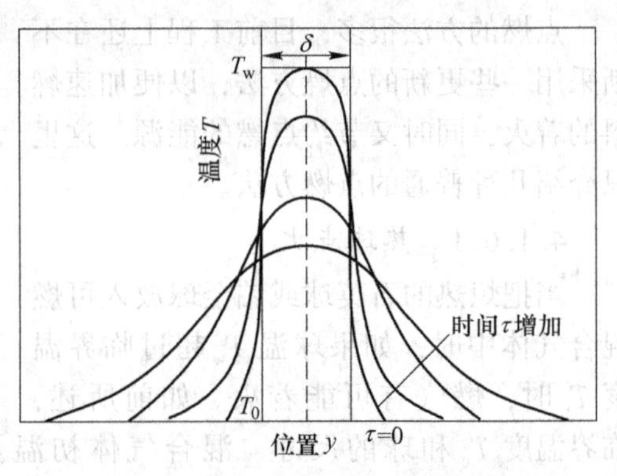

图 4.20　火焰点燃时的温度分布

$$\delta_c \approx 2\delta_f \tag{4.56}$$

根据后续火焰传播的讨论可得

$$\delta_c \approx 2\sqrt{\frac{\lambda(T_t - T_0)}{Qv}} \tag{4.57}$$

式（4.57）表明，如果可燃混合物的导热性强，且初始温度 T_0 较低，则需要较厚的点火火焰及较高的点火温度。而当反应的释热率高时，点火火焰的临界厚度可以小一些。

另外，由于化学反应速度 v 与混合气体压力 p 的 n 次方成正比，因此有

$$\delta_c \propto \sqrt{p^{-n}} \tag{4.58}$$

若混合气的压力较高，则点火火焰的临界厚度就比较小。对于二级的燃烧反应，临界厚度与压力成反比。

4.1.6.3　电火花点火

电火花点火是工程上最常用的点火方法之一。电火花能量可以采用电容放电来实现，即快速释放电容器中储藏的能量产生；也可以采用感应放电，即断开包括变压器、点火线

圈和磁铁在内的电路产生。电极可以做成各种形式，如平头、圆头等。

如果 C_1 是电容器的电容，V_1 和 V_2 分别表示产生火花前后电容器的电压，则放电的能量为

$$E_c = \frac{1}{2}C_1(V_1^2 - V_2^2) \tag{4.59}$$

现将相距为 s 的电极放入一定组成的可燃混合气体中，实验证明，电极间距一定时，只有当放电能量大于某一极限值时混合物才能点燃，这一极限值称为点火能 E_c。点火能随 s 而变化，其关系如图 4.21（a）所示。当 s 很小时，电极从初发的火焰导走过多的热量，使火焰不能传播，因此要点燃传播的火焰需要很高的放电能量。当 s 小到某一极限值时，用任何物理上可能的能量都无法使混合物着火，这个极限值就是熄火距离 s_q。当 s 从 s_q 开始增加时，起初点火能急剧下降，然后下降缓慢，当达到最小值以后，又随 s 增加而上升。这后一现象是由于 s 增大时，电火花向可燃混合物散失更多的能量。在可燃混合物中能够引起火焰传播的最小能最定义为最小点火能 $E_{c,min}$。

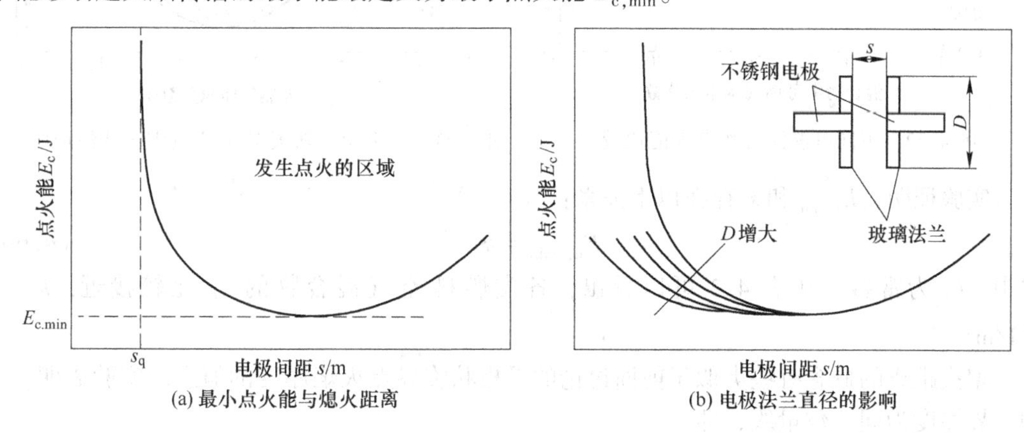

(a) 最小点火能与熄火距离　　(b) 电极法兰直径的影响

图 4.21　点火能与电极间距的关系

最小点火能 $E_{c,min}$ 和熄火距离 s_q 经常用以表征各种不同的可燃气体混合物的点燃特征。表 4.2 列出了一些常见的可燃气体混合物的最小点火能与熄火距离。它们的大小主要取决于可燃混合物的物理化学性质以及压力、温度、流速等，而与电极的几何形状关系不大。

表 4.2　室温和大气压力下过量空气系数 $a=1$ 时混合物的熄火距离和最小点火能

燃料	氧化剂	s_q/m	$E_{c,min}$/10^{-6}J	燃料	氧化剂	s_q/m	$E_{c,min}$/10^{-6}J
氢	空气	6.4×10^{-4}	0.201	乙烯	氧	1.90×10^{-4}	0.025*
氢	氧	2.50×10^{-4}	0.042*	丙烷	空气	2.03×10^{-3}	3.052
甲烷	空气	2.55×10^{-3}	3.307	丙烷	79%氩+21%氧	1.04×10^{-3}	0.770*
甲烷	氧	3.00×10^{-4}	0.063*	丙烷	79%氦+21%氧	2.53×10^{-3}	4.533
乙炔	空气	7.60×10^{-4}	0.301	丙烷	氧	2.40×10^{-4}	0.042*
乙炔	氧	9.00×10^{-5}	0.004*	异丁烷	空气	2.20×10^{-3}	3.441
乙烷	空气	1.78×10^{-3}	2.403	苯	空气	2.79×10^{-3}	5.5
乙烯	空气	1.25×10^{-3}	1.109*	异辛烷	空气	2.84×10^{-3}	5.7*

注：* 估计值。

电极的法兰直径对点火能也有影响，如图 4.21（b）所示。

可燃气体混合物中可燃气体含量不同，所需要最小点火能量也不相同，如图 4.22 所示。图中的阴影部分为着火区域。此结果表明含氢量高的城市燃气比天然气易于点火。

熄火距离 s_q 随可燃气体混合物中天然气含量的变化如图 4.23 所示。最小点火能及熄火距离的最小值，一般都在靠近化学计算混合比之处，同时 $E_{c,min}$ 及 s_q 随混合物中燃气含量的变化曲线均呈 U 形。

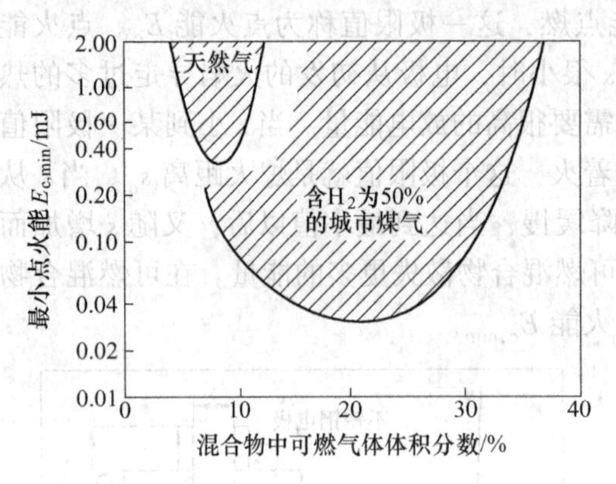

图 4.22　不同可燃混合物点火能比较

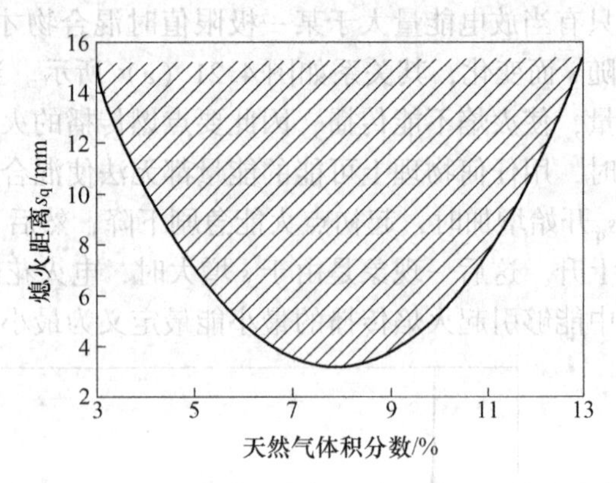

图 4.23　熄火距离随天然气-空气混合物组成的变化

实验证明，$E_{c,min}$ 和 s_q 存在以下关系：

$$E_{c,\ min} = k_{E_s} s_q^2 \tag{4.60}$$

式中，k_{E_s} 为常数，从表 4.2 可以看出，各类燃料-空气混合物的 k_{E_s} 比较接近，$k_{E_s} \approx 71 J/m^2$。

熄火距离的概念有些类似于前面讨论的平板状临界点火焰厚度的概念。实验表明，s_q 和临界厚度为同一数量级，即

$$s_q \approx \delta_c \tag{4.61}$$

若电火花的能量较大，足以使直径为 s_q 的球形容器中的可燃混合物从 T_0 升高到 T_t 而着火，则有

$$E_{c,\ min} \approx \frac{\pi}{6} S_q^3 \rho_0 c_p (T_t - T_0) \tag{4.62}$$

式中，$\frac{\pi}{6} s_q^3$ 为球形容器的体积；ρ_0 为可燃混合物的密度；c_p 为可燃混合物的平均比热容。由于 $s_q \approx \delta_c$，根据式（4.58）和式（4.62）可得 s_q、$E_{c,min}$ 与压力的关系：

$$s_q \propto \sqrt{p^{-n}} \tag{4.63}$$

$$E_{c,\ min} \propto \sqrt{p^{2-3n}} \tag{4.64}$$

式（4.63）和式（4.64）表明，压力越高，火焰能够传播的间隙越小，点火所需的能量也越小。对于烃类燃料-空气混合物的火焰，$s_q \propto \sqrt{p^{-n}}$，$E_{c,\ min} \propto \sqrt{p^{2-3n}}$。

当可燃混合物流动时，最小点火能随流动速度近乎线性增加。在湍流气流中，湍流强度也将使 $E_{c,\ min}$ 增加。这些都是由于热量损失的增加而引起的。

联立式（4.57）、式（4.61）和式（4.62）可得

$$E_{c,\ min} \approx \frac{4}{3}\pi\rho_o c_p \left(\frac{\lambda}{Q_\nu}\right)^{2/3} (T_t - T_0)^{5/2} \tag{4.65}$$

式（4.65）提供了最小点火能 $E_{c,min}$ 与其他一些参量的关系，因此在选择最佳点火能量时，必须综合考虑各种因素的影响。但总的来说，要使可燃混合物顺利着火，应该提高混合物的温度、压力，以便增加化学反应速率和反应释热率，同时降低混合物的流速和火焰温度；虽然高的导热系数使火焰传播比较容易，但对点火却很不利。另外，应尽量使混合物各组分接近 $a=1$。如果流动为湍流，则应降低湍流强度。电极之间的距离接近熄火距离 s_q 时，上述诸因素之间也存在一定的关系，有些影响可能是相互矛盾的，在具体应用时应慎重考虑。

4.1.7 可燃极限

在设计燃烧装置时，既希望燃料能够及时着火、稳定燃烧，同时又要避免不必要的着火工况，如过早或过晚的着火、突然发生的爆炸、熄火等。为此，必须了解可燃混合物的着火范围，即在什么样的温度、压力、混合物组成等条件下，着火是可能的。

前面讨论的点燃理论，基本上属于稳态。但实际的点燃方法往往是把一个高温的物体，如炽热的碳球，突然放入可燃混气中；可燃混合气体中电火花的引发更是如此。这时的可燃混气不是经过缓慢的低温氧化状态，逐步升温达到点燃的临界状态，而是当炽热物体一与混气接触，局部区域立即迅速升温，使 $\left.\frac{dT}{dx}\right|_w>0$，温度也能很快达到 T_c。但这并不意味着一定能够点燃。因为能保持 T_c 的范围大小和时间长短不一定足够。

如果热源与可燃混合物接触的时间足够长，不仅使壁面附近温度升高，反应加速，而且热量不断地向远处传播，也不断地使远处的未燃气体迅速提高温度，并发生剧烈反应，则最终能够发生着火。即使这时的热源温度不是很高，可燃混合物也能按前述稳定状态理论达到点燃。

有时，热源的温度虽然很高，短时间内使 $\left.\frac{dT}{dx}\right|_w>0$，壁面附近可燃混气的温度迅速增加并发生剧烈反应，但热源的接触时间却很短，因而当壁面附近的气体一开始剧烈反应时，便失去热量供应，使得混气反应释热不仅要向低温的可燃气体传播，而且要向热源传递热量，加之急剧反应使壁面附近的可燃物浓度降低，最终导致反应速度变慢，温度降低，可燃混合物还是不能着火燃烧。

综上所述，要使可燃混合物着火，不仅要求热源有一定的温度水平，而且热源与可燃混合物的接触要保证有一定的时间。在一定的热源性质、形状及大小等条件下，使一定的可燃混合物发生着火所必需的热源与混合物的接触时间，称临界点燃时间 τ_c。一定热源使一定的可燃混合物着火的临界点燃温度和临界点燃时间，一般由实验测定，其关系如图4.24所示。

实际的点火过程都是非稳态过程，可燃混合物的浓度及温度均随时间变化，其基本方程为

$$\rho c_p \frac{\partial T}{\partial \tau} = \lambda \frac{\partial^2 T}{\partial x^2} + Qk_0 C^n \exp\left(-\frac{E}{RT}\right) \tag{4.66}$$

$$-\rho\frac{\partial f}{\partial\tau}=\frac{\partial}{\partial x}\left(D\rho\frac{\partial f}{\partial x}\right)-k_0C^n\exp\left(-\frac{E}{RT}\right)\tag{4.67}$$

上面的讨论与前面关于点火能的概念是一致的。要点燃一定的可燃混合物，必须提供一定的点火能量，或者在短时间内供给大量的能量，或者用低水平的能源维持足够长的时间。除非供给可燃混合物多于最小数量的能量，否则着火是不可能的。最小点火能与燃料与氧化剂的性质以及它们的混合物的压力、温度和混合比例等都有关系。

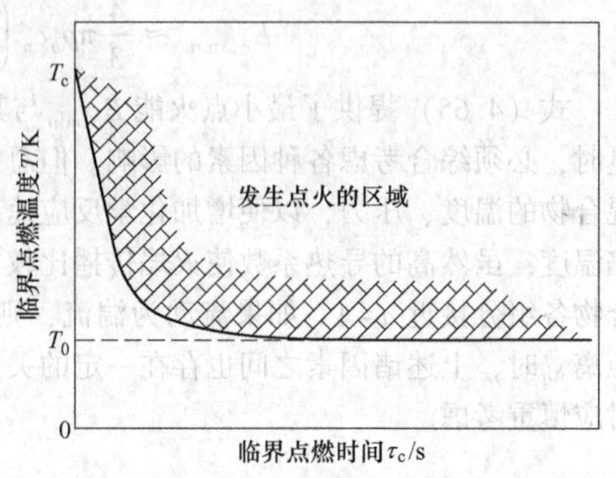

图 4.24　临界点燃温度和临界点燃时间的关系

图 4.25 所示为最小点火能与混合物中的可燃物含量的关系曲线。前面的分析和实验都证明，各种可燃混合物的可燃曲线都是U形曲线，尽管有些混合物的可燃界限图形并不完全对称。在该图形上，U 形里面为着火区域，而外面是不着火区域。着火的上限和下限，是燃料和氧化剂混合时的组合特性。在一定的点燃能下，在可燃上限和下限之间（图中与某个最小点火能对应的 A、B 两点之间）的所有混合物都能着火，而在此界限之外则不能着火。如果最小点火能较小，则着火范围变小。图 4.25 表明，当混合物组成为 $a=1$ 或接近 $a=1$ 时，$E_{c,\min}$ 为最小。不论何种混合物，其可燃成分的含量存在上限和下限，即所谓燃料太富或太贫，相应于图上虚线与横轴的交点 l 和 r。在一定的压力和温度下，点火能量加大到一定程度以后，混合物的点燃浓度界限（从 l 到 r）就不再扩大了，这个界限称为饱和点火能下的可燃浓度界限，或简称可燃极限。测定可燃极限时，总是尽可能加大点火能量，实际常超过饱和点火能。

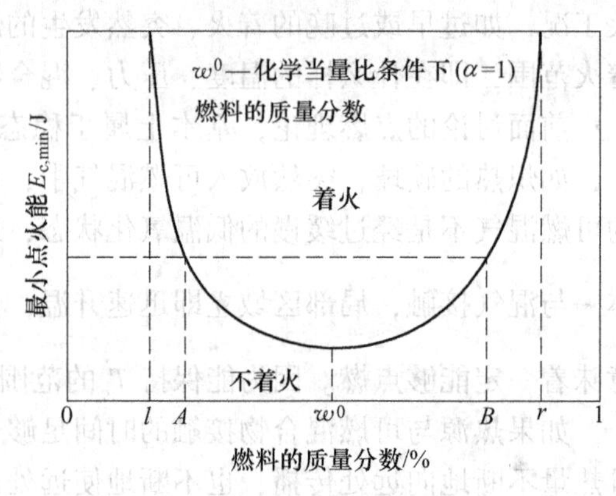

图 4.25　可燃界限示意图

4.1.8　影响可燃极限的因素

影响可燃极限的因素很多，这里仅就几种主要的影响因素作一简单分析。

4.1.8.1　压力的影响

图 4.26 所示为不同压力下最小点火能与混合比的关系曲线，工质分别为乙烷-氧气混合气和乙烷-空气混合气。由图 4.26 可知，乙烷-空气的混合物在室温下，压力为 1×10^5 Pa 时，饱和点火能下的乙烷可燃浓度极限为质量分数 3%~10%；0.5×10^5 Pa 时为 4%~10%；0.033×10^5 Pa 时为 4.2%~9.5%；0.02×10^5 Pa 时仅为 5%~8.2%。压力再低到一定程度后，在任何浓度下不论点火能量多大都不能点燃。

图 4.27 所示为不同压力下乙烷-空气混合气的可燃极限，图 4.28 所示为室温下 H_2-空气、CO-O_2的可燃极限。

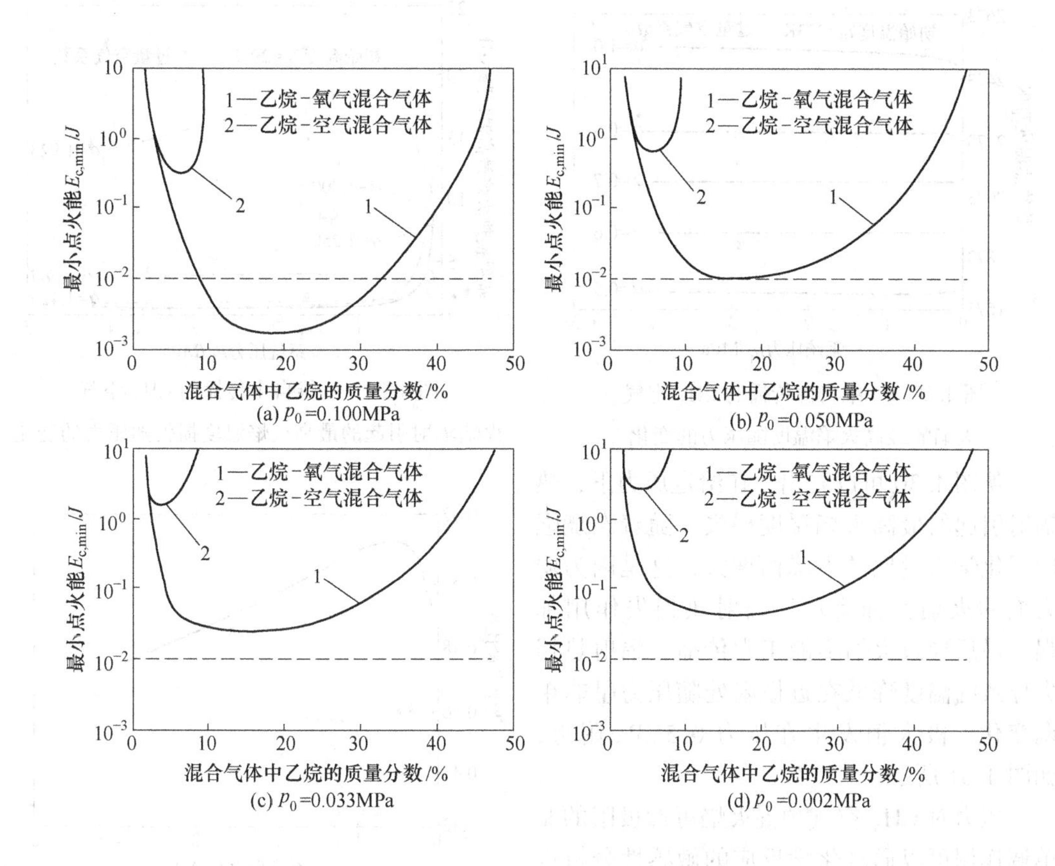

图 4.26 不同压力下乙烷混合气的可燃极限

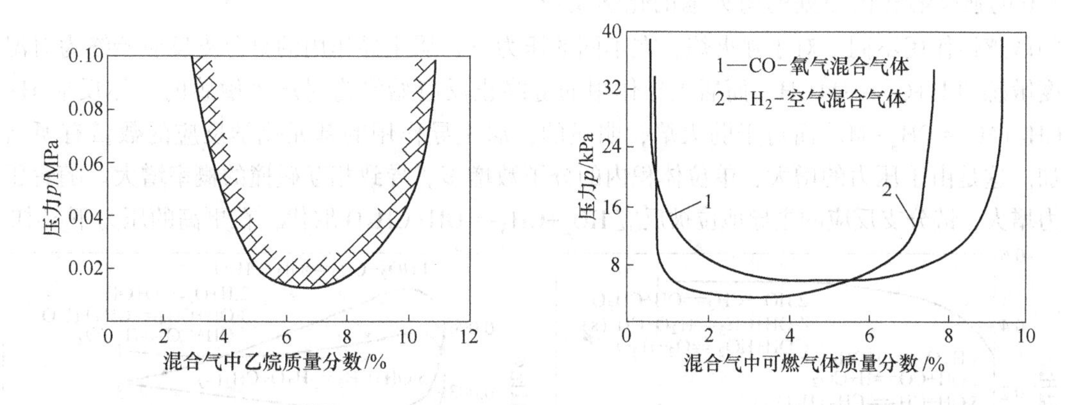

图 4.27 不同压力下乙烷-空气混合气体可燃极限

图 4.28 CO-氧气、H_2-空气混合物的可燃极限

从不同压力下预混火焰的温度可以看出压力对可燃极限的影响。一维自由传播 CH_4-空气预混火焰，其火焰绝热温度随压力的变化如图 4.29 所示，压力对火焰温度最高值的影响比较小，对燃烧强烈的火焰更是不明显。图 4.30 进一步给出了计入热辐射后这些火焰最高火焰温度的变化幅度。

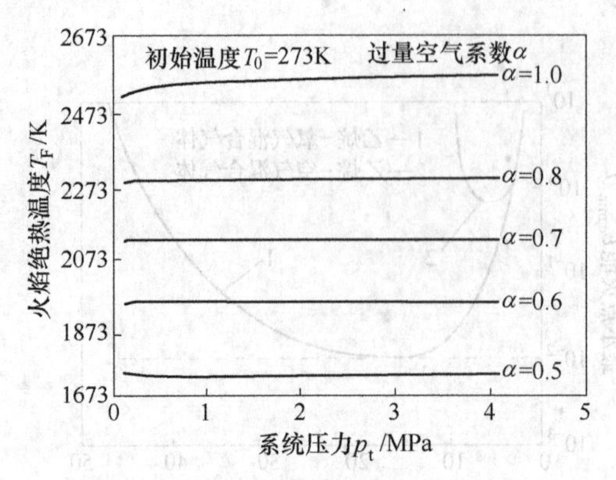

图 4.29 一维自由传播的 CH_4-空气火焰的最高火焰温度随压力的变化

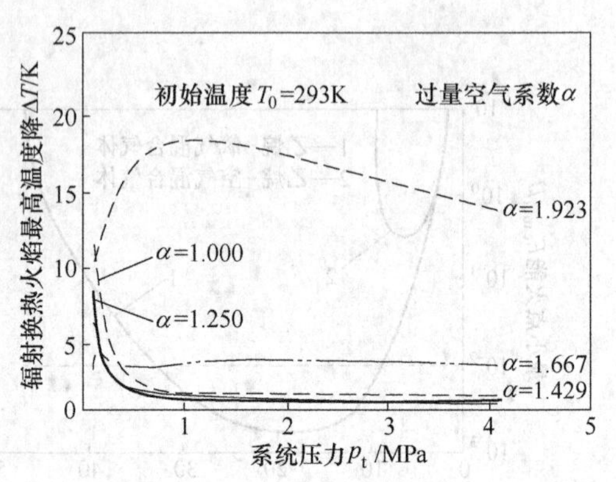

图 4.30 一维自由传播的 CH_4-空气火焰辐射引起的最高火焰温度损失随压力的变化

从图 4.30 可以看出，在给定压力下，热辐射引起的最高火焰温度损失，随着燃烧强度即化学当量比的下降而增大，这是因为弱火焰的火焰锋面更厚，辐射热损失作用加强，最后导致火焰不能正常传播；辐射热损失导致的温度降低在近极限处随压力呈非单调变化，极大值发生在压力 0.5MPa 附近，如图 4.31 所示。

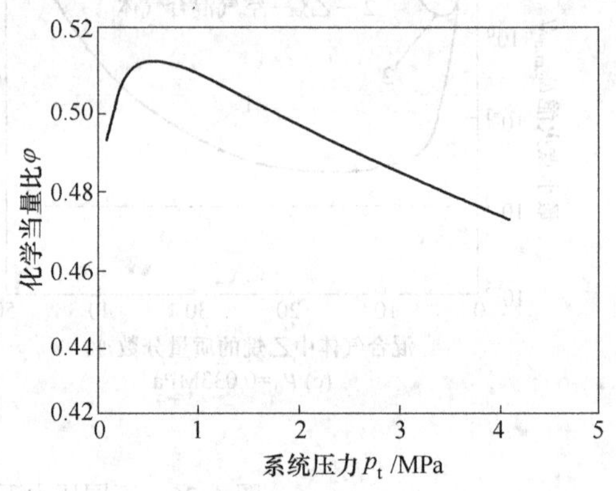

图 4.31 一维自由传播的 CH_4-空气的可燃极限

压力对 CH_4-空气预混火焰可燃极限的非单调作用可以通过化学反应的敏感性分析进行分析。图 4.32 显示压力对化学当量比 φ= 1.0 的强火焰和极限处的弱火焰的化学反应的敏感性作用不同。对于强火焰，在不同的压力下，居主导作用的链分支反应始终为对温度敏感的 $H+O_2 = O+OH$，而居主导作用的链终止反应始终为对压力敏感的三体反应 $H+CH_3+M = CH_4+M$。而对于弱火焰，明显的，居主导作用的基元化学反应的数量有所增加。这是由于压力的增大，单位体积内的分子数增多，导致相互碰撞的概率增大。随着压力增大，链分支反应的主导地位被反应 $HO_2+CH_3 = OH+CH_3O$ 取代，在更高的压力下（如

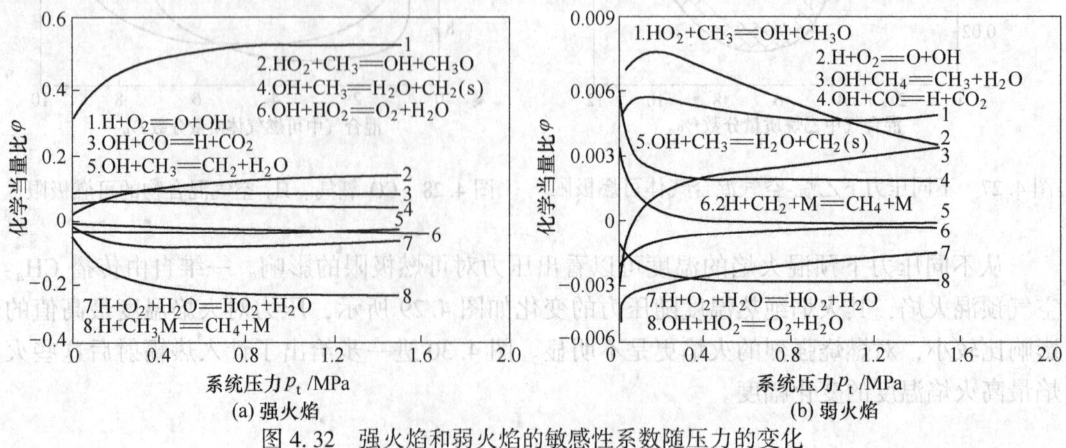

图 4.32 强火焰和弱火焰的敏感性系数随压力的变化

p>1.0MPa)，$OH+CH_4 = CH_3+H_2O$ 的作用也逐渐增强；而居主导作用的三体链终止反应变为与压力变化不敏感的 $OH+HO_2 = O_2+H_2O$。这些反应敏感性系数变化幅度的极值点发生在0.5MPa左右。

4.1.8.2　流速的影响

混合气体流速的增加将使最小点火能线性增加；同时它也会使着火范围变窄。流速的影响主要表现在传热上。气流速度加大，散热损失变大，燃料显然不容易着火，如图4.33所示。

4.1.8.3　可燃混合物初温的影响

点燃过程中温度的影响主要表现在两个方面：化学反应速率（释热率）和散热。反应释热主要在边界层中温度 T_x 到 T_c 的反应层内，T_0 升高，反应层中的温度 T 升高。相对于散热项 $a(T_c-T_0)$，初温 T_0 对反应释热率的指数因子 $\exp\left(-\frac{E}{RT}\right)$ 的影响要大得多。当 T_0 减少时，反应释热率下降。因此当其他条件不变时，着火范围将变小，或者浓度不变而必须增加点燃压力，如图4.34所示。

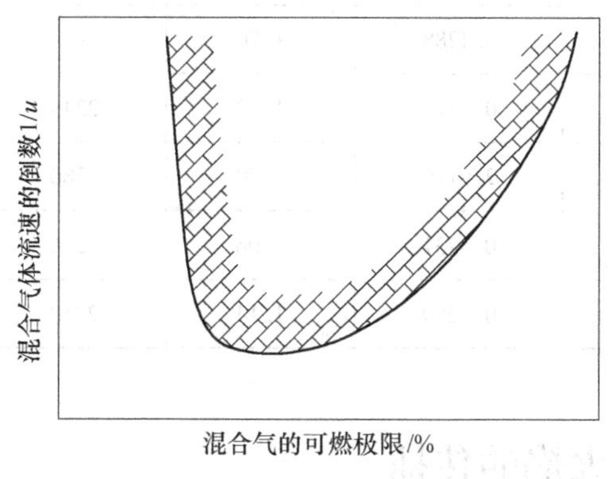

图4.33　流速对可燃极限的影响

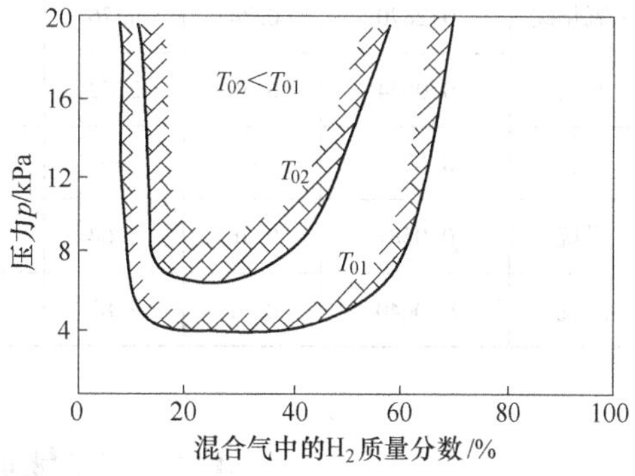

图4.34　H_2-空气混合物的初温对可燃极限的影响

4.1.8.4　掺入其他物质的影响

实验证明，在可燃混合物中加入惰性气体，将使着火范围变窄，而且主要影响着火上限，惰性气体使上限下降，而对下限的影响不明显。对甲烷-空气混合物掺入其他气体的实验结果如图4.35所示。

掺入惰性气体使着火范围变小，直至不能着火，这一特点对消除火灾至为重要。由于不同惰性气体的热容和导热性能不同，它们对着火范围的影响也不相同。高的导热性使着火困难，但有利于火焰传播；与此相反，高的热容对着火不利，但使火焰传播困难。因此，良好的灭火剂都具有较高的 $\frac{c_p}{\lambda}$。

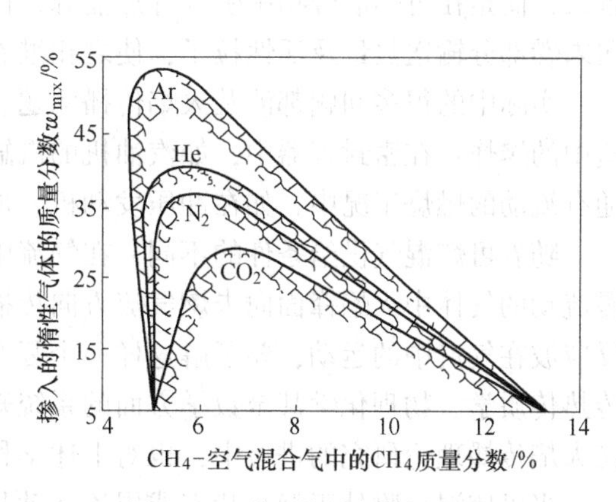

图4.35　掺入惰性气体对 CH_4-空气混合物可燃极限的影响

当在可燃混合物中加入另一种可燃物质时，其可燃极限一般介于两者之间。例如，若另一种燃料 B 逐渐替换燃料 A-氧化剂混合物中的燃料 A 时，可燃极限的曲线将从 A-氧化剂混合物曲线移向 B-氧化剂混合物曲线。

过量空气系数 $a=1$ 时，混合气中燃料的质量分数是可以计算的，将可燃极限转化为此分数的倍数 n_F，部分燃料-空气混合物的燃烧特性见表 4.3。

表 4.3 燃料-空气混合物的燃烧特性

燃料	燃料的质量分数 ($a=1$)	可燃极限 n_F		自燃温度/K	最大层流火焰传播速度 u_{max}/m·s^{-1}	最大火焰速度时的燃料相对浓度 n_u	最大火焰速度时火焰温度/K
		贫	富				
丙酮	0.1054	0.59	2.33	834.1	0.5018	1.31	2121
乙烯	0.0755	0.31	—	578.0	1.5525	1.33	
苯	0.0755	0.43	3.36	864.7	0.4460	1.08	2365
正丁烷	0.0649	0.54	3.30	703.6	0.4160	1.13	2256
一氧化碳	0.2870	0.34	6.76	881.9	0.4288	1.70	—
乙烷	0.0624	0.50	2.72	745.2	0.4417	1.12	2244
氢	0.0290	—	—	844.1	2.9119	1.70	2380
甲烷	0.0581	0.46	1.64	635.2	0.3731	1.06	2236
丙烷	0.0640	0.51	2.83	777.4	0.4289	1.14	2250

4.2 气体燃料火焰的传播

工程上最常用的使可燃混合物着火的方法，不是通过缓慢氧化反应使混合物整体自发着火，而是在可燃混合物中引入外加能源，使可燃混合物的局部先行着火，然后着火部分向未燃部分输送热量及活性粒子，使之相继着火燃烧。此即所谓火焰传播。

实际中的很多问题都涉及火焰传播问题。例如，控制和预防充满混合气体的矿井和坑道中的爆炸；在密封容器中，如汽油机的汽缸中，获得高速而又能控制的燃烧速度；在伴随有流动的燃烧工况中，如在冲压发动机、加热设备燃烧室中火焰的稳定问题。

随着可燃混气供给条件的不同，在气流中火焰可能是静止的，也可能是在静止的或缓慢流动的气体中火焰锋面向未燃气流方向传播。因为一个正在传播的火焰，实际上是化学反应波在气流中的运动，要了解这样一个复杂的问题，需要具备流体力学、工程热力学、传热传质学、物理化学甚至数学方面的系统知识。这既是上述学科的具体综合应用，同时在火焰传播理论研究的进展中，也对上述学科的发展有一定的促进作用。

当可燃混合物处于静止状态或层流运动状态时，如在一个直径一定的管子里，可燃混气着火部分向未燃部分导热和扩散活性粒子，火焰锋面不断向未燃部分推进，使其完成着火过程，这称为层流火焰传播。这时管壁的散热对火焰传播有较大的影响，管径的大小对层流火焰传播影响显著。而后面将要定义的层流火焰传播速度，则只取决于可燃混合物的物理化学性质。

当火焰传播过程中可燃混气处于湍流状态时，热量和活性粒子的传输就会大大加强，因而加快火焰的传播，此为湍流火焰传播。湍流火焰传播速度不仅与可燃混合气体的物理化学性质有关，还与气流的湍动程度有关。

还有一类火焰传播，由于可燃气体的绝热压缩而形成冲击波，其局部压力和温度都很高，火焰传播速度更是比层流或湍流火焰传播速度大得多。这种传播方式称为爆震或爆轰。它不依赖于热量和活性粒子的扩散，因为爆震波的速度比热量和活性粒子输运的速度大得多。爆震现象在锅炉和工业加热炉燃烧室中很少发生，本书不做详细介绍。

工程中的火焰传播基本上不是层流火焰传播，而是处于湍流状态的。但由于层流火焰传播是火焰传播理论的基础，又是可燃混合物的基本物理性质，原理也相对简单，因此先着重分析层流火焰传播理论，然后将这些概念推广到更具有实际意义的湍流火焰中去。

4.2.1 层流火焰传播概念

当可燃混合物静止时，点源着火火焰向四周传播，形成一个球形火焰面，如图4.36(a)所示。此火焰面的移动速度就称为层流火焰传播速度，或称法向火焰传播速度，或正常火焰传播速度，或简称火焰传播速度。球内是已燃的炽热气体，外部为未燃气体。未燃气体和已燃气体的分界面即为火焰锋面。当观察者与火焰之间有相对移动时，将会看到一个圆锥形的火焰面。如果火焰在管道中传播，情况与静止气体中的传播完全不同。由于管壁的摩擦，管道轴心线上的传播速度要比近管壁处大。黏性使火焰面略呈抛物线的形状，而不是完全对称的火焰锥。产生浮力的结果又使抛物面变形，成为图4.37所表示的形状。同时由于散热，管壁对火焰还有淬熄作用，当管径太小时，将不能维持火焰传播。

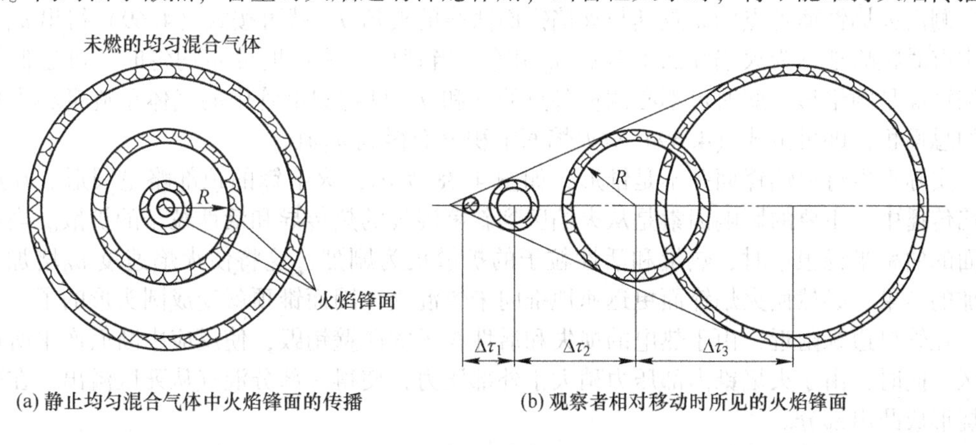

(a) 静止均匀混合气体中火焰锋面的传播　　(b) 观察者相对移动时所见的火焰锋面

图4.36　点源火焰

假定 u_p 为火焰面移动的绝对速度，u_s 为未燃新鲜混合气体的绝对速度，层流火焰传播速度 u_0 为层流火焰锋面在其法线方向上相对于未燃混合气体的速度，则有

$$u_0 = u_p \pm u_s \tag{4.68}$$

当火焰传播方向与新鲜混气的流动方向一致时，式（4.68）取负号，否则取正号。层流火焰传播速度取决于可燃混合气体的物理化学性质，这将在后面讨论。层流火焰传播

速度很小，一般在1m/s以下。

由式（4.68）可知，当 u_0 和 u_s 数值上相等时，$u_p=0$，这时火焰固定不动。如果 u_0 大于 u_s，则火焰就会向混合气体来流方向传播，造成所谓回火现象；反之，若 u_0 小于 u_s，则迎面的新鲜混气会把火焰锋面吹离原来的位置，甚至最后出现所谓吹熄现象。吹熄和回火都是燃料正常燃烧中需要极力防止的现象。

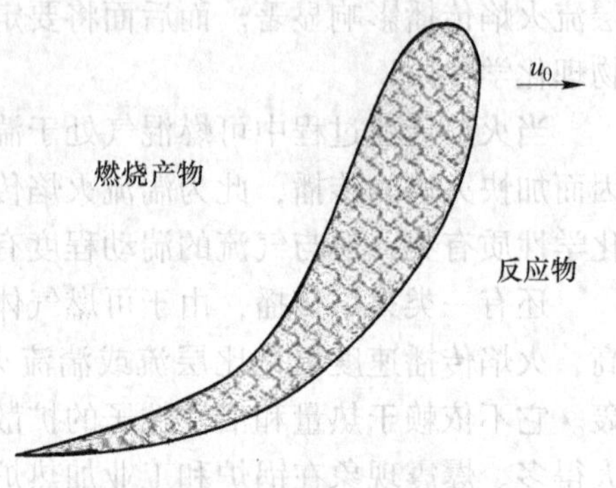

图 4.37　管道中传播的火焰

层流火焰传播速度通常是由实验测定的。实验室中测定预混可燃气体层流火焰传播速度的方法通常有本生灯法、圆管法和皂膜法。皂膜法是在充满预混可燃气体的肥皂泡中心，用电火花点燃，以连续移动的胶片摄得火焰锋面的照片，如图 4.36（b）所示，可由所经过的时间及火焰扩张的半径计算出法向火焰传播速度，即层流火焰传播速度。或者在圆管中充满静止的预混可燃气体，在管口设法点燃，当火焰在管内移动时，拍摄如图 4.37 所示的火焰面形状，和一定时间内在管内移动的距离，也可测得法向火焰传播速度。但是管壁面的散热和活性粒子的销毁会使火焰传播速度降低，因此测得的火焰传播速度和实验所用的管径大小有关。只有管径较大时，上述影响才可忽略不计。

层流火焰传播速度测量常用的实验方法是本生灯法。如图 4.38 所示，将预先均匀混合的可燃气体通入渐缩的灯管中，使管口处气体速度分布尽量均匀并保持层流状态。控制预混气流量，当管口的火焰锋面固定不动时，则火焰锋面上各点未燃气体向其流动的法向分速度 $u_s = u\sin\theta$ 等于层流火焰传播速度 u_0，即

$$u_0 = u\sin\theta \tag{4.69}$$

测出火焰锋面各点的 u 及其与火焰锋面法线的夹角 θ，就可按式（4.69）得出 u_0。实验中有时粗略地认为火焰锋面上各点 u_0 相等，当管口气流速度分布均匀时，可近似认为火焰锋面是圆锥形。此时可不必测量各点的 u 和 θ，只需测出管中的气体总流量和火焰锋面的总面积，即可由式（4.69）对火焰面求积分而得到 u_0 值。

实际本生灯火焰锋面并不是锥形，如图 4.38 所示，火焰锋的顶部略呈圆形。在层流火焰传播中，主要的影响因素是从火焰区到新鲜混气的热传导和活性粒子的扩散。当火焰锋面的曲率半径很小时，热量和活性粒子的扩散更为剧烈，这将使火焰速度 u_0 增加。u_0 增加的结果，必然使火焰锋面更迅速地推向未燃混气，因而锥顶就变成圆头形的了。

在管口边缘附近，由于热电的损失和活性粒子的碰壁销毁，使反应中断而产生所谓死滞区。同时，由于火焰锥内部压力稍大于外部压力，使得一部分混气从死区溢出，在外沿燃烧形成凸出部分。

如果本生灯管口的气流速度分布不均匀，管口处 u 沿径向的分布如图 4.39 中曲线 2 所示，则形成的层流火焰传播速度 u_0 沿径向的分布如曲线 1 所示。u 和 u_0 均匀分布的理想锥形火焰面，和管口中心线的夹角为 θ。在 $u\sin\theta > u_0$ 处，火焰锋面被向外推离理想位置达到已燃气体一侧；而在 $u\sin\theta < u_0$ 的地方，火焰锋面被推向未燃气体一侧，因此火焰锥顶就变成圆头形，锥底向管口外突出。此时若想用本生灯法精确测定层流火焰传播速度，就应在摄取的火焰面积中把锥顶圆头和锥底部分去掉，而取相应于曲线 1 中段 u_0 基本不变的部分测定火焰面积和整理实验数据。

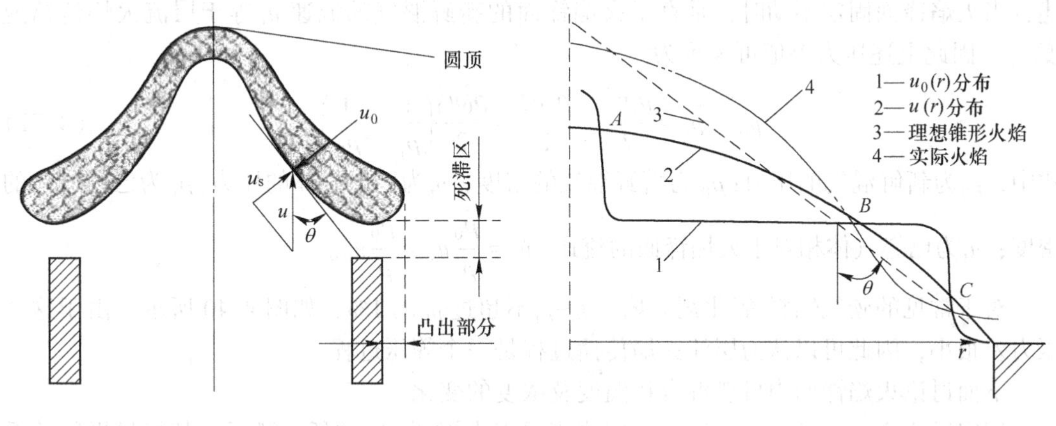

图4.38　实际的本生灯火焰　　　　图4.39　本生灯火焰u_0和u分布

4.2.2　层流火焰传播理论

为了理解火焰锋面内各组分压力、温度、浓度和速度的分布和火焰传播速度，以及影响火焰传播速度的因素，以便更好地掌握和控制燃烧过程，需要了解火焰传播理论。

层流火焰传播理论主要包括三种。第一是热理论，认为控制火焰传播的主要机理为从反应区到未燃区域的热传导；第二是扩散理论，认为来自反应区链载体的逆向扩散是控制层流火焰传播的主要因素；第三是综合理论，即认为热的传导和活性粒子的扩散，对火焰传播可能有同等重要的影响。实际的火焰传播过程，很少有只受热传导控制或只受活性粒子扩散控制的，只有少数的例外，如在混有少量水蒸气情况下CO和空气混合气的燃烧，似乎是扩散理论的最好验证；而Hirschfelder证明了氢-氧火焰中热效应起支配作用。

热理论和扩散理论是两个完全不同的物理概念，但质量扩散方程和热扩散方程基本相同。热理论可以反映环境温度越高，火焰温度也越高，因此反应速度和火焰速度也越高的现象。扩散理论与此十分类似，温度越高，活性粒子离解得越多、浓度越高，扩散的活性粒子越多，从而火焰速度也越高。

4.2.2.1　火焰锋面内几个主要参量的变化

火焰锋面是已燃气体和未燃气体的分界面，是可燃混合气体进行剧烈反应的区域，因而它的厚度不会太大，一般只有约1mm或数毫米。根据通常的定义，火焰锋面厚度δ_n为最大温差与最大温度梯度之比，即

$$\delta_n = \frac{T_t - T_0}{\left(\dfrac{dT}{dx}\right)_{max}} \tag{4.70}$$

式中，T_t为绝热火焰温度；T_0为可燃混气的初始温度。

正因为δ_n很小，所以给测定和分析火焰锋面内温度、压力、组分等参数的变化带来了很大的困难。

可燃气体混合物通过火焰锋面时，由于反应释热，将被加热而膨胀，根据连续流动条件，已燃混气将加速。速度的增加，使已燃混气与未燃气体之间形成一个压力差。如前所

述，当火焰锋面固定不动时，垂直于火焰锋面的新鲜混气的流速 u_s 等于层流火焰传播速度 u_0。因此上述压力差值可表示为

$$p_0 - p_t = \frac{\rho_t u_t^2}{2} - \frac{\rho_0 u_s^2}{2} = \frac{\rho_0^2 u_0^2}{2}\left(\frac{1}{\rho_t} - \frac{1}{\rho_0}\right) \tag{4.71}$$

式中，p_0为新鲜混气的压力；ρ_0 为新鲜混气的密度；p_t为已燃气体的压力；ρ_t 为已燃气体的密度；u_t为已燃气体相对于火焰锋面的流速，$u_t = \frac{\rho_0}{\rho_t}u_s = \frac{\rho_0}{\rho_t}u_0$。

对于常见的碳氢燃料-氧化剂火焰，$p_0 - p_t$不超过 p_0的 1%，如图 4.40 所示。由于这个压力差很小，因此可以认为层流火焰传播过程是一个等压过程。

下面讨论火焰锋面内可燃混合物温度及浓度的变化。

假定反应遵循 Arrhenius 定律，则火焰锋面内厚度为 dx 的任一微元，其能量平衡关系满足

$$\lambda \frac{d^2 T}{dx^2} - \rho u c_p \frac{dT}{dx} + Qv = 0 \tag{4.72}$$

式中，v 为化学反应速率；Q 为燃料的化学反应热。

式（4.72）左边第一项为导热项，第二项为对流项，第三项为化学反应项。此为不考虑辐射等散热时稳定状态下的守恒方程。

同理可得稳定状态下的质量扩散方程：

$$D\rho \frac{d^2 w_f}{dx^2} - u \frac{dw_f}{dx} - v = 0 \tag{4.73}$$

式中，w_f 为燃料的质量分数。

对氧化剂的物质平衡也可得到上述方程，因此式（4.73）中的 w_f 可用参加反应的任一组分的质量分数 w_i 代替。下面的推导将其记为 w。

若 Lewis 数 $Le=1$，即 $D = a = \frac{\lambda}{c_p \rho}$，则将式（4.73）两边同乘以 Q 代入式（4.72）。有

$$\lambda \frac{d^2 T}{dx^2} + D\rho Q \frac{d^2 w_f}{dx^2} - \rho u c_p \frac{dT}{dx} - \rho u Q \frac{dw}{dx} = 0 \tag{4.74}$$

假定 λ、ρ 为常数，且 $\lambda = c_p \rho D$，代入，得

$$\frac{d^2}{dx^2}(c_p T + Qw) - \frac{u}{D}\frac{d}{dx}(c_p T + Qw) = 0 \tag{4.75}$$

边界条件

$$x = -\infty: \ T = T_0,\ w = w_0,\ \frac{dT}{dx} = \frac{dw}{dx} = 0$$

$$x = +\infty: \ T = T_0,\ w = 0,\ \frac{dT}{dx} = \frac{dw}{dx} = 0$$

解式（4.75），代入边界条件，得

$$c_p T + Qw = c_p T_0 + Qw_0 \tag{4.76}$$

式（4.76）表明，在燃烧区内，单位质量可燃混合物的热能和化学能的总和是个常数，都等于可燃混合物的初始总能量。可燃混合物温度与成分之间的这一关系与常压下绝

热反应过程的温度与成分之间的关系相同。

变换式（4.76），有

$$T - T_0 = \frac{Q(w_0 - w)}{c_p} \tag{4.77}$$

由边界条件：$x = +\infty$ 时，$T = T_t$，$w = 0$ 得

$$T_t - T_0 = \frac{Qw}{c_p} \tag{4.78}$$

式（4.77）除以式（4.78），可得

$$\frac{T - T_0}{T_t - T_0} = \frac{w_0 - w}{w_0} \tag{4.79}$$

经简单的数学变换，可得

$$\frac{w}{w_0} = \frac{T_t - T}{T_t - T_0} \tag{4.80}$$

此即式（4.36）。这更加清楚地说明，不论反应时快时慢，流动速度或大或小，流动是层流还是湍流，只要 $Le=1$，浓度和温度之间就有式（4.80）的关系，即使在静止的固体边界层中也是如此。

从式（4.72）和式（4.73）得不出解析解，目前还得不出火焰锋面内温度和浓度分布的解析式，只能通过数值计算的方法求解，其数值解如图4.40所示。

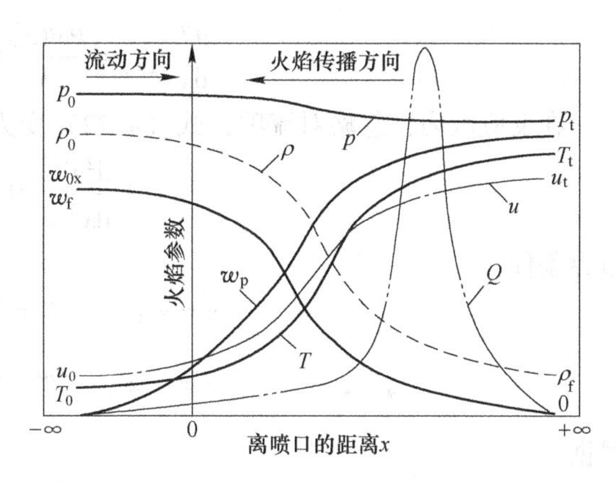

图4.40 火焰锋面内各参数的变化

4.2.2.2 火焰传播的热理论

火焰传播的热理论主要来自于苏联的谢苗诺夫学派。火焰传播的热理论认为，层流火焰传播主要是由于热量的扩散，而活性粒子的扩散是无关紧要的。当然，火焰传播热理论的方程中也包括质量扩散方程，因为质量的扩散对热的流动多少是有影响的。

与讨论点燃热力理论时的分析一样，当火焰锋面内某一点的温度 T_x 比绝热火焰温度 T_t 低 $\frac{RT_t^2}{E}$ 时，其化学反应速率常数就要低到 $\frac{1}{e}$ 倍；当 T_x 比 T_f 低 $2\frac{RT_t^2}{E}$，$3\frac{RT_t^2}{E}$，…，$=n\frac{RT_t^2}{E}$ 时，化学反应速率常数就要低到 $\frac{1}{e^2}$，$\frac{1}{e^3}$，…，$\frac{1}{e^n}$。当 T_x 低到一定数值后，局部的化学反应速率及反应释热率与高温区比较是可以忽略不计的。

根据上述分析，泽尔多维奇把火焰锋面分成两个区域——预热区和反应区，如图4.41所示。在进入的可燃混合气流中，当其温度达到着火温度 T_i 之前，混气的反应速率及放热速率很小，可以忽略不计；而当混气温度达到 T_i 时，其反应速率与反应释热率急剧增加，由于此时对流引起的热交换，与反应释热相比微不足道，因此假定 T_i 接近绝热

火焰温度 T_t。这一区域称为反应区，而前一区域即是预热区。

前面说过，火焰锋面内的热量扩散方程和质量扩散方程是类似的。这里只分析热量扩散方程，即能量方程式（4.72）。

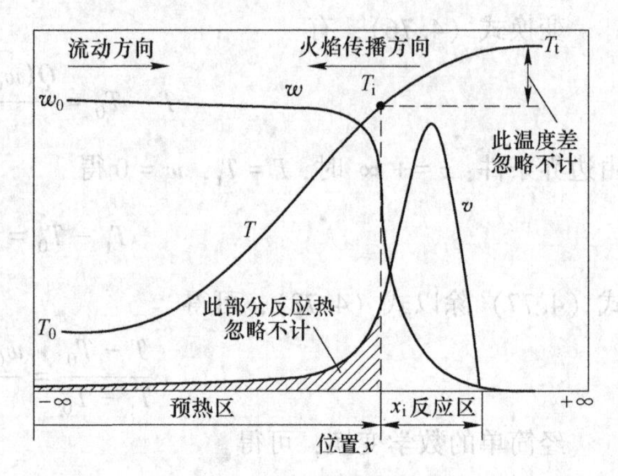

图 4.41　火焰传播的热理论

根据预热区和反应区的假定，如图 4.41 所示，在预热区中，忽略化学反应项，而且由于 $\rho u = \rho_t u_t = \rho_0 u_s$，则式（4.72）变为

$$\lambda \frac{d^2 T}{dx^2} - \rho_0 u_s c_p \frac{dT}{dx} = 0 \quad (4.81)$$

其边界条件为

$$x = x_i: \quad T = T_i$$
$$x = -\infty: \quad T = T_0, \ \frac{dT}{dx} = 0 \quad (4.82)$$

对式（4.81）积分一次，并代入边界条件，求得着火面上温度梯度

$$\frac{dT}{dx}\bigg|_{x=x_i} = \frac{\rho_0 u_s c_p}{\lambda}(T_i - T_0) \quad (4.83)$$

在反应区内，忽略对流项，式（4.72）变为

$$\lambda \frac{d^2 T}{dx^2} + Qv = 0 \quad (4.84)$$

边界条件：

$$x = x_i: \quad T = T_i$$
$$x = +\infty: \quad T = T_t, \ \frac{dT}{dx} = 0 \quad (4.85)$$

根据

$$\frac{d}{dx}\left(\frac{dT}{dx}\right)^2 \equiv 2\left(\frac{dT}{dx}\right)\left(\frac{d^2 T}{dx^2}\right) \quad (4.86)$$

用 $2\frac{dT}{dx}$ 乘以式（4.84），得

$$2\left(\frac{dT}{dx}\right)\left(\frac{d^2 T}{dx^2}\right) = -2\frac{Qv}{\lambda}\left(\frac{dT}{dx}\right) \quad (4.87)$$

即

$$\frac{d}{dx}\left(\frac{dT}{dx}\right)^2 = -2\frac{Qv}{\lambda}\left(\frac{dT}{dx}\right) \quad (4.88)$$

积分式（4.88），得

$$\left(\frac{dT}{dx}\right)^2\bigg|_{x=x_i} = \frac{2Q}{\lambda}\int_{T_i}^{T_t} v dT \quad (4.89)$$

$$\frac{dT}{dx}\Big|_{x=x_i}=\sqrt{\frac{2Q}{\lambda}\int_{T_i}^{T_t}v\mathrm{d}T} \tag{4.90}$$

考虑到火焰峰面温度分布的连续性，由式（4.83）和式（4.90）给出的温度梯度应相等，即

$$\frac{\rho_0 u_s c_p}{\lambda}(T_i - T_0)=\sqrt{\frac{2Q}{\lambda}\int_{T_i}^{T_t}v\mathrm{d}T} \tag{4.91}$$

由于假定 $T_i \approx T_t$，所以 $(T_i - T_0)$ 可以 $(T_t - T_0)$ 写成。同样，由于假定预热区化学反应忽略不计，则式（4.91）积分下限可以改为 T_0。考虑到前面所述的 $u_0 = u_s$ 的条件，由式（4.91）可求出层流火焰传播速度

$$u_0=\frac{\lambda}{\rho_0 c_p(T_t - T_0)}\sqrt{\frac{2Q}{\lambda}\int_{T_0}^{T_t}v\mathrm{d}T} \tag{4.92}$$

令

$$\bar{v}\equiv\frac{1}{T_t - T_0}\int_{T_0}^{T_t}v\mathrm{d}T \tag{4.93}$$

表示整个火焰锋面内的平均反应速率，则由式（4.92）可得

$$u_0=\frac{1}{\rho_0 c_p}\sqrt{\frac{2\lambda}{T_t - T_0}Q\bar{v}} \tag{4.94}$$

在实际计算时，一般用实测的可燃混合物从反应开始到燃尽的平均化学反应速率来近似。对简单的燃烧反应，可以应用 Arrhenius 公式来计算。

对于确定的燃烧反应，可以利用式（4.92）及式（4.94）求出层流火焰传播速度。但更重要的是，通过上述分析和式（4.92）及式（4.94），可以定性地了解可燃混合气体的压力、初温、浓度及燃料热值等物理化学参数对层流火焰传播速度的影响。

4.2.2.3 火焰锋面厚度和预热及反应时间

层流火焰传播的热力理论，不仅可用于分析层流火焰传播速度与可燃混合气体物理化学性质的关系，还可用于估算火焰锋面厚度，以及可燃混气在火焰锋面内的预热和反应所经历的时间。

根据火焰锋面内的温度分布曲线（图 4.42）可以近似地认为预热区温度是线性分布：

$$\frac{dT}{dx}\Big|_{x=x_i}\approx\frac{T_t - T_0}{\delta_P} \tag{4.95}$$

式中，δ_P 为预热区厚度。

与式（4.83）比较，可得预热区厚度为

$$\delta_P=\frac{\lambda}{\rho_0 u_0 c_p} \tag{4.96}$$

引入可燃混合物的导温系数有

$$\delta_P=\frac{a}{u_0} \tag{4.97}$$

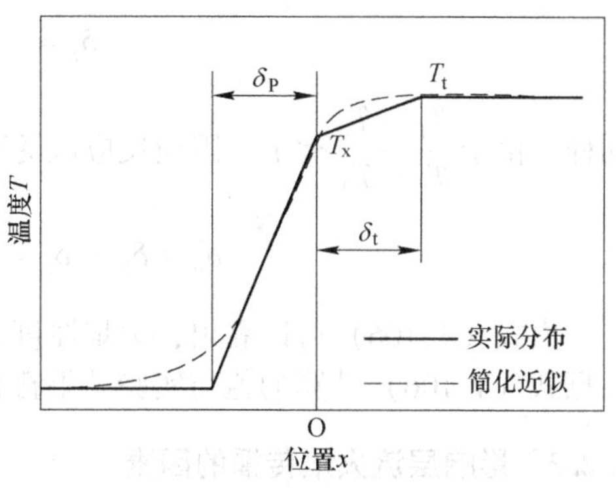

图 4.42 火焰锋面中温度沿 x 方向的分布

可见，预热区厚度与导温系数成正比，与层流火焰传播速度成反比。

已知预热区厚度 δ_{P}，则可燃混气在预热区的停留时间为：

$$\tau_{\mathrm{P}} = \frac{\delta_{\mathrm{P}}}{u_0} = \frac{a}{u_0^2} \tag{4.98}$$

可见，火焰传播速度对预热时间的影响非常显著。

若假定可燃混气的反应主要在反应区内进行，在 τ_{r} 时间内火焰面向未燃部分扩展了距离 δ_{r}，反应区内的物质平衡应满足：

$$\bar{v}\delta_{\mathrm{r}}A\tau_{\mathrm{r}} = \rho_0 f_0 \delta_{\mathrm{r}} A \tag{4.99}$$

式中，δ_{r} 为反应区厚度；τ_{r} 为反应时间；A 为反应区横截面积。则可得可燃混气的反应时间为

$$\tau_{\mathrm{r}} = \frac{\rho_0 f_0}{\bar{v}} \tag{4.100}$$

由于 $\bar{v}$ 不好确定，常利用式（4.94）中 $\bar{v}$ 和 u_0 的关系。由式（4.76）可得

$$Q\bar{v}\tau_{\mathrm{r}} = \rho_0 c_p (T_{\mathrm{t}} - T_{\mathrm{i}}) \tag{4.101}$$

然后将式（4.101）代入式（4.94），整理后得

$$u_0 = \sqrt{\frac{2a(T_{\mathrm{t}} - T_{\mathrm{i}})}{(T_{\mathrm{f}} - T_0)\tau_{\mathrm{r}}}} \tag{4.102}$$

进而求得反应时间为

$$\tau_{\mathrm{r}} = 2\frac{T_{\mathrm{t}} - T_{\mathrm{i}}}{T_{\mathrm{t}} - T_0}\frac{a}{u_0^2} = 2\frac{T_{\mathrm{t}} - T_{\mathrm{i}}}{T_{\mathrm{t}} - T_0}\tau_{\mathrm{P}} \tag{4.103}$$

由于 $T_{\mathrm{i}} \approx T_{\mathrm{t}}$，所以 $\frac{T_{\mathrm{t}} - T_{\mathrm{i}}}{T_{\mathrm{t}} - T_0}$ 远远小于 1，即 $\tau_{\mathrm{r}} \ll \tau_{\mathrm{P}}$。

反应区的高温使得气体膨胀加速，其相对速度为 $u_0\frac{T_{\mathrm{t}}}{T_0}$，则反应区厚度为

$$\delta_{\mathrm{r}} = u_0\frac{T_{\mathrm{t}}}{T_0}\tau_{\mathrm{r}} \tag{4.104}$$

将式（4.103）代入，得

$$\delta_{\mathrm{r}} = 2\frac{T_{\mathrm{t}} - T_{\mathrm{i}}}{T_{\mathrm{t}} - T_0}\frac{T_{\mathrm{t}}}{T_0}\frac{a}{u_0} \tag{4.105}$$

同样。由于 $\frac{T_{\mathrm{t}} - T_{\mathrm{i}}}{T_{\mathrm{t}} - T_0} \ll 1$，因而反应区的厚度 δ_{r} 很小，则整个火焰锋面的厚度为

$$\delta_{\mathrm{n}} = \delta_{\mathrm{P}} + \delta_{\mathrm{r}} = \left(1 + 2\frac{T_{\mathrm{t}} - T_{\mathrm{i}}}{T_{\mathrm{t}} - T_0}\frac{T_{\mathrm{t}}}{T_0}\right)\frac{a}{u_0} \tag{4.106}$$

由式（4.106）可以看出，火焰厚度 δ_{n} 也是与可燃混气的物理化学性质有关的参数。根据式（4.106）计算的值与实验结果符合得较好。

4.2.3 影响层流火焰传播的因素

层流火焰传播的热力理论及火焰传播速度公式（4.92）已经给出了层流火焰传播与可燃混合物的物理化学性质的关系，下面将结合实验结果，进一步分析可燃混气的压力、初温、成分等因素对火焰传播的影响。

4.2.3.1 温度的影响

A 混合物初温的影响

不少学者对不同燃料及成分的可燃混气进行实验，测定随混合物初温的变化，其结果如图4.43所示。实验结果表明，火焰传播速度 u_0 随初温 T_0 的增大而增大，其关系大致为 $u_0 \propto T_0^m$ 的形式，这里 m 值在1.5~2之间，如图4.44所示。

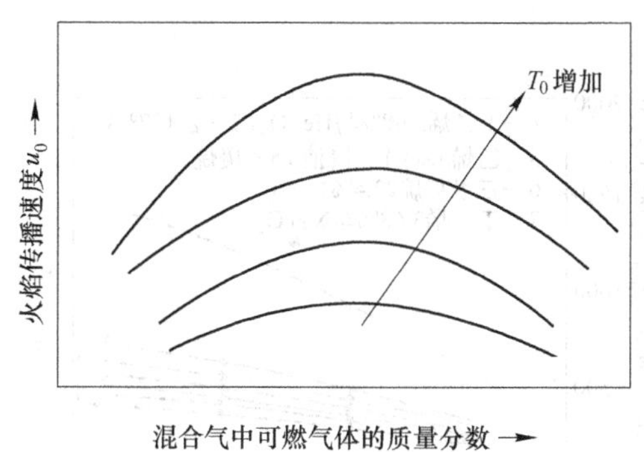

图4.43 混合物初温对火焰传播速度的影响趋势

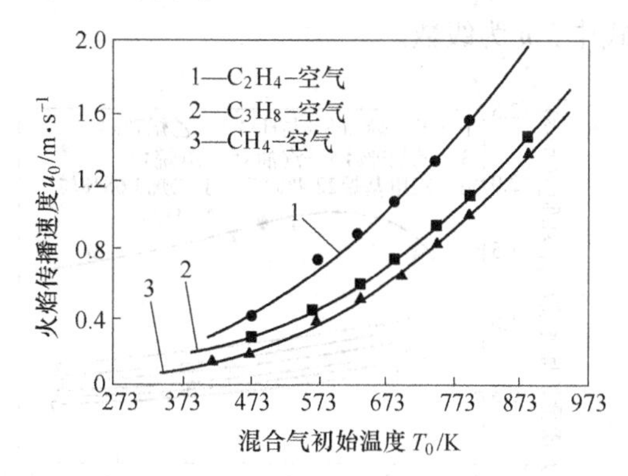

图4.44 几种混合物初温对其火焰传播速度的影响

B 火焰温度的影响

从图4.45可以看出，火焰温度对 u_0 的影响较为复杂，在温度不太高时，u_0 随 T_t 增加主要表现在指数项 $\exp\left(-\dfrac{E}{RT}\right)$ 上，因而火焰温度对 u_0 的影响要比 T_0 对 u_0 的影响大得多。可以认为，就温度而言，对 u_0 起决定性影响的是火焰温度。

实验证明，当 T_t 超过2773K时，火焰温度的影响已经不符合热力理论。因为在高温下，离解反应易于进行，从而使自由基的浓度大大增加。作为链载体的自由基的扩散，既促进了反应，又增加了火焰传播。而且，基团原子量之和越小的自由基扩散越容易，因而对火焰传播的影响越大。许多实际火焰的数据都证明，氢原子浓度的增加对增大火焰传播的作用十分显著。例如，加水蒸气或氢的 CO-O_2 火焰的传播速度，要比未掺水蒸气或氢的 CO-O_2 火焰的传播速度快得多，原因就是自由基的扩散。火焰的自由基浓度比同样温度下未反应的燃料或氧化剂中的自由基浓度要高得多。图4.46所示为氢原子浓度对各种可燃物火焰传播速度的影响。

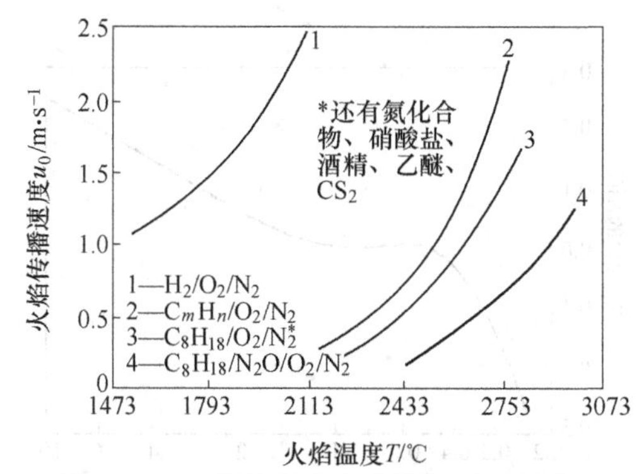

图4.45 火焰温度对火焰传播速度的影响

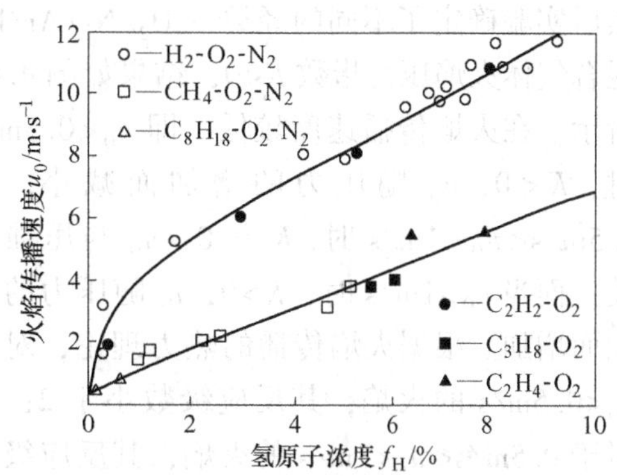

图4.46 可燃预混气中燃料氢原子浓度对层流火焰传播速度的影响

4.2.3.2 压力的影响

长期以来，许多研究者做了大量实验，以便确定压力与火焰传播速度的关系。实验证明，随着压力增大，而其他参数不变时，u_0 将减小，如图 4.47（a）所示。这与火焰传播热理论是一致的。由式（4.49）可以得出

$$u_0 \propto p_0^{\frac{n}{2}-1} \tag{4.107}$$

式中，n 为级数。

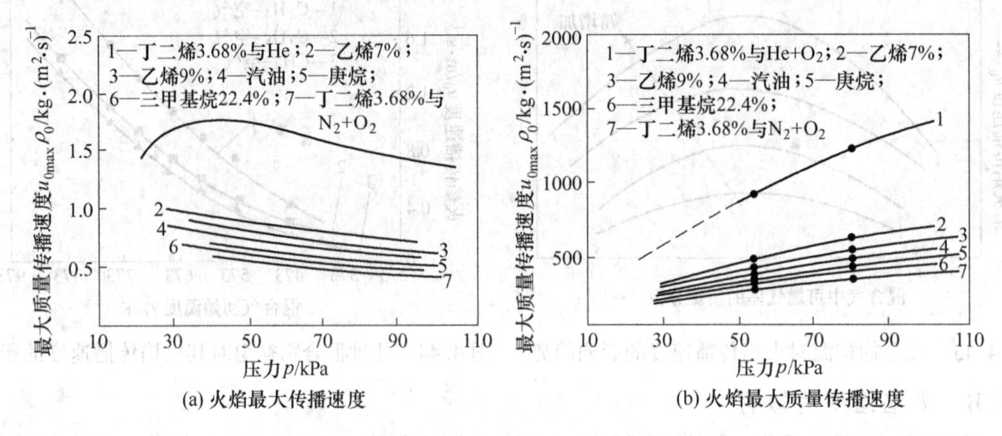

(a) 火焰最大传播速度　　(b) 火焰最大质量传播速度

图 4.47 压力对层流火焰传播速度的影响

大多数碳氢燃料的燃烧反应，反应总级数均小于2，而根据式（4.107）。只有当 n 大于2时，u_0 才有可能随 p_0 增加而增加，否则 u_0 将随 p_0 的增加而降低。因此对于一般的碳氢燃料-氧化剂火焰，当压力增加时，其火焰传播速度是要减小的。

但一般的工程实践表明，当压力增加时，燃烧强度明显增加。这是由于所谓火焰质量传播速度，即燃料消耗量，在压力增加时增大的缘故。这也可由热力理论得到解释。由式（4.107）可以得到

$$u_0\rho_0 \propto p_0^{\frac{n}{2}} \tag{4.108}$$

当压力增加时，p_0 增加，而质量传播速度（$u_0\rho_0$）也要增加，如图 4.47（b）所示。

Lewis 用定容弹的方法，确立了压强与 u_0 之间类似的关系。他首先假定 $u_0 \propto p^K$ 存在，然后实验确定了不同的烃类 - $O_2/N_2/Ar/He$ 混合气体火焰压力指数 $K<0$，结果如图 4.48 所示。在火焰传播速度较低，即 $u_0<0.5$m/s 时，$K<0$，u_0 随压力的增加而减小；当 0.5m/s< u_0 <1m/s 时，$K \approx 0$，u_0 与压强无关；而当 u_0>1m/s 时，$K>0$，u_0 随压力的增加而增加。根据火焰传播的热力理论，对于 u_0<0.5m/s 的火焰，其反应级数小于 2；而对于 0.5m/s< u_0<1m/s 的火焰，其反应级数等于 2；对于 u_0>1m/s 的火焰，其反应级数大于2。这也为 Spalding 后来所证实：对 u_0=

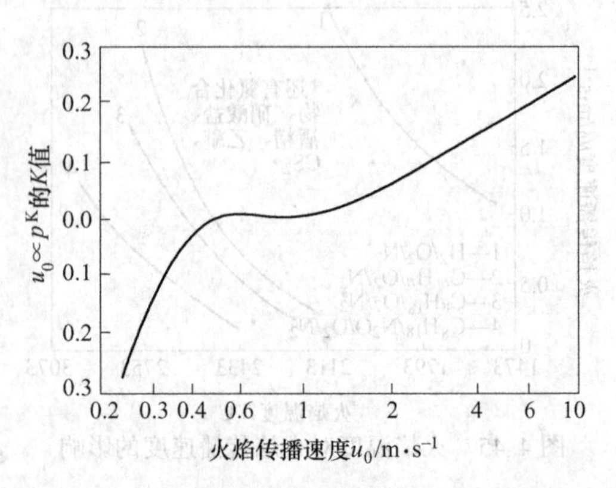

图 4.48 层流火焰传播速度和 K 值的关系

0.25m/s 的火焰，其反应级数为 1.4；而 $u_0=8\text{m/s}$ 的混气火焰，其反应级数为 2.5。

综上所述，可以得到 u_0 与压强 p 之间的简单关系：

$$u_0 \propto p_0^{\frac{n}{2}-1} \tag{4.109}$$

4.2.3.3 燃料-氧化剂混合比的影响

图 4.49 所示为燃料-氧化剂混合比对层流火焰传播速度 u_0 影响的实验结果。从图 4.49 中可以看出，燃料过富或过贫都不能维持正常的火焰传播，这与前面讨论可燃极限时得出的结论是一致的。当混合比等于或接近 $\alpha=1$ 时，u_0 达到最大，这类似燃料-氧化剂混合比对绝热火焰温度的影响。所以通常认为，火焰温度达到最高时，其火焰传播速度也最大。

对于大对数火焰，当混合比满足 $\alpha=1$ 时，火焰速度最大。对于以空气作氧化剂的火焰，当燃料浓度稍富即 α 略大于 1 时，才能达到其最大传播速度。

4.2.3.4 燃料微观结构的影响

图 4.50 所示为燃料分子中碳原子数目对火焰传播速度的影响。从图 4.50 中可以看出，对于饱和烃类，如乙烷、丙烷等，火焰传播速度几乎与分子中碳原子数目 n_C 无关，$u_0=0.7\text{m/s}$；对于不饱和烃类，如乙炔、乙烯等，u_0 随 n_C 的增加而减少，并且在 $n_C<4$ 的范围内，下降得很迅速，但当 $n>4$ 时，u_0 下降得比较缓慢，并逐渐趋向某一极限值。同时实验还表明，随着燃料相对分子质量的增加，火焰传播速度、可燃极限范围有越来越小的趋势。

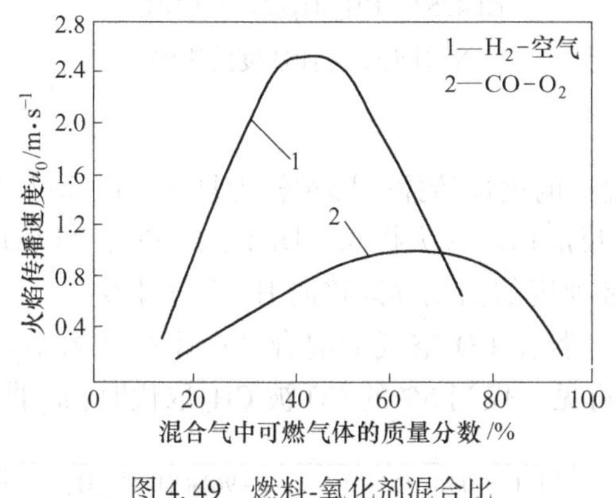

图 4.49 燃料-氧化剂混合比对层流火焰传播速度的影响

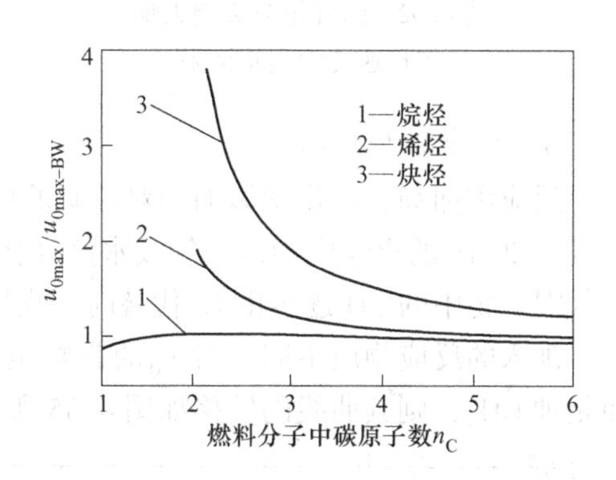

图 4.50 层流火焰最大传播速度与燃料分子中碳原子数量的关系

4.2.3.5 添加剂的影响

A 惰性添加剂的影响

添加惰性物质，一方面直接影响燃烧温度，从而影响燃烧速度；另一方面，也是主要方面，通过影响可燃混气的物理性质影响火焰传播速度。大量实验证明，惰性物质的加入使火焰传播速度降低、可燃界限缩小、最大的火焰传播速度值向燃料浓度较小的方向移动。

不同的惰性物质对可燃混气的物理性质影响不同，因而对火焰传播速度的影响程度也不一样。它们的影响主要表现在导热系数与比热容的比值 $\frac{\lambda}{c}$ 上。若加入某种惰性物质使可燃混气的 $\frac{\lambda}{c}$ 增大，则 u_0 将增大；反之则减小。

上述这些影响的定性和定量的关系分别如图 4.51~4.53 所示。当可燃混气中的氧化剂燃料任何一种过量时，其过量部分的作用类似于惰性添加物质。

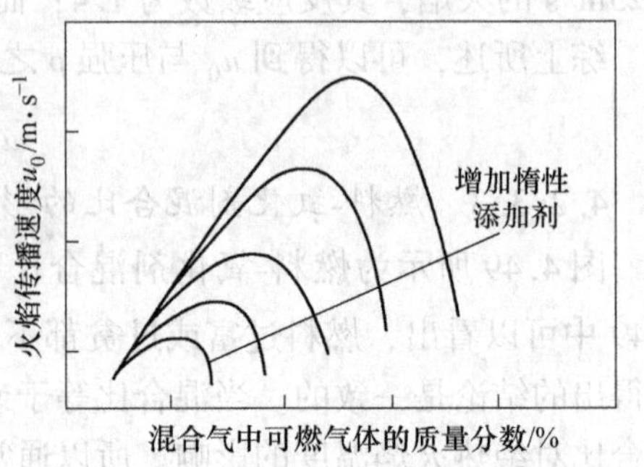

图 4.51　惰性组分对火焰传播速度的影响

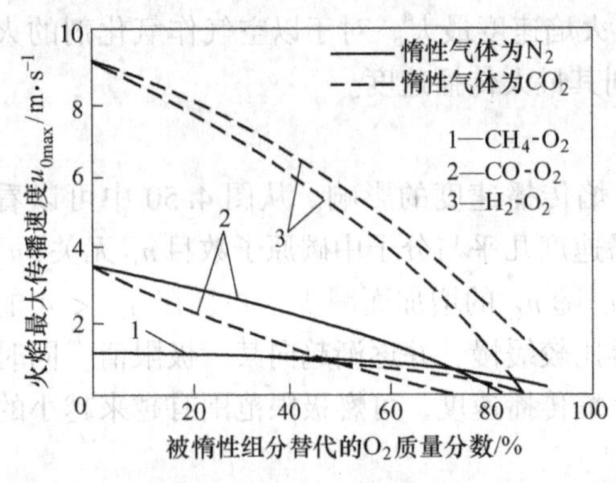

图 4.52　惰性组分影响火焰传播速度的实验结果

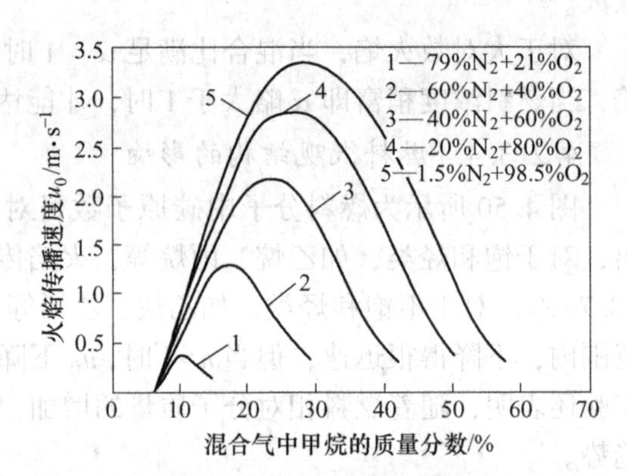

图 4.53　CH_4-O_2混合气中加入 N_2对火焰传播速度的影响

B　反应添加剂的影响

反应添加剂，或化学添加剂对原有的可燃混气的火焰传播的影响较为复杂。前面已经提到，CO-O_2的火焰中加入氢气或水蒸气，能使反应速度大大提高。图 4.54 表明，当 CO-空气混合物中的 CO 逐步由 H_2代替时，火焰传播速度的曲线逐渐移向 H_2-空气曲线。

加入的反应物质不同，对 u_0的影响也不同。若在 CO-空气的混合气中不是加入 H_2，而是加 CH_4，则其曲线的转移如图 4.55 所示。可见，仅当 5%的 CO 被 CH_4取代时，u_0 曲

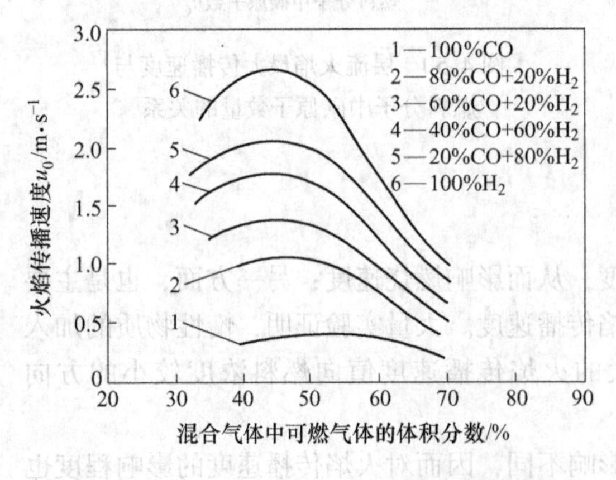

图 4.54　H_2对 CO-空气火焰传播速度的影响

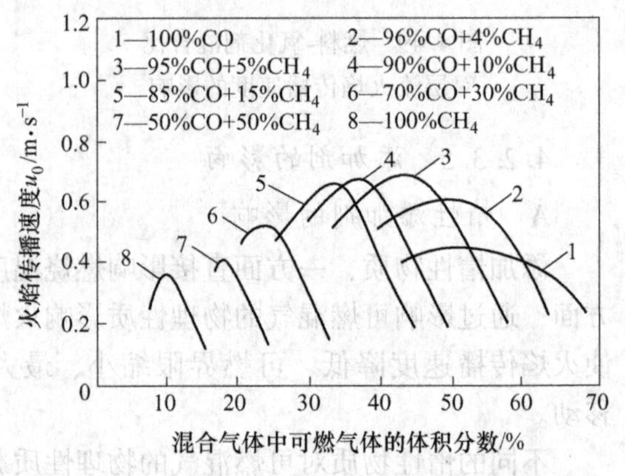

图 4.55　CH_4对 CO-空气火焰传播速度的影响

线增加最多。看来，若主要成分为 CH_4 时，加入少量的 CO 对 u_0 的影响就不会很大。所以，不是任何反应加入添加剂都能提高火焰传播速度，而要看其加入后能否激发更多的活性粒子。

若有两种以上具有相同火焰传播速度的混合气相互混合时，不论其混合比例如何，混合后的气体火焰速度仍能保持不变。而当原来混气火焰速度不同，若各种燃料的性质相差又不太大，则混合后气体火焰速度介于原来各种气体火焰传播速度之间。

4.2.3.6 层流火焰传播界限

上述各种影响火焰传播的因素，如果控制得好将有助于燃烧的稳定和加强；否则，将对火焰传播不利。更有甚者，可能使火焰传播不能维持。例如，燃料过贫或过富、混合物初温过低、惰性添加剂过多等，都会使 u_0 大大降低。当 u_0 降至某一数值时，火焰传播不能维持，产生熄火，成为淬熄，发生淬熄时的临界条件称为火焰传播界限。

发生淬熄时，可燃混合物的各物理化学参数及其之间的相互关系很难从理论上加以确定，只能由实验测定。实验证明，当发生淬熄时，火焰传播速度 u_0 并不等于 0，而是接近于 0 的一个很小的数值。与防止爆炸一样，防止淬熄也是工程实际中十分关心的问题之一。

4.2.4 湍流火焰传播的特点

在讨论层流火焰传播时，曾把层流火焰锋面看做是很薄的、光滑的几何面，但湍流火焰的反应区要比层流火焰锋面厚得多，已不能看做是一个几何面。观察发现，火焰面是混乱的、毛刷状的，还经常伴有噪声和脉动。为了更容易地分析湍流火焰传播，借用层流火焰锋面的概念，把火焰和未燃气体的分界近似认为存在一个几何面，也称为火焰锋面。

实际燃烧设备中的气流一般处于湍流状态。实验表明，湍流火焰的传播速度要比层流时大得多，可超过 2m/s，而层流火焰传播速度一般不超过 1m/s。为了在理论上定量地建立湍流火焰传播速度、燃烧强度、湍动程度以及混合物物理化学性质之间的关系，必须了解湍流火焰结构和机理。

在湍流火焰中，如同在湍流的流体中一样，有许多大小不同的微团在不规则地运动。如果这些微团的平均尺寸小于可燃混合气体在层流下的火焰锋面厚度，就称为小尺度的湍流火焰；反之，称为大尺度的湍流火焰。这两种类型的湍流火焰模型如图 4.56 所示。从 4.56（a）中可以看出，对于小尺度湍流火焰，尚能保持较规则的火焰锋面，其燃烧区的厚度只是略大于层流火焰锋面厚度；对于大尺度的湍流，根据湍流强度的不同，又可分为大尺度弱湍流和大尺度强湍流。将微团的脉动速度与层流火焰传播速度比较，若 $u'>u_0$，则为大尺度强湍流火焰；反之，为大尺度弱湍流火焰。对于大尺度弱湍流的火焰，由于微团脉动速度小于层流火焰传播速度，微团不能冲破火焰锋面，但因微团尺寸大于层流火焰锋面厚度，所以锋面受到扭曲，如图 4.56（b）所示。而在强湍动的情况下，由于微团尺寸大于层流火焰锋面厚度，并且微团脉动速度大于层流火焰传播速度，故此时不存在连续的火焰锋面，如图 4.56（c）所示。关于大尺度强湍流的火焰传播机理，不同的学者根据自己的研究分别给出了不同的解释，并形成了湍流火焰的表面理论和容积理论。

湍流火焰，无论是火焰结构，还是传播机理，都与层流火焰有很大的不同。特别是火

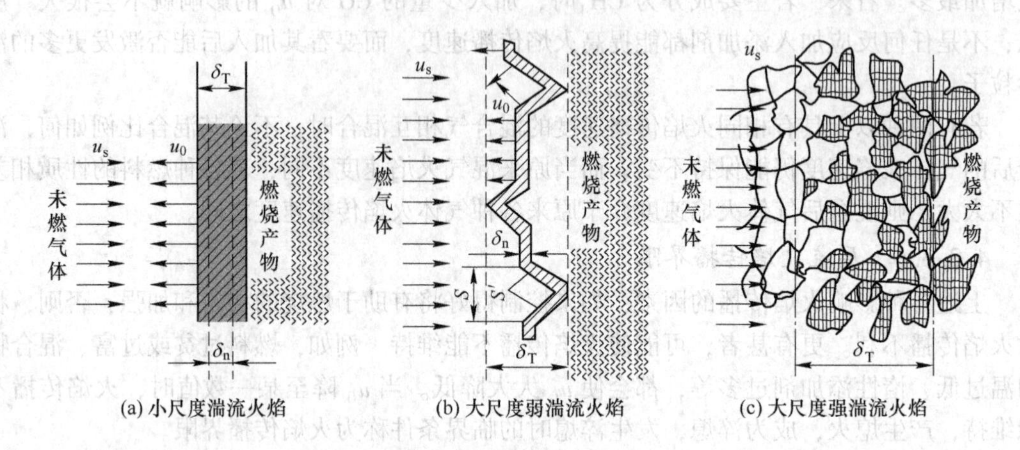

图 4.56　湍流火焰示意图

焰传播速度比层流时增加很多。这主要由于：

（1）湍流脉动使火焰变形，从而使火焰表面积增加，但是曲面上的法向燃烧速度仍保持为层流火焰传播速度，如图 4.56（b）所示。

（2）湍流脉动增加了热量和活性粒子的传递速度，这时具有特定反应速率的反应区在起作用，因此增大了垂直火焰表面的实际燃烧速度。

（3）湍流脉动加快了已燃气和未燃气的混合，使火焰本质上成为较均匀混合的反应物，而均相反应速率则取决于混合过程中产生的已燃气与未燃气的比例。

湍流流动对火焰的影响已受到充分注意，许多学者研究了流动 *Re* 对火焰传播速度的影响。图 4.57 所示为不同 *Re* 下对本生灯火焰进行测量的结果。由图 4.57 可见，随着 *Re* 的增加，湍流火焰传播速度和层流火焰传播速度的比值开始迅速增大，以后逐渐增长。Damkohler 发现，当 $2300 \leqslant Re \leqslant 6000$ 时，火焰传播速度与 *Re* 的平方根成正比；当 $Re > 6000$ 时，火焰传播速度与 *Re* 成正比。若认为 $Re < 2300$ 为层流状态，层流火焰传播速度与 *Re* 无关，而当 $Re \geqslant 2300$ 时，火焰已处于湍流的影响之下，因而测得的湍流火焰传播速度与几何尺寸及流量有关。Williams 等采用乙炔、乙烯和丙烷，燃烧器直径由 6.26mm 变化到 28.43mm，对烃类燃料的湍流和层流火焰传播速度进行了比较，结果如图 4.58 所示。

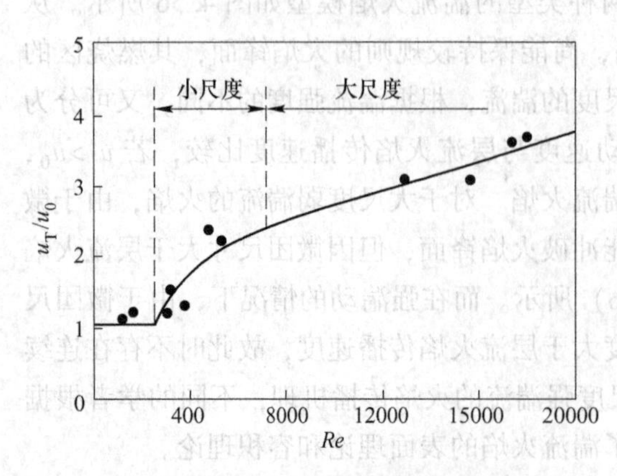

图 4.57　*Re* 对火焰传播速度的影响

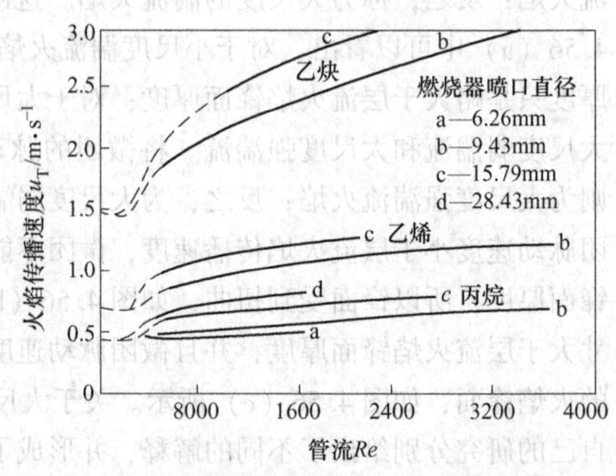

图 4.58　湍流火焰传播速度随管流雷诺数的变化

4.2.5 湍流火焰的表面理论

在 $2300 \leqslant Re \leqslant 6000$ 范围内，湍流为小尺度的。小尺度湍流只是增强了物质的输运特性，从而使热量和活性粒子的传输加速，而在其他方面则没有什么影响。根据层流火焰传播理论的式（4.102）知

$$u_0 \propto \sqrt{a} \tag{4.110}$$

式中，a 为可燃混气的导温系数，$a = \dfrac{\lambda}{\rho c_p}$。

湍流火焰中，热量和活性粒子的传输增加的结果，使可燃混气的导温系数增加到 a，仿照式（4.110），则湍流火焰传播速度为

$$u_T \propto \sqrt{a_T} \tag{4.111}$$

对于一给定的可燃混合物，有

$$\frac{u_T}{u_0} = \sqrt{\frac{a_T}{a}} \tag{4.112}$$

对于管内流动，一般认为

$$\frac{a_T}{a} \propto Re \tag{4.113}$$

故有

$$\frac{u_T}{u_0} \propto Re \tag{4.114}$$

在 $2300 \leqslant Re \leqslant 6000$ 时，有的研究给出

$$\frac{u_T}{u_0} \approx 0.1\sqrt{Re} \tag{4.115}$$

表明 u_T 不仅和表征混气物理化学参数影响的 u_0 有关，而且和湍动因素有关。当微团脉动增加时，a_T 增加，因而 u_T 增大。

至于小尺度湍流的燃烧区火焰厚度 δ_T，可参照上述分析及层流火焰面的厚度表达式（4.106），得

$$\delta_T \propto \frac{a_T}{u_T} \tag{4.116}$$

故有

$$\frac{\delta_T}{\delta_n} = \sqrt{\frac{a_T}{a}} \tag{4.117}$$

式中，δ_n 为层流火焰锋面厚度。

上述关系与小尺度湍流的实验结果较为符合。但是，一般情况下，层流火焰锋面厚度在 1mm 以下，只有内径为几毫米的管道内的湍流微团尺寸才会小于此值，这在工程上并不多见。实际工程中常为 $Re>6000$，而且湍流尺度大于 1mm，因此工程火焰常不能用上述分析进行解释。

如图 4.59 所示，对于大尺度弱湍动的火焰，由于 $u' < u_0$，微团尺寸大于火焰锋面厚

度，火焰锋面发生扭曲，但可认为微元面上的法向火焰传播速度仍为层流火焰传播速度 u_0。实验时，如以整体的湍流火焰面积 S 来整理得出湍流火焰传播速度 u_T，而实际得的被湍流微团扭曲了的火焰面积为 S'，则稳定情况下应有

$$u_T S = u_0 S' \tag{4.118}$$

即

$$u_T = \frac{S'}{S} u_0 \tag{4.119}$$

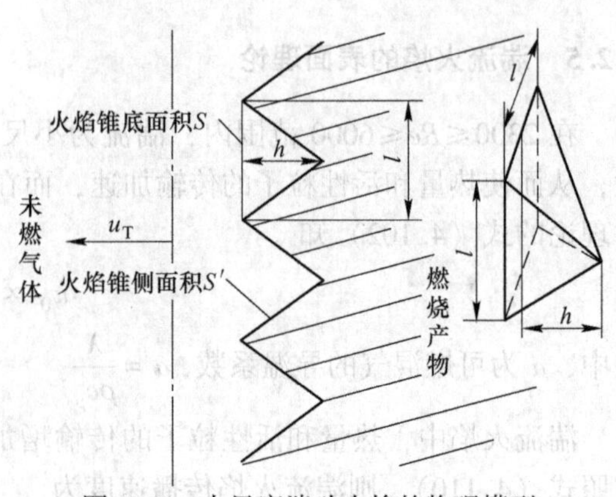

图 4.59 大尺度湍动火焰的物理模型

根据式（4.119），只要求出 $\frac{S'}{S}$ 的值，即可求出 u_T。湍流火焰的表面理论中，假定湍流燃烧区中所有火焰曲面折算成正四棱锥形面积。如图 4.59 所示，假定锥体底面边长为 l，锥的高度为 h，则锥的底面积为 l^2，侧面积为

$$S' = 4 \times \frac{l}{2}\sqrt{\left(\frac{l}{2}\right)^2 + h^2}$$

则由图 4.59 可得

$$\frac{S}{S'} = \frac{4 \times \frac{l}{2}\sqrt{\frac{l}{2} + h^2}}{l^2} = \sqrt{1 + \left(\frac{h}{\frac{l}{2}}\right)^2} \tag{4.120}$$

按照假想的模型，锥体的高度 h 相当于初始尺寸为 l 的微团，在燃尽时间 τ 内，以脉动速度 u' 所迁移的距离

$$h \approx u'\tau \tag{4.121}$$

而燃烧从微团外表面向内推进的速度为 u_0，故其燃尽时间为

$$\tau = \frac{l}{2}\frac{1}{u_0} \tag{4.122}$$

代入式（4.121），得

$$h \approx u'\frac{l}{2u_0} \tag{4.123}$$

将式（4.120）和式（4.123）代入式（4.118），可得

$$u_T \approx u_0\sqrt{1 + \frac{1}{2}\left(\frac{u'}{u_0}\right)^2} \tag{4.124}$$

在大尺度弱湍动下，$u' \ll u_0$，式（4.124）根号部分可按 Taylor 级数展开，略去高次项后得

$$u_T \approx u_0\left[1 + \frac{1}{2}\left(\frac{u'}{u_0}\right)^2\right] \tag{4.125}$$

实际的湍流火焰，既不符合小尺度条件，也不符合大尺度条件，因为微团尺度的分布范围是很宽的，所以后来又有许多学者根据实验对湍流火焰表面理论进行了补充和修正，

Karlovitz 等在扭曲的层流火焰理论的基础上，考虑湍流引起火焰传播速度的增加，运用湍流迁移距离的概念，给出了如下计算公式。

大尺度弱湍流动

$$u_T \approx u_0 + u' \tag{4.126}$$

大尺度强湍流动

$$u_T \approx u_0 + \sqrt{2u'u_0} \tag{4.127}$$

有关湍流的讨论，详见第3章的相关内容。

4.2.6 湍流火焰的容积理论

湍流火焰的表面理论在其发展的过程中，虽经不断地完善，能越来越好地符合实验结果，但也有大量的实际现象不能用表面理论解释，因而发展了湍流火焰的容积理论。

湍流火焰的容积理论认为，在大尺度强湍流动下燃烧的气体微团中，并不存在把未燃气体和已燃气体或燃烧产物截然分开的正常火焰锋面，燃烧反应也不是仅仅发生在火焰锋面厚度之内，如图4.60。在每个湍动的微团内部，一方面在进行不同成分、不同温度的物质间的迅速混合，同时也在进行快慢程度不同的反应。有的微团达到了着火条件就整体燃烧，而另外未达到着火条件的微团，在其脉动的过程中，或者在已燃部分的影响下达到着火条件而燃烧，或者消失而与其他部分混合形成的微团。容积理论还假定，不仅不同的微团的脉动速度不同，即使同一个微团内部的各个部分，其脉动速度也是不同的，如图4.60所示。由于速度不同，各部分的迁移距离也不相同，所以火焰不能保持连续的、薄层的火焰锋面。每当未燃的微团进入高温产物，或其某些部分发生燃烧时，就会迅速和其他部分混合。每隔一定的平均周期，不同的微团就会因互相渗透混合而形成新的气体微团。新的微团内部各部分也各有其均匀的成分、温度和速度。各个微团进行程度不同的容积反应的结果，使达到着火条件的微团开始着火燃烧。

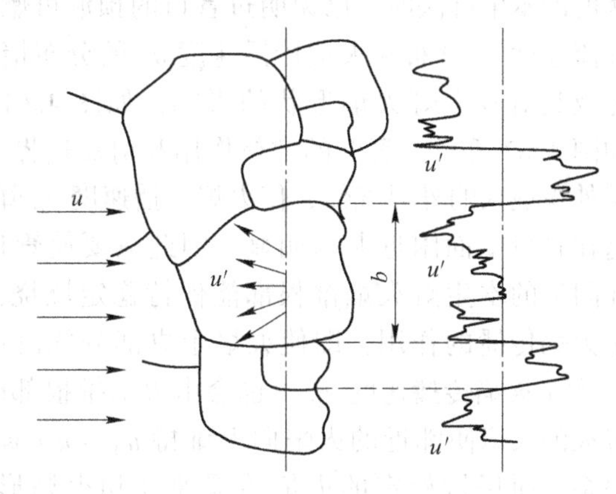

图4.60 容积理论的物理模型

要了解这种火焰的传播速度与混气物理化学性质及湍动程度的关系，就必须了解微团的尺寸、微团中各部分脉动速度分布，这是相当困难的。苏联学者谢钦柯夫在不同的湍动强度和 u_0 下，针对微团内几种可能的湍动速度分布，进行了湍流火焰传播的数值计算，得出了一定 T_0、p_0 下的定性关系：

$$u_T \propto u'^{\frac{2}{3}} u_0^{\frac{1}{2}} \tag{4.128}$$

这与由直接实验测得的湍流火焰传播速度的变化规律相近。

4.3 气体燃料火焰的稳定

工程用燃料设备，一般希望燃料和氧化剂保持稳定的化学反应和释放热量，以便于控制和利用。因此常要求燃烧设备中的火焰稳定在一定的位置，亦即应使送入燃烧室中的燃料和氧化剂在一定的位置开始着火，然后按要求发生剧烈的燃烧反应，并在一定位置燃尽，离开燃烧室。

4.3.1 本生灯火焰的稳定

预混可燃气体本生灯管口的气流速度一般小于 8m/s，甚至可以小于 1m/s，Re 较低，有时在层流范围内。因此，预混可燃气体本生灯的火焰常稳定在管口附近，分析管口附近的气流速度 u_s 和火焰传播速度 u_0 的分布，可以确定火焰稳定的位置。在讨论测定层流火焰传播速度的本生灯法时，已说明过管口的预混可燃气流速度 u_s 分布和火焰传播速度 u_0 的分布情况及其对本生灯火焰形状的影响，如图 4.61 和图 4.62 所示。管壁的散热作用和射流边界层外缘混入的外界气体，使火焰传播速度 u_0 降低，这在管口壁面附近尤为明显。因此只要使管口壁面附近的本生灯火焰锥根部能保持稳定燃烧，由于火焰传播的作用，即使火焰中央部分气流速度 u_s 大于火焰传播速度 u_0，也会由火焰锥根部已经着火的火焰使邻近的火焰向上维持 $u_0 = u_s\cos\theta$ 的关系，而保持稳定的火焰传播速度和火焰形状。所以本生灯火焰稳定的关键在于，火焰锥根部能否使流过来的新鲜预混可燃气体保持连续地、稳定地在某个区域着火。

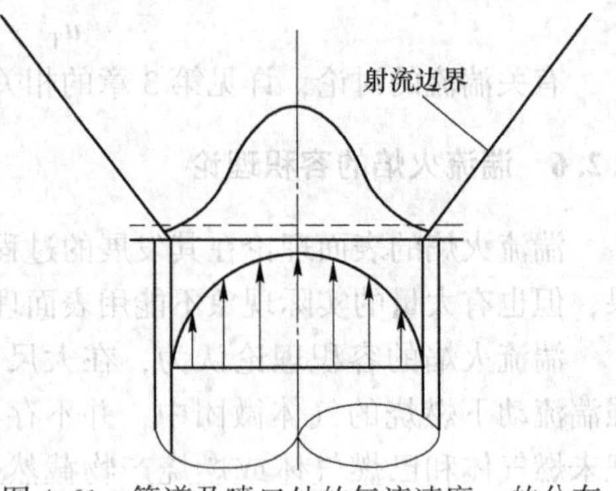

图 4.61 管道及喷口处的气流速度 u_s 的分布

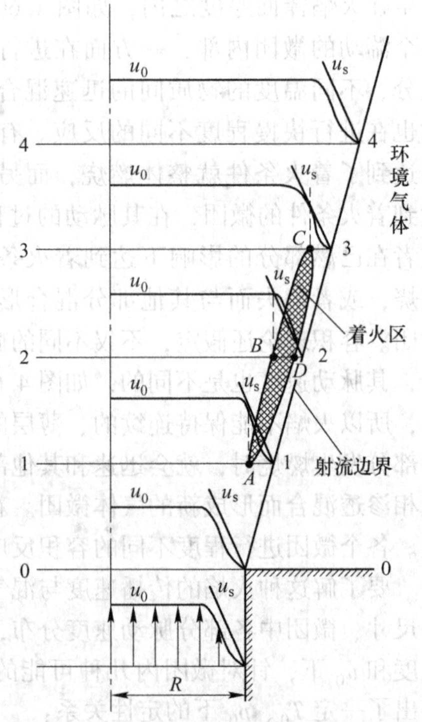

图 4.62 本生灯管壁面附近火焰锥根部的速度 u_s 和 u_0 分布以及稳定着火区域

层流下直接管道及其喷口处流体的速度分布呈抛物线形，如图 4.61 所示，在紧靠管壁处的流动边界层内，可以近似为直线分布。为分析本生灯火焰的稳定问题，可把管壁附近及火焰锥根部区域的气流速度 u_s 分布、火焰传播速度 u_0 分布局部放大，如图 4.62 所示。

由于管壁的散热作用，在管壁附近的化学反应速率很低，法向火焰传播速度 u_0 很小。u_0 很小的薄层区域称为淬熄距离。在此区域内由于气体散热很快而温度较低，u_0 太小且各处总是 $u_s > u_0$ 的速度火焰在此被淬熄而不能传播。因此，如果管子直径小到处处在淬熄距离范围内，就称为淬熄直径，火焰就不可能回窜入此小管和在管中传播。对于一般常用的煤气，在室温和大气压下，金属管的淬熄直径常为 1~2mm。对于管径较大的金属管，为防止火焰回窜入管道内部，可在管口处或管内装设孔径小于淬熄直径的多孔金属网格，当火焰回窜入管内后，火焰到此多孔网格处就会熄灭而不再向内传播。

本生灯火焰一般稳定在管口之外。在预混可燃气流的中央部分火焰传播速度取于气体的成分、温度和压力，并保持为常数；在靠近壁面处和射流的外缘，因为管壁的散热和可燃成分的稀释，u_0 逐渐减小，如图 4.62 所示。在管口外很靠近喷口处，如截面 0-0 管口之内的任一截面上，壁面附近均为 $u_s > u_0$，气体即使着火，火焰位置也将不能稳定下来而随气流向上移动。火焰上移离管口后，由于离喷口渐远，管壁散热作用对火焰的影响越来越小，使射流外缘处的 u 有所增大。只要气流速度不是太大，总会在喷口外某个位置，如图 4.62 中截面 1-1 上的 A 点，u_0 分布曲线将和 u_s 分布曲线相切，即在 A 点 $u_s = u_0$，火焰根部（亦即开始着火位置）就可以稳定在此点上不动。当有某些偶然扰动因素使开始着火位置继续往上移动，如果移到截面 2-2 处 BD 位置，则由于管壁散热因素继续减弱使 u_0 继续增加。因而 $u_0 > u_s$，因此使开始着火位置往回移动。所以即使发生偶然的扰动，火焰的开始位置还能回到 A 点而保持火焰开始位置和形状的稳定。如果由于外界的某种变动原因使火焰开始位置移动到截面 3-3，则由于此处离喷口已经较远，壁面散热作用已不明显影响 u_0，反倒因周围空气对射流外缘可燃气体的稀释作用而使得 u_0 减小，有可能在截面 3-3 上的 C 点又出现 u_0 与 u_s 曲线相切，即又出现 $u_0 = u_s$ 的情况。这又是一个极限位置。因为如果再稍有扰动使火焰开始位置向上移动，就会由于可燃气体继续受外界空气的稀释而使 u_0 更小，使截面上任何位置都是 $u_0 < u_s$，则火焰的开始着火点也不存在了，火炬被气流吹熄。可以称图 4.62 中所示的 $ABCD$ 区为着火区。着火区消失时火焰就会被吹熄，实验得到的本生灯吹熄界限就属于此临界情况。如果由于气流速度 u_s 过低，而使着火区回入管口之内，即管口内某截面的局部位置上发生 $u_0 \geq u_s$，则火焰位置会继续下移，这就是回火，实验测得的回火界限就是管口内出现 $u_0 \geq u_s$ 的临界情况。

图 4.63 所示是不同浓度的 CO-空气下，用气流边界层中的速度梯度 $\frac{du_s}{dr}$ 表示的吹熄界限和回火界限。可见，对于成分、温度、压力一定的预混可燃气体，吹熄界限和回火界限取决于 u_s 的分布。

如上所述，本生灯管口的气流速度不能过大，否则就会被气流吹熄。为了增大本生灯的吹熄界限，可以在喷口处沿管子中心线插入一根平头细棒（图 4.64a），或在喷口外

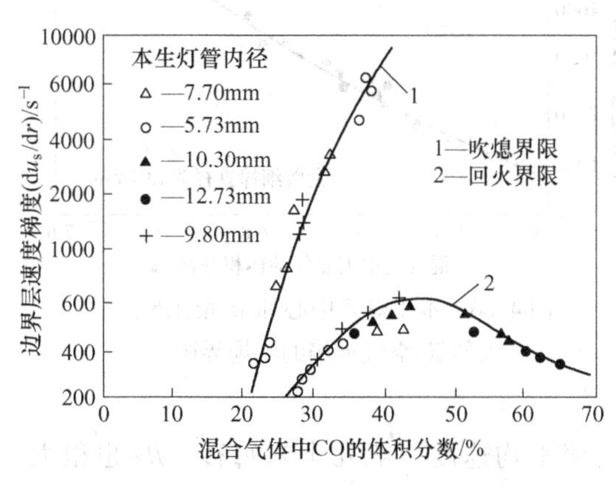

图 4.63 CO-空气的吹熄界限和回火界限

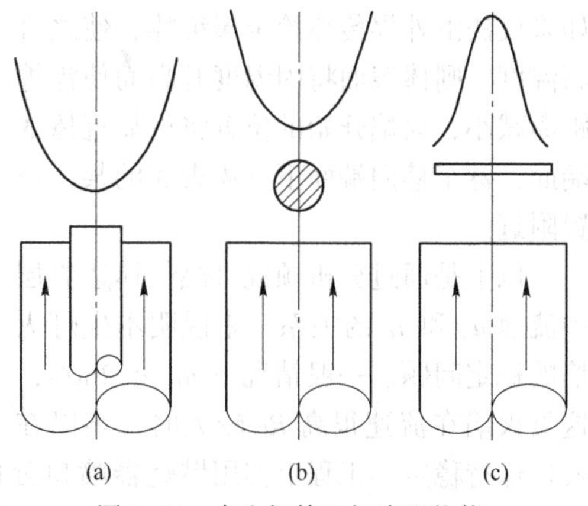

图 4.64 本生灯管口加障碍物使预混可燃气体火焰稳定的方法

横放一根棒（图 4.64b），或在喷口外放置一金属圈（图 4.64c）。如果原来的本生灯不能使火焰稳定，则加了上述障碍物就有可能使火焰稳定，图 4.64（a）~（c）的上部就是增加了障碍物后形成稳定火焰的形状。这是因为气流沿障碍物流动时，附近的速度场发生了变化，有可能在喷口外存在如前所述的局部区域使 $u_0 = u_s$，使火焰有开始着火和生根的地方，因而使火焰能保持稳定的形状和位置。图 4.65 所示为沿管子中心线插入一根平头细棒后 u_s 和 u_0 的分布。沿着棒表面的气流速度为零，在表面附近棒的端头截面 A-A 处气流速度 u_s 的分布和火焰传播速度 u_0 的分布如图 4.65（b）所示。此截面上各处都是 $u_0 < u_s$，火焰不能稳定，将被推向气体流出的方向。到达上面某个截面时，中轴线附近气流速度仍较低，而棒的壁面散热效应减小，u_0 增大，有可能出现两种曲线相切，火焰因此稳定下来，然后传播开去。如果过了某个最佳位置，火焰仍未能稳定下来，则由于沿轴线方向气流下游的速度逐渐加大，如到达截面 C-C 火焰仍未能稳定下来，则此处已经是处处 $u_0 < u_s$，火焰面将继续吹向下游而被吹熄。

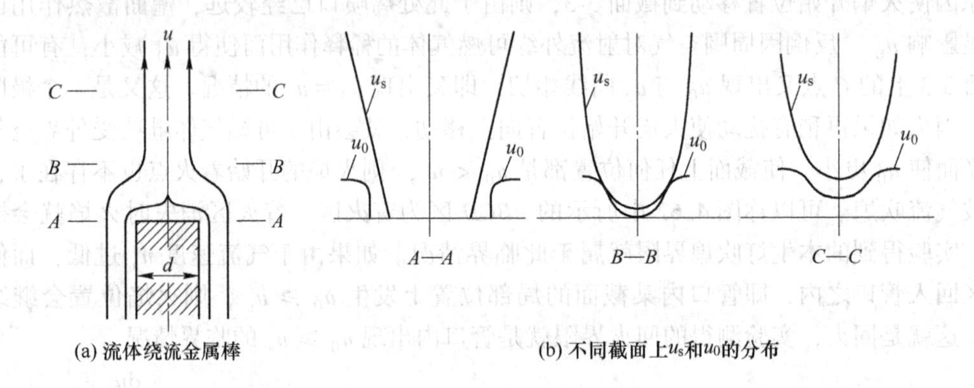

图 4.65　本生灯管中心加金属棒后天然气-空气火焰不同截面上 u_s 和 u_0 的分布

本生灯管中心加了金属棒后，天然气-空气在大气压和室温下不同浓度时的吹熄界限如图 4.66 所示。当预混可燃气体的压力和温度增高时，吹熄界限将增大。如果设法由外界传热给金属细棒，使之升高温度，则棒表面将因温度升高而使淬熄距离减小，火焰开始的位置将更靠近棒的端面，甚至移向端面下方棒表面的某个位置附近。

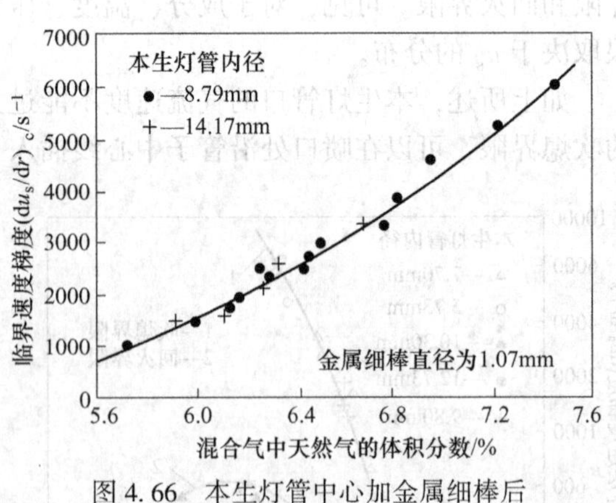

图 4.66　本生灯管中心加金属细棒后天然气-空气火焰的吹熄界限

以上是通过分析预混可燃气体边界层中流速 u_s 和 u_0 的关系，来说明本生灯火焰的稳定问题。一般情况下 $u_0 < 2\text{m/s}$，这类火焰在流速很高 *Re* 较大时，难以在喷口保持稳定。工程上实用燃烧器喷口处的气流平均速度一般几十米每秒，*Re* 也很大，一般属湍流范围，因此不宜采用上述方法来分析火焰稳定问题。

4.3.2 火焰稳定的均匀搅混热平衡原理

由于工程实用燃烧设备中流速很大、Re 很高，一般不能用本生灯火焰那样的边界层中流速 u_s 和 u_0 分布来分析火焰稳定问题。但是，正因为燃烧室中 Re 值很高、湍流混合很强烈，却又可近似地把预混可燃气流中的部分高温区域看做已燃气体和未燃气体充分搅混的区域。这个容积为 V 的局部区域是一个预混可燃气体以质量流率流进和燃烧产物以同样的质量流率 q_m 流出的开口空间体系，如图 4.67 所示模型。火焰稳定的均匀搅混热平衡原理认为，此区域如果能维持稳定的高温热平衡，则燃烧室中的火焰就能稳定。

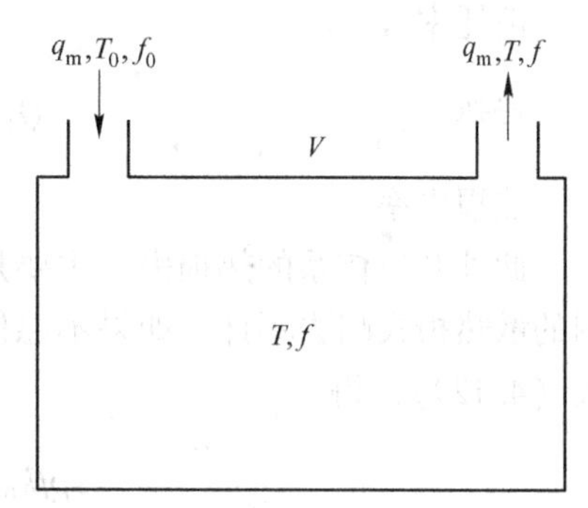

图 4.67　均匀搅混开口反应容器模型

火焰稳定的均匀搅混热平衡原理，对于分析预混可燃气流工程燃烧设备中的火焰稳定问题，很简便实用。例如，图 4.68 所示的预混可燃气体绕流过一个 V 形钝体，钝体后形成一个回流区，回流区中轴线附近的高温气流和新鲜的未燃气流的流动方向相反，回流区边缘不断有外界的新鲜可燃气体流入。回流区中湍流脉动十分强烈，因而回流区中已燃气体和流入的新鲜可燃气体混合很迅速，接近于均匀搅混。在回流区中测得的温度分布接近于一个均匀的温度值 T，这说明回流区内均匀搅混的设想是合理的。

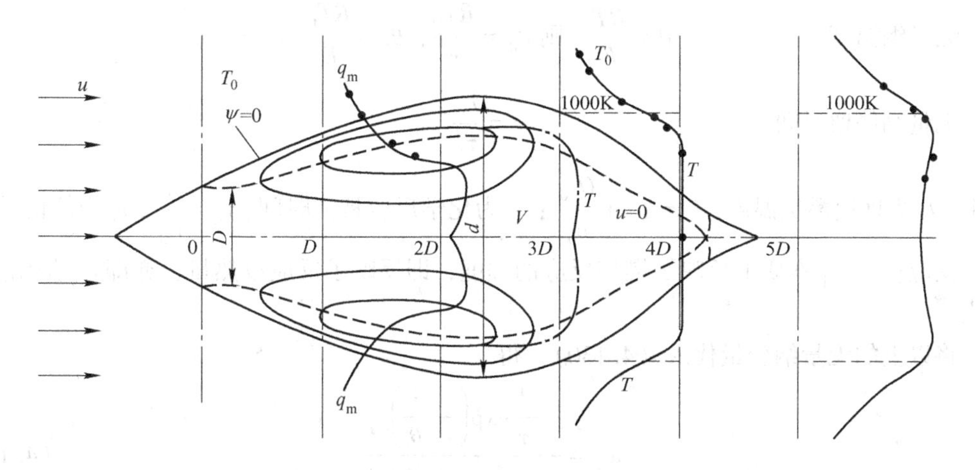

图 4.68　燃烧预混可燃气体对 V 形钝体后回流区中的温度分布

预混可燃气流的均匀搅混热平衡原理的分析，类似于热自燃问题的分析方法。在稳定状态下，此空间容积 V 中的气体温度 T 和密度 ρ 保持不变，燃料质量份额 f 也不变。容积 V 中可燃组分的化学反应速率，应等于此组分质量流率在此开口体系中的消耗率容积 V 中的化学反应释热率，Q_1 应等于此开口体系的热损失率 Q_2，即

$$\begin{cases} G_1 = G_2 \\ Q_1 = Q_2 \end{cases} \tag{4.129}$$

如果化学反应是一级反应，则有

反应率：$$G_1 = V\rho f k_0 \exp\left(-\frac{E}{RT}\right)$$

消耗率：$$G_2 = q_m(f_0 - f)$$

释热率：$$Q_1 = QV\rho f k_0 \exp\left(-\frac{E}{RT}\right)$$

热损失率：$$G_2 = q_m c_p (T - T_0)$$

此处开口体系的热损失，主要是质量 q_m 流出和流进此体系时的焓差；而容积 V 向周围的散热损失略去不计。如果不愿作此简化，也可加上这部分散热损失。把以上各项代入式（4.129），得

$$V\rho f k_0 \exp\left(-\frac{E}{RT}\right) = q_m(f_0 - f) \tag{4.130}$$

$$QV\rho f k_0 \exp\left(-\frac{E}{RT}\right) = q_m c_p (T - T_0) \tag{4.131}$$

为了进一步讨论方便，引入下列无量纲变量：

反应进度 $$\varphi_1 = 1 - \frac{f}{f_0}$$

无量纲热损失率 $$\varphi_2 = \frac{c_p(T - T_0)}{Qf_0}$$

无量纲温度 $$\theta = \frac{RT}{E}，则\ \theta_0 = \frac{RT_0}{E}，\ \theta_t = \frac{RT_t}{E}$$

无量纲停留时间 $$\tau = \frac{\tau_c}{\tau_f}$$

式中，T_t 为理论燃烧温度，$T_t = T_0 + \frac{Qf_0}{c_p}$；$\tau_c$ 为化学反应特征时间，$\tau_c = \frac{1}{k_0}$；τ_f 为停留时间。

反应程度 φ_1 本质上反映了燃烧反应的程度，即反映了反应放热量，亦即 φ_1 是无量纲热流。

将以上的无量纲变量代入（4.130），得

$$\varphi_1 = \frac{\frac{1}{\tau}\exp\left(-\frac{1}{\theta}\right)}{1 + \frac{1}{\tau}\exp\left(-\frac{1}{\theta}\right)} \tag{4.132}$$

由 φ_2 和 θ 的定义知

$$\varphi_2 = \frac{\theta - \theta_0}{\theta_t - \theta_0} \tag{4.133}$$

式（4.132）和式（4.133）中的 θ 与 φ_1、φ_2 的关系如图 4.69 所示。图 4.69（a）、（b）、（c）分别表示不同初温 θ_0、不同停留时间 τ 和不同的理论燃烧温度 θ_t 对 φ_1 和 φ_2 的影响。从图 4.69（a）可见，当 θ_0 为某一定值时，φ_1 与 φ_2 曲线相交于点 1、2、3，显然，点 1 代表不稳定工况，而点 2、3 均为稳定工况。从图 4.69（a）中还可以看出，点 2 处于缓慢氧化状态，点 3 则为稳定的剧烈燃烧反应工况。由状态点 2 的缓慢氧化反应过渡到

状态点3的稳定燃烧工况放热过程中，在θ_0逐渐增大时，工况的变化必经过c点，与热自燃问题类似（可参见4.5及其分析），c点为着火临界状态。

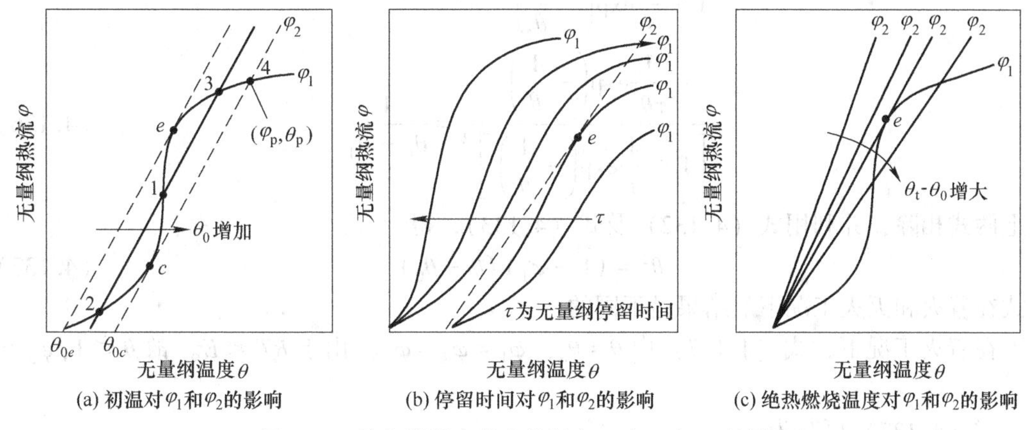

图4.69　均匀搅混容积中的温度θ对φ_1和φ_2的影响

当体系处于状态4的燃烧工况时，如果降低来流温度，则工况点会沿φ_1曲线下降。当经过θ_{0c}所对应的工况时，由图4.69可见，此时还不会灭火。只有当θ_0继续降低到θ_{0c}时，即到达点e所代表的工况，如果此时来流温度略有扰动而下降，体系就会立即灭火。所以，点e是一个临界工况，即灭火的临界状态。

由以上分析可见，开口体系容积V中，可燃混合气体的着火和灭火分别属于不同的工况，前者是从缓慢氧化反应到着火的临界工况，后者是从快速的燃烧反应到灭火的临界工况，因而两曲线和热损失曲线的切点处都要满足下列数学条件：

$$\begin{cases} \varphi_1 = \varphi_2 \\ \dfrac{\partial \varphi_1}{\partial \theta} = \dfrac{\partial \varphi_2}{\partial \theta} \end{cases} \tag{4.134}$$

对于一定的燃料和τ值，可解式（4.132）、式（4.133）得到在不同θ_0下的两曲线交点处的φ值，并画在图4.70中。曲线呈S形，此即由图4.69在不同θ_0下得到的工况；图4.70中的实线段表示可以稳定的工况；虚线段中的任一点工况稍有扰动时就不能保持稳定，在同样的θ_0下将沿垂直线移往上部或下部实线段的稳定工况点。只有当θ_0值变化到垂线和此S形曲线相切于c点及e点时才进入稳定工况。c点和e点分别属于着火和灭火的临界工况，在此两点上不同时满足式（4.134）的两个条件。

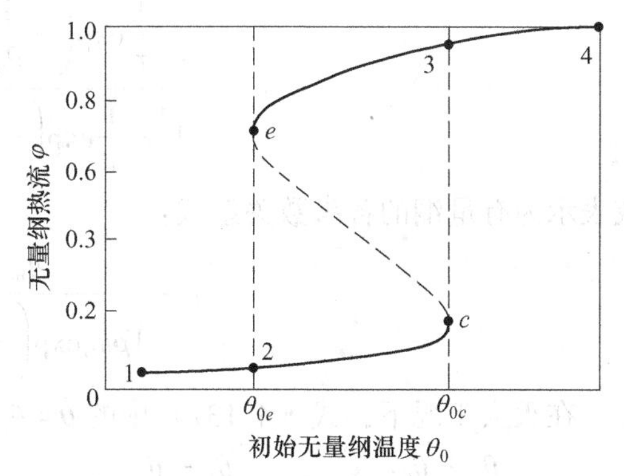

图4.70　一定燃料和τ值下的φ-θ_0关系曲线

由式（4.134）可求得着火和灭火的临界条件。将式（4.132）及式（4.133）代入式（4.134），可得临界条件如下

$$\frac{\frac{1}{\tau}\exp\left(-\frac{1}{\theta}\right)}{1+\frac{1}{\tau}\exp\left(-\frac{1}{\theta}\right)}=\frac{\theta-\theta_0}{\theta_t-\theta_0}=\varphi \tag{4.135}$$

$$\frac{\frac{1}{\tau\theta^2}\exp\left(-\frac{1}{\theta}\right)}{\left[1+\frac{1}{\tau}\exp\left(-\frac{1}{\theta}\right)\right]^2}=\frac{1}{\theta_t-\theta_0} \tag{4.136}$$

以上两式相除，并利用式（4.132）及式（4.133），得

$$\theta^2=(1-\varphi_1)(\theta-\theta_0) \tag{4.137}$$

此式在着火和灭火工况下的结果是不同的。

在着火工况下，式（4.137）中 $\theta=\theta_c$，$\varphi_1=\varphi_2=\varphi_c$。由于 $RT\ll E$。故 $\theta\leqslant 1$；$\varphi_c\approx 0$，

式（4.137）可写为

$$\theta_c^2-\theta_c+\theta_0=0 \tag{4.138}$$

解此一元二次方程，得

$$\theta_c=\frac{1}{2}\left(1\pm\sqrt{1-4\theta_0}\right)=\frac{1}{2}\left[1\pm(1-2\theta_0-2\theta_0^2-\cdots)\right] \tag{4.139}$$

式中取“+”号的解，会给出不合理的结果，应舍去此值，因此。着火条件的解为

$$\theta_c\approx\theta_0+\theta_0^2 \tag{4.140}$$

即

$$T_c\approx T_0+\frac{RT_0^2}{E} \tag{4.141}$$

着火条件下，式（4.135）中的 θ 写为 θ_c，并以 $\theta_c-\theta_0\approx\theta_c^2$ 和 $\theta_c\approx\theta_0$ 代入，得到着火临界条件

$$\frac{\frac{1}{\tau}\exp\left(-\frac{1}{\theta_0}\right)}{1+\frac{1}{\tau}\exp\left(-\frac{1}{\theta_0}\right)}=\frac{\theta_0^2}{\theta_t-\theta_0} \tag{4.142}$$

或表示为有量纲的各参数关系式：

$$1+\frac{q_m}{V\rho k_0\exp\left(-\frac{E}{RT_0}\right)}=\frac{Ef_0Q}{c_pRT_0^2} \tag{4.143}$$

在灭火工况下，式（4.137）中的 $\theta=\theta_e$，$\varphi=\varphi_e$。由于 $RT\ll E$，故 $\theta_e\leqslant 1$；$\varphi_e\approx 1$，

还因 $\varphi_e=\dfrac{\theta_e-\theta_0}{\theta_t-\theta_0}$，$1-\varphi_e=\dfrac{\theta_t-\theta_e}{\theta_t-\theta_0}$，所以式（4.137）可写为

$$\theta_e^2+\theta_e-\theta_t=0 \tag{4.144}$$

解此一元二次方程，得

$$\theta_e=\frac{1}{2}\left(1\pm\sqrt{1-4\theta_t}\right)=\frac{1}{2}\left[1\pm(1-2\theta_t-2\theta_t^2-\cdots)\right] \tag{4.145}$$

式中，$\theta_t \ll 1$。而根号前的负号无实际意义，故得

$$\theta_e \approx \theta_t - \theta_t^2 \tag{4.146}$$

即

$$T_e \approx T_t + \frac{RT_t^2}{E} \tag{4.147}$$

以 $\theta_e \approx \theta_t$ 代入式（4.136），得到灭火临界条件：

$$\frac{\frac{1}{\theta_t^2 \tau}\exp\left(-\frac{1}{\theta_t}\right)}{\left[1+\frac{1}{\tau}\exp\left(-\frac{1}{\theta_t}\right)\right]^2} = \frac{1}{\theta_t - \theta_0} \tag{4.148}$$

或表示为有量纲的各参数关系式：

$$\frac{\frac{q_m}{V\rho k_0}\exp\left(-\frac{E}{RT_t}\right)}{\left[\frac{q_m}{V\rho k_0}+\exp\left(-\frac{E}{RT_t}\right)\right]^2} = \frac{Rc_p T_t^2}{EQf_0} \tag{4.149}$$

工程应用中，一般不希望燃烧设备中流动着的可燃混合物由缓慢氧化工况突然转入着火的不定常燃烧状态，因而实际使用中总是远离开口体系的着火临界条件，所以不常讨论式（4.143）。在流速较高而流量较大，或 T_t、f_0、Q 等较低的燃烧室中，实际使用时就有可能灭火，因此讨论和分析式（4.149）表示的开口体系灭火临界条件，是很有实际意义的。

仔细分析图 4.68 可以发现，回流区中并非温度完全均匀，而是中央部分温度接近常数，回流区的边缘处温度略高于中央。有时还可观察到，在燃烧碳氢燃料预混气体时，此回流区的边缘部分有发亮的淡黄色火焰，并从此区域向下游传播。因此，近代的 Chen、Kundu 等通过研究，修改了上述的回流区均匀搅混的火焰稳定热平衡原理，提出了回流区的火焰稳定传热原理。

实验观察到的火焰形状如图 4.71 所示。根据图 4.71 可以认为回流区边缘紧挨着温度较高的火焰区；回流区中心温度稍低于火焰区。横截面上各处的气体并不都具有相同的化学反应速率。火焰区因为能从外边补充进入较多的新鲜预混可燃气体，在进入高温区中立即进行剧烈的燃烧化学反应；回流区内可燃气体浓度很低，气体组分绝大部分是循环流动和反向流入的燃烧后的反应产物，此区域中化学反应较弱。火焰区的温度为 T_f，回流区中的温度为 T_r，回流区和火焰区的界面积为 A_f，在此界面上，火焰区向回流区做湍流换热，其湍流导热系数为 λ_{T_f}，传热率为 $\lambda_{T_f}A_f(T_f - T_r)$。而主气流在到达火焰区之前绕流回流区时，经过的着火延迟距离或称着火距离为 x_i，此部分的界面积为 A_i，其湍流导热系数为 λ_{T_i}；则此处温度为 T_r 的已燃气体向温度为 T_0的未燃主气流的传热率为 $\lambda_{T_i}A_i(T_r - T_0)$。在稳定工况下，来流温度 T_0、火焰区温度 T 和回流区中的温度 T_t都保持不变。由火焰区传给回流区的热量应等于回流区向着火前未燃主气流传热量，保持着传热量的平衡，即

$$\lambda_{T_f}A_f(T_f - T_r) = \lambda_{T_i}A_i(T_r - T_0) \tag{4.150}$$

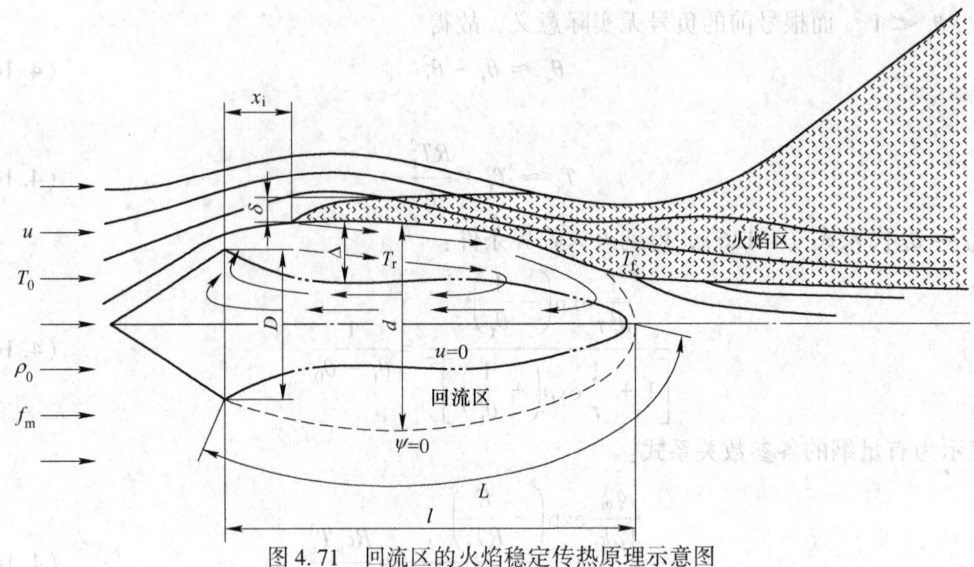

图 4.71　回流区的火焰稳定传热原理示意图

由图 4.71 可近似认为，$A_f \propto (L - X_i)$，而将 $A_i \propto x_i$ 代入式（4.150）后得

$$x_{i传热} = L\frac{T_f - T_r}{T_f - mT_0} \tag{4.151}$$

式中，m 为经验常数，和 λ_{T_f}、λ_{T_r} 等值有关，一般情况下 $m \approx 1$。

在着火延迟距离 x_i、反应层厚度 δ 的体积内（图 4.71），平均化学反应速度为 $\bar{v}$，沿 x_i 方向的质量流率为 $\delta u \rho_0$，应等于平均反应率 $x_i \delta \bar{v}$。由平均化学反应率得到

$$x_{i反应} = \frac{u\rho_0}{\bar{v}} \tag{4.152}$$

类似前面所述，Kundu 认为在灭火的临界平衡条件下应有

$$\begin{cases} x_{i传热} = x_{i反应} \\ \dfrac{dx_{i传热}}{dT} = \dfrac{dx_{i反应}}{dT} \end{cases} \tag{4.153}$$

由此可推导得到灭火临界工况下的温度

$$T_{re} \approx \frac{1}{2}\left[-\frac{E}{R} + \sqrt{\left(\frac{E}{R}\right)^2 + 4\frac{E}{R}T_f}\right] \tag{4.154}$$

可得灭火条件下各参数的关系式为

$$\frac{L}{u} = \frac{\dfrac{k_0}{2\rho_0 c_p u_0^2}\exp\left[\dfrac{E}{RT_f}\left(\dfrac{T_f}{T_{re}} - 1\right)\right]}{\dfrac{T_f - T_r}{T_f - mT_0}} \tag{4.155}$$

Kundu 等所做的灭火实验证明，式（4.155）所表示的灭火条件下各参数量的关系更接近实际情况，Chen 等用边界层分析方法推导得到类似的关系式，但更复杂些：

$$\left(\frac{D}{U}\right)^{m_a}\frac{x_i}{L} = B\left[\frac{k_0 c_p (T_r - T_0)}{Q}\right]^{m_a}\left(\frac{D}{l}\right)^{m_a - 1}\frac{D}{\Delta}\exp\left(\frac{m_a E}{RT_r}\right) \tag{4.156}$$

式中，B 为经验常数；m_a 为经验常数，$m_a=\frac{3}{2}-\frac{4}{3}$。

4.3.3 湍流火焰的稳定方法

一般工程上应用的都是湍流火焰，气流速度和 Re 都较大，因而可减少预混可燃气流的回火现象，然而由于流速和 Re 较大，就不能用本生灯方法或在管口放置很小的障碍物的方法来稳定火焰使之不被吹熄。工程上较为常用的湍流火焰稳定方法有下几类。

4.3.3.1 用小型点火火焰稳定主火焰

可在流速较高的预混可燃主气流附近，放置一个流速较低的稳定的小型点火火焰，也称为值班火焰，使主气流受到小火焰不间断的点燃，只要小火焰的点火能量足够，就可以使主气流连续着火，形成大的气流速度高的稳定的主火焰。这是航空喷气发动机燃烧室中常用的火焰稳定方法，可以采用热物体点燃或平板状点火火焰的理论来分析。

4.3.3.2 用钝体稳定火焰

钝体是不良流线体。在大 Re 下流体绕流过钝体时，在钝体的某个位置会使流体边界层脱离开钝体，从而在下游挨着钝体的背面形成一个回流区。燃烧预混可燃气体时，常见的钝体及所形成的回流区流场和温度场如图 4.72 所示。

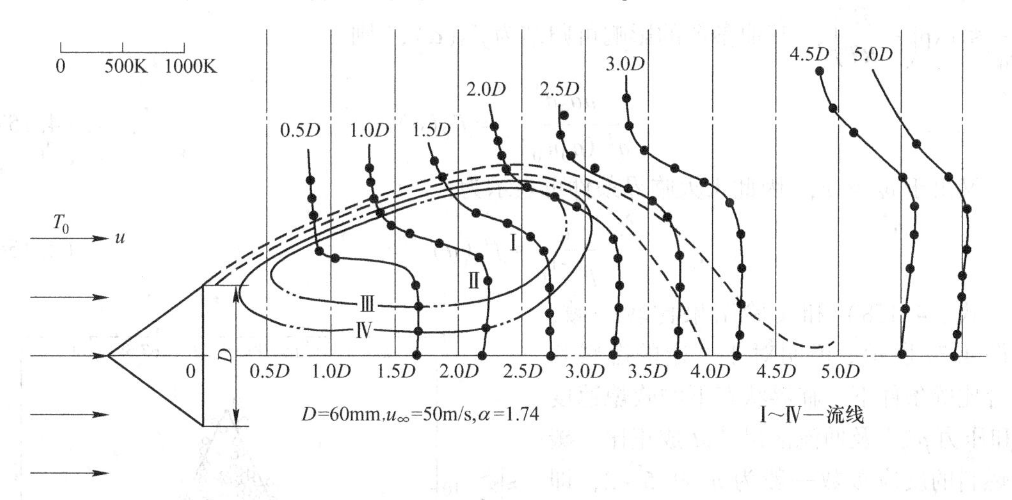

图 4.72 常见的钝体及其回流区的流场和温度场

预混可燃气流的灭火条件，可以用前述的回流区均匀搅混热平衡原理或传热原理来进行分析。常用的灭火条件分析式是原理较简单的式（4.149），在其他参量一定时，式（4.149）可分别写为

$$\frac{q_m}{V\rho_0}=f_1(T_0),\ \frac{q_m}{V\rho_0}=f_2(w_0),\ \frac{q_m}{V\rho_0}=f_3(a)$$

等。图 4.73 所示为着火条件和灭火条件下 T_0 或 w_0 对临界 $\frac{q_m}{V\rho_0}$ 的影响。而参量 T_0、Q 等和燃料与所混合的空气量有关，可以用过量空气系数 a 表示其影响。当化学反应级数不等于 1 而为 n 时，推导中所用式（4.130）、式（4.131）中的反应速率 $\rho w k_0 \exp\left(-\frac{E}{RT}\right)$ 应改为

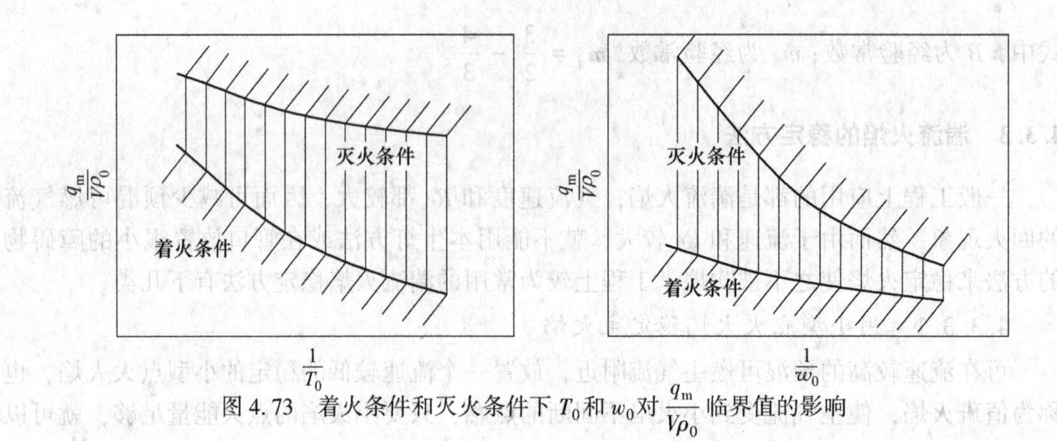

图 4.73　着火条件和灭火条件下 T_0 和 w_0 对 $\frac{q_m}{V\rho_0}$ 临界值的影响

$(\rho w)^n k_0 \exp\left(-\frac{E}{RT}\right)$。如果来流的平均速度为 u，回流区直径为 d，则进入和流出回流区的质量流率为 $q_m \propto u\rho_0 d^2$，而回流区体积 $V \propto d^3$。

因此灭火临界条件式（4.149）中的 $\frac{q_m}{V\rho}$ 可写为 $\frac{u\rho_0 d^2}{d^2(\rho_0 w_0)^n}$，而式（4.149）分母中的 $\frac{q_m}{V\rho_0} \ll \exp\left(-\frac{E}{RT}\right)$，其他参数的影响可归结为 $f'_3(\alpha)$，则

$$\frac{u\rho_0 d^2}{d^3(\rho_0 w_0)^n} = f'_3(a) \tag{4.157}$$

又由于 $p_0 \propto p$，因此灭火临界条件可表示为

$$\frac{u}{p^{n-1}d} = f''_3(a) \tag{4.158}$$

式（4.158）和实验结果比较一致，如图 4.74 所示。说明对于一定的燃料和混合比等条件下，临界状态下的吹熄速度 u 和压力 p^{n-1} 及回流区尺寸 d 成正比。碳氢燃料的反应级数一般为 $n = 1.5 \sim 2$，即压力增大时吹熄速度将增大。在一定压力下，回流区尺寸越大，火焰越不易被吹熄。不同的过量空气系数 a 下有不同的吹熄速度，在 $a = 1$ 处吹熄速度最大，即火焰最稳定。工程上燃烧预混可燃气体时，为使火焰稳定应遵循上述原则。在火焰不够稳定时，最常用的也是经常能见效的使火焰稳定的改进措施，就是设法增大回流区尺寸。

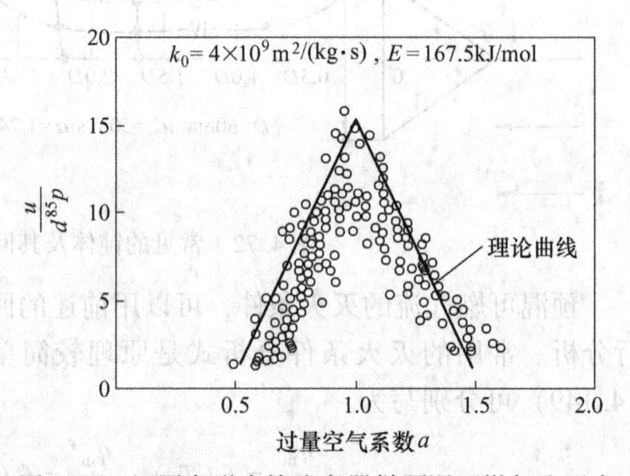

图 4.74　用圆盘形火焰稳定器做预混可燃气流灭火临界条件的实验结果与式（4.158）计算结果的比较

类似于钝体产生回流区的火焰稳定方法，预混可燃气流还可以采用多孔板形成回流区，使火焰稳定。图 4.75 所示为预混可燃气体流过多孔板时，在相邻两孔之间形成的回

流区和火焰的形状。还可以采用射流喷入突然扩大的燃烧室，使在射流外侧形成回流区。如图 4.76 所示，使射流刚喷入燃烧室中就急剧拐弯，在拐弯处形成回流区等方法，都可以提高预混可燃气流的火焰稳定性。

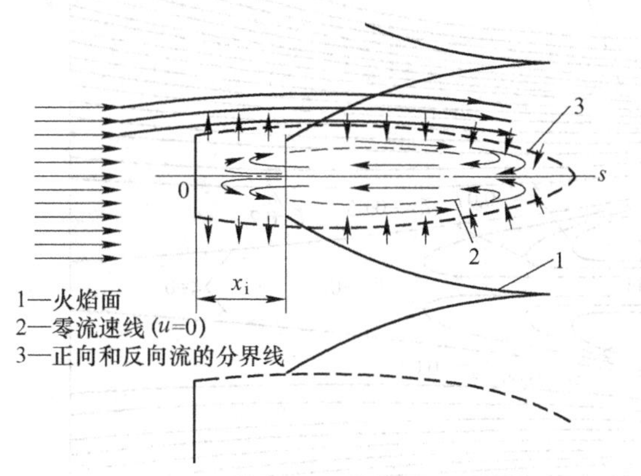

图 4.75 用多孔板使火焰稳定的方法和所形成的回流区及火焰形状

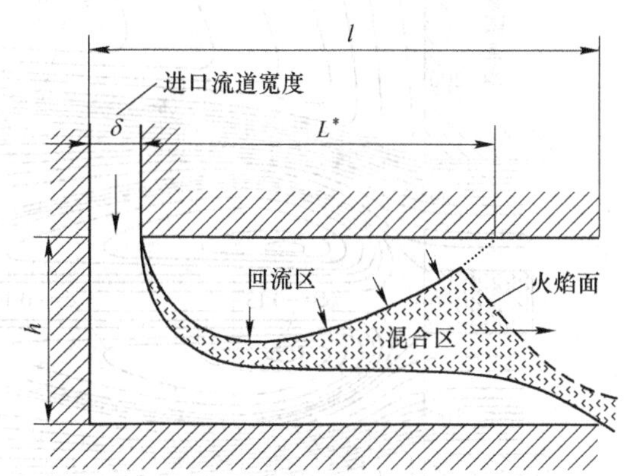

图 4.76 预混可燃气体射流喷入燃烧室后急剧拐弯时形成的回流区及火焰形状

4.3.3.3 反向小股射流稳定火焰

采用小股较高流速的反向射流喷入可燃的主气流中，可形成局部回流区来提高火焰稳定性，如图 4.77 所示。这和利用钝体形成回流区的火焰稳定原理相近，而方法有所不同。这种方法使主气流的阻力损失较小，而采用钝体时阻力较大。小股高速反向射流可以使用压缩空气，也可以使用水蒸气。利用大速差同向小股高速射流，也可以在主气流中形成回流区，以便提高火焰稳定性，如图 4.78 所示。

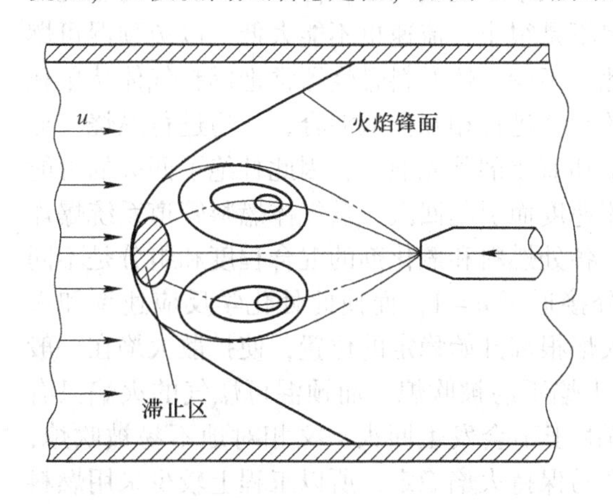

图 4.77 小股反向高速射流的回流区和火焰形状

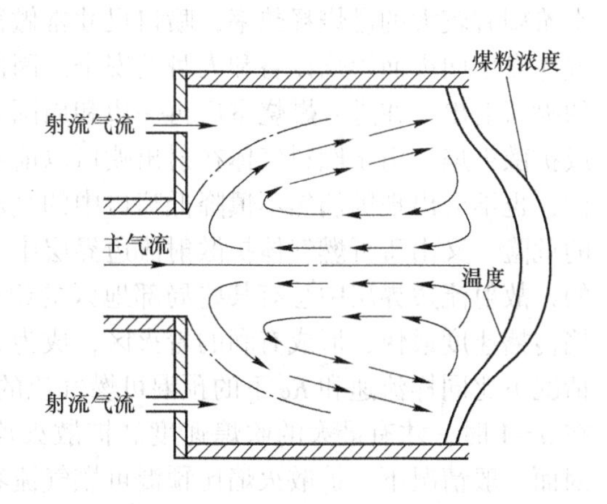

图 4.78 大速差同向小股射流的回流区

4.3.3.4 用旋转射流稳定火焰

采用导向叶片或其他方法，使可燃气流在喷入燃烧室之前在喷管中旋转，由于旋转射流有离心作用，而在燃烧室的喷口轴线附近形成回流区，如图 4.79 所示。这是工程上常用的提高火焰稳定性的方法，使用此方法是否恰当，常在于旋转程度的强弱，这是要慎重考虑的。

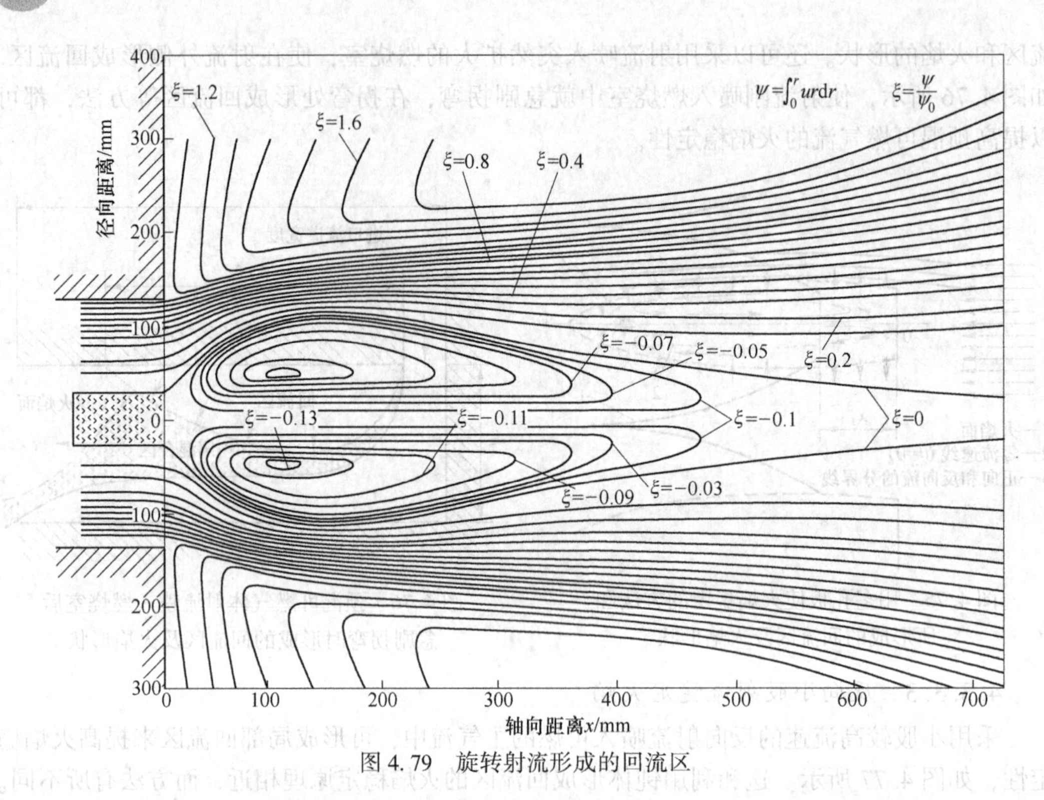

图 4.79　旋转射流形成的回流区

4.3.3.5　扩散火焰的稳定

如果使燃料气体和空气喷入燃烧室时，在燃烧器喷口之前全部或部分预先混合好，可以减小燃烧室中混合所需的时间和空间，因而可减小燃烧室尺寸，但是工程实用的燃烧器常希望有较大的燃烧释热率，喷口尺寸常做得不是很小，流速也不能太低，以免预混可燃气体发生回火而影响设备和人身的安全。因此，不少气体燃料燃烧器常把燃料气体从单独的喷口射出，在进入燃烧室后再一边和周围的空气进行相互扩散混合，一边进行燃烧，形成扩散火焰。由于燃料气体在射出喷口以前不和氧化剂预先混合，因此杜绝了回火的可能性，也不会出现因偶然不慎降低喷口中的气流速度而引起回火，及气体燃料管道系统爆炸的危险。又由于可燃气体扩散射流边界层中，各处燃料和氧化剂的混合程度和组分是不同的，故射流边界层中总有某些局部地区的组分接近于 $a=1$，而使此处化学反应速率和火焰传播速度最快，形成有利的着火区，成为火焰根部开始稳定的位置，使扩散火焰在一般情况下比同样流速和 Re 下的预混可燃气流的火焰不易被吹熄。而预混可燃气的火焰只有在 $a=1$ 时，才有最大的吹熄速度。扩散火焰由于不会发生回火，又相对地不易被吹熄，因而一般情况下，扩散火焰比预混可燃气流容易保持火焰稳定，所以工程上较少采用燃料和氧化剂事先完全预混的燃烧器。关于射流扩散火焰中的组分和温度分布、火焰的形状和尺寸，将在下节中讨论。

4.4　射流火焰

本节在前述基本理论的基础上，结合具体的燃烧设备，讨论气体燃料燃烧的一些特点和规律。

4.4.1 预混火焰和扩散火焰概念

本生灯是一种最简单的气体燃料燃烧器，其流动可以是层流的，也可以是湍流的，是实验室中常用的燃烧设备之一。由于它结构简单，火焰容易控制，因而常用来分析一些基本的火焰规律。

如图 4.80 所示，可燃气体经本生灯底部入口以一定的流速流入灯管，同时依靠压力差抽引外界空气，两者在管内混合，因而在管口即可点燃形成火焰。因过量空气系数 a 的不同，本生灯火焰可以有不同的结构特性。调节抽引空气量的多少，可以形成不同的火焰状况。

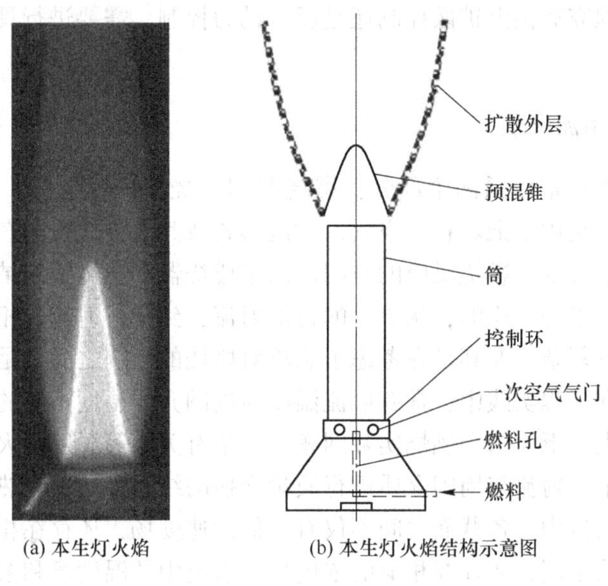

(a) 本生灯火焰　　(b) 本生灯火焰结构示意图

图 4.80　本生灯

本生灯中燃料燃烧所需的空气，可以完全从本生灯底部抽吸，也可利用灯管喷口外面的空气，或者两者兼有。从底部抽吸的空气份额称为一次空气系数 a_1，从喷口外界抽吸的空气份额称为二次空气系数 a_2，则总过量空气系数 $a = a_1 + a_2$。

当 $a_1 = 0$ 时，即把一次空气阀门全部关闭，这时燃料燃烧所需的空气全部由外界提供。可以看到，这时的本生灯火焰很长，发出黄色的亮光，且不时产生黑烟。这种火焰为扩散火焰，因为它全靠可燃气体与空气中的氧相互扩散来完成燃烧过程，因而燃烧过程较长，火焰温度低，且燃料不易燃尽。

若 $a_1 \geqslant 1$，即由本生灯提供足够的空气，即空气与可燃气体在管道内充分混合，这时在灯管喷口会看到短而强的火焰，火焰温度很高，且没有黑烟。燃料和氧化剂充分混合后的燃烧火焰，为预混火焰。

调节本生灯的燃料和空气进入量，使 $0 < a_1 < 1$，这时在管口会看到两个火焰锋面，如图 4.80（a）所示。由于有一部分空气预混，一次空气中的氧先参加燃烧，形成内火焰锋面。但因一次空气量不足，未燃烧的可燃物必须依靠外界空气中的氧继续燃烧，从而形成外火焰锋面。适当地调节 a_1，可使这种火焰既稳定，燃烧温度也较高，且不会出现冒

黑烟的现象。

一般的燃烧过程大致可以认为有两个阶段：燃料和氧化剂的混合和扩散阶段以及其他的反应阶段。如果燃烧速率主要取决于其中较缓慢的混合和扩散，则这种燃烧过程叫扩散燃烧过程，或称由扩散控制的燃烧过程，相应的火焰称扩散火焰；反之，若混合和扩散远远快于化学反应速率，即该过程为化学反应控制的过程，相应的火焰称为预混火焰，或反应动力控制火焰，或简称动力火焰。

同时还存在这样一类燃烧过程，其燃料和氧化剂的相互扩散速率与化学反应速率较为接近，这样的过程实际上是扩散和预混的混合过程，两种因素必须同时考虑，相应的火焰称过渡火焰。

具体的燃烧过程究竟是由扩散控制还是反应动力控制，需要进行具体的分析，必要时应进行定量估算。

4.4.2 不等温自由射流火焰

实际的燃烧设备通常包括两个部分：燃烧室和燃烧器。燃烧器，如煤气喷嘴、喷油嘴、煤粉喷燃器等，是用来把燃料和空气以射流形式或其他方式送入燃烧室的装置。燃烧室是燃料和氧化剂混合发生燃烧反应的空间。由于燃烧器和燃烧室的结构及相对位置的不同，射流的形式也是多种多样的，从单一的自由射流，到平行射流、相交射流、环形射流等，其运动规律十分复杂，尤其是在考虑了湍流对燃烧的影响之后更是如此。在第3章中介绍过等温射流，在工程实践中，常有射流温度与周围介质温度不等的情形，尤其是射流火焰，温度相差很大。下面结合燃烧实际问题，介绍有关不等温射流火焰的规律。

在不等温条件下，射流与周围介质进行质量交换的结果必然引起热量的转移。实验表明，在不等温自由射流中，各截面之间不仅有相似的速度场，还存在相似的温度场。如果射流介质和周围介质不同，还存在相似的浓度场。射流中的温度场和浓度场实际表明湍流混合的程度。

在不等温自由射流中，温度场与速度场是相似的。例如，在射流核心区，温度也如速度一样都相同，且等于射流出口温度；在射流基本段中射流轴心上的温度同样随 x 的增加而不断降低。具体分析温度分布的方法与分析速度分布时类似，这里不再赘述。下面给出有关的经验关联式。

射流边界层中任一截面上的温度分布为

$$\frac{T - T_\infty}{T_m - T_\infty} = \sqrt{\frac{U_s}{U_{sm}}} = 1 - \left(\frac{y}{y_b}\right)^{1.5} \tag{4.159}$$

式中，T 为任一截面上距射流中心线距离为 y 处的温度；T_m 为任一截面中心线上的温度；T_∞ 为周围介质温度。

射流基本段中心线上温度的变化与速度变化类似，对轴对称射流为

$$\frac{T_m - T_\infty}{T_0 - T_\infty} = \frac{0.7}{\gamma s/R_0 + 0.29} \tag{4.160}$$

式中，T_0 为射流出口温度。

对平面射流：

$$\frac{T_m - T_\infty}{T_0 - T_\infty} = \frac{1.04}{\sqrt{\gamma s/b_0 + 0.41}} \tag{4.161}$$

当射流介质和周围介质中某组分的质量分数不同时，射流边界层中任一截面上的组分分布可表示为

$$\frac{w - w_\infty}{w_m - w_\infty} = \frac{T - T_\infty}{T_m - T_\infty} = \sqrt{\frac{u_s}{u_{sm}}} = 1 - \left(\frac{y}{y_b}\right)^{1.5} \tag{4.162}$$

式中，w 为某组分在任一截面上与射流中心相距 y 处的质量分数；w_∞ 为某组分在周围介质中的质量分数；w_m 为某组分在射流中心线上的质量分数。

对于轴对称射流，其中心线上组分质量分数随 r 方向的变化可表示为

$$\frac{w_m - w_\infty}{w_0 - w_\infty} = \frac{T_m - T_\infty}{T_0 - T_\infty} = \frac{0.7}{\gamma s/R_0 + 0.29} \tag{4.163}$$

式中，w_0 为某组分在喷口处的初始质量分数。

同样地，可以得到类似式（4.161）的平面射流中的组分分布。

4.4.3 层流射流火焰

第3章已经讨论了各种没有化学反应的射流，下面进一步讨论有燃烧的层流射流的特点。

不含氧化剂的燃料射流的燃烧，主要是一个扩散控制的过程，因此它的火焰完全呈现扩散火焰的特征。为简化讨论和分析，仍然先忽略射流火焰的辐射热损失、浮升力及黏度、导热系数、扩散系数在流场中的变化等因素。当然，由此得出的结论与实际情形会有一定的差距，但经过一些实验的修正，其结果对于理解实际射流火焰还是很有意义的。

对 $a \geqslant 1$ 的预混射流火焰，可按前面描述的层流火焰传播理论来分析其传播速度、温度及浓度分布等。其火焰的形状和长度类似于前面所说的预混可燃气体的本生灯火焰。当燃烧过程受扩散控制时，情况就不同了，它不再具有容易测到的像火焰传播速度一类的基本特征量。

在预混火焰中曾经假定，火焰锋面为极薄的反应区，可以近似认为是一个几何面。在扩散控制的射流火焰中，由于燃料和氧化剂的扩散速度比反应速度慢得多，火焰锋面的厚度比预混火焰锋面大得多，实际上它是一个具有一定厚度的反应区域。因为其化学反应速度很快，所以火焰锋面无论对燃料还是氧化剂都是“汇”，它们在此处的浓度均可认为是零。实验测定的射流火焰中某一截面上，燃料、氧化剂及燃烧产物等的浓度分布如图 4.81 所示。

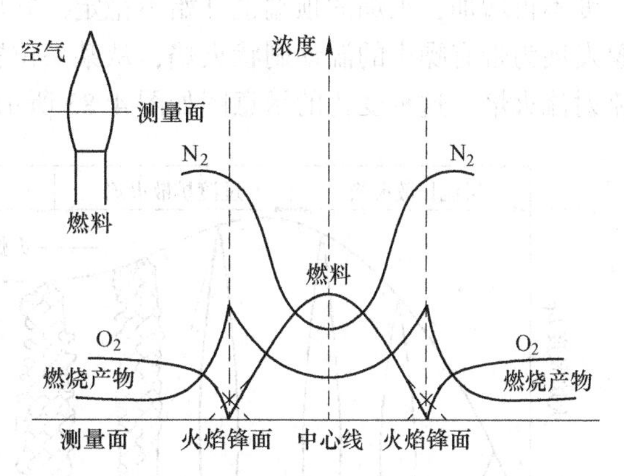

图 4.81 层流射流火焰某一截面上各成分浓度分布

由图 4.81 可以看出，在燃料和氧化剂浓度最小的火焰锋面内，燃烧产物的浓度最大。

应当指出，图 4.81 中所画的火焰锋面厚度是夸大了的，即使化学反应速度不是无限大而是有限值时，火焰锋面的厚度也是很小的。

对射流流动中的动量方程和能量方程进行若干简化和假定，可推导出层流射流火焰的长度为

$$L_{\mathrm{F}}=\frac{u_{\mathrm{so}}R_0^2\beta}{12\nu w_{\mathrm{O}x,\infty}} \tag{4.164}$$

式中，u_{so} 为射流出口速度；R_0为喷口半径；β 为 $a=1$ 条件下燃料质量流量与氧气流量之比；ν 为运动黏度，常温下，空气的运动黏度为 $10^{-5}\mathrm{m}^2/\mathrm{s}$ 量级；$w_{\mathrm{O}x,\infty}$ 为射流空间中氧的浓度。

式（4.164）说明，大空间中层流射流扩散火焰长度与燃料的体积流量成正比，而与运动黏度 ν 、氧气浓度 $w_{\mathrm{O}x,\infty}$ 成反比。式（4.164）的计算结果反映了实测结果的趋势，如图 4.82 所示。图 4.82 中，自左向右的射流速度线性增加，第 2 个火焰对应 $Re=200$。

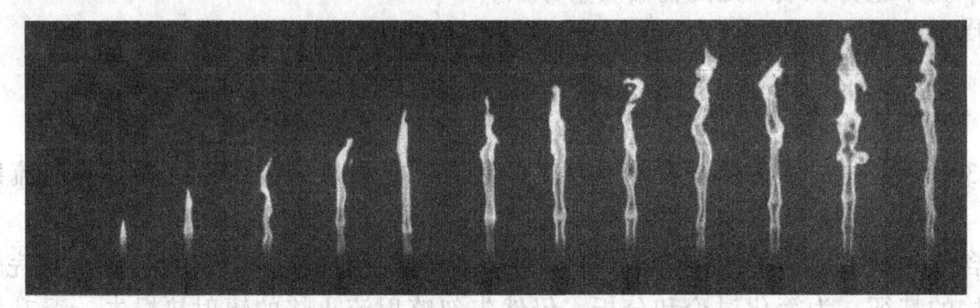

图 4.82　射流速度增加时常规扩散火焰长度及形状的变化

4.4.4　湍流射流火焰

对于大空间中 $a\geqslant 1$ 的预混湍流射流火焰，仍可用前述的湍流火焰传播理论来分析，对于不含一次空气的燃料射流在大空间空气中的扩散火焰，随着射流初始速度的增加，射流扩散火焰长度不断增加，如图 4.82 所示。当射流初始速度增加到一定值时，射流火焰长度不再增加，火焰的顶端也开始不稳定，并出现颤动。当速度再增加时，这种不稳定现象发展为带有噪声的湍动刷状火焰，从某一位置开始，火焰面产生明显的折皱并发展为湍流射流火焰。这种变化的示意图如图 4.83 所示。

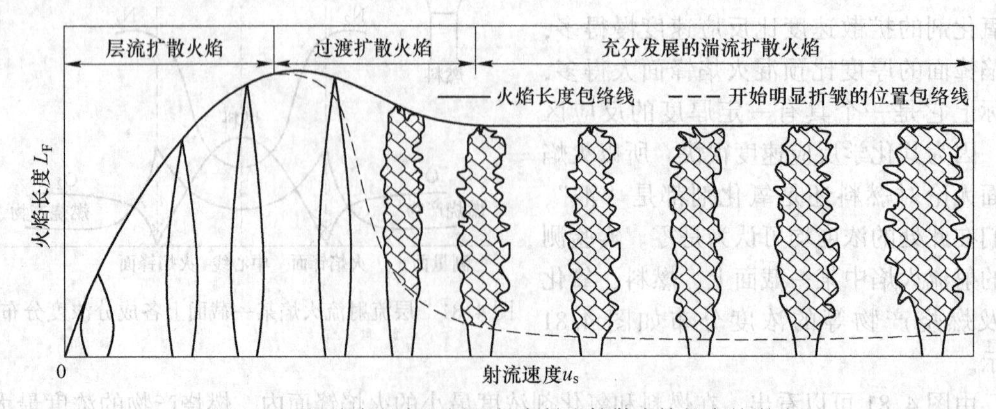

图 4.83　初速度对大空间空气中射流扩散火焰长度的影响

图 4.82 仅是图 4.83 的层流区和过渡区扩散火焰。由图 4.82 和图 4.83 可以看出，当射流速度从零增大时，起初火焰长度几乎随射流速度线性增加，并且火焰轮廓明显，形状恒定，这与式（4.164）是一致的。随着燃料射流速度增大，扩散火焰长度增大，直到达到临界速度，火焰尖端变得不稳定，开始抖动，这一区域是过渡扩散火焰。随着速度进一步增大，喷嘴出口上方某一高度发生层流破裂，并发展为带有噪声的湍流刷状火焰。从喷嘴出口到湍流刷状火焰开始点之间的距离，叫破裂点长度。最经典的特征火焰长度和破裂点长度曲线是 Hottel 和 Hawthorne 测定的。当达到充分发展的湍流状态时，开始折皱的位置距喷口最近。火焰长度在达到湍流时，火焰长度稍有减小，基本上不发生化，火焰达到充分湍流阶段，但火焰噪声却继续增加，亮度进一步减弱。当流速增大到某一值时，火焰被吹离喷口而熄灭，达到湍流扩散火焰的吹熄条件。

纯扩散的湍流射流火焰长度，要借助于燃料和氧化剂在射流中的浓度分布来确定。在有燃烧时，火焰锋面对燃料和氧化剂都是汇；没有火焰时，类似于层流火焰时的分析方法，认为燃料和氧化剂浓度比符合 $a=1$ 的地方，即是火焰锋面的位置。

前面已经讨论过，不等温轴对称湍流射流中，轴线上燃料质量分数 w_m 的变化可表示为

$$\frac{w_m - w_\infty}{w_0 - w_\infty} = \frac{0.7}{\gamma s/R_0 + 0.29} \tag{4.163}$$

式中，w_0 为喷口处燃料的质量分数；w_∞ 为周围介质中燃料的质量分数。

利用式（4.163）可以近似地确定湍流射流扩散火焰面的位置。

在纯扩散的射流火焰中，$w_\infty=0$，故式（4.163）变为

$$\frac{w_m}{w_0} = \frac{0.7}{\gamma s/R_0 + 0.29} \tag{4.165}$$

在火焰面上，燃料与氧化剂的质量分数之比应等于化学计量之比。如果简单地认为纯扩散射流喷口处全部为燃料气体，即 $w_0=1$，而周围的介质是纯氧气，即 $w_\infty=0$，射流场又只有燃料和氧化剂这两种组分，则轴线上两组分之比就是 $\frac{w_m}{1-w_m}$，在达到 $a=1$ 时有

$$\frac{w_m}{1-w_m} = \frac{1}{\beta} \tag{4.166}$$

式中，β 为燃料与氧化剂的化学计量比。

式（4.166）亦可写成

$$w_m = \frac{1}{1+\beta} \tag{4.167}$$

代入式（4.165），并当 $w_0=1$ 时有

$$\frac{1}{1+\beta} = \frac{0.7}{\frac{\gamma s}{R_0} + 0.29}$$

由此可得扩散火焰的长度：

$$L_F = S = \frac{R_0}{\gamma}(0.41 + 0.7\beta) \tag{4.168}$$

式（4.168）与实验测量结果比较一致。由式（4.168）可知，与层流射流火焰不同，湍流射流扩散火焰的长度与射流速度无关，而仅与喷口直径成正比。

4.4.5　受限射流火焰和多股射流火焰

除了轴对称及平面由射流之外，工程上还经常遇到受到壁面限制的射流火焰及多股射流火焰的情形，如锅炉中的燃料-空气射流火焰。各种复杂流动下的火焰的长度、结构、温度及组分分布，对燃烧室的设计十分重要。

4.4.5.1　受限射流火焰

当自由湍流扩散火焰受到壁面限制时，由于射流的动量超过周围介质的动量，会产生反向流动而形成回流区。高温回流区有助于使预混可燃气体射流着火和保持火焰稳定，但是受限湍流射流扩散火焰附近回流区中的氧浓度，比大空间中射流周围介质中的氧浓度低，因此受限射流引射来的周围介质中的氧浓度较低，从而使火焰长度比自由湍流射流火焰长一些；同时，由于回流气体的氧浓度较低，而燃烧室壁面和火焰、边界之间的 CO_2 浓度较高，这又增加了火焰的宽度。

如果可燃气体射流喷入直径不是很大的圆管或圆筒中，中心喷口所在的端面不是封闭的，而是在喷口周围均匀送入氧化剂时，射流火焰的形状和射入大空间的静止空气中的情形不同。这种射流火焰也可用前述类似方法，由流体基本方程组求解得出气体各组分的分布和火焰形状及长度，如图 4.84 所示。如果供给的氧化剂和燃料的流量之比使过量空气系数 a 大于 1 时，射流火焰呈瘦长的圆柱形状；否则，火焰会张开呈喇叭形。此时，如果没有燃烧的燃料剩余较多，含有剩余燃料的气流流出圆管后还能和管外的空气形成扩散火焰。这就是管内有一个火焰面，管口外又有一个扩散火焰面的双重火焰现象。

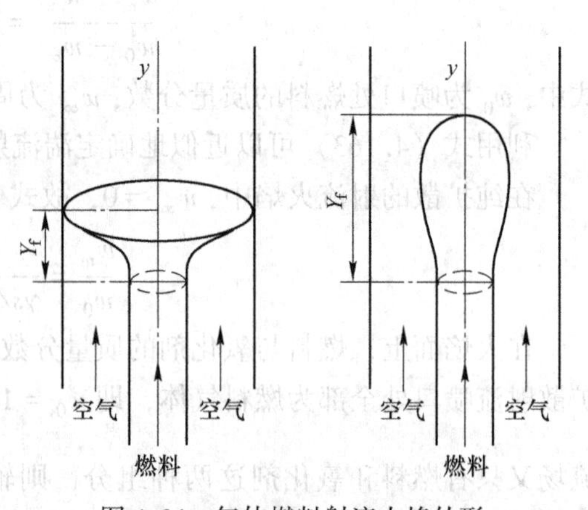

图 4.84　气体燃料射流火焰外形

Burke 等的研究证明，受限射流扩散火焰长度，同样具有轴对称自由射流火焰的一些特征。当流动为层流时，火焰长度 $L_F \propto u_\infty R_0^2$；当为湍流时，$L_F \propto R_0$。与自由射流扩散火焰相似，受限制的湍流扩散火焰比层流扩散火焰短得多，从而受限湍流扩散火焰的空间燃烧释热率远大于受限层流扩散火焰。因此，通过大量的小孔而不是少量的大孔供应的燃料和空气，可以增加湍动程度，减小火焰长度，同时可增加空间的燃烧释热率。这些对燃烧室的设计都是十分有利的。

4.4.5.2　多股射流火焰

在分析平行射流组时已经发现，当各射流的喷口相距不太远时，射流之间会相互干扰。有燃烧时，射流火焰的长度将会增加，中心火焰的稳定性也可能受到影响。实验证明，喷口之间的距离 $2B_0$ 与喷口立径之比有一个临界值。在这个临界值之下，可能导致中心火焰熄灭。而这个比值超过临界值时，例如，Eickhoff 等的实验表明，当 $\frac{2B_0}{d_0} \geqslant 18$ 时，各个射流火焰之间的影响可以忽略。

4.4.6 反扩散火焰

前面介绍的扩散火焰是燃烧过程中最基本的火焰形态之一。在扩散火焰中，在有明显的化学反应发生之前，反应物在分子水平上是分开的，反应只发生在燃料与氧化剂的交界面上。在此交界面上混合与反应同时发生，形成火焰面，燃料和氧化剂在火焰面处完全消耗，产物在火焰面形成之后就向内外快速扩散。最常见的扩散火焰，是燃料射流进入空气或者氧气氛围中燃烧形成的，也称为常规扩散火焰。如果把氧化剂和燃料相对位置互换，即氧化剂射流进入燃料氛围中，这样燃烧所产生的火焰称为反扩散火焰。反扩散火焰在冶金、化工中有时会遇见。

与前面介绍的正扩散火焰不同，反扩散火焰整体形状不太规则，尤其是火焰顶部，呈现出非连续性。典型的反扩散火焰基本形状如图 4.85 所示，由底部夹带区和上部混合燃烧区组成。在夹带区，由于中心区域高流速氧化剂造成的低压，周围的燃料流向氧化剂射流区，继而与气化剂迅速混合并燃烧，火焰整体呈微黄色，但是在底部、顶部以及火焰内部等局部区域存在淡蓝色火焰。

对反扩散火焰长度随中心氧化剂射流速度增大而变化的规律，人们进行了一些研究，得到了不一致的结果。有的实验发现，层流反扩散火焰长度的变化情况和常规扩散火焰类似，随氧化剂流速呈线性增加，即与图 4.83 的层流部分一样。还有一些研究发现，在高雷诺数条件下，保持燃料量不变，反扩散火焰高度会随氧化剂流速的增大而显著降低，这与常规扩散火焰有着明显的区别，并且火焰颜色也逐渐由黄色向淡蓝色转变，如图 4.86 所示。该灰度图中，白色为黄色火焰，而浅灰色为淡蓝色火焰。

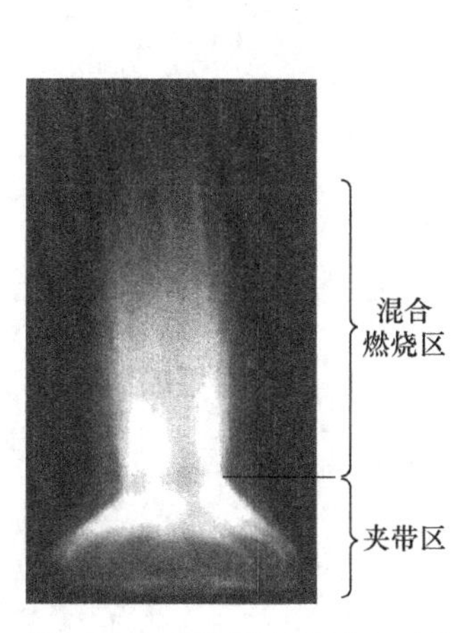

图 4.85　反扩散火焰基本形状

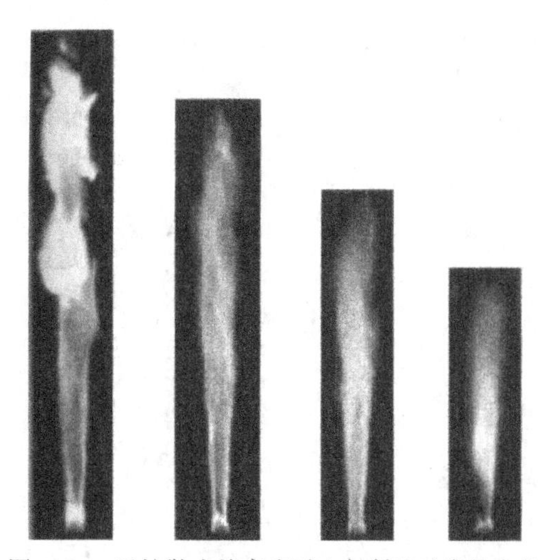
图 4.86　反扩散火焰高度随空气射流速度的变化

在碳氢化合物的燃烧中，常有炭黑的存在。如果有充分的时间和合适的温度，炭黑就会在反应区的燃料侧形成。现在的研究普遍认为炭黑在扩散火焰中形成的温度范围是1300~1600K。炭黑经过高温区受热后会发光，是扩散火焰发光体的主要来源，也是影响火焰辐射热损失的主要因素。在常规扩散火焰中，炭黑形成后要穿过高温的氧化区，在此过程中不断被氧化消耗，同时炭黑受热发光，使得火焰呈现为橙色或者黄色。在反扩散火焰中，外围燃料侧温度不是很高，炭黑生成量比常规扩散火焰更低。但是，炭黑一旦生成，就不会再进入高温的氧化区，不容易被氧化，因此反扩散火焰的辐射特性与常规扩散火焰有显著的不同，这也是反扩散火焰不同于常规扩散火焰的重要特性之一。

以火焰面近似和快速反应假设为基础，可以建立反扩散火焰数学模型，其计算预测数据和实验观测数据体现了良好的一致性。关于反扩散射流火焰的结构，目前还在研究当中。

5 气体燃料燃烧设备

钢铁联合企业常有副产的焦炉煤气、转炉煤气和热值很低的高炉煤气，其他工业生产过程中也会产生发生炉煤气、炼油裂化煤气、矿区石油气、天然气、煤层气、火法采油尾气、化工施放气等。由于某些加工工艺过程（如食品、玻璃、精细陶瓷等）要求制成品不能沾污，为了避免直接燃烧煤引起污染，可以采用燃烧气体燃料的方式。

气体燃料（也称为煤气或燃气）燃烧设备，常应用于居民炊事、冶金工业、建筑材料工业、各种轻工业以及有燃气资源的地区性发电厂和热能供应站。用于发电的气体燃料，一般不直接在锅炉中燃烧产生蒸汽发电，而是采用燃气轮机的燃气蒸汽联合循环，可以获得比蒸汽单循环更高的发电效率。只有一些特定的场合，如热值很低、燃气产量不稳定，才会用于锅炉燃烧发电。

通常对燃烧设备的基本要求包括：

（1）燃烧稳定和安全。燃烧设备应能保证燃烧稳定和连续，在运行中不发生回火、吹熄等现象，应保证设备和人身安全。

（2）燃烧效率高。尽量降低化学不完全燃烧热损失，提高设备热效率。

（3）应尽量减少排放烟气中所含的灰尘、炭黑、CO、SO_2、NO_x和苯并芘等有害气体，以减少对环境的污染。

（4）运行方便。燃烧设备的设计应便于点火、调节等运行操作，而且操作机构应灵活、简便，实现自动控制、程序控制和计算机优化控制。

（5）制造成本低。

（6）安装和检修方便。

气体燃料燃烧设备包括燃烧室、燃烧器和在燃烧器附近的燃料气供应系统。其中起关键作用的是燃烧器。下面分别介绍常用的几种气体燃料燃烧器的原理、结构及其特性。

5.1 扩散式燃气燃烧器

由于从扩散式燃烧器喷口喷出的只是纯粹的气体燃料，绝对不会在燃烧过程中发生火焰回窜入喷口之内的现象，因此燃烧器和燃料气供应系统中不会有发生回火和爆炸的危险。纯扩散火焰如图 5.1（a）所示。纯扩散火焰式燃烧器十分简单，实际上就是一个向燃烧空间喷射燃料气的喷口，如图 5.1（b）所示；也可以开成多个小喷口的管排，如图 5.1（c）所示，形成孔排或孔圈。从燃烧器喷口喷出的只是纯粹的气体燃料，即一次空气系数 $\alpha_1=0$，燃烧所需要的空气均需在燃料气喷出燃烧器后才互相扩散混合，因此混合较慢而火焰拉的较长。喷口尺寸较大时，甚至在离喷口 7~8m 处还没彻底燃烧完全，采用这种纯扩散火焰式的燃烧器就必须做的较大，由于单位体积的燃烧释热强度即燃烧室的容积热负荷较低，燃烧室显得庞大而不经济。为了减少燃烧室尺寸和扩散火炬的长度，如第

4章所述，由于火炬长度正比于喷口直径，因此孔径缩小时扩散火焰就缩短，故可以把单个喷口改用多个小喷孔。单个大的扩散火炬分成多个小的火炬后，即使其中有个别小火炬被吹灭，也还有可能随后又被旁边小火炬继续点燃，而减少各个小火炬同时被吹灭的可能性。这样的措施虽很简单，却能大大提高燃烧的可靠性和经济性。

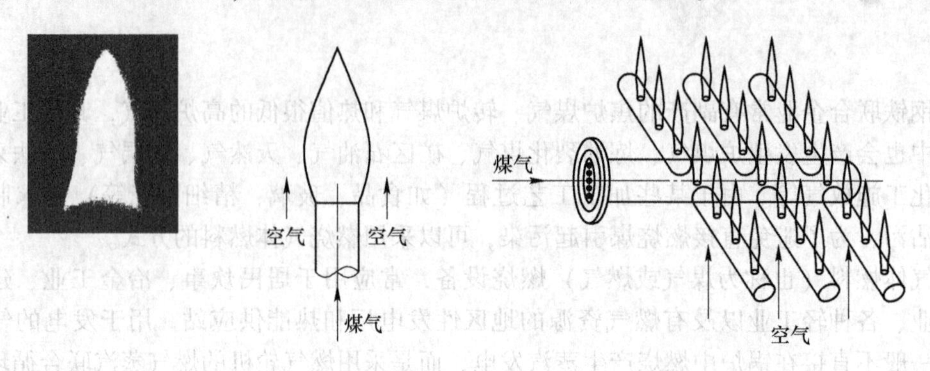

(a) 煤气扩散火焰照片　(b) 煤气扩散火焰结构　(c) 多喷孔煤气扩散火焰

图 5.1　最简单的扩散火焰式煤气燃烧器

即使扩散火焰式燃烧器采用多个小喷孔，但燃烧速率还是决定于较慢的扩散混合过程，燃烧室的容积热负荷还是较小。为了增大扩散火焰的燃烧释热速率，应该设法加速喷出的燃料气和空气在喷口外的混合速率。

扩散式燃气燃烧器主要包括自然引风式扩散燃烧器和强制送风式扩散燃烧器。

5.1.1　自然引风式扩散燃烧器

自然引风式扩散燃烧器燃气依靠自身压力流入各类管式容器，然后从管子上的火孔喷射到周围空气中燃烧。根据热负荷的不同要求，其主要有下列几种形式。

5.1.1.1　管式扩散燃烧器

这种燃烧器头部由不同形状的管道组成。图 5.2 所示为直管式扩散燃烧器，图 5.3 所示为排管式扩散燃烧器和涡管式扩散燃烧器。

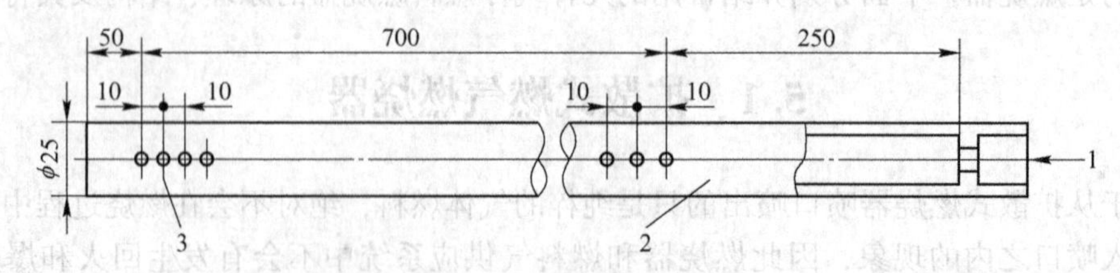

图 5.2　直管式扩散燃烧器

1—燃气进口；2—铁管；3—火孔（71 只，φ1.9mm）

5.1.1.2　冲焰式扩散燃烧器

图 5.4 和图 5.5 所示分别为分管冲焰式扩散燃烧器和喷头式冲焰扩散燃烧器。冲焰式燃烧器采用两个扩散火焰相撞的方法来加强气流的扰动，加快燃气与空气的混合，从而强化燃烧过程，增加燃烧的稳定性。火焰的撞击角 θ 一般为 50°~70°，两根管子上火孔的距离一般为管外径的 2 倍。应使燃气均匀分布于各孔，火孔总面积必须小于管子截面积。

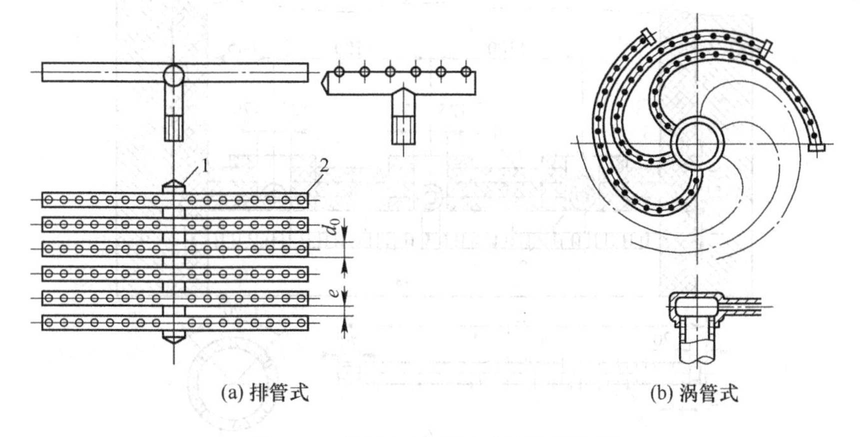

图 5.3 排管式和涡管式扩散燃烧器

1—集气管；2—排管

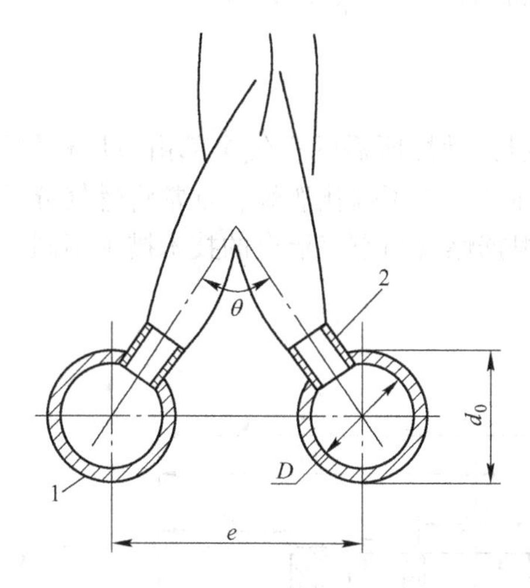

图 5.4 分管冲焰式扩散燃烧器

1—分配管；2—燃气喷口

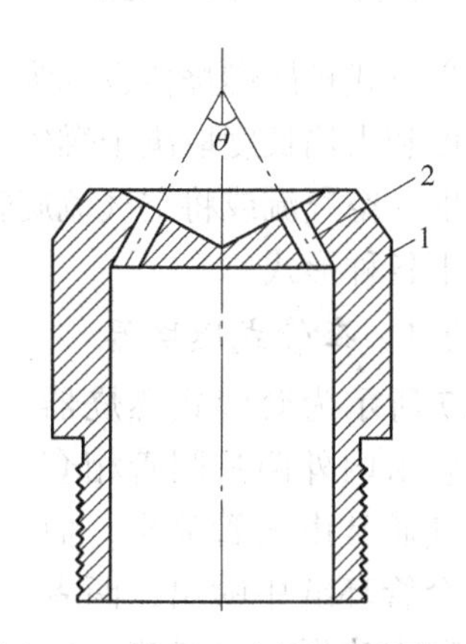

图 5.5 喷头式冲焰扩散燃烧器

1—喷头；2—燃气喷口

5.1.1.3 炉床式扩散燃烧器

炉床式扩散燃烧器也称为缝隙式扩散燃烧器，它主要在小型燃煤炉改烧燃气时使用，其结构如图 5.6 所示。这种燃烧器由直管式扩散燃烧器和火道组成。直管管径为 50~100mm，火孔直径为 2~4mm，火孔中心距为 6~10 倍火孔直径。燃烧空气靠炉内负压吸入（也可用风机），燃气喷出后与空气成一定角度，依靠扩散相互混合，在离开火孔 20~40mm 处着火，在 0.5~1.0m 处强烈燃烧。因此，火道上应有足够的空间，以保证燃气的完全燃烧。

自然引风式扩散燃烧器的优点为燃烧稳定，易点火，不回火，运行可靠；结构简单，制造容易；不用鼓风，操作方便，适合低压燃气。其主要不足为燃烧热强度低，需较大的燃烧室；过量空气系数大，燃烧温度低。一般来说，这种燃烧器不适宜于燃烧高热值燃料，如天然气和石油液化气等。自然引风式扩散燃烧器目前主要用于热水器、沸水器、纺织和食品业中的小型加热器及小型采暖锅炉。

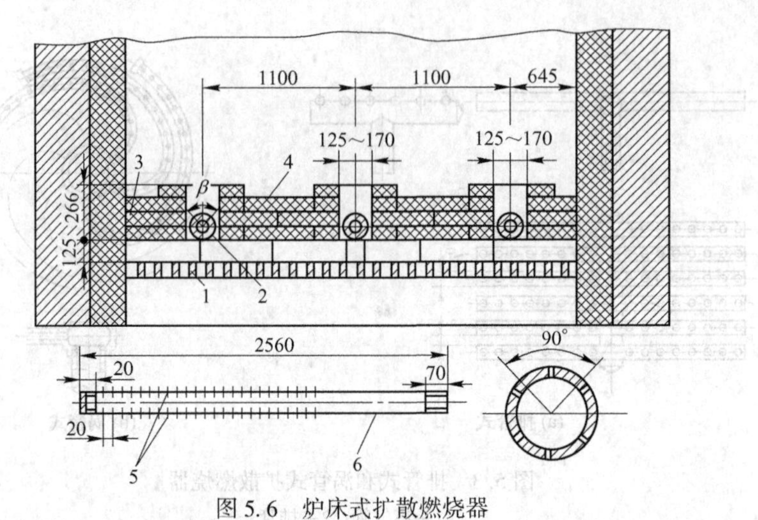

图 5.6 炉床式扩散燃烧器

1—炉箅；2—燃烧器；3—隔热材料；4—耐火砖；5—火孔；6—燃气管

5.1.2 强制送风式扩散燃烧器

强制送风式扩散燃烧器也称为部分预混燃烧器，燃烧所需的空气全部由鼓风机供给，其燃烧强度和火焰长度取决于燃气与空气的混合强度。为了强化燃烧，常常将燃气分成很多细小流射入空气流或将空气流旋转等。工业上根据燃气与空气混合的技术措施不同，其结构有如下各种形式。

5.1.2.1 套管式燃烧器

图 5.7 所示为套管式燃烧器的结构。它由内外两只圆管相套而成，燃气通常由内管喷出，而空气则由套管环缝中喷出，两者在流动扩散中边混合边燃烧。由于燃气与空气以平行射流形式喷出，其相互混合较差，故火焰较长。这种燃烧器结构简单、工作稳定、流动阻力小，要求的燃气和空气压力较低，一般为 500～800Pa。这种燃烧器在钢铁厂的加热炉上有着广泛的应用。

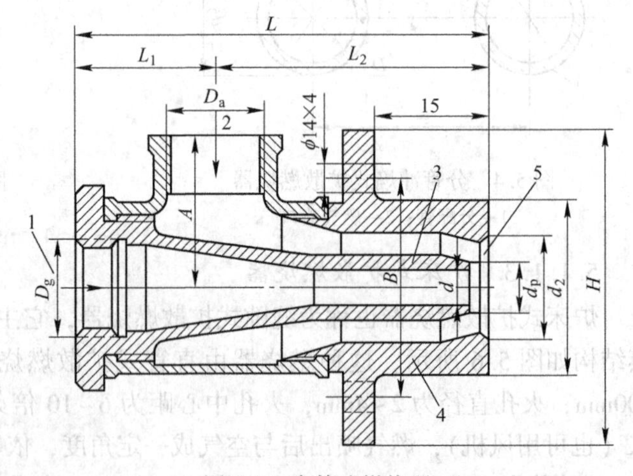

图 5.7 套管式燃烧器

1—燃气进口；2—空气进口；3—内管；4—外管；5—喷嘴

5.1.2.2 旋流燃烧器

旋流式燃烧器的结构特点是燃烧器自身带有旋流装置，以加强燃气与空气的混合。根据旋流装置结构的不同，有以下几种形式。

A 导流叶片式旋流燃烧器

导流叶片式旋流燃烧器也称为低压涡流烧嘴（或称 DW-I 型）。

如图5.8所示，在燃气通道中安装有锥形内旋流通道，使燃气从内筒的旋槽内喷出时带有旋转，空气则在流经套筒夹套内的导流叶片式旋流器时获得旋转。两者在喷出后边旋转边混合，使混合大大加快，燃烧得到强化。这种燃烧器在燃用天然气时压力较高，约为3000Pa，经鼓风的空气压力约为2000Pa。当燃用清洗过的焦炉煤气、发生炉煤气或混合煤气时燃气压力较低，约为800Pa。此时在燃气的中心通道管中不再设旋流器，而只用直管，以减小流动阻力，而空气通道中仍设旋流器。这种燃烧器在钢铁厂的加热炉上有着广泛的应用。

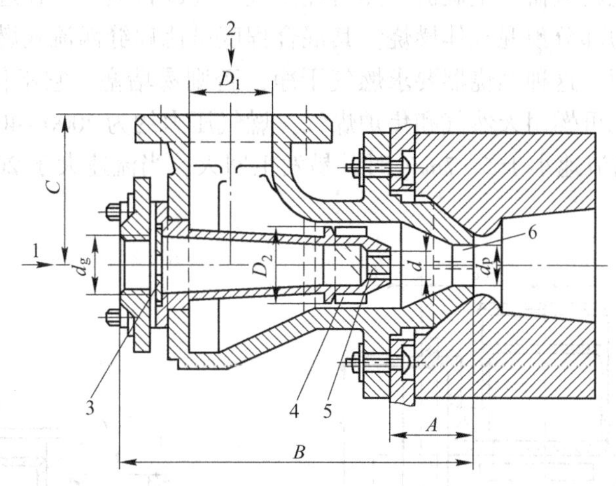

图5.8 导流叶片式旋流燃烧器

1—燃气进口；2—空气进口；3—节流圈；4—导流叶片；5—燃气旋流器；6—喷口

B 中心进气蜗壳式旋流燃烧器

中心进气蜗壳式旋流燃烧器如图5.9所示。空气经蜗壳后形成旋转气流，而燃气则经由中心燃气环管的许多小孔呈细流垂直喷入空气流中，两者强烈混合后进入火道燃烧。当燃用天然气时，压力为15000Pa，空气阻力约为850Pa，过量空气系数约为1.1。

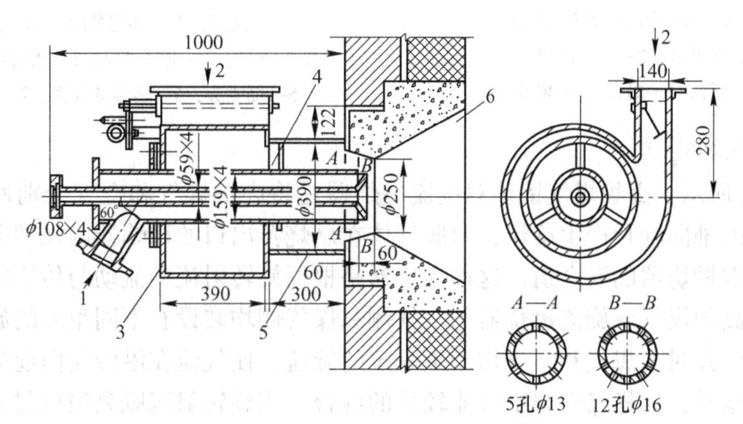

图5.9 中心进气蜗壳式旋流燃烧器

1—燃气进口；2—空气进口；3—蜗壳；4—中心燃气环管；5—混合段；6—火道

C 扁缝涡流式燃烧器（或称DW-Ⅱ型）

如图5.10所示，在燃烧器燃气通道内安装了锥形分流短管，使燃气旋转，形成中心燃气旋流。燃气管壁面上开有几条与内壁相切的扁缝。空气则通过蜗壳旋流器旋转后，由扁缝分成若干片状气流切向进入混合室中与燃气混合。这种燃烧器的混合条件好、火焰短。在使用时要求燃烧器前燃气和空气压力为1500~2000Pa。由于燃气与空气在燃烧器内部已混合，所以喷出的为预混气体，喷出流速应保证不回火不脱火。

D 环缝涡流式燃烧器

如图5.11所示，环缝涡流式燃烧器燃气通道内有一分流短管，从而使燃气形成管状气流；空气则由蜗壳旋流器产生旋流，然后经空气环缝旋转喷出。在进入炉膛前燃气和空气发生部分混合，为部分预混气体燃烧。其混合程度虽比扁缝涡流式燃烧器略差，但也属较好，其火焰也较短。这种燃烧器要求燃气干净，否则易堵塞。它不仅可燃用混合煤气、发生炉煤气，而且也可燃用天然气和焦炉煤气。燃气压力约为2000~4000Pa，混合气出口流速约为10m/s。当流速小于5~7m/s时，易发生回火；当流速大于20m/s时，则可能会脱火。

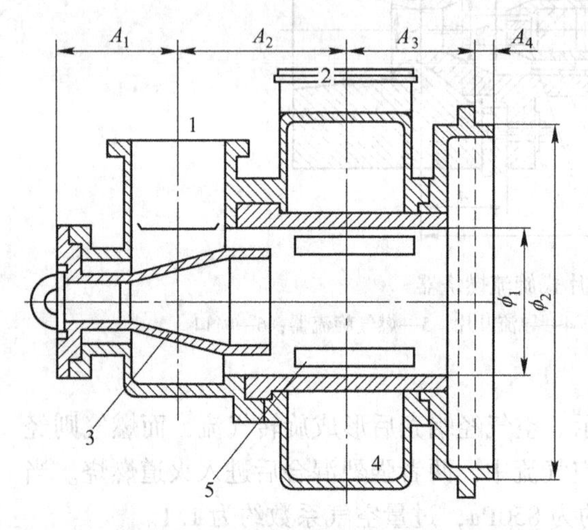

图5.10 扁缝涡流式燃烧器

1—燃气进口；2—空气进口；3—分流管；4—蜗壳；5—扁缝

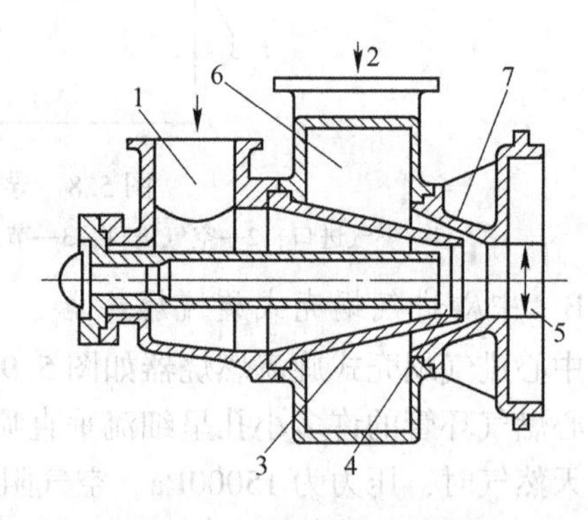

图5.11 环缝涡流式燃烧器

1—燃气进口；2—空气进口；3—燃气喷头；4—环缝；5—烧嘴头；6—蜗形空气室；7—空气环缝

E 双旋流燃烧器

如图5.12所示，高炉煤气锅炉双旋流燃烧器是将高炉煤气和空气分别通过布置在煤气管和空气侧的轴向叶片产生旋流，两股气体在燃烧器出口的稳焰器内强烈混合燃烧，稳焰器就是半预混燃烧器的混合道。这种燃烧器是根据旋转射流的流动与传质的基本原理来组织燃烧的，高炉煤气双旋流燃烧器的空气侧和煤气侧均装设有不同角度的旋流叶片，煤气及空气流经叶片时，煤气和空气均产生一定的旋流，使气流在沿轴向向前运动的同时还产生沿径向的运动，这样煤气与空气能较早的混合。当旋转射流脱离喷口射入炉膛大空间时，由于失去了喷口边壁的约束作用，流体在离心力和惯性力的联合作用下一边向径向扩展，一边向前运动，形成扩展的旋转射流，其速度为三维空间向量，可分为轴向、切向和径向速度，由于煤气的平均速度一般较大，旋流强度也较小，故径向速度小于轴向和切向速度。由于切向速度的存在，故射流有径向和轴向的压力梯度，而此压力梯度反过来影响混合气体的流场。当反向的轴向压力梯度足够大时，沿射流中心线上形成了反向的轴向流动，即反向回流区。在回流区内，周围高温烟气逆射流的方向向喷口运动，从而加热混合气体，使之着火并稳定燃烧。同时燃烧器出口为喷入炉膛大空间及由于射流的外边界的强烈卷吸作用，也会产生外回流，从而形成中心和外围两个大回流区的稳定热源。旋流燃烧器的功能在很大程度上取决于旋转气流的特性，也就是回流区的大小和回流量、旋转气流的扩展角度。设计良好的燃烧器既可使混合气体混合良好，又可回流大量的热烟气，使之及早着火。

5.1.2.3 多孔式天然气旋流燃烧器

天然气热值高，燃烧时需供应大量的空气，并应保证较少的燃气与较多空气间的良好混合。为此，常将天然气分成多股细流喷入空气中，并加强旋转以促进混合。图 5.13 为多孔式天然气旋流燃烧器的示意图，可以看出，天然气由 8~10 个小孔喷出，空气由周围的窄缝旋转喷出，使两者之间获得了良好的混合。

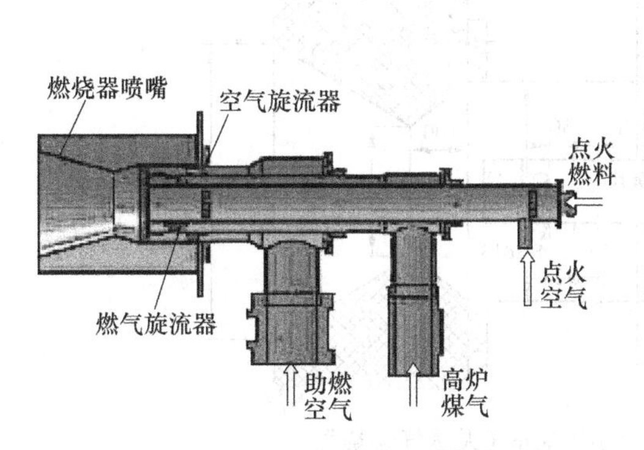

图 5.12　高炉煤气锅炉双旋流燃烧器

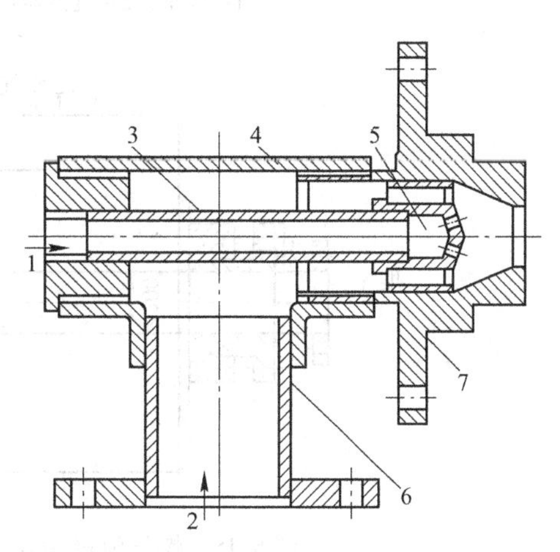

图 5.13　多孔式天然气旋流燃烧器

1—燃气进口；2—空气进口；3—燃气导管；
4—三通；5—带旋转叶片喷头；6—空气导管；7—烧嘴头

5.1.2.4 平流多枪式天然气燃烧器

平流多枪式天然气燃烧器结构如图 5.14 所示。天然气沿 6 根喷枪管流向各自的喷枪头，从切向和横向两个方向由喷枪头上燃气喷孔喷出，喷射速度可达 150~230m/s。其中，一部分喷孔喷出的气流两两对冲，另一部分喷孔喷出气流为旋转气流。总风量的 13%左右为一次风，并经由中心稳焰叶轮而呈旋流，大部分空气则作为二次风从叶轮和喷口间的环形通道中直流喷出，与旋转天然气流混合。这种燃烧器还可以通过旋转喷管位置达到调节火焰发光性。

工程应用中燃烧煤气量较大时，仅依靠煤气的喷射抽吸一般很难从大气中吸收到足够的空气，必须采用送风机帮助克服送风的阻力。图 5.15、图 5.16 所示是国产的两种烧天然气的燃烧器。每个燃烧器能烧 0.3m^3/s 天然气，相当于产生 13t/h 蒸汽，喷口直径仅仅 700mm，面积为 0.38m^2。煤气从喷头的小孔中以 130m/s 射出，此处空气流速为 25m/s，煤气射出的方向和空气流动的方向垂直，以利于迅速混合。煤气高速射出时需要消耗一定的能量，而煤气管道中常具有一定的压力，燃烧器可以利用这个压力。烧焦炉煤气、炼油

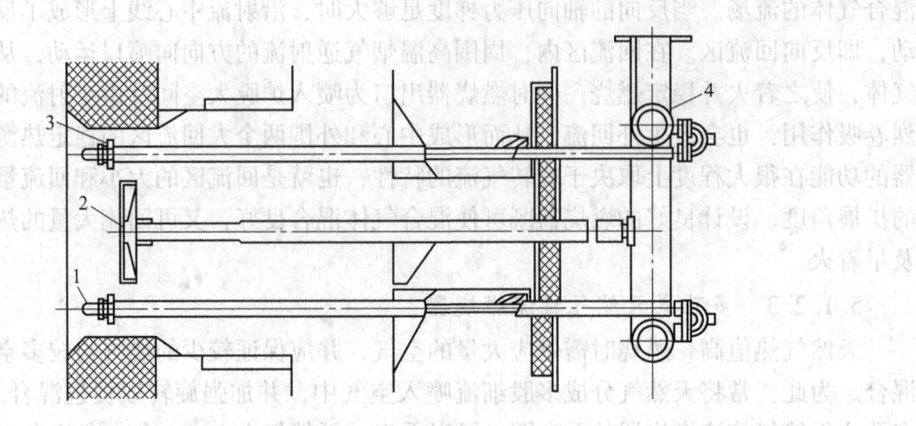

图 5.14 平流多枪式天然气燃烧器
1—气枪；2—旋流器；3—盘状管；4—环形煤气总管

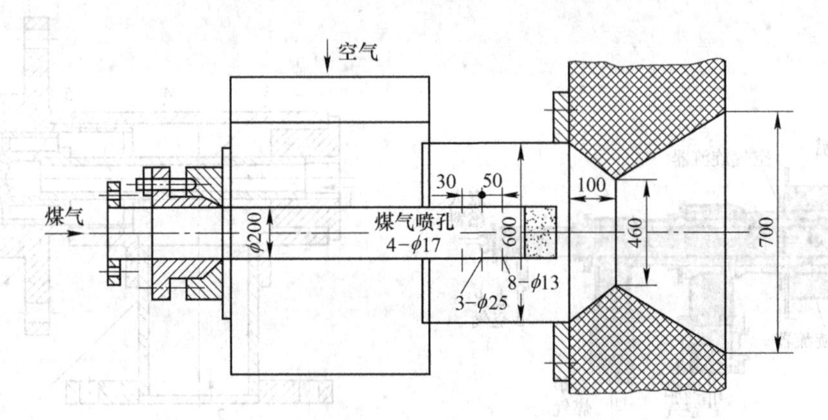

图 5.15 燃气流量为 0.3m³/s 的中心进气天然气燃烧器

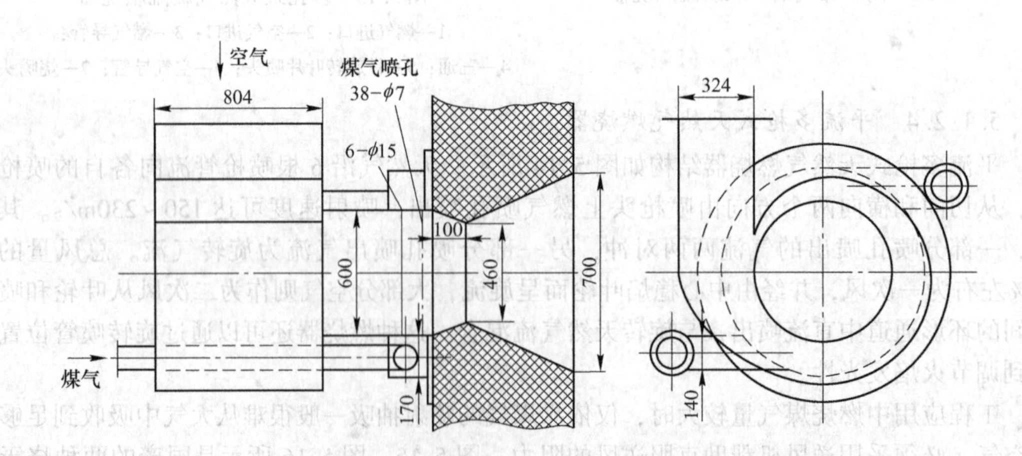

图 5.16 燃气流量为 0.3m³/s 的四周进气天然气燃烧器

裂化煤气时，因为煤气的热值较高，和空气混合后，煤气的体积仅占混合气的 10%左右，煤气要消耗一些能量，工程上还是允许的。低热值煤气和空气混合时，就可能达到体积各占一半。图 5.15 和图 5.16 中所示燃烧器的喷口预混段做成先略微缩小，然后再扩大，混合气流的平均流速为36m/s，这种结构利于混合并且防止回火。采用图5.15和图5.16所示的燃烧器，燃烧室的容积热负荷q_V为220~280MW/m^3，空气用蜗壳或经过旋流导向叶片送入，是旋转气流。

图5.17所示的空气通道是一个直筒，气流不旋转，称为平流燃烧器。火炬形状为直射圆锥形，称为直焰，气流主体平行于轴线，流向喷口并射入燃烧室。中心装有一个小旋流器，使气流流出喷口之前部分空气产生旋转，产生较小的中心回流区，使火焰根部保持在固定位置，利于整个直流火炬保持稳定；并使一定量的空气和煤气在着火之前先混合好，以防止煤气在过度缺氧的情况下受热而裂解产生炭黑。煤气是通过燃烧器前的一个环形总管送入各气枪的。每个气枪的前部有一个小圆盘形状的板，这是为了在低负荷时形成局部低速区，促进火焰保持稳定。气枪的端部制成鸭嘴形，上面钻有3~4个直径为10mm的煤气喷孔，孔的位置在管周周向上是不均匀的。每个气枪可以绕着他本身的轴线转动使煤气孔的方向变化，从而实现煤气的分布变化。各气枪的转动是由一个统一的机构执行的。如果旋转各气枪，使较多的煤气孔向着燃烧器中心，则火焰根部煤气较集中，此局部地区空气显得不足，火焰性质接近于扩散火焰，并出现较多的细微白炽炭粒，形成明亮的发光火焰。如转动各气枪，使较多的煤气孔朝向燃烧器的四周，煤气能和空气预先较好的混合，火焰半发光或者接近不发光。这样，旋转各气枪，改变煤气孔的方向，就可以改变火焰的发光程度和燃烧室中辐射传热的情况，控制锅炉的过热蒸汽温度。由于常要换烧重油或煤气的锅炉，调节煤气火焰的发光程度是很必要的。这种燃烧器的气枪数目最少为3个，燃烧器容量大时，数量增加，单个容量可大至40MW。平流燃烧器为使不旋转的空气也能很好地和煤气混合，喷口处空气流速很高，在满负荷时流速约为60m/s，气流的湍流扰动很强烈，空气和煤气的混合很快，在较低的过量空气系数（$a=1.03$）下燃烧也很完全。

图5.17 天然气多枪平流燃烧器

5.2 完全预混式气体燃烧器

完全预混式气体燃烧器中，气体燃料和燃烧所需要的空气全部在喷出喷口以前在燃烧器中均匀混合好，在燃烧室中燃烧时不需要再补充供应空气。预混可燃气体的过量空气系数a_1一般为1.05~1.15。由于喷出后不需要再补充空气和进行混合，这种预混式的火炬长度比扩散式的要短的很多，全预混式煤气的燃烧区中有可能发生回火，所以一般适用于火焰传播速度不是很高的低热值煤气，以减少回火的可能性。

图5.18（a）所示是最普通的全预混式煤气燃烧器——本生灯；全预混本生灯的火焰形状如图5.18（b）所示。与纯扩散火焰相比，全预混可燃气的火炬长度短得多，如图5.19所示。全预混可燃气的湍流火焰长度l_{hj}在喷口不是很小时为喷口直径d_0的8~10倍。

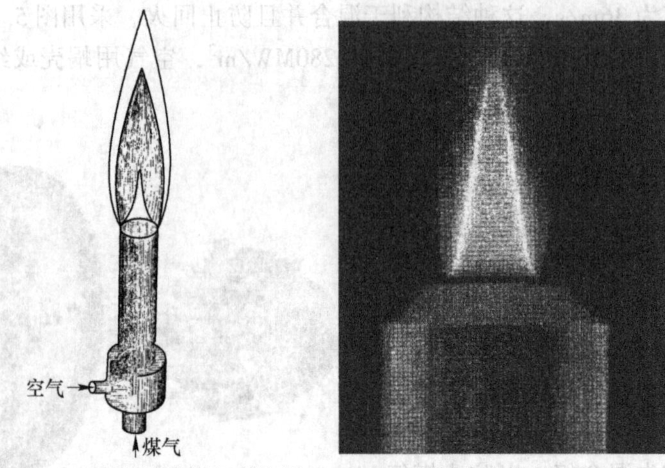

图 5.18 全预混式煤气燃烧器（a）和全预混本生灯的火焰形状（b）

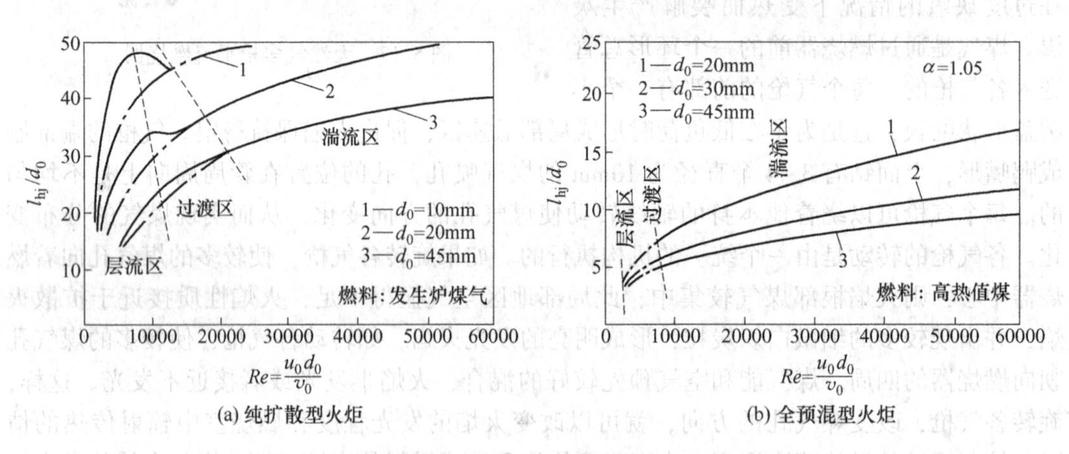

图 5.19 纯扩散型火炬和全预混型的火炬长度的比较

图 5.20 所示是另一种小型全预混式煤气燃烧器，这是在本生灯喷口上加装一段多孔耐火填料层，填料可以是耐火砖块或者瓷球等。预混可燃气在填料层的孔隙中穿过时被分成许多股，这些小股气流在穿过曲折的小孔道时着火燃烧，并使耐火填料保持高温，高温的耐火填料能可靠地把源源不断而来的新鲜预混可燃气体很快地点燃着火，保持小孔道中的火焰稳定而不被吹熄。高温填料式良好的热物体点火源，填料中的孔道较细，每个孔道中小火炬的长度和孔道的截面尺寸成比例，因而各小火炬的长度可以很短。只要填料层的厚度为孔道直径的 10 倍左右，小火炬就能在孔道中基本烧完，有时只在填料层之外还稍留些短火苗。这些短火苗因燃烧比较完全，火焰没有明显发光，常只见到明亮的红黄色的炽热填料层，而几乎见不到明显的火焰，因此称为无焰燃烧，实际上只是煤气火焰不够明显

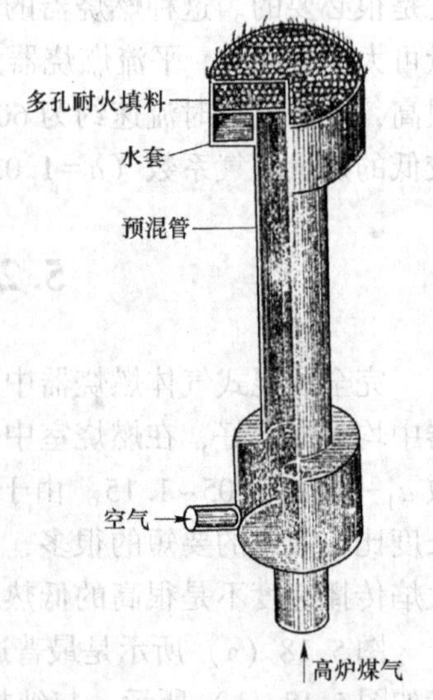

图 5.20 小型无焰燃烧器

而已，并非真的没有火焰。

有时还用硅酸铝等耐火纤维制成多孔填料层（亦称基板），并浸渍在含有氯铂酸、硝酸钴或含氯化钯等催化剂的溶液内，然后取出使之干燥，使耐火纤维材料上附有催化活性物质，做成如图 5.21 所示的催化燃烧多孔板式煤气燃烧器。利用高压燃料气喷射时的高速射流引射周围空气，可抽引过量空气系数大于 1 的空气量并和它充分混合，然后进入燃烧多孔板，使之迅速完成燃烧反应。因为填料层中附着催化活性物质，可以用较多的过量空气，使预混可燃气体在较低的燃料浓度和温度下也能迅速彻底完成氧化反应，填料层外几乎看不到火焰，所以催化燃烧器是特种的低温无焰煤气燃烧器，填料层的温度一般低于 1173K。实用上常利用温度不太高的填料层发出的远红外辐射热量，来烘烤油漆涂层，或干燥木材、树脂、电焊条等，或用高压气体燃料引射可燃废气，并和空气混合后通过催化燃烧多孔板，使之完全燃烧而消除可燃有害物质。

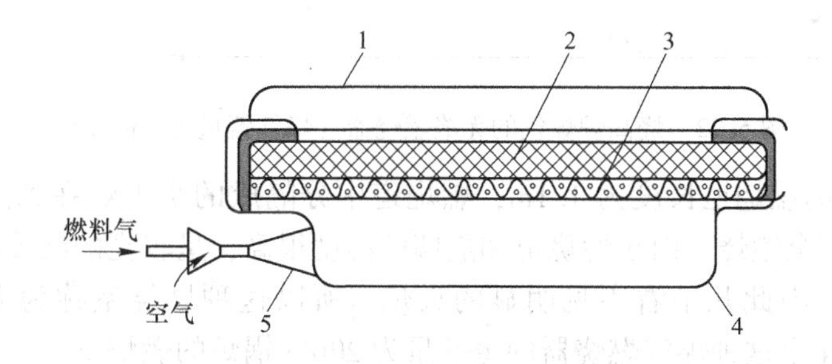

图 5.21 引射式催化无焰燃烧器

1—保护罩；2—镀催化剂的填料层；3—金属拖网；4—外壳；5—引射器

因为催化燃烧板中的小孔很细，流动阻力很大，因此通过的可燃气体流速较小，所以单位面积的燃烧板的释热强度即面积热负荷 q_A 较小，通常只有 15~60kW/m^2。因此，燃烧不多的气体燃料就要有较大的催化燃烧板面积，所以对于要求有较大的燃烧释热率的工程燃烧设备，就难以采用这种无焰燃烧器。需要强调的是，这类填料板型无焰煤气燃烧器的面积热负荷 q_A 虽然较小，但是因为填料层的厚度很小，有时厚度仅需几毫米，因而填料层的体积并不大，容积热负荷 q_V 可高达 56MW/m^3，约为一般锅炉燃烧室的容积热负荷的 200 倍。

锅炉燃烧的燃气，主要是热值非常低的没有其他用途的废燃气，如高炉煤气，热值 $Q_{ar,net,p}$ 仅为 3.5~5MJ/m^3，因为消耗的燃气流量很高，此时不希望燃烧室做得过大。采用全预混式无焰燃烧器的容积热负荷很高，可以满足这个要求。要求燃煤气量较大的工程燃烧设备，也不宜采用阻力很大并要求面积很大的填料板型无焰煤气燃烧器。例如，一台热功率为 3.5MW（蒸发量约 5t/h）的锅炉，燃用热值为 4MJ/m^3 的高炉煤气，煤气流量约需 1m^3/s，填料板面积就需要达到 $A = (1 \times 4)/0.015 \approx 267\text{m}^2$。一台蒸发量仅为 5t/h 的小型锅炉的无焰燃烧器就需要这么巨大的燃烧面积，在工程上是很难实现的。所以，锅炉上实际采用的无焰燃烧器需要进行必要的设计，典型结构如图 5.22 所示。

图 5.22 所示的无焰燃烧器中，高炉煤气送入左面的入口，煤气和 $\alpha_1 = 1.05 \sim 1.15$ 的全部空气在预混管中混合，然后进入用耐火砖砌成的燃烧道，燃烧道中温度很高，接近预混气体的绝热燃烧温度，烧高炉煤气时为 1473~1673K。燃烧道中的耐火砖隔离把预混气

体分成3股或更多股。炽热的耐火砖隔墙还起着点燃板的作用，使预混气流很快着火。有时预混管出口处燃烧道突然扩大，使射出的气流的外侧形成高温回流区。这些都是使预混可燃气流尽快着火和保持火焰稳定的方法。

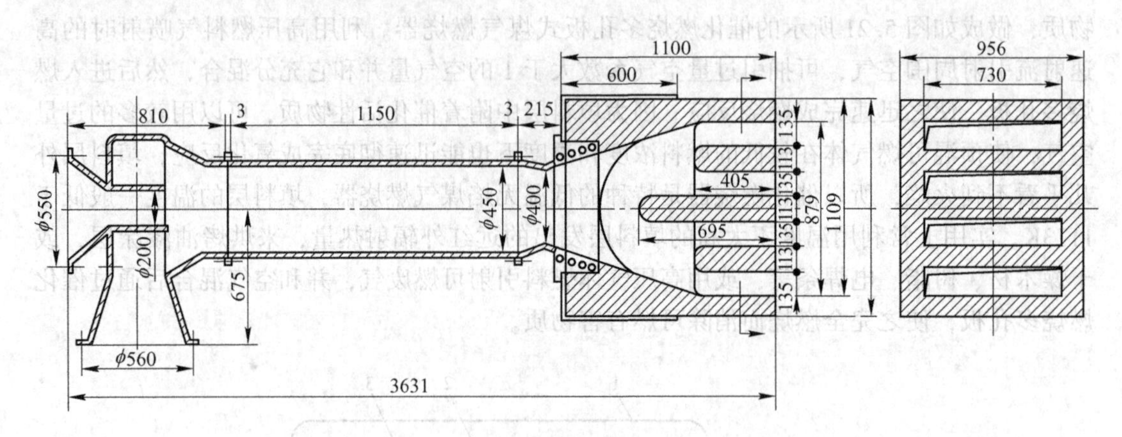

图5.22 烧高炉煤气的无焰燃烧器（煤气流量为$1m^3/s$）

图5.22所示的燃烧道长度为1.1m，燃烧道中分隔成的小火炬在到达燃烧道出口处时，就已经接近完全燃烧。由于燃烧道和隔墙的温度很高，呈较亮的红黄色，预混可燃气体的火焰又不亮，因此几乎看不见明显的火焰，所以这种燃烧室称为无焰燃烧器。图5.23所示是装有4个这种煤气燃烧器的蒸发量为20t/h锅炉的燃烧室。

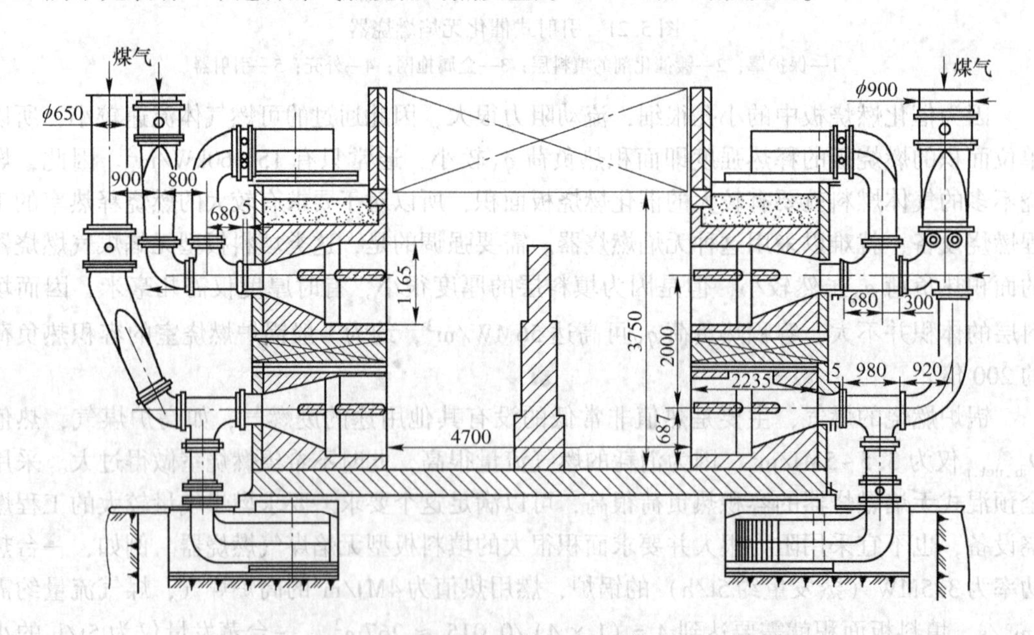

图5.23 装有4个无焰燃烧器的20t/h高炉煤气锅炉燃烧室

为进一步加强流出燃烧器气体的燃尽，并为火焰提供稳定的点燃热源，通常在高炉煤气的炉膛中设置一定体积的高温耐火材料蓄热体，如图5.23所示。这样，即使燃烧器出口没有着火，也能确保在炉膛中及时点燃，而喷口到蓄热体之间的射流因其不断衰减，气流速度不高，着火后火焰的传播速度大于气流速度，能够及时使燃烧器喷口出口的燃气着火。

由于高炉煤气热值较低，火焰传播速度也较低，只要预混管中的流速不是太低，就不会发生回火，而且由钢材制成的预混管口还用水冷却，就更为安全。一般额定负荷下预混管中的平均气流速度设计为20m/s，可保持火焰稳定不被吹熄，则每个烧1m^3/s高炉煤气的预混管喷口直径为0.4m，面积为0.126m^2，而耐火材料制成的燃烧道每个需占面积1.06m^2。由于预混可燃气体在燃烧道进口处的速度和燃烧产物在燃烧道出口处的速度，都比前述填料板型无焰燃烧器要高得多，面积热负荷也大得多，所以占面积就小得多。这种燃料道的容积热负荷约为$q_V=22MW/m^3$，采用这种燃烧器时，燃烧道空间再加上汇集各燃烧器的热烟气并使之进一步燃尽所用的空间（见图5.23），总的容积热负荷常为$q_V<0.9MW/m^3$。不用无焰燃烧器而采用其他形式的燃烧器时，燃烧室的容积热负荷常为$q_V<0.23MW/m^3$，比用经典的无焰燃烧器时的q_V值小得多。工程实践证明，这种无焰燃烧器在正确设计下能够保持火焰稳定，也不发生回火，流动阻力也不大，所以采用较为广泛。

图5.20~图5.22所示均为无焰燃烧器。实际上大部分全预混式煤气燃烧器的火焰都没有强烈的光，因此又称为不发光或半发光火焰。无焰燃烧器一般不宜应用于高热值煤气，因为高热值煤气在无焰燃烧器燃烧道中的燃烧温度很高，当$\alpha\approx1$时绝热燃烧温度可达2073K以上，耐火砖可能会被烧坏，燃烧道必须用很昂贵的高级耐火材料来制作。同时，这些耐火材料的稳定性要求更高。高热值煤气和空气在预混段中还较易发生回火，而没有预混段也就不成为无焰燃烧器。所以，无焰燃烧器对于高热值煤气不够安全可靠，因而不常采用。

近年来，一些研究推广了无焰燃烧器的应用，将其推广到多孔介质中的燃烧，取得了很大的成就。关于多孔介质燃烧器的内容，将在第10章中详细介绍。

5.3 特种燃烧器

为了满足不同工艺的要求，人们设计了各种各样的燃烧器，并且随着燃气工业的发展，又不断地创造出一些新型燃烧器，如高速燃烧器、平焰燃烧器等。这些燃烧器的出现主要是为了提供热效率、节约能源、减少污染、保护环境，提高产品质量和产量。

5.3.1 陶瓷燃烧器

由于炼铁技术的发展，提高风温和降低焦比已成当务之急，如目前国外风温有的可达1200~1300℃，其焦比可降到450~360kg/t铁。德国有1400℃的高风温热风炉。而沿用过去的内燃式热风炉（风温为1100℃左右），要达到上述的风温是根本不可能的。若要继续提高风温，炉内的耐火砖易烧坏，影响热风炉寿命。要解决上述问题，最有效的办法是采用陶瓷燃烧器，所以近年来在国内外的热风炉上已获得迅速推广，已成为获得高温不可缺少的手段。

从煤气与空气的混合情况和结构看，陶瓷燃烧器基本上可以分成两大类：一类为套筒式，另一类为格栅式。

5.3.1.1 套筒式陶瓷燃烧器

套筒式陶瓷燃烧器的结构如图5.24所示，是一个同心的套筒，煤气从中间管道进入，助燃的空气从同心的外环管道进入，在空气道的前端加一个空气分布帽，将空气分割成多股细流以较高的速度喷射出来。由于空气被分割成多股细流，大大增加了和煤气的接触面，又因空气和煤气有一定的速度差并以一定的角度交叉相遇，可以把煤气“吸入”空气流中，因而可以促进煤气和空气的快速均匀混合，然后在混合前室的耐火材料表面及其上部空间进行燃烧。很显然，套筒式是以喷射（造成速度差）为主而改善混合，所以它的阻力损失大，要求较大的动力消耗，但结构简单。目前我国高炉热风炉上采用的陶瓷燃烧器一般为套筒式。

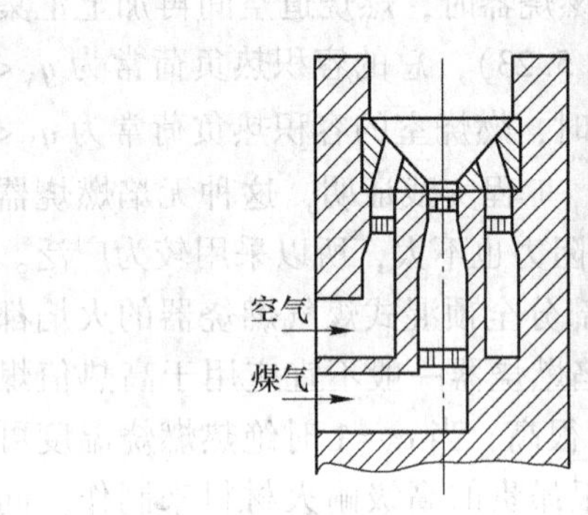

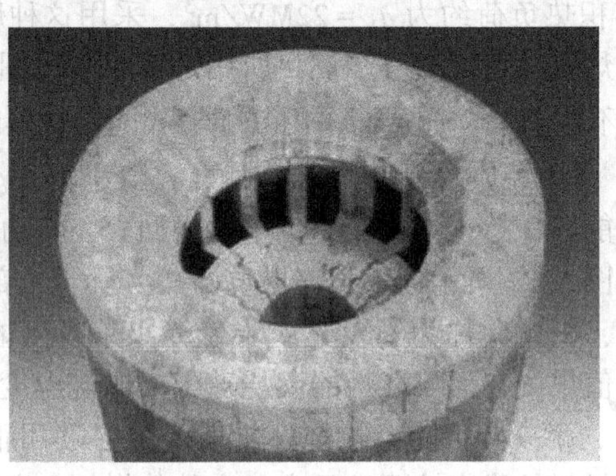

图 5.24 套筒式陶瓷燃烧器

5.3.1.2 栅格式（多孔式）陶瓷燃烧器

它的结构如图 5.25 所示，特点是用一道道的砖壁将整个燃烧器分隔成一条条狭长的长方形通道。空气和煤气在这些通道中间相间流动，都被分割成厚度很薄的扁平流股，这些相间分布的空、煤气扁平流股均在燃烧器前端的栅格板处交叉混合。由于空气和煤气都被分割成很薄的流股，彼此间的接触面很大，因此空气流和煤气流混合很快；然后在混合前室上部的耐火材料表面着火燃烧。燃烧主要是在格栅孔上部完成的。它是以细流股交叉为主改善混合。由于燃烧器的工作是周期性的，因此，燃烧器出口和顶盆内的材质要求耐急冷急热性能好，耐火度和荷重软化点高。燃烧器下部的耐火材料要求必须体积膨胀小，

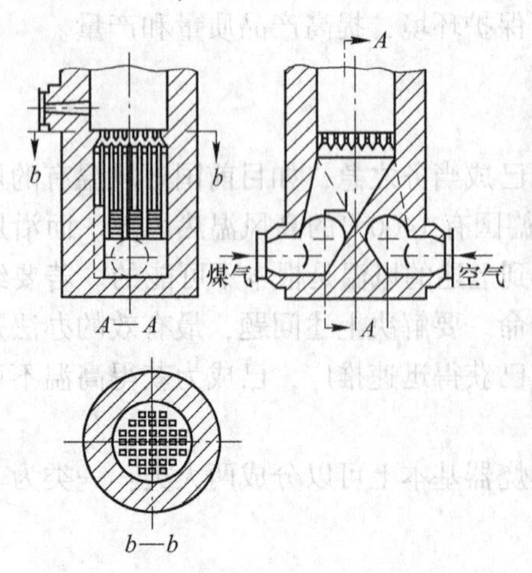

图 5.25 栅格式（多孔式）陶瓷燃烧器

以免在使用中产生裂缝，造成空、煤气的泄漏，在换向时发生爆炸事故。对于上部，如使用纯高炉煤气时，可使用一级黏土砖的材质；烧高发热值煤气时，日本采用莫来石（$3Al_2O_3 \cdot 2SiO_2$），也可试用轻质硅砖或轻质高铝砖，或用无焰燃烧器的燃烧坑道材质，其组成体积比为：刚玉60%、黏土烧粉20%和锯木屑20%。对于下部，在日本是使用硅线石（$Al_2O_3 \cdot SiO_2$），对我国来说，可用经过预烧的磷酸盐耐火混凝土预制块。

5.3.2 平焰燃烧器

5.3.2.1 平焰燃烧器的工作原理及特点

平焰燃烧器与传统的直焰燃烧器不同，它喷出的不是直焰，而是紧贴炉墙或炉顶向四周均匀伸展的圆盘形薄层火焰。利用旋转气流通过扩张形火道（扩张形火道具有附壁流动性质——科安达效应）便可形成平展气流，燃气在平展气流中燃烧便得到平面火焰。

平焰燃烧器具有下列主要特点：

（1）加热均匀，防止局部过热。由于气流旋转造成平焰中心处有一回流区，可起到稳定火焰和搅拌作用，故温度场均匀、加热均匀。

（2）炉子升温及物料加热速度快。由于火焰及烟气紧贴炉壁扩展，对炉壁加热强烈，因此，平焰炉壁温度比直焰炉提高快，并且高，从而可提高物料加热速度，提高炉子产量。

（3）炉内压力均匀。平焰炉的负压区在火焰中心处，沿炉壁四周为正压区，炉子压力分布均匀，可防止冷风吸入。

（4）节约燃气。平焰离受热工件的距离比一般直焰小得多，故加热快、节约燃气。

（5）烟气中NO含量少，噪声小。

平焰燃烧器的缺点是制造、安装技术要求高，在工业炉上布置方位受限制，燃烧器热负荷不能太大。平焰燃烧器主要用于钢铁及机械工业的加热炉上，也用于玻陶、化工等工业窑炉上。

5.3.2.2 平焰燃烧器示例

A 半引射型平焰燃烧器

图5.26所示为半引射型平面火焰燃烧器。它与大气式燃烧器相仿，由引射器、喷头及梅花形火道砖组成。喷头由耐热金属制成，其上开有夹条形火孔。燃气经喷嘴吸入一次空气，混合后经喷头夹条形火孔流出。二次空气依靠炉内负压吸入，在火孔出口处与燃气相遇，两者边混合边进入梅花形火道砖内进行燃烧，所形成的火焰将火道砖及炉墙侧壁加热。高温火道砖及侧墙内表面又以辐射传热加热工件。这样既可保证工件均匀加热，又可防止火焰与工件接触，从而减小炉膛容积。这种燃烧器可安装在工业炉的侧壁、炉顶或炉底。

半引射型平面火焰燃烧器不需要鼓风，本身不耗电能，并具有燃气空气比例自动调节性能；但需要高压燃气，工作噪声较大。

B 全引射旋流式平焰燃烧器

全引射旋流式平焰燃烧器由引射器、旋流器及火道三部分组成，如图5.27所示。

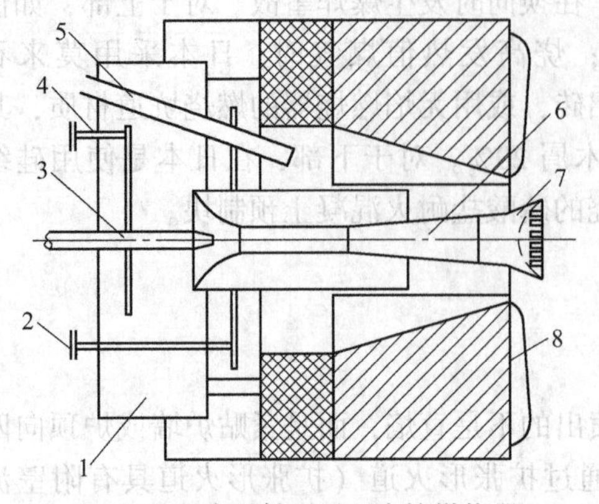

图 5.26　半引射型平面火焰燃烧器

1—消音器；2—二次风门；3—喷嘴；
4——次风门；5—点火器；
6—引射器；7—喷头；8—梅花形烧嘴砖

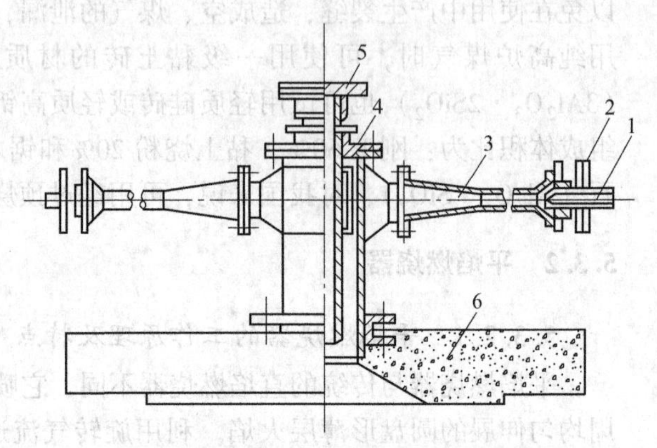

图 5.27　全引射旋流式平焰燃烧器示意图

1—喷嘴；2—调风板；3—引射器混合室；
4—旋流器；5—中心管；6—烧嘴砖

燃气从喷嘴流出，依靠本身的能量吸入燃烧所需的全部空气，并在混合管内进行混合。混合均匀的燃气-空气混合物经旋流器形成旋转气流，在扩张形火道的配合下，贴附于火道壁及炉墙表面燃烧，形成平焰。全引射旋流式平焰燃烧器依靠燃气能量既要吸入燃烧用全部空气，又要形成旋转气流，消耗能量较大，故要求使用中（高）压燃气。为了充分利用中（高）压燃气能量，引射器应选用引射效率高的第一类引射器，即负压吸气引射器。

C　鼓风旋流式平焰燃烧器

鼓风旋流式平焰燃烧器由旋流器和扩散型烧嘴砖组成。在燃烧之前，燃气与空气不预混，属于扩散式燃烧。燃烧所需全部空气均由鼓风机一次供给。平展气流是由旋流器产生的旋转气流和气流在扩散型烧嘴砖的附壁效应作用下形成的。

图 5.28 所示为双旋平焰燃烧器。它由旋流器及火道两部分组成。空气和燃气经旋流器呈旋流向前流动，两者强烈混合后进入喇叭形火道开始燃烧，在火道出口处旋转气流在离心力及回流烟气的作用下向四周扩散，于是形成平面火焰。其火焰直径及厚度与旋流强度及火道扩张角有关。

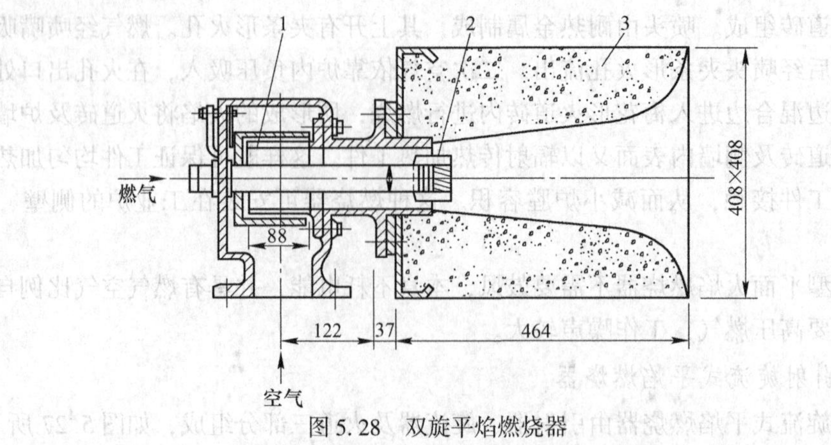

图 5.28　双旋平焰燃烧器

1—空气旋流器；2—燃气旋流器；3—烧嘴

图5.29所示为螺旋叶片平焰燃烧器。空气经过螺旋叶片产生旋转，燃气从径向喷孔射入空气旋流中。在旋流中二者进行强烈混合，然后进入喇叭形火道开始燃烧，随即形成平面火焰。

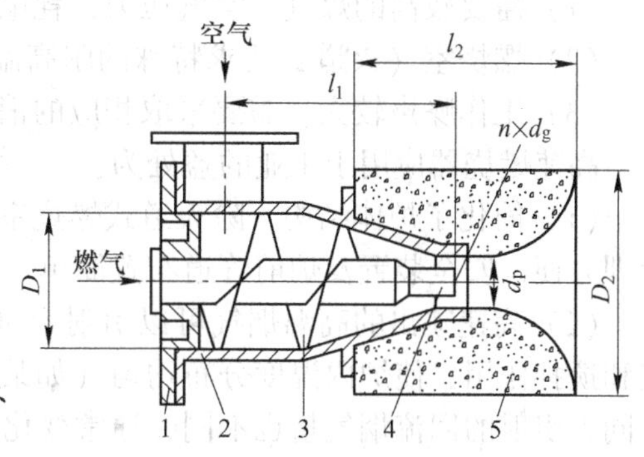

图5.29 螺旋叶片平焰燃烧器
1—盖板；2—外壳；3—螺旋叶片；
4—燃气喷头；5—烧嘴

5.3.3 高速燃烧器

5.3.3.1 高速燃烧器的工作原理及特点

高速燃烧器主要应用在工业炉上。普通工业炉为了加热物料和保证燃料完全燃烧都具有一个宽敞的炉膛。这样，开炉时将炉膛加热到操作温度需要很长的时间；停炉时，由于热惯性大仍有相当一段时间继续加热工件，使加热温度难以控制，并易造成工件过热。为了防止工件过热，普通加热炉只好在略高于工件容许的最高加热温度下运行，这就降低了加热速度，增长了加热时间，特别在工件接近加热最终温度时更是如此。此外，在高温下延长加热时间会产生种种不良影响，如造成钢的氧化和脱碳，使工件表面毛糙和硬度降低。为了节约能源，消除普通加热炉的缺点，并与现代化生产流水线配套，在20世纪60年代出现了快速加热技术。快速加热主要依靠对流传热而不是辐射传热。其特点是炉体小、加热速度快、热惯性小、加热工件质量高、热效率高并易于自动控制。

实现快速加热的关键一是改造炉体，二是应用高速燃烧器。高速燃烧器有两个作用，一是燃气在非常高的热强度下燃烧，二是高温烟气以非常高的流速（200~300m/s）喷出燃烧室（火道），从而增加炉内对流传热的作用。

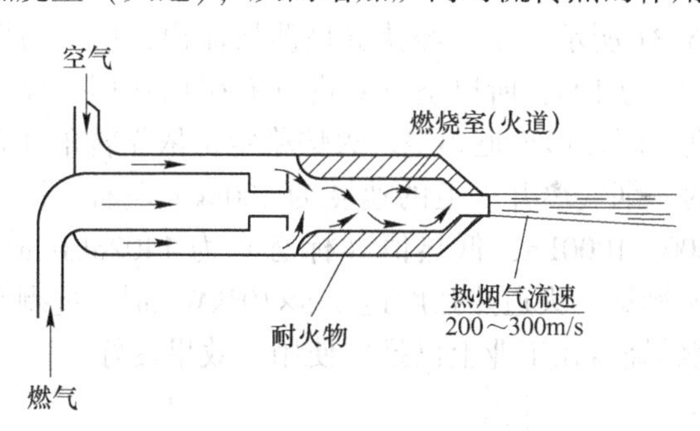

图5.30 高速燃烧器工作原理

图5.30所示的高速燃烧器相当于一个鼓风式燃烧器在其出口增设一个带有烟气喷嘴的燃烧室。燃气和空气在燃烧室内进行强烈混合和燃烧，完全燃烧的高温烟气以非常高的流速喷进炉内，与工件进行强烈的对流换热。这种燃烧器的热负荷可达2330kW。

与普通燃烧器相比，高速燃烧器有下列主要特点：

（1）燃烧室的容积热强度非常高，可达17×10^4 kW/m^3，除火道式燃烧室外，不需要另设燃烧室。

（2）烟气在火道内剧烈膨胀以及火道出口设有烟气喷口，所以烟气喷出速度非常高，可达200~300m/s。

（3）炉内气氛容易调节成氧化性或还原性，可在较高的过剩空气系数下工作。

（4）负荷调节范围大，调节比可达1∶50。

（5）可以使用高温预热空气，因此能以低热值燃气获得高燃烧温度。

（6）由于燃烧反应在火道内瞬时完成，故在惰性气氛的炉内也不会灭火。

缺点：

（1）需要较高的煤气、空气压力，耗电较多。

（2）燃烧室（火道）要求特殊的耐高温耐冲刷的材料，否则寿命很短。

（3）工作噪声较大，需要采取相应的消声措施。

高速燃烧器应用于工业的益处为：

（1）简化了炉体结构。除火道式燃烧室外不再需要普通加热炉所具有的宽敞燃烧室；管理方便，安全装置及炉前管道布置简单。

（2）高速喷出的高温烟气可以引射大量的较低温度的炉内烟气，形成强烈的烟气回流和搅拌作用，使炉内温度分布均匀（如某渗碳炉的炉内温差为±1.5℃）；根据喷出速度不同，引射的回流烟气量也不同，通常变化在20~200倍的范围内。

（3）由于负荷调节范围大，并且以对流传热为主，所以炉内的温度可高、可低，并且热惯性小，所以炉子的使用范围扩大了。

（4）抑制了NO_x的生成。由于燃烧过程中氧的浓度可以控制在需要的最小量，烟气在高温区域内停留的时间短，高温高速烟气引射炉内较低温度的烟气后，本身被迅速稀释而降低温度，炉内的强烈换热也使烟气迅速降温，因此抑制了NO_x的生成。所以说高速燃烧器也是降低NO_x的燃烧器。

（5）节省燃料。由于燃烧效率高、炉内气体的强制循环及搅拌效果好、除火道外不另设燃烧室、炉内气氛容易调节等因素，所以节省燃料。

（6）可以减少燃烧器个数。由于高速气流能使炉温均匀，故不必像以前那样为了保证炉温均匀必须采用数量很多的燃烧器；燃烧器个数少也有利于自控。

高速燃烧器主要用于热处理炉、玻陶制品窑炉及金属熔化炉上。

5.3.3.2 工业用高速燃烧器示例

A SGM型燃气低压高速燃烧器

SGM型燃气低压高速燃烧器构造如图5.31所示。燃气经狭缝呈薄层流出，空气与燃气呈90°角相遇，由于空气流速与燃气流速比为1.5，所以空气对燃气有引射作用，促使二者进行强烈混合，混合气体经腰圆形孔进入圆柱形火道燃烧。火焰稳定是依靠转角处和流股间的高温烟气再循环及火道壁面实现的。烟气离开火道的速度为100m/s左右。该燃烧器的特点是使用低压焦炉煤气（压力800~1000Pa，低热值（标态）为14026kJ/m^3）与低压空气（压力2000~2500Pa）实现高速燃烧。火道热强度达3.5×10^5kW/m^3，过剩空气系数为1.02~7.4时，均能稳定燃烧。该燃烧器在工业上已推广使用，效果良好。

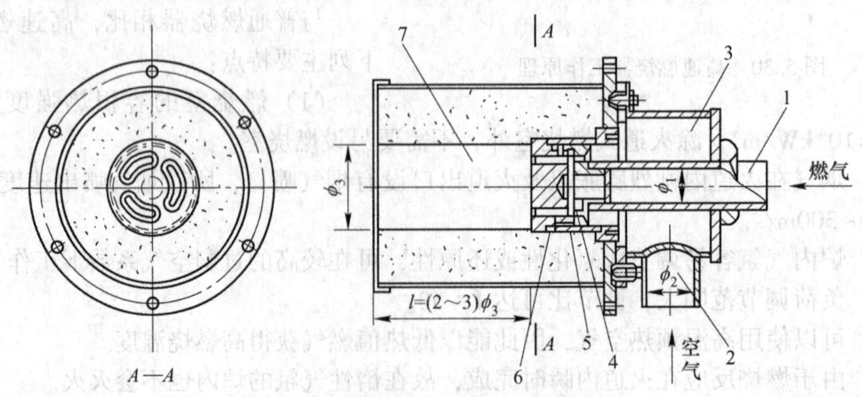

图5.31 SGM型燃气低压高速燃烧器

1—燃气入口；2—空气入口；3—空气分配室；4—空气通道；5—燃气通道；6—混合气通道；7—圆柱形火道（燃烧室）

B 带空冷金属燃烧室的高速燃烧器

图5.32所示为带空冷金属燃烧室的高速燃烧器。这种燃烧器的工作过程是，冷室气经空气入口4进入燃烧器外壳，沿外边第一行程夹层向烟气出口方向流动，在出口处进里边第二行程夹层，沿燃烧室外壁回流，进入混合器3，燃气与空气混合后进入燃烧室1燃烧。该燃烧器火道直径为2.5~3倍喷头直径，火道长度为3.5~5倍火道直径。

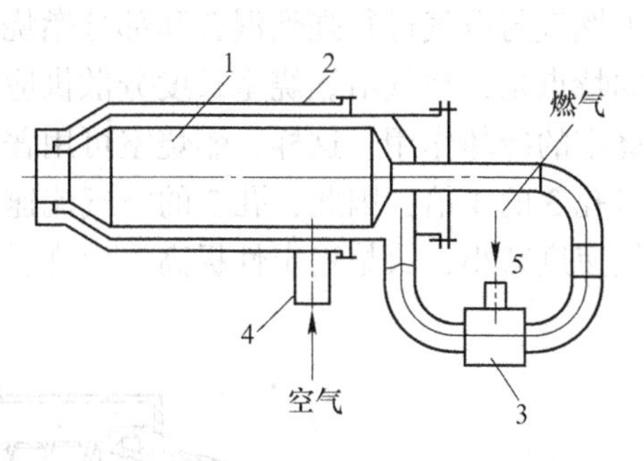

图5.32 带空冷金属燃烧室高速燃烧器
1—燃烧室；2—外壳；3—混合器；
4—空气入口；5—燃气入口

C 铸铁外壳与焊接外壳高速燃烧器

英国的普通高速燃烧器有铸造及焊接两种系列。热负荷在1163kW以下的有三种型号(290kW、580kW、1163kW)，外壳均为铸造。热负荷在1163kW以上的有4种型号(2180kW、2900kW、5800kW、8700kW)，为焊接外壳。图5.33所示为一热负荷为290kW的铸铁外壳高速燃烧器。其工作过程是，在燃气入口处有一挡板，用3根圆钢支撑在燃气喷口上，迫使燃气沿端部内表面流动，同时产生涡流，有利于与空气混合。空气经燃烧筒上的两排开孔（直径约10mm）进入燃烧筒内，与燃气边混合边燃烧。燃烧筒用1mm厚不锈钢板制成，内衬耐火材料。燃烧室缩口用高铝耐火混凝土制成，外边有不锈钢外壳，内衬碳化硅。燃烧器工作时，在急冷与急热作用下，耐火混凝土常开裂成细小裂缝，压力约为1.5kPa的高温烟气有可能沿裂缝外流，使裂缝越来越大。为防止发生这种现象，不仅安装了不锈钢外壳，还设置了冷空气道，保持外侧空气压力大于内侧烟气压力，一旦发生裂缝，冷空气可沿缝流入起冷却作用，避免热烟气外窜，烧坏燃烧器。

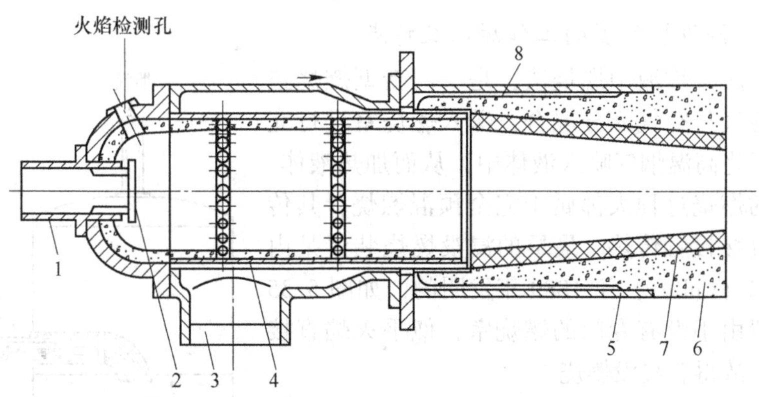

图5.33 热负荷为290kW高速燃烧器
1—燃气入口；2—挡板；3—空气入口；4—燃烧筒；
5—不锈钢火道外壳；6—燃烧室缩口；7—碳化硅衬套；8—冷空气道

D 天然气高速燃烧器

图5.34所示为天然气高速燃烧器。其工作过程是，燃气经入口管8进入分配室，经小孔6流进第一段燃烧室。空气由入口9进入外壳13，经孔1和孔2进入第一段燃烧室，

经螺旋缝隙式孔进入第二段燃烧室12。烟气经缩口14进入炉子工作室。在第一段燃烧室中燃气与空气进行强烈混合和部分燃烧，在第二段燃烧室中完成全部燃烧过程。该燃烧器的特点是，空气沿燃烧室长度分散供应，且设置了空气节流室；空气分散供应起到了对燃烧室的冷却作用，这样，燃烧室可用普通耐热钢制造。空气节流室的出口孔2的面积为入口孔3的4倍，因此，孔2的空气流速远远小于孔3的空气流速。由于流向火焰根部的空气速度减小，火焰稳定性提高，允许燃烧器在较大过剩空气系数下工作。

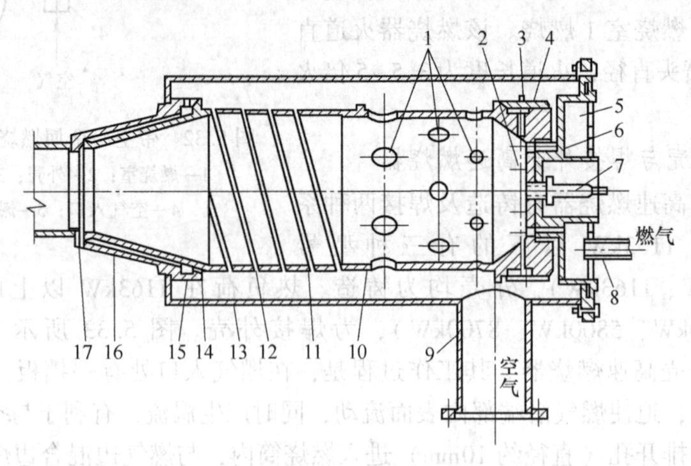

图 5.34 天然气高速燃烧器

1—空气孔；2—节流室空气出口孔；3—节流室空气入口孔；4—节流室；5—燃气分配室；6—燃气孔；7—点火器；8—燃气入口；9—空气入口；10—第一段燃烧室；11—螺旋状缝隙式孔；12—第二段燃烧室；13—外壳；14—燃烧室缩口；15—冷却燃烧室缩口用空气入口；16—喷头；17—冷却空气出口

5.3.4 浸没燃烧器

5.3.4.1 *浸没燃烧器的工作原理及特点*

浸没燃烧法又称液中燃烧法，是一门新型燃烧技术。它是将燃气与空气充分混合，送入燃烧室进行完全燃烧；然后将高温烟气喷入液体中，从而加热液体。浸没燃烧法的燃烧过程大都属于完全预混燃烧，其传热过程属于直接接触传热。最早的浸没燃烧装置是由英国的柯里尔（Collier）于1889年发明的，如图5.35所示。该装置由于没有专门的燃烧室，似乎火焰直接喷入液体中，故得名浸没燃烧。

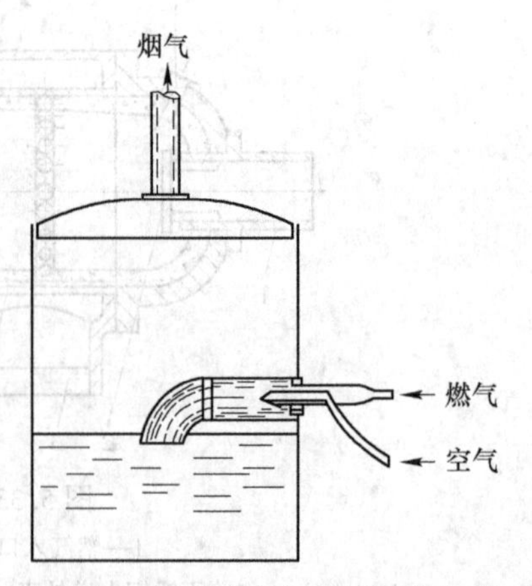

图 5.35 柯里尔的浸没燃烧蒸发器

目前，广泛应用的浸没燃烧装置如图5.36所示，其主要特点是液面上设置了燃烧室，它起到保证火焰稳定和燃烧完全的作用。随着浸没燃烧技术的发展和应用，为了克服浸没燃烧动力消耗大的缺点，相继出现了改良型浸没燃烧装置。由此，浸没燃烧装置可分为浸渍型、填充层型、多孔板型、两相流型。后三种又称为改良型，如图5.37所示。

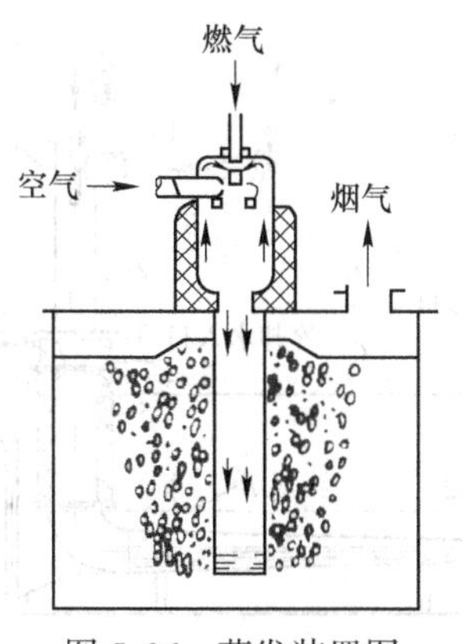

图 5.36 蒸发装置图

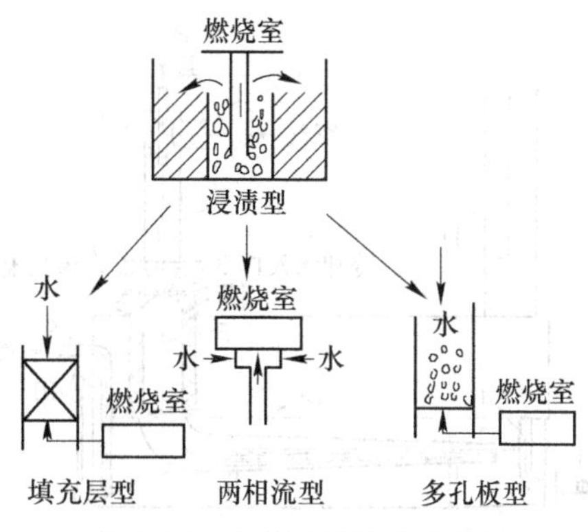

图 5.37 改良浸没燃烧法分类

浸没燃烧早期应用的目的是着重解决用间壁式换热器加热黏稠、易结晶、易结垢和腐蚀性强的液体时所存在的下述问题：

（1）气体的对流换热系数小，使设备的传热系数小、传热面积大、加热设备大型化、投资多。

（2）加热和蒸发黏稠、易结晶和易结垢的液体时，液体侧易结垢和结晶，降低热效率，甚至引起事故。

（3）加热腐蚀性液体时，传热面需要用耐高温、耐腐蚀的材料制造。

（4）排烟温度高、热损失大，并且不安全。

（5）单位产品的能耗大。

浸没燃烧系气-液两相直接接触传热，其最大特点：一是不需要间壁式换热器或蒸发器所必需的固定传热面，因此，不存在传热面上的结晶、结垢和腐蚀问题，节省了耐高温、耐腐蚀材料。二是高温烟气从液体中鼓泡后排出，由于气液混合和搅动十分强烈，大大增加了气液间的接触面积，即两相接触传热面积，强化了传热过程，因此，排烟温度低、热效率高、单位产品耗能少、设备简单、投资少。浸没燃烧不仅解决了间壁式换热器所存在的加热黏稠、易结晶、易结垢和腐蚀性强的问题，还提高了装置的能源利用率，因此，它的研究和应用已越出了对黏稠、易结晶、易结垢和腐蚀性液体的加热范围，而成为节能的重要措施之一。

5.3.4.2 浸没燃烧器应用示例

浸没燃烧广泛用于液体的加热，各种酸洗液的加热、再生和浓缩，废水除酸与净化，碱性废液的中和，惰性气体和还原性气体的生产，液体的气化，清洗储罐及管道等工艺中。

A 液体的加热

图 5.38 所示为热水制备系统。燃烧室内衬耐火材料，浸没管为卧式渐缩形鼓泡管，鼓泡管下半周钻有许多小孔，高温烟气经小孔喷入液体中，将液体加热。

图 5.39 所示为酸洗液的加热系统，其浸没燃烧装置安装在储槽外，溶液沿箭头指向不断循环流动，并被浸没燃烧器所加热。随着水分的蒸发需向系统补液，补给液经过设在分离器内的喷嘴和下部供入，由于补给液的喷淋，使烟气受到冷却，其中蒸汽被冷凝，回收余热，从而减少了排烟热损失。

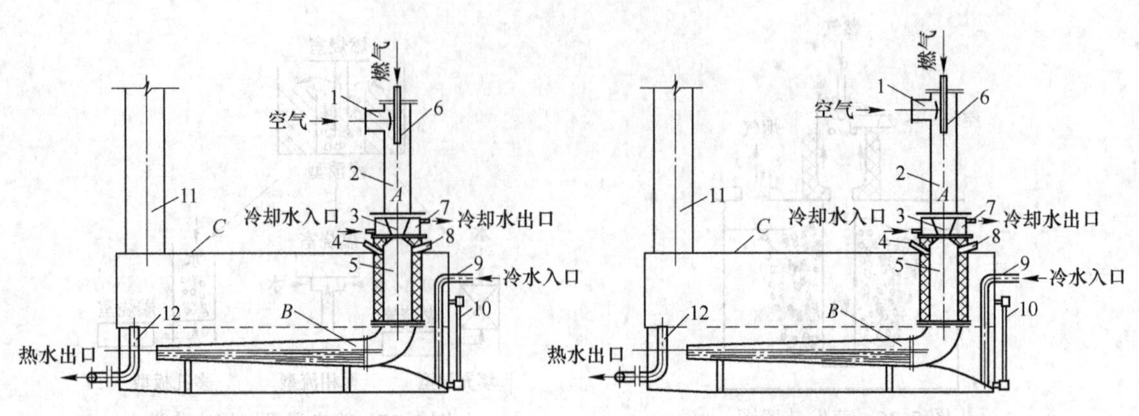

图 5.38 热水制备系统

1—空气管；2—混合管；3—喷头；4—点火孔；5—火道；6—燃气管；7—冷却水套；8—观察孔；9—给水管；10—液面计；11—排烟道；12—热水出口；A—燃烧器；B—鼓泡管；C—水槽

图 5.39 浸没燃烧装置安装在储槽外的酸洗液的加热系统

1—鼓风机；2—浸没燃烧加热装置；3—酸洗槽；4—离心泵；5—火道；6—燃气管；7—冷却水套；8—观察孔；9—给水管；10—液面计；11—排烟道；12—热水出口；A—燃烧器；B—鼓泡管；C—水槽

图 5.40 所示为浸没燃烧装置安装在酸洗槽内的酸洗液加热系统。

B 废酸液的再生与浓缩

废酸液在浸没燃烧装置中的浓缩与再生过程实质是酸液中水分的汽化过程。其工艺流程如图 5.41 所示。原料液用泵由储槽打入高位槽 3，溶液在浸没燃烧装置 4 中进行加热汽化。烟气经分离器 5、洗涤塔 6 将其中蒸汽冷凝并分离出后排出。浓缩液经结晶和分离后，再重新制备酸洗液。

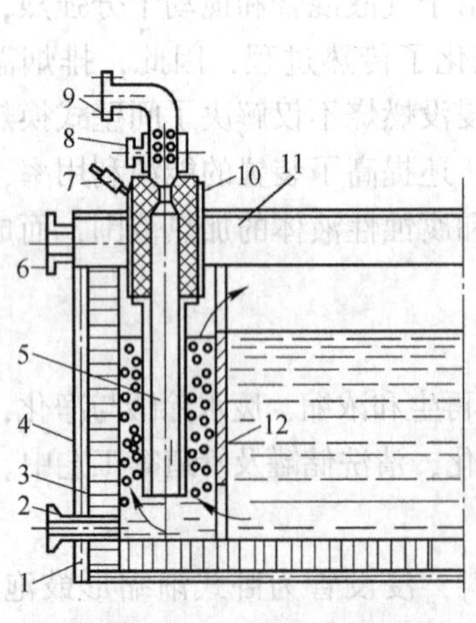

图 5.40 浸没燃烧装置安装在酸洗槽内的酸洗液加热系统

1—槽外壳；2—排水管；3—橡胶衬里；4—耐酸衬里；5—鼓泡管；6—排烟管；7—电点火器；8—天然气管；9—空气；10—带内衬燃烧室；11—排烟道；12—耐酸挡板

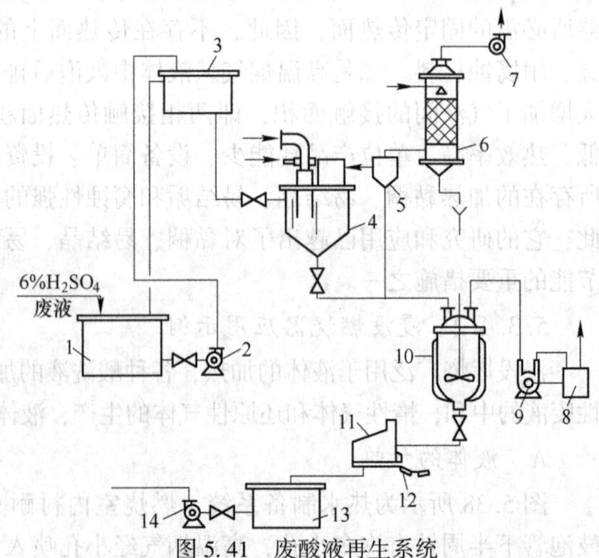

图 5.41 废酸液再生系统

1—原料液储罐；2—泵；3—高位槽；4—浸没燃烧装置；5—分离器；6—洗涤塔；7—风机；8—真空储罐；9—真空泵；10—真空结晶机；11—离心分离机；12—传送带；13—滤出液储槽；14—泵

C　净化工业废水

对于可产生泡沫的污水，采用发泡式浸没燃烧装置净化较一般净化系统有明显的优越性。其工艺流程如图 5.42 所示。该流程的主要组成部分是用于预蒸污水的浸没燃烧装置 1 和用于蒸发浓液及热力净化的发泡蒸发器 5。

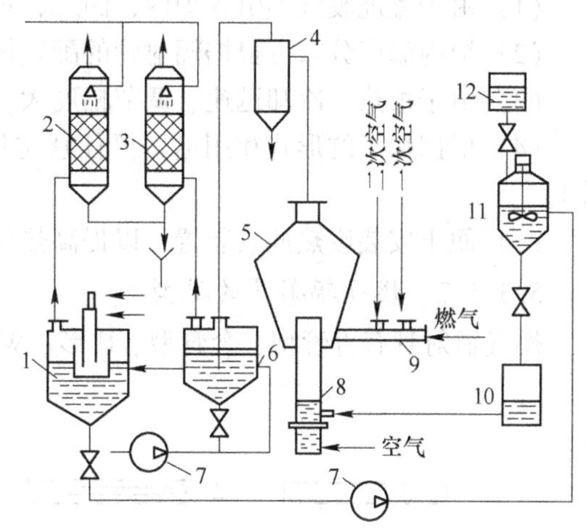

图 5.42　污水蒸发装置

1—浸没燃烧装置；2，3—洗涤塔；4—分离器；5—发泡蒸发器；6—鼓泡器；7—泵；8—发泡柱；9—燃烧器；10—恒压槽；11—混合槽；12—给料器

污水由泵 7 送入鼓泡器 6，经汽气混合气鼓泡后送入浸没燃烧装置 1 进行预蒸。烟气经过洗涤塔 2、3 回收热量后排入大气。预蒸后的污水经泵打入混合槽 11，与表面活性物质混合后送入发泡蒸发器 5，被鼓入的空气和燃气发泡，并同时进行燃烧和加热汽化。污水中的有机物和空气在高温下也参加燃烧。故污水经过发泡蒸发后得以净化。从蒸发器上部排出的烟气中只有 H_2O、CO_2 和 N_2，而没有原来存于污水中的有毒及有害物质。此外，浸没燃烧器还可应用在制取生物能（沼气）中加热原料液、液体汽化系统、清洗储罐、管道及设备内表面等方面。

5.3.5　燃气辐射管

5.3.5.1　燃气辐射管的工作原理及特点

对于需要控制炉内气氛的热处理炉，常选用间接加热方法，即燃烧产物与被加热工件相隔离，燃气辐射管就是其中的一种。

燃气辐射管主要由管体、烧嘴和废热回收装置组成，其工作原理如图 5.43 所示，在耐热钢或耐热陶瓷材料制成的辐射管中，使燃气完全燃烧，以加热管子，利用被加热的管子放出的辐射热来加热炉子以及炉内待处理的工件或材料。所以有人把辐射管称为内燃式管状加热器。辐射管是以辐射传热为主。

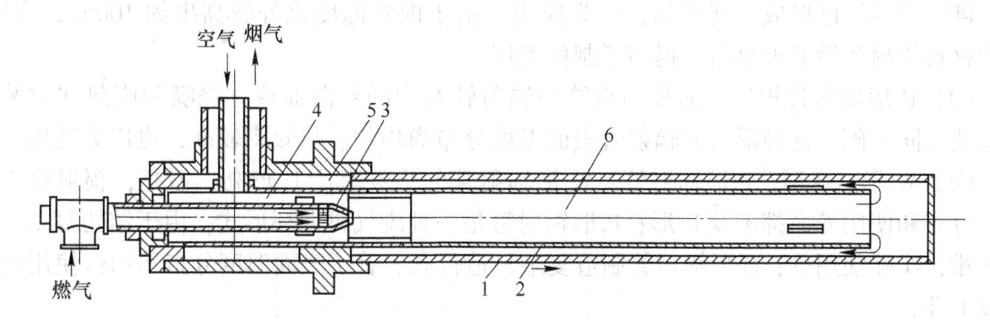

图 5.43　套管式燃气辐射管

1—外管；2—内管；3—燃气喷嘴；4—空气通道；5—烟气通道；6—燃烧区

燃气辐射管的特点为：

(1) 由于燃烧废气不引入炉内，因此，炉内气氛便于控制和调节。

(2) 炉内温度分布可根据辐射管的配置情况予以控制，并达到均匀加热。

(3) 由于加热、冷却迅速、调节幅度大，可实现较复杂的温度控制和加热程序化。

(4) 根据炉子的形式和用途，可任意选用辐射管的形式（如直管型、套管型、U形等）。

(5) 便于安装废热回收装置，以提高热效率。

5.3.5.2 燃气辐射管的类型

燃气辐射管有直管型、套管型、U形、W形、O形、P形、三叉形，如图5.44所示。

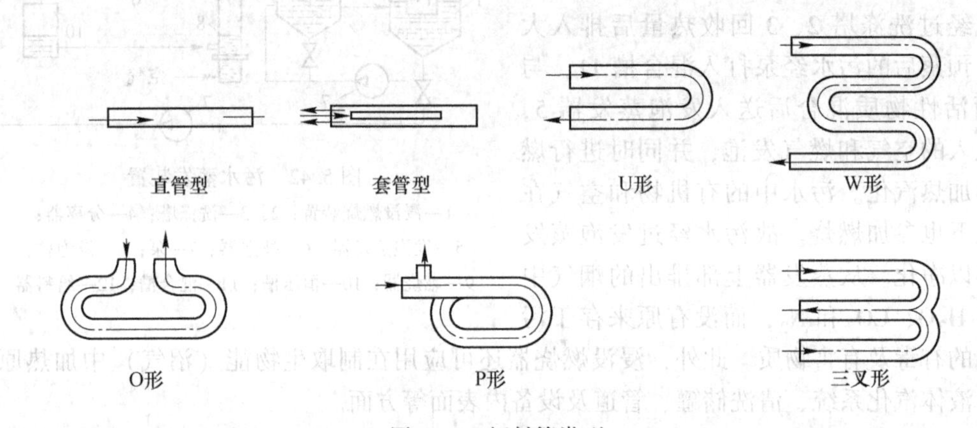

图5.44 辐射管类型

(1) 直管型辐射管结构最简单，在直管的一端装烧嘴，使燃气在管内燃烧，燃烧废气由管子的另一端排出。这种形式的管子表面温度分布差、热效率低，当闷炉或停炉时，因自然通风而引起热量损失；在高温应用时，可使用陶瓷材料辐射管。若两根直管型辐射管成对使用，一根管子出口安装废热回收装置，可为另一根辐射管预热燃烧所需的空气，这样既能改善辐射管表面温度分布，又能提高热效率。但是，安装拆卸极不方便。

(2) 套管型辐射管是由内管和外管制成的套管式结构。管子表面温度分布均匀，热效率高，拆装方便，在德国已有30多年的使用历史。采用废气再循环的套管型辐射管，其管子表面温度分布更趋均匀，内管热应力降低，废气温度降低，热效率提高。英国、法国、俄罗斯等国已形成系列产品，广为应用。由于内管温度比外管高出约100℃，所以，内管材料的耐久性要求更高，提高了制作费用。

(3) U形辐射管相当于加长的直管型辐射管在中间弯曲而成。烧嘴和废热回收装置可安装在同一侧。这种形式的辐射管表面温度分布尚均匀、热效率较高，也广为选用。

(4) W形、O形、P形辐射管。W形辐射管的热效率比U形高，但是，辐射管表面温度分布和使用寿命都不及U形；P形辐射管是一种废气再循环形式，由于结构复杂、制作困难，实际使用少；O形辐射管制造复杂、造价高、管子表面温度分布不均，使用寿命不及U形。

实际上，带废热回收装置的套管型辐射管、带废热再循环的套管型辐射管、带废热回收装置的U形辐射管等，应用最为广泛。

5.3.6 脉冲燃烧器

5.3.6.1 脉冲燃烧器的工作原理及特点

脉冲燃烧器从构造上分为有阀型与无阀型两大类。脉冲燃烧器的工作原理与通常的燃烧器不同，而近似于内燃机的燃烧。如图5.45所示是一种最简单的脉冲燃烧器，也称施米特燃烧器。在脉冲燃烧器中，燃烧和热量释放是周期性进行的。一个循环周期分三个过程，即燃烧过程、排气过程和吸气过程。

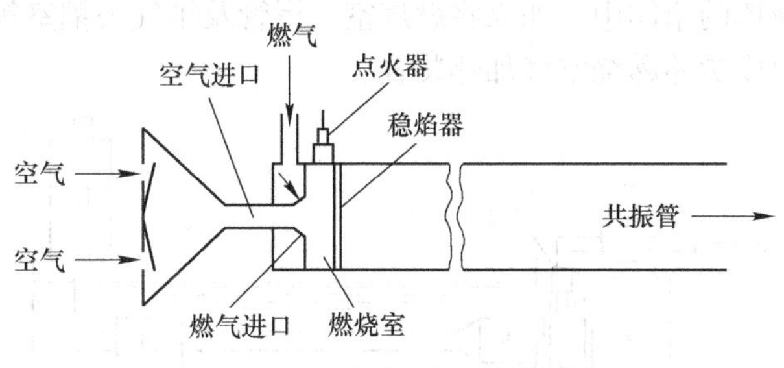

图5.45 脉冲燃烧器示意图

(1) 燃烧过程。供给燃烧室的燃气-空气混合物由前一个周期的高温残存燃烧产物点燃引起燃烧（最开始用点火器点燃），由于气体膨胀燃烧室内压力急剧上升。

(2) 排气过程。由于燃烧室内压力升高，使燃气和空气瓣阀关闭，燃烧产物从排气管（尾管）被排出。排气终了时靠排气的惯性作用，燃烧室的压力降至大气压力以下。

(3) 吸气过程。由于燃烧室内形成负压，使燃气和空气瓣阀打开，燃气和空气被吸入燃烧室，同时部分燃烧产物从排气管逆向流入燃烧室，将燃气-空气混合物点燃，开始下一个循环。如此自动进行下去。

脉冲燃烧的特点为：

(1) 燃烧室容积热强度大，可高达23260kW/m^3，因此由脉冲燃烧器组成的加热装置结构紧凑、体积小。

(2) 加热效率高。由于脉冲燃烧是在声波作用下进行，燃气和空气混合均匀，燃烧加剧、空燃比接近化学计量比，而且排烟温度可降至露点以下，充分利用了烟气中的潜热，所以热效率高，比目前最先进的燃烧装置提高10%左右。当用作热风采暖时，热效率可达96%；当用作热水锅炉时，热效率接近或超过100%（按低热值计算）。

(3) 传热系数大。脉冲燃烧存在着较高的脉动频率，气流具有相当强的脉冲性，严重破坏了气流的传热边界层，同时在脉冲燃烧周期中有部分时间出现了高速气流，所以总的传热系数很高。比普通的加热设备大1倍以上。

(4) NO_x排放量低。通常只有常规燃烧器的50%。

(5) 正常运行时，燃烧室平均压力高于大气压，为正压排气。由于是正压排气，不必考虑烟囱的设置位置，安装自由度较大，一般只要用一根较细的管子将烟气排出室外即可。

(6) 除了在启动时需要点火和鼓风外，正常运行时点火和排烟不再需要外界能量，可节约电能。

脉冲燃烧器的缺点为：

(1) 噪声大，需装有消声器或隔声设备。

(2) 调节比小，因脉冲燃烧器只有在一定的热负荷范围内才能保持良好的运行稳定性和一氧化碳排放量。

(3) 由于脉冲振动引起设备提前损坏的可能性较大。

脉冲燃烧作为一种新的燃烧技术有着广泛的应用前景。

5.3.6.2 脉冲燃烧器应用示例

如图5.46所示为脉冲燃烧液体加热装置。它将脉冲燃烧装置的燃烧室、尾管及排气去耦室等置于装有液体的箱体中；如果将燃烧室、尾管及排气去耦室等置于有空气流通的箱体或管道中，就组成脉冲燃烧空气加热装置。

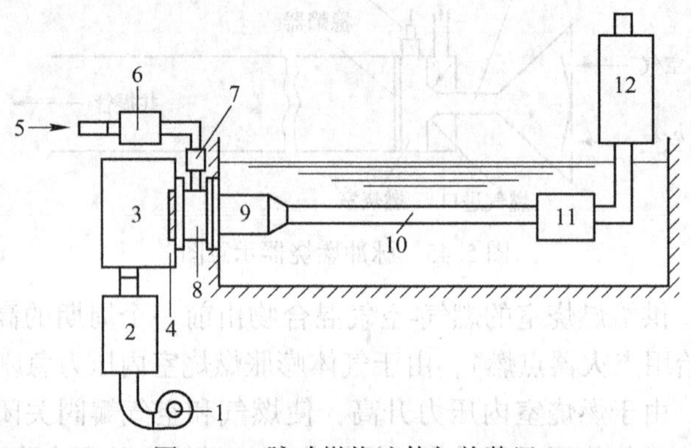

图5.46 脉冲燃烧液体加热装置

1—风机；2—过滤器；3—空气去耦室；4—空气瓣阀；5—燃气管；6—燃气去耦室；7—燃气瓣阀；8—混合室；9—燃烧室；10—尾管；11—排气去耦室；12—排气消声器

目前已经商品化的脉冲燃烧加热装置有美国 Lcnnox 公司的热风器、日本 Paloma 公司的热水器和蒸汽发生器，以及大阪煤气公司的工业液体加热器。

5.3.7 催化燃烧器

5.3.7.1 催化燃烧的基本原理及特点

催化燃烧是多相催化反应中的完全氧化反应。可燃气体借助催化剂的催化作用，能在低温下完全氧化，该温度低于可燃气体闪点。目前关于多相催化反应有以下三种理论：活性中心理论、活化络合物理论和多位理论。活性中心理论认为，催化作用起源于催化剂表面上的活性中心对反应分子的化学吸附。这种化学吸附使反应分子变形并得到活化，所以表现出催化作用。活性中心一般在固体的棱角、突起或缺陷部位，因为那些地方的价键具有较大的不饱和性，所以吸附能力较强。活化络合物理论认为，反应物分子被催化剂的活性中心吸附以后，与活性中心形成一种具有活性的络合物。由于络合物的形成，使原来分子的化学键松弛，因而反应的活化能大大减低，这就为反应创造了有利条件。

活性中心理论和活化络合物理论都没有注意到表面活性中心的结构，因而不能充分解释催化剂的选择性。多位理论认为，表面活性中心的分布不是杂乱无章的，而是具有一定的几何规律性。只有当活性中心的结构与反应物分子的结构成几何对应时，才能形成多位的活化络合物，从而产生催化作用。这时活性中心不仅使反应物分子的某些键变得松弛，而且还由于几何位置的有利条件使新键得以形成。

在上述三种理论中，有两点是共同的：第一点是认为催化剂表面的性质不是均匀的，有活性中心存在；第二点是认为反应物分子与活性中心之间相互作用的结果使化学键发生改组，从而形成一种产物。至于活性中心的本质和活化络合物的本质，还有待进一步查明。已经知道气、固多相催化反应的先行步骤是固体催化剂活性表面对反应物分子的化学吸附。但吸附能力过强和过弱都不能起催化作用，只有中等的吸附强度才能得到最大的反应速度。燃气低温完全预混燃烧常用的催化剂为铂、钯、镍、铜、银和过渡金属（如铜、钴、铬、锰、钒等）的氧化物，以及一些金属（镁、铜、钴、锰）的亚络酸盐。

在工业上使用时，通常使上述催化剂附着在惰性填料上，使之与气体有较大的接触表面，以便更好地发挥催化剂的作用，这种填料称为载体。常用的载体有硅胶（SiO_2）、铝凝胶（Al_2O_3）、石棉和浮石（钾、钠、钙、镁和铁的硅酸盐）等表面积较大的物质。另外，在催化剂中加入少量其他物质，可以提高催化剂的活性、选择性和使用寿命，这种作用称为助催化作用。

催化燃烧器主要用于干燥、采暖、露天加热、塑料加热等场合，其优点为：

（1）燃烧温度低。扩散式催化燃烧温度一般在400℃以下，预混式在500℃以上。催化燃烧几乎看不见火焰，可将燃烧器接近被加热物体，从而缩短加热时间。

（2）由于催化燃烧板面温度低，其辐射射线波长大都为4~6μm，处于红外线范围内。

（3）燃烧完全，烟气中氮氧化物（NO_x）低。

（4）催化燃烧板面温度均匀。

5.3.7.2　催化燃烧器应用示例

目前常用的催化燃烧器有两种：一是预混式，二是扩散式，如图5.47、图5.48所示。

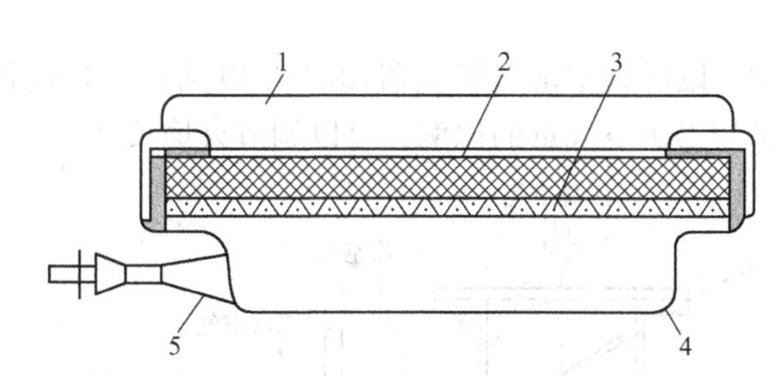

图5.47　预混式催化燃烧器

1—保护罩；2—镀催化剂的辐射板；3—金属托网；4—辐射器外壳；5—引射器

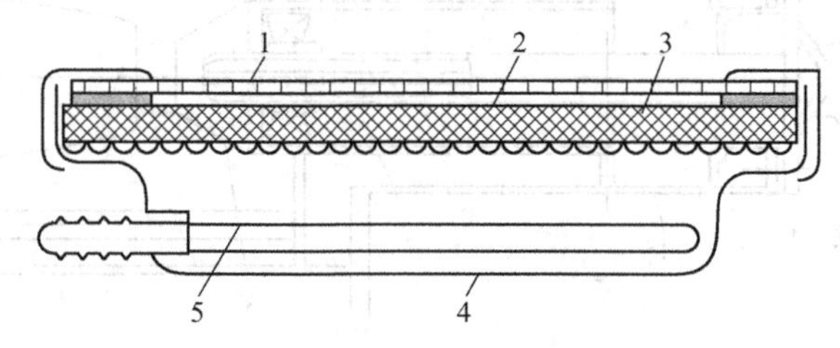

图5.48　扩散式催化燃烧器

1—保护罩；2—镀催化剂的辐射板；3—金属托网；4—辐射器外壳；5—钻有小孔的燃气分配管

5.3.8　富氧燃烧器

5.3.8.1　富氧燃烧的基本原理及特点

在自然状态下空气中的氧含量为20.95%，普通燃烧器所用的助燃空气均在自然状态下。如果用比自然状态下含氧量高的空气作助燃空气，则该燃烧称为富氧燃烧；反之，称贫氧燃烧。富氧燃烧的极限状态是纯氧燃烧。

富氧燃烧的火焰特性及节能特点为：

（1）理论空气需要量少。随着富氧空气中含氧量的增加，理论空气量减少，从而改变了燃烧特性。

（2）火焰温度高。火焰温度随富氧空气中含氧量增加而升高，当含氧浓度小于30%时，火焰温度上升快；大于30%时，温度上升缓慢，因此，一般含氧浓度控制在28%以下为宜。

（3）排烟量减少。富氧空气含氧量由21%增至27%时，在$\alpha=1$情况下，湿烟气量可减少20%，从而减少了排烟热损失。

（4）分解热增加。随着烟气温度升高，分解热增加，当遇到低温表面时，将放出大量分解热，这也是富氧燃烧火焰具有较大传热能力的原因之一。

（5）节约能源。由于富氧燃烧火焰温度高，炉内温压增大，辐射换热量增强，提高了炉内有效利用热；同时，由于排烟量减少，排烟热损失减小，故设备热效率提高，从而节约了燃料消耗量。

（6）NO_x生成量增加，由于火焰温度增高，NO_x生成量将增加。

5.3.8.2　富氧燃烧器应用示例

A　二段燃烧型

用于金属加热炉的二段燃烧型富氧燃烧器如图5.49所示。燃烧器工作时，通过空气调节阀调节一次空气量与二次空气量的比例，可以调节火焰长度。

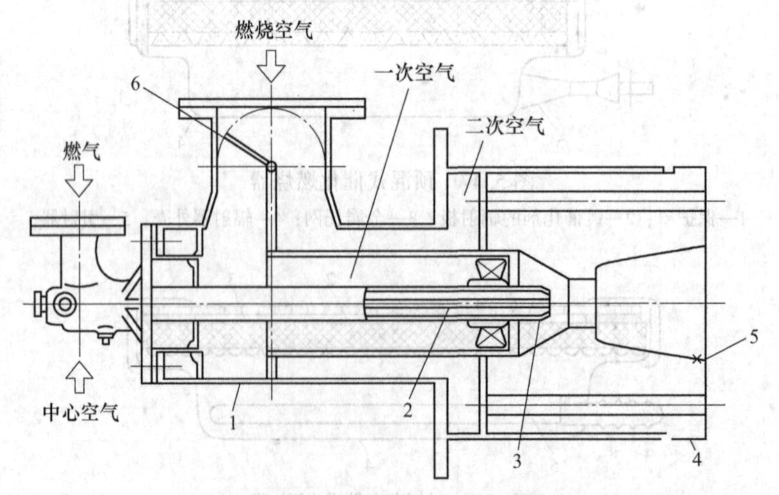

图5.49　二段燃烧型富氧燃烧器

1—本体；2—中心空气喷嘴；3—燃气喷嘴；4—烧嘴砖；5—温度测定点；6—火焰形状调节阀

燃料：城市燃气13A；热负荷：290kW；燃气压力：3000Pa；空气压力：3000Pa

B 高速燃烧型

图5.50所示为高速燃烧型富氧燃烧器。燃气与空气在燃烧器内进行快速混合并快速燃烧，而后烟气以130m/s速度从火道喷出。炉内温度十分均匀。

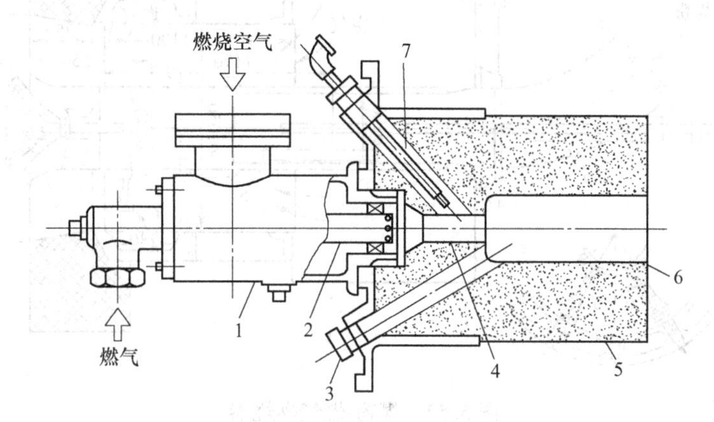

图5.50 高速燃烧型富氧燃烧器

1—本体；2—燃气管；3—观火孔；4—喉部；5—烧嘴砖；6—温度测定点；
7 点火器燃料：城市煤气13A；热负荷：116kW；燃气压力：6500Pa；空气压力：5000Pa

C 杯型

图5.51所示为杯型富氧燃烧器。燃气与空气进行预混，所以燃烧速度快。每个燃器热负荷较小，应用时可将几个组合在一起应用。传热方式以辐射传热为主。

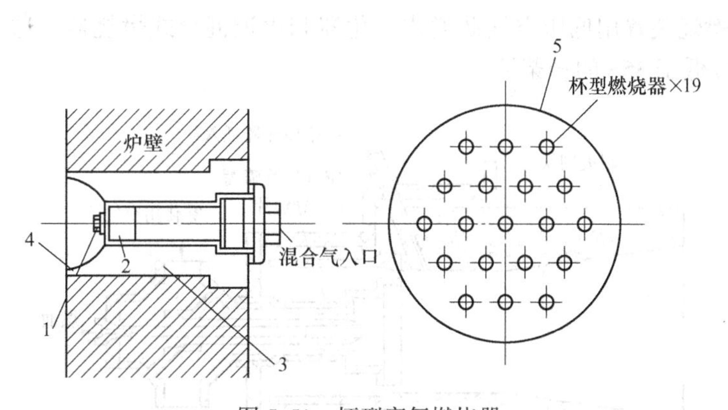

图5.51 杯型富氧燃烧器

1—喷嘴顶部；2—喷嘴；3—烧嘴砖；4—测温点；5—固定板
燃料：城市煤气13A；热负荷：5.9kW；混合气压力：6000Pa

5.3.9 双燃料燃烧器

图5.52所示为煤粉-燃气燃烧器。它由燃气分配室、旋流空气室及中央煤粉供给管道组成。燃气分配室上设有$d=5\sim8$mm的燃气孔口。燃烧器工作时，煤粉同一次空气的混合物沿中心管道经铸铁扩散管进入燃烧室，二次空气经旋流器以26~30m/s的流速旋转向前流动，燃气从边缘经过燃气孔口以110~160m/s的流速垂直进入空气旋流中，然后两者一齐进入燃烧室与煤粉混合燃烧。当燃烧挥发分低的煤粉时，供应一定量燃气可以帮助煤

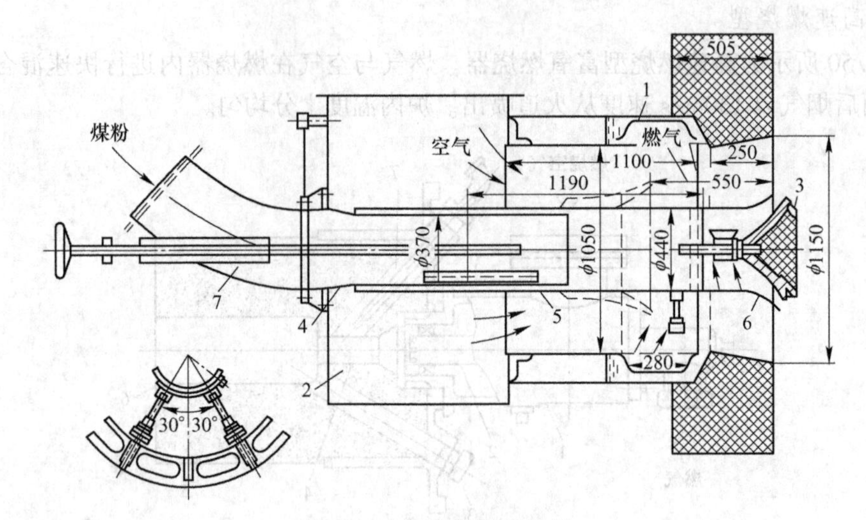

图 5.52　煤粉-燃气燃烧器

1—燃气分配室；2—旋流器；3—分流锥；4—活动管道；5—不动管道；6—出口；7—煤粉供应管道

粉着火和燃烧，使火焰稳定。

该燃烧器可以单独燃烧煤粉或燃气，也可煤粉和燃气混合燃烧。当大型火电站锅炉作为燃气输配系统的缓冲用户来平衡燃气供应的季节不均匀性时，采用煤粉-燃气燃烧器最为合适。

此外，生产上还广泛应用油-燃气燃烧器，用以单独或同时燃烧燃料油和燃气，如图 5.53 所示。该燃烧装置用低压空气助喷式雾化器和火道混合式燃烧器，适于使用 37.8℃时雷氏黏度指数低于 35S 的轻柴油。

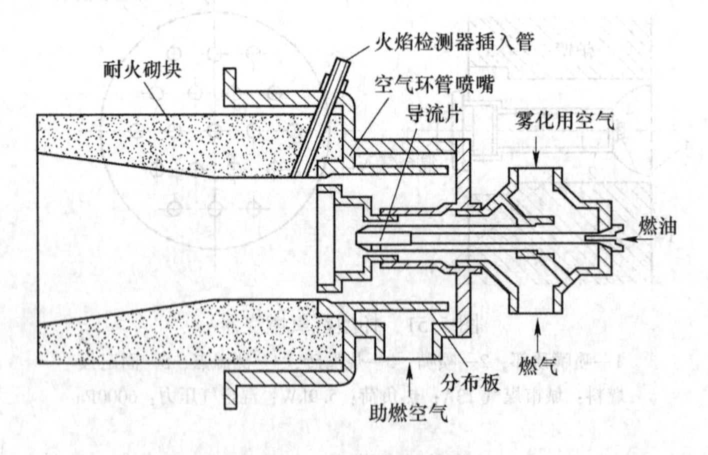

图 5.53　油-燃气燃烧器

5.3.10　蓄热式燃烧器

蓄热式燃烧器是在预热空气燃烧器的基础上发展而来的。20 世纪 80 年代，英国燃气公司等开发了蓄热式燃烧技术，同年美国开始了大量的示范应用工作；之后，蓄热式燃烧器开始广泛应用于玻璃炉、轧钢加热炉、铸造炉、熔铝炉和某些热处理炉。

5.3.10.1 蓄热式燃烧技术概述

工业炉窑节能技术的发展实际上就是烟气余热利用技术的进步。从20世纪60~70年代开始，国内外较普遍地采用空气预热器来回收炉窑的烟气余热。采用这种办法可以降低排烟温度，增加进入炉膛的助燃空气的温度，可以达到一定的节能效果，但仍存在以下问题：

(1) 空气预热器一般采用金属材料和陶瓷材料，当应用在高温炉时，前者寿命短，后者设备庞大、维修困难；

(2) 回收的热量有限，由于空气预热器的几何结构及助燃空气量与燃气量的匹配问题，预热空气的温度不高，一般不超过400℃，因此炉子热效率一般在50%以下。

针对空气预热器应用在高炉加热炉领域的不足，研究人员在借鉴传统玻璃熔炉蓄热室原理的基础上，采用新型蓄热材料，缩小蓄热室体积，使燃烧器与蓄热器集成为一体，从而形成了蓄热式燃烧这一新型燃烧技术。由于蓄热室工作原理的限制，燃烧器必须成对安装在炉窑上。在自动换向系统的控制下，燃烧器可实现精确的定时或定温换向工作。如图5.54所示，工作时，一个燃烧器燃烧，另一个充当烟气余热的回收装置：当燃烧器A工作时，助燃空气通过该侧蓄热体A、吸收蓄热体A内储存的热量升温后与燃料混合燃烧，生成的烟气自燃烧器B流出，放热给蓄热体B，温度下降后排出。经一定时间或排烟温度达到一定值后，换向阀动作，燃料和从蓄热体B吸收热量后的助燃空气由燃烧器B射入，燃烧器B工作，产生烟气流入燃烧器A，放热给蓄热体A后排出。为了实现蓄热式燃烧工艺，一套蓄热式燃烧系统一般配备一台烟气引风机和一台鼓风机；换向阀则频繁切换(常用的切换周期为30~200s)，不断改变空气和烟气流向，控制蓄热式燃烧器在燃烧周期中不同阶段的功能实现。

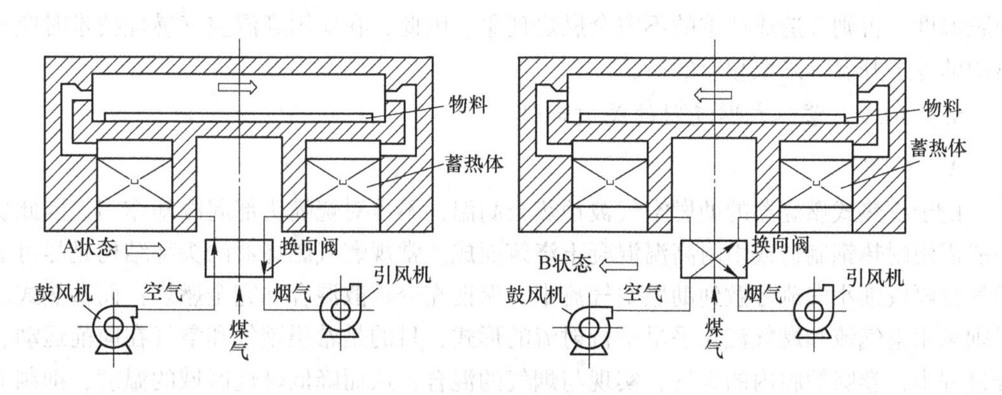

图5.54 蓄热式燃烧器工作原理

蓄热室内蓄热材料一般采用大比表面积的陶瓷球或蜂窝体，常温助燃空气可在极短时间内加热到接近炉膛温度（一般比炉膛温度低50~100℃），同样高温烟气也能在极短时间内将其显热储存在蓄热体内，然后以150~200℃的低温烟气经过换向阀排出。显然，理想的蓄热式燃烧器可以使助燃空气的温度预热到超过1000℃，并且使热效率达到80%左右。这种燃烧工艺让高温加热炉的节能空间得以极大地提高，并且使大量常规燃烧温度不高的低热值燃气应用在高温炉中成为可能。

必须指出，蓄热式燃烧方式在提高热效率的同时，也带来了一些需要解决的问题，主要表现为：

（1）助燃空气的温度提高使燃烧速度加快、火焰温度提高，炉膛内存在局部高温区，容易使加热制品局部过热，烧损率提高，也会影响工业炉的局部炉膛耐火材料和炉内金属构件的寿命；

（2）助燃空气温度的增高导致火焰温度增高，NO_x 的排放量大大增加，对大气环境造成严重的污染。

总之，蓄热式燃烧的应用在提高工业炉加热效率的同时，也带来了工业炉加热中的炉膛内温度分布均匀化以及如何减少 NO_x 污染排放的新问题，这些都需要有新的解决措施——高温空气燃烧（HTAC）技术。

高温空气燃烧技术的核心思想是让燃料在高温低氧气氛中燃烧。它包含两项基本技术措施：一是采用温度效率高、热回收率高的蓄热式换热装置，最大限度回收燃烧产物中的显热，用于预热助燃空气，获得温度为 800~1000℃，甚至更高的高温助燃空气。另一项是采取燃料分级燃烧和高速气流卷吸炉内燃烧产物，稀释反应区的氧气浓度，获得 1.5%~3%（体积）的低氧气氛。燃料在这种高温低氧气氛中，首先进行诸如裂解等过程，获得与传统燃烧过程不同的热力学条件，即在低氧气氛中延缓燃烧释放出热能，不再出现传统燃烧过程中的局部高温区。

这种燃烧方式一方面使炉膛内的温度整体升高且分布更趋均匀，可显著降低燃料消耗，也就意味着减少了 CO_2 的排放；另一方面，消除了传统燃烧的局部高温区，炉内高温烟气回流，降低了反应区的氮、氧的浓度，因此大大抑制了热力型氮氧化物（NO_x）的生成。因此，高温空气燃烧技术具有极大的节能环保效益。

需要指出的是，高温空气燃烧低污染排放的前提条件是要求有很高的助燃空气温度和炉膛温度，否则会造成严重的不完全燃烧现象。因此，在应用高温空气燃烧技术时应对加热炉的冷炉升温等采取相应的措施。

5.3.10.2　蓄热式燃烧器的关键部件

A　烧嘴

由于蓄热式燃烧器的助燃空气被预热至高温，不再对烧嘴头部起冷却作用，因此烧嘴一般需用耐热钢制造或由耐高温混凝土浇筑而成。常规燃气燃烧器的头部结构是尽可能使燃气分隔成细小气流分散到助燃空气流中，保证充分扩散混合、完全燃烧；而蓄热式燃烧器则采用空气流和燃气流几乎呈平行射流的形式，目的是希望燃气和空气在向前运动、混合过程中，卷吸炉膛内的烟气，实现与烟气的混合，从而降低燃烧区域的温度，抑制 NO_x 的生成。而燃气完全燃烧是由高温空气自身携带的能量来保证的。

除此之外，一般还可以在烧嘴燃气通道下方或燃气通道内安装燃气辅助燃烧器，辅助燃烧器起点火的作用，并起到对燃烧过程监控的作用。

B　蓄热室

一般蓄热室采用垂直布置形式，如图 5.55 所示。蓄热体大都采用蓄热陶瓷小球。

为了便于燃气系统及安全点火、监控系统的安装，有的蓄热室采用水平布置形式。水平布置的形式结构紧凑，但一般适用于陶瓷蜂窝体作为蓄热材料。

蓄热体的材质一般采用耐高温、抗热震性好、强度高的陶瓷制成。通常烟气温度在

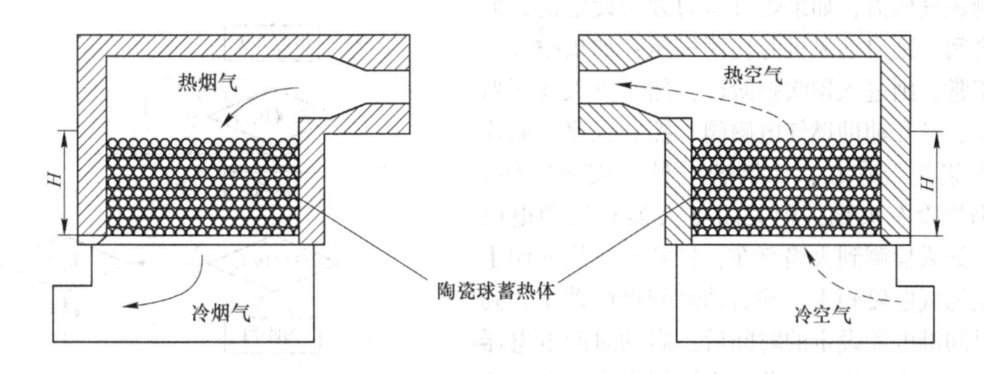

图 5.55 陶瓷球蓄热室示意图

1200℃以下时使用堇青石质的，1200℃以上时使用氧化铝质的和碳化硅质的。

气体流经蓄热室的阻力损失是蓄热室设计的重要技术指标，了解蓄热室在冷态和热态的阻力特性，是合理选择蓄热式燃烧器鼓风系统和排烟系统设备的重要前提。

C 换向机构

换向装置是蓄热式燃烧器的核心元件之一，其性能的优劣直接影响燃烧器的性能，使用寿命一直是该类燃烧器发展的制约因素。目前，应用于工业炉窑上的换向装置主要有两位四通式、二位五通式、旋转四通式三种换向阀。

现在工业中经常使用的是旋转式四通换向阀，它是根据时间设定或流体温度设定，由控制系统控制，能够同时实现燃料空气和烟气的换向动作，从而实现两个烧嘴间的工作转换（图 5.56）。

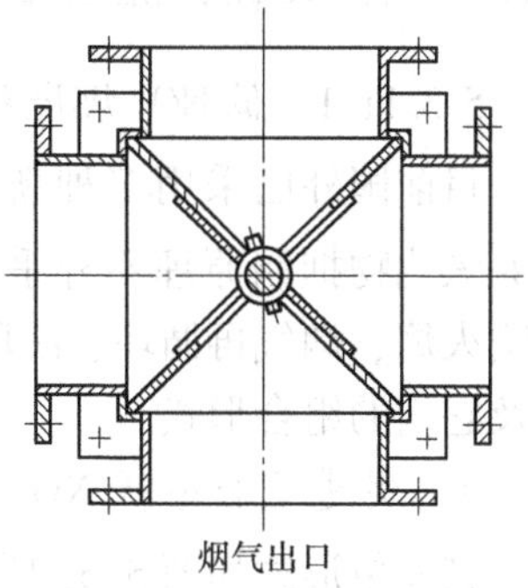

空气入口
接A燃烧器
烟气出口

图 5.56 旋转式四通换向阀

D 燃气系统

燃烧器的主燃气系统安装在烧嘴中间通道内，为了保证燃烧气流满足燃烧器切换燃烧的目的，燃气系统内一般设置可以利用电磁阀定时切换的喷管。燃气是易燃易爆的物质，安全运行始终是燃烧设备首先要考虑的事宜。蓄热式燃烧本质上是间断式的燃烧，保证燃烧切换之后燃烧的可靠性的方法可以多种多样。

采用常明小火的形式来保证主火的燃烧是一种较为可靠的方法，同时通过检测小火的存在来保证燃烧的可靠性。常明小火燃烧器和主燃烧燃气喷管置于高温炉内，如果不采取有效措施使用寿命可能会较短，因此应在烧嘴中间通道内接辅助空气，即提供常明小火燃烧器扩散燃烧时的助燃空气，同时对主燃气喷管等进行冷却，以延长燃烧器使用寿命。点火电极、火焰探测器和观火镜应设在主燃气系统侧部，以实现燃烧器的自动点火、安全监控和火焰状态观察功能。

E 控制系统

蓄热式燃烧器的自动控制主要包括点火阶段风机和正常燃烧阶段，控制原理图如图 5.57 所示。点火阶段的控制过程与一般工业燃烧器的过程类似，即按动燃烧器启动按钮，检测燃气压力，如果燃气压力处于设定的高低限之间，则启动风机并检测风压；如果空气压力正常，则进入预吹扫阶段，然后点火变压器工作，打开辅助燃气电磁阀，控制程序开始检测火焰是否存在，如果若干秒（安全时间）后仍然没有火焰，则关闭点火器和辅助电磁阀。如果检测到火焰存在，打开空气换向阀Ⅰ和主燃气电磁阀Ⅰ，并启动时间继电器Ⅰ，到达时间继电器设定的时间后，启动时间继电器Ⅱ，打开空气换向阀Ⅱ、主燃气电磁阀Ⅱ，关闭主燃气电磁阀Ⅰ。到达时间继电器Ⅱ设定的时间时，启动时间继电器Ⅰ，打开空气换向阀Ⅰ、主燃气电磁阀Ⅰ，关闭主燃气电磁阀Ⅱ，如此反复。燃烧过程中如果出现意外熄火情况，则关闭主燃气及辅助燃气电磁阀。

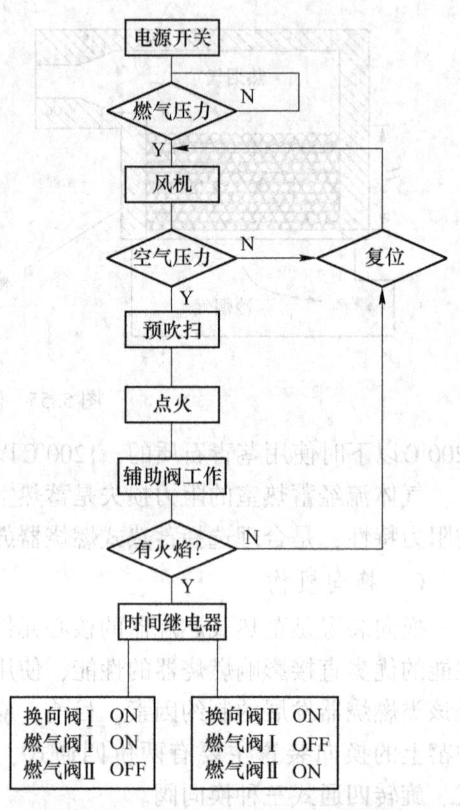

图 5.57 蓄热式燃烧器控制原理

5.3.11 低 NO_x 燃气燃烧器

5.3.11.1 低 NO_x 燃烧器氮氧化物抑制原理

目前国外已采用多种新型低 NO_x 燃烧器，其氮氧化物抑制原理不外乎是采用促进混合、分割火焰、烟气再循环、阶段燃烧、浓淡燃烧以及它们的组合形式。

A 促进混合型低 NO_x 燃烧器

其简单形式如图 5.58 所示，它是美国为阿波罗登月号着陆用发动机而设计的，由于

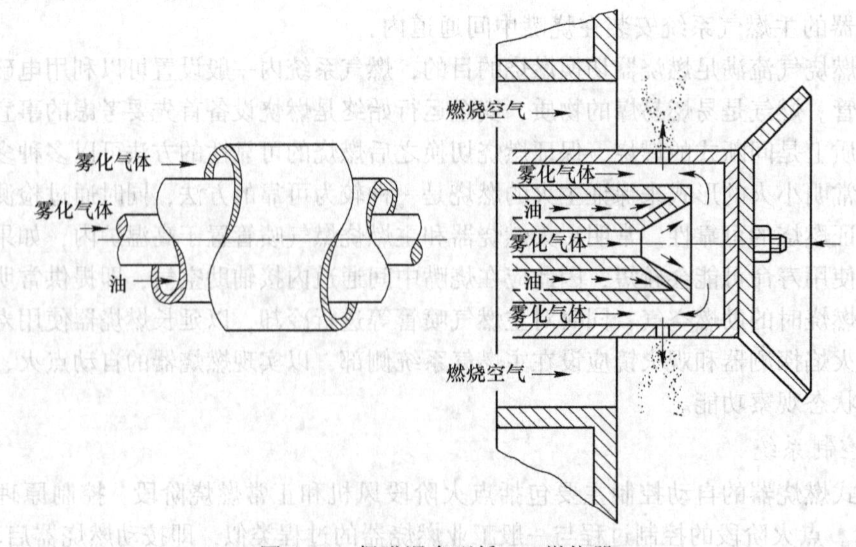

图 5.58 促进混合型低 NO_x 燃烧器

燃料呈细流与空气垂直相交，故混合快而均匀，燃烧温度也均匀。若干小火焰组成很薄的钟形火焰，火焰很快被冷却，所以燃烧温度低、火焰薄，烟气在高温区停留时间也短。因此 NO_x 生成受到抑制。此燃烧器特点是在负荷变化 50%~100%以内火焰长度基本不变，NO_x 排放量随过剩空气系数减少，降低不多，在低过剩空气量下燃烧稳定，CO 排放量少。该燃烧器适用于中小型工业锅炉。

B　分割火焰型低 NO_x 燃烧器

最简单的形式是在喷嘴出口处开数道沟槽和将火焰分割成若干个小火焰，如图 5.59 所示。由于火焰小，散热面积增大，燃烧温度降低和烟气在火焰高温区的停留时间缩短，故抑制了 NO_x 生成。一般可降低 NO_x 40%左右。

C　烟气自身再循环型低 NO_x 燃烧器

该燃烧器如图 5.60 所示，它利用燃气和空气的喷射作用将烟气吸入，使烟气在燃烧器内循环。由于烟气混入，降低了燃烧过程氧的浓度，同时烟气吸热，降低了燃烧温度，防止局部高温产生和缩短了烟气在高温区的停留时间，故抑制了 NO_x 的生成。

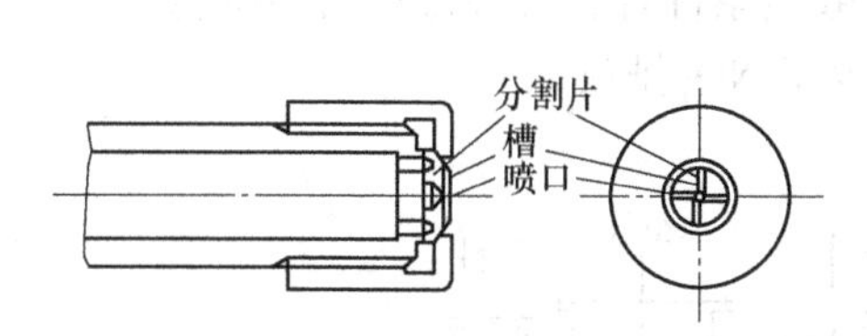

图 5.59　分割火焰型低 NO_x 燃烧器

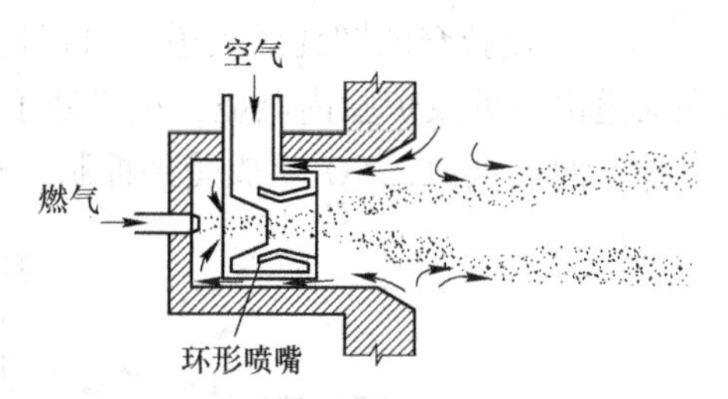

图 5.60　烟气自身再循环型低 NO_x 燃烧器

这种类型燃烧器结构简单，不需要增加设备，故中小型燃烧设备应用较适合。NO_x 降低率约为 25%~45%。日本大同钢铁公司研制的大同 Caloric 燃烧器就属此类型燃烧器。

D　阶段燃烧型低 NO_x 燃烧器

最简单的阶段燃烧型低 NO_x 燃烧器如图 5.61 所示。燃料与一次空气混合进行的一次燃烧是在 $\alpha'<1$ 下进行的，由于空气不足、燃料过浓，燃烧过程所释放的热量不充分，因此燃烧温度低。一次燃烧空气不足，燃烧过程氧的浓度也低，所以 NO_x 生成受到抑制。

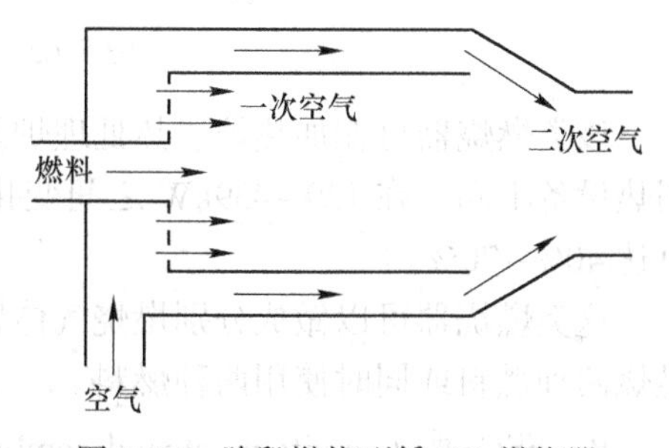

图 5.61　阶段燃烧型低 NO_x 燃烧器

一次燃烧完成后，尚未燃尽的燃气与烟气混合物再逐渐与二次空气混合，进行二次燃烧，使燃料达到完全燃烧。二次燃烧时，由于一次燃烧产生的烟气的存在，使得二次燃烧过程的氧浓度与燃烧温度都低，所以也抑制了 NO_x 生成。

上述阶段燃烧是由燃料一次供给而空气分段供给形成的，也可燃料分段供给而空气一次供给，其效果比空气分段供给更好些。

E　组合型低 NO_x 燃烧器

组合型低氮氧化物燃烧器是将上述四种抑制原理部分或全部组合在一起形成的，其效果比空气分段供给更好些。

5.3.11.2　工业用低 NO_x 燃烧器示例

适用不同燃料，不同用途的低 NO_x 工业燃烧器种类很多，它们大都是组合型。

A　SNT 型（straight narrow tile）

SNT 型燃烧器结构如图 5.62 所示。其特征是，燃气从中心供入，空气以强旋流在燃气流周围供入，燃烧器的火道由耐火材料制成，呈狭窄圆柱形。该燃烧器抑制 NO_x 产生的原理为：

（1）在强旋流的空气作用下，加速了燃气与空气的混合，增加了混合的均匀性，从而促进了燃烧反应，防止了火焰局部高温的产生，使火焰具有均匀的较低的温度水平。

（2）由于燃气与空气混合均匀性的增强，燃气可以在较低的过剩空气量下实现完全燃烧，因此，燃烧过程氧的分压力有所降低。

（3）在空气强旋流作用下，火道出口处产生回流区，形成烟气自身循环，它不仅起到稳定火焰和加速燃烧反应的作用，同时也起到降低燃烧区温度和氧气浓度的作用。

（4）比较狭窄的圆柱形火道，可以防止燃气在高温火道内燃烧；大量燃气流出火道后在火道出口处及炉膛内燃烧；火焰处于炉膛，散热条件好，燃烧温度有所降低。

综上四点理由，NO_x 生成受到抑制，从而减少了 NO_x 排放。

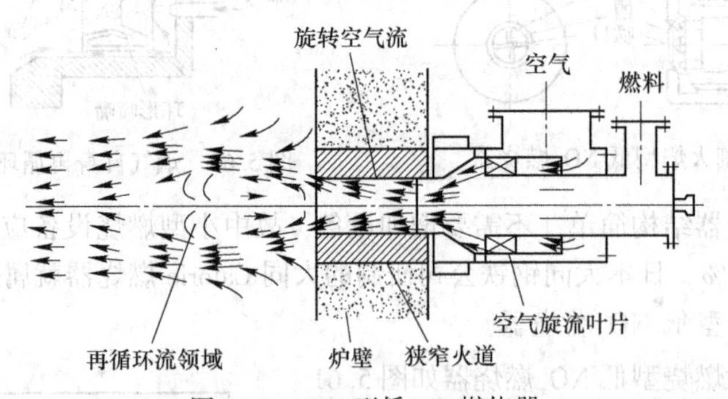

图 5.62　SNT 型低 NO_x 燃烧器

该类燃烧器可在加热炉、热处理炉及锅炉上应用，单个燃烧器的热负荷视燃料种类及用热设备不同，在 129~439kW 之间变化。它与通常使用的类似燃烧器相比，NO_x 降低率可达 40%~70%。

这类燃烧器可以做成分别燃烧气体燃料、液体燃料和固体燃料，也可同一结构，分别燃烧两种燃料或同时使用两种燃料。

B　SSC 型（sumitomo staged combustion burner）

SSC 型燃烧器是两段燃烧型燃烧器，如图 5.63 所示，其特点是，燃气从中心供入，一次空气以强旋流包围燃气流供入，两者边混合边流经狭窄圆柱形火道，点燃后进入炉内进行还原燃烧。在火道出口四周供给二次空气，二次空气口沿圆周间隔分布，在其封闭间隔处形成烟气自身再循环。通过火焰长度调节阀改变一次空气与二次空气的比例，调节火焰长度。

该燃烧器抑制 NO_x 生成原理与 SNT 型燃气燃烧器类似，此外又增加了空气分段供给和火道出口烟气自身再循环，使其燃烧温度更加均匀和低下，进一步抑制了 NO_x 生成。

C SCF 型（sumitomo curtain flame burner）

SCF 型燃烧器是两段燃烧带状火焰燃烧器，如图 5.64 所示。其结构特点是将若干个两段燃烧的燃烧器火道相互连通，组成一个条形总火道。在总火道内相邻火焰在其各自的强烈旋转的一次空气作用下相互影响，使得一次燃烧形成一个薄的带状火焰。薄的带状火焰散热条件好，抑制了 NO_x生成。二次空气口均匀分布在总火道四周，高速喷出的二次空气增加了火道出口处的烟气，自身再循环，从而使得均质的薄的两段燃烧带状火焰具有明显的抑制 NO_x生成的作用。

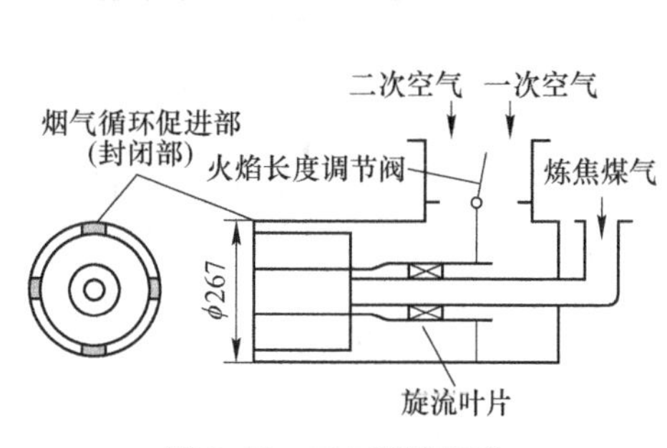

图 5.63 SSC 型燃烧器

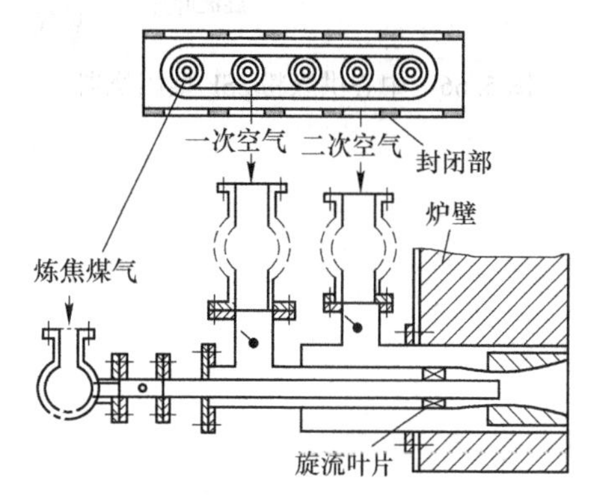

图 5.64 SCF 型燃烧器

该燃烧器装在耐火材料砌筑的炉子上，燃用炼焦煤气，当热负荷为 258W，$\alpha=1.2$时，NO_x生成量比普通燃烧器降低 2/3，在 50×10^{-6}以下。

D SLG 型（sumitomo lean gas burner）

SLG 型燃烧器是低热值燃气低 NO_x燃烧器，如图 5.65 所示。其结构特点是，燃气以强旋流从中心供入，空气沿辅助燃烧室外壁以细流垂直燃气流逐渐供入。由于燃气强烈旋转和空气细流垂直供入，加速了混合，促进了燃烧，又由于空气逐次供入，使燃气在非化学当量比下进行燃烧，因此，有效地抑制了 NO_x生成。辅助燃烧室的存在保证了燃烧稳定和燃烧安全。

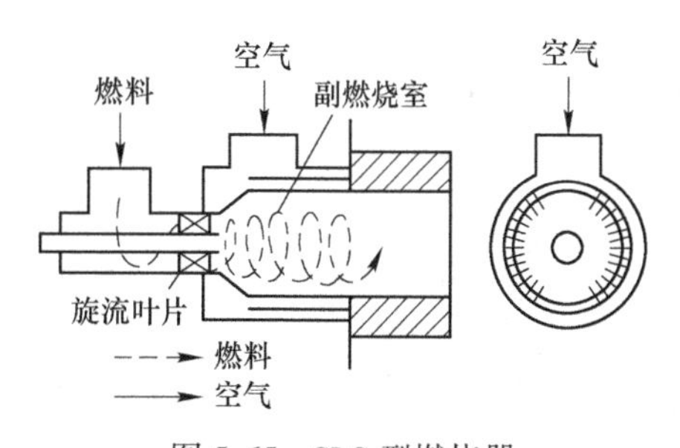

图 5.65 SLG 型燃烧器

该燃烧器使用高炉煤气，在过剩空气系数 $\alpha=1.05\sim2.0$，空气不预热时，火焰温度分布十分均匀并低下，因此，NO_x及 CO 生成量极少，分别在 10×10^{-6}以下和没有。

E SSF 型（sumitomo solid fuel burner）

SSF 型燃烧器是两段燃烧、烟气自身再循环型，燃气和煤混合燃烧器，它有两种形式，即中心供煤粉（图 5.66）和中心供燃气（图 5.67），其结构特点是，煤粉和一次空气混合物与燃气分别从燃烧器中部供入，使得煤迅速着火和快速燃烧；二次空气以强旋流在一次燃烧火焰四周供入，促进混合并保证着火及燃烧稳定，抑制了 NO_x生成；三次空气以高速从火道出口四周间隔供入，促进了烟气自身再循环，在保证火焰稳定和燃烧完全的同时，进一步抑制 NO_x的形成。

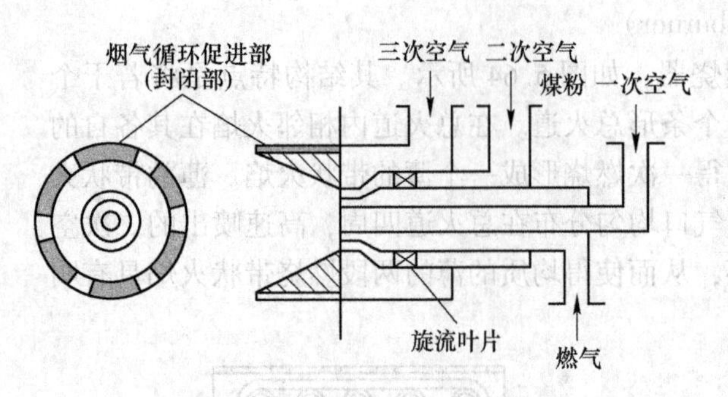

图 5. 66　中心供煤粉 SSF 型燃烧器

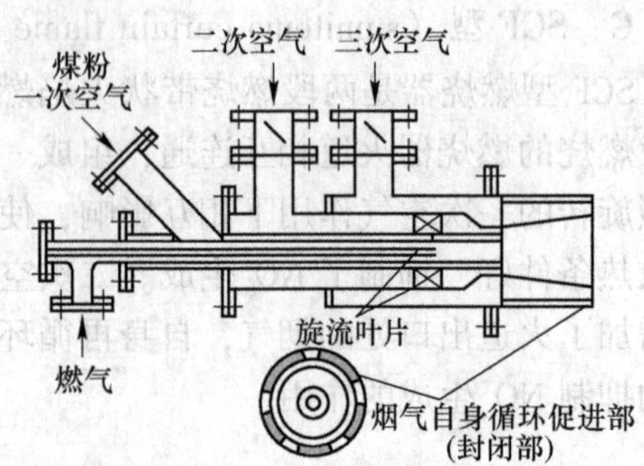

图 5. 67　中心供燃气 SSF 型燃烧器

6 液体燃料燃烧理论

6.1 液体燃料燃烧过程

在电力、建材、冶炼、国防、交通等行业中，有一些采用液体燃料的燃烧设备。例如，有些工业锅炉及燃气轮机燃烧室等以柴油、重油为燃料，即使是燃煤锅炉，点火启动或负荷助燃也常用油辅助燃烧。研究液体燃料燃烧理论对设计、改进及使用液体燃料设备有指导作用。另外，固体燃料燃烧过程中挥发物的析出燃烧，以及焦炭后期的高温扩散燃烧，与液体燃料的燃烧机理也有类似之处。

6.1.1 液体燃料的燃烧方式

液体燃料的燃烧方式可分为两类：一类为预蒸发型，另一类为喷雾型。

预蒸发型燃烧方式常使燃料进入燃烧空间之前蒸发为油蒸气，以不同比例与空气混合后进入燃烧室中燃烧，如汽油机装有汽化器、燃气轮机的燃烧室装有蒸发管。这种燃烧方式与均相气体燃料燃烧的原理相同，可以用与空气以不同比例混合的气体着火、灭火以及火焰传播特性来描述，本章不再详细论述。

喷雾型燃烧方式在液体燃料燃烧技术中用得较多，即把液体燃料通过喷雾器雾化成一股由微小油滴（50~200μm）组成的雾化锥气流，在雾化的油滴周围存在空气，当雾化锥气流在燃烧室被加热，油滴边蒸发、边混合、边燃烧。因液体燃料的沸点比着火温度低，故不会直接在液滴表面形成燃烧的火焰，而是蒸发的油蒸气离开油滴表面扩散并和空气混合燃烧，故燃烧的火焰面离液滴表面有一定距离。

6.1.2 喷雾方式燃烧的几种物理模型

根据一些实验结果，有人曾提出四种液雾燃烧的物理模型：预蒸发型气体燃烧（即气相燃烧）、滴群扩散燃烧、复合燃烧、部分预蒸发型气体燃烧加液滴蒸发。

6.1.2.1 预蒸发型气体燃烧

预蒸发型气体燃烧示意如图 6.1（a）所示，相当于雾化液滴很细，周围介质温度高或喷嘴与火焰稳定区间距离长，使液滴进入火焰区前已全部蒸发完，燃烧完全在无蒸发的气相区中进行。这种燃烧情况与气体燃料的燃烧机理相同，液滴蒸发对火焰长度的影响不大。

6.1.2.2 滴群扩散燃烧

滴群扩散燃烧是另一个极端情况，如图 6.1（b）所示，即周围介质温度低或雾化颗粒较粗或液体燃料的蒸发性能差，在燃烧区的每个液滴周围都有薄层火焰包围，在火焰面内是燃料蒸气和燃烧产物，火焰面外是空气和燃烧产物，液滴蒸气向液滴周围的火焰提供可燃气体，并和氧气相互扩散进行燃烧反应。随着液滴向火焰区的移动，未燃液滴在一定位置着火、燃烧，代替已燃液滴的位置，形成所谓接力式滴状燃烧火焰的传播，此时燃烧反应动力学因素影响不大。

6.1.2.3 复合燃烧和部分预蒸发型气体燃烧加液滴蒸发

复合燃烧的物理模型如图6.1（c）所示，部分预蒸发型气体燃烧加液滴蒸发如图6.1（d）所示。这两种燃烧情况介于预蒸发型气体燃烧和滴群扩散燃烧之间。复合燃烧模型认为预混火焰和扩散火焰是先后出现的，而部分预蒸发型气体燃烧加液滴蒸发模型认为预混火焰和液滴燃烧是交叉进行的。较常见的喷雾液滴燃烧，因喷出的雾滴大小不均匀，其中较小的液滴容易蒸发，在火焰区前方已蒸发完，形成预混型气体火焰；较粗的液滴到达火焰区时尚未蒸发完毕，这时可能产生滴群扩散火焰，也可能由于滴径已缩得过小或滴间距离过密而只有蒸发。这两种情况下的蒸发因素、反应动力学因素、湍流因素都将对燃烧发生作用。燃烧设备、燃料种类以及燃烧工况的不同都会使火焰性质发生改变。

在实际液体燃料燃烧过程中，影响因素多而复杂。例如重质油燃烧时的情况更为复杂，重油燃料在高温下缺氧会发生热裂解，出现固体炭质，其后期的燃烧现象接近固体燃料的燃烧。

动力工程上液体燃料的燃烧都采用雾化成液滴状燃烧，故应该先了解液滴燃烧的基本规律，这将有助于进一步研究和分析更为复杂的工程燃烧情况。本章主要讨论液滴燃烧的基本规律。

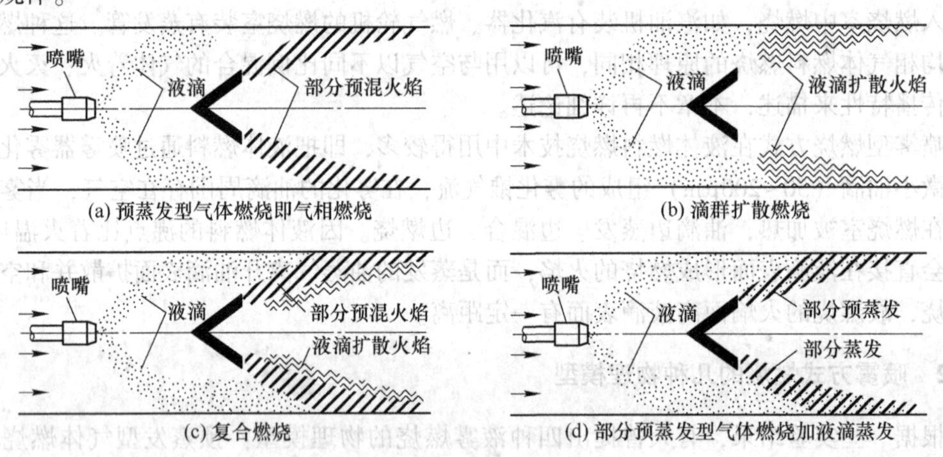

图6.1 液雾气流燃烧物理模型

6.1.3 液体燃料燃烧过程强化的基本措施

根据上述对液滴燃烧过程的初步分析，可以采用一些措施强化液体燃料的燃烧，如加速液滴的蒸发、强化液滴与空气的混合，并抑制热裂解产生炭黑。

6.1.3.1 加速液体燃料的蒸发过程

液体燃料燃烧的特点为液体先蒸发成油蒸气，油蒸气体与空气混合后发生燃烧。为加速液体燃料燃烧，必须先加速蒸发过程，即在一定加热温度下尽量增大蒸发的表面，因此必须维持燃烧室较高的温度并改善喷嘴的雾化质量，使雾化的液滴细而均匀。

6.1.3.2 强化液体燃料与空气混合的过程

为加速蒸发的燃料气体尽快着火和燃烧，必须使燃料蒸气与空气迅速混合，这需要增强空气与燃料蒸气间的对流和湍流扩散。为使喷嘴出口的雾化气流容易着火，还要应用旋转气流，以便在中心形成回流区，使高温的热烟气回流至火焰根部加热雾化气流，使之着火燃烧，旋转气流的形成由调风器来实现。一般将送入调风器的空气分成两部分，一部分从喷嘴附近送入，首先与雾化气流混合，这是一次风；另一部分在离喷嘴稍远处送入，这是二次风。配风是否合理、调风器的结构与性能，直接影响液体燃料燃烧的完全程度。调风器一般采用圆形双通道结构。有一种称为平流式的调风器，由于结构简单、阻力小和便于启动控制等优点，在油燃烧设备配风中用得比较广泛。另一种为文丘里管式结构，如图6.2所示，喷嘴置于中心位置，喷嘴外围为旋流叶片组成的稳燃器，一次风通过该旋流叶片变成旋转气流，在喷口外射流形成回流区，稳燃器外为环形直流通道，由二次风通过，以使液体燃料在着火燃烧后继续获得空气燃烧。

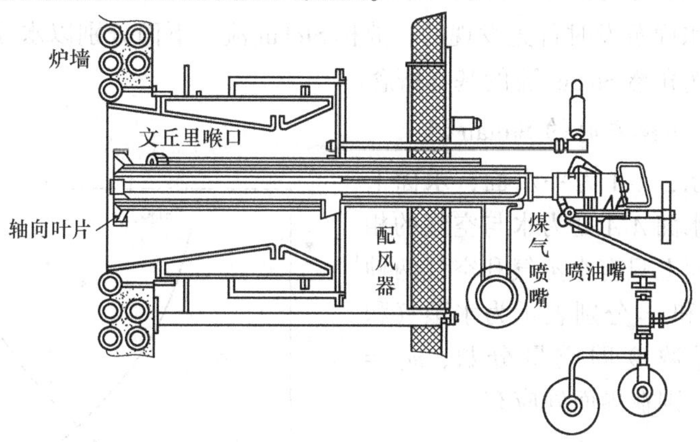

图6.2 具有文丘里喉口的平流式调风器

6.1.3.3 防止或减少液体燃料热裂解

燃料在高温下缺氧会产生化学热裂解，一般可分解成轻质碳氢化合物、重质碳氢化合物和炭黑。其中，轻质碳氢化合物容易着火，而重质碳氢化合物和炭黑不易着火和燃尽，缺氧下的化学热裂解式为

$$C_nH_m \longrightarrow nC + \frac{m}{2}H_2$$

或

$$C_nH_m \longrightarrow xC + yH_2 + C_{n-x}H_{m-2y}$$

实验表明，液体燃料在873K下进行热裂解时，碳氢化合物呈较对称地分解，即在大分子结构的中间附近断开，分解为轻质碳氢化合物和炭黑；在温度高于923K时呈不对称分解，除分解成轻质碳氢化合物和炭黑外，尚有碳氢原子数比更大的重质碳氢化合物。温度越高则热裂解速率越快，对此在组织液体燃料的燃烧过程中应当注意。工程上一般采取下列措施防止或减轻高温下燃料油的热裂解：

（1）以一定空气量从喷嘴周围送入，防止火焰根部高温缺氧而产生热裂解。

（2）适当降低雾化气流出口区域的温度，这样，即使产生热裂解，形成的也是易着火和燃尽的对称性分解产物——轻质碳氢化合物。

（3）改善液滴雾化质量，以利于迅速蒸发和扩散混合，减小高温缺氧区。

6.2 液滴的蒸发

蒸发是液体燃料燃烧的第一步，因此有必要对液滴的蒸发机理有清晰的了解。

6.2.1 斯蒂芬流

在液体或固体燃料的燃烧过程中，气体与燃料的接触处存在相分界面，相分界面上的条件即为边界条件。燃料加热气化或燃烧过程中的气体都为多组分气体，该气体在燃料界面附近会产生浓度梯度，并形成各组分气体相互扩散的物质流。只要在相界面上存在物理变化，如液滴的蒸发或化学变化如燃烧过程，而且这种变化在不断产生或消耗质量流，则在这种物理或化学的变化过程与气体组分扩散的综合作用下，在相界面的法线方向产生一股与扩散物质流有关的总质量流，这是一股宏观的物质流动。这一现象是斯蒂芬（Stefan）在研究水面蒸发时首先发现的，故称 Stefan 流。下面分别以水面蒸发过程和固体碳的燃烧反应为例介绍 Stefan 流的基本概念。

6.2.1.1 水面蒸发时的 Stefan 流

如图 6.3 所示，A-A 为一水面，水面上方为大气空间，水面 A-A 处为水与空气的相分界面，在相界面上只有水蒸气和空气两种气体组分，以 w_1 和 w_2 分别表示为水蒸气和空气的相对质量浓度即质量分数，$w_1 = w_{H_2O}$，$w_2 = w_{air}$，则在界面处应有

$$J_{1,0} = -D_0 \rho_0 \left.\frac{\partial w_1}{\partial y}\right|_0 \tag{6.1}$$

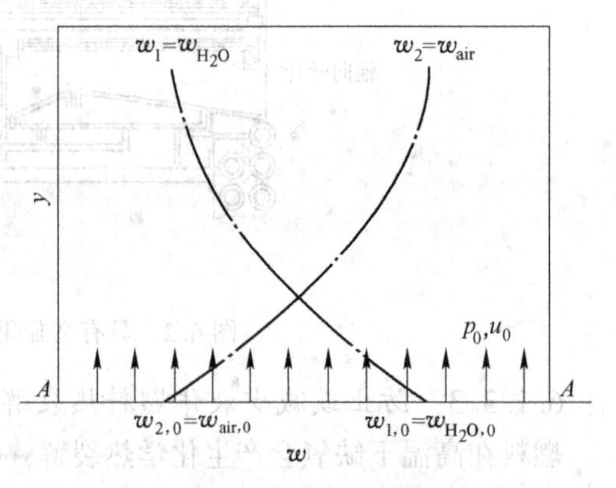

图 6.3 水面蒸发的 Stefan 流

式中，$J_{1,0}$ 为界面处水蒸气的扩散流；D_0 为分子扩散系数；ρ_0 为气体平均密度；$\left.\frac{\partial w_1}{\partial y}\right|_0$ 为界面上水蒸气沿水面法线方向的浓度梯度。

因 $\left.\frac{\partial w_1}{\partial y}\right|_0 < 0$，故 $J_{1,0} > 0$，即水蒸气的扩散是流向水面上方；同理，在界面处空气的分子扩散流为

$$J_{2,0} = -D_0 \rho_0 \left.\frac{\partial w_2}{\partial y}\right|_0 \tag{6.2}$$

式中，$J_{2,0}$ 为界面处空气的扩散流；$\left.\frac{\partial w_2}{\partial y}\right|_0$ 为界面处空气沿水面法线方向的浓度梯度。

对双组分构成的系统

$$\sum w = w_1 + w_2 = 1 \tag{6.3}$$

故

$$\left.\frac{\partial w_1}{\partial y}\right|_0 = -\left.\frac{\partial w_2}{\partial y}\right|_0 \tag{6.4}$$

由式（6.4）中扩散的相互关系可知，要求在界面处有一个与水蒸气扩散流 $J_{1,0}$ 大小相等、方向相反的空气扩散流流入水面。在吸附达到饱和状态时，水面上只有水的蒸发过程，因为水面对空气既不吸收也不放出，空气又不能堆积在水表面处，故水表面处空气的质量流应为零。且在水表面处必然存在一股向上的总体质量流，包括水蒸气和空气两部分质量流之和，即

$$G_0 = g_{1,0} + g_{2,0} = \rho_0 u_0 \tag{6.5}$$

式中，$g_{1,0}$为水蒸气在水面处的质量流；$g_{2,0}$为空气在水面处的质量流；g_0为总质量流；ρ_0为水面处总质量流的密度；u_0为总质量流的速度。

故在水面边界处各组分气体的质量流由两部分组成，即该组分的分子扩散流和总质量流中携带的该组分的质量流部分，即水面处空气的质量流为

$$g_{2,0} = J_{2,0} + w_{2,0}\rho_0 u_0 = -D_0\rho_0 \left.\frac{\partial w_2}{\partial y}\right|_0 + w_{2,0}\rho_0 u_0 \tag{6.6}$$

且 $g_{2,0}$ 应为零，则 $D_0\rho_0 \left.\frac{\partial w_2}{\partial y}\right|_0 = w_{2,0}\rho_0 u_0$，而水面处水蒸气的质量流为

$$\begin{aligned} g_{1,0} &= J_{1,0} + w_{1,0}\rho_0 u_0 = -D_0\rho_0 \left.\frac{\partial w_1}{\partial y}\right|_0 + w_{1,0}\rho_0 u_0 = D_0\rho_0 \left.\frac{\partial w_2}{\partial y}\right|_0 + w_{1,0}\rho_0 u_0 \\ &= w_{2,0}\rho_0 u_0 + w_{1,0}\rho_0 u_0 = \rho_0 u_0 \end{aligned} \tag{6.7}$$

由式（6.7）可知，界面处水蒸气蒸发的质量流正好等于总质量流，也称 Stefan 流，界面处空气的质量流为零。一般情况的总质量流中应包括多组分气体。

Stefan 流为一股宏观的质量流，它的产生不是由外部因素造成的，是由于相分界面处存在物理或化学变化与多组分气体在界面扩散的综合结果。

6.2.1.2　碳在纯氧中燃烧的 Stefan 流

碳的燃烧反应在表面为非均相反应。假定氧气扩散到碳界面上的反应为完全燃烧反应，即

$$\begin{matrix} C & + & O_2 & \longrightarrow & CO_2 \\ 12 & & 32 & & 44 \end{matrix} \tag{6.8}$$

碳表面附近的气体组分为 O_2和 CO_2，组分质量流为 g_{O_2} 和 g_{CO_2} 质量分数之和，为 $w_{O_2} + w_{CO_2} = 1$，在碳界面处满足

$$\left.\frac{\partial w_{O_2}}{\partial y}\right|_0 = -\left.\frac{\partial w_{CO_2}}{\partial y}\right|_0 \tag{6.9}$$

故有

$$J_{O_2,0} = -D_0\rho_0 \left.\frac{\partial w_{O_2}}{\partial y}\right|_0 = D_0\rho_0 \left.\frac{\partial w_{CO_2}}{\partial y}\right|_0 = -J_{CO_2,0} \tag{6.10}$$

按式（6.8）反应间的当量关系，组分质量流之间应满足

$$g_{O_2,0} = -\frac{32}{44} g_{CO_2,0} \tag{6.11}$$

比较式（6.10）和式（6.11）可知，单靠分子扩散流不能满足反应之间质量流的当

量关系，在碳的反应表面上一定还存在 Stefan 流，即 O_2 和 CO_2 的质量中除分子扩散流外，还包括总质量流（Stefan 流）中的该组分部分，即

$$g_{O_2,0} = -D_0\rho_0 \left.\frac{\partial w_{O_2}}{\partial y}\right|_0 + w_{O_2,0}\rho_0 u_0 \tag{6.12}$$

$$g_{CO_2,0} = -D_0\rho_0 \left.\frac{\partial w_{CO_2}}{\partial y}\right|_0 + w_{CO_2,0}\rho_0 u_0 \tag{6.13}$$

两式之和为总质量流，以式（6.9）、式（6.11）代入后得

$$g_0 = g_{O_2} + g_{CO_2} = (w_{O_2} + w_{CO_2})\rho_0 u_0 = \rho_0 u_0 = -\frac{32}{44}g_{CO_2,0} + g_{CO_2,0} = \frac{12}{44}g_{CO_2,0} \tag{6.14}$$

式（6.14）说明，假定碳在纯氧中的燃烧反应只生成 CO_2，则其总质量流 $\rho_0 u_0$，即等于碳燃烧反应产生的 CO_2 的质量速率的 $\frac{12}{44}$。

碳在纯氧气下燃烧时，在相界面处各组分气体的质量流都不为零，其总质量流为各组分质量流之和，这与水面蒸发不同。

以上两例的 Stefan 流都是由相表面流向空间。也有像活泼金属在空气中燃烧的例子，其产生的 Stefan 流是由空间流向表面。

前述两例表明，Stefan 流发生的条件是相界面上有物理或化学变化存在，同时表面附近有扩散的相互影响，这两方面缺一不可。正确地运用 Stefan 流的概念来分析液滴蒸发、燃烧以及固体燃料的气化、燃烧时，对界面上情况进行分析是很重要的。

单个液滴的蒸发和燃烧规律对理解液体雾化气流燃烧很重要。大量实验证明，液滴燃烧一般为扩散燃烧，即液滴蒸发的燃料气体的反应速率比传热、传质速率快得多，因而其燃烧过程由传热、传质速率所决定。为使问题由简到繁，先讨论没有燃烧的液滴蒸发的基本规律。

6.2.2　相对静止高温环境下液滴的蒸发

6.2.2.1　模型的假定

工程上液体燃料往往在高温下进行蒸发和燃烧。对于液滴在低温下的蒸发，由于液滴表面与环境温差较小，故可看作简单的传热、传质问题，本书不做讨论。实际问题中，液滴与周围气体间都存在相对运动，并都处在燃烧情况下的蒸发状态，液滴表面处会产生强烈的 Stefan 流，因此，对液滴表面周围的流场、温度场以及浓度场有较大的影响。在自然对流或弱强制对流运动中，液滴与气流的相对速度较小，近似地认为液滴是在相对静止气体中进行有燃烧（高温下）的蒸发。液滴蒸发界面附近的温度、质量分数分布如图 6.4 所示，这种简化假定的物理模型可以表述为：

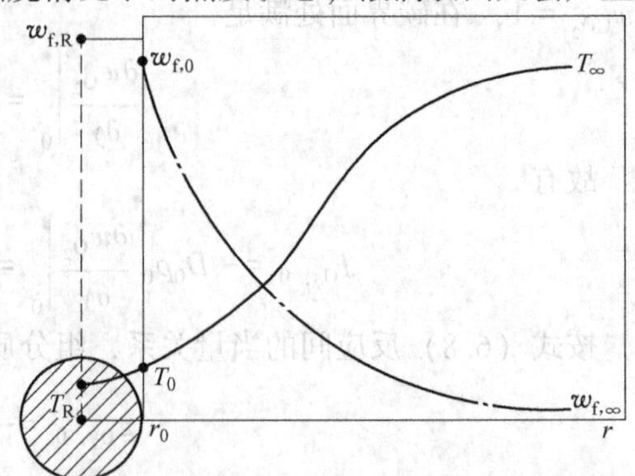

图 6.4　液滴蒸发界面内外温度和浓度分布

（1）忽略气体和液滴间的相对流速，液滴为球形，其半径为 r_0，液滴的蒸发、燃烧

都以球对称进行，故燃烧时的火焰锋面为同心球面。

（2）由于液滴表面温度 T_0 比环境温度低，外界热量向液滴表面传递，并忽略辐射传热。液滴内部的中心温度为 T_R，热量以导热方式由液滴表面向液滴内部传递。

（3）燃料蒸气在表面处的质量分数 $w_{f,0}$ 大于环境中的质量分数 $w_{f,\infty}$，故燃料蒸气由液滴表面向火焰面方向扩散，空气由外向表面方向扩散，液滴表面处的蒸发流为 $\rho_0 u_0$，液滴内部燃料质量分数 $w_{f,R}$ 为常数。

（4）忽略界面内移的影响，蒸发、燃烧过程为定压、准稳定过程。

（5）环境温度比燃料沸点温度高得多，液滴表面温度 T_0 略低于沸点温度 T_b。

6.2.2.2 基本方程与边界条件

根据上述假定，可以写出高温下蒸发时气相的基本方程和边界条件：

（1）连续方程

$$4\pi r_0^2 \rho_0 u_0 = 4\pi r^2 \rho u = G \tag{6.15}$$

式中，G 为液面上的总蒸发速率；r_0 为液滴半径；r 为同心球面半径（$r>r_0$）。

（2）扩散方程

$$4\pi r^2 \rho u \frac{\mathrm{d}f_i}{\mathrm{d}r} - \frac{\mathrm{d}}{\mathrm{d}r}\left(4\pi r^2 D_i \rho \frac{\mathrm{d}f_i}{\mathrm{d}r}\right) = 0 \tag{6.16}$$

（3）能量方程

$$4\pi r^2 \rho u c_p \frac{\mathrm{d}T}{\mathrm{d}r} - \frac{\mathrm{d}}{\mathrm{d}r}\left(4\pi r^2 \lambda \frac{\mathrm{d}T}{\mathrm{d}r}\right) = 0 \tag{6.17}$$

根据物理对象和模型假设，可以写出各组分的边界条件。

液滴表面处 $r=r_0$，有

$$4\pi r_0{}^2 \lambda_0 \left.\frac{\mathrm{d}T}{\mathrm{d}r}\right|_0 = 4\pi r_0{}^2 \rho_0 u_0 q_e = G q_e \tag{6.18}$$

即

$$\lambda_0 \left.\frac{\mathrm{d}T}{\mathrm{d}r}\right|_0 = \rho_0 u_0 q_e \tag{6.19}$$

和

$$-4\pi r_0^2 D_{i,0} \left.\frac{\mathrm{d}w_i}{\mathrm{d}r}\right|_0 + 4\pi r_0{}^2 w_{i,0} \rho_0 u_0 = 4\pi r_0^2 w_{i,1} u_0 \rho_0 \tag{6.20}$$

式中，$w_{i,1}$ 为液相内任一组分的质量分数；$w_{i,0}$ 为液面处任一组分的质量分数；λ 为气体的平均导热系数；ρ 为气体的平均密度；c_p 为气体的平均比热容；i 为组分代号，对燃料 $i=f$，故 $w_{a,1}=1$；对其他组分，如空气 $i=a$，故 $w_{a,i}=0$；角码 1 为液体内部；角码 0 表示液滴表面处；q_e 为单位质量液体的蒸发热，kJ/kg：

$$q_e = L + c_1(T_0 - T_1) \tag{6.21}$$

式中，c_1 为液体比热容；L 为气化潜热；T_1 为液滴的初始温度；T_0 为液滴表面温度。

环境条件，$r \to \infty$：

$$\begin{cases} T = T_\infty \\ w_f = w_{f,\infty} \end{cases} \tag{6.22}$$

6.2.2.3 方程的求解

因 $a = \dfrac{\lambda}{\rho c_p}$ 为导温系数，故式（6.19）可改写为

$$\rho_0 u_0 = \rho_0 a_0 \frac{\mathrm{d}}{\mathrm{d}r}\left(\frac{c_p T}{q_e}\right)\bigg|_0 \tag{6.23}$$

式中，a_0为液滴表面处气相物质的导温系数。

定义无因次参量 b_T为

$$b_T = \frac{c_p(T - T_\infty)}{q_e} \tag{6.24}$$

将式（6.24）代入式（6.23），得

$$\rho_0 u_0 = \rho_0 a_0 \frac{\mathrm{d}b_T}{\mathrm{d}r}\bigg|_0 \tag{6.25}$$

由式（6.20）可以得到燃料组分的边界条件：

$$w_{f,1}\rho_0 u_0 = w_{f,0}\rho_0 u_0 - \rho_0 D_{f,0}\frac{\mathrm{d}w_f}{\mathrm{d}r}\bigg|_0 \tag{6.26}$$

等号左边为燃料蒸发所引起液滴的消耗能量，且 $w_{f,1}=1$，等号右边为液滴表面处燃料蒸发的气体扩散与Stefan流中所携带燃料气体部分之和，由式（6.26）可得

$$\rho_0 u_0 = \rho_0 D_{f,0}\frac{\mathrm{d}}{\mathrm{d}r}\left(\frac{w_1}{w_{1,0} - w_{f,1}}\right)\bigg|_0 \tag{6.27}$$

定义组分无因次质量分数参量 $b_{D,i}$ 为

$$b_{D,i} = \frac{w_i - w_{i,\infty}}{w_{i,0} - w_{i,1}} \tag{6.28}$$

对燃料组分，式（6.28）可以写成

$$b_{D,f} = \frac{w_i - w_{i,\infty}}{w_{i,0} - w_{i,1}}$$

因 $w_{i,\infty}=0$，将 $b_{D,f}$ 代入式（6.27）可得

$$\rho_0 u_0 = \rho_0 D_{f,0}\frac{\mathrm{d}w_f}{\mathrm{d}r}\bigg|_0 \tag{6.29}$$

综合上述各式，可用无因次参量表示边界条件：

$r=r_0$处

$$\begin{cases} b_T = b_{T,0} \\ b_D = b_{D,0} \end{cases} \tag{6.30}$$

$$\begin{cases} \rho_0 u_0 = \rho_0 a_0 \dfrac{\mathrm{d}b_T}{\mathrm{d}r}\bigg|_0 \\ \rho_0 u_0 = \rho_0 D_{f,0}\dfrac{\mathrm{d}b_{D,f}}{\mathrm{d}r}\bigg|_0 \end{cases} \tag{6.31}$$

$r\to\infty$ 处

$$\begin{cases} b_T = b_{T,\infty} = 0 \\ b_D = b_{D,\infty} = 0 \end{cases} \tag{6.32}$$

将无因次参量代入扩散方程（6.16）、能量方程（6.17），并以燃料气相组分表示，得

$$(\rho u r^2)\frac{\mathrm{d}b_{\mathrm{D,f}}}{\mathrm{d}r}-\rho_0 D_{\mathrm{f}}\frac{\mathrm{d}}{\mathrm{d}r}\left(r^2\frac{\mathrm{d}b_{\mathrm{D,f}}}{\mathrm{d}r}\right)=0 \tag{6.33}$$

$$(\rho u r^2)\frac{\mathrm{d}b_{\mathrm{T}}}{\mathrm{d}r}-\rho a\frac{\mathrm{d}}{\mathrm{d}r}\left(r^2\frac{\mathrm{d}b_{\mathrm{T}}}{\mathrm{d}r}\right)=0 \tag{6.34}$$

由式（6.15）知，$(\rho u r^2)$ 为常数，式（6.33）、式（6.34）为燃料组分的质量、能量守恒方程，它们具有类似的形式。在燃烧过程分析中，通常为使问题简单而假定 Lewis 准则，$Le=\frac{D}{a}=1$，这样就使传质与传热过程相似，无因次式（6.33）与式（6.34）相等，边界条件方程也相等，因此 $b_{\mathrm{D,f}}=b_{\mathrm{T}}$。只需要解出一个方程的解，即可知另一个方程的解，故方程式和边界条件可写为

$$(\rho u r^2)\frac{\mathrm{d}b}{\mathrm{d}r}-\rho a\frac{\mathrm{d}}{\mathrm{d}r}\left(r^2\frac{\mathrm{d}b}{\mathrm{d}r}\right)=0 \tag{6.35}$$

$r=r_0$处

$$\begin{cases} b_{\mathrm{T},0}=b_{\mathrm{D},0}=b_0 \\ \rho_0 u_0=\rho a\big|_0\left.\frac{\mathrm{d}b}{\mathrm{d}r}\right|_0 \end{cases} \tag{6.36}$$

$r\to\infty$ 处

$$\begin{cases} b_{\mathrm{T},\infty}=0 \\ b_{\mathrm{D},\infty}=0 \\ b_\infty=0 \end{cases} \tag{6.37}$$

6.2.2.4 液滴蒸发速率 g_0和蒸发时间 τ

先将式（6.35）积分并代入边界条件，得

$$\rho u r^2 b-\rho a r^2\frac{\mathrm{d}b}{\mathrm{d}r}=\rho_0 u_0 r_0^2 b_0-(\rho a)\big|_0 r_0^2\left.\frac{\mathrm{d}b}{\mathrm{d}r}\right|_0=\rho_0 u_0 r_0{}^2(b_0-1) \tag{6.38}$$

整理式（6.38）可得

$$\rho a r^2\frac{\mathrm{d}b}{\mathrm{d}r}=\rho_0 u_0 r_0^2(b_0-1) \tag{6.39}$$

即

$$\frac{\mathrm{d}b}{b-b_0+1}=\frac{\rho_0 u_0 r_0^2}{\rho a}\frac{\mathrm{d}r}{r^2} \tag{6.40}$$

对式（6.40）积分，并应用边界条件式（6.37），得

$$\ln\frac{b_\infty-b_0+1}{b-b_0+1}=\frac{\rho_0 u_0 r_0^2}{\rho a}\left(\frac{1}{r}-\frac{1}{r_\infty}\right) \tag{6.41}$$

在液滴表面处，将 $r=r_0$及 $b=b_0$代入式（6.41），可求得液滴的总表面蒸发速率 G：

$$G=4\pi r_0^2\rho_0 u_0=4\pi\rho a\frac{1}{\frac{1}{r_0}-\frac{1}{r_\infty}}\ln(1+b_\infty-b_0) \tag{6.42}$$

即

$$g_0 = \rho_0 u_0 = \frac{\rho a}{r_0^2\left(\frac{1}{r_0} - \frac{1}{r_\infty}\right)}\ln(1 + b_\infty - b_0) \tag{6.43}$$

由式（6.43）分析知，r_0越小亦即液滴越细，蒸发速率越大。

由式（6.42）可以写出传向液滴表面的总热量：

$$Q = G\,q_e = 4\pi\rho a \frac{1}{\frac{1}{r_0} - \frac{1}{r_\infty}}\ln(1 + b_\infty - b_0) \tag{6.44}$$

令传质数 B 为 $B = b_\infty - b_0$，也称传质驱动力。由于 $b_\infty = 0$，则 $B = -b_0$，当 $Le = 1$ 时，则有

$$B = b_T = b_D = \frac{c_p(T_\infty - T_0)}{q_e} = \frac{w_{f,\infty} - w_{f,0}}{w_{f,0} - w_{f,1}} \tag{6.45}$$

将 B 代入式（6.43）得

$$\begin{cases} g_0 = \rho_0 u_0 = \dfrac{\rho a}{r_0^2\left(\dfrac{1}{r_0} - \dfrac{1}{r_\infty}\right)}\ln(1 + B) \\ G = 4\pi r_0^2 \rho_0 u_0 = \dfrac{4\pi\rho a}{\dfrac{1}{r_0} - \dfrac{1}{r_\infty}}\ln(1 + B) \end{cases} \tag{6.46}$$

式（6.46）中，只要知道 B，即可求出液滴蒸发速率 g_0 与 G，但由式（6.45）可知，B 值中 T_0 与 $w_{f,0}$ 为未知数，需要另增加一个方程式。这个方程式可利用液滴表面上液相和蒸发气体两相平衡的热力学条件给出，即给出液滴表面处饱和蒸汽压力 $p_{f,0}$ 或 $w_{f,0}$ 与温度 T_0 的关系式：

$$\begin{cases} w_{f,0} = w_{f,0}(T_0) \\ p_{f,0} = C_1 \exp\left(\dfrac{C_2}{T_0}\right) \end{cases} \tag{6.47}$$

式中，C_1、C_2 为特性常数，可以从有关手册中查到。

假设液滴蒸发的气体及周围其他气体的性质与理想气体相同，则可用气体状态方程描述，并可得到燃料组分的分压 p_f 与燃料气体质量分数 w_f 之间的关系式：

$$w_f = \frac{1}{1 + \left(\dfrac{p}{p_f} - 1\right)\dfrac{M_a}{M_f}} \tag{6.48}$$

式中，p 为总压，$p = p_a + p_f$，p_a 为空气分压；M_f 为燃料的相对分子质量；M_a 为空气的相对分子质量。

以式（6.47）代入式（6.48），得

$$w_{f,0} = w_{f,0}(T_0) = \frac{1}{1 + \left[\dfrac{p}{C_1 \exp(C_2/T_0)} - 1\right]\dfrac{M_a}{M_f}} \tag{6.49}$$

将式（6.49）代入 b_D 的定义式，得

$$b_D = \frac{w_{f,\infty} - w_{f,0}(T_0)}{w_{f,0}(T_0) - w_{f,1}} \tag{6.50}$$

由式（6.50）和 b_T 的定义式知 b_T、b_D 式中都有变量 T_0。当 $Le=1$ 时，$b_T(T_0) = b_D(T_0)$，可利用图解法求得对应的液滴表面的状态温度 T_0，解法如图 6.5 所示。当液滴的蒸发潜热较大，即 $L>>c_1(T_0-T_1)$，$b_T(T_0)$ 函数接近于线性关系，并与 x 轴交于 T_∞ 点；当 $T_0=0$ 时，根据式（6.47）、式（6.49）得 $p_{f,0}=0$，$w_{f,0}=0$；此时 b_D（T_0）曲线与 y 轴交于 $-\dfrac{w_{f,\infty}}{w_{f,1}}$ 值。当 $w_{f,0}=w_{f,1}=1$，即 $p_{f,0}=p$，$b_D\to\infty$，由图 6.5 分析可知：

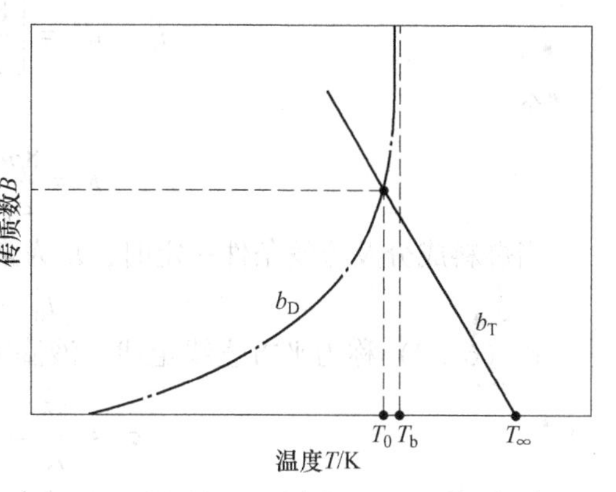

图 6.5　液滴表面状态温度的确定

（1）当环境温度 T_∞ 比液体沸点温度 T_b 大得多（$T_\infty>>T_b$）时，$b_T(T_0)$ 与 $b_D(T_0)$ 曲线交点对应的液滴表面温度 T_0 接近于 T_b，在计算 B 值可取 $T_0=T_b$，故有

$$B = b_T \approx \frac{c_p(T_\infty - T_b)}{L + c_1(T_b - T_1)} \tag{6.51}$$

（2）当液滴边界层外的环境温度 T_∞ 比液体沸点 T_b 小很多，$T_\infty<<T_b$，$b_T(T_0)$ 与 $b_D(T_0)$ 交点接近 x 轴，B 值接近零，此时的液滴表面温度 T_0 接近环境温度 T_∞，在计算 b_D 时可取 T_0-T_∞ 代入：

$$b_D \approx \frac{w_{f,\infty} - w_{f,0}(T_\infty)}{w_{f,0}(T_\infty) - w_{f,1}} \tag{6.52}$$

（3）b_D（T_0）为负值的部分表示环境向液滴表面传质，如壁面冷凝、溶液中结晶的生长等，而在液面蒸发中为负值无意义。

（4）由于液面温度 T_0 接近沸点温度 T_b，而实际的 $w_{f,0}$ 值与平衡值偏离极小，因此液相与蒸气处于饱和平衡状态的假定，能够准确描述大多数工程上的蒸发过程。

前面得到了液滴蒸发速率 g_0 的表达，下面推导液滴蒸发时间 τ。

在相对静止介质中，液滴蒸发速率由式（6.46）求得，应用此式还可求得已知初始滴径 d_0 的完全蒸发时间 τ_0。在准稳定状态下，液滴表面蒸发速率 G 即为单位时间内液滴质量的减少，可定义为

$$G = 4\pi r_0^2 \rho_0 u_0 = -4\pi r_0^2 \frac{\rho_1}{2}\frac{\mathrm{d}d}{\mathrm{d}\tau} \tag{6.53}$$

以式（6.46）代入式（6.53），且取 $r_\infty\to\infty$，则可得

$$\frac{\mathrm{d}d}{\mathrm{d}\tau} = -\frac{4\rho a}{\rho_1 d}\ln(B+1) \tag{6.54}$$

式中，ρ 为气相密度；a 为气相导温系数；ρ_1 为液相密度；d 为液滴直径。

液滴的初始和终结条件为

$$\tau = 0,\ d = d_0$$

$$\tau = \tau_0,\ d = 0$$

积分式（6.54）并代入边界条件，得

$$d_0^2 - d^2 = \left[\frac{8\rho a}{\rho_1}\ln(B+1)\right]\tau \tag{6.55}$$

令

$$K = \frac{8\rho a}{\rho_1}\ln(B+1) \tag{6.56}$$

当燃料成分及蒸发条件一定时，K 为常数，称为蒸发常数，式（6.55）可表示为

$$d_0^2 - d^2 = K\tau \tag{6.57}$$

式（6.57）称为平方直线定律。液滴完全蒸发的时间为 τ_0，即

$$\tau_0 = \frac{d_0^2}{K} = \frac{\rho_1 d_0^2}{8\rho a\ln(1+B)} \tag{6.58}$$

从式（6.58）可知，初始直径 d_0 越大，则完全蒸发的时间 τ_0 越长。燃料密度 ρ_1、气体物性 ρ、a 等也影响蒸发常数，亦即影响完全蒸发时间 τ_0。如轻质液体燃料 ρ_1 小，蒸发气体的 $\dfrac{\lambda}{c_p}$ 值大，使蒸发常数 K 值增大，从而使蒸发时间 τ_0 缩短。蒸发常数 K 还与环境温度 T_∞、燃料气相质量分数分布有关。

液滴燃烧时的蒸发情况与高温下蒸发的规律相同，也符合滴径平方直线定律，表示为

$$d_0^2 - d^2 = K_f\,\tau_f \tag{6.59}$$

式中，K_f 为燃烧常数；τ_f 为液滴燃烧时间。

后面将详细推导。

6.2.3 强迫气流下液滴高温蒸发

上面将液滴简化为球对称的理想情况。通常液滴借助于射流进行雾化形成，因而蒸发时多受气流流动的影响。有时气流与液滴之间的相对速度较大，由于气流的曳力和表面张力的作用，液滴将发生变形，不是以球对称进行均匀的蒸发和燃烧，液滴表面外的火焰呈卵形，因此不能再简化为球对称蒸发或燃烧的物理模型。为使对流下高温液滴蒸发或燃烧的复杂问题仍能采用一种近似的方法来处理，且仍能应用球对称的物理模型的结论，可采用折算薄膜理论的简化方法。折算薄膜理论的概念是把一个真实的轴对称二维对流的传热、传质问题简化成等值球对称的导热和扩散问题。这一方法分两步进行，然后叠加，即首先将液滴看成无蒸发或无燃烧的惰性球体，并把对流换热转变成等值球体的导热过程；然后研究无对流且只存在分子导热和扩散的球层内蒸发或燃烧的情况，并求出蒸发速率和蒸发时间。

折算薄膜理论采用适当的简化，使强迫对流、高温下的蒸发问题仍能应用静止高温中液滴球体对称蒸发推导所得的全部结论，只需考虑对流引起的液滴非球对称对蒸发或燃烧的影响，采用折算薄膜概念进行修正。

静止气体中，无蒸发、无化学反应的固体球表面气体导热的总传热量为

$$Q = 4\pi r_0^2\alpha(T - T_0) = \frac{4\pi}{\dfrac{1}{r_0} - \dfrac{1}{r_\infty}}\lambda(T_\infty - T_0) \tag{6.60}$$

有对流情况下，固体球的非球对称流体边界层的传热，可设想为与某一假想的球对称导热过程等价，则可以写出等价的固体球表面的球对称导热边界层内（r_1-r_0）向固体球表面传导的总热量为

$$Q = 4\pi r_0^2 \overline{\alpha}^* (T_\infty - T_0) = \frac{4\pi}{\dfrac{1}{r_0} - \dfrac{1}{r_\infty}} \lambda (T_\infty - T_0) \tag{6.61}$$

由此可得边界层外径也即折算薄膜半径 r_1 为

$$r_1 = r_0 \frac{1}{1 - \dfrac{2}{\overline{Nu}^H}} \tag{6.62}$$

式中，$\dfrac{2}{\overline{Nu}^H}$ 为无蒸发、无燃烧惰性固体球对流换热的平均 Nusselt 准则，$\dfrac{2}{\overline{Nu}^H} = \dfrac{\alpha^* d_0}{\lambda}$，$\alpha^*$ 为无蒸发、无燃烧固体球整个表面的平均对流换热系数。

固体球在受迫气流内的传热，可以用准则方程表示：

$$\overline{Nu}^H = 2 + 0.6\, Re^{\frac{1}{2}}\, Pr^{\frac{1}{3}} \tag{6.63}$$

此式的应用范围为 $Re=0\sim200$。当固体球在静止气流中传热时，$\overline{Nu}^H \approx 2$。

折算薄膜的概念是利用在有对流的情况下，环境向液滴蒸发表面传递的热量折算成球层气体内的导热，即把传热的阻力集中在薄膜厚度（r_1-r_0）层内，薄膜厚度以外看成等温、等质量分数气体的对流运动，其模型如图 6.6 所示。

式（6.61）表示无蒸发、无燃烧下对固体球的传热量。在有蒸发或有燃烧的液滴传热问题中应考虑 Stefan 流对扩散、传热的影响，可用式（6.43）和式（6.44）来表示液滴总蒸发量 G 和向液滴表面传递的总热量 Q。由于引入了折算薄膜的概念，就很容易将无对流、高温下的蒸发问题的结果应用到强迫对流中去，因此只需将各式中的外边界 $r=\infty$ 换成 r_1-r_0，即图 6.6 折算薄膜概念模型将积分限 r_∞ 改成折算薄膜半径 r_1 即可，并设 ρ、a 等量为积分限内的平均值，则得强迫对流、高温下液滴表面的总蒸发率及传热量为

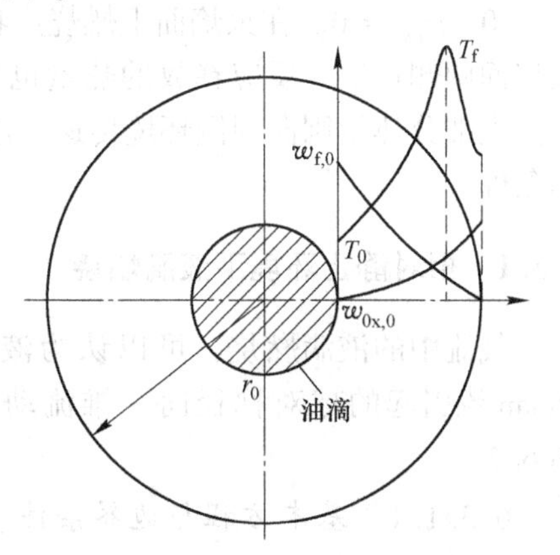

图 6.6　折算薄膜概念模型

$$G = 4\pi r_0^2 \rho_0 u_0 = 4\pi\rho a \frac{1}{\dfrac{1}{r_0} - \dfrac{1}{r_1}} \ln(1 + B) = 4\pi\rho a \frac{r_0\, \overline{Nu}^H}{2} \ln(1 + B) \tag{6.64}$$

$$Q = G q_e = 4\pi\rho\alpha \frac{q_e}{\dfrac{1}{r_0} - \dfrac{1}{r_1}} \ln(1 + B) = 4\pi\rho a \frac{r_0\, \overline{Nu}^H}{2} q_e (1 + B) \tag{6.65}$$

一定的气体在不同的 Re 时对应不同的 $\overline{Nu^H}$ 和 r_1 值。由式（6.62）知，折算薄膜厚度 $\Delta = r_1 - r_0 = r_0\left(\dfrac{2}{\overline{Nu^H} - 2}\right) = r_0\left(\dfrac{1}{\dfrac{1}{2}\overline{Nu^H} - 1}\right)$，即 $\overline{Nu^H}$ 的大小影响 Δ 的大小，而 $\overline{Nu^H}$ 取决于对流运动的强弱。当气流相对液滴的运动速度增大时，$\overline{Nu^H}$ 提高，液滴表面的折算薄膜厚度 Δ 变小；当气流相对液滴运动的速度减小，对流换热变弱，$\overline{Nu^H}$ 减小，则折算薄膜厚度 Δ 变大。在静止气流中，Re 为 0，由式（6.63）得 $\overline{Nu^H} = 2$，$\Delta \to \infty$，因此静止气流中的液滴蒸发问题，可以看成折算薄膜厚度 Δ 为无穷大，即 $r_1 - r_0 \to \infty$，$r_1 \to \infty$，故得

$$\begin{cases} G = 4\pi\rho a r_0 \ln(1 + B) \\ Q = 4\pi\rho a r_0 q_e \ln(1 + B) \end{cases} \tag{6.66}$$

6.3　液滴的燃烧

上节讨论了液滴在高温下的蒸发规律，本节讨论液滴燃烧时的燃烧速率及燃尽时间的影响因素，确定火焰面的位置及液滴燃烧时周围温度、组分浓度的分布。液滴燃烧与高温下液滴蒸发相比，在液滴表面上会产生更强烈的 Stefan 流，这对周围的传质、传热规律都会产生重大影响，并在液滴燃烧的基本方程中应该考虑能量和物质的源、汇项。

液滴的燃烧反应发生在表面。液滴燃烧属于扩散燃烧，即化学反应速率比扩散速率大得多，两者所需的时间之比 $\tau_0/\tau_d \ll 1$，可以认为火焰面无限薄。液滴蒸气由内侧向火焰面扩散，氧气由外侧向火焰面扩散，在火焰面处燃料质量分数和氧质量分数都接近于零，$w_f \approx 0$，$w_{ox} \approx 0$。在火焰面上燃烧产物质量分数 w_p、温度 T_f 均达到最大值。燃烧产物向火焰面两侧扩散，反应释放的热量也向火焰两侧传递，一部分热量加热液滴使其继续蒸发。大部分热量则向周围环境传递。液滴周围有无火焰则取决于能否达到着火和火焰稳定的条件。

6.3.1　相对静止环境下液滴燃烧

气流中的液滴燃烧，可以认为液滴周围的传质、传热和燃烧都为球对称，故只有 Stefan 流引起的球对称径向一维流动和传热。液滴在相对静止气流中的扩散燃模型见图 6.7。

6.3.1.1　基本方程与边界条件

连续方程

$$G = 4\pi r^2 \rho u = 4\pi r_0^2 \rho_0 u_0 = \text{cosnt} \tag{6.67}$$

组分方程

$$\frac{d}{dr}\left(4\pi r^2 \lambda D_i \frac{dT}{dr}\right) - (4\pi r^2 \rho u)\frac{d(c_p T)}{dr} + 4\pi r^2 m_i q_i = 0 \tag{6.68}$$

能量方程

$$\frac{d}{dr}\left(4\pi r^2 \lambda \frac{dT}{dr}\right) - (4\pi r^2 \rho u)\frac{d(c_p T)}{dr} + 4\pi r^2 m_i q_i = 0 \tag{6.69}$$

式中，m_i 为组分 i 在单位时间、单位表面积上流过的质量；q_i 为组分 i 在单位时间、单位表面积上传过的热量；下角 i 为组分气体的代号，燃料组分 i=f，氧气组分 i=ox，燃烧产物组分 i=p 等，并要注意源、汇项的正负号。

液滴燃烧的边界条件与高温下液滴蒸发的条件相同，即 $r = r_0$ 处，能量、质量守恒式为

$$\rho_0 u_0 q_e = \frac{G}{4\pi r_0^2} q_e = \lambda_0 \frac{dT}{dr}\bigg|_0 \tag{6.70}$$

$$-(D_i\rho)_0 \frac{dw_i}{dr}\bigg|_0 + w_{i,0}\rho_0 u_0 = w_{i,1}\rho_0 u_0 \tag{6.71}$$

式中，燃料组分 i = f，$w_{f,1}$ =1；其他组分，$w_{i,1}$ = 0。

$r=r_0$ 处，饱和参数方程

$$w_{f,0} = w_{f,0}(T_0) \tag{6.72}$$

$r=r_\infty$ 处，温度、浓度条件为

$$T = T_\infty,\ w_f = 0,\ w_p = 0,\ w_{ox} = w_{ox,\infty} \tag{6.73}$$

6.3.1.2 方程的求解

利用边界条件式（6.70）、式（6.71），对式（6.68）、式（6.69）进行一次积分，积分限为 $r_0 \to r$，得能量方程、燃料组分方程及氧气组分方程

$$G[c_p(T - T_0) + q_e] - 4\pi r^2 \lambda \frac{dT}{dr} - \int_{r_0}^{r} 4\pi r^2 \lambda m_f dr = 0 \tag{6.74}$$

$$G(w_f - 1) - 4\pi r^2 \lambda \frac{dT}{dr} - \int_{r_0}^{r} 4\pi r^2 m_i q_i dr = 0 \tag{6.75}$$

$$G w_{ox} - 4\pi r^2 D\rho\left(\frac{dw_{ox}}{dr}\right) + \int_{r_0}^{r} 4\pi r^2 \bar{\omega}_{ox} dr = 0 \tag{6.76}$$

为使方程简单，转换消除方程中的非线性的源、汇项；假定 Le=1，将式（6.75）或式（6.76）乘以单位组分质量的反应热 Q 并与式（6.74）相加可消去化学反应项，得

$$G[c_p(T - T_0) + q_e + w_{ox}Q_{ox}] = 4\pi r^2 \frac{\lambda}{c_p}\frac{d}{dr}(c_p T + w_{ox}Q_{ox}) \tag{6.77}$$

或

$$G[c_p(T - T_0) + q_e + Q_f(w_f - 1)] = 4\pi r^2 \frac{\lambda}{c_p}\frac{d}{dr}(c_p T + f_f Q_f) \tag{6.78}$$

式中，Q_{ox} 为单位质量氧的反应热，kJ/kg；Q_f 为单位质量燃料的反应热，kJ/kg。

为了消除式（6.77）、式（6.78）中的非线性的源、汇项，采用新变量 $Z = c_p T + Q_i f_i$，并代入式（6.77）、式（6.78），得

$$G[(Z - Z_0) + q_e + w_{ox,0}Q_{ox}] = 4\pi r^2 \frac{\lambda}{c_p}\frac{dZ}{dr} \tag{6.79}$$

或

$$G[(Z - Z_0) + q_e + Q_f(w_{f,0} - 1)] = 4\pi r^2 \frac{\lambda}{c_p}\frac{dZ}{dr} \tag{6.80}$$

将式（6.79）、式（6.80）积分，积分限为 r_0-r 并代入边界条件，得

$$G = 4\pi r_0 \frac{\overline{\lambda}}{c_p} \ln\left[1 + \frac{c_p(T_\infty - T_0) + (w_{ox,\infty} - w_{ox,0})Q_{ox}}{q_e + Q_{ox}f_{ox,o}}\right] \tag{6.81}$$

或

$$G = 4\pi r_0 \frac{\overline{\lambda}}{c_p} \ln\left[1 + \frac{c_p(T_\infty - T_0) + (w_{f,\infty} - w_{f,0})Q_f}{q_e + Q_f(w_{f,0} - 1)}\right] \tag{6.82}$$

按液滴扩散的特点，有 $\frac{\tau_c}{\tau_d} \ll 1$，且在液滴表面处的氧质量分数 $\omega_{ox,0}$ 和环境中的燃料质量分数 $w_{f,\infty}$ 都为零，代入式（6.81）和式（6.82）后得

$$G = 4\pi r_0 \frac{\overline{\lambda}}{c_p} \ln\left[1 + \frac{c_p(T_\infty - T_0) + w_{ox,\infty}Q_{ox}}{q_e}\right] \tag{6.83}$$

或

$$G = 4\pi r_0 \frac{\overline{\lambda}}{c_p} \ln\left[1 + \frac{c_p(T_\infty - T_0) + w_{f,0}Q_f}{q_e + Q_f(w_{f,0} - 1)}\right] \tag{6.84}$$

因绝热燃烧温度（也称理论燃烧温度）T_t 可表示为

$$T_t = T_\infty + \frac{w_{ox,\infty}Q_{ox}}{c_p} \tag{6.85}$$

在液滴扩散燃烧中，火焰温度 T_f 接近于按燃料的低位热值计算的绝热燃烧温度 T_t，T_f 略小于 T_t，故式（6.83）可写为

$$G = 4\pi r_0 \frac{\overline{\lambda}}{c_p} \ln\left[1 + \frac{c_p(T_f - T_0)}{q_e}\right] \tag{6.86}$$

令

$$B_f = \frac{c_p(T_f - T_0)}{q_e} = \frac{c_p(T_f - T_0) + w_{ox,\infty}Q_{ox}}{q_e} \tag{6.87}$$

并代入式（6.86），得

$$G = 4\pi r_0 \frac{\overline{\lambda}}{c_p} \ln(1 + B_f) \tag{6.88}$$

同理，将组分燃料、氧质量方程变换后，也可消除源、汇项，即用 $\beta = \frac{V_{ox}}{V_f}$ 乘以式（6.75），并与式（6.76）相减，得

$$G(w_{ox} - \beta w_f + \beta) = 4\pi r^2 D\rho \frac{d}{dr}(w_{ox} - \beta w_f) \tag{6.89}$$

令

$$Y = w_{ox} - \beta w_f \tag{6.90}$$

代入式（6.90）并从 r_0 到 ∞ 积分，得

$$G = 4\pi r_0 \overline{\rho}\,\overline{D} \ln\left(1 + \frac{Y_\infty - Y_0}{Y_0 + \beta}\right) \tag{6.91}$$

取 $f_{f,\infty} = 0, f_{ox,0} = 0$，代入式（6.91），得

$$G = 4\pi r_0 \overline{\rho} \overline{D} \ln\left(1 + \frac{w_{f,0} + \frac{1}{\beta} w_{ox,\infty}}{1 - w_{f,0}}\right) \tag{6.92}$$

当 $Le=1$ 时，根据式（6.83）、式（6.84）、式（6.88）以及式（6.92）得

$$B_f = \frac{c_p(T_\infty - T_0) + w_{ox,\infty} Q_{ox}}{q_e} = \frac{c_p(T_\infty - T_0) - w_{f,0} Q_f}{q_e + Q_f(w_{f,0} - 1)} = \frac{w_{f,0} + \frac{1}{\beta} w_{ox,\infty}}{1 - w_{f,0}} \tag{6.93}$$

由式（6.83）、式（6.92）、式（6.93）以及式（6.47），可求得未知量 G、T_0 和 $w_{f,0}$。

比较高温下纯蒸发式（6.45）中 B 与由燃烧的蒸发式（6.93）中 B_f，燃烧反应释放的热量不仅加入了向液滴表面的传热量，也使蒸发速率加大，并使液滴表面的温度 T_0 提高（$T_0 \approx T_b$）。燃料表面的气体质量分数 $w_{f,0}$ 也提高了，扩散燃烧使表面的氧质量分数 $w_{ox,0}$ 接近零，而纯蒸发状态，表面的氧质量分数 $w_{ox,0}$ 则不会为零。

以上没有假定火焰锋面上化学反应速率非常快和锋面厚度极薄，是按图 6.6 所示模型，这是用积分变换后所得的结果。也可不用积分变换，而用数值计算直接求解有反应项的式（6.67）、式（6.68）与式（6.69），不用消去源、汇项即可求得各组分和温度的分布，如图 6.6 所示。下面可用液滴扩散燃烧，即如图 6.7 所示的火焰锋面无限薄的概念来推导，结果十分相似，过程如下：

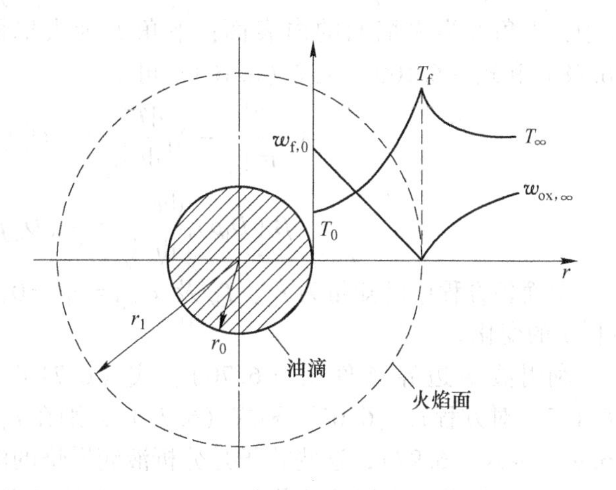

图 6.7 相对静止环境下液滴扩散燃烧模型

分析图 6.7 的液滴燃烧模型可知，火焰面处 $r = r_i$ 各参数是连续的，但由于火焰面上是集中的热源或物质汇，故各参数的导数在此处并不连续，则对质量守恒方程式和能量守恒方程式（6.69）可分别写出火焰面内外侧的不同条件：

火焰面内侧（$r_0 < r < r_f$）

$$G[c_p(T - T_0) + q_e] = 4\pi r^2 \lambda \frac{dT}{dr} \tag{6.94}$$

$$G(f_f - 1) = 4\pi r^2 D\rho \frac{dw_f}{dr} \tag{6.95}$$

火焰面外侧（$r_f < r < r_\infty$）

$$G[c_p(T - T_0) + q_e - Q_f] = 4\pi r^2 \lambda \frac{dT}{dr} \tag{6.96}$$

$$G(w_{ox} + \beta) = 4\pi r^2 D\rho \frac{dw_{ox}}{dr} \tag{6.97}$$

用断续梯度的概念对式（6.94）～式（6.97）写出火焰面上两侧各导数间的关系，

即能量方程

$$-4\pi r_f^2 \lambda_f \frac{dT}{dr}\bigg|_{f_2} = 4\pi r_f^2 \lambda_f \frac{dT}{dr}\bigg|_{f_1} + GQ_f \tag{6.98}$$

$$4\pi r_f^2 \lambda_f \frac{dT}{dr}\bigg|_{f_1} = G[c_p(T_f - T_0) + q_e] \tag{6.99}$$

$$-4\pi r_f^2 (D_{ox}\rho)_f \frac{dw_{ox}}{dr}\bigg|_{f_2} = -4\pi r_f^2 (D_{ox}\rho)_f \frac{dw_{ox}}{dr}\bigg|_{f_1} - \beta G \tag{6.100}$$

$$-4\pi r_f^2 (D_{ox}\rho)_f \frac{dw_{ox}}{dr}\bigg|_{f_1} = 0 \tag{6.101}$$

$$-4\pi r_f^2 (D_{ox}\rho)_f \frac{dw_1}{dr}\bigg|_{f_1} = -4\pi r_f^2 (D_f\rho)_f \frac{dw_f}{dr}\bigg|_{f_2} + G \tag{6.102}$$

$$-4\pi r_f^2 (D_f\rho)_f \frac{dw_f}{dr}\bigg|_{f_2} = 0 \tag{6.103}$$

式中，下角 f_1 为火焰面的内表面；下角 f_2 为火焰面的外表面；下角 f 为火焰面。由式（6.98）和式（6.100）~式（6.103）可得

$$\lambda_f \frac{dT}{dr}\bigg|_{f_1} - \lambda_f \frac{dT}{dr}\bigg|_{f_2} = -Q_f (D_f\rho)_f \frac{dw_f}{dr}\bigg|_{f_1} \tag{6.104}$$

$$\beta (D_f\rho)_f \frac{dw_f}{dr}\bigg|_{f_1} = -(D_{ox}\rho)_f \frac{dw_{of}}{dr}\bigg|_{f_2} \tag{6.105}$$

上面各方程中已知量为 r_0、T_∞ 及 $w_{ox,f} = w_{f,f} = 0$，待求量为 G、T_f、r_f、T_0、w_f 以及 T、w_i 随 r 的变化。

利用液滴边界条件式（6.70）、式（6.71）与火焰面上的条件式（6.98）~式（6.105）对方程式（6.67）和式（6.71）分别在 $r_0<r<r_f$ 与 $r_f<r<r_\infty$ 范围内积分，可得式（6.94）~式（6.97），这些式子是分析液滴燃烧的前提。

在工程计算中常简化热物性 λ、ρ、a 等随温度和分压变化的规律，一般用平均值代替，即

$$\lambda \approx \bar{\lambda} = 常数$$

$$D_\rho \approx \bar{D}_\rho = 常数$$

对式（6.94）、式（6.95）由 r_0 至 r_f 积分，可简化得

$$G = 4\pi \frac{\bar{\lambda}}{c_p} \frac{1}{\dfrac{1}{r_0} - \dfrac{1}{r_f}} \ln\left[1 + \frac{c_p(T_f - T_0)}{q_e}\right] \tag{6.106}$$

$$G = 4\pi\bar{\rho}\,\bar{a} \frac{1}{\dfrac{1}{r_0} - \dfrac{1}{r_f}} \ln\left(1 + \frac{w_{f,0}}{1 - f_{f,0}}\right) \tag{6.107}$$

对式（6.97）由 r_0 至 r_f 积分，得

$$G = 4\pi\bar{\rho}\,\bar{a} \frac{1}{\dfrac{1}{r_f} - \dfrac{1}{r_\infty}} \ln\left(1 + \frac{w_{0f,\infty}}{\beta}\right) \tag{6.108}$$

联立式（6.106）~式（6.108），可以得到燃烧量 G。下面分析火焰位置 r_f、组分质量分数 w_i 及温度 T 分布。利用式（6.106）、式（6.108）确定火焰面位置 r_f，当 $r_\infty \to \infty$，可得

$$r_f = r_0 \left\{ 1 + \frac{\ln\left[1 + \frac{c_p(T_f - T_0)}{q_e}\right]}{\ln\left(1 + \frac{w_{ox,\infty}}{\beta}\right)} \right\} \tag{6.109}$$

由式（6.106）、式（6.107）及饱和参数条件 $w_{f,0} = w_{f,0}(T_0)$ 可得 $w_{f,0}$ 与 T_0，即

$$\frac{c_p(T_f - T_0)}{q_e} = \frac{w_{f,0}}{1 - w_{f,0}} \tag{6.110}$$

因火焰温度很高，液滴表面温度 $T_0 \approx T_b$，代入式（6.110）得

$$\frac{c_p(T_f - T_b)}{q_e} = \frac{w_{f,0}}{1 - w_{f,0}} \tag{6.111}$$

当 $Le \neq 1$ 时，式（6.111）为

$$1 + \frac{c_p(T_f - T_b)}{q_e} = \left(1 + \frac{w_{f,0}}{1 - w_{f,0}}\right)^{Le} \tag{6.112}$$

由式（6.111）或式（6.112）即可求出 $w_{f,0}$。

为了求火焰面两侧质量分数 w_f、w_{ox}、温度 T 沿 r 分布，可对式（6.95）由 r_0 至 r 积分，得

$$\frac{G}{4\pi\bar{\rho}\bar{a}}\left(\frac{1}{r_0} - \frac{1}{r}\right) = \ln\frac{1 - w_f}{1 - w_{f,0}} \tag{6.113}$$

并以边界条件 $r = r_f$ 时 $w_f = 0$ 代入式（6.113），得

$$\frac{G}{4\pi\bar{\rho}\bar{a}}\left(\frac{1}{r_0} - \frac{1}{r_f}\right) = \ln\frac{1}{1 - w_{f,0}} \tag{6.114}$$

比较式（6.113）与式（6.14），得

$$w_f = 1 - \exp\left[\frac{G}{4\pi\bar{\rho}\bar{a}}\left(\frac{1}{r_f} - \frac{1}{r}\right)\right] \tag{6.115}$$

同理，将式（6.97）由 r 至 $r = \infty$ 积分，并与 r_f 至 $r = \infty$ 积分相比较，可得火焰面外侧氧气质量分数 w_{ox} 沿 r 的分布为

$$w_{ox} = \beta\left\{\exp\left[\frac{G}{4\pi\bar{\rho}\bar{a}}\left(\frac{1}{r_f} - \frac{1}{r}\right)\right] - 1\right\} \tag{6.116}$$

将式（6.94）、式（6.96）分别由 r_0 至 r（火焰面内侧）以及 r 至 $r = \infty$（火焰面外侧）积分，再分别与由 r_0 至 r_f 以及 r_f 至 $r = \infty$ 的积分做比较，得火焰面内侧和外侧温度分布。

内侧：

$$T = T_0 + \left[\frac{q_c}{c_p} + (T_f - T_0)\right]\exp\left[\frac{G_{c_p}}{4\pi\bar{\lambda}}\left(\frac{1}{r_f} - \frac{1}{r}\right)\right] \tag{6.117}$$

外侧：

$$T = T_\infty + \frac{Q_f'}{c_p} + \left[(T_f - T_\infty) - \frac{Q_f'}{c_p} \right] \exp\left[\frac{G_{c_p}}{4\pi\lambda} \left(\frac{1}{r_f} - \frac{1}{r} \right) \right] \tag{6.118}$$

式中，Q_f' 为燃料低位热值。

温度分布的计算结果如图 6.7 所示。采用类似推导液滴蒸发时间的方法，可求得燃烧情况下液滴直径 d 与燃烧时间 τ_f 的变化规律为

$$d_0^2 - d^2 = K_f \tau_f \tag{6.59}$$

式中，d_0为初始直径；K_f 为燃烧常数，m^2/s；

$$K_f = \frac{8 \rho a}{\rho_1} \ln(B_f + 1) \tag{6.119}$$

式中，ρ_1 为液滴密度。

由式（6.59）知，燃烧时的液滴直径随时间的变化符合平方直线定律。由于燃烧时液滴表面温度高，使传质驱动力 B_f 也提高，故当其他条件相同时，燃烧常数 K_f 比蒸发常数 K 大，液滴的燃尽时间 τ_d也较短：

$$\tau_d = \frac{d_0^2}{K_f} \tag{6.120}$$

一些液体燃料在静止大气中液滴的燃烧常数见表 6.1。

表 6.1　静止大气中部分液体燃料液滴的燃烧常数

燃料	燃烧常数 K_f 值/$m^2 \cdot s^{-1}$	燃料	燃烧常数 K_f 值/$m^2 \cdot s^{-1}$
煤油	0.96	酒精	0.81
正辛烷	0.95	柴油	0.79
苯	0.97		

6.3.2　强迫气流下液滴的燃烧

在实际液体燃料雾化气流的燃烧中，液雾刚离开喷嘴时，液滴与气流的相对速度比较大，并存在湍流脉动的影响。在燃烧室的大部分区域中，液滴与气流之间总存在相对运动速度和相对脉动速度。这种相对运动的 Re 数值为几十至几百。在强迫气流下液滴燃烧的火焰面呈卵形，液滴周围的传热、传质及 Stefan 流都为非球对称，故同样可引入折算薄膜的概念，使液滴在强迫对流下燃烧问题的求解非常简单，并可以用折算薄膜理论，将无对流和有对流的液滴燃烧问题统一起来。即无对流条件下液滴燃烧的外边界 $r = \infty$，等于折算薄膜层半径 $r_1 = \infty$；对流越强，折算薄膜层越薄。因此，强迫对流下液滴燃烧的非对称问题，变成固体球表面边界层中 $r_0 \to r_1$ 的对称传热、传质问题来解。强迫对流下，液滴燃烧的折算薄膜模型如图 6.8 所示。碳氢燃料在强迫气流中燃烧时，折算薄膜半径 r_1 略大于火焰面半径 r_f，故比值 $\frac{r_1 - r_f}{r_f - r_0} \ll 1$，可取

$$\frac{1}{\frac{1}{r_0} - \frac{1}{r_f}} \approx \frac{1}{\frac{1}{r_0} - \frac{1}{r_1}} \tag{6.121}$$

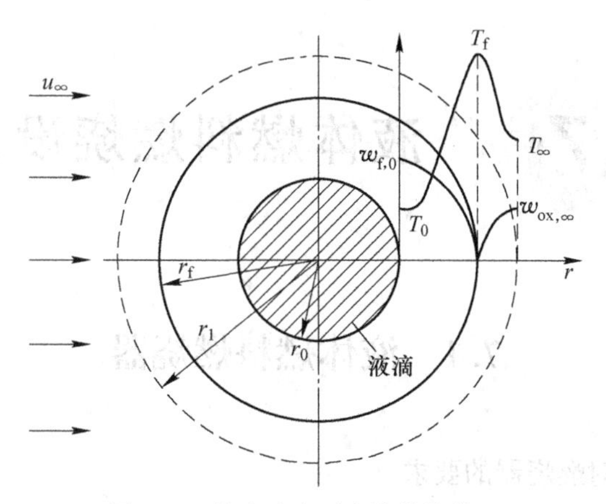

图 6.8 强迫对流下液滴燃烧模型

将式（6.121）代入式（6.106），可得强迫气流下液滴燃烧速率：

$$G = 4\pi \frac{\overline{\lambda}}{c_p} \frac{1}{\dfrac{1}{r_0} - \dfrac{1}{r_1}} \ln\left[1 + \frac{c_p(T_f - T_0)}{q_c}\right] = 4\pi \frac{\overline{\lambda}}{c_p} \frac{r_0 \overline{Nu}^H}{2} \ln\left[1 + \frac{c_p(T_f - T_0)}{q_c}\right] \tag{6.122}$$

比较有燃烧的式（6.122）与无燃烧的式（6.64），可发现两式的形式十分相似，但液滴周围的温度分布、折算薄膜半径 r_1 是不同的。强迫气流下的结果都可推广适用于静止气流下，只要将各式中相应的 r_1 改为 r_∞，或 $\overline{Nu}^H = 2$。

7 液体燃料燃烧设备

7.1 液体燃料燃烧器

7.1.1 液体燃料燃烧对燃烧器的要求

液体燃料燃烧一般采用喷嘴将燃料油喷入燃烧空间中，喷嘴将液体燃料喷出形成雾状细小液滴的过程称为雾化过程。喷出的雾化气流由很细小的液滴群组成，液滴在气流内的分布、液滴大小及均匀度等，受液体的物性（如黏度等）的影响，并且与喷嘴结构及液体或雾化介质的性质与参数（如压力、温度）有关。被雾化的细小液滴在燃烧室内受热而蒸发，蒸发的燃料气体扩散到液滴周围，当燃料气与空气混合并达到着火条件时即开始着火、燃烧。由于液体燃料的着火温度永远高于沸点温度，故液体燃料的燃烧不同于固体燃料的异相化学反应，只能在表面蒸发，并在离液滴表面一定距离的火焰面上燃烧；燃烧反应释放的一部分热量又传给液滴加热蒸发，因此是一种边蒸发、边扩散、边燃烧的综合过程。也有一些燃烧方式是将轻质液体燃料（如汽油、酒精等）先在专门设备中蒸发并与空气混合，然后再送入燃烧室燃烧，这种燃烧方式与预混气体燃料燃烧相同。锅炉用液体燃料多采用重质油或劣质重油，故不能采用预蒸发燃烧方式。下面讨论的液体燃料燃烧器主要是针对燃烧重质柴油、重油和渣油燃料的。

滴液受热蒸发过程与蒸发形成的可燃气体的燃烧过程，既相互独立又相互联系，当达到稳定燃烧时，蒸发的燃料质量流率与燃烧反应消耗的燃料质量流率相等。蒸发与反应两个速率的不同，直接表现为总的燃烧规律有所不同。例如，液滴的蒸发速率小于液滴蒸发气体的反应速率时，液滴总的燃烧速率将取决于液滴的蒸发速率；反之，如果液滴蒸发气体的反应速率小于液滴的蒸发速率时，总的燃烧速率取决于液滴的反应速率，即总的燃烧速率取决于较慢的环节。为了强化液体燃料的燃烧过程，必须强化液体燃料的蒸发过程，加强燃料蒸发形成的可燃气体与空气的相互扩散和混合过程，以及防止高温下缺氧发生热裂解等。

为满足雾化出较细且均匀的液滴，并使液滴蒸气迅速且均匀地与氧气混合，火焰根部避免缺氧，以及能在尽量小的过量空气系数下使燃料效率最高，这个任务主要由燃烧器及燃烧室来完成。燃烧器由喷嘴（雾化器）和调风器组成。燃烧器除了要达到设计出力即喷油量外，应该消耗的能量少，系统和结构应尽量简单，液滴细度、均匀度、滴径分布等雾化质量要符合设计要求。调风器供给燃烧需要的空气量及分布应与喷嘴、燃烧室匹配，即让油滴尽量均匀地分布在空气流中，以达到低过量空气系数下燃烧损失最小。燃烧室结构应合理，要使燃料停留时间足够长，要有足够大的燃烧室容积，即炉膛容积热负荷不能太大，以达到较高的燃尽度。

7.1.2 雾化喷嘴的分类

喷嘴按原理不同可以分为介质雾化喷嘴和机械雾化喷嘴两大类。

介质雾化喷嘴借助雾化介质膨胀产生的动能，将液体燃料破碎成细液滴。雾化介质通常采用压缩空气或具有一定压力的蒸汽。雾化介质的压力越高，破碎的液滴也越细，但消耗的能量也越多。如使用蒸汽作雾化介质，还可以利用其携带的热量加热液体燃料，以降低其黏度、改善雾化质量，故进入喷嘴前的燃料油黏度较高时，仍能保证喷嘴雾化的质量。如使用空气作为雾化介质，由于空气压力一般较低，空气的动量较低，喷嘴的容量也就受到限制而不能太大，雾化质量也比采用蒸汽作介质的喷嘴差。当液体是轻质柴油时，由于燃料本身黏度不大，故采用压缩空气雾化也能达到较好的效果。

机械雾化喷嘴主要依靠油泵提高燃料油压力，使其以较高的速度喷射进燃烧室，液流由于受到空气阻力而破碎成液滴。工程上常用离心机械喷嘴，这种喷嘴内有使液流旋转的切向槽，液流经过切向槽转变成旋转液流，旋转液流离开喷嘴出口处即可形成一股中空的薄膜流，故容易受空气的阻力而破碎成细液滴。

油燃烧设备上采用的喷嘴主要是机械雾化喷嘴、转杯式喷嘴、蒸汽或压缩空气雾化喷嘴几种类型。

机械雾化喷嘴也称离心式机械喷嘴，在锅炉上使用较多。机械雾化喷嘴有多种形式，应用最广泛的是简单机械雾化喷嘴。它没有回油系统，调节流量只能改变油压，故调节范围有限，但它的结构及系统比较简单。机械雾化喷嘴的典型结构如图 7.1 所示，由雾化片、

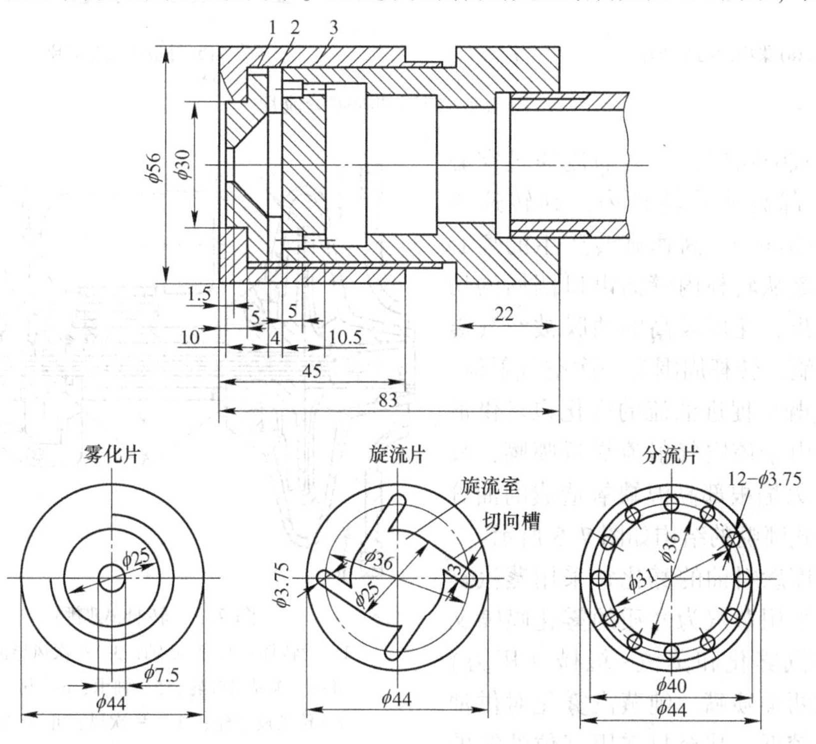

图 7.1 出力为 0.5kg/s 的简单机械雾化喷嘴

1—雾化片；2—旋流片（切向槽）；3—分流片

旋流片（切向槽）和分流片等主要部件组成。经油泵升压后的油流先进入分流片各小孔，由各小孔汇合到对应的环形槽道内，再经旋流片的切向槽，使油流出切向槽后在旋流室形成高速旋转，最后进入雾化片，从喷孔射出并雾化成液滴群。为加工方便，也有将旋流片与雾化片合并为一体的。

除离心式机械简单喷嘴外，还有一种机械雾化喷嘴为离心式机械回油喷嘴，除分流片上有回油孔之外，孔外其他结构与简单式喷嘴相同。回油孔开设在旋流片中心或中心附近环形圈内的称为内回油喷嘴，这种回油喷嘴用得比较普遍。回油孔开设在中心的，称为集中大孔回油喷嘴，如图 7.2（a）所示；回油孔分散地开设在中心附近环形圈内的，称为分散小孔回油喷嘴，如图 7.2（b）所示；如开设回油孔的节圆离中心较远，则称为外回油喷嘴。虽然回油喷嘴的结构及系统较为复杂一些，但喷油量的调节范围较大，易于调节负荷，所以得到广泛应用。

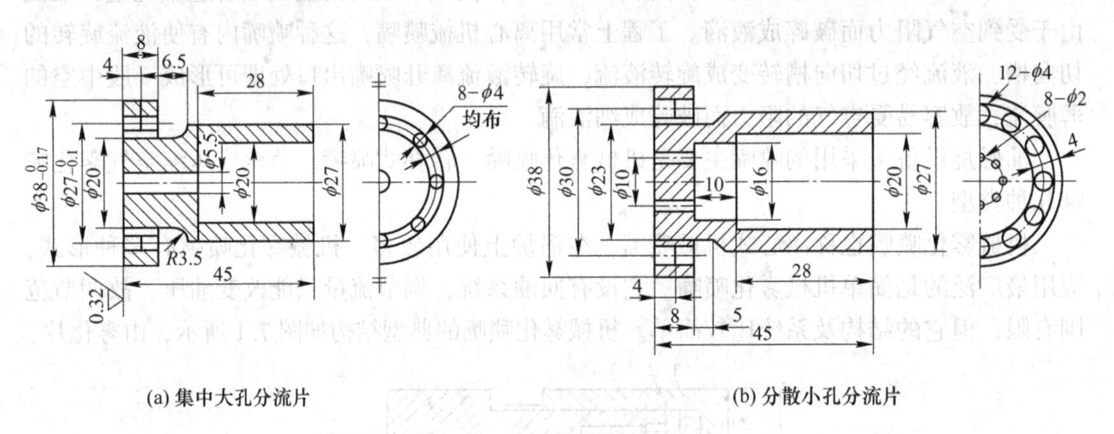

(a) 集中大孔分流片　　(b) 分散小孔分流片

图 7.2　内回油喷嘴分流片

转杯式喷嘴中，压力油流通过空心轴进入头部高速旋转杯内，其转速为 3000~6000r/min。高速旋转产生的离心力，使油流从转杯内壁向出口四周的切线方向甩出，速度较高的油膜被空气雾化成细液滴。转杯周围为一次空气射流。一次空气既可促进油流的雾化也可供油滴燃烧。由于该空气射流靠近喷嘴，故又能防止火焰根部高温缺氧造成的油分解。转杯式喷嘴的结构如图 7.3 所示。

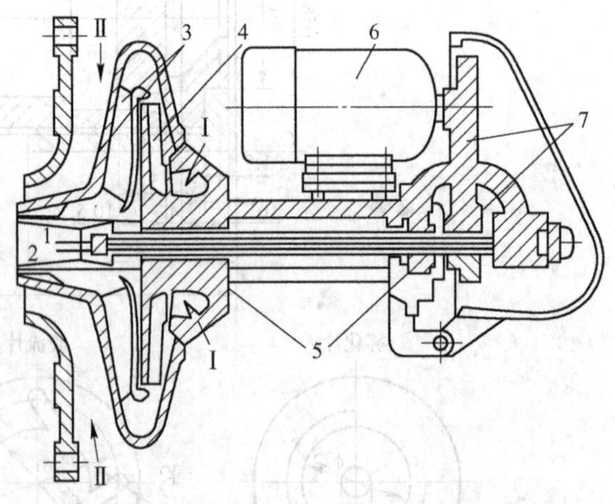

图 7.3　转杯式喷嘴

1—旋转杯；2—空心轴；3—一次风导流片；4—一次风机叶轮；5—轴承；6—电动机；7—传动皮带轮；Ⅰ—一次风；Ⅱ—二次风

高黏度燃料油的雾化常采用蒸汽雾化喷嘴，采用蒸汽为介质的雾化喷嘴又分为纯蒸汽雾化和蒸汽-机械（压力）综合雾化两类喷嘴。纯蒸汽雾化对供油压力要求较低，甚至只需用高位油箱的压头即可，这种喷嘴常用在小型工业炉上。蒸汽-机械喷嘴则在大型燃烧装置上用得较多，其油压、气压接近，在0.5~2.0MPa。它依靠油流和蒸汽具有的能量破碎成油滴，故要求的油压可以比机械雾化喷嘴低，汽耗率也较低。图7.4所示为外混式蒸汽-机械雾化喷嘴，蒸汽流经切向槽和旋流室产生旋转，当喷油量大时主要依靠机械雾化；喷油量小时则主要依靠蒸汽雾化，从而可以扩大喷油量的调节范围。电站锅炉上常采用一种称为Y形喷嘴的蒸汽-机械喷嘴，这种喷嘴的喷油量大、汽耗率低、噪声小，应用较多。

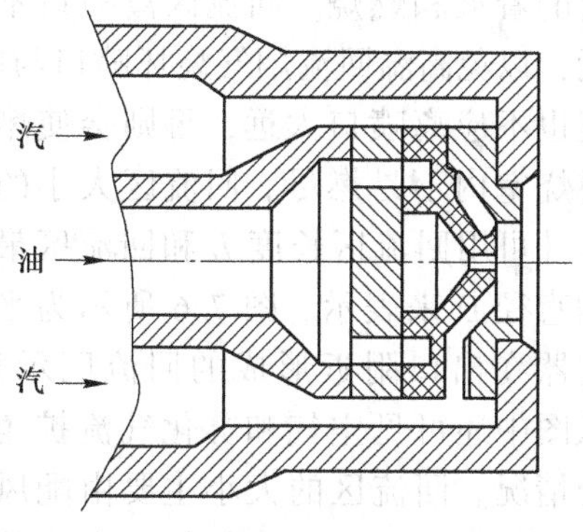

图7.4 外混式蒸汽-机械雾化喷嘴

7.1.3 油燃烧设备配风要求

为保证燃料油燃烧完全，除喷嘴应具有良好的雾化性能外，尚需得到合理的配风。

为防止燃料油在高温下热裂解，必须在火焰根部送入一部分空气，即一次风。这股风一般在油气着火前已与其混合，通常经过旋流叶片并在出口处产生旋转气流。由于旋转射流的扩展角较大，故难以按需要送入火焰根部的一次风与中心风，其风量占总风量的15%~30%，中心风量不宜太大，否则会影响回流区的形成，从而影响燃料油的着火位置。

在油燃烧设备的配风中，送入的空气必须与油雾强烈混合。由于燃料油的发热量高，一般为42000kJ/kg左右，空气与油气混合强烈，可使燃烧速度提高，一般在离燃烧器出口约1m距离内，就能使大部分燃料油燃尽。为此，燃料油雾化气流的扩角与空气射流的扩角应匹配合理。一般旋转燃烧器出口的旋转射流衰减较快，当油雾气流与空气在前期混合不好时，后期混合更加困难，故空气射流的扩角不宜过大。一般气流扩角应比油雾扩角大些，以便使空气高速喷入油雾中，达到早期强烈混合的要求，扩角的匹配如图7.5所示。为了不使空气射出的扩角过大，空气配风器的旋流强度不宜过大。试验证明，除过量空气系数影响燃烧外，如果调节旋流器的叶片角度使气流扩角过大或过小时，也会增加炭黑的生成而对燃烧不利。

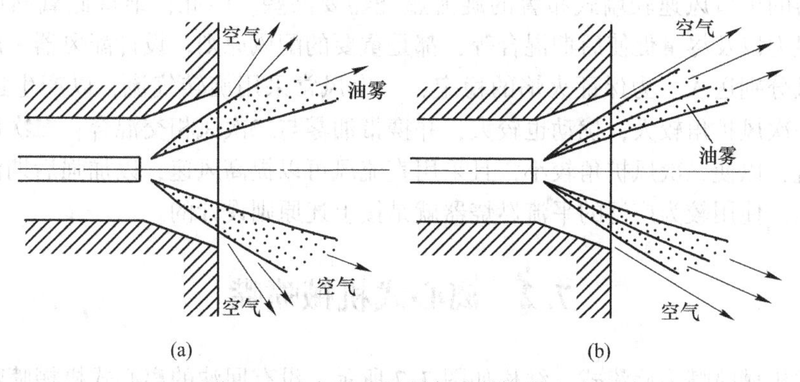

图7.5 空气流和油雾气流扩角的配合

(a) 空气流扩角过大；(b) 能达到早期混合的气流扩角

油燃烧设备一般要采用旋转气流，使燃烧器出口附近形成大小适当的回流区，以利燃料的着火和燃烧。回流区离喷口不应太近，以免高温回流烟气烧坏喷口与叶片；但也不应离喷口太远，否则会使燃料在燃烧室内不易燃尽。回流区大小的定性尺寸可用回流区长度 L 和回流区最宽处的直径 D 来表示。图 7.6 所示为平流燃烧器在出口附近形成的回流区示意图，从图中还可见空气和雾化气流扩角的配合情况。回流区的大小主要由配风器的旋转强度大小决定，与气流出口处的扩口角度正相关，也与旋流强度（旋流数）的大小正相关。当旋流强度过小时，形成的回流区过小，会使燃料油着火、燃烧延后；当旋流强度过大时，形成的回流区过大，会使燃烧器喷口易烧坏，也会使雾化气流容易喷入回流区因缺氧而热裂解，因此对燃尽不一定有利。为了在运行中得到较高的燃烧效率，一般采用能调节旋流强度的调风器，以调节合适的回流区大小及位置。调节旋流强度通常采用改变旋流器内叶片出口角度的方法。经验表明，当燃烧器出口风速较高时，必须采用较大旋流强度才能稳定火焰。

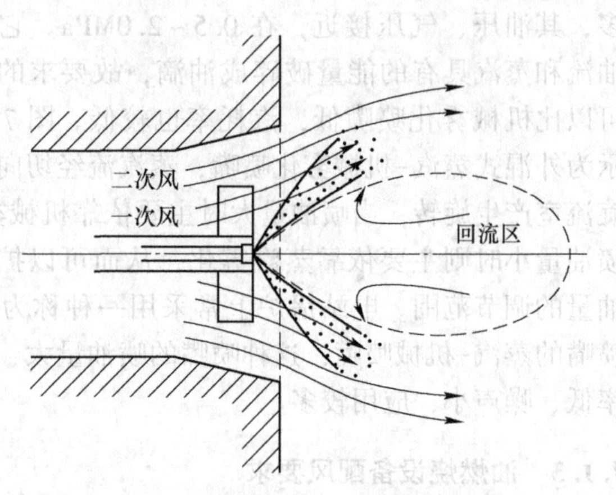

图 7.6 平流燃烧器出口回流区示意图

油燃烧设备配风中，要加强风、油后期的混合。离心式机械雾化喷嘴出口的油雾分布很不均匀，大量油滴集中在靠近回流区边界的环形截面内。这个区域的配风容易不足而缺氧，一些粗油滴难免发生热裂解而形成炭黑，这些难燃的炭黑将在火焰尾部燃烧，如果后期混合较差，则火焰会变长，导致燃烧不完全损失增加。为减少局部缺氧，不能用增加总风量的办法，而只能利用合理配风来解决。提高燃烧器出口风速，可以达到加强后期风、油的混合作用，强化燃烧，也有利于低氧燃烧，这对于提高燃烧效率、降低低温腐蚀和大气污染是极为有效的。配风器的一、二次风速一般采用 25~35m/s。对于平流燃烧器的直流二次风，风速可达 50~60m/s，其阻力与其他燃烧器相近。对于四角布置的燃烧器，因气流沿燃烧室轴中心旋转，而且气流的动量衰减比旋转射流慢，这对后期混合极为有利。这种燃烧器的出口风速较墙式布置的旋流燃烧器要高些。因此，维持低氧燃烧、提高风速、降低阻力以及尽量促使后期混合等，都是重要的配风原则。设计配风器一般采用一次风和二次风分别送入。为保证火焰的稳定，一次风常采用旋转气流，以产生适当的回流区，旋流一次风扩角较大，扰动也较大，并携带油雾与二次风相交混合；二次风可采用弱旋流或直流，以使二次风扩角较小，且采用直流风可以提高风速，以加强后期混合，又不使阻力增大。使用较为广泛的平流燃烧器就是按上述原则设计的。

7.2 离心式机械喷嘴

离心式机械喷嘴为旋流式，结构如图 7.7 所示。没有回油的离心式机械喷嘴称为简单式机械喷嘴。

燃料油如采用轻质柴油不需加热系统，如采用重油必须加热。重油由油泵加热后进入过滤器，将油中杂质滤掉后，再送入加热器加热。加热油温一般在 373~423K，使加热后

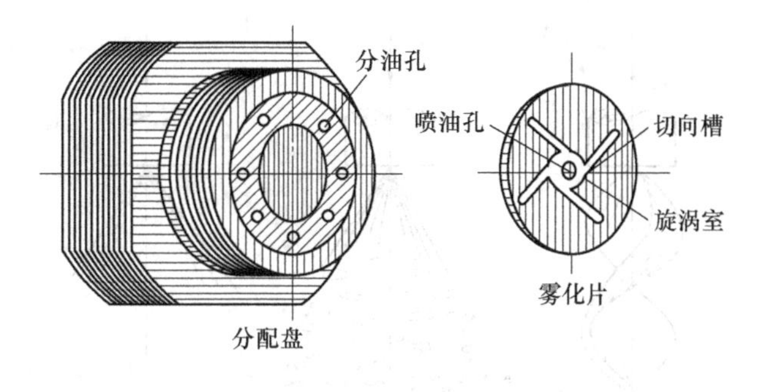

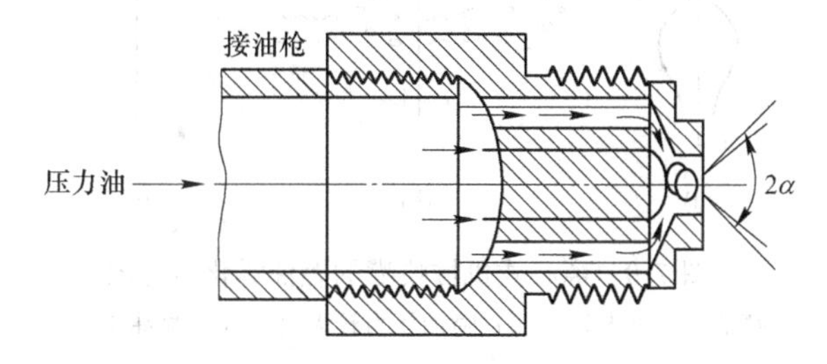

图 7.7　离心式机械喷射结构

的油黏度降低，以改善流动与雾化质量。出加热器后的高温油由旁路回油至油泵入口，以调节进入喷嘴的油量与油压。燃烧重油的系统如图 7.8 所示。油流经喷嘴内旋流片（切向槽）后产生旋转，旋转油流出喷孔后就不再旋转，并以直线方向向空间扩展；油流刚出喷口时形成湍流状态的油膜，因湍流脉动使锥形油膜表面形成高低不平的波纹；油膜与外界气体间有较大相对运动速度与接触表面，使油膜能克服表面张力而破碎成细油滴，形成一个由液滴组成的中空圆锥形雾化气流。油压越高，油膜变得越薄，相对运动速度与湍动度也就越大，被雾化的油滴也越细。采用变压器油进行喷嘴雾化试验的结果表明，当油压较小时（大约在 0.05MPa 以下），油流在喷口处形成一条较长的螺旋形中空锥形油膜，如图 7.9（a）所示，因油膜的表面张力大于周围气流对其作用力，油膜保持稳定而不被破碎；当油压再稍升高到 0.2MPa 左右时，油膜在离喷口不远处即被破成碎片，离喷口稍远处又因碰撞及表面张力而结合成较大的液滴，如图 7.9（b）所示；当油压再升高时，则油膜破碎成细滴，如图 7.9（c）所示。

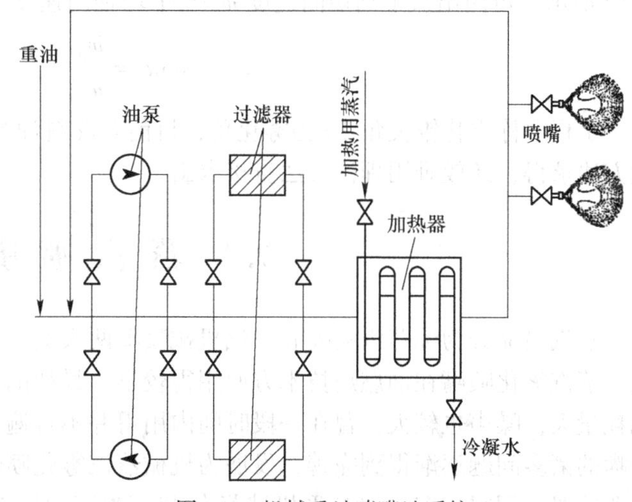

图 7.8　机械重油喷嘴油系统

工业锅炉或 100MW 以下中等容量电站锅炉的机械雾化喷嘴采用的油压一般为 2.0~2.5MPa；180MW 以上大容量电站锅炉喷嘴的油压一般为 3.5~6.0MPa，才能保证机械雾

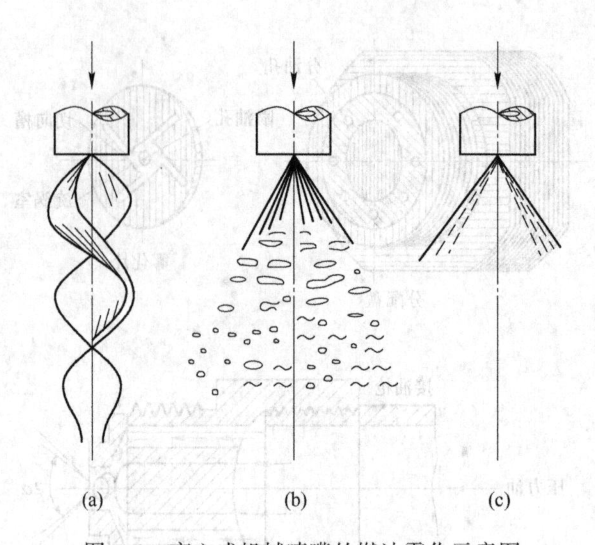

图 7.9 离心式机械喷嘴的燃油雾化示意图
（a）喷油压力不大时；（b）喷油压力较大时；（c）喷油压力很大时

化喷嘴的雾化液滴直径 $d_{smd} < 100\mu m$。喷嘴出口处油滴组成的雾化气流锥角为 2α，如图 7.10 所示。可由出口平均切向速度 $\overline{w_q}$ 与平均轴向速度 $\overline{w_g}$ 得到 α

$$\tan\alpha = \frac{\overline{w_q}}{\overline{w_g}} \tag{7.1}$$

工程上称雾化锥夹角 2α 为雾化角，目前对燃料油的雾化细度及雾化特性参数仍以实验方法求得，还较难用理论方法直接求出。

7.3 蒸 汽 喷 嘴

蒸汽喷嘴分为纯蒸汽喷嘴和蒸汽机械喷嘴两大类。纯蒸汽雾化喷嘴简称为蒸汽雾化喷嘴。蒸汽雾化喷嘴在油燃烧技术方面用得较早，最初的蒸汽喷嘴结构简单，蒸汽压力低且汽耗量大，噪声也较大，曾在一段时间内用得并不普遍。随着研究的不断深入，蒸汽雾化喷嘴的诸多问题逐渐得到完善，发展为机械蒸汽雾化喷嘴。由于它有许多特点，故在各种工业装置上用得较多，如 Y 形机械蒸汽喷嘴被广泛地应用于大型电站燃油锅炉上。

7.3.1 蒸汽喷嘴

蒸汽雾化喷嘴中，蒸汽具有一定的压力，以音速或超音速在混合室内撞击油流，将油流撕裂成很细的雾滴。用蒸汽雾化的喷嘴其油压可较低，小容量蒸汽喷嘴的油压不需用油泵，只需高位油箱供油即可，这样可简化供油系统。

蒸汽喷嘴的工作原理决定了它具有以下优点：

（1）雾化液滴较细，索太尔平均直径在 50μm 左右，有利于充分燃烧。

（2）雾化角与喷油量变化无关，火焰形状易于控制，能适应不同形状和尺寸的燃烧室。

（3）调节比较大，其调节范围可达 1∶6，即最小喷油量为额定喷油量的 1/6，这对负荷调节要求大的燃烧设备有利，尤其是工业锅炉。

(4) 允许燃料油工作黏度较大（一般为5~6°E），且黏度的变化对雾化特性影响不大，故能较好地适应不同类型燃料油的性能，如高黏度残渣油，甚至沥青等都能燃烧。

(5) 喷嘴结构简单，且油压低，使油系统简化，操作方便，初投资费用也较低。

但是蒸汽喷嘴也有明显的不足，首先表现为经济性稍差，雾化蒸汽不能回收，造成净水损失、排烟损失增加；启动时必须借助邻炉蒸汽或单独设启动喷嘴。蒸汽喷入炉膛对燃烧有时不利，也会使尾部烟气露点升高；最大的问题是噪声较大，对运行环境有负面影响。

纯蒸汽喷嘴属老式喷嘴，汽耗较大，雾化1kg油需0.4~0.6kg蒸汽，油压为0.2~0.25MPa，气压为0.2~0.5MPa，一般只用于小容量锅炉上。

7.3.2 蒸汽机械雾化喷嘴

蒸汽机械喷嘴汲取了纯蒸汽雾化喷嘴及机械雾化喷嘴的各自优点，利用油压与高速蒸汽两者的雾化作用，能使调节比加大并进一步改善调节性能，并能降低汽耗与噪声。使用的蒸汽压力比蒸汽喷嘴低，为0.3~1.2MPa，而油压也比简单喷嘴低。蒸汽机械雾化喷嘴按油流及蒸汽撞击、混合发生在喷嘴内或外可分为内混式与外混式两种。

图7.10所示为一种内混式蒸汽机械雾化喷嘴，喷嘴头部为混合腔，油从中心进入，蒸汽从外侧同心套环进入，蒸汽孔直径3mm，12孔；油孔直径3mm，共6孔；混合喷孔直径3.2mm，共8孔，混合喷孔中心线间夹角为60°。蒸汽压力为0.6~0.8MPa，油压为0.55~0.75MPa，运行中油压略低于汽压，喷油量为1200~1700kg/h，汽耗率（即每千克燃料油消耗的蒸汽量）为0.08~0.1kg/kg。当结构尺寸不变时，提高油压与汽压可增加喷油量、改善雾化质量。

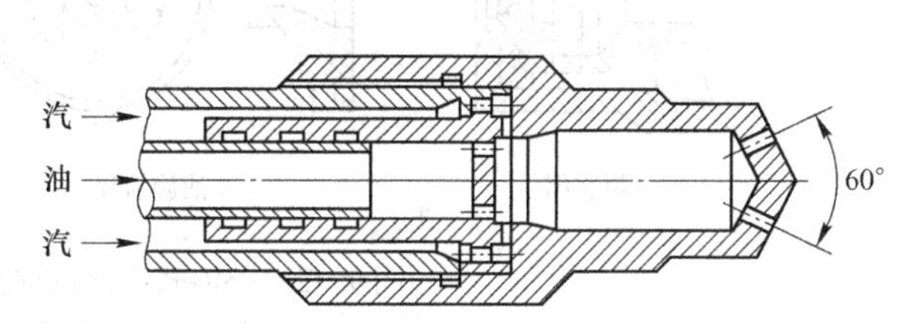

图7.10 内混式蒸汽机械雾化喷嘴

图7.11为RG-W-1型外混式蒸汽机械雾化喷嘴。油流靠近中心处进入雾化筒，油流因被活塞所阻而改道流向雾化筒外侧环形空间，再流向喷嘴头部，在喷嘴头部旋转喷出，这股喷油相当于简单机械喷嘴的作用。通过改变油压或活塞位置，可调节喷油量的大小，当活塞位置向头部方向移动时，使进油口开度减小，喷油量也即降低。雾化蒸汽一般采用过热蒸汽，蒸汽由环形空间经旋流片产生旋转，旋转方向与油流旋转方向相同。蒸汽与油雾在喷嘴外相撞，使油雾进一步雾化，提高油滴细度。油、汽在外部混合，可避免因油压波动影响喷油量，或因窜入蒸汽管道而污染汽水系统。这种喷嘴采用油压、气压及活塞的调节，以改变喷油量、雾化角及汽耗率。

还有一种外混式雾化喷嘴，与图7.11类似，如图7.12所示，其特点是蒸汽流的旋转是通过切向槽和旋流室形成的。该类喷嘴在喷油量接近额定值时主要依靠油压雾化；而喷油量低时主要依靠蒸汽雾化，使其调节比可以加大，雾化细度提高，油滴直径为30~50μm，汽耗率低，噪声也低。

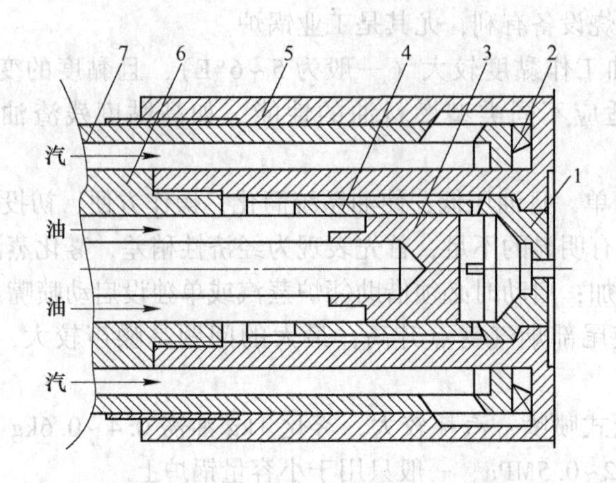

图 7.11 RG-W-1 型外混式蒸汽机械雾化喷嘴

1—汽管；2—油管；3—套筒式螺帽；4—活塞；5—旋流叶片；6—雾化筒；7—喷嘴头部

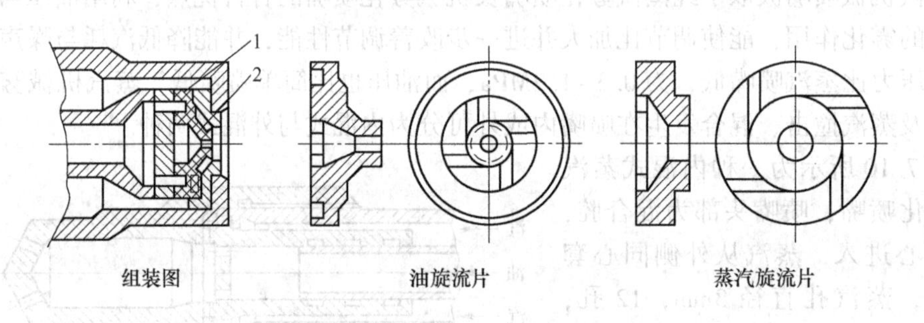

图 7.12 外混式蒸汽机械雾化喷嘴

1—油旋流片；2—蒸汽旋流片

电站锅炉使用的喷嘴大多属蒸汽机械雾化喷嘴，其中 Y 形蒸汽机械喷嘴尤为普遍。

7.3.3 Y 形蒸汽机械雾化喷嘴

7.3.3.1 Y 形蒸汽雾化喷嘴的特点

Y 形蒸汽机械雾化喷嘴简称 Y 形喷嘴，是内混式。这种喷嘴油压、气压都较低，油压一般为 1~1.8MPa，比机械喷嘴油压低，这样对大容量喷嘴不必采用高压油泵，可简化油系统；蒸汽压力一般为 0.8~1.2MPa，比纯蒸汽雾化喷嘴的汽压低。由于在低喷油量时主要依靠蒸汽雾化，使雾化油滴的细度改善，雾化质量好，故调节比大于机械喷嘴，只要变化油压即可改变喷油量，可在 15%~20%的额定喷油量下运行，低负荷也具有良好的雾化质量。因雾化角主要由喷孔轴线的夹角决定，只要喷孔结构决定后，雾化角也基本确定，雾化角一般在 60°~120°，基本与负荷无关。Y 形喷嘴的喷油量大、汽耗率低，改进的 Y 形蒸汽机械喷嘴的汽耗率仅为 0.02~0.03kg/kg，在低负荷运行时汽耗率略微增加。一般只需改变喷孔直径与孔数就可变化喷嘴容量，结构简单、加工制造方便，目前最大容量的喷嘴可达 10t/h。Y 形喷嘴还有利于燃烧的优势，由于 Y 形喷嘴头部沿圆周开设的喷孔多，喷射速度也较高，故喷雾易与周围空气较好混合，也易实现低氧燃烧。

图7.13所示为Y形蒸汽机械雾化喷嘴的结构。它由外连接件、内连接件、喷嘴头部及压紧帽组成。压力油在外连接件、内连接件之间的环形通道流入。蒸汽与油各自分配进入沿圆周均布的8个汽孔 d_1 与8个油孔 d_2 内，然后进入油、汽混合孔 d_3。高速进入混合孔的蒸汽将燃料油破碎，并喷入燃烧室。混合孔 d_2 和 d_3 的轴线间夹角决定雾化角，所以雾化角不受喷油量改变的影响。

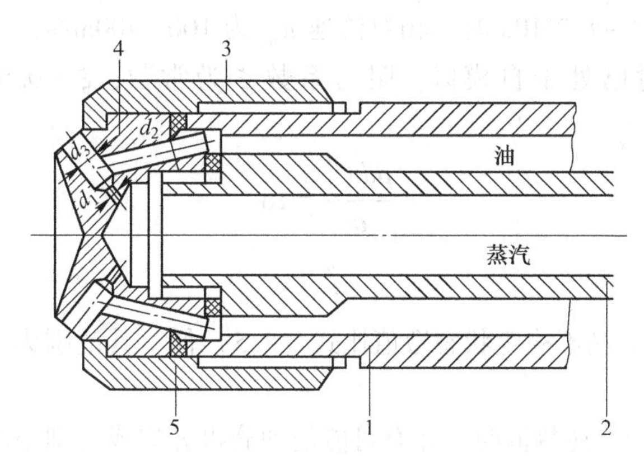

图7.13　Y形蒸汽机械雾化喷嘴
1—外连接件；2—内连接件；3—压紧帽；4—雾化喷头；5—垫片

Y形喷嘴的特点使之适合于大容量燃烧装置，因此在国内外油燃烧技术方面广泛应用。

7.3.3.2　Y形蒸汽雾化喷嘴的工作原理

以400t/h锅炉上使用的Y形喷嘴为例（图7.14），分析其工作原理。油流与高速蒸汽分别由油孔、汽孔进入混合室相碰，发生动量与质量交换，使油破碎。由于高速蒸汽流的湍流脉动速度较高，故湍流交换十分强烈，促使油流撕裂而雾化。在一定黏度范围内的燃料油被粉碎，必须有外力克服油滴的表面张力。设油滴表面单位长度的张力为 σ，油滴半径为 r，则油滴单位面积上的表面张力 P_1' 为

$$P_1' = \frac{2\pi r\sigma}{\pi r^2} = \frac{2\sigma}{r} \qquad (7.2)$$

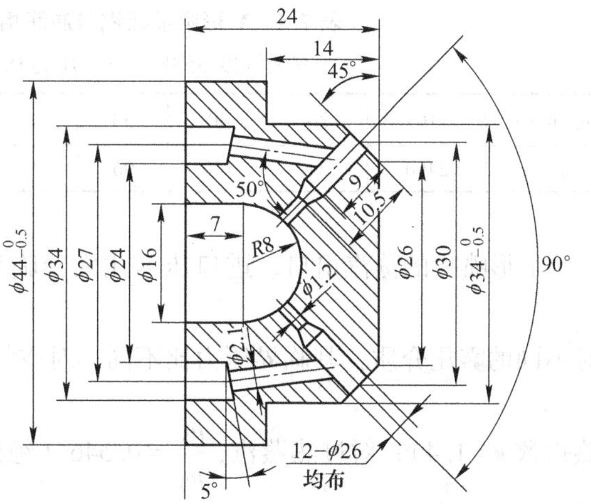

图7.14　Y形喷嘴雾化喷头结构

只要作用在油滴表面上的力能克服表面张力，就可能使油滴撕裂，进一步破碎，高速蒸汽作用在油滴表面上的力主要是油滴与蒸汽间的摩擦力 P_2'，即

$$P_2' = \xi \frac{\rho w_{sl}^2}{2} \qquad (7.3)$$

式中，ρ 为雾化介质密度；w_{sl} 为蒸汽与油滴之间的相对速度；ξ 为摩擦阻力系数。

当式（7.2）与式（7.3）相等时，油滴处于不稳定临界状态，即油滴可能被撕裂成小油滴，即

$$\frac{2\sigma}{r}=\xi\frac{\rho w_{sl}^2}{2} \tag{7.4}$$

当蒸汽压力为0.6~1.2MPa时，相对流速 w_{sl} 为100~400m/s，对应的雷诺数为 $Re=2\times10^3\sim8\times10^3$，此时已处于自模区，阻力系数 ξ 为常数，$\xi=0.5$。将 ξ 的值代入式（7.4），可得

$$\frac{\rho d w_{sl}^2}{\sigma}=16 \tag{7.5}$$

式中，d 为油滴直径。

一些实验发现，油滴不稳定状态数值比式（7.5）低，其范围为 $10.7<\frac{\rho d w_{sl}^2}{\sigma}<14$。当比值 $\frac{\rho d w_{sl}^2}{\sigma}$ 等于或大于上述数值时，才有可能使油滴再分裂成更细小的油滴。由式（7.5）知，油滴的表面张力越小、雾化介质密度越大及相对速度越大，越有利于将油滴分裂成更细的油滴，亦即雾化细度越好。例如，当重油温度为353K时，其表面张力为0.3N/m，过热蒸汽压力为0.5~0.6MPa，汽温为623K，蒸汽温度为0.2kg/m³，代入式（7.5），得到一组在不同相对速度下可以被再分裂的油滴直径，见表7.1。可见，随着相对速度的提高，可被撕裂的油滴直径迅速缩小。

表7.1　Y形喷嘴蒸汽与油滴相对速度对油滴直径的影响

（重油温度353K，蒸汽压力0.5~0.6MPa，汽温623K）

w_{sl}/m·s^{-1}	10	30	40	50	60	80	100	200	300	400
d/μm	2400	260	150	96	64	37.6	24	6	2.6	1.5

Y形喷嘴的蒸汽出口、进口压力比大于临界压力比 $\frac{p_k}{p_0}$，气流的出口速度等于音速。对不同的雾化介质，其临界压力比不同。对空气雾化介质，临界压力比为 $\frac{p_k}{p_0}=0.528$（绝热指数 $\kappa=1.4$）；对过热蒸汽，$\frac{p_k}{p_0}=0.546$（绝热指数 $\kappa=1.3$）；对饱和蒸汽，$\frac{p_k}{p_0}=0.577$（绝热指数 $\kappa=1.135$）。

临界速度计算式为

$$w_k=\sqrt{2\frac{\kappa}{\kappa+1}\frac{p_0}{\rho_0}} \tag{7.6}$$

式中，p_0为蒸汽进口压力；ρ_0为蒸汽进口密度。

由于蒸汽在喷嘴中流动时受到摩擦及油流的阻塞，故实际蒸汽流速比式（7.6）计算值小，用速度系数 φ 修正，一般 $\varphi=0.85\sim0.95$，则实际蒸汽流速为

$$w_k' = \varphi w_k \tag{7.7}$$

油在喷孔中喷出的速度为

$$w_d = \mu \sqrt{\frac{2\Delta p}{\rho_f}} \tag{7.8}$$

式中，Δp 为喷嘴内油压降；ρ_f 为油密度。

计算得到的蒸汽流速一般为 300～500m/s，燃料油流速仅为 10～30m/s。由于高速蒸汽与油在喷嘴混合室内发生动量交换，使蒸汽流速急剧下降，按动量守恒，可得

$$qv_s w_s + qv_f w_d = (qv_s + qv_f) w_m \tag{7.9}$$

式中，qv_s 为蒸汽流量；qv_f 为油的流量；w_s 为蒸汽速度；w_d 为油流速度；w_m 为蒸汽与油混合后的速度：

$$w_m = \frac{q w_s + w_d}{1 + q} \tag{7.10}$$

式中，q 为汽耗率，$q \equiv \frac{qv_s}{qv_f}$。

由式（7.10）知，当汽耗率 q 很小时，w_m 接近 w_d，混合以后的平均流速 w_m 很低。喷嘴混合室内的汽、油相对速度大大低于蒸汽的临界速度，仅略高于混合平均速度 w_m 值。在实验测定中，w_m 值小于 100m/s，而单独计算的临界流速约为 300m/s，再根据雾化油滴细度 d_{smd}，按表 7.1 所得的相对速度 w_{sl} 值在 50～80m/s。这说明 Y 形喷嘴内部是一个较复杂的气液两相流动与混合过程，故采用单相流体计算的速度值与实测结果会差别较大。

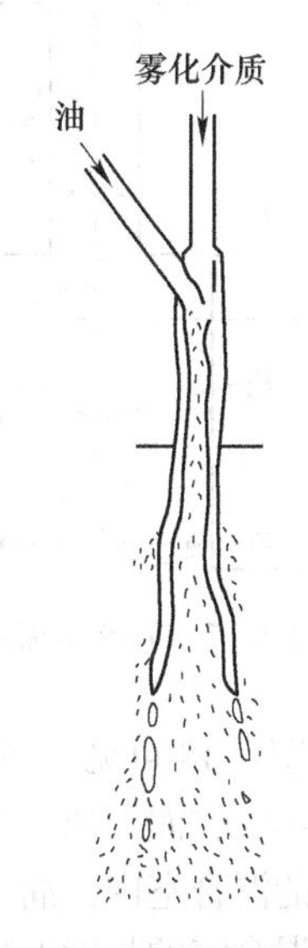

图 7.15　Y 形喷嘴的雾化过程示意图

按单孔喷嘴放大的可视化透明模型进行观察试验，其雾化过程如图 7.15 所示。在混合室内，油流被高速蒸汽射流冲成中空环形油膜，油膜附着在壁面并向下流动，因高速蒸汽与油膜间的相对速度而产生摩擦与碰撞，并使横向湍流脉动增强，油膜表面形成弯曲的波纹状，在油膜薄的位置被气流撕裂成油滴，只要相对速度足够大，可使大油滴再撕裂破碎成更小的油滴，直至相对速度过小而不足以使油滴破碎为止。大约在距喷嘴 5d 处（d 为喷孔直径）油膜成带状，约在 40d 处雾化已基本结束。雾化后的细油滴相碰后，由于表面张力而合并，可能复合成较大的油滴，导致在回流区死角处因流速低易发生复合，故必须提高油膜的出口速度，尽量提高油、汽混合处雾化介质的速度与密度。雾化介质的压力越高，混合处的介质速度、密度越大（气耗率不变），获得较好的雾化细度，或在细度不变的情况下降低气耗率。

雾化介质的压力比一般高于临界压力比，雾化介质的压力增大非但不能明显改变气流速度（油压不变），反而会增大混合室的压力，造成喷油量降低及气耗率增加；反之，如果油压过低，导致混合室中油的流动速度减慢，造成油膜变厚，即雾化质量变差。所以，应该选择一个最佳雾化介质压力及油压。

Y 形喷嘴的雾化细度、气耗率及喷油量之间的关系如图 7.16 所示。由图 7.16 可知，当喷油量较大（约 0.029kg/s），气耗率大约为 0.02 时已能使雾化细度较好，如再使气耗率增大，并不能进一步增加雾化细度。当油压低、喷油量降低时，必须提高气耗率才能达到同样的雾化细度。

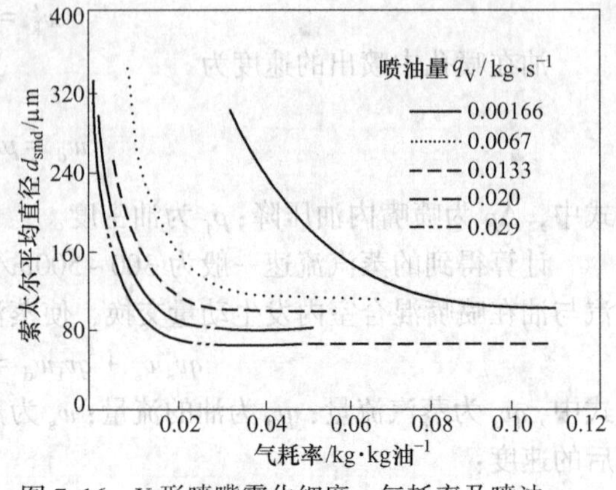

图 7.16 Y 形喷嘴雾化细度、气耗率及喷油量之间的关系

为得到 Y 形喷嘴内部压力变化的规律，Mutlinger 等进行了专项测定，测点布置如图 7.17 所示，测定结果如图 7.18 所示。

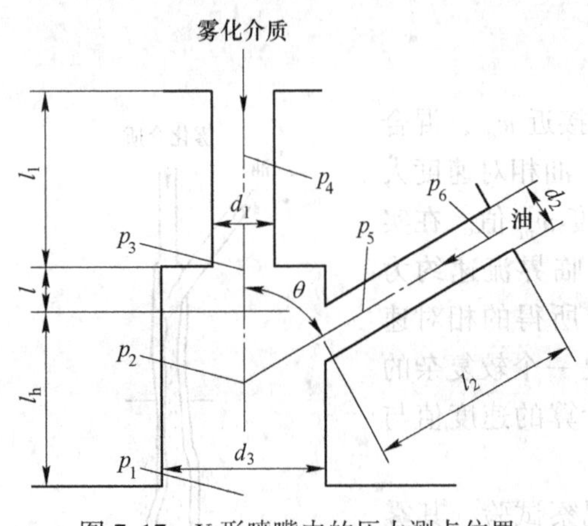

图 7.17 Y 形喷嘴内的压力测点位置

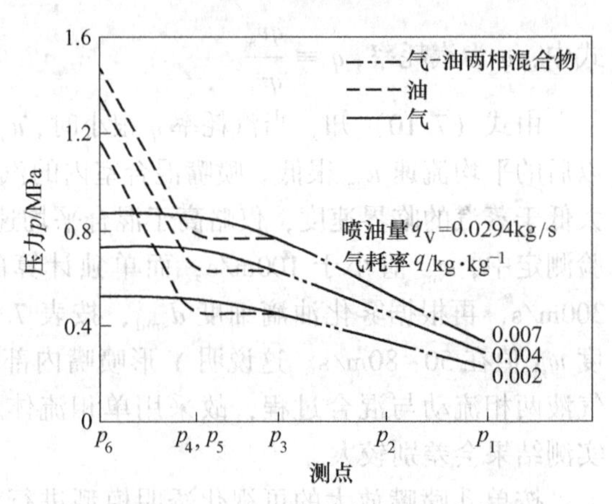

图 7.18 Y 形喷嘴内的压力变化

由图 7.18 可见，油孔内的压降大于气孔内的压降。油、气压 p_3 点附近相互混合时，油压损失并不大，而因油、气流的动量交换使气压降较大。气压的降低主要发生在混合室内，在 p_3 点以后的混合室内，油、气混合物压力大致按线性递减。混合室出口端 p_1 点的压力仍高于大气压。当混合室的长度 l_h 越短或气耗率 q 越大时，p_1 处的压力就越高，有利于继续雾化。

设计 Y 形喷嘴时，应首先保证有良好的雾化细度，并应使气耗率低、调节比大。影响雾化质量的因素有运行参数与结构参数两个方面。运行参数包括油压、气压、油气压力比、油温、气温及气耗率等；结构参数包括油孔、汽孔尺寸、混合室直径及长度、油孔与气孔中心线间的夹角、油孔进入混合室的方式（切向或割向进入）、总孔数等。

7.4 配风装置

7.4.1 旋流式配风器

7.4.1.1 旋流式配风器的结构

油燃烧器由喷嘴及配风器（或称调风器）两部分组成。喷嘴使燃料油雾化，配风器供给雾化了的燃料油以空气，并使空气合理分配。为保证燃烧室内燃烧良好，应使经过配风器的空气与油雾迅速混合，并使火焰根部获得一定量的空气，以免油滴缺氧受热而裂解成难燃的炭黑，即配风器的结构、运行是否合理都将影响燃烧的好坏。

配风器按流动可分为直流式和旋流式两大类。直流式配风器在燃煤技术上用得较多，而旋流式配风器既能用于煤粉燃烧器也能用于燃油燃烧器上。本节主要讨论旋流式配风器原理及结构形式。

图7.19所示为油燃烧器中最简单的一种直流式配风器，常与蒸汽机械雾化喷嘴配合应用，依靠炉内负压的抽吸形成自然通风，使空气进入喷嘴四周的环形通道及锥形罩的缝隙孔内；进入缝隙孔的空气更靠近喷嘴，可使火焰根部得到空气，并与雾化油滴首先混合供其着火，这股空气即为燃烧的一次空气（一次风）。进入环形通道的空气量较大，供着火后的燃料油进一步燃烧，即为二次空气（二次风）。二次风借助锥形罩的绕流（锥形罩为钝体），在锥形罩后的中心附近形成一定的回流区。回流区的高温烟气与油雾气流接触时将热量传递给燃料与空气混合物，使其提前着火和燃烧。这种锥形罩或钝体具有火焰稳定器的作用。

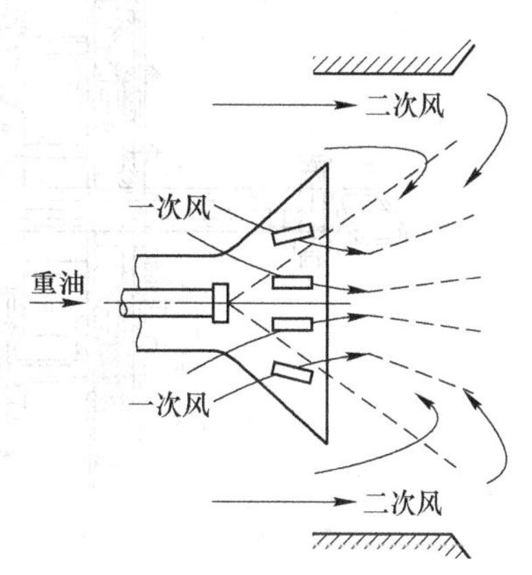

图7.19　油燃烧器最简单的直流式配风器

旋流式配风器简称旋流器，按进风方式可分为蜗壳型与叶片型两类。蜗壳型旋流器如图7.20所示，气流由矩形截面进入，在蜗壳的导向下气流旋转运动，并由蜗壳中心圆管喷出；气流入口处设有一舌形调节挡板，以改变旋转流动的强度，当舌形挡板向上移动时，流动阻力也随之增加。叶片型旋流器又可分为切向叶片与轴向叶片两种形式。

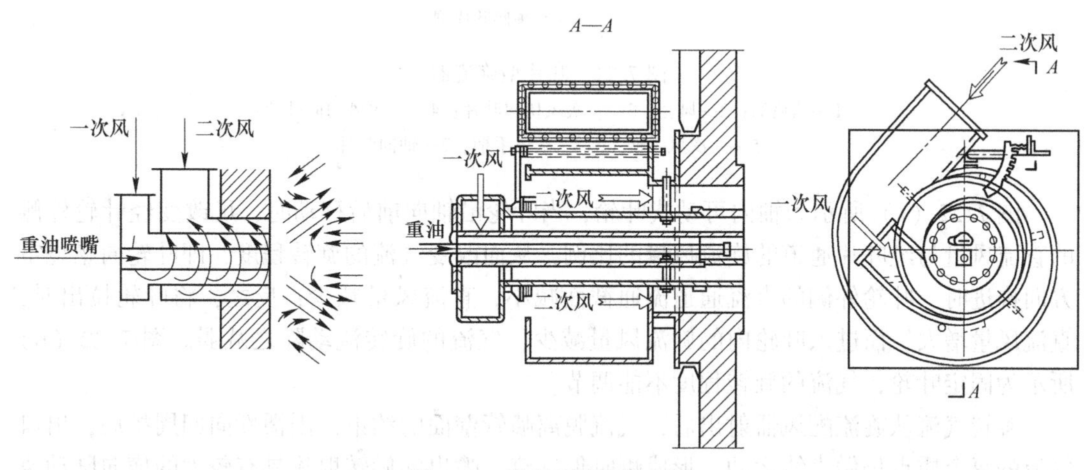

图7.20　蜗壳型旋流燃烧器

图7.21（a）所示为可调式切向叶片型旋流器，各叶片可同步绕本身的轴转动，使进入叶片通道内气流的旋转偏心距改变，从而改变气流旋转的强弱程度。气流沿切向叶片通道流入旋流器，使流体偏离轴线旋转，当叶片数增加，在叶片通道内的气流分布会均匀

些。固定式切向叶片旋流器的叶片不能调节，故不能调节气流的旋转程度。

图 7.21（b）所示为轴向叶片型旋流燃烧器，叶片沿轴线方向布置，由于叶片出口通道为弯曲，使气流经通道出口后形成旋转射流，在出口处气流沿圆周方向分布比较均匀，阻力也不大。轴向叶片型旋流器也分可动式叶轮与固定式叶轮两种。

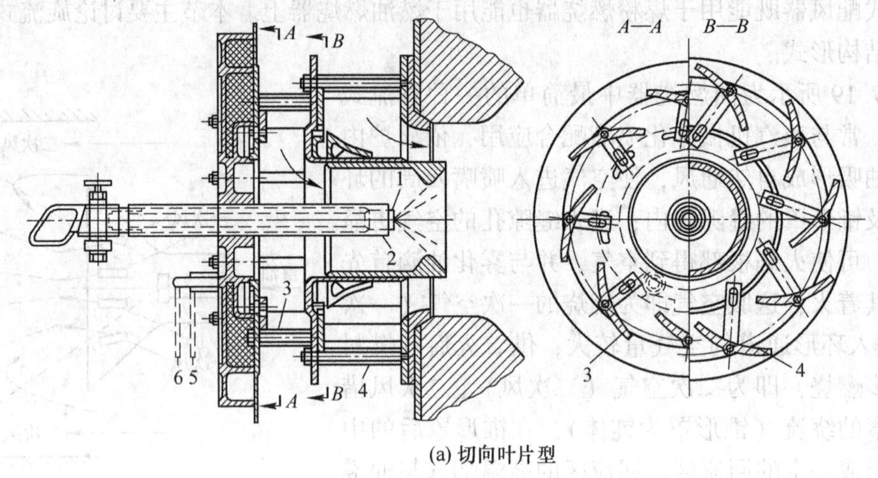

(a) 切向叶片型

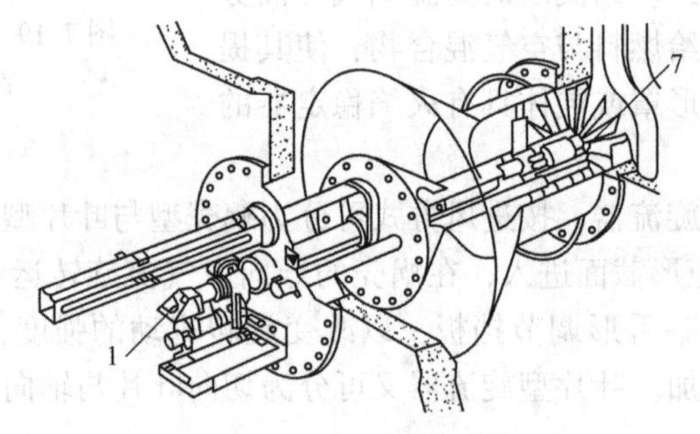

(b) 轴向叶片型

图 7.21　叶片型旋流器

1—油喷嘴；2—风套；3—一次风切向叶片；4—二次风切向叶片；
5—一次风手柄；6—二次风手柄；7—轴向叶片

图 7.22（a）所示为轴内可动式叶轮，当叶轮沿轴向前后移动时，可改变经叶轮外侧的直流风量与经叶片通道的旋流风量的比例，从而改变气流的旋转程度，即叶轮向燃烧室方向推进时，叶轮外侧的直流通道流通截面减小，直流风量减少；反之，将叶轮拉出时，直流风量增大，而进入叶轮内的旋流风量减少，气流的旋转流动随之减弱。图 7.22（b）所示为固定叶轮，气流的旋转程度不能调节。

旋转气流从旋流配风器射出后，气流脱离喷管壁面的约束，因惯性向四周扩展，出口气流的每个质点仍做直线运动，形成喇叭形气流，喷出的旋转射流具有较大的横向脉动速度，会产生强烈的湍流扰动，并与周围介质发生强烈的湍流交换，因此能与雾化的油滴较好地混合。旋转射流的质量密度集中在边界附近，中心形成低压区，即回流区，回流区边界上各点的轴向速度值为零，边界外为主流区，边界内为回流区。回流区的大小、形状与旋流配风器内气流旋转的强弱有关，与旋流器喷管出口扩角有关。气流旋转强烈或喷管出口扩角大，都会使回流区扩大、回流区内的流量增加；反之，气流旋转程度减弱或喷口扩角减小，回流区缩小，回流量也减少。回流区的存在使回流的高温烟气携带的热量迅速传递给主流区的燃料气流，并很快使之达到着火温度，在离喷口不远处开始形成火焰锋面。因此回流区内烟气的温度与回流量是促进燃料气着火与稳定燃烧的主要因素。

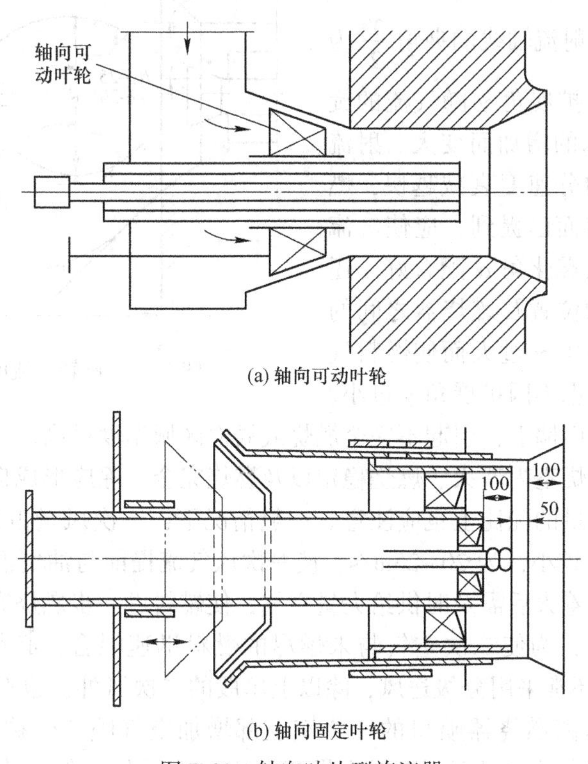

图 7.22 轴向叶片型旋流器

图 7.23 所示为旋流油燃烧器出口的回流区对燃烧火焰的稳定作用。当旋流器内气流旋转强烈或喷口扩角增加时，回流区及回流量增大，并能使燃烧室深处温度较高的烟气进入回流区，增加向燃料气流传递的热量，从而使着火迅速，燃烧更加稳定。因此在设计与运行中，气流经旋流器后应具有足够的旋转程度（以旋流强度表示)，以满足燃料气流的着火和燃烧稳定需要；但同时也要考虑阻力增加不宜太大，旋流强度不宜过大。过大的旋流强度还因回流区的烟气温度高而容易烧坏喷口。燃料的种类及负荷的变化对旋流强度有不同要求，因而在运行中最好能调节燃烧器的旋流强度。

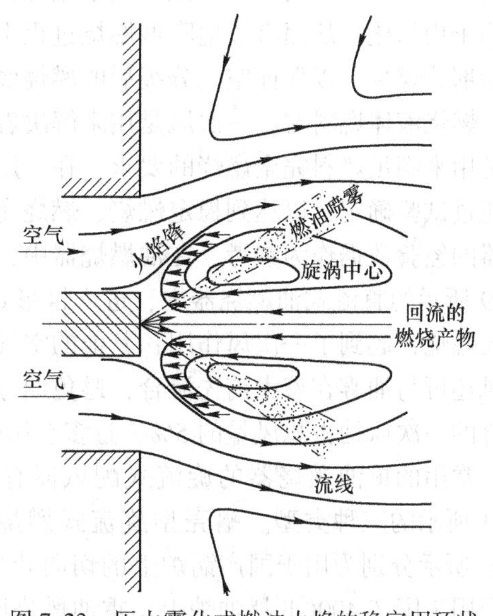

图 7.23 压力雾化式燃油火焰的稳定用环状旋转射流中的内部回流区来实现

沿旋转射流轴向各截面上测出内侧与

外侧轴角速度为零的点，并将零速度点分别连成内外两层边界线，如图 7.24 所示，内边界线以内为回流区。回流区大小以直径 d_b及长度 l_b表示。射流外边缘为外边界线，外边界线切线与射流轴线的夹角 $\frac{\gamma}{2}$ 为射流的扩展角之半。扩展角 γ 随气流的旋流强度及喷口扩角 β_2的增加而变大。射流扩展角 γ 越大，轴向分速度衰减越快，燃烧的火焰也越短。前面已提到，应使气流的扩展角 γ 与喷油的雾化角 α 配合好，还应考虑燃烧器布置的位置及燃烧器之间的相对位置，不因扩展角 γ 过大而使燃料气流喷射到两侧墙上，也不因扩展角 γ 过小、火焰过长而喷射到对面墙上，引起不完全燃烧或局部区域温度过高。

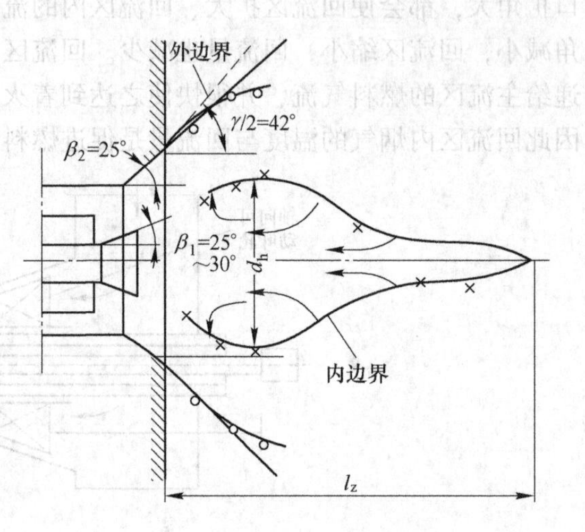

图 7.24　旋转气流的内外边界

要使燃料油在燃烧室内着火、燃烧稳定以及燃烧完全，除应形成良好的回流区气流结构外，在一、二次风量的配比上也应注意。一般情况下，一次风量占总风量的比例较小，为 30%左右，风速也较小，为 20~25m/s，使一次风气流提前与油气混合，并达到合适的混合比而易于着火。着火后需及时供给大量空气，使燃料进一步燃烧完全，这部分二次空气量较大，约占 70%，为使二次空气与未燃尽的燃料迅速混合，必须提高二次风速度，通常为 30~50m/s。还常采用分级送风，除以上单股的二次风外，也有采用多股二次风的配风器结构；或在远离燃烧器喷口的燃烧室上部增加空气喷口，称为火上风或燃尽风（OFA）。在总风量不变的情况下可以减少燃烧器内二次风的比例，使送入的燃料在燃烧器出口附近因缺氧而在还原性气氛中燃烧，以降低燃烧器出口附近的温度，使炉内烟气温度趋于均匀化，从而有效地降低燃烧过程中氮氧化合物的生成。在燃尽风补入以后，可使未燃部分燃尽，以保证空气分级后的燃烧效率。

燃烧液体燃料时，一次风是用来解决着火与稳定燃烧，并尽量减少炭黑的形成；二次风是用来满足燃料完全燃烧的要求。在一定燃料种类、一定负荷下，一、二次风量及风速常通过试验确定，以达到稳定燃烧、燃烧完全的较好效果；而在设计中，则借助同类型燃烧器的经验数据作为参考。在油燃烧器中，一、二次风有时采用同一股风送入。例如，图 7.19 所示的直流式油燃烧器中，进入锥形罩缝隙内的空气与喷嘴喷出的油雾首先混合并着火燃烧，起到了一次风作用；其他的空气延后混合，起二次风作用。油燃烧器中部分一次风还可与油雾在着火前先混合，避免油雾在高温下缺氧裂解生成炭黑，这股提前与油雾混合的一次风约占总风量的 5%，过多会影响燃料油及时着火与稳定燃烧。

常用的重油燃烧器的旋流式配风器有各种相同结构，但仍可归纳为如图 7.20、图 7.21 所示的三种类型。蜗壳型旋流式燃烧器，在油燃烧中已很少采用。图 7.25（a）、（b）所示分别为用于国产锅炉上的切向叶片型与轴向叶片型旋流式重油燃烧器。切向叶片型用于国产 400t/h 燃油炉上，重油燃烧所需的空气大部分通过切向叶片组成的通道进入；通过切向叶片后的旋转气流，经喉口与扩展罩间的环形道射入燃烧室。另一部分空气则通过筒形风门进入燃烧器中央，先与燃料混合，起着一次风的作用，其中少量空气则通过锥形罩上的缝隙，直接送入重油火炬开始着火的部位即火焰根部，有利于减少炭黑的产生。改变一次风门开度，可调节直流一次风份额，增加直流风份额还能使燃烧器通风阻力减小。加大切向叶片倾角即叶片出口处切线与半径间夹角，能使气流旋转更强烈，气流的扩展角增加，轴向速度的衰减也更快。图 7.25（a）的切向叶片型旋流燃烧器是放入大风箱的，它可使风量分配均匀，并可通过筒形一次风门及切向叶片开度调节风量。

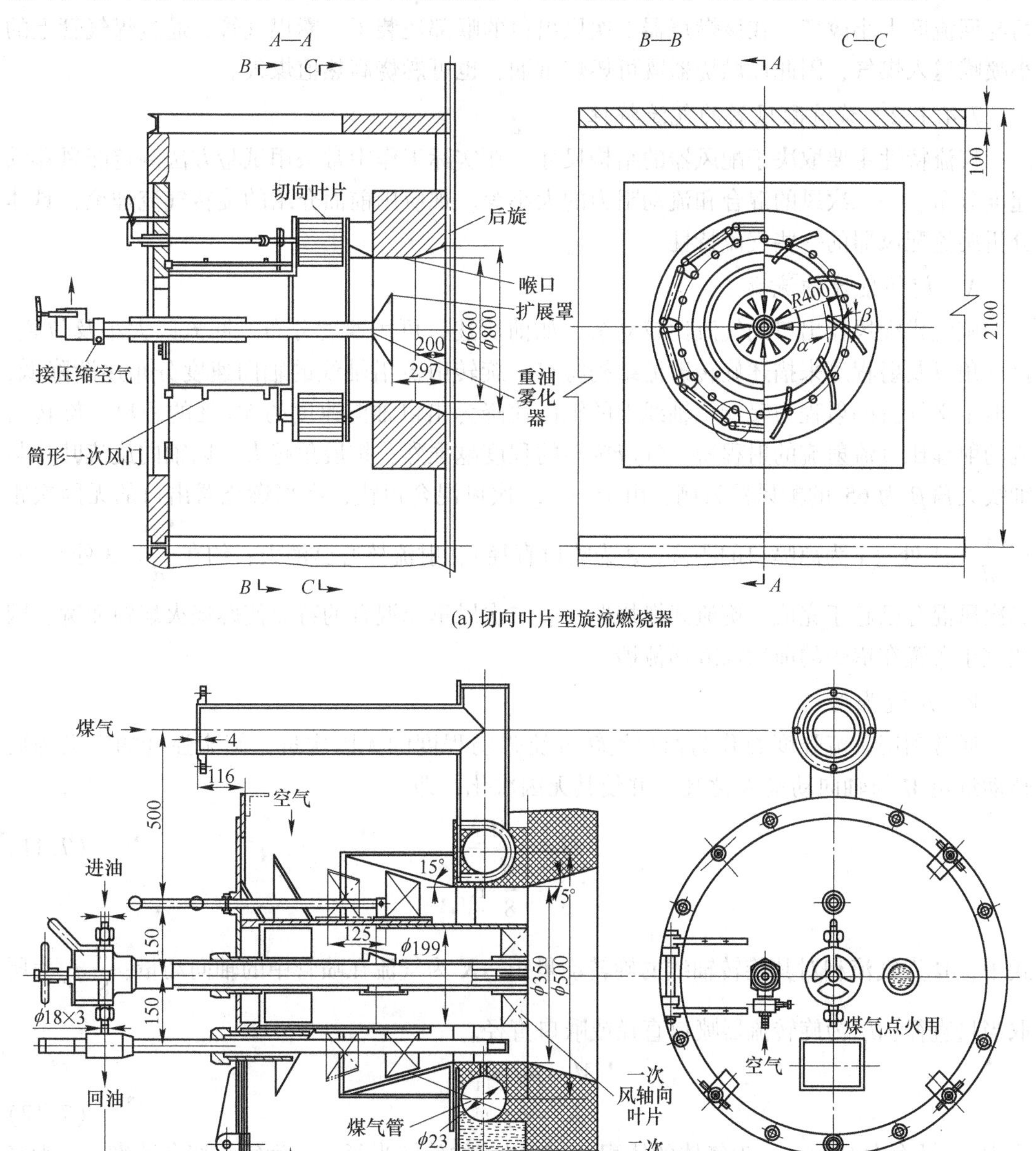

(a) 切向叶片型旋流燃烧器

(b) 轴向叶片型旋流燃烧器

图 7.25　旋流式重油燃烧器

图7.25（b）所示为用于20t/h快装燃油炉的轴向叶片型旋流燃烧器。喷嘴位于中心部位，外侧为一次风管，一次风通过轴向叶片组成的叶轮产生旋转气流，为固定式叶轮。一次风管外侧为二次风管，二次风进入轴向旋流叶片组成的锥形可动叶轮通道内，图中实线位置为叶轮向喷口侧可移动的顶点，此时二次风产生的旋转程度最强烈；当叶轮向反方向移至图中双点划线位置时，叶轮外围可通过环形的直流风达到最大，二次风的旋转程度降到最小。调节拉杆即可改变叶轮的位置，即改变二次风旋转的强烈程度，使气流的扩展角与回流区大小改变。在该燃烧器二次风出口的喉部还装了一圈煤气管，通过煤气管上的小喷嘴送入煤气，因此该燃烧器既可燃烧重油，也可燃烧高热值煤气。

7.4.1.2　旋流配风器的气流特性

气流特性主要取决于配风器的结构尺寸。在实际工作中常采用试验方法测定配风器的速度分布、一二次风的混合和流动阻力的大小等。现应用前面介绍的旋转气流理论，具体分析旋流配风器的一些气流特性。

A　旋转射流的流场

旋流式配风器出口的气流比较复杂，如前所述，可用速度分布、回流区大小及位置、扩展角以及射程等来描述旋转射流结构特点。旋转射流沿轴线的轴向速度分布逐渐降低，一般定义气流的射程为喷口至轴线上的轴向速降为出口轴向速度的5%处的距离。旋转射流的射程比直流射流的射程短。气流旋转的程度越强烈，扩展角越大。以轴向旋流叶片与轴线夹角β为65°的配风器为例，由于一、二次风混合得快，在离燃烧器出口的无因次距离$\frac{x}{d}\leqslant 1$处（x为离喷口的距离，d为喷口直径），射流核心已消失；约在$\frac{x}{d}=3$处，一、二次风混合已趋于完成。旋流式燃烧器一、二次风迅速混合的特点使燃烧火焰短而宽，因此宜于布置在锅炉的前后墙或两侧墙。

B　旋流强度

通常利用旋流强度Ω作为衡量旋转气流强弱程度的无因次量，旋流强度的定义为旋转动量矩M与轴向动量K之比，并使其无因次化，即

$$\Omega = \frac{M}{\frac{\pi d_p}{8}K} \tag{7.11}$$

式中，M为气流相对其旋转轴线的旋转动量矩；K为气流在喷管中的轴向动量；$\frac{\pi}{8}d_p$为所取当量直径；d_p为旋转流器喷口直径或喉口直径。

$$\begin{aligned} M &= \rho q_V w_q r_x \\ K &= \rho q_V w_z \end{aligned} \tag{7.12}$$

式中，ρ为气体密度；q_V为气体的体积；r_x为气流的旋转半径；w_q为气流切向速度；w_z为气流轴向速度。

以式（7.12）代入式（7.11），可得

$$\Omega = \frac{8r_x}{\pi d_p}\frac{w_q}{w_z} \tag{7.13}$$

式中，w_q 为旋流室入口处切向速度；w_z 为喷管中的轴向速度（当气喷管直径不变时，即为出口处速度）。

由式（7.13）可知，当燃烧器的结构尺寸一定时，旋流强度 Ω 与 $\frac{w_q}{w_z}$ 成正比。而 $\frac{w_q}{w_z}$ 与结构有关，因此式（7.13）也可表示为与结构尺寸有关的量，即

$$\Omega = \frac{8r_x}{\pi d_p}\frac{A_p}{A_{rk}} \tag{7.14}$$

式中，A_p 为喷管截面；A_{rk} 为气流入口截面。

由式（7.14）知，旋流强度 Ω 只与旋流器的结构尺寸有关。当 Ω 值增大时，表示气流的旋转动量矩相对增大，这时的气流射入燃烧室后其扩展角 γ 加大，射程缩短。旋流强度 Ω 的表达式与旋流器结构有关，现以简单切向进风的旋流器为例进行说明，其结构如图 7.26 所示。

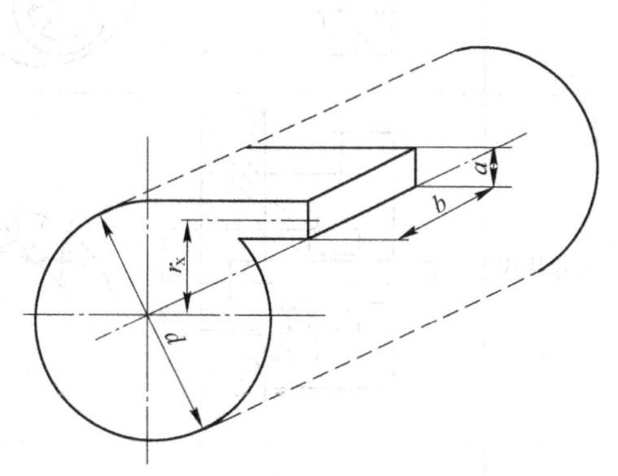

图 7.26　简单切向进风旋流器

气流从矩形风口进入的速度为 w_{rk}，喷管内轴向流速为 w_z，喷管直径为 $d = 2r_p$，切向入口气流的旋转半径为 $r_x = \frac{d-a}{2}$，气体体积流量 $q_V = \frac{\pi d^2}{4} w_z$，计算得到动量矩 M 及动量 K 为

$$M = \rho q_V w_{rk} r_x = \frac{\pi}{8}\rho\, w_z w_{rk} d^2(d-a) \tag{7.15}$$

$$\frac{\pi d}{8}K = \frac{\pi d}{8}\rho q_V w_z = \frac{\pi^2 d^3}{32}\rho w_z^2 \tag{7.16}$$

代入式（7.11），得

$$\Omega = \frac{4}{\pi}\frac{d-a}{d}\frac{w_{rk}}{w_z} \tag{7.17}$$

根据质量守恒关系得

$$\frac{w_{rk}}{w_z} = \frac{\pi d^2}{4ab} \tag{7.18}$$

将式（7.17）代入式（7.18），得

$$\Omega = \frac{d(d-a)}{ab} \tag{7.19}$$

式（7.19）表明，简单切向进风旋流器的旋流强度 Ω 仅与结构尺寸有关。故在设计旋流器结构的同时，可以估算出运行中气流的旋流强度 Ω。如能改变影响 Ω 的结构参数，则可调节 Ω 的变化范围，从而能调整气流的扩展角 γ、回流区的大小及气流射程等。不同结构旋流器的 Ω 表达式见表 7.2。

表 7.2 旋流器的旋流几何特性 Ω 与结构尺寸的关系

旋流器形式	简图	旋流强度
蜗壳式		$\Omega = \frac{A_p}{A_{jk}}\frac{r_x}{\frac{d}{2}\frac{\pi}{4}}$，$A_p = ab$，$A_{jk} = \frac{\pi}{4}d^2$ 无中心管（左图）时，$\Omega = \frac{2dr_x}{ab}$ 有中心管（右图）时，$\Omega = \frac{2(d^2 - d_0^2)r_x}{dab}$ d_0 为中心管直径
切向叶片式		$\Omega = \frac{d^2}{mlb}\sin\beta \approx \frac{d}{\pi l}\frac{\cos\alpha}{\sin\left(\alpha + \frac{180°}{m}\right)}$ m 为叶片数目；l 为叶片宽度；b 为叶片间最小距离
轴向叶片式		$\Omega = \frac{4r_x f_1 \sin\beta}{\pi r_2 \left[f_1 + 2\pi\sin\frac{a}{2}(l_x^2\tan\alpha + 2r_2 l_x)\right]^2}$ f 为喷口截面积：$f = \pi(r_2^2 - r_1^2)$；f_1 为旋流器叶片间最小流通截面积： $f_1 = \pi(r'^2_2 - r'^2_1)\cos\beta - m\delta(r'_2 - r'_1)$ $r_x = \frac{2}{3}(r'^3_2 - r'^3_1)/(r'^2_2 - r'^2_1)$ δ 为叶片厚度；l_x 为叶轮离开全关位置的行程

除旋流强度 Ω 外，旋流配风器出口的喷口扩角 β_2 对气流特性也有影响。旋流强度或喷口扩角增大，都能使射出气流的扩展角 γ 加大。在一定的喷口扩角 β_2 下，旋转射流可分成弱旋流射流（旋流数 $S < 0.6$）与强旋流射流（旋流数 $S > 0.6$）。所谓弱旋流，即在弱旋转的旋流器中的轴向压力梯度不够大，不能引起内部回流，在气流中心不出现回流区，只是中心附近的速度很低，截面上速度呈马鞍形分布；所谓强旋流射流是指射流中心有回流区出现。在实际应用中还把强旋流射流再分成以下两种情况：

当旋流强度或喷口扩角 β_2 逐渐加大时，射流内外压力也逐渐接近，使射流内流速降得很低，边界封闭，这就是闭合气流，如图 7.27（a）所示。

另一种是全扩展气流。当旋流强度或喷口扩角 β_2 继续增大时，气流扩展角 γ 也随之增加。当气流扩展角增加到一定程度后，气流外边界与炉墙之间的介质被射流卷吸带走，形成外回流区。当外回流区的气体压力因来不及被周围气体补充，即补气条件不佳而进一步降低时，造成射流内压力高，使射流向四周扩展。随着旋流强度或出口扩角进一步增加到足够大时，气流突然充分扩展形成全扩展气流，并使外回流区消失，射流出口后贴墙运动，$\gamma = 180°$，燃烧技术中称其为飞边现象，如图 7.27（b）所示。

飞边现象会使燃烧器周围炉墙热负荷增高，燃料中的灰分和炭黑容易在高温区熔化结渣，空气和油雾混合不好，造成燃烧恶化，在实际运行中应防止飞边现象的出现。实践证明，适当的回流区存在则有助于火焰的稳定，而全扩展气流容易出现结渣、烧坏喷口或燃烧器边缘水冷壁磨损；但可以利用全扩展气流的特点，如燃烧煤气或油的平焰燃烧器，形成加热范围大而温度均匀的平面火焰，满足某些特殊工艺的需要。

旋流器的形式及结构不同，出现飞边现象的旋流强度 Ω 与喷口扩角 β_2 的配合范围也不同，必须对不同结构的旋流燃烧器进行试验，才能得到出口射流流型随 Ω 或 β_2 的变化关系。图 7.28 所示为轴向可动叶轮旋流燃烧器旋流强度和扩口角度对气流形态的影响。设计旋流器时，要避免采用过大的喷口扩角 β_2，一般不超过 30°。

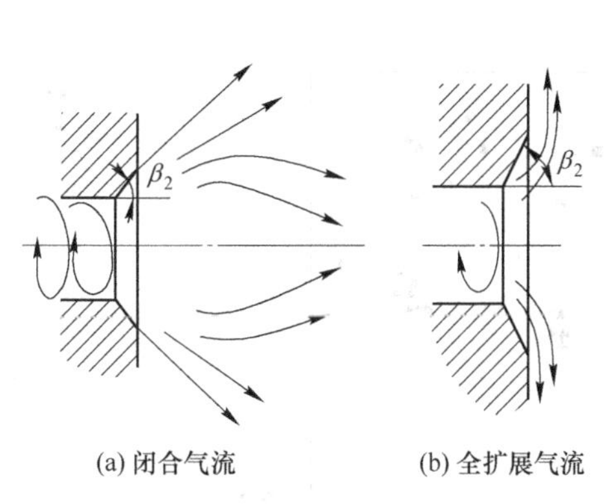

图 7.27　闭合气流与产生飞边现象的气流

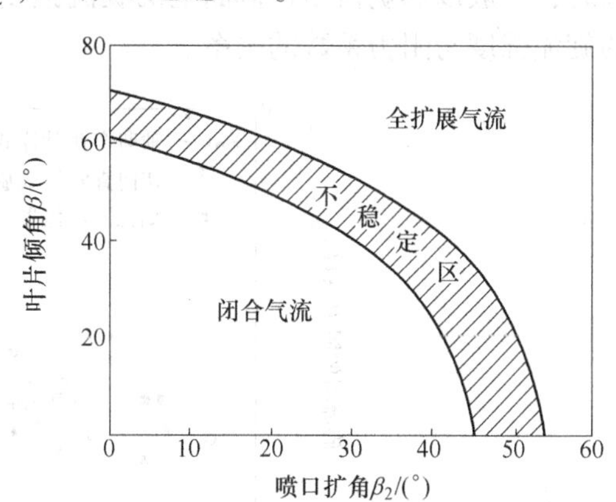

图 7.28　轴向可动叶轮旋流燃烧器旋流强度和扩口角度对气流形态的影响

为了对几何相似的旋流器提供设计中气流特性的参考，可对已经投入运行的旋流器进行冷态试验，整理出旋流强度 Ω 或旋流数 S 与有关射流特性如与气流扩展角 γ、阻力系数 ξ、回流区大小等的关系。

C　旋流燃烧器阻力系数 ξ

一、二次风流经燃烧器喷射到燃烧室必须克服流动阻力，为节省用电消耗，燃烧器阻力应尽量小。旋流燃烧器的流动较复杂，并以局部阻力为主。为便于选择送风机，对出口气流的动能也作为压力损失进行计算，故燃烧器的阻力主要由局部阻力与出口损失组成。燃烧器流动阻力的大小可用阻力系数 ξ' 表示，

$$\xi' = \frac{p_1 - p_2}{\dfrac{\rho w_{z2}^2}{2}} + \left(\frac{w_1}{w_{z2}}\right)^2 \tag{7.20}$$

式中，p_1 为气流入口截面处的静压；p_2 为气流出口截面处的静压；w_1 为气流入口截面处的平均流速；w_{z2} 为气流出口截面处的平均轴向流速。

在燃烧器阻力系数计算中，一般采用扩口前最小截面（喉口截面）处的平均轴向流速代替 w_2，并有

$$\frac{w_1}{w_{z2}} = \frac{A_2}{A_1}$$

式中，A_1 为入口截面积；A_2 为喉口面积。

故阻力系数可表示为

$$\xi' = \frac{p_1 - p_2}{\frac{\rho w_{z2}^2}{2}} + \left(\frac{A_2}{A_1}\right)^2 \tag{7.21}$$

不同形式的旋流燃烧器，阻力系数 ξ 随旋流强度 Ω 的变化也不同，一般燃烧器在运行中多处于自模区，故不考虑雷诺数 Re 对阻力系数的影响。不同结构的旋流器的阻力损失很不相同，一般情况下蜗壳型旋流器中的阻力损失较大。比较不同结构旋流器的阻力损失时，一般以燃烧器喷口截面上的旋流强度为准。图 7.29 所示是不同旋流器喷口截面上的旋流强度与阻力系数的关系。

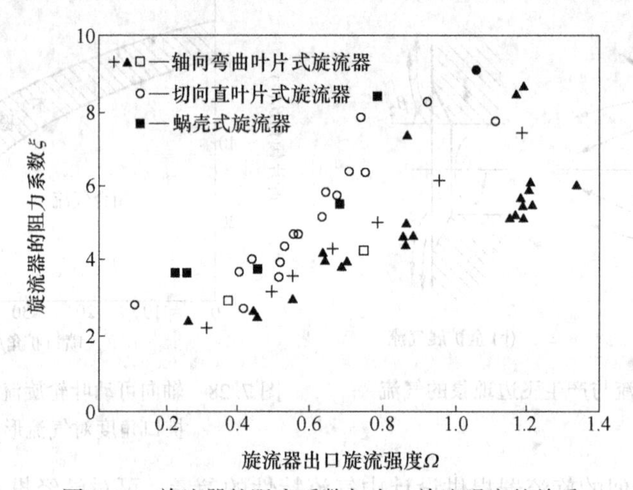

图 7.29 旋流器的阻力系数与出口旋流强度的关系

D 速度不均匀系数 σ

燃烧器出口截面上气流速度和燃料浓度分布均匀程度以 σ 表示。气流速度分布比燃料浓度分布容易测定。出口气流速度不均匀系数 σ_w 以旋流器出口截面上最大与最小速度之差与该截面的平均速度之比表示：

$$\sigma_w = \frac{w_{max} - w_{min}}{\overline{w}} \tag{7.22}$$

常用的轴向叶片型旋流器的 σ_w 值较小，约为 0.07，比蜗壳型旋流器 σ_w 值小得多。即轴向叶片型燃烧出口速度分布较均匀，从而使出口的燃料浓度分布也较均匀。而蜗壳型旋流器出口的速度分布和浓度分布的均匀性都较差。同样可定义燃料浓度不均匀系数 σ_μ，为出口截面上最高和最低浓度 μ 之差与平均浓度之比：

$$\sigma_\mu = \frac{\mu_{max} - \mu_{min}}{\overline{\mu}} \tag{7.23}$$

σ_w、σ_μ 值越小，说明出口速度、浓度的分布越均匀，越有利于燃料气流的均匀着火及一、二次风的迅速均匀混合，也越有利于燃料的燃尽。但从 NO_x 生成的角度来看，则另当别论。

7.4.2 平流式配风器

在油燃烧技术中，平流式配风器是一种直流式配风器，如图 7.30 所示。这种配风器的结构较简单，能在 $\alpha=1.03\sim1.05$ 的低过量空气系数下使燃料油燃烧较完全，并可减轻锅炉的高温与低温腐蚀，也能减轻锅炉尾部受热面的积灰，因此平流式配风器在燃油炉上得到广泛应用。

平流式配风器主要有两种结构形式，一种为直筒式，即风壳为圆筒形，如图 7.30（a）所示；另一种为文丘里式配风器，即风壳呈缩放形的文丘里管状，如图 7.30（b）所示。文丘里风壳可使气流紧贴筒壁流动，使阻力降低。风壳的喉口处还能起流量孔板的作用，因喉口处的流速高、压力低，可利用配风器入口与喉口处较大的静压差计算出流经它的风量，因而便于自动控制进入燃烧器的空气量，比较容易实时维持低氧燃烧。图 7.31 所示为文丘里式平流配风器内静压变化示意图。按伯努利方程式可得到文丘里管内静压差（p_1-p_h）与空气流量 q_V 间的关系：

$$q_V = w_h A_h = A_h \sqrt{\frac{2(p_1 - p_h)}{\rho\left[1 + \xi\left(\frac{A_h}{A_1}\right)^2\right]^2}} \tag{7.24}$$

式中，A_1 为配风器入口截面积；A_h 为配风器喉部截面积；w_h 为喉部平均风速；p_1 为A_1 截面上的平均静压；p_h 为A_h 截面上的平均静压；ξ 为配风器阻力系数；ρ 为空气密度；q_V 为体积流量。

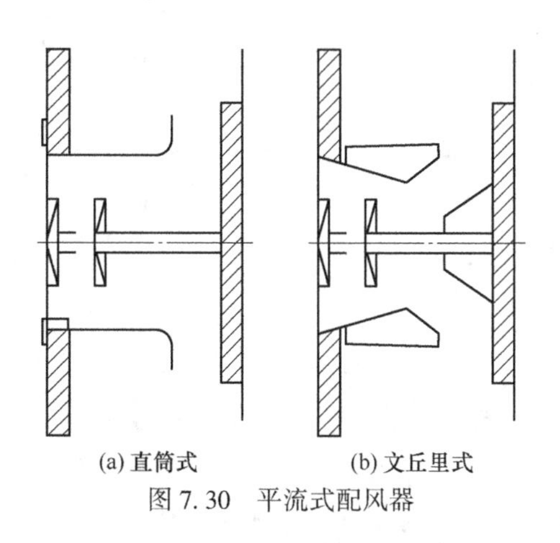
(a) 直筒式　(b) 文丘里式

图 7.30 平流式配风器

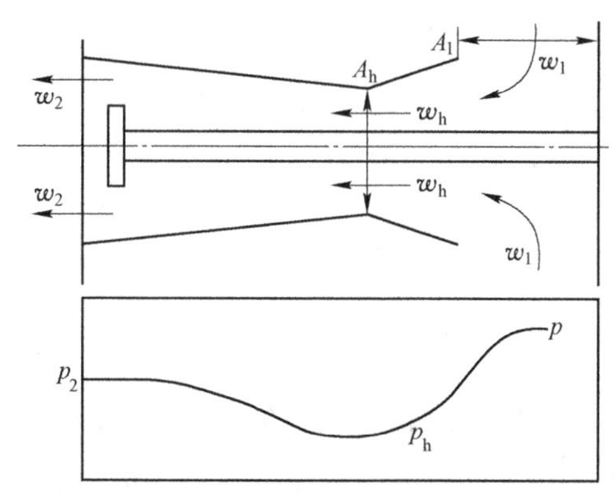

图 7.31 文丘里式平流配风器内静压变化

流经平流配风器的风量分成两股，一股流经中心旋流叶片（稳焰器），为旋流一次风；另一股流经旋流叶片外侧，为直流二次风。一、二次风量的比例由稳焰器直径 d 与配风器风口直径 D 比值和各通道的阻力系数比值决定，即取决于稳焰器的结构及其在配风器内的相对尺寸。按一、二次风通道并联系统计算，可以得到直筒式平流燃烧器的一次风量 q_{V_1} 与总风量 q_{V_0} 之比为

$$\frac{q_{V_1}}{q_{V_0}} = \frac{1}{1 + \sqrt{\frac{\xi_1}{\xi_2}\left(\frac{D^2 - d^2}{d^2}\right)}} \tag{7.25}$$

式中，q_{V_1} 为进入稳焰器的一次风量；q_{V_0} 为进入配风器的总风量；ξ_1 为稳焰器的阻力系数；ξ_2 为直流风通道的阻力系数；d 为稳焰器的直径；D 为直筒的直径。

平流配风器的阻力系数 ξ 值可按先串联后并联的混合流计算，直筒式的阻力系数为

$$\xi = \xi_r + \frac{1}{\left\{\frac{1}{\sqrt{\xi_1}}\left(\frac{d}{D}\right)^2 + \frac{1}{\sqrt{\xi_2}}\left[1 - \left(\frac{d}{D}\right)^2\right]\right\}^2} \tag{7.26}$$

式中，ξ_r 为配风器入口阻力系数。

平流式配风器可与 Y 形喷嘴配合组成燃烧器，既可布置在炉前或两面对冲的墙上，也可布置在四角形成切圆燃烧。直流二次风的流速较高，一般超过 50m/s，使燃烧后期的扰动及混合都较强烈。平流燃烧器形成的火焰窄而长，利于避免火焰扫墙、结渣，较适合于大型锅炉应用，由于能低氧燃烧，故锅炉效率也较高。经改进与调整的平流燃烧器也能使火焰缩短到一般小尺寸燃烧室所能允许的限度。

平流燃烧器的优点为结构简单、操作方便并能自动控制风量等。该配风器中心的回流区较小，故只适用于燃烧高热值的液体与气体燃料。

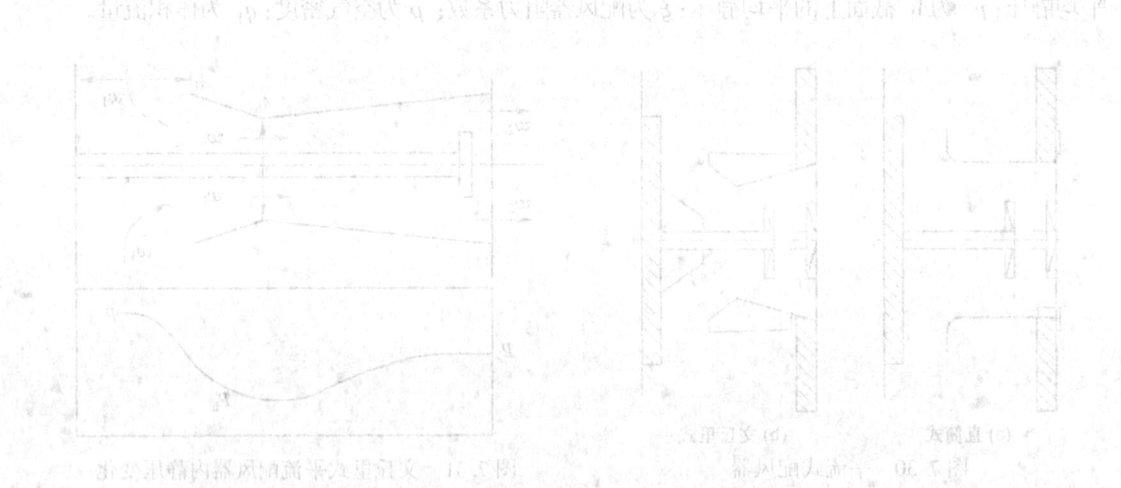

8 煤的燃烧理论

8.1 煤的燃烧过程、特点及其热解

8.1.1 煤的燃烧过程

煤是人类早已使用的固体燃料，对煤的使用要比对油、气的使用早得多，但是由于煤燃烧的复杂性，人们对煤的燃烧机理和规律的了解大大落后于对油、气的燃烧规律的了解。只是到了18世纪70年代，由于煤在燃料工业中地位上升，人们对煤的研究才空前活跃起来。

煤是一种很复杂的固体碳氢燃料，除了水分和矿物质等惰性杂质外，煤是由碳、氢、氧、氮和硫这些元素的有机混合物组成的，这些有机混合物就构成了煤的可燃质。

煤的化学结构非常复杂。为此，人们进行了大量的研究工作，提出了不同的煤分子结构模型以阐明煤的化学结构。煤的结构模型是根据煤的各种结构参数进行推断和假想而建立的，用以表示煤的特性和行为的平均化学结构。但是，各种模型只能代表统计平均概念，而不能看做煤中客观存在的真实分子形式。典型的分子结构模型有 Fuchs 模型、Given 模型、Wiser 模型、本田模型、Shinn 模型和 Takanohashi 模型等，其中，主要针对年轻烟煤的 Wiser 模型被认为是比较合理、全面的模型，它展示了煤结构的大部分现代概念，如图 8.1 所示。人们目前对煤中有机质大分子的确切结构尚不完全了解，从图 8.1 的分子模型结构可以看出，它的基本结构单元以缩合芳环为主体，并带有许多侧链、杂环和官能团等，结构单元之间又有各种桥键相连。其中，结构单元的芳环数分布范围较宽，有多有少，有的芳环上还有 O、N、S 等原子。芳环之间的交联桥键也有不同形式，有直接连接两个芳环的碳碳共价键 Ar—Ar′（Ar 和 Ar′表示两个不同的缩合芳环），也有芳环之间含有—CH_2—、—CH_2—CH_2—、—CH_2—CH_2—CH_2—、—O—CH_2—、—O— 和 —S—等短烷、碳氧、碳硫等的桥键。构成芳环骨骼的共价键相当强，因此芳环的热稳定性很大，而许多连接煤中结构单元的桥键为弱键，受热易于断裂。此外，煤中还含有相当数量的以细分散组分形式存在的无机矿物质、吸附水、碱金属和微量元素，其中无机矿物质在煤燃烧后会以残渣的形式分离出来。

煤在加热升温时，将发生很复杂的过程，首先在105℃以前析出吸附气体和水分，但水分要完全释放需到300℃左右才能完成。在200~300℃时析出的水分称为热解水，此时也开始释放气态反应产物，如 CO 和 CO_2 等，同时有微量的焦油析出。随着温度的上升，煤颗粒会变软，成为塑性状态，损失颗粒的棱角，变得更接近于球形，同时不断地释放出挥发分。一般来说，逸出的挥发分的量和挥发分的组分是对煤颗粒加热温度的函数，挥发分放出之后剩余的固体称为焦炭，挥发分将在炭颗粒外围空间燃烧，形成空间气相火焰，

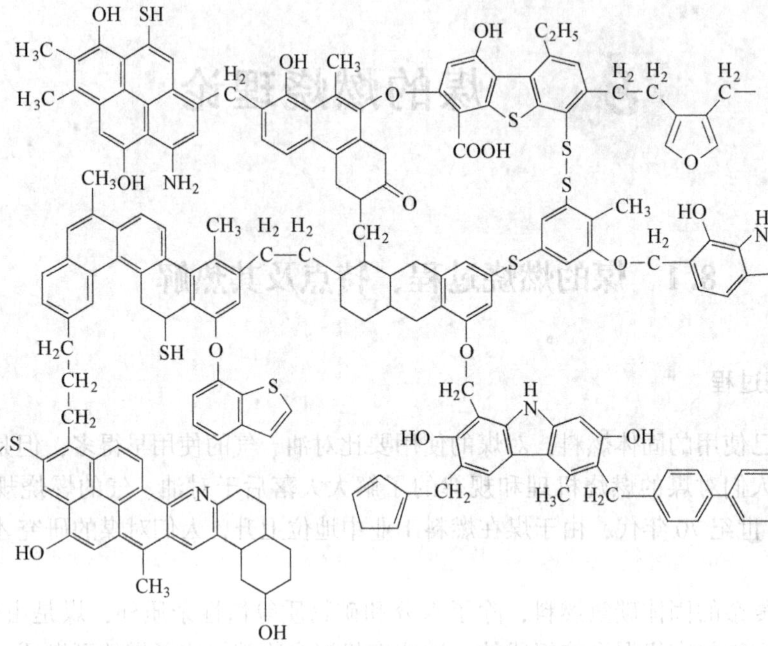

图 8.1　Wiser 提出的煤分子结构模型

而炭与气相氧化剂发生气-固两相燃烧。

许多研究者根据煤在燃烧过程中温度和质量的变化，把煤的整个燃烧过程分成加热、水分蒸发、挥发分析出及燃烧、焦炭燃烧及燃尽四个阶段。

8.1.2　水分的蒸发过程及对燃烧的影响

煤在燃烧过程中首先是升温加热和水分的蒸发。开始为不等温加热干燥阶段，由于炉内加热强烈，这一段时间很短，占煤燃烧总时间的比例很小，如在1000℃炉温时，不等温加热干燥阶段只占水分蒸发时间的百分之几。之后为水分的平衡蒸发阶段，此时煤粒温度与时间之间的关系为一水平直线。整个水分蒸发的过程是先在表面进行，然后逐步向内部发展，这是因为煤粒在炉内被高温加热时，内部水分向外扩散的速率远远比不上表面蒸发速率。

水分对煤粒的燃烧过程有显著的影响。由于水分加热蒸发既要吸收炉内一定的热量，又要有一定的时间，煤中的挥发分要待大部分水分蒸发后在一定温度下才能开始析出，因此煤中的水分延迟了煤的着火。这一点是水分对燃烧的不利因素。水分对煤燃烧有利的因素表现在：

(1) 水分蒸发后形成内部中空的多孔结构粒子，减少了各种反应的内部阻力，增大了反应比表面积。

(2) 高温下水分蒸发时发生的爆裂现象，会形成颗粒表面的大空穴或碎成几个小块，增加了反应的比表面积。

(3) 在高温下水蒸气和炭可进行气化反应，对炭的燃烧起到催化作用。

假设煤粒的存在对水分的蒸发过程无影响，水分均匀地分布在煤中，可近似地按Spalding 的水滴蒸发理论建立平衡蒸发的数学模型。在计算蒸干时间时，边界条件是煤粒

的半径在蒸发过程中不变，而密度在水分蒸发完成后达到干煤球密度。此时水分蒸发所需的时间为

$$\tau = \frac{2(\rho_{0p} - \rho_p)c_{pq}r^2}{3\lambda_q Nu\ln(1 + B_T)} \tag{8.1}$$

迁移势 B_T 为

$$B_T = \frac{c_{pq}(T_0 - T_s)}{Q_{qh} - \dfrac{Q_f}{v_p 4\pi r^2}} \tag{8.2}$$

式中，ρ_{0p} 为初始煤粒的密度，kg/m^3；ρ_p 为水分蒸发完毕后煤粒的密度，kg/m^3；c_{pq} 为气相比热容，kJ/(kg·K)；r 为煤粒半径，m；λ_q 为气相热导率，W/(m·K)；Nu 为煤粒在气流中的努塞尔数；T_0为环境温度，K；T_s为水的蒸发平衡温度，K；Q_{qh} 为气化热，kJ/kg；Q_f 为辐射换热量，kW；v_p 为煤粒单位面积蒸发速率，kg/(m^2·s)。

8.1.3 煤的热解与挥发分的燃烧

8.1.3.1 煤的热解

煤被加热到一定温度时开始分解，产生煤焦油和被称为挥发分的气体。挥发分是可燃性气体、二氧化碳和水蒸气的混合物。可燃性气体中除了一氧化碳和氢气外，主要是碳氢化合物，还有少量的酚和其他成分。热解过程中煤的失重取决于其加热过程的时间与温度。在通常的煤粉燃烧装置中，煤颗粒的加热速率可达 10^4℃/s，此时的热解称为快速热解；另外一种情况是慢速热解，其加热速率在每分钟几度到几十度，热解的时间在几分钟到几小时，如把一大块煤投入到炽热的环境中，则除了煤的表面外是不能达到快速热解条件的，因为热量扩散到煤块的内部和挥发分到达表面都需要时间；介于快速热解和慢速热解中间的一种状况是中速热解，如填充床和煤的工业分析实验。英国现行标准规定测定煤的挥发分时，煤必须在 3min 内达到 885℃，其加热速率为 300℃/min，炉子的温度应在 800℃，而总的加热时间是 7min，与我国现行标准基本相同。

由于煤结构的复杂性以及缺少有关复杂分子热解机理的资料，因此任何关于对煤的热解的机理的看法，必然在很大程度上带有推测性。Dryden 于 1857 年在文章中分析煤的热解机理，认为某些较小的分子可能直接蒸发了，似乎热解正是部分地从煤分子中的一些小的和有活性的结构段，或者还包括某些较大的和较稳定的结构段从煤分子中断离出来而开始的，这些结构段相互之间发生反应，并同时及随后与剩下的分子发生反应，结果是较小的分子形成了焦油，非常小的分子形成了气体，连接牢固的大分子形成了残骸。

A 煤热解中的主要化学反应

a 煤热解中的裂解反应

煤在受热温度升高到一定程度时，其结构中相应的化学桥键会发生断裂，生成自由基，桥键主要有—CH_2—、—CH_2—CH_2—、—CH_2—CH_2—CH_2—、—O—CH_2—、—O—和—S—等，这种直接发生于煤分子的分解反应是煤热解过程中首先发生的，通常称为一次热解，一次热解主要包括以下几种裂解反应：

(1) 桥键受热后易断裂成自由基碎片，煤的结构单元中的桥键是煤结构中最薄弱的

环节，受热很容易裂解生成自由基碎片。煤受热升温时自由基的浓度随加热温度升高。

（2）脂肪侧链受热易裂解，生成气态烃，如 CH_4、C_2H_8、C_2H_4等。

（3）含氧官能团的裂解。含氧官能团的热稳定性顺序为：—OH > C ═O >—COOH > —OCH_3。羧基热稳定性低，200℃就开始分解，生成 CO_2和 H_2O。羰基在 400℃左右裂解生成 CO，羟基不易脱除，到 700~800℃以上可以氢化生成 H_2O。含氧杂环在 500℃以上也可能断裂，生成 CO。

（4）以脂肪结构为主的低分子化合物受热后，可裂解生成气态烃类。

b 煤热解中的二次反应

一次热解产物的挥发性成分在析出过程中，如果受到更高温度的作用，就会继续分解产生二次裂解反应，其反应过程有裂解反应、脱氢反应、加氢反应、缩合反应、桥键分解。反应过程如下：

裂解反应

$$C_2H_8 \longrightarrow C_2H_4 + H_2$$

$$C_2H_4 \longrightarrow CH_4 + C$$

$$CH_4 \longrightarrow C + 2H_2$$

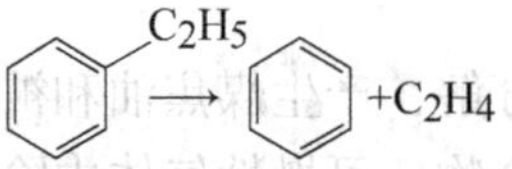

C_2H_5 ⟶ $+C_2H_4$

脱氢反应

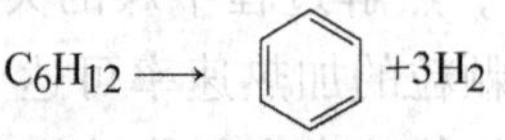

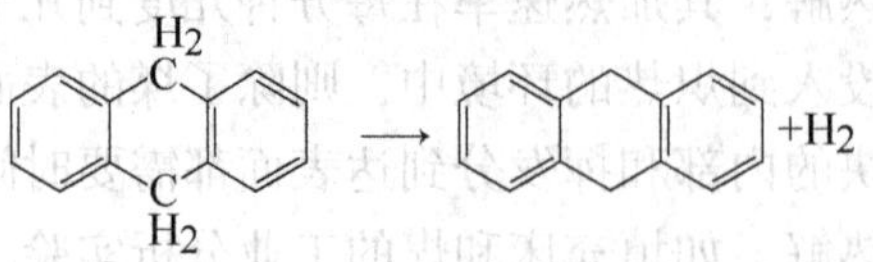

C_6H_{12} ⟶ $+3H_2$

H_2 H_2 ⟶ $+H_2$

加氢反应

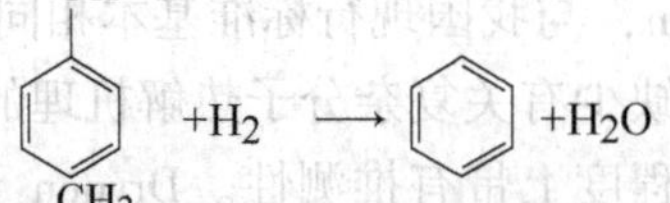

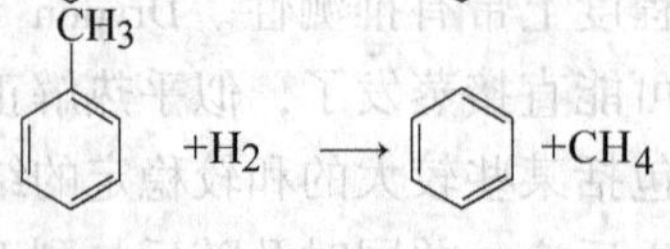

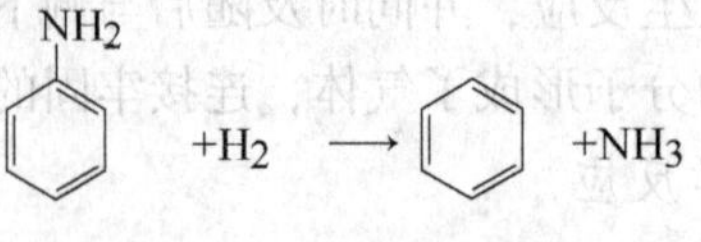

OH $+H_2$ ⟶ $+H_2O$

CH_3 $+H_2$ ⟶ $+CH_4$

NH_2 $+H_2$ ⟶ $+NH_3$

缩合反应

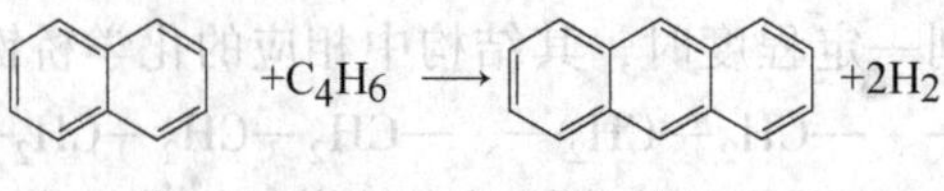

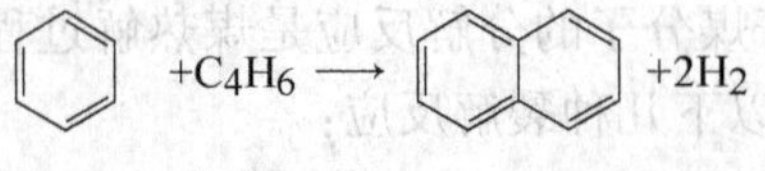

$+C_4H_6$ ⟶ $+2H_2$

$+C_4H_6$ ⟶ $+2H_2$

桥键反应

$$—CH_2— + H_2O \longrightarrow CO + 2H_2$$

$$—CH_2— + —O— \longrightarrow CO + H_2$$

c 煤热解中的缩聚反应

煤热解的前期以裂解反应为主，而后期则以缩聚反应为主，缩聚反应对煤的热解生成固态产品（半焦或焦炭）有较大的影响。其反应主要有：

（1）胶质体固化过程的缩聚反应。在热解生成的自由基之间进行，结果生成半焦。

（2）半焦分解。残留物之间缩聚，缩聚反应是芳香结构脱氢，如

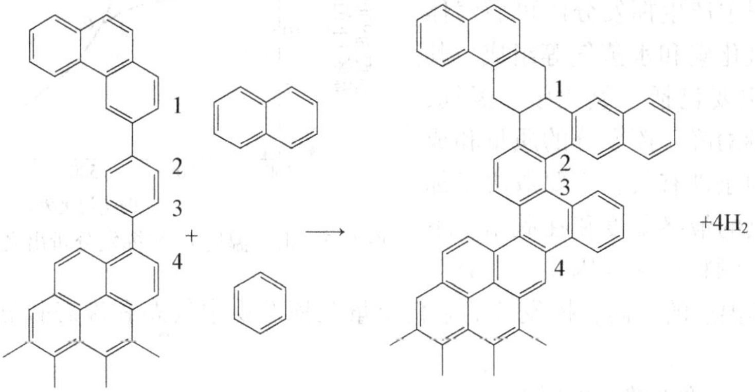

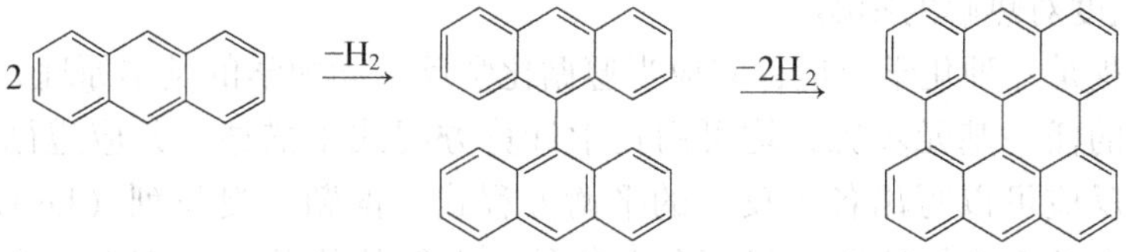

（3）加成反应。具有共轭双烯及不饱和键的化合物，在加成时进行环化反应，如

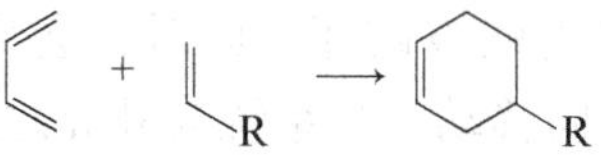

B 煤热解的实验

煤热解的实验方法有很多，通常有固定床热解法、热重法、金属网格加热法、自由沉降反应器法、热解-色谱法等。由于实验方法、条件、煤的特性不同，加之煤热解的化学反应过程的复杂性，所以各种实验方法得到的热解结果并不完全一样，只能用相同实验条件得到的结果进行比较。Dryden 用英国煤和美国煤在缓慢热解下的实验数据，将在 800℃和在给定碳化温度下煤的失重的差值与碳化温度作图（图 8.2），用以表示实验结果与 800℃这一任意选定的温度下煤的热解特性的关系。虽然不同的煤发生明显分解的温度（定义为汇合温度）不同，但这些曲线最终汇合成一条曲线，说明当温度高于汇合温度后，不同煤种所得挥发分量可以用一个通用的关系式描述。

图 8.2 也反映了煤在热解时存在一些较小分子直接蒸发的可能性，以及一些较大的和较稳定的分子结构会发生断离裂解反应和复杂的二次反应的现象。前者与煤种有关，而没有规律性；不同的煤虽有不同的分解温度，但当温度达到某一值后会出现相同的特性，这就是煤中大分子在结构上的相似性。由于煤结构非常复杂又极不稳定，所以在热解过程中的分解方式、热解产物的数量和性质都极易受外界因素的影响。这些因素包括加热速率、

温度、时间、周围气氛压力、反应器的形式、煤颗粒的尺寸和空气动力条件等。按照煤热分解的性质可将煤的热解过程分为分解反应和缩合缔合反应两大类，包括煤中质的裂解、裂解产品中轻质部分的挥发以及残留部分的缔合。

C　煤热解的影响因素

热解过程中产生挥发分由可燃气体混合物、二氧化碳和水蒸气等组成，其中可燃气体主要包括一氧化碳、氢气、气态烃和少量酚醛。挥发分的质量和成分与其热解的条件有关，主要取决于加热速率、加热的最终温度和在此温度下的持续时间及颗粒尺寸等因素。研究表明，随着加热温度的升高，挥发分的总析出量及挥发物中气态和液态碳氢化合物的比例增加。

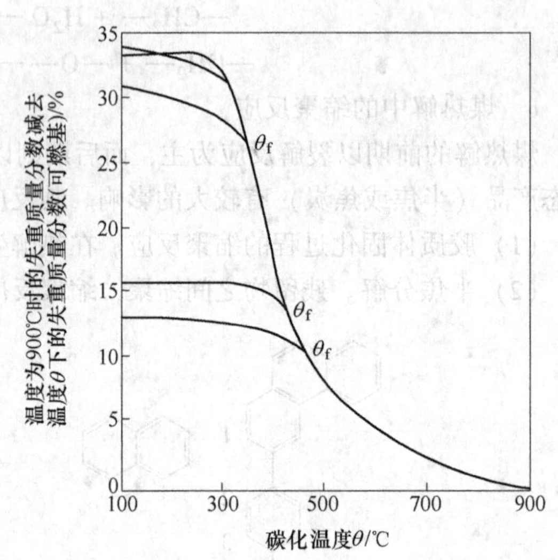

图 8.2　汇合温度 θ_f 与挥发分析出之间的关系曲线

a　压力、温度对热解的影响

煤的热解过程是一种化学反应，它应当遵循化学反应动力学的基本原理。对于简单反应或复杂反应中的任一基元步骤，均可用化学计算方程式来描述，并应遵循质量守恒定律，按照不同的反应可以写出各个反应的平衡方程式。据勒·夏特列（Le Chatelier）原理，当系统内部以及系统与外界之间不存在各种不平衡的势差（如温差、力差及相变或化学反应等）时，才能保持化学平衡。如果处于平衡状态下的物系受到外界条件（温度、压力或含量等）改变的影响，平衡就被破坏。此时，会导致平衡位置发生移动，其总是朝着削弱这些外来作用影响的方向移动。当系统与外界之间的不平衡势差消失时，系统又会达到新的平衡。

因此，煤的热解反应过程中，改变温度、压力或组分浓度都会对各反应的化学平衡产生影响，从而影响热解产物的组分和产率。

在气化反应中，当化学反应达到平衡时，如果改变反应压力，随着压力的增大，混合气体的 CO 和 H_2的浓度减少，而水蒸气、CO_2和 CH_4的浓度增加。这表明压力增加后，平衡反应向体积缩小的方向移动。在热解时，压力不仅影响反应的平衡，还对反应阻力有影响，降低压力会减小热解产物在煤粒中逸出的阻力，使热解产率提高。提高温度产生的平衡移动将有助于提高 CO 浓度和降低 CO_2浓度，但 CH_4的浓度会减少。气化的平衡移动充分说明了压力和温度会对热解过程产生影响。

图 8.3 所示为压力、温度对热解产率的影响，可以看出提高温度可提高热解的产率，而提高压力，在相同的温度下会降低热解产率。

热解终温是热解产品产率和组分的重要影响因素，随着热解终温的升高，半焦产率下降，半焦中的挥发分相应减少，灰分增加，气体产率提高。图 8.4 所示为热解终温与热解产率的实验结果。

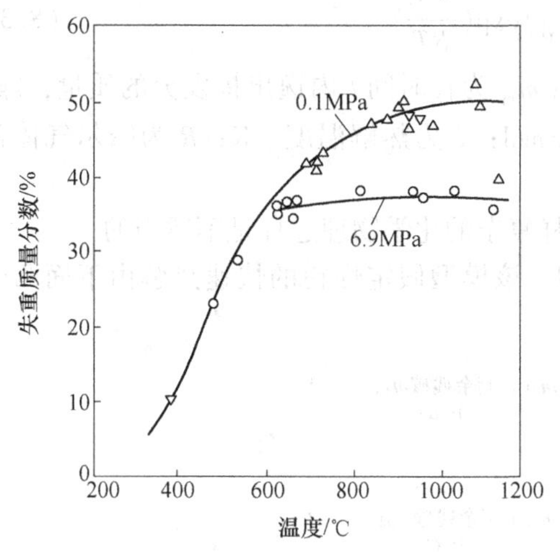

图 8.3 压力、温度对热解产率的影响

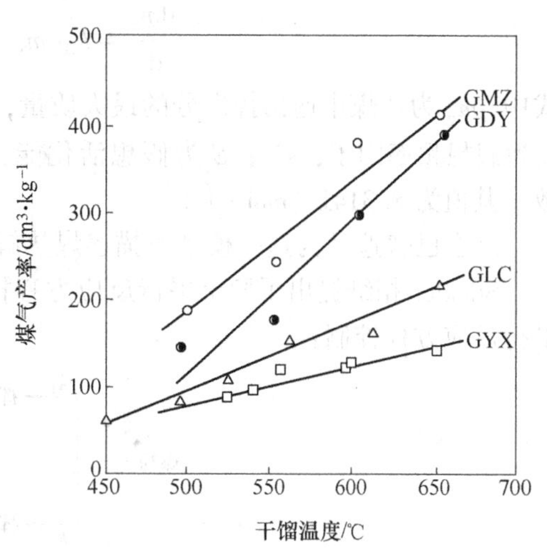

图 8.4 热解终温与热解产率的关系
GMZ—满洲里褐煤；GDY—大雁褐煤；
GLC—黄县褐煤；GYX—先锋褐煤

b 加热速率的影响

在低温热解时，提高煤的加热速率能降低半焦产率，增加焦油产率，而煤气产率稍有减少。加热速率慢时，煤在低温区间受热时间长，热解反应的选择性强，初期热解使煤分子中较弱的键断开，发生平行的和顺序的热缩聚反应，形成稳定性好的结构，在高温分解少；而在快速热解时，相应的结构分解多。

加热速率对热解过程影响比较复杂，尽管多数实验结果认为快速热解可获得较高的挥发分产率，但热解速度对结果的贡献有多大还有待进一步验证。

c 煤种和煤粒尺寸的影响

煤开始热解的温度随煤化程度的不同而不同，煤化程度高的煤开始热解的温度也高。对低阶煤来说，泥煤开始热解的温度为 180~200℃，褐煤为 230~280℃，烟煤为 300~380℃，无烟煤为 380~400℃。而低阶煤热解时气态、焦油和热解水的产率都较高，半焦没有黏结性或黏结性很小。随着煤化程度的加深，反应活性降低，开始热解的温度提高。

煤的粒度大小主要影响煤热解的传热和传质，小颗粒很容易达到加热的温度并使颗粒内外温度均匀，热解产物向外扩散的路径短而阻力小。

d 煤热解的数学描述

由于煤热解的复杂性，要从微观的角度来分析热解过程是比较困难的，目前大部分研究者是从实验入手，获得各种参数对挥发分产量与成分的影响的数据，从而建立描述热解过程的数学模型。

煤热解的研究已有几十年的历史，尤其近 20 年来，煤的快速热解已成为最活跃的研究领域之一。对煤的热解除了广泛的实验研究外，人们也十分重视对其过程的模拟，并提出了许多种动力学模型。

Badzioch 最早提出了单方程模型，他认为从煤颗粒中逸出挥发分的质量仍服从阿累尼乌斯定律，即

$$\frac{dm_v}{dt}=k_0(m_v-m_{vi})\exp\left(\frac{-E}{RT}\right) \tag{8.3}$$

式中，m_v 为从煤中逸出挥发分的最大质量，kg；m_{vi} 为在时间 t 内逸出挥发分的质量，kg；k_0为假想频率因子，s^{-1}；E 为假想活化能，kJ/mol；T 为热解温度，K；R 为摩尔气体常数，其值为 8.314J/(mol·K)。

现在已普遍认为这一模型对描述煤热解这样复杂的化学物理过程是不适当的。

Stickler 相继提出了两个平行反应方程模型，该模型假定煤粉的快速热解由下面两个平行反应方程控制：

$$煤粉 \xrightarrow{k_1} 挥发分m_{v1}(\alpha_1) + 剩余残碳m_{p1}(1-\alpha_1)$$

$$煤粉 \xrightarrow{k_2} 挥发分m_{v2}(\alpha_2) + 剩余残碳m_{p2}(1-\alpha_2)$$

α_1、α_2 分别为挥发分在两个反应中所占的当量百分数，其中 k_1 和 k_2服从阿累尼乌斯定律，其反应速率常数可写成

$$k_n=k_0\exp\left(\frac{-En}{RT}\right) \qquad (n=1,\ 2) \tag{8.4}$$

Stickler 提出这一模型的特点认为，存在两个反应活化能 E_1、E_2和两个反应频率因子 k_{01}、k_{02}，且 $E_2>E_1$，$k_{02}>k_{01}$。这样，在低温时第一个反应起主要作用，高温时第二个反应起主要作用，在中温时两个反应均起主要作用。这就解决了单方程模型只适用于等温过程的限制。

按照这一模型，其挥发分的产量是由两个方程叠加而成的，即

$$\frac{dm_v}{dt}=\frac{dm_{v1}}{dt}+\frac{dm_{v2}}{dt}=(\alpha_1k_1+\alpha_2k_2)m \tag{8.5}$$

或

$$m_v=\int(\alpha_1k_1+\alpha_2k_2)m\,dt \tag{8.6}$$

利用 Stickler 热解模型对褐煤和烟煤挥发分进行预示，结果发现，在 1000~2100K 的广泛范围内，与实验结果很一致。

Suuberg 于 1877 年提出用一组平行的 15 个反应方程来描述煤粉颗粒热解问题，用起来相当复杂，并且模型的平行反应个数和动力学参数都带有经验性。

上述的共同结论是：动力学参数 E（表观活化能）、k_0（表观频率因子）与煤种有关，有时同一种煤的 E、k_0会有很大差别，找不到统一规律。因此引起了争论：有人认为这是由于实验方法不同引起的，也有人认为是实验条件不同引起的。

美国 Advanced Fuel Research 的所长 Solomon 在对煤的化学结构进行详细研究的基础上，提出了煤快速热解的通用模型。该研究巧妙地把官能团与挥发分的析出联系起来，从而提出官能团模型。其特点在于所指的 E、k_0是对各官能团的热解而言的，从而避免了煤种的影响。

8.1.3.2 挥发分的燃烧

挥发分的着火对组织煤的燃烧是十分重要的。人们都知道挥发分含量的高低对煤的着

火和稳定燃烧有显著的影响，由于挥发分热解受诸多因素的影响，热解产物的成分构成复杂，所以，通常用煤的工业分析挥发分 V_{daf}的高低来判断其着火特性和燃烧特性。随着实验技术的提高和条件的改变，现在较多采用热重法、一维沉降炉等方法对煤的燃烧特性进行研究，其结果比煤的工业分析更接近实际。

在工程实际中，技术人员更加深刻地认识到，挥发分的着火对锅炉安全运行的重要性。但长期以来，对煤的着火机理的认识一直没有统一见解。有的研究结果认为，煤是先发生均相着火（挥发分着火)，随后才发生非均相着火（固体可燃物着火)；而有的研究结果却恰恰相反。例如，Howard 等人于 1885 年、1887 年用一个平面火焰来考察煤粒的着火过程，在实验中发现，挥发分在平面火焰前后变化很小，而平面火焰后混合物中的 CO_2与 O_2都发生了显著的变化。他们据此认为，在火焰中的着火是非均相的。而 Kimber 等人及 Milne 等人认为，在快速加热时，煤中的固定碳将随挥发分的析出而被带出，因此 CO_2与 O_2的变化并不说明煤焦就着火了。Prins 等人于 1888 年对煤粒在二维流化床中的着火及热解进行了系统的研究，证实在较高温度下（>1073K)，确实是挥发分先析出并着火；而在低温（<723K）时，煤粒表面先着火。这个结果得到较广泛的认可。

由于锅炉内的煤粉气流形态和加热条件与实验室的条件并不相同，因此着火机理也不相同。有的是挥发分先着火（均相着火)，有的是煤焦先着火（非均相着火)，有的则是两者同时着火，这要视条件而定。

尽管人们对煤的热解和着火机理认识还不完全清楚和统一，但在挥发分对煤的着火和燃烧的作用的认识上是一致的，除了灰分含量极高的劣质煤以外，普遍认为挥发分含量高的煤着火和燃烧都比挥发分含量低的煤要好。碳化程度浅的煤，其挥发分比碳化程度深的煤多，而且挥发分的活性也较强，所以着火也容易。图 8.5 所示为煤粒着火温度与干燥无灰基挥发分 V_{daf}的关系，可以看出，随着挥发分的增加，着火温度明显地降低。

煤的热解是考察煤在加热但尚未着火前的情况，而现在讨论的是热解后挥发分是如何燃烧的，以及当煤的挥发分、空气以及可能存在的惰性稀释气体构成一种混合物时，在何种混合物浓度范围内能使反应保持下去，反应进行得有多快。由于煤的挥发分的组成非常复杂，要回答这些问题是十分困难的。尽管国内外的研究者在各种热解条件下得到了一些煤挥发分的成分和质量，但它与煤粉在火焰中被加热的条件还有很大差别，实际煤粉火焰中挥发分从煤颗粒析出后，将仍处于较高温度下，并在燃烧前可能还会发生进一步的反应。

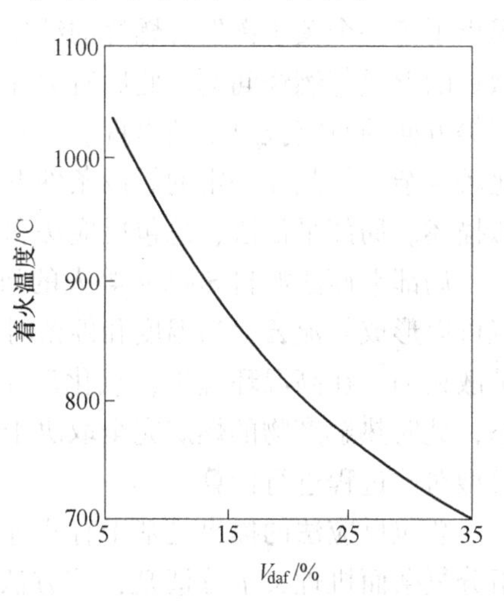

图 8.5　煤粒着火温度与 V_{daf}的关系

事实上，在实际燃烧时，一开始煤颗粒就被空气包围着，这些空气就是一次空气，它把煤颗粒引入到炉子中。挥发分从煤颗粒析出后，就与这些空气相混合。如果混合物的温度足够高，它就自发地着火；假如混合物温度不够高，不能自发着火，则煤颗粒将在炉内的某一个区发生显著的挥发分析出过程，并在此区内形成挥发分和空气相当均匀的混合，假定氧气和可燃气体的浓度达到一定浓度范围，则就像预混式气体燃烧器中的火焰那样，火焰前沿可通过混合物进行传播，那么挥发分的燃烧就可分成挥发分与氧气的混合阶段和发生化学反应的阶段。

对于挥发分和氧气的燃烧，假设化学反应时间可以忽略，全部挥发分是在同一时刻一齐析出，那么实际工况就是颗粒的表层形成一层可燃气体（不管它的厚度有多薄），这一厚度大约相当于湍流混合的边界层，这一薄层与湍流主气流之间存在明显的界限，因此挥发分与氧气的混合主要是依靠分子扩散来进行的。氧气的扩散要通过燃烧反应产物才能到达挥发分层。当氧气到达挥发分表面后就与挥发分一起烧掉，挥发分层的厚度就相应地减少了，这样整个挥发分层消失所需的时间就是氧气和挥发分相互作用的全部时间。在不计挥发分反相扩散的时间时，这一过程就可以用一个直径为挥发分外层外径的颗粒部分燃烧来模拟。

如果氧化反应速率与氧气扩散速率处于同一数量级，虽然挥发分与氧之间不会有明显的界限，但此时总反应速率的数量级将仍与挥发分同氧的接触速率一样。但是，如果化学反应速率大大低于混合速率，则它就会对挥发分的氧化速率产生决定性的影响。

在碳氢化合物的高温燃烧中，对速率起控制作用的最为缓慢的一步是一氧化碳的燃烧。因为，碳氢化合物生成二氧化碳和水这一过程的反应中，一氧化碳氧化成二氧化碳是最慢的一步。若能计算出挥发物中一氧化碳所需的时间，就可得到挥发分在化学氧化反应中速率的时间尺度了。但计算中需知道一氧化碳、氧和水蒸气的浓度值。

M. A. Field 对颗粒直径 50μm、可燃基挥发分 42.7%、平均相对分子质量为 100 的褐煤进行计算，得到挥发分和氧气的燃烧时间为 7ms，挥发分燃烧时化学反应时间为 3.2ms。挥发分和氧的燃烧时间与挥发分燃烧时的化学反应时间处于同一数量级，即计算挥发分燃烧所需时间时，应考虑化学反应速率。

从 20 世纪 80 年代开始，挥发分燃烧的理论研究就得到了重视，Field 等人于 1887 年提出了第一个关于挥发分燃烧的综述和报告，给出了挥发分燃烧的一般性描述，以及炭黑微粒的形成与燃烧问题。此后有关挥发分成分的确定，褐煤热解产物组分及挥发分燃烧机理等方面的研究报道不断出现。尽管大家普遍认为挥发分的组成和各种成分的反应机理都比较复杂，但是在一定的假设条件下，对挥发分的燃烧过程还是能够进行某种程度上的近似描述。局部平衡法、总包反应法和全面反应法是几种处理挥发分反应比较有效的方法。

局部平衡法源自 Seeker 等人的研究，他们用全息照相观察发现煤粒热解时挥发分射流可以形成气流云，当温度和停留时间合适，每一个气流云团均可以与氧气发生反应形成扩散火焰。在高温环境下，氧化反应很快，热解产物和氧化性气体处于局部热力平衡状态，此时热解产物的燃烧完全取决于气体的混合状态。此时可用湍流扩散火焰的 $k-\varepsilon-g$ 模型对此过程进行计算。

总包反应法的提出是基于有些过程热解产物和氧化性气体并不处于热平衡状态，有些组分复杂而机理又十分清楚，该方法将各种不同成分的化学反应速率归纳为一个总包反应，只是不同的方案所考虑的燃烧反应产物不同而已。目前采用较多的总包反应模型包括 Hammond 等人提出的，碳氢化合物的燃烧反应产物为 CO 和 H_2O；Edelman 和 Fortune 于 1888 年及 Siminski 等人于 1872 年提出的，燃烧反应产物是 CO 和 H_2；Haurman 等人提出的模型中提供了 CO、H_2、C_2H_4和烷烃的总包反应速率。对挥发分的燃烧问题，总包反应法是十分有效的方法，它能给出符合实际情况的总体燃烧模型。

全面反应模型方法的出发点在于，要想对挥发分的完整燃烧过程进行精确描述，需把挥发分的每一组分的反应机理结合在一起形成整体反应机理，但是目前还难以做到。

8.1.4 煤粒的着火

任何过程的燃烧，着火是必要条件，如果没有稳定连续的着火，燃烧就无法进行下去。煤粒子着火问题的研究开始于18世纪中期，在前100多年里，基于当时应用及研究的煤直径较大，以及在工业分析条件下，煤加热速率较慢，人们一直认为煤粒的着火总是在气相中发生的，即均相着火。其过程为：煤受热释放出挥发分→挥发分与氧气混合燃尽→生成热量点燃固定碳→固定碳着火燃尽。随着煤粉燃烧装置的出现，由于煤粉升温速率的数量级为10^4K/s，远大于工业分析条件下的升温速率，并且颗粒直径小，故其着火机理发生了改变。

20世纪80年代，Howard和Essenhigh等人证实，煤粒的着火也有可能首先发生在其表面上，即非均相着火。

当前，两种着火机理已普遍为人们接受，在一特定条件下，究竟出现何种着火方式，取决于颗粒表面的加热速率和挥发分受热释放速率的相对大小。若颗粒表面加热速率高于颗粒整体热解速率，着火发生在颗粒表面，谓之非均相着火；相反，着火发生在颗粒周围的气体边界层中为均相着火。

20世纪70年代，Juntgen用电加热栅网的方法考察了煤粒着火过程和着火方式随加热速率和粒径变化而转化的条件，给出了一种典型烟煤的着火方式图谱（图8.6）。结果表明：在低加热速率（≈10K/s）下，小颗粒煤粉（<100μm）以非均相方式着火，而大颗粒（>100μm）以均相方式着火；当加热速度升高时，煤粒向联合着火方式（即挥发分火焰直接引燃碳骸）转变。在煤粉炉炉膛内，煤粉升温速率可达10^4K/s的数量级，故通常以联合方式着火。

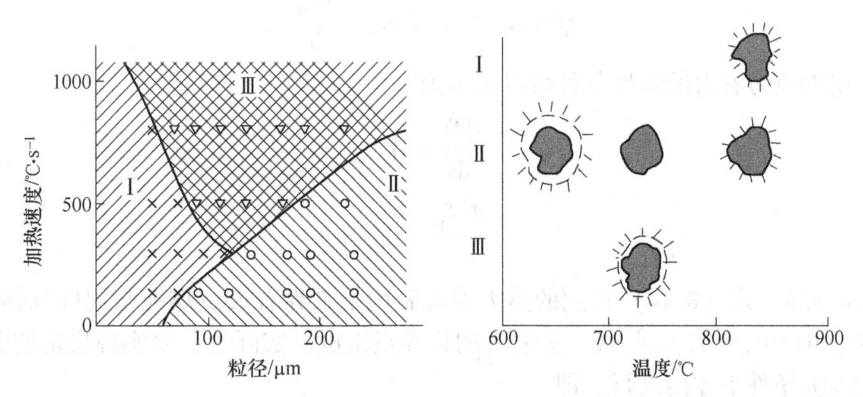

图8.6 某种煤粒的着火方式图谱

Ⅰ—非均相着火；Ⅱ—均相着火；Ⅲ—联合着火

上述研究表明，不能把煤粉燃烧看成是挥发分燃烧与焦炭燃烧的简单叠加，实际上这两个燃烧阶段是相互影响的，有交叉、平行之处。

对于煤的着火，近二三十年来，热力着火（TET）的非均相着火理论发展得比较迅速，其基本思想最先是由Vand Hoff提出的。他认为，当反应系统与周围介质间热平衡破坏时就发生着火。对这一条件进一步的阐述，是由勒·夏特列完成的。

下面根据煤粒的热平衡方程分析非均相热力着火的特点，通常煤粒的热平衡可写成以下一般形式

$$m_p c_p \frac{dT_p}{dt} = Q_1 - \alpha A_{Sp}(T_p - T_\infty) - \varepsilon\sigma_0 A_{Sp}(T_p^4 - T_\infty^4) + Q_3 \tag{8.7}$$

式中，m_p为煤粒的质量，kg；c_p为煤粒的比热容，kJ/(kg·K)；T_p为煤粒的温度，K；t为反应时间，s；Q_1为非均相反应热，kW；α为颗粒的表面传热系数，kW/(m^2·K)；A_{Sp}为颗粒的表面积，m^2；T_∞为周围环境温度，K；ε为系统黑度；σ_0为绝对黑度的辐射常数，kW/(m^2·K^4)；Q_3为外部加热，kW。

式（8.7）中各项分别表示颗粒的内能增加速度、非均相反应热、对流散热、辐射散热和外部加热。

设
$$Q_2 = \alpha A_{Sp}(T_p - T_\infty) + \alpha\sigma_0 A_{Sp}(T_p^4 - T_\infty^4)$$

在不考虑外部加热的情况下，按谢苗诺夫热力着火的理论，稳定着火的状态应满足

$$Q_1 = Q_2 \tag{8.8}$$

$$\frac{dQ_1}{dQ_2} = \frac{dQ_2}{dT_p} \tag{8.9}$$

对式（8.7）、式（8.8）进行整理，则煤粒的热平衡方程为

$$m_p c_p \frac{d^2 T_p}{dt_2} = \left(\frac{dQ_1}{dT_p} - \frac{dQ_2}{dT_p}\right)\frac{dT_p}{dt} \tag{8.10}$$

即

$$\frac{d^2 T_p}{dt_2} = \frac{Q}{(m_p c_p)^2}\frac{dQ}{dT_p} \tag{8.11}$$

$$Q = Q_1 - Q_2 = m_p c_p \frac{dT_p}{dt} \tag{8.12}$$

谢苗诺夫热力着火的临界条件可以表示为

$$\frac{dT_p}{dt} = 0 \tag{8.13}$$

$$\frac{d^2 T_p}{dt^2} = 0 \tag{8.14}$$

式（8.13）、式（8.14）得到的热力着火温度是临界着火点煤粒与周围气体的温度，即满足 $dT_p/dt=0$，$d^2T_p/dt^2=0$，为着火的临界点温度。实际上，要实现稳定的着火，一定要在 $Q_1>Q_2$ 条件下才能进行，即

$$\frac{dT_p}{dt} \geqslant 0 \tag{8.15}$$

$$\frac{d^2 T_p}{dt^2} \geqslant 0 \tag{8.16}$$

热力着火是在可燃混合物自身放热大于或等于向外散热时发生的一种着火现象。而在实际燃烧的组织中，为了稳定着火和加速燃烧反应，往往由外界对局部的可燃混合物进行

加热，使之着火，这种着火方法称为强迫着火。如组织煤粉在炉内燃烧时，首先使高温烟气向喷入炉内的煤粉气流根部回流，来加热喷嘴喷出的燃料空气混合物；设置炉拱、卫燃带或其他炽热物体，保证炉内高温水平，向燃料辐射热量；采用附加的油、气点火火炬，或用电火花点火。

强迫着火的原理在第4章第4节中有详细的描述，其基本原理就是在可燃物与炽热物体接触时，炽热物体附近的可燃物温度会不断上升，如果炽热物体附近某一层厚度为 δ 的可燃物，由于炽热物体的加热作用，使得化学反应产生的热量 Q_1 大于从这层可燃物往外散失的热 Q_2，那么在这一瞬间以后，这层可燃物反应的进行将不再与炽热物体的加热有关。此时把炽热物体撤走，这层可燃物仍能独立进行高速化学反应，使火焰传播到整个可燃物中，所以临界着火条件为

$$Q_1 = Q_2 \tag{8.17}$$

具体说，就是求出 δ 层可燃物的化学反应的热量 Q_1 和散热量 Q_2。

8.1.5 煤粒燃烧的一些实验研究结果

由于观测煤粒的燃烧状况比较困难，总的来说对煤粒燃烧的实验研究还远远不够。伊万洛娃（И. ИВаНОВа）比较仔细地研究了煤粒的燃烧。她采用 $V_{daf} = 47.8\%$，$Q_{net,ar} = 13808$kJ/kg 的褐煤煤粒为试样，粒径 $d_0 = 150 \sim 800\mu m$，用石英丝把试样悬挂在用电加热的1200~1800℃的热空气环境中燃烧，并改变氧气质量浓度 $c_\infty = 0.05 \sim 0.3 kg/m^3$，用微型电影机摄影，光学高温计记录煤粒的温度。

实验中发现，煤粒的燃烧大致分为四个阶段：煤的预热及挥发分着火，经历时间为 τ_1；挥发分的燃烧，经历时间为 τ_2；从挥发分燃完后，从焦炭的预热到焦炭着火，经历时间为 τ_3；焦炭的燃烧和燃尽，经历时间为 τ_4。挥发分燃烧时，煤粒直径几乎不变，煤粒表面局部地方有时有挥发物喷流，这表明，挥发分的释放不是均匀的，焦炭烧完的残渣不包在煤粒表面，变成极小的粒子。

在 $T = 1200$K，$c_\infty = 0.23 kg/m^3$ 环境里，$d_0 = 750\mu m$ 褐煤粒的四个燃烧时间为：$\tau_1 = 1.148$s，$\tau_2 = 0.3$s，$\tau_3 = 0.35$s，$\tau_4 = 4.8$s。据实验数据有如下经验公式可供参考

$$\tau_1 = 2.5 \times 10^{15} T^{-4} d_0 \tag{8.18}$$

$$\tau_2 = 0.45 \times 10^{6} d_0^2 \tag{8.19}$$

$$\tau_3 = 5.36 \times 10^{7} T^{-1.2} d_0^{1.5} \tag{8.20}$$

$$\tau_4 = 1.11 \times 10^{8} T^{-0.9} d_0^2 c_\infty^{-1} \tag{8.21}$$

式中，T 为燃烧环境温度，K；d_0 为煤粒的初始直径，m；c_∞ 为燃烧环境中氧气的质量浓度，kg/m^3。

在炭粒比较大、温度较高时，焦炭燃烧近于扩散燃烧的情况，燃烧时的失重遵守缩球规律。即粒径平方随时间 t 的变化为

$$D_2^2 = d_0^2(1 - t/\tau_4) \tag{8.22}$$

施宝卡（M. Shibaoka）对150~800μm的无烟煤粒进行了燃烧实验研究，得出了焦炭蓄火时间的经验公式为

$$\tau_1 = 16.45 \times 10^{15} T^{-3.5} d_0^{1.2} c_\infty^{-0.15} \tag{8.23}$$

焦炭燃烧和燃尽时间的经验公式为

$$\tau_4 = 2.28 \times 10^6(100 - A/100) + \rho_c T^{-0.9} d_0^2 c_\infty^{-1} \tag{8.24}$$

式中，A 为残余焦炭的含灰量；ρ_c 为焦炭的密度。

同时还发现，不同岩相的煤粒燃烧，膨胀特性差别很大。有的表观体积几乎不变，有的一开始就快速膨胀使表观体积增至5倍左右。埃森海（R. H. Essenhigh）曾对挥发分为38.3%，颗粒直径为210~300μm的煤粒进行燃烧实验，发现煤粒置于逐渐升温的环境中，即缓慢加热时，挥发分不着火燃烧，颗粒的初始膨胀较多，内孔隙大，化学反应速率高，总的燃烧时间短；当煤粒试样突然置于高温辐射的环境中，即快速加热时，挥发分着火燃烧，颗粒几乎不膨胀。对于焦炭颗粒试样（即挥发分预先释放完），两种加热方式差别不大，焦炭燃烧时，颗粒减少到一定尺寸，约为颗粒的74%（缓慢加热）和87%（快速加热），然后直径维持不变，直到最后成为燃尽的空心灰球。根据实验研究认为：煤的加热速率、膨胀状况和挥发条件是起决定作用的因素。总的燃烧时间 τ 有如下的经验关系。

对缓慢加热 $$\tau = 8.3d_0^2 \tag{8.25}$$

对快速加热 $$\tau = 8.38d_0^2 \tag{8.26}$$

式中，d_0为初始粒径，mm。

在煤粒直径较大、温度较高的条件下，煤的燃烧近似于焦炭的扩散燃烧情况，失重遵守缩球规律；而在粒径较小和温度较低时，燃烧近似于焦炭动力学燃烧情况，失重遵守减小密度的规律。

8.1.6 影响煤粒着火的因素

理论分析表明，影响煤粒着火的主要因素有燃料的性质（包括燃料水分、灰分、挥发分）、煤的粒径、热力条件、空气动力参数等。

燃料性质中对着火过程影响最大的是挥发分 V_{daf}，煤粒的着火温度随 V_{daf} 的变化规律参见图8.5。挥发分 V_{daf}降低时，煤粉气流的着火温度显著提高，着火热也随之增大，就是说，必须将煤粉气流加热到更高的温度才能着火。因此，低挥发分的煤着火更困难些，着火所需时间更长些，而着火点离开燃烧器喷口的距离自然也增大了。

图8.7所示为灰分和水分对理论燃烧温度的影响。原煤水分增大时，着火热也随之增大，同时水分的加热、汽化、过热都要吸收炉内的热量，致使炉内温度水平降低，从而使煤粉气流卷吸的烟气温度以及火焰对煤粉气流的辐射热也相应降低，这对着火显然也是更加不利的。

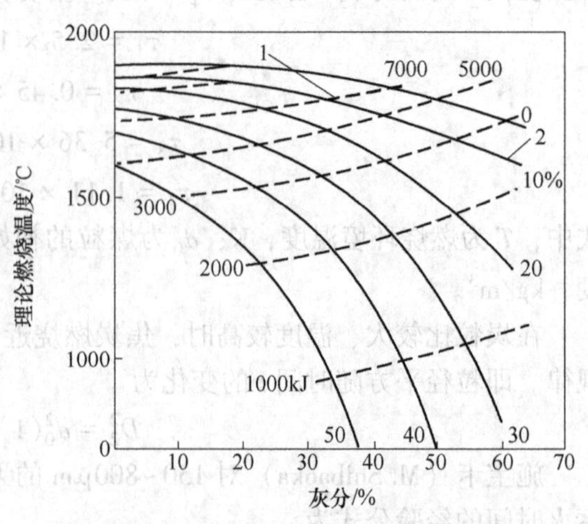

图8.7 煤的灰分、水分对理论燃烧温度的影响
1—煤的收到基发热量；2—煤的收到基水分

灰分的增加会妨碍挥发分的析出，影响着火速度，降低火焰温度。煤的灰分在燃烧过程中不但不能放热，而且还要吸热。如在燃用高灰分的劣质煤时，由于燃料本身发热量低，燃料的消耗量增大，大量灰分在着火和燃烧过程中要吸收更多热量，

因而使得炉内烟气温度降低，同样使煤粉气流的着火推迟，而且也影响了着火的稳定性。

煤粒直径对着火过程有显著的影响，对任何一种煤，在热力着火工况下，一个温度会对应一个着火的临界煤粒直径。煤粒直径大时，升温速度慢，但散热也小；煤粒直径小时，升温速度快，但散热也相应地增加。在实际燃烧组织时，一般是将冷煤粒抛入高温烟气的炉膛内，在初期高温烟气对煤粒进行强烈的对流加热，煤粒升温过程如图 8.8 所示，煤粒直径越小，加热时间会越短，煤粒越迅速达到高温烟气所具有的温度；但当煤粒温度因反应放热继续提高时，煤粒直径越小越容易散热，使煤粒温度提高越慢，只能使煤粒温度接近烟气的温度。事实上，炉内温度远高于煤粒的着火温度，在同样的煤粉浓度下，煤粉越细，进行燃烧反应的表面积就会越大，而煤粉本身的热阻却减小，因而在加热时，细煤粉的温升速度要比粗煤粉快。这样就可以加快化学反应速率，更快地达到着火条件。所以在燃烧时总是细煤粉首先着火燃烧。由此可见，对于难着火的低挥发分煤，将煤粉磨得更加细一些，无疑会加速它的着火过程。

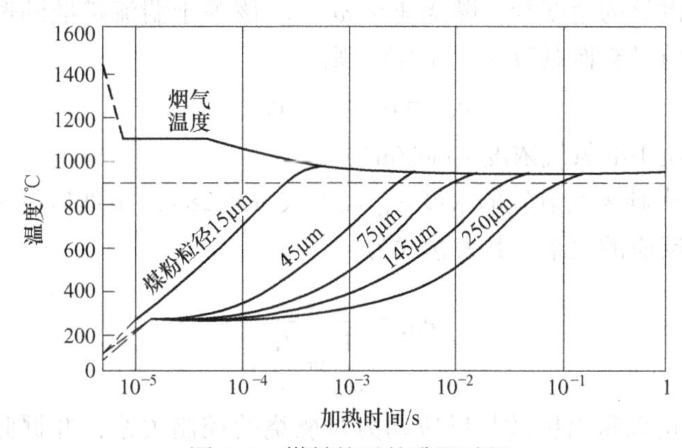

图 8.8 煤粉粒子的升温过程

从煤粉气流着火的热力条件可知，提高炉内温度或减少炉内散热，都有利于着火。因此，在实践中为了加快和稳定低挥发分煤的着火，常在燃烧器区域的水冷壁上敷设卫燃带，减少水冷壁吸热量，降低燃烧过程的散热，提高燃烧器区域的温度水平，从而改善煤粉气流的着火条件。实际表明敷设卫燃带是稳定低挥发分煤着火的有效措施。但卫燃带区域往往又是结渣的发源地，必须加以注意。改善着火的另一措施就是减少着火热（即加热煤粉气流达到着火温度所需要的热量）。通常采用提高煤粒的初温 T_0，减小一次风量和一次风速的措施。这些措施会使着火热显著降低，有利于煤粒的着火。

虽然单颗粒煤的研究成果对煤粉气流着火过程的认识有一定的理论和实际意义，但在实际燃烧过程中，燃烧器出口附近的煤粉气流浓度一般都较高，特别是近年来采用的一些高浓度技术更是如此。将单颗粒的研究成果应用于煤粉气流中会带来较大的误差，仅就着火温度而言，煤粉雾的着火温度就比单颗粒低 300℃以上。而且理论分析和实验表明，单颗粒的着火温度随粒径变小而升高，但对煤粉气流着火特性的测试结果表明，在一定范围内，粒径变小，着火温度降低，这是由于煤粉喷出后，既受到冷的一、二次风包围，又受到高温回流烟气的加热，因此初步认定既有强迫着火的特点，又有部分热力着火属性的复杂过程。

8.1.7 焦炭的燃烧特性

煤逸出挥发分后剩下的固体物质就是煤焦，它是由固定碳和一些矿物杂质组成。一般煤的燃烧过程中，从水分蒸发干燥到挥发分析出燃烧所需的时间约占总燃烧时间的1/10，其余时间则用来使焦炭逐渐燃尽。实际上挥发分和焦炭的燃烧还有一些交叉平行，但一般交叉平行的时间不长。因此，在燃烧技术的近似计算中，一般就把煤粒的干燥、干馏以及挥发分的燃烧和焦炭燃烧、燃尽在时间上划分开来。由于煤焦的燃烧是煤燃烧的核心，故对它研究也很多。煤焦在气相氧化剂中的燃烧是气、固非均相燃烧，该燃烧反应取决于两个基本过程，即在两相分界面上进行的化学反应和湍流运动使氧气分子向两相交界面的迁移扩散。实践证明，在碳表面上气体的反应速率只和表面处的气体质量浓度有关。当碳处于强烈燃烧时，反应级数 $n=1.0$。如果用参加反应物氧气的消耗速率 ω_{O_2} [$mol/(m^2 \cdot s)$] 表示燃烧化学反应速率，则

$$\omega_{O_2} = kc_{O_2} \tag{8.27}$$

式中，k 是化学反应常数，m/s；c_{O_2} 是碳表面氧气的浓度，mol/m^3。

另一方面，从供氧的角度看，燃烧速率 ω 也应该等于湍流扩散到燃烧表面上的氧气的流量。引入湍流质量交换系数 α_{zl} (m/s)，则

$$\omega_{O_2} = \alpha_{zl}(c_\infty - c_{O_2}) \tag{8.28}$$

式中，c_∞ 为周围介质中的氧气浓度，mol/m^3。

将式（8.27）中碳表面氧气的浓度 c_{O_2} 代入式（8.28），整理后得到异相燃烧过程中的湍流扩散与化学反应的关系。其表达式为

$$\omega_{O_2} = \frac{c_\infty}{\dfrac{1}{\alpha_{zl}} + \dfrac{1}{k}} \tag{8.29}$$

从式（8.29）可以得出扩散与反应动力对燃烧的控制关系，并据此将反应控制划分为三个区域：

（1）动力控制区，即 $\alpha_{zl} \gg k$，此时 $\omega_{O_2} = kc_\infty$，也就是燃烧速率取决于化学反应。

（2）扩散控制区，即 $k \gg \alpha_{zl}$，$\omega_{O_2} = \alpha_{zl}c_\infty$，此时燃烧速率取决于扩散。

（3）过渡区，α_{zl} 与 k 大小差不多，不可偏从于哪一个。

在对煤焦燃烧速率的研究中，都涉及煤焦反应动力学参数，方法大多是用实验确定表面反应系数 k_s，然后由 $\ln k_s$-$1/T_p$ 的关系曲线中推出活化能 E 和反应的频率因子 k_0的值。然而由于实验条件的影响，结果却是五花八门，只能用相同实验条件下得到的结果进行比较。

傅维标曾提出一种新思想，他认为碳表面总体反应的活化能 E 是由煤焦与氧的化学特性决定的，而与煤质无关，但煤焦反应的频率因子 k_0 却与煤质有关。假设煤焦反应为一阶反应，即化学反应速率常数为

$$k = k_0 \exp\left(\frac{-E}{RT_p}\right) \tag{8.30}$$

式中，$E=180$kJ/mol，与煤种无关，这样 k_0就与煤种有关了。

傅维标经过对直径大于3000μm大颗粒煤焦的实验数据分析，得出

$$\frac{k_{0C}}{k_{0p}} = 1.224 \times (F_z + 27)^{-18.98} \times 10^{27} \tag{8.31}$$

其中 $$F_z = (V_{ad} + M_{ad})^2 (FC)_{ad} \times 100^2$$

式中，k_{0C} 为纯碳频率因子，值为 $5.03 \times 10^5 m/s$；k_{0p} 为某一煤焦的频率因子，m/s；V_{ad} 为空气干燥基挥发分的质量分数；M_{ad} 为空气干燥基水分的质量分数；$(FC)_{ad}$ 为空气干燥基固定碳的质量分数。

该模型与实验数据得到了良好的归一化。但是，其也有需要完善的地方：还未考虑岩相组分等引起的煤质不均；模型中忽略了煤中灰的催化反应；还需对煤焦粒径 δ 以及其在扩散-动力反应区域中位置作修正等。

8.2 碳燃烧化学反应的过程

8.2.1 碳燃烧化学反应的步骤

碳的燃烧是气-固非均相化学反应的过程，这种异相化学反应较均相反应要复杂得多。非均相反应是指反应物系不处于同一相态之中，在反应物料之间存在着相界面。碳的燃烧属于气相组分直接与固体含碳物质作用的气-固非催化反应。

根据朗格缪尔（Langmuir）异相反应理论，现在比较一致的认识是，碳和氧的异相反应是通过氧分子向碳的晶格结构表面扩散，由于化学吸附络合在晶格的界面上，该吸附层首先形成碳氧络合物，然后由于热分解或其他分子的碰撞而分开，这就是解吸。解吸形成的反应产物扩散到空间，剩下的碳表面再度吸附氧气。整个碳的燃烧就是通过氧的扩散、氧在碳表面的吸附、表面化学反应、反应络合物的吸附、氧化和脱附及扩散等一系列步骤完成的。其燃烧反应包括以下步骤：

（1）氧气从气相扩散到固体碳表面（外扩散）。

（2）氧气再通过颗粒的孔道进入小孔的内表面（内扩散）。

（3）扩散到碳表面上的氧被表面吸附，形成中间络合物。

（4）吸附的中间络合物之间，或吸附的中间络合物和气相分子之间进行反应，形成反应产物。

（5）吸附态的产物从碳表面解吸。

（6）解吸产物通过碳的内部孔道扩散出来（内扩散）。

（7）解吸产物从碳表面扩散到气相中（外扩散）。

以上 7 个步骤可归纳为两类，（1）、（2）、（6）、（7）为扩散过程，其中又有外扩散和内扩散之分；而（3）、（4）、（5）为吸附、表面化学反应和解吸，故称表面反应过程。整个碳表面上反应取决于以上步骤中最慢的一个。

8.2.2 碳燃烧过程中的吸附和解吸

表面反应过程包括吸附、表面化学反应和解吸三个步骤，如果把每个步骤看成一个基元反应来处理，分析表面过程的动力学问题，就要涉及每一步骤的动力学问题，也就是说要同时解几个动力学方程才能获得总的表面过程的动力学方程，这就提出了一个如何解这些动力学方程的问题。

在各步骤的反应过程中，就各步骤的速度而言，有两种情况：一种是在连续反应中，各基元反应彼此速率相差很大，最慢的一个基元反应的速率代表整个反应的速率，这类反应称为有控制步骤的反应；另一种是各基元反应彼此间的速率相差不大，此类反应叫无控制步骤反应。这类反应中每一个基元反应的速率都可以代表整个反应速率，从这个意义上讲，也可称为全是控制步骤的反应。

以表面反应为控制步骤的情况作为例子，这时吸附和解吸等步骤的速率非常快，在反应的每一瞬间，都可认为处于平衡态。

例如下面的单分子不可逆反应

$$A \longrightarrow M \tag{8.32}$$

根据表面质量作用定律，在表面过程的基元反应中，将有一部分与氧反应而生成反应产物脱离碳表面，逸向气体空间，此时的反应速率与反应物在表面的表面覆盖分数成正比。则反应速率应该为

$$\omega_j = k_{-1}\theta_A \tag{8.33}$$

式中，k_{-1}为解吸速率常数，m/s；θ_A 为 A 的表面覆盖分数，它是吸附了气体分子的表面积与固体的总表面积的比值，表示有气体吸附层覆盖的有效反应表面。

在吸附了氧的 θ_A 份额碳表面上，已不能再吸附新的氧分子，而只能解吸氧和碳的反应产物。因此，ω_j 为解吸的速率。

由于在 $1-\theta_A$ 份额的碳表面积上还没有吸附氧，因而表面附近的氧分子就会被吸附去，其吸附速率和 $1-\theta_A$ 及表面氧的质量浓度成正比，即

$$\omega_x = k_1 c_{O_2}(1-\theta_A) \tag{8.34}$$

式中，k_1为吸附速率常数，m/s；c_{O_2} 为碳表面上的氧的质量浓度，kg/m^3。

如果吸附和解吸之间达到平衡，即吸附速率等于解吸速率，则此时碳表面上吸附了氧的面积份额 θ_A 将不再变化，从而可以求出 θ_A，即

$$\theta_A = \frac{k_1 c_{O_2}}{k_1 c_{O_2} + k_{-1}} = \frac{c_{O_2}}{c_{O_2} + B} \tag{8.35}$$

其中

$$B = \frac{k_{-1}}{k_1}$$

由于氧和碳的化学反应只能在吸附了氧的碳表面上发生，因此，θ_A 越大，碳和氧进一步发生化学反应的机会就越多，燃烧的反应速率就越大，反应速率 ω 与 θ_A 成正比。则有

$$\omega = k_A\theta_A = k_A \frac{c_{O_2}}{c_{O_2} + B} \tag{8.36}$$

下面对式（8.36）进行讨论：

（1）当 $B \gg c_{O_2}$ 时，式（8.36）分母中的 c_{O_2} 可以忽略，此时就有

$$\omega = k_A \frac{c_{O_2}}{c_{O_2} + B} = \frac{k_A}{B} c_{O_2}$$

令

$$k = \frac{k_A}{B}$$

则

$$\omega = k c_{O_2} \tag{8.37}$$

式中，k 为化学反应速率常数。

由式（8.37）可见，在 $B \gg c_{O_2}$ 时，化学反应速率只和碳表面处的氧质量浓度的一次方成正比，反应是一级反应，$\theta_A = \dfrac{k_1 c_{O_2}}{k_1 c_{O_2} + k_{-1}} = \dfrac{c_{O_2}}{c_{O_2} + B} \ll 1$，表明，此时碳表面处的氧质量浓度很低，吸附了氧的表面积很小，表面吸附能力很弱。

（2）当 $B \ll c_{O_2}$ 时，由式（8.36）可见

$$\omega = k_A \theta_A = k_A \frac{c_{O_2}}{c_{O_2} + B} = k_A$$

或

$$\omega = k \tag{8.38}$$

式（8.38）说明化学反应速率和碳表面处的氧质量浓度无关。由式（8.35）可知，此时 $\theta_A \approx 1$，碳表面具有很强的吸附能力，并说明表面化学反应速率很慢，解吸能力很弱。

（3）当 $B \approx c_{O_2}$ 时，只有部分碳表面被氧吸附。碳表面氧的质量浓度为中等，$0 < \theta < 1$，此时反应处于上述两种情况之间，反应速率为

$$\omega = kc_{O_2}^n \quad (0 < n < 1) \tag{8.39}$$

反应为分数级反应，反应级数 n 由实验确定。

在实际燃烧反应中，吸附和解吸很大程度上受到反应温度的影响。当燃烧处于 800℃以下的低温状态时，吸附能力很强，碳表面氧的质量浓度很高，属于零级反应。当反应温度高于 1200℃时，表面化学反应很快，碳表面处氧的质量浓度很低，属于一级反应。当温度在 800~1200℃之间，一般为分数级反应。实际处理碳的燃烧反应时，通常近似地按一级反应来处理。即可认为碳和氧气的化学反应速率按式（8.37）计算，其中 k 仍服从阿累尼乌斯定律，即

$$k = k_0 \exp\left(-\frac{E}{RT}\right)$$

上面对固体燃料表面上的异相化学反应的吸附和解吸速率的讨论中，仅考虑了氧吸附和解吸机理。事实上在固体燃料表面的异相化学反应中，氧被固体表面吸附后，表面吸附氧才能与碳原子起化学反应，反应产物再解吸而被扩散到主气流中，可见机理要复杂得多。

氧和燃烧反应产物两者都有吸附和解吸的过程，再加上化学反应，一共有 5 个环节。设氧和燃烧反应产物各自在固体表面上吸附所占的份额为 θ_1 和 θ_2；吸附速率常数分别为 k_1 和 k_2；吸附与氧及燃烧反应产物在表面上的浓度 c_{O_2}、c_{XO_2} 是成比例的；解吸速率常数为 k_{-1} 和 k_{-2}。

假设表面化学反应本身速率很低，吸附和解吸之间仍保持平衡，那么由氧的吸附平衡可得

$$k_1 c_{O_2}(1 - \theta_1 - \theta_2) = k_{-1}\theta_1 \tag{8.40}$$

根据燃烧反应产物的吸附平衡可得

$$k_2 c_{XO_2}(1 - \theta_1 - \theta_2) = k_{-2}\theta_2 \tag{8.41}$$

令

$$K_1 = \frac{k_1}{k_{-1}}, \quad K_2 = \frac{k_2}{k_{-2}}$$

则可得连比式

$$\frac{1-\theta_1-\theta_2}{1}=\frac{\theta_1}{K_1c_{O_2}}=\frac{\theta_2}{K_2c_{XO_2}}=\frac{(1-\theta_1-\theta_2)+\theta_1+\theta_2}{1+K_1c_{O_2}+K_2c_{XO_2}}=\frac{1}{1+K_1c_{O_2}+K_2c_{XO_2}}$$

得到

$$\theta_1=\frac{K_1c_{O_2}}{1+K_1c_{O_2}+K_2c_{XO_2}} \tag{8.42}$$

$$\theta_2=\frac{K_1c_{XO_2}}{1+K_1c_{O_2}+K_2c_{XO_2}} \tag{8.43}$$

这时的总反应速率是由表面反应控制的，因此

$$\omega_{O_2}\propto\theta_1\propto\frac{K_1c_{O_2}}{1+K_1c_{O_2}+K_2c_{XO_2}} \tag{8.44}$$

上面所论述的是表面化学反应速率很低的情况。现在再假设表面化学反应速率很高(准确地说，速率常数很大而速率本身是一个有限值)，而且这个化学反应是不可逆的，那么氧在表面上的吸附份额 θ_1 将非常小而可以忽略不计，由于吸附进来的氧立刻就由表面化学反应把它消耗掉，氧表面上的吸附份额非常小，氧的吸附平衡完全被破坏，氧几乎没有解吸。此时氧的吸附速率成了控制总反应速率的决定性环节，即

$$\omega_{O_2}=k_1c_{O_2}(1-\theta_2) \tag{8.45}$$

式中，$1-\theta_2$ 代表空白的表面份额，因为 $\theta_1\approx0$。

现在反应产物的吸附和解吸仍建立了平衡关系，但是要加上表面化学反应产物 $k_1c_{O2}(1-\theta_2)$，并假设表面化学反应消耗掉的氧量就等于产生的燃烧产物量，即

$$k_1c_{O_2}(1-\theta_2)+k_2c_{XO_2}(1-\theta_2)=k_{-2\theta_2}$$

解出 θ_2 和 ω_{O_2} 如下

$$\frac{1-\theta_2}{1}=\frac{\theta_2}{\dfrac{k_1c_{O_2}+k_2c_{XO_2}}{k_{-2}}}=\frac{1}{1+\dfrac{k_1}{k_{-2}}c_{O_2}+\dfrac{k_2}{k_{-2}}c_{XO_2}}$$

而

$$\omega_{O_2}=\frac{k_1c_{O_2}}{1+\dfrac{k_1}{k_{-2}}c_{O_2}+\dfrac{k_2}{k_{-2}}c_{XO_2}}$$

令 $K_2=k_2/k_{-2}$，可得

$$\omega_{O_2}=\frac{k_1c_{O_2}}{1+\dfrac{k_1}{k_{-2}}c_{O_2}+K_2c_{XO_2}} \tag{8.46}$$

一般情况下，无论吸附和解吸的关系如何，又无论是吸附速率控制还是化学反应速率控制，都可以认为异相化学反应的速率为

$$\omega_{O_2}\propto c_{O_2}^n \tag{8.47}$$

式中，n 是0~1之间的分数，指数 n 的数值由反应机理决定。

8.2.3 碳燃烧过程中的扩散

在碳燃烧的气-固两相反应中，不管燃烧化学反应过程发生在表面控制还是扩散控制，都存在主气流中的氧向固体表面的扩散和固体表面的燃烧反应产物向气体主流中的扩散，其实质是质量的传递。由于气-固两相之间存在着相的界面，氧气从气相转移到固相的过程，包括氧气由气相主体向边界层的湍流扩散传递、边界层中的分子扩散传递到气固两相界面并传递到固体表面的过程。

在碳燃烧过程中，被吸收的氧从气相转移到固相是通过扩散进行的，物质扩散的方式有分子扩散和湍流扩散两种，扩散的结果是使气体从高浓度区域转移到低浓度区域。

8.2.3.1 分子扩散

物质在静止的或者垂直于浓度梯度方向作层流流动的流体中传递，是由于分子运动引起的，如将一勺糖投于一杯水中，稍后整杯水就会变甜，这就是分子扩散的表现。在静止或滞流流体中，分子运动漫无边际，若一处某种分子的浓度较邻近的另一处高，其结果自然是分子从浓度较高的区域扩散到浓度较低的区域，两处的浓度差就是扩散的推动力。

用来描述分子扩散速率的定律是著名的裴克定律，某气体 A 的分子扩散关系式为

$$J_A = -D_A \frac{dc_A}{dz} \tag{8.48}$$

式中，D_A 为气体 A 的分子扩散系数，m^2/s，部分气体在空气中的扩散系数见表 8.1；dc_A/dz 为气体 A 在 z 方向的浓度梯度，$kmol/m^4$；J_A 为气体 A 的分子扩散通量，$kmol/(m^2 \cdot s)$，扩散通量与某气体在 z 方向的浓度梯度成正比。

表 8.1 部分气体在空气中的扩散系数（0℃，101.33kPa）

扩散物质	扩散系数 $D/cm^2 \cdot s^{-1}$	扩散物质	扩散系数 $D/cm^2 \cdot s^{-1}$
H_2	0.611	H_2O	0.220
N_2	0.132	C_6H_6	0.077
O_2	0.178	C_7H_8	0.076
CO_2	0.138	CH_3OH	0.132
HCl	0.130	C_2H_5OH	0.102
SO_2	0.103	CS_2	0.089
SO_3	0.095	$C_2H_5OC_2H_5$	0.078
NH_3	0.170		

8.2.3.2 湍流扩散

物质在湍流流体中的传递，主要是由于流体中质点的运动引起的。如将一勺糖投于一杯水中，用勺子搅动，整杯水就会更快、更均匀地变甜，这就是湍流扩散的表现。

物质在湍流流体中传递，主要是依靠流体质点的无规则运动，湍流中发生的旋涡，引起各部流体间的剧烈混合，在有浓度差存在的条件下，物质便向其浓度降低的方向传递。这种凭借流体质点的湍动和旋涡来传递物质的现象，称为涡流扩散。诚然，在湍流流体

中，分子扩散也同时发挥着传递作用，但质点是大量分子的集群，在湍流主体中，质点传递规模和速度远大于单个分子的，因此涡流扩散的效果应占主要地位。此时扩散通量用式(8.49) 表示，即

$$J_A = -(D_A + D_e)\frac{dc_A}{dz} \tag{8.49}$$

式中，D_A为分子扩散系数，m^2/s；D_e为涡流扩散系数，m^2/s；dc_A/dz为某气体沿z方向的浓度梯度，$kmol/m^4$；J_A为扩散通量，$kmol/(m^2 \cdot s)$。

8.2.3.3　对流扩散

涡流扩散系数不是物性常数，它与湍动程度有关，且随位置不同而不同。由于涡流扩散系数难以测定和计算，因而常将分子扩散与涡流扩散两种传质作用结合起来用对流扩散予以考虑。在流体的扩散研究中，由于涡流扩散传质过程比较复杂，常常把对流扩散中的涡流扩散进行简化，用分子扩散来描述。图 8.9 (a) 所示为气固两相传质示意图。在稳定吸收中任何一横截面 m-n 上相界面气相一侧气体 A 浓度分布情况如图 8.9 (b) 所示，横轴表示离开相界面距离 z，纵轴表示气体 A 的分压 p。气体虽呈湍流流动，但靠近相界面处仍有一个滞流内层，其厚度以 z'_G 表示，湍动程度越高，z'_G 越小。

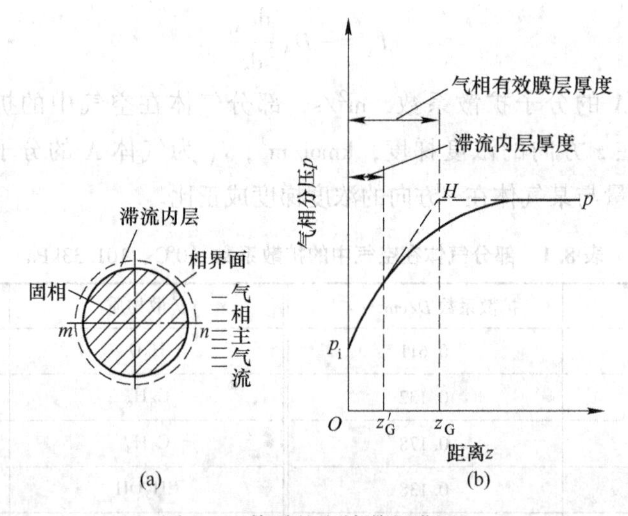

图 8.9　传质的有效滞留膜层

气体 A 自气相主体向界面转移，由于传质过程的进行，气相中 A 的分压越靠近界面越小。在稳定状态下，m-n 截面上不同 z 值各点处的 A 气体的传递速率应相同，但由于在流体的中心区主要是涡流扩散，而滞流内层主要是分子扩散，因此这两个区域内的浓度梯度相差很大。

在湍流区，浓度梯度几乎等于 0，p-z 曲线为一水平线；在滞流层内，由于气体 A 的传递完全靠分子扩散，使浓度梯度很大，p-z 曲线较为陡峭；而在这两个区中间的过渡区，既存在着分子扩散，也存在着涡流扩散，传质是分子扩散和涡流扩散的总和。在此区域内，由一端几乎是纯分子扩散产生的总传质，逐渐而非突然地向主要是涡流扩散的另一端过渡，因此浓度梯度的变化出现了一个过渡区，p-z 曲线逐渐由陡峭转变为平缓。延长滞流内层的分压线，使其与气相主体的水平分压线相交于一点，令此交点 H 与相界面的

距离为 z_G，设想在相界面附近存在着一个厚度为 z_G 的滞流膜层，将此膜层称为虚拟滞流膜层或有效滞流膜层，膜层以内的流动纯属滞流，因而其中的物质传递形式纯属分子扩散。经过这样的处理，就等于把涡流扩散的传递作用转化为分子扩散的传质。由图 8.9 可见，整个有效滞流膜层的传质推动力即为气相主体与相界面处的分压之差，这意味着从气相主体到相界面处的全部传质阻力都包括在此有效滞流膜层之中。于是便可按有效滞流膜层内的分子扩散速率写出由气相中心区到相界面的对流扩散速率方程，即

$$N_A = \frac{D_p}{RTz_G p_{Bm}}(p - p_i) \tag{8.50}$$

式中，N_A 为气体 A 的对流扩散速率，kmol/(m^2 · s)；z_G 为气相有效滞流膜层厚度，m；p 为气相主体中气体 A 的分压，Pa；p_i 为相界面处的气体 A 的分压，Pa；p_{Bm} 为惰性组分 B 在气相主体与相界面处的分压的对数平均值，Pa。

令 $k_g = \dfrac{D_p}{RTz_G p_{Bm}}$，式（8.50）就可写成

$$N_A = k_g(p - p_i) \tag{8.51}$$

式中，k_g 为气膜湍流质量交换系数。

8.2.3.4 碳燃烧中的扩散

下面讨论碳燃烧中的扩散。碳燃烧的必要条件是要有足够高的温度和氧气才能进行下去，而氧气首先是从气流主体通过外扩散到达碳的表面，然后进行表面控制反应，与此同时在颗粒的孔隙还会进行氧气的内扩散。

在讨论碳的燃烧反应中，在气-固两相之间的界面上有一层滞流边界层，氧气从气流主体到边界层的传质是通过湍流扩散的方式进行的。而通过滞流边界层的传质，则是分子扩散方式。尽管滞流扩散是一种效率很高、速度很快的传质方式，但外扩散过程的总反应速率取决于包围在颗粒外表面的滞流边界层对传质的阻力。

在讨论外扩散问题时，涉及两个独立的过程：一个是表面反应过程，其速率方程可表示为 $\omega_{O_2} = kc_{O_2}$；另一个是传质过程，传质过程的速率方程按照对流扩散的速率方程式（8.51）可写成 $\omega_{O_2} = \alpha_{zl}(c_\infty - c_{O_2})$，这就是前面讨论焦炭燃烧时，用参加反应物的氧气消耗速率和对流扩散到燃烧表面上的氧气流量的式（8.27）和式（8.28）。

根据式（8.27）和式（8.28），可以得到

$$\frac{c_{O_2}}{c_\infty} = \frac{\alpha_{zl}}{\alpha_{zl} + k} = \frac{1}{1 + \dfrac{k}{\alpha_{zl}}} \tag{8.52}$$

即氧在颗粒表面的质量浓度和气流主体氧的质量浓度的比值与 $\dfrac{k}{\alpha_{zl}}$ 有关，通常把 $\dfrac{k}{\alpha_{zl}}$ 称为达姆可勒数，即

$$Da = \frac{k}{\alpha_{zl}} \tag{8.53}$$

达姆可勒数的物理意义为极限反应速率与极限传质速率之比。它可以作为颗粒外部传质过程影响程度的判据。Da 越小，表示极限传质速率越大于极限反应速率，过程为反应控制；Da 越大，表明极限反应速率越大于极限传质速率，过程为传质控制。

碳燃烧过程中不仅有外扩散，还存在内扩散，在碳颗粒具有很高的空隙时，颗粒的内面将成为主要的反应表面。整个过程的速率受到表面反应和质量传递两个过程的影响。在碳颗粒内部的扩散和化学反应不是严格的串联过程，而是氧在微孔内扩散的同时，还在微孔壁面上发生化学反应。由于氧的不断消耗，使得越深入微孔内部，氧的质量浓度越低。即在气相主体氧的质量浓度相同时，沿颗粒不同的渗入深度，氧的质量浓度逐渐降低。所以内扩散过程和化学反应过程之间的关系更为复杂。

对于反应产物来说，有一个从颗粒内表面通过微孔向颗粒外表面扩散的过程。假设气-固非均相反应为简单的一级反应，等摩尔逆向扩散、等温，颗粒形状为平片，半厚度为 δ，则稳定状态时的扩散方程为

$$D_{yx}\frac{\mathrm{d}^2 c_\delta}{\mathrm{d}z^2} - c_\delta k_V = 0 \tag{8.54}$$

式中，D_{yx} 为氧在微孔内的有效扩散系数，m/s；c_δ 为扩散过程中氧在内孔某一位置上的质量浓度，$\mathrm{kg/m^3}$；k_V 为按颗粒平片容积计的反应速率常数，m/s。

边界条件为

$c_\delta(\delta) = c_{O_2}$（即在平片外表面的氧浓度等于碳表面的氧浓度）

$\frac{\mathrm{d}c_{\delta(0)}}{\mathrm{d}z} = 0$（$c_\delta$ 分布对称于中心线）

方程表达的物理意义是，在微元固体平片内，氧因扩散引起的速率改变等于化学反应消耗氧的速率。

8.3 碳的动力燃烧与扩散燃烧

表面扩散理论对异相燃烧过程中混合扩散和化学反应两个环节的关系进行了详细的描述。当固体燃料与气体之间的化学反应是在固体表面上进行时，气流主体中的氧扩散到固体的表面与之化合，化合形成的反应产物（CO_2或其他）再离开固体表面扩散到气流主体中。此时，氧从气流主体中扩散到固体表面的流量为

$$q = \alpha_{zl}(c_\infty - c_{O_2}) \tag{8.55}$$

这些氧扩散到固体燃料表面就与其发生化学反应，这个化学反应速率与表面上的氧浓度 c_{O_2} 有关系。为简便起见，认为化学反应消耗的氧量与 c_{O_2} 成比例。即

$$q = \omega_{O_2} = k c_{O_2} \tag{8.56}$$

在式（8.55）和式（8.56）中，远处气流主体中氧浓度是已知的，而固体表面的氧浓度 c_{O_2} 随化学反应速率不同而变化的关系是未知的，应从式（8.55）和式（8.56）中将其消掉。得到

$$\omega_{O_2} = \frac{c_\infty - c_{O_2}}{\dfrac{1}{\alpha_{zl}}} = \frac{c_{O_2}}{\dfrac{1}{k}} = \frac{c_\infty - c_{O_2} + c_{O_2}}{\dfrac{1}{k} + \dfrac{1}{\alpha_{zl}}} = \frac{c_\infty}{\dfrac{1}{k} + \dfrac{1}{\alpha_{zl}}} = K c_\infty \tag{8.57}$$

式中，K 是折算反应速率常数，$K = 1\Big/\left(\dfrac{1}{k} + \dfrac{1}{\alpha_{zl}}\right)$。

式（8.57）反映了燃烧反应速率与化学反应特性 k 与湍流质量交换系数 α_{zl} 的关系。

当已知氧的消耗速率 ω_{O_2} 时，可以按比例地计算出碳的燃烧速率 ω_C ，即

$$\omega_C = \beta\,\omega_{O_2} = \beta K\,c_\infty = \beta\,\frac{c_\infty}{\dfrac{1}{k} + \dfrac{1}{\alpha_{zl}}} \tag{8.58}$$

式中，β 是 C 与 O_2 燃烧反应化学当量比。

当燃烧按 $C+O_2 = CO_2$ 进行时，$\beta = \dfrac{12}{32} = 0.375$。

当燃烧按 $2C+O_2 = 2CO$ 进行时，$\beta = \dfrac{24}{32} = 0.75$。

在碳燃烧反应中，根据 k 和 α_{zl} 的大小不同，可以把燃烧分为三个不同规律的燃烧区域（或燃烧状态）：

（1）当 $k \gg \alpha_{zl}$ 时，折算反应速率常数 $K \approx \alpha_{zl}$ 。此时碳燃烧化学反应速率计算式（8.58）变为

$$\omega_C \approx \beta\,\alpha_{zl}\,c_\infty \tag{8.59}$$

此时的燃烧状态称为扩散燃烧。它的物理意义在于：在扩散燃烧区，碳燃烧的速率 ω_C 只取决于氧气向碳表面的扩散能力，而与燃料性质、温度条件几乎无关。当 $k \gg \alpha_{zl}$ 时，$c_{O_2} = 0$。这说明，在温度很高时，化学反应能力已大大超过扩散的能力，使得所有扩散到碳表面的氧立即全部被反应消耗掉，从而导致碳表面的氧浓度为 0。因此，整个碳的燃烧速率取决于氧扩散到碳表面的速率。

在扩散燃烧状态下，要提高燃烧速率，强化燃烧过程，最有效、最直接的办法是强化气流湍动，增强空气流与碳粒间的相对速度，提高供氧能力而不是其他。

（2）当 $k \ll \alpha_{zl}$ 时，折算反应速率常数 $K \approx k$，式（8.58）变为

$$\omega_C = \beta K\,c_\infty = \beta\,k_0 \exp\left(-\frac{E}{RT}\right) c_\infty \tag{8.60}$$

此时的燃烧状态为动力燃烧。其物理意义在于：在动力燃烧区，化学反应阻力大大地大于扩散的阻力，此时，$c_{O_2} = c_\infty$ ，表明化学反应速率很低。碳的燃烧速率 ω_C 几乎只取决于化学反应的能力，即燃烧的温度条件及燃料的性质（燃料的活化能），而与氧气向碳表面的扩散情况无关。

在动力燃烧状态下，提高燃烧速率，强化燃烧过程最有效、最直接的办法就是提高燃烧的温度条件 T。显然，对于反应能力强、活化能 E 小的燃料，可以在较低的温度区域内实现燃烧强化；而对于反应能力弱、活化能 E 高的燃料，必须要在更高的温度条件下才能实现燃烧的强化。

（3）当 $k \approx \alpha_{zl}$ 时，即化学反应能力与氧气的扩散能力处在同一数量级的情况下，此时燃烧强化的实现与 k 和 α_{zl} 两者都有关，无论提高 k 还是 α_{zl} 都可以收到强化燃烧的效果。在这种燃烧状态下的燃烧称为过渡燃烧。碳表面的氧浓度也介于扩散与动力燃烧之间，即 $0 < c_{O_2} < c_\infty$ 。

图 8.10 所示为碳的燃烧速率和温度的关系。由图可见，在温度比较低时，燃烧属于动力控制，在温度上升时，k 服从阿累尼乌斯定律的指数规律而急剧增大（图 8.10 中的

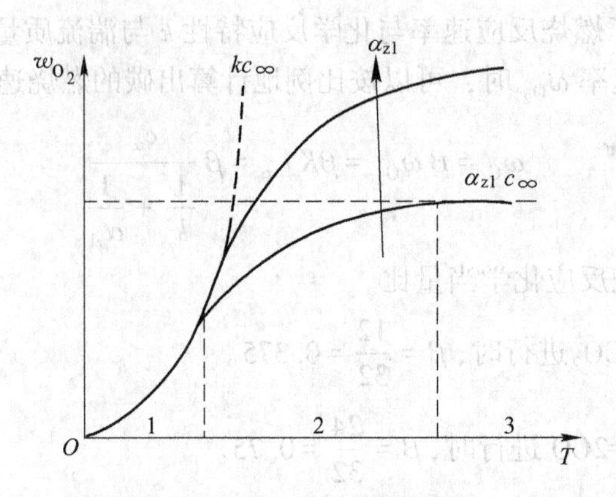

图8.10 扩散动力燃烧的分区
（箭头方向表示 α_{zl} 增大的结果）
1—动力区（化学动力控制）；2—过渡区；3—扩散区（扩散控制）

区域1）；在高温区，由于燃烧属于扩散控制，此时燃烧速率与温度无关，只有提高氧扩散到碳表面的湍流质量交换系数 α_{zl}，才能提高燃烧速率（图8.10中的区域3）；在1和3之间的温度范围区域2，是过渡燃烧区。

由于不同的燃烧工况取决于燃烧时扩散能力和化学反应能力之间的关系，即取决于湍流质量交换系数 α_{zl} 和化学反应速率常数 k 之间的比例系数。因此可以用这一比值来判断碳的燃烧工况，称为谢苗诺夫准则，即 $Sm=\alpha_{zl}/k$。也可以用 Sm 的倒数 $Da=k/\alpha_{zl}$（达姆可勒数）或用浓度比来判断，见表8.2。

表8.2 判断碳燃烧区域的值 Sm 和 c_{O_2}/c_∞ 值

项　　目	动力燃烧	过渡燃烧	扩散燃烧
Sm	>9.0	0.11–9.0	<0.11
c_{O_2}/c_∞	<0.9	0.1–0.9	<0.1

为了计算碳的燃烧速率，首先应计算 k 和 α_{zl}，根据阿累尼乌斯定律 $k=k_0\exp\left(-\frac{E}{RT}\right)$，不同煤有不同的动力学参数 E 和 k_0 的值，需通过实验测得此参数才能计算出 k 来。

由于扩散和传热都是由分子的不规则热运动引起的迁移现象，它们具有相似的规律。仿照传热学中的努塞尔数 $Nu=\alpha d/\lambda$，对于湍流扩散现象可引入传质努塞尔数，即

$$Nu^*=\frac{\alpha_{zl}d_p}{D} \tag{8.61}$$

式中，D 是湍流扩散系数，m^2/s。

对于单个碳粒，根据实验数据 Nu^* 与 Re、Pr 的关系可整理得到以下形式

$$Nu^*=2+0.375\,Re^{0.6}\,Pr^{1/3} \tag{8.62}$$

在煤粉燃烧中，可认为煤粉基本上随气流运动，按煤粉、气流相对速度计算的 $Re\approx 0$，则有

$$Nu^* \approx 2 \tag{8.63}$$

$$\alpha_{zl} = \frac{2D}{d_p} \tag{8.64}$$

将式（8.61）代入式（8.57），得

$$\omega_{O_2} = \frac{c_\infty}{\dfrac{d_p}{DNu^*} + \dfrac{1}{k}} \tag{8.65}$$

将式（8.61）和反应速率常数 k 代入谢苗诺夫准则，整理得

$$Sm = \frac{\alpha_{zl}}{k} = \frac{Nu^* D}{k_0 d_p \exp\left(-\dfrac{E}{RT}\right)} \tag{8.66}$$

由式（8.66）可见，影响 Sm 的因素有燃烧温度 T、压力 p、气体流速 w、颗粒尺寸 d_p，以及燃料的反应特性 E 和 k 等。当燃料的颗粒尺寸和传质条件确定时，随着温度的升高，Sm 变小，燃烧由动力控制转入扩散控制。如果燃烧温度和传质条件一定，颗粒尺寸越小，Sm 越大。可见小尺寸的燃料颗粒，必须在较高的温度下才有可能由动力控制转入扩散控制。同样，增加气体和颗粒之间的相对速度，也会使 Sm 变大。

因此，当碳粒直径 d_p减小，湍动增强（Nu^* 增大），燃烧温度不高时，Sm 增加，燃烧向动力控制的燃烧状态转变。必须注意的是，在煤粉燃烧时要在更高的炉膛温度下才有可能转入扩散燃烧。如无烟煤，当活化能 $E=130$kJ/mol 时，对于直径 $d_p=10$mm 的煤粒，当温度 $T \geqslant 1200$K 时即进入扩散燃烧区；而直径 $d_p=0.1$mm 时，则需 $T \geqslant 2000$K 才能进入扩散燃烧区。所以，对于粒径为 0.05~0.1mm 的煤粉，燃烧一般处于动力控制或过渡区，特别在燃烧火焰中心以外及炉膛出口附近更是如此，因此，提高煤粉炉的燃烧温度可以大大提高燃烧反应速率。

例 8.1 无烟煤粒 $d_p=60\mu$m，炉膛温度为 1300℃，煤粒、气流间的相对速度为 1.6m/s。该煤的活化能 $E=150$kJ/mol，频率因子 $k_0=14.9\times10^3$m/s，0℃时湍流扩散系数 $D=1.98\times10^{-5}$m²/s，判断该燃烧状态处在哪个燃烧区，并计算碳的燃烧速率 ω_C。

解：在燃烧中

$$D \approx 1.98 \times 10^{-5}\left(\frac{T}{T_0}\right)^2 = 1.98 \times 10^{-5} \times \left(\frac{1300 + 273}{273}\right)^2 = 0.000657\text{m}^2/\text{s}$$

查表得运动黏度

$$\nu = 2.34 \times 10^{-4}\ \text{m}^2/\text{s}$$

$$Re = \frac{\omega d_p}{\nu} = \frac{1.6 \times 60 \times 10^{-6}}{0.000234} = 0.41$$

由于 Re 很小，近似按 $Re\approx0$ 处理，则

$$Nu^* = 2.0$$

$$\alpha_{zl} = \frac{D}{d_p}Nu^* = \frac{6.57 \times 10^{-4}}{60 \times 10^{-6}} \times 2 = 21.9\text{m/s}$$

计算反应速率常数 k

$$k = k_0 \exp\left(-\frac{E}{RT}\right) = 14.9 \times 10^{-3} \exp\left[-\frac{150 \times 10^3}{8.314 \times (1300 + 273)}\right] = 0.156 \mathrm{m/s}$$

$$Sm = \frac{\alpha_{zl}}{k} = \frac{21.9}{0.156} = 140 > 9.0 \text{（处于动力燃烧区）}$$

$$K = \frac{1}{\dfrac{1}{\alpha_{zl}} + \dfrac{1}{k}} \approx k = 0.156 \mathrm{\ m/s}$$

在动力燃烧区，当温度为1200～1300℃时，碳表面上的反应主要为

$$4C + 3O_2 = 2CO_2 + 2CO$$

C和O_2的化学当量比

$$\beta = \frac{4 \times 12}{32 \times 3} = 0.5$$

1300℃下空气的密度为

$$\rho_{1300} = 1.293 \times \frac{273}{1300 + 273} \mathrm{kg/m^3} = 0.224 \mathrm{kg/m^3}$$

氧气在空气中的质量分数为23.2%，则

$$c_\infty = 23.2\% \times 0.224 \mathrm{kg/m^3} = 0.052 \mathrm{kg/m^3}$$

碳的燃烧速率ω_C为

$$\omega_C = \beta K c_\infty = 0.5 \times 0.156 \times 0.052 \mathrm{kg/(m^2 \cdot s)} = 4 \times 10^{-3} \mathrm{kg/(m^2 \cdot s)}$$

8.4 碳的燃烧化学反应

8.4.1 反应过程

煤在燃烧时首先析出挥发分，剩下的是固体焦炭，也称固定碳。其中还有一些矿质，在燃烧结束时形成灰分。下面分析碳的燃烧。碳的燃烧是一个气-固间的异相化学反程，这种反应过程可以用图8.11来描述。其存在以下几种可能性：

（1）碳在表面的完全氧化反应（图8.11a）。主要化学反应是碳和氧的反应，其产物是CO_2，并放出一定的热量，即

$$C + O_2 = CO_2 + 40.9 \times 10^4 \mathrm{kJ} \quad (8.67)$$

烧掉的碳和消耗的氧的物质的量之比等于1。

（2）在碳表面仅氧化为CO，并放出一定的热量（图8.11b）。

$$2C + O_2 = 2CO + 24.5 \times 10^4 \mathrm{kJ} \quad (8.68)$$

烧掉的碳和氧的物质的量之比等于2。

式（8.67）和式（8.68）表示的碳和氧的反应，只是表示整个化学反应的物料热平衡而已，它并未说明碳和氧的燃烧化学反应机理。

（3）实际上碳的燃烧化学反应要比式（8.67）和式（8.68）复杂得多，可能出现碳在表面反应后部分被氧化成CO和CO_2（图8.11c），发生如下的化学反应：

$$4C + 3O_2 = 2CO_2 + 2CO \quad (8.69)$$

或

$$3C + 2O_2 = 2CO + CO_2 \quad (8.70)$$

式（8.69）和式（8.70）是碳和氧燃烧化学反应过程的初次反应。这两个初次反应生成的CO_2和CO又可能与碳和氧进一步发生二次反应，即发生CO_2的还原反应或CO的燃烧反应。

$$C + CO_2 = 2CO,\ \Delta_r H_m^{\ominus} = -16.2\times10^4 kJ/mol \tag{8.71}$$

$$2CO + O_2 = 2CO_2,\ \Delta_r H_m^{\ominus} = +57.1\times10^4 kJ/mol \tag{8.72}$$

（4）也可能出现氧到不了固体表面的情况，固体表面只有从气相扩散过来的CO_2，所产生的是式（8.71）的还原反应，还原后的CO在向外扩散的过程中，在颗粒四周的滞流燃烧层按式（8.72）进行燃烧反应而生成CO_2（图8.11d）。

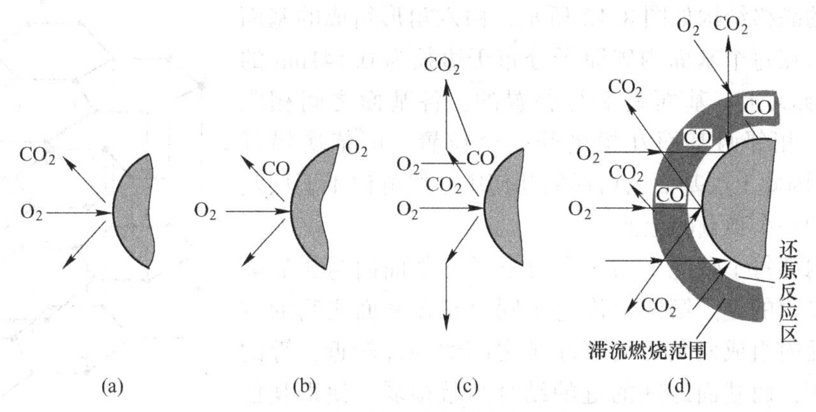

图8.11 几种可能的碳燃烧化学反应过程

尽管碳的燃烧化学反应非常复杂，但式（8.69）~式（8.72）是基本反应过程，这4个反应在燃烧过程中同时交叉和平行地进行着，是碳燃烧过程的基本化学反应。

但是，上述反应并不是全部可能的反应，如果在燃烧过程还有水蒸气存在，还可能进一步发生下列反应

$$C + 2H_2O = CO_2 + 2H_2 \tag{8.73}$$

$$C + H_2O = CO + H_2 \tag{8.74}$$

$$3C + 4H_2O = 4H_2 + 2CO + CO_2 \tag{8.75}$$

$$C + 2H_2 = CH_4 \tag{8.76}$$

另外，在靠近碳表面附近的气体层中，还可能有下面的化学反应发生。

$$2H_2 + O_2 = 2H_2O \tag{8.77}$$

$$CO + H_2O = CO_2 + H_2 \tag{8.78}$$

这些反应中究竟哪些反应是主要的，哪些反应是可以略去的，取决于温度、压力以及气体成分等燃烧过程的具体条件。例如常压高温下CH_4很容易受热而分解为H_2和C，化学反应的平衡向左移动，因此式（8.76）的正向反应速率很低而可以忽略不计；但增加压力后如果气体中含H_2很多，就会加速式（8.76）的正向反应，生成更多的CH_4，如在增压煤气发生炉的煤气中，CH_4可达到1.8%。

8.4.2 反应机理

下面进一步讨论各种异相化学反应的机理。

8.4.2.1 碳的晶格结构

碳的燃烧反应是发生在碳的晶格结构的表面上，氧分子通过扩散和吸附进入碳晶格表面或晶格界面上，碳通过热分解或其他分子的碰撞使大的分子结构碎裂，形成一些小分子碎片，并进一步反应形成碳氧的中间络合物，然后通过与氧的化学反应生成 CO_2 和 CO 气体。为了了解这种异相化学反应的机理，就必须从碳的晶格结构特点来分析。

碳有两种结晶状态：金刚石与石墨。金刚石的晶格中碳原子排列紧密，原子之间键的结合力很大，这样金刚石的晶格十分稳定。因此金刚石硬度很高、活性极小，极不容易与氧发生燃烧反应。

石墨的晶格结构如图 8.12 所示，由六角形组成的基面叠加而成。在每个基面内碳原子分布于边长为 0.141nm 的正六角形顶点上。基面是平行叠置的，各基面之间相距 0.3345nm，相邻两基面互相错开一个位置，即依次错开 0.141nm，因此上层基面六角形的几何中心线就位于下层基面六角形的一个顶点的上面。

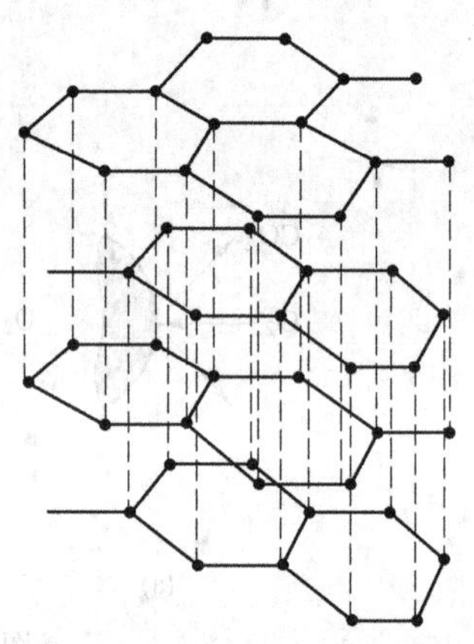

图 8.12 石墨的晶格结构

晶体内部每个碳原子的 3 个价电子在基面内与相邻碳原子形成稳固的键。第四个价电子则分布在基面之间的空间内。基面内组成六角形的碳原子之间的距离较近，键的结合很牢固，而基面之间的键的结合力就很弱，使得其他元素的原子就比较容易在基面之间的空间内溶入其间。

在常温下碳晶体表面会吸附一些气体分子，但当压力减小或温度略升高时，这种吸附分子会脱离晶体，而不改变气体分子的状态和性质，这是物理吸附。

当温度较高时，气体分子具有较高的运动速度，从而能侵入石墨表面层基面间的空间内，把基面间的空间距离撑大，这样碳和气体就形成了固溶络合物。如氧溶入碳晶格基面之间会形成碳氧固溶络合物，固溶络合物可能会由于其他具有一定能量的氧分子的碰撞而结合形成 CO_2 和 CO 气体，经解吸而离开碳晶体。这是氧和碳发生异相反应的一种表现形式。

在温度很高时，单纯的物理吸附已不存在，固溶状态的气体也逐渐减少，但却增加了晶体周界对氧分子的化学吸附能力。石墨晶体周界上的碳原子只以 1~2 个价电子和基面内的其他碳原子结合，不像基面内晶格中的碳原子以 3 个价电子与其他碳原子结合，因而活性较大。但即使这种活性较大的碳原子的活化能也相当大，约为 8.4×10^4 kJ/mol，所以只有在温度很高时其化学吸附才很显著。因为氧在碳晶体周界上发生化学吸附时温度很高，有可能在吸附成一定的碳氧络合物后又离解成 CO_2 和 CO 气体，或者被其他分子碰撞而离解，并离开晶体为自由的气体。这是氧和碳的另一种反应表现。

碳由许多晶体组合而成，晶体之间彼此交错叠合，晶体表面和边缘处碳原子的活性最大，因而晶格结构不同的碳，其反应活性也不一样。

8.4.2.2 碳与氧的反应机理

虽然对碳和氧的反应机理研究有上百年的历史过程，也积累了丰富的研究资料，但是对碳和氧的一次反应产物究竟是什么，由于不同的研究者都以自己的实验条件为基础，从而得出不同的结论。总体有以下三种理论：

（1）CO_2是一次反应产物，而燃烧反应产物中的 CO，只是CO_2和 C 二次反应的产物。

（2）CO 是一次反应产物，反应产物 CO 在碳表面附近与O_2接触被氧化成CO_2。

（3）碳和氧反应首先生成不稳定的碳氧络合物，即

$$xC + \frac{y}{2}O_2 = C_xO_y \tag{8.79}$$

然后络合物或由于分子的碰撞而分解，或由于热分解同时生成CO_2和 CO，即

$$C_xO_y = mCO_2 + nCO \tag{8.80}$$

两者的比例随反应温度的不同而不同，在 730～1170K 之间，两种反应产物浓度的比值约为以下的关系

$$\frac{c_{CO}}{c_{CO_2}} = 2500\exp[-6240/(RT)] \tag{8.81}$$

到目前普遍为人们所接受的是第三种观点，即碳和氧的反应首先生成中间碳氧络合物，络合物或由于分子的碰撞而分解，或由于热分解同时生成CO_2和 CO。Mayer 进行了著名的碳和氧一次反应机理的实验，结果表明：

（1）当温度略低于 1300℃时，固体碳表面首先几乎全部被溶入表层的氧分子所占据，然后，一部分（其份额设为 q）将发生络合。其余部分（$1-q$）已盖满了络合物，将在另一氧分子撞击下发生离解。化学反应方程式为

络合 $$3C + 2O_2 = C_3O_4 \tag{8.82}$$

离解 $$C_3O_4 + C + O_2 = 2CO_2 + 2CO \tag{8.83}$$

在反应产物比例 $c_{CO}/c_{CO_2}=1$ 时，总的简化反应式是

$$4C + 3O_2 = 2CO_2 + 2CO$$

燃烧反应是由溶解、络合、离解等诸多环节串联而成。溶解这个环节的速率常数很大，反应主要受络合和离解过程控制。于是表面上的氧消耗速率（即燃烧速率）为

$$w_{O_2} = k_1q = k_2c_{O_2}(1-q) \tag{8.84}$$

式中，k 是络合速度常数，kg/(m^2·s)；k_2 是撞击下离解的速率，m/s；c_{O_2} 是氧的表面质量浓度，kg/m^3。

消去 q 得到

$$w_{O_2} = \frac{q}{\frac{1}{k_1}} = \frac{1-q}{\frac{1}{k_2c_{O_2}}} = \frac{q+1-q}{\frac{1}{k_1}+\frac{1}{k_2c_{O_2}}} = \frac{1}{\frac{1}{k_1}+\frac{1}{k_2c_{O_2}}} \tag{8.85}$$

当表面的 c_{O_2} 浓度很小时，$\frac{1}{k_2c_{O_2}}$ 很大，$\frac{1}{k_1} \ll \frac{1}{k_2c_{O_2}}$，则

$$w_{O_2} = k_2c_{O_2} \tag{8.86}$$

这是一级反应，即碳表面上不仅氧的溶解顺利，固溶络合也很顺利，反应就取决于频率不很高的氧的分子撞击引起的离解的速率。

当表面上的氧质量浓度 c_{O_2} 很大时，$\frac{1}{k_2c_{O_2}}$ 很小，$\frac{1}{k_1} \gg \frac{1}{k_2c_{O_2}}$，则

$$w_{O_2} = k_1 \tag{8.87}$$

这是零级反应，即碳表面上虽然氧分子的撞击频率很大，但反应取决于较慢的固溶络合速度，而与氧质量浓度及氧分子的撞击频率无关。

碳在略低于1300℃的温度下，用空气作为氧化剂燃烧时，由于空气中的氧的质量相对百分率为23.2%，碳表面的氧质量浓度比23.2%还要小，可以说c_{O_2}不会很大。所以这时如果氧的扩散不很快，碳的化学反应速率可以认为是一级反应，可用式（8.86）表示。

（2）当温度高于1600℃时，虽然以高能量碰撞碳晶体基面之间的空间的氧分子份额增多了，但是溶解了的氧分子的离解作用也增大了，氧分子几乎不溶解于石墨晶体内。因此，碳和氧的反应是通过晶体边界的棱和顶角的化学吸附来进行的。吸附的氧与晶体边缘棱角的碳原子形成络合物，即

$$3C + 2O_2 = C_3O_4$$

这种络合物在高温下就会自行热分解，进行零级反应，即

$$C_3O_4 = 2CO + CO_2 \tag{8.88}$$

因此，在反应产物的比例$c_{CO}/c_{CO_2}=2$时，其总反应式可写成

$$3C + 2O_2 = 2CO + CO_2$$

此时的燃烧化学反应最慢的是吸附，络合和热分解都很顺利。吸附是一个与表面氧浓度成正比的一级反应，因此仿照式（8.86）可得

$$w_{O_2} = k_1' c_{O_2} \tag{8.89}$$

式中，k_1'是吸附的速率常数。

（3）当温度在1300~1600℃之间时，碳和氧的反应情况将同时有固溶络合和化学吸附两种反应机理，反应产物的比例c_{CO}/c_{CO_2}将由实际发生的反应方程所决定。但在此温度范围内，若气体处于常压下而碳表面氧浓度又不很高时，其反应也接近于一级反应。

通常煤和焦炭的燃烧是在常压下进行的，燃烧温度大多处在1300~1600℃之间，此时反应速率均可用式（8.86）的一级反应来表示。

碳的晶格结构对活化能的影响很大，矿物杂质会使晶格扭曲变形，提高碳的活性，所以不同的焦炭由于晶格结构和所含杂质不同，其活化能的差别也很大。一般碳和氧在高温下反应活化能约为12.5×10^4~19.9×10^4kJ/kmol，两者在500℃以上、常压下的反应活化能实验数据见表8.3。

表8.3 $C+O_2$在500℃以上、常压下的活化能

碳的种类	活化能E/kJ·kmol^{-1}	频率因子k_0/s^{-1}
电极碳	12.4×10^4	—
	16.8×10^4	2.94×10^9
无烟煤焦炭	14×10^4	1.5×10^8
电刷炭	19.9×10^4	—
褐煤焦炭	8.4×10^4	—
木柴焦炭	14×10^4	—
烟煤焦炭	12.6×10^4	0.7×10^8

8.4.2.3 *碳和二氧化碳的反应机理*

碳和二氧化碳的反应如式（8.71）所示，发生在气化反应或二氧化碳的还原反应中，

是一个吸热反应。在这个反应的进行中，二氧化碳也是首先要吸附到碳的晶体上，形成络合物，然后络合物分解成 CO 解吸逸走。由于 CO_2 的化学吸附活化能很高，为 37.7×10^4kJ/kmol，因此，络合物的分解可能是自动进行的，也可能是在二氧化碳气体分子碰撞下进行的。

研究表明，在温度低于 400℃时，CO_2仅以物理吸附的形式吸附在碳表面上。当温度超过 400℃时，CO_2的固溶络合和化学吸附络合开始显著起来，但还不能发现有 CO 气体产生。当温度超过 700℃以后，开始有少量的络合物发生热分解而产生 CO 分子，此时反应属于零级反应。

在温度超过 700℃以后，虽然 CO_2的物理吸附几乎已完全不存在，但却有相当数量的 CO_2分子侵入碳晶格基面间形成固溶络合物，其溶解量是和 CO_2的浓度成正比的。固溶络合物扭曲了原来碳的晶格结构，减弱了原来原子间的结合，使晶界上的络合物易于分解。

当温度继续提高时，固溶络合物的分解和高能分子的碰撞作用更为显著，此时反应速率和 CO_2的浓度间的关系也就更大。当温度超过 950℃时，反应就由零级反应转为一级反应。当温度更高时，碳和二氧化碳的反应速率完全取决于化学吸附及其解吸的能力，反应仍为一级反应。即

$$w_{CO_2} = k_{CO_2}c_{CO_2} \tag{8.90}$$

式中，c_{CO_2} 是碳表面 CO_2的浓度；k_{CO_2} 是二氧化碳和碳反应的速率常数，服从阿累尼乌斯定律。

由于各种碳晶格结构不同，因而其活化能也不同，一般在（16.7～30.9）$\times10^4$kJ/kmol 之间，碳和二氧化碳在 950℃以上、常压下反应的活化能见表 8.4。

表 8.4　C+O_2在 950℃以上、常压下的活化能

碳的种类	活化能 E/kJ·kmol^{-1}	频率因子 k_0/s^{-1}
电极碳	16.8×10^4	3×10^6
	18.5×10^4	6.9×10^6
	21.4×10^4	7.9×10^6
	21.8×10^4	3.7×10^6
	24.7×10^4	1.6×10^6
	31×10^4	3.1×10^6
天然石墨	18.4×10^4	4×10^6
人造石墨	21.8×10^4	2.5×10^6

8.4.2.4　碳与水蒸气的反应

碳和水蒸气的反应是水煤气发生炉中的主要反应。高温下碳与水蒸气发生的主要反应为

$$C + H_2O = CO + H_2 - 131.5\times10^3\text{kJ/mol}$$

$$C + 2H_2O = CO_2 + 2H_2 - 90.0\times10^3\text{kJ/mol}$$

一般认为碳与水蒸气的反应是一级反应，活化能为 37.6×10^4kJ/kmol。

当反应温度升高时，正向反应进行得比较完全。在 100℃以上则可视为不可逆反应，生成 CO 的反应速率明显地大于生成 CO_2的反应速率。水蒸气分解反应的速率比二氧化碳

还原反应速率快些，但它们是同一数量级。

研究认为，对于活性高的煤，在1000~1100℃以上，水蒸气分解反应进入扩散区；对于活性低的煤，在1100℃时，水蒸气分解反应仍处于动力区，反应速率主要受温度的影响。

有人认为，碳遇到水蒸气时要比碳遇到二氧化碳时更迅速地烧掉。问题不在于化学反应速率，而在于扩散速率。从化学理论可知，二氧化碳、水蒸气、一氧化碳和氢气的相对分子质量分别是44、18、28和2。由分子物理学可知，在同样温度下，相对分子质量越小的气体，分子平均速度越大，因而分子扩散系数越大。水蒸气的分子扩散系数比二氧化碳大，氢的分子扩散系数更远大于一氧化碳，因此式（8.74）中的反应物扩散到碳表面的迁移作用比反应式（8.71）迅速，反应产物扩散离开碳表面的迁移作用也比反应式（8.71）迅速。结果碳颗粒与水蒸气在一起起反应而被烧掉的速度就要比与二氧化碳在一起起反应而被烧掉的速度约高3倍。

8.4.2.5　*表面反应的碳球燃烧速率*

假定以上讨论的燃烧反应是在表面上进行的扩散燃烧。就像第3节中讲到的，当燃烧处于扩散燃烧区，氧扩散到碳球表面时就与碳一起烧掉，此时碳球表面上的氧浓度很小，c_{O_2}。在假定碳球表面上的化学反应是 $C+O_2 = CO_2$，燃烧产生的 CO_2 向外扩散而并没有发生二次反应，碳球与周围气体之间无相对运动时，按照式（8.59）和式（8.64）可以得到碳球的燃烧速率为

$$w_C = \beta \alpha_{zl} c_\infty = 2\beta \frac{Dc_\infty}{d_p} \tag{8.91}$$

由于碳球直径 d 随着表面燃烧的进行会渐渐变小，根据质量守恒定律，整个碳球表面的燃烧率（单位时间烧掉的碳的质量数）$w_C \pi d^2$ 应该等于单位时间碳球因燃烧使半径减小而引起的质量变化 $-\rho_p \frac{d^2\pi}{2}\frac{d(d)}{d\tau}$（$\rho_p$ 为碳球的密度，$-\frac{d^2\pi}{2}\frac{d(d)}{d\tau}$ 为半径的减小率），即有

$$\frac{d(d)}{d\tau} = -\frac{2w_C}{\rho_p} = -\frac{4\beta Dc_\infty}{\rho_p}\frac{1}{d}$$

积分

$$\int_{d_p}^{d} d \cdot d(d) = -\int_0^{\tau} \frac{4\beta Dc_\infty}{\rho_p} d\tau$$

式中，ρ_p 是碳球的密度；d_p 是碳球的初始直径；d 是经过燃烧时间 τ 之后碳球的直径。

设 c_∞ 等均不变，积分得

$$\frac{d^2 - d_p^2}{2} = -\frac{4\beta Dc_\infty}{\rho_p}\tau$$

整理得

$$d^2 = d_p^2 - K_k \tau \tag{8.92}$$

式中，K_k是比例常数。

$$K_k = \frac{8\beta Dc_\infty}{\rho_p} \tag{8.93}$$

式（8.92）称为碳球燃烧的直径平方-直线定律。当碳球完全燃烧时，$d=0$，即得

$$\tau_k = \frac{d_p^2}{K_k} \tag{8.94}$$

可见在扩散燃烧时，碳球的燃烧时间与碳球直径的平方成正比。因此在煤粉燃烧中，过粗的煤粉会因为所需的燃烧时间长而造成飞灰含碳量高，通常人们会用提高煤粉细度的方法来提高燃烧效率，降低飞灰含碳量。

在温度不很高而又不考虑内部空隙时，燃烧为外部动力控制，此时单位时间、单位表面积上碳的燃烧速率可按式（8.60）计算，即

$$w_C = \beta k c_\infty = \beta c_\infty k_0 \exp\left(-\frac{E}{RT}\right)$$

整个碳球表面的燃烧率（单位时间烧掉的碳的质量数）为

$$w_m = w_C \pi d^2 = \beta c_\infty k_0 \exp\left(-\frac{E}{RT}\right) \pi d^2 \tag{8.95}$$

按式（8.95）计算的单位时间烧掉的碳球的质量数应该等于单位时间碳球因燃烧使半径减小而引起的质量变化 $-\rho_p \frac{d^2\pi}{2}\frac{d(d)}{d\tau}$（$\rho_p$ 为碳球的密度，$-\frac{d^2\pi}{2}\frac{d(d)}{d\tau}$ 为半径的减小率），于是就有

$$-\rho_p \frac{\pi d^2}{2}\frac{d(d)}{d\tau} = \beta c_\infty k_0 \exp\left(-\frac{E}{RT}\right) \pi d^2$$

$$\frac{d(d)}{d\tau} = -\frac{2}{\rho_p}\beta c_\infty k_0 \exp\left(-\frac{E}{RT}\right) \tag{8.96}$$

对式（8.96）进行积分

$$\int_{d_p}^{d} d(d) = \int_0^\tau \left[-\frac{2\beta c_\infty k_0}{\rho_p}\exp\left(-\frac{E}{RT}\right)\right] d\tau$$

在燃烧时间内，化学反应速率常数为定值，积分可得

$$d - d_p = -\left[\frac{2\beta c_\infty k_0}{\rho_p}\exp\left(-\frac{E}{RT}\right)\right]\tau \tag{8.97}$$

令

$$K_d = \frac{2\beta c_\infty k_0}{\rho_p}\exp\left(-\frac{E}{RT}\right) \tag{8.98}$$

则

$$d - d_p = -K_d \tau \tag{8.99}$$

当碳球完全燃烧时，$d=0$，那么动力燃烧时的燃尽时间就是

$$\tau_d = \frac{d_p}{K_d} \tag{8.100}$$

在过渡燃烧时，按照式（8.58）可以得到以下的关系

$$\frac{d(d)}{d\tau} = -\frac{2\beta c_\infty}{\rho_p\left(\frac{1}{k} + \frac{1}{\alpha_{zl}}\right)} \tag{8.101}$$

令 $A = \rho_p/(2\beta c_\infty)$，并积分式（8.101）得

$$\int_0^\tau d\tau = -\left[A\int_{d_p}^{d}\frac{1}{k}d(d) + A\int_{d_p}^{d}\frac{1}{\alpha_{zl}}d(d)\right] = \tau_k + \tau_d \tag{8.102}$$

在过渡燃烧时，燃烧时间为扩散燃烧时间 τ_k 和动力燃烧时间 τ_d 之和。

上面的讨论没有考虑斯蒂芬流的影响下碳球的燃烧时间。若考虑斯蒂芬流的影响，则可根据扩散方程和能量方程计算出碳球扩散燃烧时的燃烧常数 K_k，而碳球扩散燃烧的燃尽时间的计算公式为

$$\tau_k = \frac{d_p^2}{K_k} = \frac{d_p^2}{8D\ln(1+\beta c_\infty)} \tag{8.103}$$

其中

$$K_k = 8D\ln(1+\beta c_\infty) \tag{8.104}$$

8.4.2.6　二次反应对碳燃烧过程的影响

碳球的初次反应是 $C+O_2 = CO_2$ 及 $2C+O_2 = 2CO$。实际上，除碳与氧的初次反应外，一氧化碳可能还要与氧在碳球周围的空间内燃烧，在温度较高时，二氧化碳在碳球表面还会发生气化反应。也就是说，碳球在燃烧过程中还存在着二次反应，即

$$C + CO_2 = 2CO$$
$$2CO + O_2 = 2CO_2$$

在不同的反应温度、不同的流动状态以及不同的反应气氛下，一次反应和二次反应共同组成了碳球的燃烧过程。

A　在静止空气中（或者对应碳球与空气之间相对速度的 $Re<100$）碳球表面的燃烧

碳球在静止空气中燃烧时，燃烧过程主要受反应温度的影响。

当温度低于 700℃时，碳球的燃烧机理如图 8.13 所示。氧扩散到碳球表面，按下式进行化学反应，即

$$4C + 3O_2 = 2CO_2 + 2CO \tag{8.105}$$

由于反应温度较低，二氧化碳和碳球之间还不能发生气化反应，一氧化碳也不能与氧在空间内燃烧。反应生成的二氧化碳与一氧化碳浓度相等，都向外扩散出去。如图 8.13 所示，氧的浓度由远到近逐渐降低，直至碳球表面；二氧化碳和一氧化碳浓度则由近到远逐步减少。

当温度在 800~1200℃范围内时，反应方程仍为式（8.105）。如图 8.14 所示，一氧化

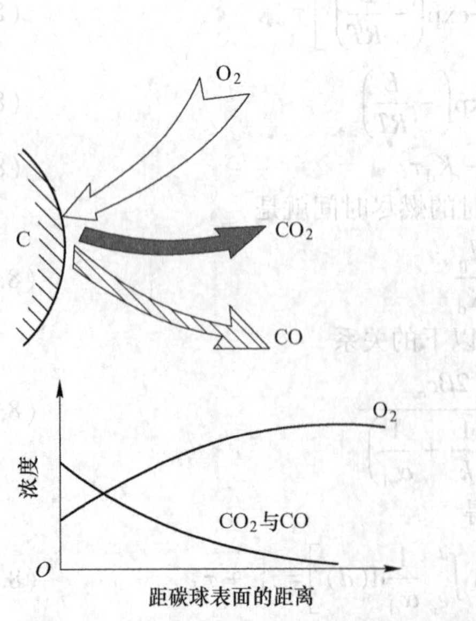

图 8.13　静止碳球周围的燃烧情况（温度低于 700℃）

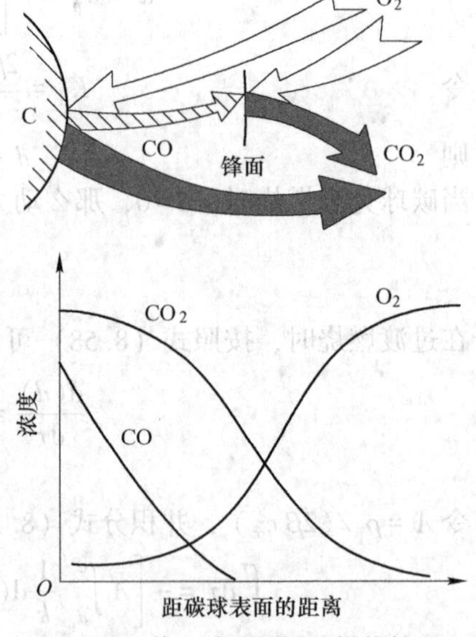

图 8.14　静止碳球周围的燃烧情况

碳此时由碳球表面向远处扩散整时，与氧相遇即发生燃烧，形成火焰锋面。只有与一氧化碳燃烧后剩余的氧才能继续扩散到碳球表面与碳发生反应。由于环境温度不够高，反应生成的二氧化碳仍不能与碳球发生气化反应，其在向外扩散过程中，汇合了一氧化碳空间燃烧生成的二氧化碳，一并向远处扩散。

从图 8.14 中可以看出，一氧化碳浓度由碳球表面到火焰锋面一路递减，火焰锋面以外已经没有一氧化碳。氧的浓度则由远处到碳球表面一路递减，其质量流的方向是向内指向碳球表面的，火焰锋面以外，氧的质量流率大；火焰锋面内，氧的质量流率小一些。二氧化碳则与氧相反，浓度由碳球表面向远处一路递减。其质量流的方向向外。火焰封面以外，二氧化碳的质量流率大；火焰锋面以内，二氧化碳的质量流率小。

当温度大于 1200~1300℃时，碳球表面上的反应随温度升高而加速，产生更多的一氧化碳，同时开始转向式（8.70）所表示的反应

$$3C + 2O_2 = CO_2 + 2CO$$

另一方面，二氧化碳与碳球的气化反应也因为温度升高而开始显著进行。

上述一系列反应的结果使得一氧化碳向外扩散的质量流率明显增加。一氧化碳在火焰峰面处就将从远处向碳球表面扩散来的氧完全消耗掉，并生成二氧化碳。如图 8.15 所示，一氧化碳的火焰锋面上二氧化碳的浓度最高。与一氧化碳不同，二氧化碳同时向远处及向碳球表面扩散。向表面扩散的二氧化碳到达碳球表面后就和碳发生气化反应。此时，碳球表面由于得不到氧而只能与二氧化碳进行气化反应，反应生成的一氧化碳又由碳球表面扩散到火焰锋面，并与自远处扩散而来的氧发生燃烧反应。此时，碳球表面和火焰锋面之间已经没有分子氧了，但二氧化碳由火焰锋面扩散到碳球表面就起了运输化合状态氧的作用使碳气化。该气化反应是吸热反应，但由于火焰锋面离碳球不远，锋面处的燃烧反应释放的能量传递到碳球表面供给了气化反应所需的热，因此可以保证碳球表面的温度维持在 1200~1300℃以上。

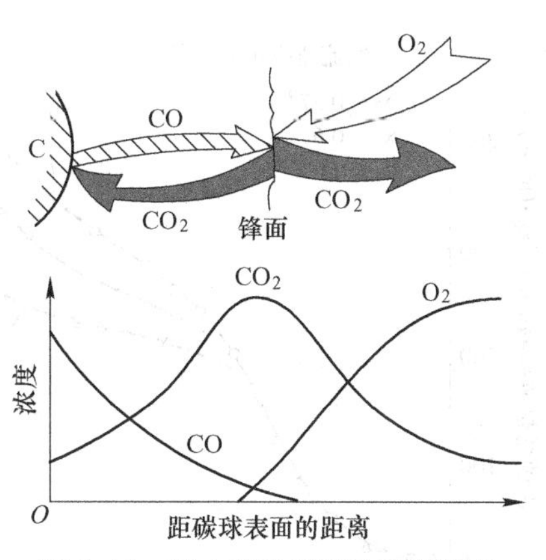

图 8.15　静止碳球周围的燃烧情况

根据上述碳球的燃烧机理，碳球表面的燃烧速率 ω_C 和温度的关系如图 8.16 中实线所示。

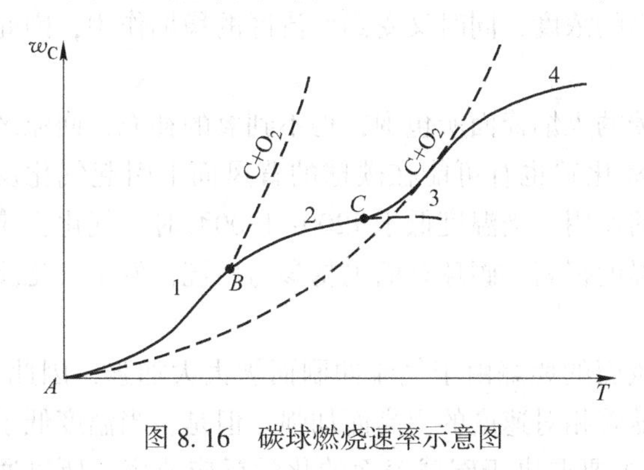

图 8.16　碳球燃烧速率示意图

图 8.16 中，曲线 1 是碳和氧之间按式（8.86）进行反应的速率，当温度不高时，燃烧速率就沿着曲线 1 进行；曲线 2 是氧气扩散速率的曲线，如前文所述，当温度逐渐升高后，燃烧反应转入扩散区，燃烧速率由氧的扩散速率控制，沿曲线 2 变化。

温度进一步升高时，氧不能扩散到碳球表面，碳球表面只能发生气化反应。燃烧速率

取决于气化反应的反应速率，即进入气化反应的动力控制区，此时，燃烧速率又发生转折，如曲线 3 所示。

若温度再继续升高，也会进入气化反应的动力控制区。图 8.16 所示曲线 4 就反映了这个反应现象。

图 8.17 所示为实验测得的无烟煤（粒度为 15mm）固定碳颗粒被不同相对速度的空气流冲刷时的燃烧速率。其中曲线 1 的相对雷诺数 $Re \approx 200$。虽然大于 100，但相当接近。从该曲线可以看出，燃烧速率在 1300～1400℃之间出现了图 8.17 中曲线 2 向曲线 3 过渡的转折现象。

B　在流动介质中（对应碳球与空气之间相对速度的 $Re>100$）碳球表面的燃烧

当碳球受到空气气流冲刷，相对雷诺数 Re 超过 100 时，不仅湍流扩散加强，燃烧机理也发生变化。

如图 8.18 所示，空气流冲刷的碳球迎风面上发生式（8.69）及式（8.70）的反应，生成的二氧化碳也可能再引起碳球表面的气化反应，如式（8.67）所示。

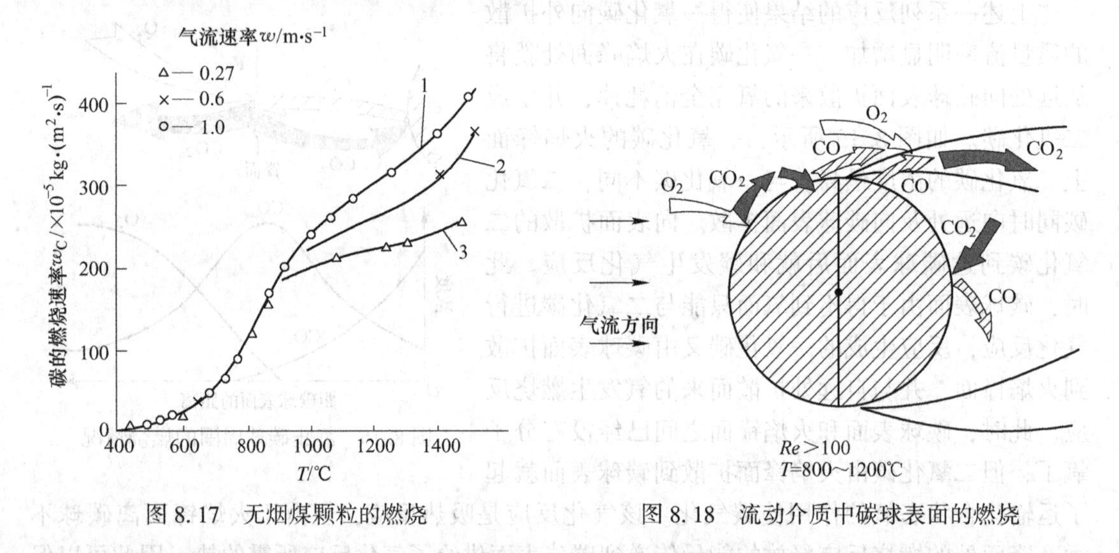

图 8.17　无烟煤颗粒的燃烧　　图 8.18　流动介质中碳球表面的燃烧

由于空气流的冲刷，一氧化碳来不及与氧进行空间燃烧即被气流带走。这些一氧化碳在碳球尾迹回流区的边缘处已经积累了相当的浓度，同时又受到回流区的稳焰作用，因此在碳球尾迹处形成了一氧化碳的火焰锋面。

碳球背风区所面临的回流区被一氧化碳的火焰锋面所包围，得不到氧的补充，回流区中充满着二氧化碳和一氧化碳。其中，二氧化碳也有可能在碳球的背风面上引起气化反应，因而在尾迹中也起着输送化合状态氧的作用。当温度低于 1200～1300℃时，气化反应不显著，碳球背面不参与燃烧；反之，若温度很高，碳球背面也将参与燃烧，发生气化反应，从而燃烧得到强化。

无论碳球的背风面是否参与燃烧，迎风面的燃烧由于气流冲刷而被大大加强，因此，只要温度不是很低，碳球的燃烧速率总是随着相对速度的提高而加强。但是，当温度低于 700℃时，燃烧反应处于动力区，反应速率主要取决于碳球表面的化学反应速率，所以通过提高空气和碳球的相对速度强化混合扩散并不能强化燃烧，如图 8.17 所示。

在实际的工程应用中，加强煤颗粒和空气之间的相对运动是强化燃烧的重要手段。

煤粉炉中，煤粉随空气气流运动，进行悬浮燃烧。由于空气和碳粒之间的相对速度极小，因此可以认为碳球在静止的空气中燃烧。为了强化燃烧，若像液态排渣炉一样提高炉温，虽然在一定程度上可以强化燃烧，但是如图 8.17 所示，这种作用是十分有限的；而且炉温提高之后，将会引起排烟中 NO_x 浓度增大，加剧了大气污染；此外还将在锅炉中引起高温腐蚀、升华灰增加而加剧积灰等一系列问题。因此，根据理论分析，煤粉炉中靠提高炉温来强化燃烧的方法并不可行。更好的强化燃烧的方法应该是加强煤颗粒和空气之间的相对运动。

旋风炉是一种使煤颗粒和空气之间发生相对运动而强化燃烧的设备。但是，旋风炉中温度过高，燃烧强度过大，难以解决结渣问题，因此必须采用液态排渣，从而引起了积灰和大气污染等许多问题；另外，燃烧得到强化后，旋风炉内传热并没有得到加强，因而炉膛体积并没有得到缩小。由此看来，旋风炉并不能算是很成功的燃烧方法。

在流化床燃烧技术中，煤颗粒在炉内上下翻滚，与空气之间的相对运动很强。另外，床层温度一般控制在 800~1000℃，从而避免了旋风炉中存在的温度过高的问题。因此，流化床燃烧锅炉是一种在较低温度下，靠煤颗粒和空气之间的相对运动从而强化燃烧的技术，称为低温燃烧技术。该技术对减轻大气污染、高温腐蚀和积灰等问题有重要意义。

C　碳球在还原性气氛下的燃烧

前面介绍的碳球的二次反应多是在有氧化性气氛中进行的，当碳球处于还原性气氛（没有氧而只有二氧化碳、水蒸气、一氧化碳和氢存在）时，碳球得不到氧，它至多只能和二氧化碳与水蒸气相遇而发生式（8.71）和式（8.74）的气化反应。这两个气化反应都是吸热反应，反应过程中碳球的温度下降，反应减慢。因此，如果要组织好碳球在还原性气氛中燃尽，一定要保证有充足的热量去供给这两个反应的吸热。在实际的应用中，液态排渣炉中炉膛温度非常高，气化反应能够得到足够的热量而顺利进行。例如，在卧式旋风炉中，喇叭形出口锥四周的死角里聚集了许多碳颗粒，形成了一个气化区，如图 8.19 所示。气化区中产生的一氧化碳和氢回流到旋风炉出口处与另一股中心气流相遇。该中心气流中充满着氧，这样，在出口处形成了火焰锋面。火焰锋面离气化区很近，因此能把充足的热量传递到气化区供给气化反应的吸热。一般的锅炉炉膛中，过量空气总是有限的，到了燃尽阶段，烟气中的氧已经不多，而水蒸气和二氧化碳比较多，接近还原性气氛。此时，虽然碳粒遇到二氧化碳和水蒸气的机会要比遇到氧的机会大得多，但是由于燃尽阶段的火焰温度只有 1000℃左右，式（8.71）和式（8.74）的气化反应都不能剧烈地进行。

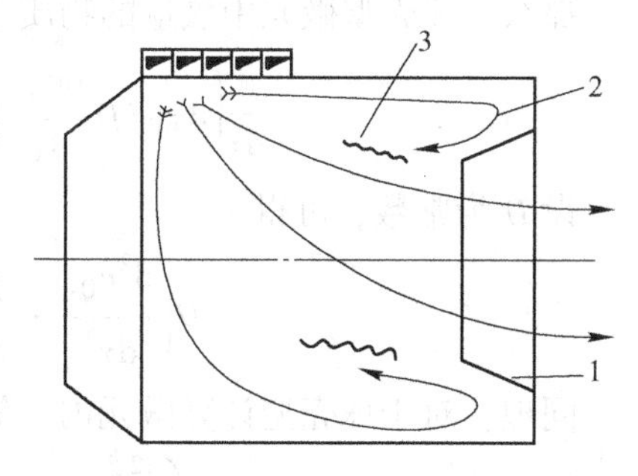

图 8.19　卧式旋风炉死角气化示意图
1—喇叭形出口锥；2—死角；3—火焰锋面

8.4.2.7　具有空间二次反应的碳球燃烧速率

根据以上分析，综合考虑碳颗粒在空间的一次反应及二次反应，一氧化碳的空间燃烧，碳球表面的化学反应、吸附和扩散效应，以及碳球的多孔性特点，通过推导，可以得到具有空间二次反应的多孔性碳球的燃烧速率。

由于碳球空间内的燃烧十分复杂，为了便于推导公式，需要对碳球的燃烧过程进行适当简化。假设碳球处于静止空气中，整个反应系统为一元系统，碳球及其周围气体的温度分布均匀，碳球以外的一切同心球面上各组分浓度分布均匀，只沿半径的方向变化；此外，忽略由于反应过程中气体分子数增加所引起的那股由碳球表面向外流动的质量流（即斯蒂芬流），各组分气体的迁移完全依靠分子扩散而非宏观流动。

根据上述假设，在碳球以外，以碳球为中心作两个同心球面，半径分别为 x 和 $x+dx$，取两个球面之间的球壳型体积为计算微元。设计算微元内某一点的氧浓度为 c_{O_2}，一氧化碳浓度为 c_{CO}，二氧化碳浓度为 c_{CO_2}，三种气体的扩散系数都为 D，那么经过半径 x 的第一个球面由无穷远处向碳球表面扩散的氧气量即为

$$4\pi x^2 D \frac{dc_{O_2}}{dx} \tag{8.106}$$

通过泰勒展开，经过半径 $x+dx$ 的第二个球面由无穷远处向碳球表面扩散的氧气量则为

$$4\pi x^2 D \frac{dc_{O_2}}{dx} + \frac{d}{dx}\left(4\pi x^2 D \frac{dc_{O_2}}{dx}\right) dx \tag{8.107}$$

式（8.107）和式（8.106）相减，得到流入这两个球面之间的球壳型微元体积的氧气增量为

$$\frac{d}{dx}\left(4\pi x^2 D \frac{dc_{O_2}}{dx}\right) dx \tag{8.108}$$

在该微元内，反应按式（8.72）进行。设其空间反应速率为 $f(c_{O_2},\ c_{CO})$，则球壳微元中消耗掉的氧量为 $4\pi x^2 f(c_{O_2},\ c_{CO})dx$。

那么，球壳型微元中氧量的物质平衡方程式可以写为

$$\frac{d}{dx}\left(4\pi x^2 D \frac{dc_{O_2}}{dx}\right) dx - 4\pi x^2 f(c_{O_2},\ c_{CO})\, dx = 0 \tag{8.109}$$

设 D 为常数，可得

$$D\left(\frac{d^2 c_{O_2}}{dx^2} + \frac{2}{x}\frac{dc_{O_2}}{dx}\right) - f(c_{O_2},\ c_{CO}) = 0 \tag{8.110}$$

同理，对于球壳型计算微元内一氧化碳和二氧化碳浓度，有以下物质平衡方程式

$$D\left(\frac{d^2 c_{O_2}}{dx^2} + \frac{2}{x}\frac{dc_{O_2}}{dx}\right) - 2f(c_{O_2},\ c_{CO}) = 0 \tag{8.111}$$

$$D\left(\frac{d^2 c_{O_2}}{dx^2} + \frac{2}{x}\frac{dc_{O_2}}{dx}\right) + 2f(c_{O_2},\ c_{CO}) = 0 \tag{8.112}$$

式（8.108）~式（8.111）共同组成了一个描述计算微元内反应过程的方程组。

上述方程组的边界条件为：

（1）$r=\infty$ 处，$\varphi_{O_2}=21\%$，$\varphi_{CO}=0$，$\varphi_{CO_2}=0$。

（2）碳球表面上，进行着反应式（8.69）或式（8.70）和反应式（8.67）。

为了考虑碳球表面对氧、一氧化碳与二氧化碳等气体的吸附性以及碳球内部孔隙对化学反应的影响，设反应式（8.69）或反应式（8.70）的反应气体交换常数为 α_b，反应式（8.67）的反应气体交换系数为 α_{21}。

碳球表面每平方米面积上每秒所获得的氧量可以表示为 $D\left(\frac{dc_{O_2}}{dx}\right)_b$，其中b表示碳球表面。另外，碳球表面上由于反应式（8.88）而每秒每平方米消耗掉的氧为 $3\alpha_b c_b$，其中 c_b 表示碳球表面上的氧浓度，系数3来自式（8.88）左端 O_2 项的系数，因此可以得到碳球表面上氧的物质平衡式为

$$D\left(\frac{dc_{O_2}}{dx}\right)_b = 3\alpha_b c_b \tag{8.113}$$

同理，碳球表面上一氧化碳与二氧化碳的物质平衡式，可分别写为

$$D\left(\frac{dc_{CO}}{dx}\right)_b = -2\alpha_b c_b - 2\alpha_{21} c_{2b} \tag{8.114}$$

$$D\left(\frac{dc_{CO_2}}{dx}\right)_b = -2\alpha_b c_b + \alpha_{21} c_{2b} \tag{8.115}$$

式中，c_{2b} 为碳球表面上的二氧化碳浓度；$\alpha_{21} c_{2b}$ 为反应式（8.67）的反应速率。

方程式（8.112）~式（8.114）右端各项中的系数都来自化学方程式（8.69）~式（8.71）各对应项的系数，正号表示消耗，负号表示生成。这3个方程可以作为上述方程组的第二个边界条件。

因此，上述方程组共有3个未知数、3个方程，且具有完备的边界条件，理论上可以求解。通过求解，首先可以得到碳球周围空间的浓度分布 c_{O_2}、c_{CO}、c_{CO_2}。随后，碳球表面的反应式（8.67）与式（8.69）的化学反应速率 $\alpha_b c_b$ 与 $\alpha_{21} c_{2b}$ 也都可以求出。最后就可以求出碳球表面的燃烧速率，即

$$\omega_C = 12(4\alpha_b c_b + \alpha_{21} c_{2b}) \times 10^3 \tag{8.116}$$

其含义为每秒每平方米碳球表面上烧掉的碳的质量，系数 12×10^3 是碳的摩尔质量数。

上述求解过程十分复杂，这里不再赘述。

以上是理论求解碳球表面燃烧速率的方法，推导过程十分烦琐，在工程实际应用中，常用式（8.116）这个比较简单而粗糙的公式

$$\omega_C = \beta \frac{c_\infty}{\frac{1}{\alpha_{zl}} + \frac{1}{\alpha_b}} \tag{8.117}$$

式中，ω_C 是每秒每平方米碳球表面上碳球的质量消耗量；β 是燃烧过程中的耗氧量换算到耗碳量的比率，反映了碳球表面和空间中进行一系列燃烧反应所造成的综合后果。

式（8.118）可以从以氧的消耗率表示的碳球表面燃烧速率式（8.57）推导得到。

图8.20所示为碳球燃烧中的 β 系数随温度变化的曲线。β 是式（8.109）~式（8.112）联立求解得到的结果。在不同燃烧条件下，β 有不同的取值。

对于粗粒（直径），当 $\delta > 5$mm 较低时，氧扩散到碳球表面产生式（8.88）的碳与氧的反应。反应产生的一氧化碳向外扩散时，因为环境温度低于700℃，因此不能在空间与

氧燃烧，如图 8.13 所示。因此，每 3 个氧分子将消耗 4 个碳原子，按照式（8.69）的化学当量比，可以得到

$$\beta = \frac{4 \times 12}{3 \times 32} = 0.5$$

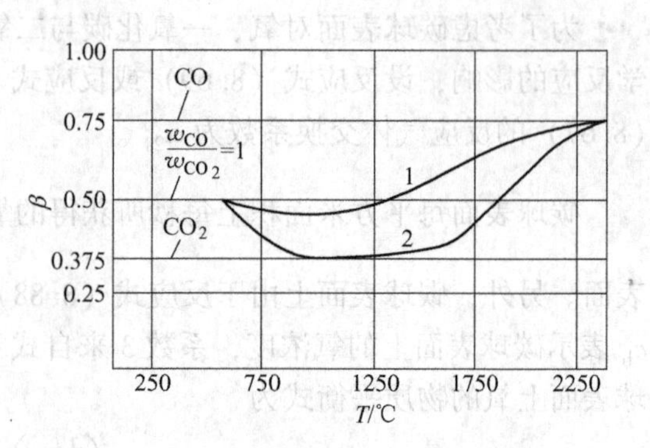

图 8.20 碳球燃烧速率计算的 β 系数

1—δ<500μm（细颗粒）；2—δ>5mm

当温度达到 800℃左右时，一氧化碳一遇到氧便开始在空间内燃烧（图 8.14）。氧从远处扩散来以后，部分将与一氧化碳发生反应，不能全部到达碳球表面。反应初始，与一氧化碳发生反应的氧较少，很多剩余的氧仍然能够扩散到碳球表面，并与碳球发生反应，生成一氧化碳和二氧化碳；后来，碳球表面生成的一氧化碳越来越多，一氧化碳消耗的氧也越来越多，碳球表面所能获得的氧越来越少，因此碳球的燃烧速率显著降低。此时，碳球表面虽然已经存在二氧化碳，但是由于环境温度不够高，二氧化碳仍然不能与碳球发生气化反应。从图 8.20 可以看出，此时 β 值降低。

当环境温度在 800~1200℃范围内时，β 将降低到一个稳定的数值。这时，每 4 个从远处扩散到碳球表面的氧分子中，就有 1 个在扩散中与一氧化碳反应，剩余 3 个氧分子则到达碳球表面，消耗掉 4 个碳原子，生成 2 个二氧化碳分子和 2 个一氧化碳分子。这 2 个一氧化碳分子向外扩散时与扩散而来的那一个氧分子发生反应，又生成 2 个二氧化碳分子，因此共有 4 个二氧化碳分子从一氧化碳的火焰锋面扩散到无穷远处，如图 8.14 所示。这样，每 4 个氧分子从远处扩散来时，到达碳球表面的只有 3 个氧分子，将消耗掉 4 个碳原子，因此 β 可以从 4 个碳原子对 4 个氧原子的质量比求出

$$\beta = \frac{4 \times 12}{4 \times 32} = 0.375$$

当温度进一步升高到 1300~2200℃时，气化反应加速进行，二氧化碳开始与碳球发生反应，碳球表面的燃烧速率显著回升；与此同时，β 值也随之增大，并一直持续到温度非常高（超过 2200℃）的时候，最终趋近于 0.75。下面对该过程进行简要分析，以便对碳球在高温下燃烧的扩散控制物理模型有所了解。

根据前面建立的计算模型，在 r_1 与 r_2 之间取某一半径为 r 的球面，某种气体成分从半径 r_1 的球面向半径 r_2 的球面进行扩散时，通过该球面向碳球表面扩散的摩尔流量为

$$q_m = 4\pi r^2 D \frac{dc}{dr} \tag{8.118}$$

式中，q_m 为扩散的摩尔流量。

显然，对于不同半径 r，q_m 均为同一数值。对式（8.118）进行积分

$$\int q_m \frac{dr}{r^2} = \int 4\pi D dc \tag{8.119}$$

设半径 r_1 和 r_2（$r_2 > r_1$）上的气体浓度分别为 c_1 和 c_2。从 r_1 到 r_2 进行积分，可得

$$q_m \left(\frac{1}{r_1} - \frac{1}{r_2} \right) = 4\pi D(c_2 - c_1) \tag{8.120}$$

因此向内扩散的气体摩尔流量可以写成为

$$q_{\mathrm{m}} = \frac{4\pi D(c_2 - c_1)}{\dfrac{1}{r_1} - \dfrac{1}{r_2}} \tag{8.121}$$

当 $r_2 = \infty$时，由式（8.121）就可以求得 $Nu_{\mathrm{zl}} = 2$。

由图 8.15 所示的反应机理可知，若某一氧原子从无穷远处向内扩散到火焰锋面，那么根据总的物质平衡关系，必然有一个二氧化碳分子从一氧化碳火焰锋面向外扩散至无穷远处。另外，根据火焰锋面上的反应方程式（8.72），从碳球表面向外扩散至火焰锋面的一氧化碳对应的必为两个分子，而生成的二氧化碳除了有一个分子离开火焰锋面向外扩散外，还有一个二氧化碳分子离开火焰锋面向内扩散到碳球表面。

由于此时温度很高，无论火焰锋面还是碳球表面上的空间燃烧反应都已经处于扩散反应区，火焰锋面上的氧浓度与一氧化碳浓度可以认为是等于 0。同理，碳球表面上的二氧化碳浓度也可以认为等于 0。无穷远处的氧浓度应按具体情况取值，这里可以暂时取为空气中氧的摩尔分数 21%。无穷远处的二氧化碳浓度等于 0。

由于无穷远处与火焰锋面之间进行着氧与二氧化碳的逆流扩散，两者摩尔流量相当，条件（指半径和扩散系数 D）相同，因此火焰锋面上的二氧化碳摩尔分数也应为 21%。同理，火焰锋面与碳球表面之间的一氧化碳与氧也存在逆向扩散，且条件相同，流量之比为 2×21%。

通常在计算时假设整个反应系统内的物质的量浓度 c_{z} 为常量，那么各组分的浓度是每立方米内的该组分的物质的量，即分别等于总的物质的量浓度 c_{z} 和该组分摩尔分数的乘积。

根据上面的讨论，二氧化碳离开火焰锋面后，将分别向内外进行扩散。根据二氧化碳向内和向外扩散摩尔流量相等，由式（8.120）可以得到

$$-\frac{4\pi D(0 - 0.21)}{\dfrac{1}{R} - \dfrac{1}{\infty}} = \frac{4\pi D(0.21 - 0)}{\dfrac{1}{r_0} - \dfrac{1}{R}} \tag{8.122}$$

式中，以向内扩散为正。

式（8.122）左端指向外扩散，因而摩尔流量为负。以此可以解得

$$R = 2r_0 \tag{8.123}$$

取 $c_2 = 0.21c_{\mathrm{z}}$，$c_1 = 0$，$r_1 = r_0$，$r_2 = 2r_0$，则从火焰锋面向碳球表面扩散的二氧化碳摩尔流量可以写为

$$q_{\mathrm{m}} = \frac{4\pi D \times 0.21c_{\mathrm{z}}}{\dfrac{1}{r_0} - \dfrac{1}{2r_0}} = 8\pi D r_0 \times 0.21c_{\mathrm{z}} \tag{8.124}$$

每一个二氧化碳分子在气化反应式（8.71）中可以与一个碳原子发生反应，由此即可求得碳球的燃烧速率。

同理，从无穷远处向火焰锋面扩散的氧量也可以按式（8.117）取 $c_2 = c_\infty$，$c_1 = 0$，$r_1 = 2r_0$，$r_2 = \infty$，计算得

$$q_{\mathrm{m0}} = 4\pi D c_\infty \Big/ \left(\frac{1}{2r_0} - \frac{1}{\infty}\right) = 8\pi D r_0 c_\infty \tag{8.125}$$

根据气体扩散的摩尔流率与化学反应速率之间的关系，可得

$$\omega_{O_2} = \frac{q_{m0}}{4\pi r_0^2} 2D \frac{c_\infty}{r_0} = 2c_\infty \alpha_{zl} \tag{8.126}$$

其中

$$\alpha_{zl} = \frac{D}{r_0}$$

上述推导过程基于摩尔单位制，显然有 $q_{m0} = q_m$。对于质量单位制，上述推导过程同样成立，根据碳球燃烧速率与氧消耗速率的关系，碳的质量消耗量可以写为

$$\omega_C = \frac{12}{32} \times 2\alpha_{zl} c_\infty = 0.75\alpha_{zl} c_\infty \tag{8.127}$$

对比式（8.117），考虑到此时已经进入扩散区，即可得

$$\beta = 0.75$$

上面通过公式推导，得到了高温下 β 的取值。从反应机理来看，当温度极高时，氧从无穷远处扩散到半径为 $2r_0$ 的火焰锋面上，通过与一氧化碳反应，转入化合态后再由二氧化碳运输到半径为 r_0 的碳球表面上。此时，作为扩散动力的浓度差仍然不变。这种化合状态的运输，使氧扩散的距离缩短，扩散摩尔流率增加到原来的 2 倍。因此 β 就比通常的 12/32=0.375 增加了 1 倍而达到 0.75。但是，对于粉粒（直径 $\delta < 500\mu m$，图 8.20 曲线 1），当温度处于 750~1800℃之间时，从图中可以看到，β 值变化的幅度比粗粒小得多。这主要是因为粉粒的质量交换系数 $\alpha_{zl} = D/r_0$ 很大，一氧化碳在空间中的燃烧对氧向碳球表面的扩散摩尔流率影响不大。

图 8.20 上对应于 $\beta = 0.375$ 有一道水平线，标有 CO_2，这表示如果碳球表面上的初次反应是 $C + O_2 = CO_2$，则计算得到的 $\beta = 0.375$；对应于 $\beta = 0.5$ 也有一道水平线，标有 $w_{CO}/w_{CO_2} = 1$，这表示初次反应若为 $4C + 3O_2 = 2CO_2 + 2CO$，生成的一氧化碳与二氧化碳之比为 1：1；此外，还有一条水平线对应于 $\beta = 0.75$，标有 CO。这表示如果初次反应是 $2C + O_2 = 2CO$，那么计算得到的 $\beta = 0.75$。

上面的推导过程不需要考虑碳球在空气中的流动特性。若碳球与空气之间存在着相对运动，那么碳球表面与空气之间的质量交换系数 α_{zl} 可以用下列公式计算

$$\left.\begin{aligned} Nu_{zl} &= 2 + 0.978\,(Re_\delta Sc)^{\frac{1}{3}} \\ Nu_{zl} &= \frac{\alpha_{zl} d}{D} \end{aligned}\right\} \tag{8.128}$$

式中，Nu_{zl} 为传质的努塞尔数；d 为碳球直径；D 为扩散系数；Re_δ 为相对运动的雷诺数；Sc 为施密特数，$Sc = \nu/D$。

这样可将式（8.117）改写成

$$\omega_C = \beta \frac{c_\infty}{\dfrac{d}{DNu_{zl}} + \dfrac{1}{\alpha_b}} \tag{8.129}$$

求得了具有空间二次反应的碳球的燃烧速率，进一步可以通过计算得到碳球在等温下的燃尽时间。由式（8.117），碳球的燃烧速率可以写作

$$\omega_C = \beta \frac{c}{\dfrac{1}{\alpha_{zl}} + \dfrac{1}{k}} \tag{8.130}$$

其中，将式（8.117）中的 c_∞ 改写为 c（某一时刻下的氧浓度）。反应气体交换常数 α_b 改用符号 k。

设碳球随气流运动，相对速度为0，则 $Nu_{zl} = 2$，$\alpha_{zl} = D/r$，代入式（8.130）可得

$$\omega_C = \beta \frac{c}{\dfrac{r}{D} + \dfrac{1}{k}} \tag{8.131}$$

设碳球的初始半径为 r_0，随着燃烧的进行，半径 r_0 逐渐减小。设某一时间 τ 时的半径为 r，令 $y = r/r_0$，则碳球残存的份额为 y^3，烧掉的份额为 $1-y^3$。

设周围气体中的初始氧浓度为 c_∞，碳球与空气混合物的原始过量空气系数为 α，碳球燃烧过程中氧浓度逐渐降低，当过量空气系数为 $\alpha-(1-y^3)$ 时，设此时的氧浓度为 c_0，则有

$$\frac{c_\infty}{c_0} = \frac{\alpha - (1 - y^3)}{\alpha} = \frac{(\alpha - 1) + y^3}{\alpha} \tag{8.132}$$

代入式（8.131），可得

$$\omega_C = \beta \frac{c_0 \dfrac{\alpha - 1 + y^3}{\alpha}}{\dfrac{r_0 y}{D} + \dfrac{1}{k}} \tag{8.133}$$

当碳球表面以速度 ω_C 燃烧时，碳原子被消耗，碳球半径减小，可得

$$\omega_C = -\rho_r \frac{dr}{d\tau} = -\rho_r r_0 \frac{dy}{d\tau} \tag{8.134}$$

式中，ρ_r 为碳球的密度。

由以上两式可以得到

$$\frac{dy}{d\tau} = -\frac{\beta c_0 \dfrac{(\alpha - 1) + y^3}{\alpha}}{\rho_r r_0 \left(\dfrac{1}{k} + \dfrac{r_0 y}{D}\right)} \tag{8.135}$$

当 $\tau = 0$ 时，碳球半径为 r_0，则 $y = l$；当 $\tau = \tau_r$（τ_r 即为碳球燃尽时间）时，碳球半径为0，则有 $y = 0$。

由式（8.134）可得

$$\tau_r = \int_0^{\tau_r} d\tau = \int_0^1 \frac{\rho_r r_0 \left(\dfrac{r_0 y}{D} + \dfrac{1}{k}\right)}{\beta c_0 \dfrac{(\alpha - 1) + y^3}{\alpha}}$$

$$= \frac{\beta_r r_0^2}{2\beta c_0 D}\left[\frac{2D}{k r_0}\int_0^1 \frac{\alpha}{(\alpha - 1) + y^3} dy + \int_0^1 \frac{2\alpha y}{(\alpha - 1) + y^3} dy\right] \tag{8.136}$$

令

$$\int_0^1 \frac{\alpha}{(\alpha-1)+y^3}\mathrm{d}y = \phi_1(\alpha) \tag{8.137}$$

$$\int_0^1 \frac{2\alpha y}{(\alpha-1)+y^3}\mathrm{d}y = \phi_2(\alpha) \tag{8.138}$$

则有

$$\tau_{\mathrm{r}} = \frac{\rho_{\mathrm{r}} r_0^2}{2\beta c_0 D}\left[\frac{2D}{kr_0}\frac{\Phi_1(\alpha)}{\Phi_2(\alpha)} + 1\right]\Phi_2(\alpha) \tag{8.139}$$

函数 $\Phi_1(\alpha)$、$\Phi_2(\alpha)$ 的数值如图 8.21 所示，由于两者非常接近，因此可以近似地认为

$$\frac{\Phi_1(\alpha)}{\Phi_2(\alpha)} = 1 \tag{8.140}$$

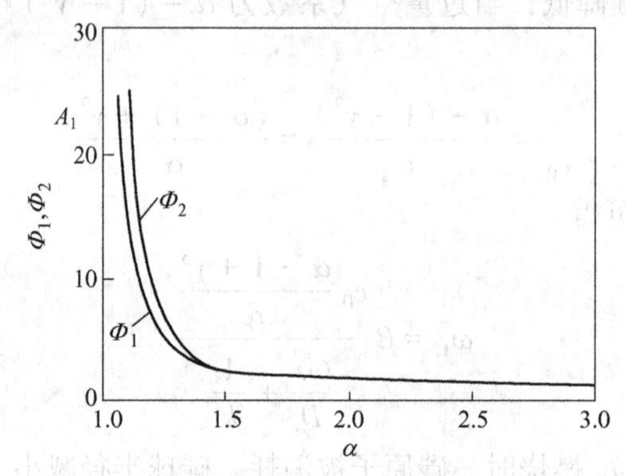

图 8.21　函数 Φ_1 (α)、Φ_2 (α) 的数值

因此可以推出

$$\tau_{\mathrm{r}} = \frac{\rho_{\mathrm{r}} r_0^2}{2\beta c_0 D}\left(\frac{2D}{kr_0} + 1\right)\Phi_2(\alpha) = \frac{\rho_{\mathrm{r}} d_0^2}{8\beta c_0 D}\left(\frac{2D}{kr_0} + 1\right)\Phi_2(\alpha) \tag{8.141}$$

式中，d_0 为碳球的初始直径。

若过量空气系数 α 趋于无穷大，则燃尽时间最小，称为最小燃尽时间$\tau_{\min}$。

$$\tau_{\min} = \frac{\rho_{\mathrm{r}} d_0^2}{8\beta c_0 D}\left(\frac{2D}{kr_0} + 1\right) \tag{8.142}$$

若过量空气系数为有限值，则燃烧过程中氧浓度逐渐减小，燃烧速率逐渐降低，燃尽时间为

$$\tau_{\mathrm{r}} = \tau_{\min}\,\Phi_2(\alpha) \tag{8.143}$$

若反应温度非常高，则有 $k \gg D/r_0$ 。此时

$$\tau_{\min} = \frac{\rho_{\mathrm{r}} \mathrm{d}_0^2}{8\beta c_0 D} \tag{8.144}$$

由于氧浓度 c_0 与环境压力成正比，扩散系数 D 与环境压力成反比，因此最小燃尽时间与环境压力没有关系。

8.5 多孔性碳球的燃烧

前面讨论碳的燃烧速率，是假定燃烧反应只在碳粒表面上进行，这种情况只适应碳粒内部很密实、表面很平滑而气体不渗入内部的情况。事实上碳是多孔性物质，其化学反应表面积可以大致分为内表面积和外表面积。在一定温度条件下，碳的燃烧和气化不仅在碳颗粒外表面上进行，随着反应气体向碳颗粒内部孔隙的渗透扩散，反应过程也逐渐扩展到碳颗粒内表面。据统计，单位体积木炭的化学反应内表面积为（57~114）$\times 10^4\ m^{-1}$，电极碳为（70~500）$\times 10^4\ m^{-1}$，无烟煤约为 $100\times 10^4\ m^{-1}$，可见，碳颗粒的化学反应内表面积远大于外表面积，内表面对化学反应的影响在有些情况下是不可以忽略的。

从宏观上讲，多孔性碳球的燃烧反应可以分为三个阶段：

（1）温度较低时，反应速率较慢，氧的扩散速率远远大于碳球孔隙构成的内表面上的反应速率，反应气体逐步扩散到多孔性碳球的内部孔隙中，直至碳球中心。此时，碳球内外氧浓度基本相同，化学反应十分均匀，碳球内外颗粒密度差异不大。

（2）随着温度上升，反应速率加快，反应消耗速率开始大于反应气体的扩散速率。这时，扩散到多孔碳球内部一定区域内的反应气体被消耗掉，反应气体无法到达碳球中心，因此，碳球中心不参与反应。碳球密度从表面到中心变化较大。

（3）若碳球温度很高，则碳与氧的化学反应速率很快，以至于氧渗入碳球内部孔隙的扩散速率远小于碳球内部氧的消耗速率，此时内表面上的氧浓度几乎为零，碳球内部停止了碳和氧的反应，空气中的氧只能在碳球外表面和碳发生反应。此时，碳球内部的密度几乎没有变化。

在微观上，部分学者也进行了细致的研究。例如，Thiele 将多孔物体中的孔隙看作是一组从物体表面通入物体内部的均匀、平行的圆筒形孔。孔的轴线与物体外表面垂直，与物体内部的扩散方向平行。在此基础上，学者们研究了许多圆筒形孔的不同变形，包括非圆筒形孔、曲折孔、具有平均半径分布的均一孔、孔径及长度有变化的非均一孔以及交叉孔等。

为了在计算中考虑碳球的多孔性对碳球燃烧速率的影响，引入碳球内部单位体积所含的内表面积 A_{Sn}，单位为m^{-1}，则碳球全部内表面积即为 $\frac{1}{6}\pi d_p^3 A_{Sn}$，碳球内外总表面积就是 $A_S+\frac{1}{6}\pi d_p^3 A_{Sn}$。

在实际反应中，从低温到高温由于反应条件的不同，多孔性碳球的内表面参与化学反应的面积也不同，这里引入渗入深度 ε，则实际参加燃烧反应的面积为

$$A_S+\frac{1}{8}\pi d_p^3 A_{Sn}=A_S\left(1+\frac{d_p}{8}A_{Sn}\right)=A_S(1+\varepsilon A_{Sn}) \tag{8.145}$$

在反应时，若氧能完全渗入碳球内部，各处浓度均相同，此时氧的实际渗入深度 $\varepsilon=d_p/8$；反之，若氧不能渗入内部，实际渗入深度 $\varepsilon=0$。

与外表面积 A_S 相比，由于碳球内表面参加燃烧反应，反应总表面积相当于乘上了一个因数 $1+d_p A_{Sn}/8$ 倍。通常将反应表面积增加的这个因数折算到反应速率常数 k 上，等

价于 k 扩大为原来的 $1+d_p A_{Sn}/8$ 倍，我们把包括碳球内、外表面反应的速率常数用 k^* 来表示，则有

$$\left.\begin{aligned} k^* &= k\left(1+\frac{d_p}{8}A_{Sn}\right) = k(1+\varepsilon A_{Sn}) \\ \text{或}\quad k^*/k &= 1+\varepsilon A_{Sn} \geqslant 1 \end{aligned}\right\} \tag{8.146}$$

称 k^* 为包括内外碳球表面上的总反应速率常数，或称反应气体交换常数，用以表征折算后的化学反应速率。当氧气能完全渗入碳球内表面，使内外表面的氧浓度均等于周围环境中远处的氧浓度 c_∞ 时有效渗入深度 $\varepsilon = d_p/8$。

实验测定的无烟煤的反应气体交换常数如图 8.22 所示。按照阿累尼乌斯定律，反应速率常数 k 应该在 $\lg k - 1/T$ 坐标图上表现为一条直线。但是，在多孔性碳球燃烧时，考虑到碳球内部的孔隙效应，反应气体交换常数 k^* 只有在高温时，也就是 $1/T$ 很小时，才等于反应速率常数 k；当 $1/T$ 很大时，k^* 大于 k，其相差的倍数为 $1+\varepsilon A_{Sn}$。

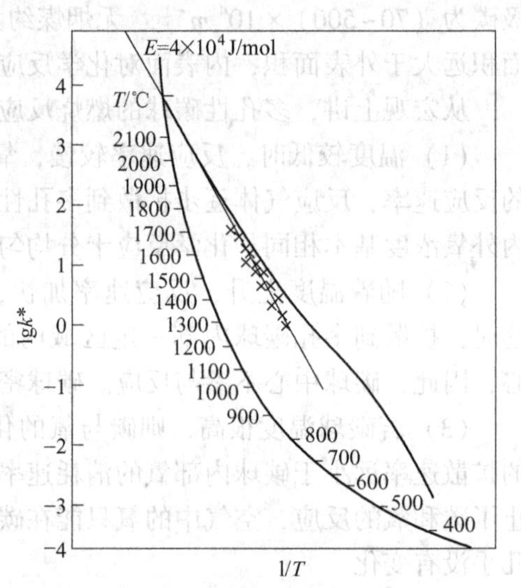

图 8.22　无烟煤的 $\lg k^*$ 与 $1/T$ 之间的关系

图 8.22 的横坐标为 $1/T$，其标尺改用双曲线上的摄氏温度来表示。从图中可以看出，$\lg k^*-1/T$ 曲线在温度降至 1100～600℃时，出现一个跳跃，说明在 600℃以下无烟煤颗粒内部的孔隙全部有氧扩散渗入；在 600～1100℃之间的温度范围内，氧不能渗入孔隙深处，且随着温度升高，有效渗入深度越来越小；在 1000℃以上的温度范围内，氧气根本不能渗入孔隙的内部。图 8.22 说明碳与氧的多相化学反应不仅在碳的外表面进行，而且在碳颗粒内部进行。

图 8.22 所示的无烟煤的活化能为 141kJ/mol。一般而言，对于煤粉炉里的无烟煤粉，$k^* = (1.2 \sim 1.3)k$。

用反应气体交换常数代替反应速率常数后，就可以采用质量交换系数 α_{zl} 和反应气体换常数 k^* 之比（α_{zl}/k^*）作为判断动力区或扩散区的特征数。α_{zl}/k^* 很大时，反应处于动力区；α_{zl}/k^* 很小时，反应处于扩散区。对于煤粉锅炉中的无烟煤粉，若取炉温为 1427℃，煤粉直径为 1000μm，则 α_{zl}/k^* 之值约为 0.8～0.7，反应处于动力区和扩散区之间的过渡区且接近扩散区。

根据上面的讨论，在同时存在内表面和外表面的扩散燃烧时，其内外表面总的反应速率为

$$A_S\,\omega_{O_2} = k^* A_S\, c_{O_2} \tag{8.147}$$

当温度很高时，碳和氧的化学反应速率很快，以至氧向碳球内部的扩散速率远远跟不上碳球内部的化学反应的需要，内表面上的氧浓度几乎等于零。此时碳球内部停止了碳和氧的一次反应，而只有碳球外表面能和氧发生反应，这样，氧在碳表面上的总反应速率为

$$A_S\,\omega_{O_2} = k\,A_S\,c_{O_2} \tag{8.148}$$

在不同燃烧控制区下的反应速率变化见表8.5。

表8.5 内孔表面积对燃烧反应速率的影响

燃烧区	ε	k^*/k	ω_C
动力区	$\frac{d_p}{6}$	$1+\varepsilon A_{Sn}$	$\omega_C = \beta c_\infty(1+\varepsilon A_{Sn})k_0\exp\left(-\frac{E}{RT}\right)$
过渡燃烧区	$0\sim\frac{d_p}{6}$	$1\sim(1+\varepsilon A_{Sn})$	$\omega_C = \frac{\beta c_\infty}{\frac{1}{(1+\varepsilon A_{Sn})k_0\exp(-\frac{E}{RT})}+\frac{1}{\alpha_{zl}}}$
扩散燃烧区	0	$\frac{1}{k} \ll \frac{1}{\alpha_{zl}}$	$\omega_C = \beta\alpha_{zl}c_\infty = \beta\frac{Nu^*D}{d_p}c_\infty$

现在来讨论一下厚度为δ的平行平面碳板的内部反应过程，如图8.23所示。若反应仅为$C+O_2$的一次反应，侧平板内部任一单元层中，进出该层的气体物质的量之差为

$$D_i\frac{dc}{dx} - D_i\left(c+\frac{dc}{dx}dx\right) = -D_i\frac{d^2c}{dx^2}dx \tag{8.149}$$

式中，D_i为多孔性物质内部扩散系数。

在此单元厚度体积内被化学反应所消耗的氧量为$kA_{Sn}c\mathrm{d}x$，因此，在稳定情况下，平板内部氧的质量守恒方程为

$$-D_i\frac{d^2c}{dx^2} = kA_{Sn}c \tag{8.150}$$

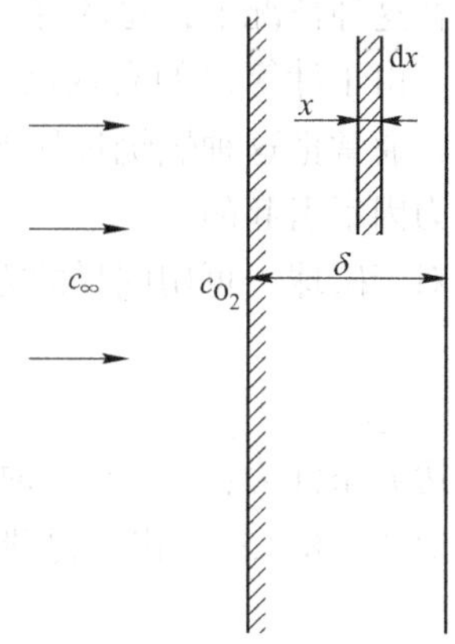

图8.23 平面碳板内反应过程

边界条件是，当$x=0$时，$c=c_{O_2}$；$x=\delta$时，$dc/dx=0$。积分式（8.149）得

$$c = c_{O_2}\left(\frac{e^{-x/\varepsilon_0}}{1+e^{-2\delta/\varepsilon_0}} + \frac{e^{-x/\varepsilon_0}}{1+e^{2\delta/\varepsilon_0}}\right) \tag{8.151}$$

式中，$\varepsilon_0 = \sqrt{\frac{D_i}{kA_{Sn}}}$。

碳层中反应氧浓度分布规律如图8.24所示。

把总的反应速率从$x=0$至$x=\delta$整个厚度加以积分，则可以看成等于在浓度c_{O_2}（壁面浓度）相应深度ε下的反应速率，即

$$kA_{Sn}\varepsilon\,c_{O_2} = \int_0^\delta kA_{Sn}c\,dx \tag{8.152}$$

当δ/ε很小，也就是板很薄时，$\varepsilon=\delta$，此时，可以认为全部体积都参与一样的反应。当δ/ε，也就是板很厚时，

$$\varepsilon = \varepsilon_0 = \sqrt{\frac{D_i}{kA_{Sn}}} \quad (8.153)$$

此时，反应只在表面附近进行，其有效深度为 ε_0。

从式（8.153）可以看出，对于给定的 D_i 值：

（1）温度越低，也就是反应速率常数越小，反应越慢，单位体积反应表面积越小，则 ε_0 值越大，反应渗透越深；

（2）温度越高，k 值越大，单位体积内部反应表面积越大，反应进行得越快，ε_0 就越小，反应集中到外表面上进行，所以反应渗透的深度取决于内部扩散速率与空隙表面上的化学反应速率之比。

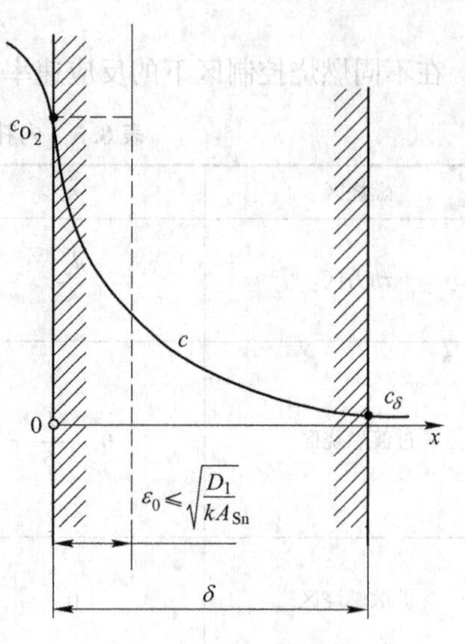

图 8.24　平面碳板内反应气体浓度沿厚度的分布

在这种情况下，总的有效反应表面积是一个变量。由于计算总的有效反应表面积非常困难，所以，通常把这种燃烧过程当做是一种纯粹的表面燃烧过程，其所产生的总效应也认为是纯动力因素引起的。

对于碳球，可用同样的方法建立类似的内部质量守恒方程

$$D_i \frac{d}{dr}(4\pi r^2 \frac{dc}{dr}dr) = 4\pi r^2 kA_{Sn}c \quad (8.154)$$

边界条件为：当 $r = r_0$ 时，$c = c_{O_2}$；当 $r = 0$ 时，$D_i\ (dc/dr)_{r=0} = 0$。

对式（8.154）积分得碳球中反应氧浓度分布规律为

$$c = c_{O_2} \frac{r_0}{r} \frac{e^{r/\varepsilon_0} + e^{-r/\varepsilon_0}}{e^{r_0/\varepsilon_0} - e^{-r_0/\varepsilon_0}} \quad (8.155)$$

同理，可以得到碳球单位外表面积的内部反应速率，即

$$k\varepsilon A_{Sn}c_{O_2} = \sqrt{kA_{Sn}D_i}\left(\frac{e^{r_0/\varepsilon_0} + e^{-r_0/\varepsilon_0}}{e^{r_0/\varepsilon_0} - e^{-r_0/\varepsilon_0}} - \frac{\varepsilon_0}{r_0}\right)c_{O_2} \quad (8.156)$$

当 $r_0/\varepsilon_0 \gg 1$ 时，$\varepsilon = \varepsilon_0 = \sqrt{D_i/(kA_{Sn})} \approx 0$，反应几乎在表面进行；当 $r_0/\varepsilon_0 \ll 1$ 时，氧浓度几乎到处保持为 c_{O_2}，$\varepsilon \approx 1$，反应在内外表面进行。

煤粉燃烧常属于 $r_0/\varepsilon_0 \ll 1$ 的情况，氧的有效渗入深度约为 $r_0/3$，碳粒中心的氧浓度约为 0.88 c_{O_2}。

8.6　灰分对焦炭燃烧的影响

煤中不可燃的成分构成了煤的灰分，目前已从典型煤的灰分中识别了 35 种元素之多。主要成分包括 SiO_2、Al_2O_3、TiO_2 等酸性氧化物和 Fe_2O_3、CaO、MgO、Na_2O、K_2O 等碱性氧化物。它们的含量随煤种不同而变化，见表 8.6。

表 8.6 灰分随煤种的变化 (%)

煤种	SiO_2	Al_2O_3	Fe_2O_3	TiO_2	CaO	MgO	Na_2O	K_2O
无烟煤	48~68	25~44	2~10	1.0~2	0.2~4	0.2~1	—	—
烟煤	7~68	4~39	2~44	0.5~4	0.7~36	0.1~4	0.2~3	0.2~4
贫煤	17~58	4~35	3~19	0.6~2	2.2~52	0.5~8	—	—
褐煤	6~40	4~26	1~34	0~0.8	12.4~52	2.8~14	0.2~28	0.1~0.4

灰分的性质不同，燃烧温度不同，燃烧时灰分在碳粒中堆积状态就不同，对燃烧的影响也不同。为了分析灰分对焦炭燃烧的影响，首先要对碳粒燃烧过程有一个初步的认识。

8.6.1 碳粒燃烧过程的物理模型

按结构特征，可以把碳粒分为多孔性碳粒和密实碳粒两种类型。人们对两种类型碳粒建立了两种不同的反应模型：均匀反应模型和不均匀反应模型。

8.6.1.1 均匀反应模型

该模型基于多孔性碳粒，且氧气在碳粒内部扩散阻力很小，扩散作用远远大于反应速率，燃烧速率取决于化学反应的快慢，处于动力燃烧区。在这种情况下，燃烧在整个碳粒的所有位置均匀地发生燃烧反应，未反应的碳与反应产物灰完全混在一起无法区分，只是随着燃烧的进程，两者的含量之比不断减小，当燃烧完成，碳粒就变成了灰粒，如图 8.25 所示。

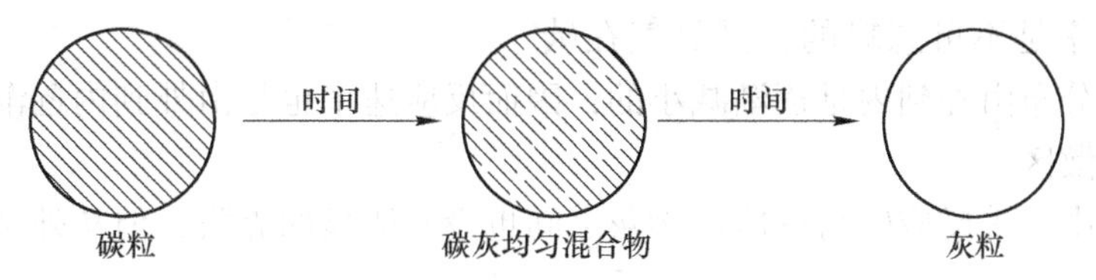

图 8.25 均匀反应模型燃烧示意图

8.6.1.2 不均匀反应模型

当碳粒为密实固体，反应时氧气在碳粒内部的扩散阻力很大，氧气在碳粒内部的扩散速率大大低于碳粒燃烧速率。燃烧产生的灰聚集在碳粒表面形成灰层，该灰层孔隙率较高，气可以从灰层通过，扩散到碳粒表面。因此燃烧只能发生在固体反应产物层和未燃烧的碳粒内核的狭窄边界区域。如果将部分燃烧的焦炭颗粒作剖面观察，不难发现，未反应的碳与燃烧生成的灰层之间存在鲜明的边界线，随反应的进行，未反应核不断缩小直到消失，如图 8.26 所示。

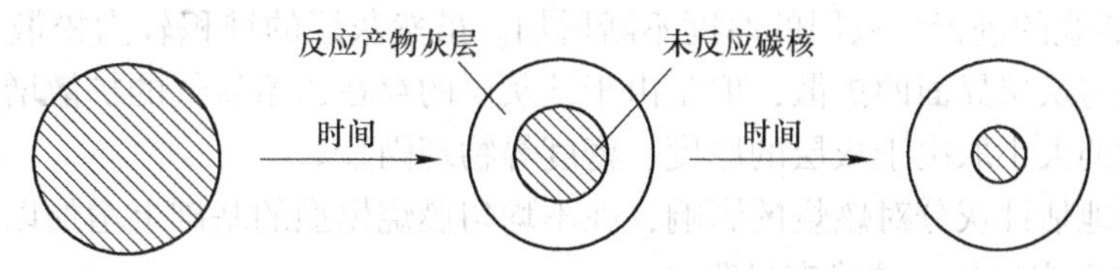

图 8.26 不均匀反应模型燃烧反应示意图

基于这种物理现象，有学者提出了不均匀反应模型。该模型又被称为未反应核模型、核收缩模型、缩核模型或壳模型。

在反应时，氧气由周围气氛通过碳粒外部边界层及燃烧反应产物灰层扩散至燃烧界面，进行燃烧反应生成CO_2或 CO 等气体反应产物，该气体反应产物通过固体反应产灰层及边界层扩散到周围气氛中。因此，在边界层和固体反应产物灰层中，反应O_2及反应产物CO_2等均存在浓度梯度。在燃烧过程中，由于燃烧反应界面不断变动，所以在边界层和反应产物层中的浓度分布也随时间而变化。

以球形颗粒为例，燃烧反应中反应气体O_2和CO_2等产物的浓度分布如图 8.27 所示。

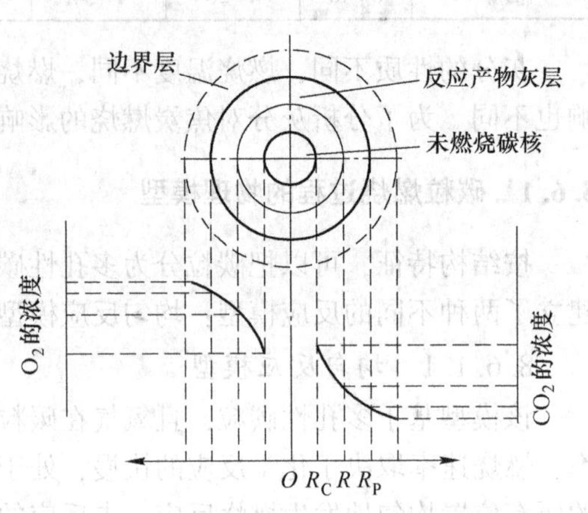

图 8.27　球形碳粒燃烧时的气体浓度分布
R_C—未燃烧碳核的半径；R—燃烧界面的半径；
R_P—灰层的半径

8.6.1.3　微粒模型

上述两个模型较为极端，煤粉颗粒既非密实性固体，存在的空隙也不能实现碳粒的均匀燃烧，相比之下微粒型更接近实际的燃烧情况。

微粒模型假设碳粒是由一定形状和大小的微粒组成的，是一种具有一定机械强度的微粒集合体。

该模型中，碳粒可以看成多孔性固体，而组成碳粒的微粒则是密实固体，氧气可以深入到碳粒内部进行反应，但是该扩散速率相对于反应速率是不可忽略的，且氧气在碳粒内部的浓度分布由外到内是逐渐减小的，因而反应速率也是由外到内逐渐减小的，燃烧实际上处于扩散区。

在该模型中，未反应碳与反应产物灰之间也没有明显的界限，但从外到内灰分的质量分数逐渐变小。

不管是均相反应模型、非均相反应模型，还是微粒模型，都说明灰分的存在对焦炭燃烧是一个障碍，含有一定灰分的煤颗粒在不同的介质中和不同的温度下，灰分对燃烧过程生产的影响也不同。

8.6.2　不同燃烧温度下灰分对燃烧的影响

燃烧温度不同，灰的物理特性也不同，会对燃烧产生不同的影响。

8.6.2.1　燃烧温度低于灰的软化温度时灰分对燃烧的影响

燃烧温度低于灰的软化温度时，燃煤碳粒的外表形成松散积灰层（见不均匀燃烧模型），且随着燃烧的进行，灰层的厚度不断增加。虽然灰层的堆积较力松散，不能完全阻止氧气向碳粒与灰层界面的扩散，但是由于该灰层的存在，给氧气的扩散增加了额外的阻力。灰层扩散的大小取决于灰层的厚度、密度等物理因素。

为了近似地估计灰分对燃烧的影响，在不均匀燃烧模型的基础上增加以下假设：

（1）燃烧反应过程为准稳态过程。

（2）灰在灰层中的分布是均匀的。

（3）燃烧着的含灰煤粒的温度是恒定的。

图 8.28 所示为板形煤层。

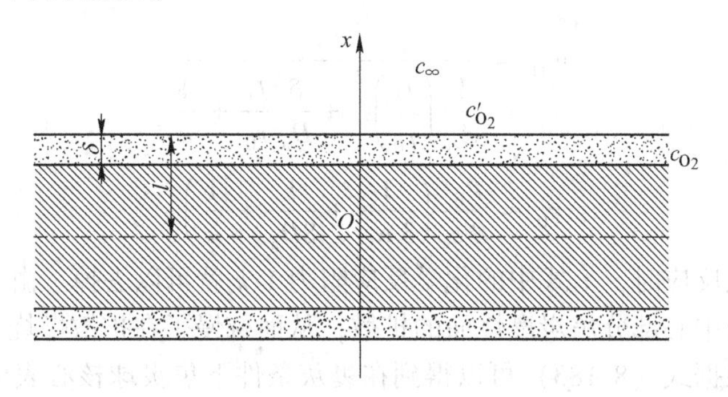

图 8.28　板形煤层示意图

c_∞—周围介质中的氧浓度；c'_{O_2}—灰层表面的氧浓度；c_{O_2}—碳层表面的氧浓度；

l—煤层厚度的一半；δ—灰层厚度

单位时间内，通过单位面积的氧气扩散量等于氧气与碳反应的消耗量，即

$$m_{O_2} = \alpha_{zl}(c_\infty - c'_{O_2}) = D_a \frac{c_{O_2} - c'_{O_2}}{\delta} = kc_{O_2} = k_1 c_\infty \tag{8.157}$$

式中，m_{O_2} 为单位时间的氧气消耗量 mol/m^2；α_{zl} 为质量交换系数；D_a 为气体在灰层中的扩散系数。

由式（8.158）得

$$m_{O_2} = \frac{c_\infty}{\dfrac{1}{\alpha_{zl}} + \dfrac{\delta}{D_a} + \dfrac{1}{k}} \tag{8.158}$$

从式（8.157）可以发现反应物交换总的阻力为三个部分的和，即

$$\frac{1}{k_t} = \frac{1}{\alpha_{zl}} + \frac{\delta}{D_a} + \frac{1}{k} \tag{8.159}$$

也就是说燃烧反应的进行受到氧气向颗粒外表面的扩散阻力、氧气通过灰层的扩散阻力以及燃烧表面上的化学反应阻力三个因素的共同影响。

已知氧气的扩散速率正比于碳的燃尽速率，即

$$\beta m_{O_2} = \rho_p \frac{dc}{dx} \tag{8.160}$$

式中，ρ_p 为碳的密度；β 为 C 与 O_2 燃烧反应化学当量比，即碳单位质量消耗量/氧单位质量消耗量。

由边界条件（$\tau = 0$ 时，$x = l$；$\tau = \tau_0$ 时，$x = 0$）得到板形碳粒燃烧到灰层厚度为 δ 时的时间 τ 和完全燃烧时间 τ_0 为

$$\tau = \frac{\rho_p \delta}{\beta c_\infty}\left(\frac{1}{\alpha_{zl}} + \frac{\delta}{2D_a} + \frac{1}{k}\right) \tag{8.161}$$

$$\tau_0 = \frac{\rho_p l}{\beta c_\infty}\left(\frac{1}{\alpha_{zl}} + \frac{1}{2D_a} + \frac{1}{k}\right) \tag{8.162}$$

同样对于球形颗粒燃烧也有类似的氧气消耗量表达式与碳球完全燃烧时间的表达

式，即

$$m_{O_2}=\frac{c_\infty}{\dfrac{1}{\alpha_{zl}}\left(\dfrac{r_i}{r_0}\right)^2+\dfrac{\delta}{D_a}\dfrac{r_i}{r_0}+\dfrac{1}{k}} \tag{8.163}$$

$$\tau_0\approx\frac{\rho_p r}{\beta c_\infty}\left(\frac{1}{3\alpha_{zl}}+\frac{1}{8D_a}+\frac{1}{k}\right) \tag{8.164}$$

在只考虑扩散反应时，上式中的化学反应阻力 $1/k$ 就可以去掉。由于裹灰现象而阻止了氧气通过灰壳向中心部分焦炭燃烧面的扩散，从而减慢了在扩散燃烧下的燃烧速率，延长了燃烧时间。根据式（8.183）可以得到在裹灰条件下焦炭球核心表面上的燃烧反应速率为

$$\left.\begin{aligned}(\omega_C)_h&=\frac{\dfrac{2\beta D}{d}c_\infty}{\dfrac{1}{\varepsilon_h}+\dfrac{d}{d_p}\left(1-\dfrac{1}{\varepsilon_h}\right)}\\ \frac{1}{\varepsilon_h}&=\frac{100-A_{ar}}{100}\end{aligned}\right\} \tag{8.165}$$

式中，ε_h 为裹灰灰壳层的孔隙率；A_{ar} 为燃烧焦炭球所含收到基灰分的质量分数，%；d_p 为原始焦炭球的直径；d 为燃烧时间为 τ 时包在灰壳内的焦炭核的直径。

与无裹灰焦炭核扩散燃烧速率计算式（8.81）相比，可得

$$\frac{(\omega_C)_h}{\omega_C}=\frac{1}{\dfrac{1}{\varepsilon_h}+\dfrac{d_p}{d}\left(1-\dfrac{1}{\varepsilon_h}\right)}<1 \tag{8.166}$$

根据式（8.184）其裹灰条件下焦炭球的燃尽时间为

$$\tau_h=\frac{\rho_p d_p^2}{8\beta Dc_\infty}\left(\frac{2}{3}+\frac{1}{3\varepsilon_h}\right) \tag{8.167}$$

与无裹灰焦炭核燃尽时间计算式（8.84）相比，则得

$$\frac{\tau_h}{\tau_k}=\left(\frac{2}{3}+\frac{1}{3\varepsilon_h}\right)>1 \tag{8.168}$$

从式（8.182）可知，焦炭球中含灰量越多，即灰壳层的孔隙率越小，此时氧气的扩散阻力越大，裹灰对焦炭球燃烧反应速率和燃尽时间的影响越大，裹灰对焦炭球燃烧速率及燃烧时间影响的计算结果见表8.7。

表8.7　裹灰对焦炭球燃烧速率及燃烧时间的影响

类　别	焦炭燃尽率/%	焦炭含灰的质量分数/%			
		10	20	30	40
由于裹灰导致焦炭球燃烧速率减少的百分数	90	-5.6	-11.8	-18.7	-26.3
	70	-3.5	-7.6	-12.4	-18.0
	50	-2.3	-4.9	-8.3	-12.1
燃尽时间增加的百分数	100	+3.7	+8.4	+14.3	+22.3

8.6.2.2 燃烧温度高于灰的溶化温度时灰分对燃烧的影响

当燃烧温度高于灰的熔化温度时，燃烧产生的不再是松积的灰层，而是产生具有一定流动性的熔渣。

实验发现若灰分较少，熔渣的绝对量就会减少，表面张力与黏性力相对较大时，熔渣仍附着在碳粒上，阻碍氧气向颗粒内部的扩散。

若灰分含量较多，熔渣会聚集并与碳粒分离，有利于未燃烧碳粒与氧气的接触，可促进燃烧的进行。

在层燃炉中燃烧时，汇集的熔渣将堵塞通风孔隙，不利于燃烧的进行。

8.6.3 灰分对焦炭燃烧的其他影响

除了前述灰分对氧气向颗粒内部扩散的阻碍作用之外，还存在以下几方面的潜在影响：

(1) 热效应。大量的灰改变了煤粒的热效应，当灰加热到高温时，会消耗一定的能量，还可能发生相变。

(2) 辐射特性。灰的辐射特性不同于焦炭，因此灰的存在给碳的燃尽提供了一个辐射传热的固态介质。

(3) 颗粒尺寸。焦炭燃烧过程中会发生破裂，变成几个更小的颗粒进行燃烧，焦炭的破裂特性与灰分的种类、性质有着密切的联系。

(4) 催化效应。焦炭中某些矿物质已经证明能使焦炭的反应性增强，尤其是在低温条件下。

8.7 煤粉燃烧

8.7.1 煤粉气流的输送与分配

煤粉气流的流动与分配特性对于组织煤粉燃烧有十分重要的意义。在组织煤粉燃烧时，煤粉是通过空气携带并按燃烧器的设计布置方式分配到四角或前后墙的各个燃烧器，并送入炉膛组织四角切圆燃烧或前后墙对冲燃烧。由于一次风管道设计布置的差异、管道长度不同，引起管道阻力不一致，造成纯空气、煤粉和空气混合的气、固两相分配的不均匀。另外，在煤粉输送过程中，当输粉气流速度设计不合适时，会出现煤粉的沉积和管道的堵塞，这些状况都会影响煤粉的正常输送和燃烧。

在气-固两相流动及气力输送过程中，为使气力输送顺利进行，从而满足工程应用的需要，应尽力避免颗粒在输送管道的沉积，这样才能避免输送管道不出现堵塞现象。带有固体颗粒的气体在水平流动中可能发生的一组流型如图 8.29 所示，在此图中，混合物的组分保持不变，并且气体速度逐渐减小。其中 (a) 图表示具有相当高的速度湍流，其速度之高足以维持颗粒沿管道的所有截面均匀分布。随着速度的减小，重力的影响变得显著起来，颗粒的分布变得不均匀了。随着速度的进一步减小，颗粒开始沉降，形成波纹状的沙丘，这些沙丘把管道的横截面积占据得越来越多，直到最后把管道堵塞 (图 j)。从这一现象的描述可以看出，出现管道堵塞是颗粒沉积逐渐演变和发展的结果。因此要防止气-固输送管道的堵塞，就必须克服颗粒沉积的出现，即气力输送速度应大于临界沉降速度，或输送颗粒浓度应小于临界沉降浓度值。

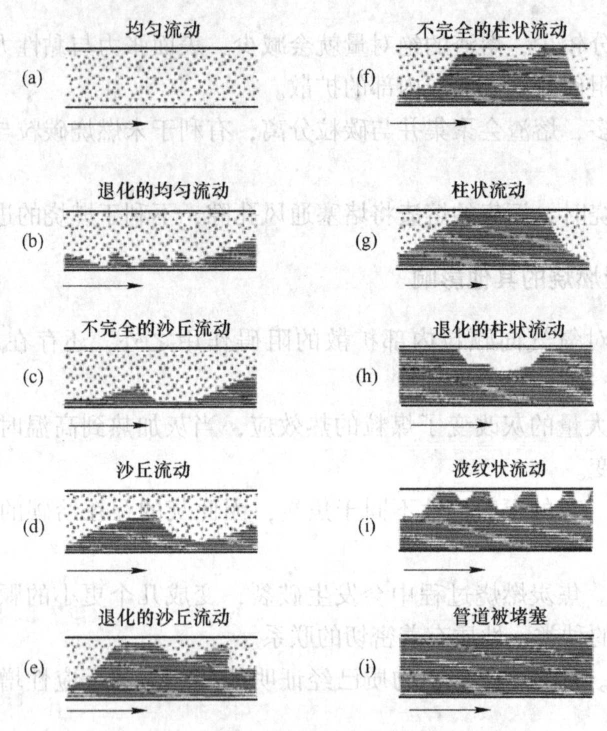

图 8.29　气体—颗粒混合物的水平流动

下面讨论煤粉颗粒的沉降速度（又称终端沉降速度、极限沉降速度、临界速度或飞扬速度）。沉降速度是颗粒在静止气体中自由沉降时最终达到等速沉降状态的速度；其可理解为气体以此速度上升时颗粒就可以悬浮在空中，其几何位置保持不变。

自由沉降时，对单一颗粒，在忽略其他力作用的情况下，其受力的条件是颗粒的重力减去其在流体中的浮力，等于其在流体中所受到的曳力，即

$$\frac{1}{8}\pi d_p^3\rho_p g - \frac{1}{8}\pi d_p^3\rho g = \zeta\frac{\pi}{4}d_p^2\frac{\rho w_{xd}^2}{2} \tag{8.169}$$

$$\zeta = f(Re) = \frac{c}{Re_p^n} \tag{8.170}$$

$$Re_p^n = \frac{d_p w_{xd}}{\nu} \tag{8.171}$$

式中，w_{xd} 为单颗粒被气流夹带时气-固两相间的相对速度（夹带速度），m/s；ζ 为颗粒对气流的迎风面阻力系数，它是雷诺数的函数；ν 为气体运动黏度，m^2/s；c、n 为系数；其他符号的意义同前。

当 $Re_p < 1.0$ 时，$c = 24$，$n = 1.0$

$$\zeta = \frac{24}{Re_p} \tag{8.172}$$

当 $Re_p = 1 \sim 500$ 时，$c = 10$，$n = 0.5$

$$\zeta = \frac{10}{Re_p^{0.5}} \tag{8.173}$$

当 $Re_p > 500 \sim 2 \times 10^5$ 时，$c = 0.44$，$n = 0$

$$\zeta = 0.44 \tag{8.174}$$

把式（8.170）~式（8.171）代入式（8.169）可以得到气-固两相的临界沉降速度为

$$w_{lj} = \left[\frac{4(\rho_p - \rho)\ d_p^{n+1} g}{3\rho c\ v^n}\right]^{\frac{1}{2-n}} \tag{8.175}$$

上面讨论的沉降速度是单个颗粒的沉降速度，各种颗粒的沉降速度见表8.8，沉降速度的大致数值关系如图8.30所示。

表8.8 各种颗粒的沉降速度

（适应 $\rho_p = 1000\ \mathrm{kg/m^3}$，$\rho = 1\ \mathrm{kg/m^3}$，$v = 20 \times 10^{-6}\mathrm{m^2/s}$）

颗粒直径 d/mm	Re_p	沉降速度 w_{lj}/m·s^{-1}
0.0736	0.5	0.147
0.0959	1	0.25
0.232	10	1.02
0.684	100	3.01
2.48	1000	8.58
10.65	1×10^4	17.78
78.6	10×10^4	48.30

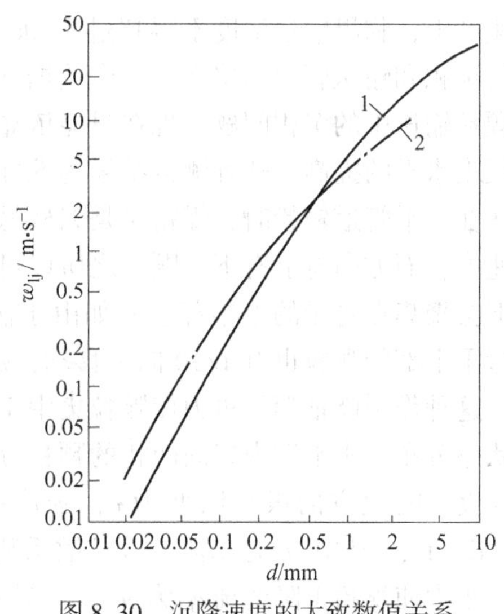

图8.30 沉降速度的大致数值关系

（适用于煤密度 $\rho_p = 1000\mathrm{kg/m^3}$）

1—空气温度0℃；2—空气温度1000℃

如果有一大群颗粒悬浮在空中形成云雾，那么颗粒在云雾中的沉降速度会因颗粒之间相互碰撞而减小一些。大量颗粒悬浮于气流之中，形成较浓的气-固两相流动，这时每个颗粒由于其周围颗粒的存在，所受到的气流的曳力发生了变化，使曳力与曳力系数下降。同时颗粒的受力情况也发生了大的变化，所以情况要复杂得多。

在锅炉技术上经常采用煤粉浓度（从气-固两相流来讲应为颗粒与气体的质量浓度比）这个特定参数来表示输粉气流中颗粒与气体的质量浓度比，在锅炉的一次风管中煤粉质量浓度与空气质量浓度之比大约在0.4~1.0kg/kg。

一次风管中煤粉颗粒的运动状态是随着气流速度而变化的。在水平管道中输送气流速度越大时，颗粒在管内越接近均匀分布。气流速度逐渐减小时，颗粒的分布就不均匀，靠近管底处颗粒浓度比管子上部密。当气流速度小于某一值时，一部分颗粒将停留在管底，一边滑动，一边被气流推着向前运动；气流速度进一步减小时，停滞的煤粉层反复做不稳定移动，最后停止前进，终于产生堵塞。黄标编著的《气力输送》中推荐的水平管内颗粒沉降的临界煤粉浓度的解析关系为

$$c_{1j} = 0.215\left(\frac{Fr^2 T}{Stk}\right)^{0.483} \tag{8.176}$$

式中，Fr 为弗劳德数；Stk 为斯托克斯数；T 为考虑湍流脉动对颗粒影响的量纲的量特征数。

本书作者所在的研究小组在气流速度为 5~15m/s 下，用电厂粉煤灰作为介质，在实验室组织了颗粒沉积堵塞的实验研究，对实验结果进行关联后得到如下临界准则关系式

$$c_{1j} = 0.87\left(\frac{Fr^2 T}{Stk}\right)^{0.5} \tag{8.177}$$

式（8.176）和式（8.177）的计算结果相差 3 倍多，除 Fr、Stk 外，式（8.177）没有提供 T 的计算方法，而用本研究的 T 值代入式（8.177）计算 c_{1j}，得到在 15m/s 的气流速度下，临界输送浓度不得超过 1.2kg/kg 左右；若再提高输送浓度，就有可能出现颗粒的沉积和输送管道的堵塞。这个数据从实际应用来看，似乎有些保守。但对于水平管道内颗粒输送中的沉积问题，现在只能依靠实验研究的方法来近似确定。随着测量技术和仪器仪表水平的提高，这种测量结果的准确性会进一步提高。

在水平管道输粉时，煤粉又是怎样悬浮在气流中的呢？水平管内湍流流动总会引起脉动速度，而方向有上有下。颗粒之所以可以悬浮起来的原因是：大多数的颗粒在重力的作用下会聚集在管子的下半部。假如由于湍流扩散，管子下半部的颗粒有 1/10 向上移动，而管子上部的颗粒也有 1/10 向下移动，那么显然向上移动的颗粒数大于向下移动的颗粒数。这种作用就抵消了重力使颗粒集中于管子下半部的作用，最后会形成颗粒在管内的恒定状态分布。水平管内气固两相的颗粒分布，可以用近似的方法来计算。以下假设管内离底高度 y 的地方的煤粉浓度为 c，湍流扩散使煤粉向上有一个净的扩散流率，它等于 $-D_t \mathrm{d}c/\mathrm{d}y$，其中 D_t 是湍流有效扩散系数。

重力使煤粉下降的流率为 $w'_{xd}c$，其中，w'_{xd} 是颗粒在云雾中的沉降速度，这样可以列出

$$w'_{xd}c = -D_t \frac{\mathrm{d}c}{\mathrm{d}y} \tag{8.178}$$

颗粒在云雾中的沉降速度与单个颗粒的沉降速度可以认为有以下关系

$$w'_{xd} = w_{xd}(1-c)^{2.4} \tag{8.179}$$

为了便于计算，将式（8.179）近似地简化为

$$w'_{xd} = w_{xd}(1-c)^2 \tag{8.180}$$

将式（8.179）代入式（8.178），有

$$w_{xd}c(1-c)^2 = -D_t \frac{\mathrm{d}c}{\mathrm{d}y}$$

$$\frac{\mathrm{d}c}{c(1-c)^2} = -\frac{w_{xd}}{D_t}d$$

运用分项分式把左边分解成

$$\frac{dc}{c(1-c)^2} = \frac{dc}{c} + \frac{dc}{1-c} + \frac{dc}{(1-c)^2}$$

然后对 dy 从 $y=0$ 到 y，dc 从 c_0 到 c 积分，得到

$$\ln\left[\frac{c}{1-c}\exp\left(\frac{1}{1-c}\right)\right] - \ln\left[\frac{c_0}{1-c_0}\exp\left(\frac{1}{1-c}\right)\right] = -\frac{w_{xd}y}{D_t}$$

令

$$P_y = \frac{c}{1-c}\exp\left(\frac{1}{1-c}\right)$$

$$P_0 = \frac{c_0}{1-c_0}\exp\left(\frac{1}{1-c_0}\right)$$

则有

$$P_y = P_0\exp\left(-\frac{w_{xd}y}{D_t}\right) \tag{8.181}$$

这样水平管内煤粉浓度沿高度的分布就已求出。

为了更清楚地看出煤粉浓度分布的大概趋势，忽略相对云雾速度和单颗粒速度的差别，式（8.177）可写成

$$w_{xd}c = -D_t\frac{dc}{dy}$$

仿式（8.181）可解出

$$c = c_0\exp\left(-\frac{w_{xd}y}{D_t}\right) \tag{8.182}$$

式（8.182）就是煤粉浓度在水平管内沿高度的近似分布规律，事实上，由于影响煤粉浓度分布的因素很多，计算结果近似性很大，因此大多需采用实验的方法来确定。

图 8.31 所示为本书作者用平均粒径 80μm 的煤粉测量的水平直管和弯管内固颗粒在垂直方向分布的实验结果，其中 $\theta=0$ 就是直管内气固两相的分布特性，总体上下浓度趋于对称，但下边的浓度要高于上边。

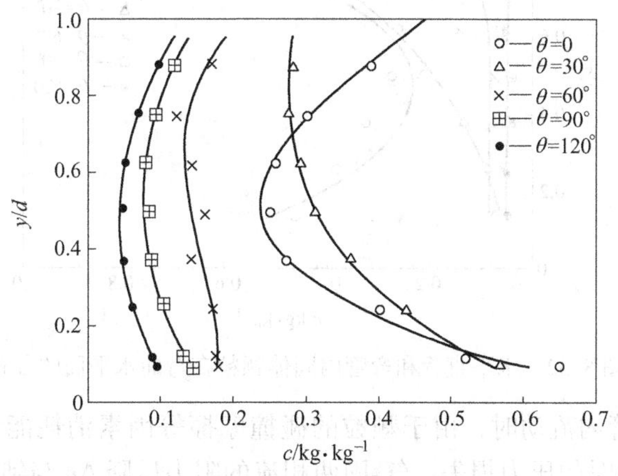

图 8.31　水平直管和弯管内固体颗粒垂直方向的分布

当气固两相沿曲线轨迹流动时，颗粒在旋转气流中就要向外运动，好像受到一个离心

力。如煤粉气流在弯头内运动，在惯性离心力的作用下，煤粉就会流向弯头的外侧。它们的运动并不完全按离心力场的轨迹，很可能颗粒还来不及转弯就由于直线运动的惯性力作用而一头撞到外壁上，碰撞以后还要反弹，因此在弯头内颗粒的运动十分复杂。但弯头外侧浓度很高的现象是经常发生的。图 8.32 所示为水平直管和弯管内固体颗粒在水平方向分布的实验结果，可以看出，在 $\theta=0$ 的弯头入口，颗粒的分布接近对称，而当 $\theta=80°$ 以后，约有 80%的煤粉集中在管子的外侧。进一步的实验还发现，当 $\theta>135°$ 以后，靠近管子外侧的煤粉浓度开始降低，逐渐又趋于均匀。

从图 8.31 和图 8.32 的实验结果可以得到以下结论：

（1）在水平直管内的气固两相流动浓度分布中，水平方向上管中心浓度低，而靠近管处浓度较高，并近似为对称分布，这是由于湍流扩散效应和静电作用所致。在铅垂方向，由于颗粒同时受到重力的作用，所以在靠近管底部固体颗粒浓度最高。这就是在水平管内粒输送中易出现固体颗粒的沉积和堵塞的原因。

（2）在弯管内，当弯曲角在 1~2 弧度内，离心分离的作用远大于重力分离的作用，固体颗粒在靠近弯管的外侧壁形成一股高浓度的固体颗粒束，这就是在气力输送中造成输送管弯头部位外侧磨损严重的主要原因。这也同时启示我们，在弯头出口的附近进行气-固两相分离或在锅炉一次风管弯头进行煤粉浓缩比在管道的其他位置更为有利，并可避免远距离高浓度气-固两相输送中的沉积与堵塞问题。

（3）在弯管中由于惯性离心力的分离作用远大于重力分离的作用，使颗粒在通过管轴时均匀且呈对称分布，靠近管下部的颗粒浓度降低，这说明在弯管内不易产生沉积和堵塞现象。

（4）在弯管的出口接直管道作颗粒分布的恢复性实验中发现，在直管长度与管径之比大于 3.3 之后，内外固体颗粒质量流量近似相同，即得到完全恢复，这就是固体颗粒在流动中的恢复特性。

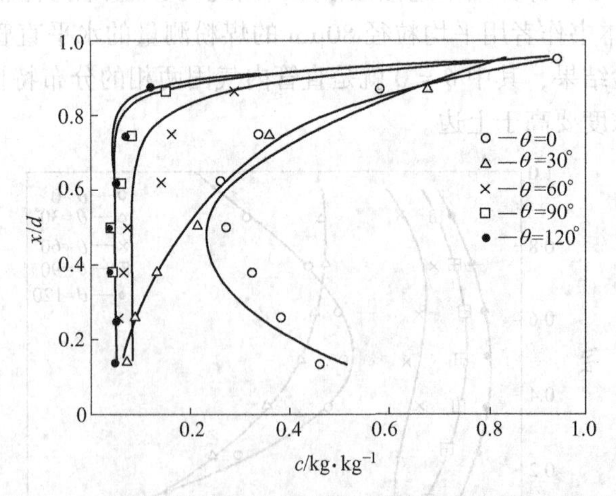

图 8.32　水平直管和弯管内固体颗粒在弯曲水平面的分布

气-固两相流在管内流动时，由于颗粒的碰撞摩擦等因素消耗能量，使两相流动的压力损失大于单相流动时的压力损失。气-固两相流的阻力压降 Δp 与纯空气阻力压降 Δp_0 之比为

$$\frac{\Delta p}{\Delta p_0} = 1 + cK \tag{8.183}$$

式中，K 为系数，由实验确定。

从上面的分析可知，在煤粉的输送过程中，既要选择合适的气流速度以保证煤粉颗粒产生沉积，又要考虑管道磨损、阻力压降，使输粉气流速度不致过高，并以一定的气流速度改善煤粉分配的均匀性。

对并联分叉管道的设置，应充分考虑分叉管道之间煤粉浓度的相对均匀性。由于水平管道内浓度分布的均匀性总是不如直管道，所以，在长而直的铅直管道上分叉要比在水平管道上分叉式煤粉浓度分布更均匀一些。

对于在弯头或变截面管道后装设分叉管的情况，为了各分叉管内的颗粒浓度分布均匀，在一定长度的稳定段后再接分叉管比较合理一些。

8.7.2 煤粉气流的着火

实际的煤粉气流在喷入炉膛后受到对流传热与辐射传热而升温着火，之所以忽略导热，是因为煤粉的燃烧速率要比气体燃料与空气可燃混合物的燃烧速率低得多，火焰锋面十分厚，故火焰锋面内的温度梯度相当小，火焰锋面向新鲜的煤粉与一次风混合物的导热很小。

对煤粉气流的着火与燃烧的研究是从一维层流预混煤粉火焰的研究开始的，魏小林对层流预混煤粉火焰的大量研究成果进行了综述，其主要结果是煤粉预混火焰类似于预混气体一样存在火焰传播界限（着火界限）及对应于某一浓度下的最大层流火焰传播速度。在通常的工业火焰中，气流基本都为湍流扩散火焰。首先，射流与周围高温烟气的卷吸混合使气流受到十分强烈的对流传热；此外，射流被高温烟气和火焰包围，辐射传热的角系数比层流预混火焰锋面的场合有所增大，因此，煤粉与一次风气流的流速达到 15~30m/s 左右仍能稳定着火，而不像层流预混煤粉火焰，由于火焰辐射引起的火焰传播速度一般只有 0.1~1.0m/s。

在湍流扩散煤粉火焰中，比较关注的是在着火过程中的辐射和对流两种热源之中究竟以何种为主。荻原正明通过求解炉膛中煤粉的吸热方程得出单纯依靠对流换热使煤粉表面温度 T 被加热至着火温度 T_{zh} 所需的时间，比单纯依靠辐射换热加热煤粉颗粒至着火温度的时间快近 23 倍。辐射传热大约可供给着火所需热量的 10%~30%，着火所需热量主要来源是对流传热，如图 8.33 所示。

当煤粉气流通过对流与辐射传热获得了足够的着火热后，再经过一段孕育期，即可发生着火。故煤粉在着火前区域中的停留时间可分为加热煤粉颗粒的非稳态时间以及孕育期。阎维平通过求解建立的物理模型分析了着火前区域中煤粉气流的非稳态加热过程，结果表明，煤粒在着火前区域中的停留时间与正常着火的孕育期大致为同一数量级，约为 0.01s；而非稳态传热过程的延迟期一般比孕育期小一个数量级，为 0.005s，两者仅在煤粒较大且煤粉加热温度较高时才接近同一数量级。其所建立的模型在结合实际的基础上抓住了复杂的煤粉气流着火的一些关键问题，比较切合实际。

煤粉气流着火的实质是：辐射传热直接到达煤粉表面而被煤粉吸收。对流传热则是烟气与一次风混合，先传热给一次风，再由一次风传给煤粉。其中一次风把热传给煤粉的对流换热的热阻比较大。如 20μm 直径的煤粉在着火过程中因对流换热的热阻使着火推迟 0.008~0.018s，200μm 直径的煤粉着火推迟就达到 0.8~1.8s。

煤粉内部的非恒定导热所耗时间很小。即使对于 200μm 直径的煤粉，非恒定导热所耗时间也只有 0.01s 左右，因此非恒定导热所耗时间可以忽略不计。

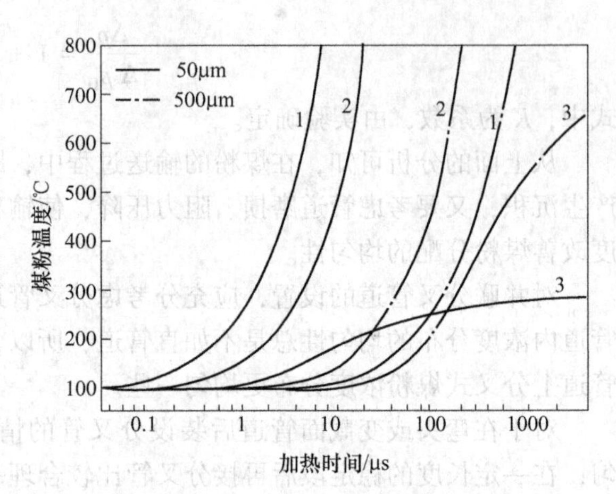

图 8.33　煤粉的加热曲线

1—对流加热曲线；2—辐射加热曲线；

3—考虑向周围介质散热时的曲线

由于蒸发水分、挥发分的析出及加热过程煤粒传热热阻等一系列因素的影响，使煤粉要达到着火所需的温度就会有一个相当长的孕育期，煤粉炉里只能允许有 0.01~0.02s 的孕育期。为了缩短着火所需的孕育期，一定要把煤粉气流加热到远远高于着火温度的状态。下面分析煤粉气流在炉内的着火过程。

图 8.34 所示为煤粉气流着火过程的示意图，当煤粉气流喷入炉膛后，由于受到高温烟气的卷吸与加热，在边界层内的温度由射流核心的初始温度 T_0 上升到周围烟气温度 T_r，而煤粉与氧气浓度则由初始值降低到周围介质中的数值，在湍流边界层中强烈的对流辐射加热下，煤粉被预热和干燥以至析出挥发分着火燃烧。

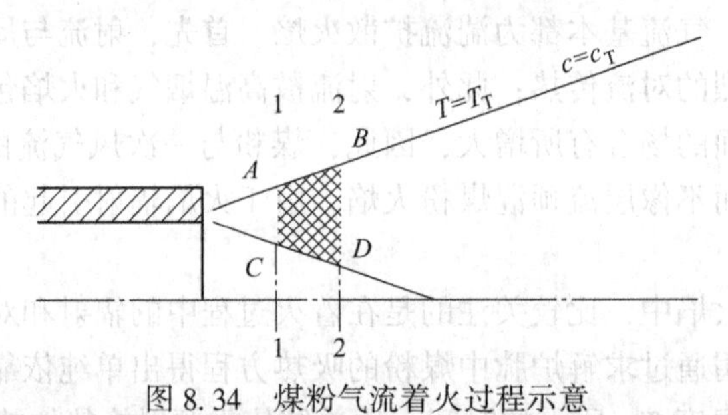

图 8.34　煤粉气流着火过程示意

在炉内，温度和燃烧反应速率这两个因素之间存在着复杂的关系。燃烧加强能使温度升高，温度升高又加快燃烧反应速率。而在温度较低时，这两个因素的作用又朝反方向进行。如气流速度过高，回流区内的产热和散热不平衡，散热大于产热，回流区内气体温度下降；气体温度下降以后，反应速率就减慢，回流区内的产热更少，更使温度下降。这样恶性循环会导致火焰熄灭。

假设炉膛内气体具有强烈的掺混使炉内温度、浓度和速度等物理参数非常均匀，炉膛体积为 $V(m^3)$，进入炉膛的燃料和空气混合物的体积流量为 $q_V(m^3/s)$，则气流在炉内留时间为留时间

$$\tau_0 = \frac{V}{q_V} \tag{8.184}$$

假设这个炉膛进口处的气流温度是 T_0，燃料或氧浓度是 c_0，炉膛中的气体温度是 T，

燃料或氧浓度是 c。那么炉膛出口由于强烈掺混的缘故温度也应该是 T，浓度也应是 c。由于燃烧反应炉膛温度瞬间会从 T_0 上升到 T，而浓度会由 c_0 下降到 c，因此会将进一步燃烧产生的热立即传递给后续的气流，同时会有一些气体在 T 和 c 的参数下流出炉膛。

再假设燃料与空气混合物的反应热为 Q，气流的密度为 ρ，比定压热容为 c_p，炉膛容积中的产热率可根据一级反应的质量作用定律和阿累尼乌斯定律写出

$$Q_1 = k_0 cV\exp\left(-\frac{E}{RT}\right)Q \tag{8.185}$$

另根据气流可燃成分的消耗，计算产热率为

$$Q_1 = q_V(c_0 - c)Q \tag{8.186}$$

从式（8.185）与式（8.186）中消去 c，就得到

$$Q_1 = \frac{cQ}{\dfrac{1}{k_0 cV\exp\left(-\dfrac{E}{RT}\right)}} = \frac{(c_0 - c)Q}{\dfrac{1}{q_V}} = \frac{cQ + (c_0 - c)Q}{\dfrac{1}{k_0 cV\exp\left(-\dfrac{E}{RT}\right)} + \dfrac{1}{q_V}}$$

$$= \frac{c_0 Q}{\dfrac{1}{k_0 V\exp\left(-\dfrac{E}{RT}\right)} + \dfrac{1}{q_V}} = \frac{c_0 Q}{\dfrac{1}{q_V} + \dfrac{\exp\left(\dfrac{E}{RT}\right)}{k_0 V}}$$

1 m^3流过炉膛的气体的产热率，即单位产热量为

$$q_1 = \frac{Q_1}{q_V} = \frac{c_0 Q}{1 + \dfrac{\exp\left(\dfrac{E}{RT}\right)}{k_0 \tau_0}} \tag{8.187}$$

单位产热量 q_1 与温度 T 的关系如图 8.35 所示。当温度趋于无穷大时，$\exp\left(-\dfrac{E}{RT}\right)$ 趋于 1，所以 q_1 曲线逐渐接近于 $q_1 = k_0\tau_0 c_0 Q/(1 + k_0\tau_0)$；当 τ_0 增加时，这根渐近线上移。最后当 τ_0 趋于无穷大时，q_1 曲线逐渐接近于 $q_1 = c_0 Q$。这就是说，假如燃烧反应瞬间就能完成，那么单位产热量就等于可燃成分浓度 c_0 与反应热 Q 的乘积，所有可燃成分一下就完全燃烧，没有不完全燃烧损失。当温度 T 仅为一有限值，燃烧化学反应只能在一定的时间内以有限的速率进行。温度越低，燃烧反应时间越长，炉膛残余的未燃燃料与氧就越多。由于以上的计算是在假设具有强烈掺混的零元系统下进行的，炉膛中残存的可燃成分浓度 c 到处一样，所以气流流出炉膛时就不可避免地携带了一些可燃成分而引起不完全燃烧损失。这样炉膛中的产热率要打上一个折扣，单位产热量 q_1 在 T 低时就要低一些。如图 8.35 所示的每一根曲线都是在 $k_0\tau_0$ 值一定的条件下绘出

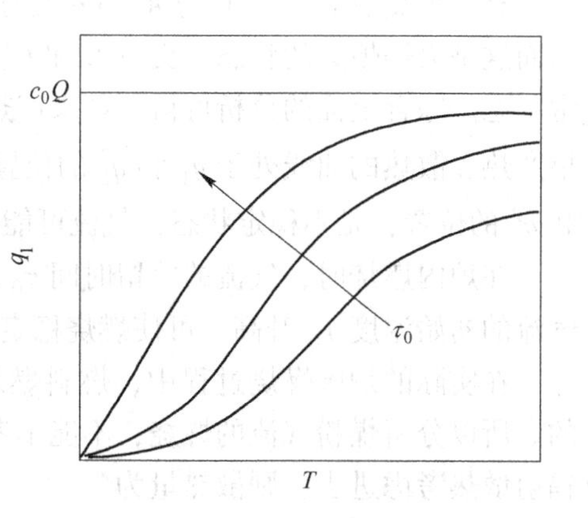

图 8.35 煤粉气流单位产热量与温度的关系

的。当气流在炉膛内的停留时间 τ_0 延长时，由式（8.189）就可以看出，q_1 值增加，q_1-T 曲线向上移动。这个关系的物的意义可解释成：当停留时间 τ_0 增加时，燃烧时间更充分，炉膛内残存的可燃物浓度减少一些，所以流出炉膛的气流携带的可燃物成分减少一些，不完全燃烧损失减少一些，结果单位产热量在 τ_0 增加时可少许增加一些。

现在来分析气流的散热情况。若忽略不计炉膛内气流向炉壁的散热，则只考虑气流所带走的散热量，那么单位散热量 q_2 为

$$q_2 = \rho c_p (T - T_0) \tag{8.188}$$

可见单位散热量 q_2 与 T 的关系是一根倾斜的直线。图 8.36 所示为 q_1 与 q_2 两直线的综合结果。一般情况下，q_2 曲线的位置大约在 q_2^2 线上，此时 q_1 与 q_2 曲线有 3 个交点 A、B 和 C。当温度 T 处于 A 与 B 之间时，q_2 值比 q_1 值大，散热大于产热，炉膛中的气体温度就下降，当温度比 C 点还高时，q_2 值也比 q_1 值大，气体温度也要下降。当温度在 A 点以下或在 B 和 C 之间时，q_1 值比 q_2 值大，产热大于散热，炉膛中的气体温度就升高。因此，虽然 q_1 与 q_2 曲线有 3 个交点，但其中交点 B 是不稳定的。如果工作点在 B，只要稍一离开 B 点，工作点就要上升到 C，或下降到 A。交点 A 和 C 都是稳定的。如果工作点在 A 或 C，那么假使温度离开它们，工作点还会恢复到这两个交点。

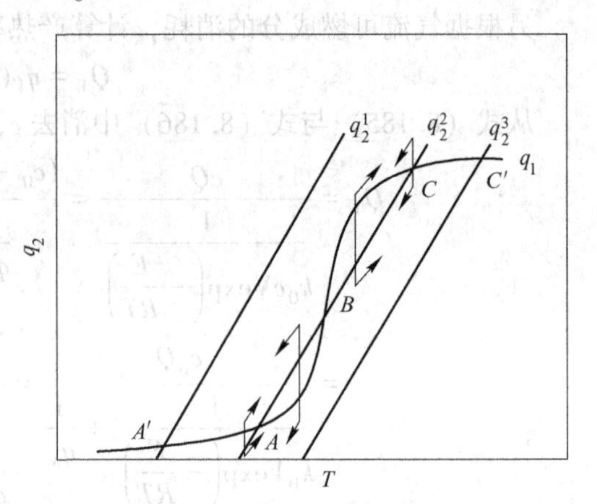

图 8.36　煤粉气流热平衡关系

如果 q_2 曲线在 q_2^1 位置，它与 q_1 曲线就只有一个交点水 A'。如果 q_2 曲线在 q_2^3 位置，也只有一个交点 C'。A 点与 A' 点都处于很低的温度。这时气流在炉膛中根本没有燃烧，因而这是火焰熄灭的状态。交点 C 和 C' 的温度很高，这时气流在炉膛内着火燃烧，是正常状态。综合上面的分析可得：如果产热和散热的曲线处于 q_1 和 q_2^1 位置，气流熄火；如果产热和散热的曲线处于 q_1 和 q_2^3 的位置，气流正常燃烧；而当产热和散热的曲线处于 q_1 和 q_2^2 的位置，是不稳定状态，气流可能熄火，也可能正常燃烧。

在炉内燃烧时，气流的停留时间 τ_0 增加，火焰燃烧的稳定性改善；发热量 Q 增加或气流的初始温度 T_0 升高，可使燃烧稳定性改善。

在实际的炉膛燃烧过程中，燃料燃烧所放出的热量是依靠水冷壁的吸热来加热工质的。所以分析煤粉气流的燃烧，不能不考虑水冷壁所吸收的热量。如果把火焰对水冷壁的辐射散热考虑进去，则散热量为

$$Q_2 = q_V \rho c_p (T - T_0) + 4.8 \times 10^{-8} \varepsilon_{\mathrm{lt}} \zeta A_{\mathrm{Syx}} T^4 \tag{8.189}$$

式中，$\varepsilon_{\mathrm{lt}}$ 为炉膛黑度；ζ 为水冷壁的污垢系数；A_{Syx} 为有效辐射受热面积，$\mathrm{m^2}$。

单位散热量为

$$q_2 = \frac{Q_2}{q_V} = \rho c_p (T - T_0) + \frac{4.8 \times 10^{-8} \varepsilon_{\mathrm{lt}} \zeta A_{\mathrm{Syx}} T^4}{q_V} = \rho c_{\mathrm{p}} (T - T_0) + \tau_0 \sigma T^4 \tag{8.190}$$

式中，$\sigma = 4.8 \times 10^{-8} \varepsilon_{\mathrm{lt}} \zeta A_{\mathrm{Syx}} / V$，取决于炉膛结构。

当负荷降低时，气体在炉膛内的停留时间 τ_0 增加，图 8.35 的 q_1 曲线将向上移动，而 q_2 曲线由式（8.189）可见也要向上移动，因此当负荷降低到一定程度以下就会出现熄火。

当煤粉与一次风混合物以直流射流或旋转射流的形式喷进炉膛后，不管是组织炉内四角切圆燃烧还是前后墙对冲燃烧，其射流与周围高温烟气的卷吸混合使气流受到十分强烈的对流传热，同时也吸收炉内高温的辐射传热。炉内通过对流、辐射达到煤粉气流着火所需要的热量时，煤粉气流就可以实现着火并进行连续的燃烧化学反应，产生燃烧热。燃烧产生的热量一部分通过水冷壁传递给工质，一部分用以维持和保证炉内有足够高的温度水平，使燃烧连续不断地进行下去。可见获得足够的着火热是保证煤粉气流稳定着火和燃烧的必要条件。

上述的热工况分析只假设了系统内的各种工况均匀，属于零维系统的热平衡分析。零维热工况分析也曾用于煤粉炉下部的局部空间，如切向布置炉的燃烧器区域以及化工工业上的气化炉，在中国享有专利的煤粉加压气化装置都获得令人满意的效果。

将煤粉气流从燃烧器喷口喷出的气流近似地按一元系统来处理，加热煤粉气流及对煤粉中的水分进行蒸发和过热所需的着火热为

$$Q_{zh} = B_r\left(V^0\alpha_r r_1 c_{1k}\frac{100-q_4}{100} + c_d\frac{100-M_{ar}}{100}\right)(T_{zh}-T_0) + B_r\left\{\frac{M_{ar}}{100}[2510+c_q(T_{zh}-100)] - \frac{M_{ar}-M_{mf}}{100-M_{mf}}[2510+c_q(T_0-100)]\right\} \tag{8.191}$$

式中，B_r 为每只燃烧器的燃煤量（以原煤计，kg/s）；V^0 为理论空气量，m^3/kg；α_r 为由燃烧器送入炉中并参与燃烧的空气所对应的过量空气系数；r_1 为一次风风率；c_{1k} 为一次风比热容，$kJ/(m^3 \cdot K)$；$(100-q_4)/100$ 为由燃料消耗量折算成计算燃料量的系数；q_4 为固体不完全燃烧热损失；c_d 为煤的干基比热容，$kJ/(kg \cdot K)$；M_{ar} 为煤的收到基水分，%；T_{zh} 为着火温度，K；T_0 为煤粉与一次风气流的初温，K；$[2510+c_q(T_{zh}-100)]$ 与 $[2510+c_q(T_0-100)]$ 为煤中水分蒸发成蒸汽，并过热到着火温度或一次风初温所需的焓增，kJ/kg；c_q 为过热蒸汽的比热容，$kJ/(kg \cdot K)$；$(M_{ar}-M_{mf})/(100-M_{mf})$ 为原煤在制粉系统中蒸发的水分；M_{mf} 为煤粉水分百分数，%。

由式（8.191）可见，着火热随燃料性质（着火温度、燃料水分、灰分、煤粉细度）和运行工况（煤粉气流初温、一次风率和风速）的变化而变化，当煤粉与一次风通过对流与辐射传热获得热量等于或大于着火热时，在过了孕育期时，它就着火了。

下面按一元系统中煤粉气流着火过程的物理模型，分析影响煤粉气流着火的主要因素：

（1）煤的干燥无灰基灰发分 V_{daf} 降低，煤的着火温度提高（表 8.9），这时煤粉气流就必须加热到很高的温度才能正常着火。原煤水分增大时，所需着火热也随之增大，同时水分的加热、汽化、过热都要吸收炉内的热量，致使炉内温度水平降低，从而使煤粉气流卷吸的烟气温度以及火焰对煤粉气流的辐射热也相应降低。这对着火显然也是更加不利的。

（2）原煤灰分在燃烧过程中不但不能放热，而且还要吸热。特别是当燃用高灰分的劣质煤时，由于燃料本身发热量低，燃料的消耗量增大，大量灰分在着火和燃烧过程中要吸收更多热量，因而使得炉内烟气温度降低，同样使煤粉气流的着火推迟，而且也影响了

着火的稳定性，灰分对火焰传播速度的影响如图 8.37 所示。

表 8.9 不同煤种煤粉气流中煤粉颗粒的着火温度

煤种	褐煤		烟煤		贫煤	无烟煤
干燥无灰基挥发分/%	50	40	30	20	14	—
着火温度/℃	550	650	750	840	900	1000

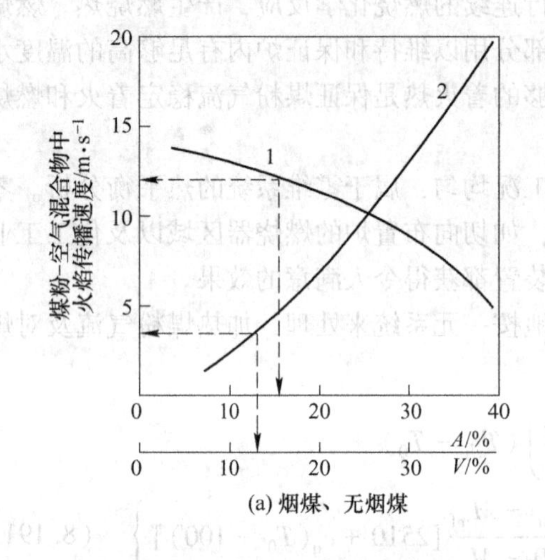

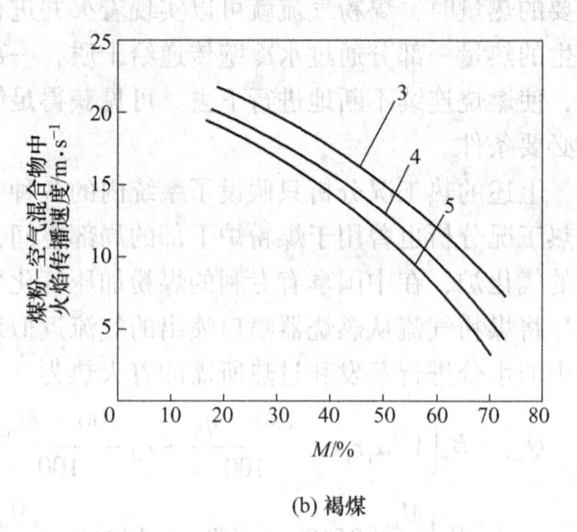

图 8.37 水分、灰分和挥发分对合理一次风的影响

A—灰分；V—挥发分；M—水分；

1—灰分的影响；2—挥发分的影响；3—灰分 0~5%；

4—灰分 5%~10%；5—灰分 10%~20%

（3）煤粉气流的着火温度也随煤粉的细度而变化，煤粉越细，着火越容易。这是因为在同样的煤粉浓度下，煤粉越细，进行燃烧反应的表面积就会越大，而煤粉本身的热阻却减小，因而在加热时，细煤粉的温升速度要比粗煤粉明显提高。

（4）提高煤粉与一次风的初温 T_0 可减少着火热，使着火时间缩短。如提高预热空气的温度，采用热风送粉系统。

（5）增大煤粉-空气混合物中的一次风量 $V^0\alpha_{r1}$，将增大着火热，着火点推迟，如图 8.38 所示；减小一次风量，会使着火热显著降低。但一次风量不能过低，否则会由于煤粉着火燃烧初期得不到足够的氧气，而使化学反应速率减慢，阻碍着火燃烧的继续扩展。另外，一次风量还必须满足输粉的要求，否则会造成煤粉堵塞。

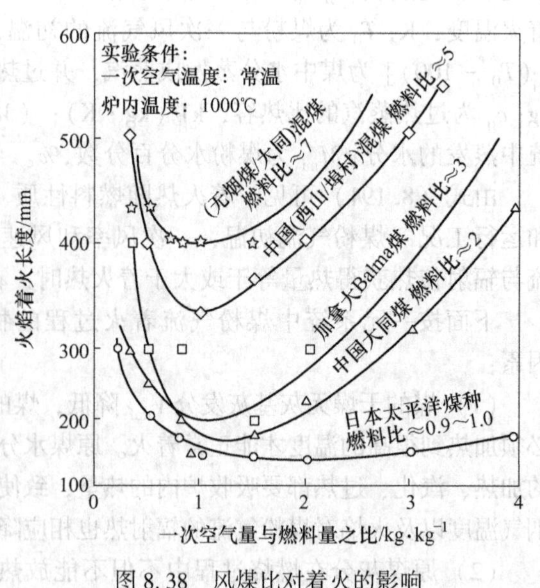

图 8.38 风煤比对着火的影响

(6) 一次风速对着火过程也有一定的影响。若一次风速过高，则通过单位面积的流量增大，势必降低煤粉气流的加热速度，使着火距离加长。但一次风速过低时，会引起燃烧器喷口被烧坏，以及煤粉管道堵塞等故障，故有一个最适宜的一次风速，它与煤种及燃烧器形式有关。

(7) 煤粉浓度对着火的影响。魏小林通过实验证实了对于每一种煤来说，煤粉浓度都有一个最佳值，在此浓度下，煤粉的着火温度最低。Sakai 和徐明厚等人分别在一维混合过程控制炉上进行了实验，研究表明，对实验煤种，存在一最佳煤粉浓度，使煤粉着火距离最短，此值约为 1.0~1.5kg/kg，比目前电厂一次风管内的煤粉浓度高。P. R. Solomn 也给出了 ABB-CE 公司提供的资料，资料表明对不同煤种都存在一个最佳煤粉浓度，在该浓度下火焰传播速度最大，如图 8.39 所示。

上述研究说明，对湍流扩散煤粉火焰，存在一最佳煤粉浓度，使其火焰传播速度最大，着火温度最低，着火距离最短。Hertzberg 对此的解释是：类似于气体预混燃料，在化学当量比等于 1 或稍大于 1 时，火焰传播速度最大，煤粉气流的最佳浓度使析出的挥发分与环境空气匹配达到化学当量比时对应的浓度。

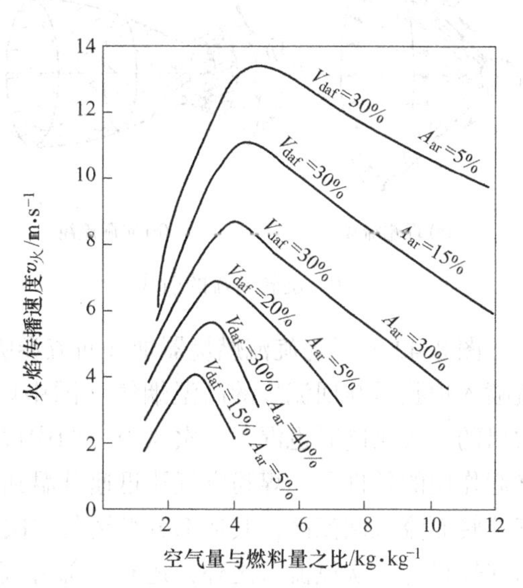

图 8.39 风煤比对火焰传播速度的影响

Hertzberg 的解释也从侧面反映了他认为高浓度煤粉气流的着火是以均相方式进行的，即挥发分着火。盛昌栋等通过高浓度煤粉着火阶段特性的实验研究，发现煤粉浓度在一定程度上决定了煤粉气流的着火方式，浓度增高，煤粉气流由多相着火方式向均相着火方式转变，从而证明了 Hertzberg 的解释。

由于湍流扩散煤粉火焰中火焰锋面变厚而且剧烈抖动，很难定义与测量类似于气体火焰的所谓火焰传播速度，也就很难确定与最大火焰传播速度相对应的最佳煤粉浓度，并且，Hemberg 等人只对提高煤粉浓度有利于挥发分着火给出了解释，而实际上煤粉燃烧包括挥发分着火和煤焦燃烧两个方面，挥发分的着火有利于煤焦的着火，但是不能保证煤粉气流的稳定燃烧，只有煤焦的着火才能发展成为煤粉气流的稳定燃烧，故阎维平等从工程煤粉火焰实际应用的角度出发，建议用燃烧温度水平来定义最佳煤粉浓度，即在一定煤种和工况下，使燃烧达到最高温度水平时对应的煤粉浓度，定义为最佳煤粉浓度。并根据实验得出结论：煤种对最佳煤粉浓度的影响最大，挥发分和热值越大，最佳煤粉浓度越小；一次风温度越高，最佳煤粉浓度也越高。其结论对实际过程中如何组织起高温度水平的燃烧具有指导意义。

8.7.3 旋转射流中煤粉的着火

目前组织煤粉燃烧的方式大多数为以下两种：一是旋流燃烧器前后墙布置的对冲燃烧，另一方式是直流燃烧器四角布置的炉内切圆燃烧。

旋转射流通过各种形式的旋流器来产生。气流在出燃烧器之前，在圆管中做螺旋运动，一旦离开燃烧器后，如果没有外力的作用，它应当沿螺旋线的切线方向运动，形成辐射状的环状气流，其流线如图 8.40 所示。旋转射流不但具有轴向速度，而且有较大的切向速度，从旋流燃烧器出来的气体质点既有旋转向前的趋势，又有从切向飞出的趋势，这样的流动过程形成中心负压区，由于中心负压的作用将产生高温烟气的回流。图 8.41 所示为 410t/h 锅炉旋流燃烧器出口的气流速度分布。

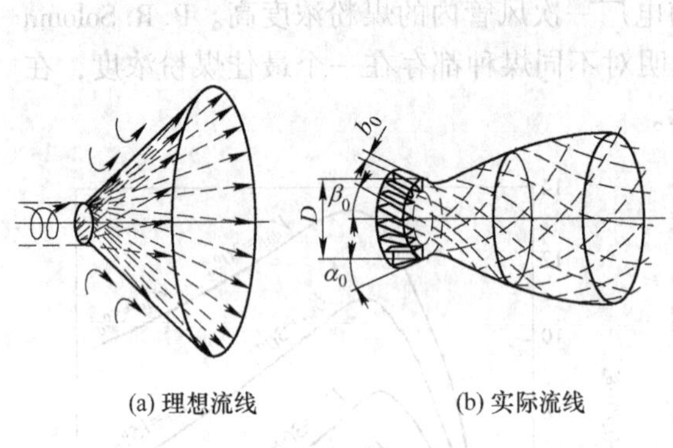

图 8.40 旋转射流的射线

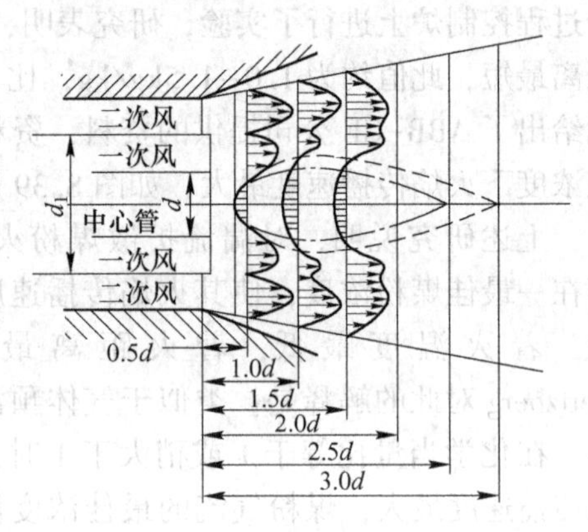

图 8.41 旋转燃烧器出口速度分布

图 8.42 所示为旋流燃烧器烟气回流卷吸和煤粉着火过程的示意图。煤粉与一次风气流喷入炉膛后与回流来的高温烟气（图中以 3 表示）混合，并受到火焰的辐射，紧靠一次风的二次风同时也混入一次风中（图中以 5 表示），增大了着火需热量。在这样 3 个因素起作用的条件下，煤粉空气流迅速升温到着火温度而着火。着火后一部分煤粉与一次风气流转而流入回流区，其他部分继续与二次风混合燃烧，并向下游流去。回流区里除了有这些煤粉与一次风流入之外，还有一部分高温烟气从炉膛深处摄取来（图中以 4 表示），它们汇合后在回流区中燃烧升温到相当高的温度再作为回流烟气（图中以 3 表示）去将后续的煤粉与一次风气流点燃。二次风外缘也卷吸一些烟气（图中以 6 表示），这些烟气通过加热二次风减少着火所需要的热量。

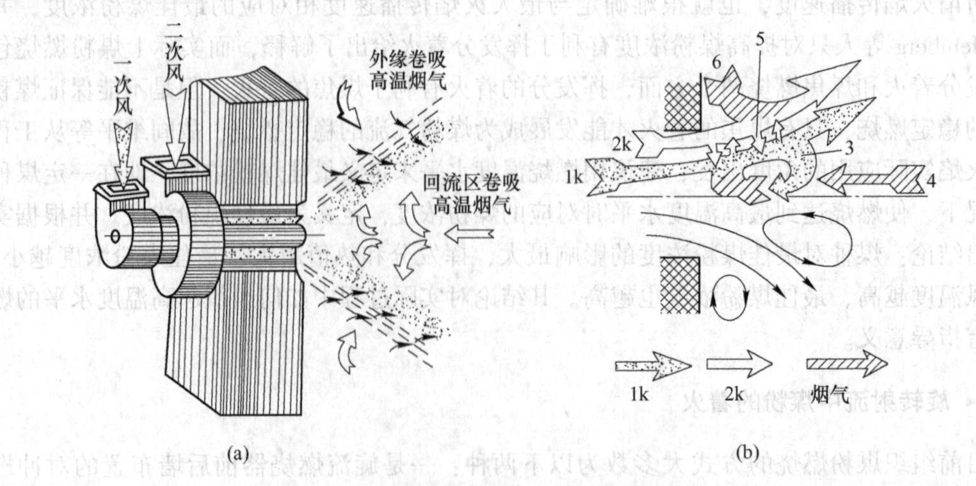

图 8.42 旋转燃烧器烟气回流卷吸和煤粉着火过程

许晋源对挥发分和固定碳的份额及热值、一次风量、冷态实验所得回流烟气量与一次风量之比、某一相对距离 l/d 处气流剩余温度与一次风原始剩余温度之比、回流气体与二次风的剩余温度建立热平衡方程，并在假定回流区挥发分全部烧掉，固定碳烧掉20%等的条件下，提出双蜗壳型旋流燃烧器燃烧无烟煤的着火过程计算方法，用计算着火所需回流气体量来判断旋流燃烧器着火特性。但计算必须建立在实验研究数据的基础上进行。

周屈兰提出煤粉气流着火的代数模型，并得到一个可以描述煤粉气流着火过程的控制参数。在这个控制参数中，将影响煤粉着火的因素统一进行考虑，建立着火过程特性参数与控制参数之间的函数关系，指导热态运行过程。

不论多么复杂的物理过程，总是遵守热力学第一定律。所以，对煤粉气流的着火燃尽，以一次风为研究对象，各种物理模型总是基于热力学第一定律的如下形式：

$$Q_c + Q_{re} - Q_V = 0 \tag{8.192}$$

式中，Q_c 为煤粉气流从卷吸烟气中得到的对流吸热量和炉膛高温烟气辐射吸热量；Q_V 为煤粉气流以及烟气升温所需的吸热量，包括一次风和混入的二次风气流以及烟气的显热等；Q_{re} 为煤粉气流中的化学反应放热量，包括挥发分和焦炭的燃烧放热以及其他化学反应的放热量。

描述着火过程的物理模型如图8.43所示。已知流量1kg/s的一次风，初始温度为 T_1(K)，煤粉浓度为 c，卷吸温度为 T_1，高温烟气量为 f_{re}，温度 T_{2k} 的二次风量为 f_{2k}，以速度 ω 流动经过特征长度 l，达到着火温度 T_{zh}。着火的代数模型的目标就是建立起温度 T_{2k} 与各影响因素之间的关系。

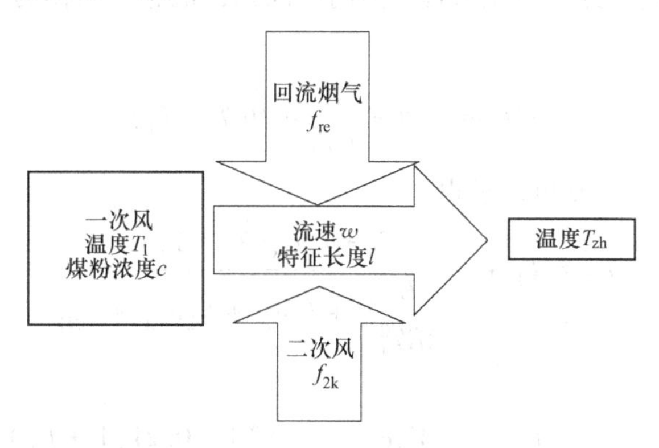

图8.43 着火过程的物理模拟

对能量守恒方程式（8.180），令煤粉气流从卷吸烟气中得到的对流吸热量 Q_c 为

$$Q_c = f_{re} c_{py}(T_l - T_{zh}) \tag{8.193}$$

式中，c_{py} 为烟气的比热容；T_l 为炉膛中的烟气温度，不妨认为 $T_l = k_q q_F$；k_q 为系数，q_F 为炉膛的截面热负荷。

煤粉气流的辐射吸热量 Q_{ru} 约占总着火热的10%~30%，对旋流燃烧方式取下限，暂时忽略不计。

假设着火阶段的燃烧反应仅由挥发分与氧气发生化学反应，而挥发分的发热量取煤的低位发热量 $Q_{net,V,ar}$，则煤粉气流中的化学反应放热量 Q_{re} 为

$$Q_{re} = \tau \omega_{re} Q_{net,V,ar} \tag{8.194}$$

式中，τ 为特征停留时间，不妨令 $\tau=1/\omega$；ω_{re} 为化学反应速率：

$$\omega_{re}=k_t k_0\left(\frac{V_{ar}c}{1+V_{ar}c+f_{re}+f_{2k}}\right)^{\alpha}\left[\frac{0.21(1+f_{2k})}{1+V_{ar}c+f_{re}+f_{2k}}\right]^{\beta}e^{-\frac{E}{R\overline{T}}} \tag{8.195}$$

式中，k_t 为考虑气流湍动对燃烧速率的系数；k_0 为燃烧反应的频率因子；α、β 为反应指数；E 为活化能；R 为摩尔气体常数；$\overline{T}$ 为平均温度，$\overline{T}=\frac{T_1+T_{zh}}{2}$；$\frac{V_{ar}c}{1+V_{ar}c+f_{re}+f_{2k}}$ 和 $\frac{0.21(1+f_{2k})}{1+V_{ar}c+f_{re}+f_{2k}}$ 分别为可燃物和氧气的浓度。

煤粉气流与烟气升温所需的吸热最 Q_V 包括一次风和混入的二次风气流的显热，Q_V 可写为

$$Q_V=f_{2k}c_{p2k}(T_{zh}-T_{2k})+c_{p1k}(T_{zh}-T_0) \tag{8.196}$$

式中，c_{p1k}，c_{p2k} 分别为一次风和二次风的比热容。

假定二次风和一次风温度相同，$T_{2k}=T_1$，将式（8.182）~式（8.185）代入式（8.181），得

$$\tau Q_{net,V,ar}k_t k_0\left(\frac{V_{ar}c}{1+V_{ar}c+f_{re}+f_{2k}}\right)^{\alpha}\left[\frac{0.21(1+f_{2k})}{1+V_{ar}c+f_{re}+f_{2k}}\right]^{\beta}e^{-\frac{E}{RT}}+f_{re}c_{py}(T_l-T_{zh})$$
$$=f_{2k}c_{p2k}(T_{zh}-T_{2k})+c_{p1k}(T_{zh}-T_0) \tag{8.197}$$

式中，$e^{-\frac{E}{RT}}$ 一项导致这个方程不能求解，为简化问题，把这一项作为 T 的函数，在 $T=T_1$ 作泰勒级数展开

$$e^{-\frac{E}{RT}}\approx e^{-\frac{E}{RT}}+\frac{E}{RT_1^2}e^{-\frac{E}{RT}}(\overline{T}-T_1) \tag{8.198}$$

再代入式（8.197），则可以求得

$$T_{zh}=T_1+\frac{K+f_{re}c_{py}(T_l-T_1)}{-\frac{E}{2RT_1^2}K+f_{re}c_{py}+f_{2k}c_{p2k}+c_{p1k}} \tag{8.199}$$

其中

$$K=\tau Q_{net,\ v,\ ar}k_t k_0\left(\frac{V_{ar}c}{1+V_{ar}c+f_{re}+f_{2k}}\right)^{\alpha}\left[\frac{0.21(1+f_{2k})}{1+V_{ar}c+f_{re}+f_{2k}}\right]^{\beta}e^{-\frac{E}{RT_1}} \tag{8.200}$$

将式（8.199）略做变化，得到一个量纲一的数，并定义其为燃烧特征数 Co，则

$$Co=\frac{T_{zh}-T_1}{T_1}=\frac{K+f_{re}c_{py}(T_l-T_1)}{T_1\left(-\frac{E}{2RT_1^2}K+f_{re}c_{py}+f_{2k}c_{p2k}+c_{p1k}\right)} \tag{8.201}$$

这个特征数的物理意义是表征煤粉气流在着火阶段的升温与煤粉气流初温的比值。等号最右端的分式，分子表示的是化学反应的放热和卷吸高温烟气提供的热量，分母表示的是气流升温所需要的吸热。在这个特征数中，包含了煤种、煤粉浓度、空气动力场特征、炉膛热负荷等因素的影响。以下对这个特征数进行讨论：

（1）关于 f_{re} 的讨论，忽略 K 中 f_{re} 的影响，把式（8.200）对 f_{re} 求导，得

$$\frac{\mathrm{d}(Co)}{\mathrm{d}(f_{re})}=\frac{c_{py}(T_l-T_1)T_1\left(-\frac{E}{2RT_1^2}K+f_{re}c_{py}+f_{2k}c_{p2k}+c_{p1k}\right)-T_1c_{py}[K+f_{re}c_{py}(T_l-T_1)]}{T_1^2\left(-\frac{E}{2RT_1^2}K+f_{re}c_{py}+f_{2k}c_{p2k}+c_{p1k}\right)^2} \tag{8.202}$$

由于分母恒大于 0，只要满足分子大于 0，该导数值就大于 0，Co 就随 f_{re} 的增大而增大，此时，增大烟气回流量有利于提高着火区的温度水平。事实上，分子大于 0 的条件式（8.202）经过推导简化后成为

$$T_l \geqslant T_{zh} \tag{8.203}$$

只要卷吸的烟气温度高于着火点的温度，Co 就随 f_{re} 的增大而增大。显然，这对于只研究挥发分燃烧的物理模型是自动成立的。因此，在有物理意义的范围内，增大烟气回流都利于提高着火升温的速度。

（2）关于 f_{2k} 的讨论，同样忽略 K 中 f_{2k} 的影响，从式（8.201）显然可以看出，增大 f_{2k} 将导致 Co 下降，在挥发分燃烧阶段混入冷的二次风不利于温度水平的提高。

（3）关于 K 的讨论，当 Co 为正值的时候，随着 K 的增大，式（8.200）中分子增大，分母减小，Co 增大，着火点的温度上升。

根据 K 的定义式（8.199），显然，煤粉气流的初温 T_1 增大，流场的湍动影响 k_t 增大，停留时间 τ 变长，煤种发热量 $Q_{net,v,ar}$ 增大，这些因素都有利于化学反应热 K 的增大。

把式（8.200）对 c 求导，可以获得使 K 达到极大值的条件，即

$$V_{ar}c=\frac{\alpha}{\beta}(1+f_{2k}+f_{re}) \tag{8.204}$$

式（8.204）就是最佳煤粉浓度的计算式，当煤粉浓度满足这个条件的时候，化学反应放热量 K 达到最大值，Co 也达到最大值，着火点的温度 T_{zh} 达到最大值。显然，当二次风混入量增加或卷吸量增加的时候，最佳煤粉浓度会提高，而煤的挥发分增加的时候，最佳煤粉浓度下降。

尽管这个代数模型对物理问题进行了比较大的简化处理，但它较清楚地阐明了影响着火的各个因素之间的关系，推导出可以与着火温度之间建立函数关系的控制参数。直接用式（8.198）来计算着火点温度还是有困难的，但是只要通过冷态实验获得了 f_{re}、f_{2k}、k_t 这些空气动力场的特性参数，并通过一些测量手段获得 k_0、E、α、β 等数值，就可以用特征数 Co 来整理热态实验的数据和预报热态燃烧的着火情况。

8.7.4 直流射流中煤粉的着火

四角布置的直流燃烧器喷出的煤粉气流按一定的假想切圆进入炉内，形成炉内切圆燃烧，如图 8.44 所示。图 8.45 所示为角置直流燃烧器煤粉气流在空间受热着火过程的示意图。上邻角燃烧器喷出的火炬顺着炉内旋转火焰方向喷到下邻角一次风煤粉气流向火一侧的侧面，给它提供高温烟气；同时，背火侧的气流也可从另一侧卷吸炉墙附近的热烟气。与此同时，一、二次风之间也进行着混合，为着火后的气流提供氧气。

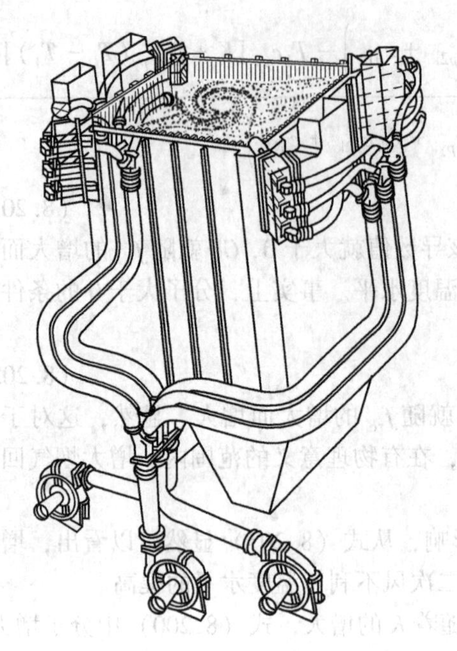

图 8.44　四角布置直流燃烧器炉内切圆燃烧示意图

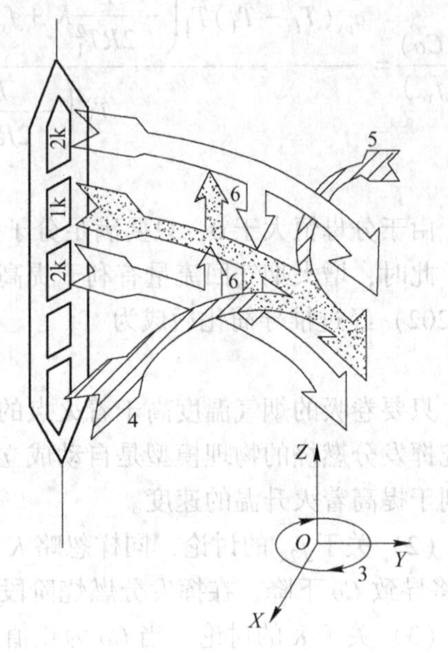

图 8.45　角置直流燃烧器煤粉气流在空间受热着火过程的示意图

1k——一次空气；2k—二次空气；3—旋转火焰的方向；4—上邻角的火焰送到向火面的高温烟气；5—背火面卷吸得热烟气；6——、二次的过早混入

对于四角布置的直流燃烧器喷出的煤粉气流的着火，仍然是依靠炉内高温烟气的对流和辐射热来加热煤粉气流和混进的二次风，使携带煤粉的一次风和为燃烧提供氧量的二次风在离开喷口一定距离后达到着火温度而着火燃烧。对着火的计算也是建立在实验的基础上，通过冷态模拟实验，用一次风、二次风、高温炉烟的初始温度（或剩余温度）和某截面各点的混合温度，按温度场比拟浓度场的方法，求出距燃烧器喷口一定距离处各点一、二次风及炉烟的浓度分布，然后按照实际燃烧时一次风、二次风的温度、浓度和不同燃料的着火温度，用热量方程计算出混合气体着火所需要的热量，用高温炉烟的温度和浓度计算出提供燃烧的热量。当提供燃烧的热量大于着火所需要的热量时，就可以实现稳定的着火。

8.7.5　煤粉气流的燃尽过程

煤粉气流着火后，火焰会以一定速度向逆着气流方向扩展，若此速度等于从燃烧器喷出的煤粉气流的速度时，则火焰稳定于该处；反之，则火焰被气流吹向下游，在气流速度衰减到一定程度的地方稳定下来，此时，可能会导致火焰被吹灭，或出现着火不稳定的现象。一次风煤粉气流的速度低，在相同的距离内会吸收更多的热量，有利于着火稳定。提高煤粉浓度和煤粉细度，提高一、二次风温，都有利于着火温度。

当煤粉气流达到稳定着火后，将会有更多的空气混入煤粉气流，提供足够的氧气使燃烧继续进行。为使煤粉完全燃烧，除应有足够的氧气外，还必须保证火焰有足够的长度，即煤粉在高温炉膛内有足够的停留时间。煤粉气流一般在喷入炉膛0.3~0.5m处开始着火，到1~2m处大部分挥发分已析出燃尽。不过余下的焦炭却往往到10~20m处才燃烧完全或接近完全。

图8.46所示为一台烧无烟煤的200MW机组锅炉的温度和煤粉燃尽率随炉内火焰长度的变化而变化的示意图。在离燃烧器出口4m处，煤粉气流所形成火焰温度已升到最高值。在20m处燃尽率已达97%，到炉膛出口28m处燃尽率只增加不到1%。进入对流受热面后烟气温度迅速下降，氧的浓度已很低，未燃尽的焦炭颗粒不再继续燃烧，成为固体不完全燃烧损失。不同煤种的煤粉燃尽率沿炉膛长度的变化情况的统计结果见表8.10。

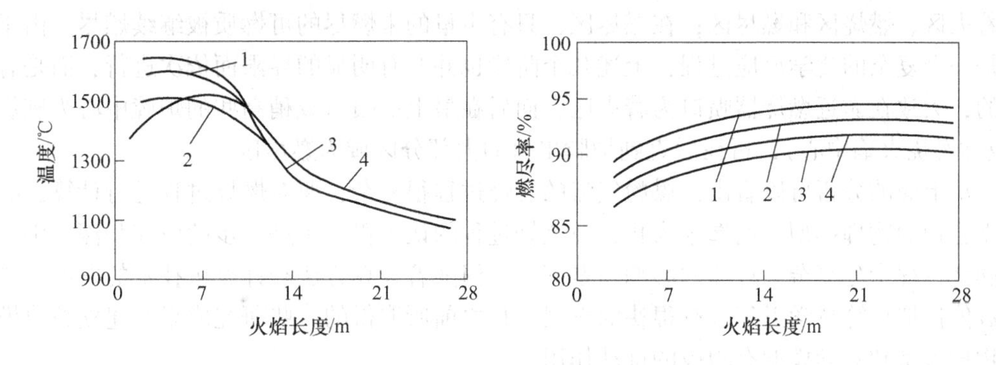

图8.46 煤粉炉的温度与燃尽率随火焰长度的变化

表8.10 不同煤粉燃尽率沿炉膛长度的变化情况

燃料种类	沿炉膛的相对长度					
	0.15	0.20	0.30	0.40	0.50	1.0
无烟煤、贫煤	0.72~0.86	0.86~0.90	0.92~0.95	0.93~0.96	0.94~0.97	0.96~0.97
烟煤	0.90~0.94	0.92~0.96	0.95~0.97	0.96~0.98	0.98~0.99	0.8~0.995
褐煤	0.91~0.95	0.93~0.97	0.96~0.98	0.97~0.98	0.98~0.99	0.99~0.995
煤和重油混燃（$\alpha=1.02$）	—	—	0.94~0.96	0.96~0.98	0.97~0.99	0.995

图8.47所示为无烟煤煤粉炉燃烧过程中沿火焰流动方向各种气氛和飞灰碳的质量分数$w_{C_{fh}}$等变化过程。着火后的初级阶段，由于温度很高、氧气充足、混合也很强烈，故燃

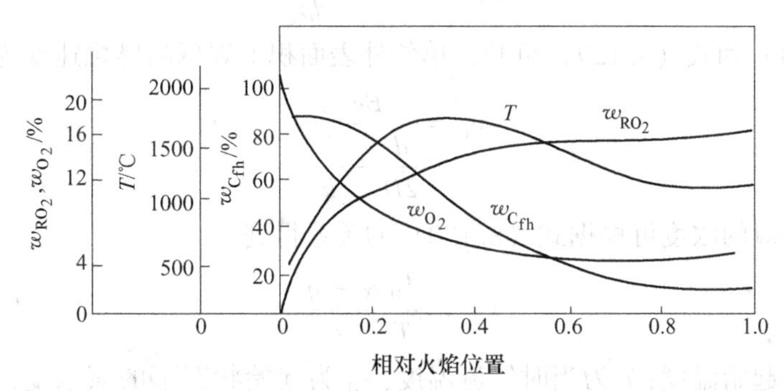

图8.47 无烟煤煤粉炉燃烧过程沿火焰流动方向各种气氛和飞灰碳的质量分数的变化

烧进行很猛烈，飞灰碳的质量分数在相对火焰位置 $x=0.1$ 处开始急剧下降。这时燃烧放出的热量比散热多，所以整个过程是在温度不断升高的情况下进行的。当温度和放出热量达到最大值时，燃烧达到最佳状态。随后因氧气被大量消耗，湍流混合逐渐减弱，煤粉颗粒也被逐渐燃尽，燃烧反应速率开始减慢，放出的热量也就减少，放热小于散热，炉内温度开始下降。温度的下降反过来引起燃烧速率的减慢，这时燃烧进行得就很缓慢，飞灰碳的质量分数降低得也较少，这就是燃尽区。燃尽区占据了火焰长度的很大一部分。研究表明，对于煤粉的燃烧，在25%~30%的时间内大约可以燃烧90%以上，而剩余的煤粉将在70%~75%的时间内燃尽。根据煤粉气流燃烧过程，沿着火炬长度大致可分为3个区域，即着火区、燃烧区和燃尽区；在燃尽区，只有少量的未燃尽的可燃质被继续燃尽。由于燃烧是一个复杂的化学反应过程，上述几个阶段也并非有明显的界限而依次进行，而是有交叉的，大致在靠近燃烧器喷口为着火区，而后在最上次喷口或稍高些的炉膛中心为燃烧区（或称燃烧火焰中心），再往后直到炉膛出口的大部分区域为燃尽区。

从上面的分析可以看出，煤粉气流的燃烧过程很复杂，要对燃烧过程进行计算，必须建立合理的物理模型，而迄今为止，对燃烧过程的认识仍处于进一步的研究和深入中。尽管燃烧过程十分复杂，计算的影响因素甚多，但随着计算方法和计算机技术的发展，燃烧的数值模拟计算科学近年来有很快的发展，且之前所取得的一些研究成果对建立数值模拟的物理模型和数学模型有积极的推动作用。

早期在进行燃烧模拟时，将燃尽过程归结为单组成煤颗粒在逐渐减少的氧浓度下燃烧，燃烧过程的气体分子数变化被忽略不计，煤粉的原始直径均为 d_0。

假如燃烧过程的某一时刻煤粉烧掉的份额为 η，那么单位质量的原始煤粉还剩下 $1-\eta$，残余直径为

$$d = d_0\sqrt[3]{1-\eta} \tag{8.205}$$

如果把煤粉看成是圆球形的，其表面积与体积之比为

$$\frac{\pi d^2}{\dfrac{\pi d^3}{6}} = \frac{6}{d} \tag{8.206}$$

于是残余煤粉的外表面积为

$$A_{S_{wb}} = (1-\eta)\frac{6}{d\rho_C} \tag{8.207}$$

由式（8.64）和式（8.129）可知，单位外表面积上碳球的燃烧速率为

$$\omega_C = \frac{\beta c}{\dfrac{d}{2D}+\dfrac{1}{k}} \tag{8.208}$$

燃尽过程中氧的浓度可根据式（8.130）的关系得到

$$c = c_0\frac{T_0}{T}\frac{\alpha-\eta}{\alpha} \tag{8.209}$$

式中，T_0 为气流起始温度；T 为当时气流温度；c_0 为起始状态下的氧浓度；T_0/T 为温度修正；α 为气流的起始过量空气系数；$\alpha-\eta$ 为耗掉了理论空气量的 η 倍以后残余的过量空气系数值。

综合以上诸式得到

$$\frac{\mathrm{d}\eta}{\mathrm{d}\tau}=A_{S_{\mathrm{wb}}}\omega_{\mathrm{C}}=(1-\eta)\frac{6}{d\rho_{\mathrm{C}}}\frac{\beta c_0\dfrac{T_0}{T}\dfrac{\alpha-\eta}{\alpha}}{\dfrac{1}{k}+\dfrac{d}{2D}} \tag{8.210}$$

时间的微分 $\mathrm{d}\tau$ 与气流的路程 x 之间存在以下关系，则

$$\frac{\mathrm{d}\eta}{\mathrm{d}\tau}=w=w_0\frac{T}{T_0}$$

式中，w 为当时气流速度；w_0 为起始的气流速度。

即可得到

$$\frac{\mathrm{d}\eta}{\mathrm{d}x}=\frac{1}{\rho_{\mathrm{C}}w_0}\left(\frac{T_0}{T}\right)^2\frac{6}{d}c_0(1-\eta)\frac{\beta}{\dfrac{1}{k}+\dfrac{d}{2D}}\frac{\alpha-\eta}{\alpha} \tag{8.211}$$

令
$$\Delta=\frac{1}{\rho_{\mathrm{C}}w_0}\left(\frac{T_0}{T}\right)^2\frac{6}{d}c_0(1-\eta)\frac{\beta}{\dfrac{1}{k}+\dfrac{d}{2D}}$$

于是就得到

$$\frac{\mathrm{d}\eta}{\mathrm{d}x}=\Delta\frac{\alpha-\eta}{\alpha} \tag{8.212}$$

当 $x=0$ 时，$\eta=0$，解方程式（8.212）得

$$\eta=1-\exp\left(-\frac{\Delta}{\alpha}x\right) \tag{8.213}$$

当完全燃烧时，$\eta=1$，此时用式（8.213）解出的 x 就是火炬的长度，即

$$l_{\mathrm{hy}}=\frac{\alpha}{\Delta}\ln\frac{\alpha}{\alpha-1} \tag{8.214}$$

对于式（8.214），当 $\alpha\to\infty$时，火焰长度 $l_{\mathrm{hy}}=1/\Delta$。因而把式（8.214）中的 $\alpha\ln\dfrac{\alpha}{\alpha-1}$ 视为火炬相对长度，而把过量空气系数趋于无穷大时的火炬长度当作假想基数。由于燃烧过程的复杂性，通常 l 和 α 之间存在着 n 次方的关系。上面就是粗略地计算燃尽率和火炬长度的一些分析。在燃烧过程中，最小火炬长度一般出现在 $\alpha=1.2\sim1.4$ 的范围内。

知道了火炬中煤粉的燃尽率以后，可以根据能量方程及热平衡方程近似地计算沿火炬长度的温度分布。但都是非常近似的一些估计，这里就不再细说了。

从 20 世纪 70 年代初开始，随着燃烧理论和实验研究的不断深入，人们可以利用计算机通过数值模拟方法将燃烧过程中各独立的方程联合起来系统地求解，以得到对燃烧过程的清楚认识，这就是新发展起来的计算燃烧学。近十几年来，计算燃烧学从气体燃烧模拟求解开始，发展到计算气-液两相、气-固两相的燃烧过程，通过燃烧模拟计算，可对炉膛任意燃烧区域的温度、气体组分、气流速度等进行较为全面的描述，但计算的准确性要靠物理数学模型的建立和边界条件的确定以及实验的验证。

煤粉燃烧设备

9.1 煤粉火炬燃烧的特点

为了实现煤的火炬燃烧过程，煤粉必须磨得很细，一般平均颗粒直径小于80μm。当煤磨成煤粉时，受热面和单位质量表面积大大增加。表9.1给出了当煤的密度为1000kg/m^{3}时，1kg煤的球形颗粒在不同尺寸下的外表面积。

表9.1 不同颗粒尺寸的1kg煤的单位质量外表面积

燃料颗粒状况	颗粒直径/m	单位表面积/m^2 · kg^{-1}	在冷空气中的相对速度/m · s^{-1}
块状煤	30×10^{-3}	0.05	—
粗煤粉	300×10^{-6}	5	3.5×10^{-3}
细煤粉	30×10^{-6}	50	3.5×10^{-5}

在煤粉较细的条件下，其单位质量的外表面积大大增加，同时煤粉颗粒和气流之间的相对速度大大减小，使得煤粉颗粒和承载它的空气-烟气流具有相近的速度和相同的流动方向，在其飞跃燃烧室的数秒有限时间内，能够在悬浮状态下完成全部燃烧过程。煤粉火炬燃烧过程的这一基本特点，使得它不同于煤的其他燃烧方式，也不同于气体燃烧和液雾燃烧。

9.1.1 煤粉气流的点燃特性

与气体及液体燃料燃烧相同，在煤粉炉中，燃烧所需的空气被分成一次风和二次风。一次风的作用是将煤粉送到燃烧器和燃烧室，并供给煤粉在着火阶段所需的空气；二次风则在着火以后混入，以保证煤粉的燃尽。在某些条件下还会设置三次风，一般是制粉系统排出的含有煤粉的干燥乏气。为了降低燃烧污染物排放，可以采用空气分级的燃烧技术，此时需要设置火上风。

煤粉的点燃过程是将一次风气流和高温炽热的烟气混合，同时接受燃烧室的辐射热，使煤粉空气混合物的温度升高到煤粉着火温度，发生着火。所谓煤粉的着火温度，与气体燃料和液体燃料的着火温度一样，是由一定的环境条件下煤粉着火的临界条件决定的。不同的环境条件下的着火温度是不同的。

不同煤种的着火温度不同。实验室中在规定的条件下，在着火温度测试仪中，将静止的煤粉颗粒堆放在电炉中，测量着火温度。烟煤的着火温度为673~773K，贫煤、无烟煤和焦炭的着火温度为923~1073K。但要点燃煤粉气流，就需要将它的挥发分和混合的空气的温度上升到更高的温度才能着火。表9.2是不同煤种的煤粉气流中颗粒的大致着火温度。

表 9.2 不同煤种的煤粉气流中颗粒的着火温度

煤种	干燥无灰基挥发分 V_{daf}/%	煤粉气流着火温度 T_i/K	煤粉着火温度 T_i/K
褐煤	50	823	553
烟煤	40	923	613
	30	1023	633
贫煤	30	913	683
	14	973	713
无烟煤	4	1273	823

煤粉气流的着火条件，不仅取决于用来点燃煤粉气流的热烟气（热源）温度，而且需要足够的热量。将煤粉气流加热到着火温度所需要的热量，称为着火热。据研究，一般情况下，煤粉气流在着火过程中吸收的辐射热，为其所需总着火热量的10%~30%，所以其着火所需热量的主要来源是对流换热。

着火热主要用于加热煤粉气流达到着火温度，其大小为

$$Q_i = B_b[V_{1c_{o1}}(1-q_4) + c_f(1-M_{ar})](T_i - T_{o1}) + B_b\{M_{ar}[Q_R + c_w(T_i - 373)] - \frac{M_{ar} - M_m}{1 - M_m}[2512 + c_w(T_i - 373)]\} \tag{9.1}$$

式中，Q_i 为着火热，kW；B_b 为每台燃烧器单位时间内烧掉的燃料，kg/s；V_1 为一次风量，$V_1 = \alpha_1\alpha V^0$，m^3/s；α_1 为一次风份额，%；α 为燃烧室出口过量空气系数；V^0 为理论空气量，m^3/s；c_{o1} 为一次风比热容，$kJ/(m^3 \cdot K)$；q_4 为机械不完全燃烧热损失；c_f 为煤的干燥基比热总，$kJ/(m^3 \cdot K)$；M_{ar} 为煤的应用基水分，%；T_i 为着火温度，K；T_{o1} 为煤粉与一次风混合气流的初温，K；Q_R 为水的气化潜热值，2512kJ/kg；M_m 为煤粉的水分，%；c_w 为水蒸气的比热容，$kJ/(m^3 \cdot K)$。

对于干燥无灰基挥发分 V_{daf} 为 20%的烟煤，其一次风粉混合物中空气的质量分数为75%左右，而煤粉的质量分数为25%左右，其着火温度为913K左右。如要将这种烟煤的风粉混合物加热到着火温度，由式（9.1）可知，每千克煤粉空气混合物约需1050kJ的热量。但如使1kg的煤气和空气混合气体加热到着火温度1273K，则着火热约需1300kJ，比煤气空气混合物所需热量多出1倍。因此，煤气或燃料油燃烧时，一般情况下不会有着火的稳定问题，但是，使煤粉气流连续、稳定的点燃，也比点燃煤气和液雾困难得多。这是煤粉燃烧中的一个重要问题。

由式（9.1）可见，影响煤粉气流着火的主要因素是着火温度，亦即燃料性质、一次风量及其温度等。式（9.1）给出了煤粉气流着火所需的热量，实际上是否能够得到热量以及得到多少热量，则取决于燃烧器的性能，即燃烧器的空气动力工况直接影响煤粉气流的着火。

9.1.1.1 燃料性质的影响

煤的挥发分含量对煤粉气流的着火过程有很大的影响。实际上，煤粉气流的稳定着

火，在很大程度上是靠煤粉析出的挥发分在其点燃后与一次风发生反应所形成的高温燃烧产物来维持的。因此，由表 9.2 可以看出，煤的干燥无灰基挥发分含量越低，它的着火温度越高，所以，对贫煤和无烟煤，必须采取一些特殊措施，把煤粉气流加热到很高的温度，才能保证其着火。

煤中灰分的多少直接影响煤发热量的高低，而锅炉的燃料消耗量近似与燃料的发热量成反比。根据式（9.1），煤粉气流的着火热与燃料的消耗量成正比，因此，当煤的灰分增加时，就会显著增大煤粉气流的着火热，从而将其着火位置（又称着火点）推迟，使着火不稳定。

煤的水分增加时，用于蒸发水和过热水蒸气的热量增加，从而增加了着火热，着火点也会被推迟。

因为煤粉气流的着火锋面就是火焰在煤粉空气混合物中的传播锋面，所以在稳定着火时，可以用一次风速来表示在湍流煤粉空气混合物中的名义火焰传播速度，并以此来表示煤粉气流的点燃特性。图 9.1 示出了煤的挥发分、灰分和水分对煤粉空气混合物名义火焰传播速度的影响。这是在一定的实验条件下得到的，只有在同样实验条件下才具有相对的比较意义。

当然，燃料特性对着火过程的影响是综合的，不能简单地用某单一指标来表示，但相对来说，挥发分的影响是最主要的。例如，无烟煤的灰分和水分都很低，发热量很高，但由于无烟煤的挥发分含量很低，其煤粉气流的着火就十分困难。

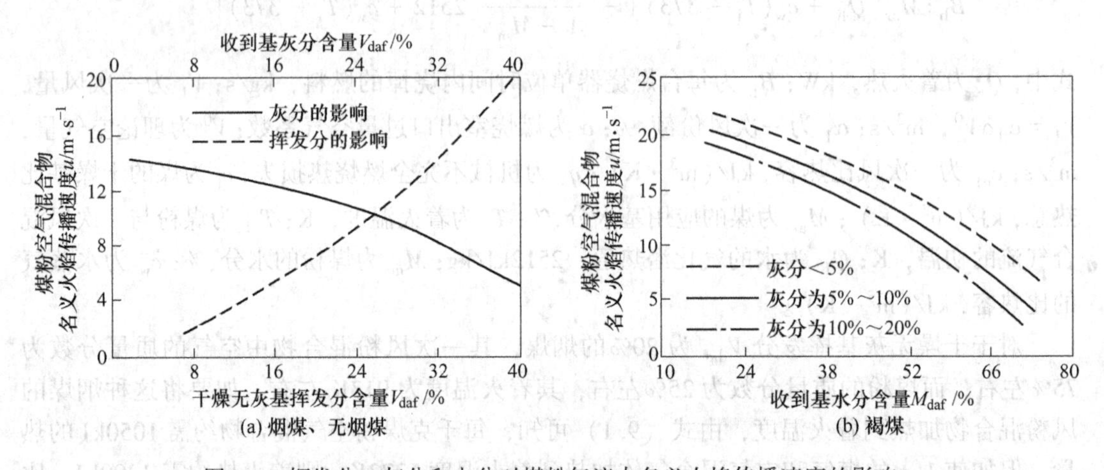

图 9.1　挥发分、灰分和水分对煤粉气流中名义火焰传播速度的影响

9.1.1.2　一次风量的影响

由式（9.1）可知，一次风量增加时着火热增大，因而着火热会推迟，因此一次风中粉的浓度较高有利于减少着火热。但是，一次风量必须保证煤粉挥发分的着火和燃烧的需要，这样一次风粉混合物中煤粉浓度不宜过高。综合着火热和着火燃烧放热两个方面，一次风中煤粉浓度存在最佳值，该最佳浓度因煤种的不同而有所差异。同时，一次风的重要作用是输送煤粉，而煤粉的安全输送风量往往大于上述最佳煤粉浓度对应的放量，因而在一次风粉管道中，首先应考虑输送的需要，在此基础上兼顾着火的影响，应将着火的问题通过燃烧器来解决。所以，一次风量首先考虑输送，其次是燃烧，最后才是着火。

从燃烧的角度来讲，如果一次风量与其煤中挥发分的理论空气量，则这时挥发分燃烧产物的温度最高。由于燃料的发热量与其燃烧的理论空气量基本上成正比，因此，挥发分燃烧的理论空气量和煤燃烧的理论空气量之比，就等于它们燃烧时所产生的热量之比。显然，这个比值约等于煤的干燥无灰基挥发分含量：

$$V_{daf} \approx \frac{Q_{daf}^{vm}}{Q_{daf,\ net,\ p}} \tag{9.2}$$

式中，Q_{daf}^{vm} 为每千克煤中干燥无灰基挥发分的发热量，kJ/kg；$Q_{daf,\ net,\ p}$ 为煤的干燥无灰基低位发热量，kJ/kg。

所以，按照以上分析，保证挥发分完全燃烧的一次风份额希望大体上和该燃料的干燥无灰基挥发分相当，即 $\alpha_1 \approx V_{daf}$。实际每千克挥发分的发热量比每千克煤的发热量高，单挥发分的析出需要一定的时间，而且一次风中的空气并非仅仅用来满足挥发分燃烧的需要。因此，对不同的煤种，既应根据其干燥无灰基挥发分含量，同时也应根据输送需要来确定采用的一次风份额 α_1，见表 9.3。

表 9.3 煤粉燃烧器中的一次风份额 α_1

煤 种	干燥无灰基挥发分 V_{daf}/%	直流式煤粉燃烧器	旋流式煤粉燃烧器
无烟煤	2~10	0.15~0.20*	0.15~0.20*
贫煤	10~17	0.15~0.20	0.15~0.20
烟煤	17~30	0.25~0.30	0.25~0.30
烟煤	30~50	~0.30	0.3~0.40
褐煤	>37	0.30~0.35	0.35~0.40
油页岩	80~90	0.5~0.60	—

注：* 在使用 573K 以上的热风输送煤粉时，α_1 = 0.2~0.25。

由表 9.3 可知，对于贫煤和无烟煤，其 V_{daf} 较低，如按其挥发分含量来确定一次风份额，则不能满足煤粉输送的要求。因此，只能根据气力输送煤粉的需要，选用稍大的一次风份额，但也因此使得这些挥发分煤粉气流的着火更加困难。

9.1.1.3 一次风温的影响

一次风温对煤粉气流的着火有很大的影响，提高一次风温可以降低着火热，使着火位置提前。如果其他条件不变，若煤粉一次风气流的初温 T_0 = 293K 时的着火为 100%，则当煤粉空气混合物的初温为 T_0 = 573K 时，其着火热降低至 40.5%。因此，热风送粉对煤粉气流的着火十分有利，特别在燃用贫煤和无烟煤等低挥发分煤时，采用很高的热空气温度，是保证低挥发分燃料稳定着火的重要措施之一。在燃用无烟煤时，空气预热温度一般为 623~693K，以尽量使煤粉空气混合物的初温接近 573K。当然，进一步提高一次风温可以进一步改善煤粉气流的着火特性，但是预热空气的温度超过 673K 以上比较困难。此时，可以在燃烧器上采用适当的结构，通过流动实现喷口前风粉混合物的预热，这是经济地改善煤粉着火的重要措施。

9.1.1.4 其他因素的影响

上诉各个因素主要考虑对着火热大小的影响，没有考虑一次风粉气流如何达到着火热，这涉及一次风粉气流在燃烧器中以及燃烧器出口的流动问题。燃烧器的空气动力工况对煤粉气流的着火有至关重要的影响。例如，旋流燃烧器产生的回流区可使高温烟气回流到燃烧器出口并被卷吸入煤粉气流，这是保证煤粉着火的主要热源。回流区和回流量越大，对着火越有利。但旋转气流中的一、二次风的初期混合很强，可能会使原来保持的一次风中合理的煤粉浓度因过早混入二次风而降低，这对低挥发分煤的着火是不利的。因此，采用四角布置直流燃烧器的切向燃烧，由于便于控制二次风的混入而较有利于低挥发分煤粉气流的着火。旋流煤粉燃烧器的二次风更要十分注意。

此外，煤粉细度、一次风速、燃烧室温度特别是燃烧器区域的温度水平等，都对煤粉气流的着火过程有影响。

9.1.2 煤粉气流的火焰特性

煤粉气流燃烧正常时，一般在离燃烧器喷口 0.3~0.5m 处开始着火。在喷口 1~2m 的距离内，大部分挥发分已经析出和烧掉，但是焦炭粒的燃烧常要延续或更远的距离，有一个较长的燃尽过程。图 9.2 所示为在一台 200MW 燃烧无烟煤的煤粉炉上实际测得的沿火焰长度的温度 T_F 和燃尽分数 a 的变化。由图 9.2 可见，煤粉气流的温度在离喷口约 4m 处很快上升到最高值。如果是燃烧烟煤，则此处挥发分已接近全部烧完，而且焦炭也达到 85%以上的燃尽分数。如果煤粉火焰在燃烧室中的全部长度是 28m，则继续燃烧使总燃尽分数达到 97%，约需 16m 的火焰长度；此后约 8m 的火焰对燃尽分数的提高不到 1%。故无烟煤焦炭粒的燃尽速率很慢，整个煤粉气流的燃尽时间为 1~2s，要比着火时间（约 0.01s）长得多。当烟气离开燃烧室出口进入对流受热面后，烟气温度迅速下降，并且氧气浓度也很低，此时未燃尽的焦炭粒停止燃烧并形成了机械不完全燃烧损失 q_4。

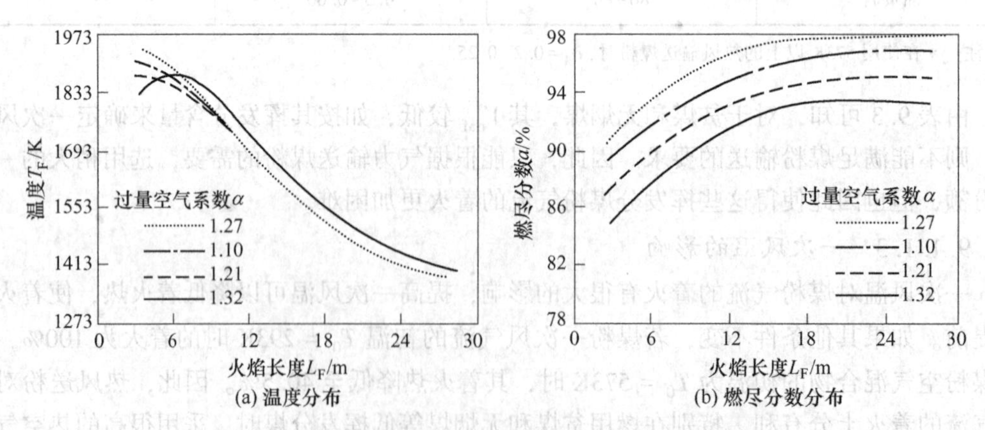

图 9.2 煤粉火炬沿火焰长度的温度及燃尽分数的变化
（200MW 锅炉，旋流煤粉燃烧器，燃烧无烟煤）

9.1.3 燃烧室特性

一般的煤粉锅炉燃烧室都设计得足够大，这样在燃烧烟煤煤粉时，约在燃烧室的一半高度处就能达到约98%的燃尽分数。只有某些很难燃尽的无烟煤和含灰分很高的劣质煤，在燃烧室的出口处的燃尽分数有时达不到98%。对于这种难以燃尽的煤种，必须要在燃烧设备上采取一些特殊措施，来提高煤粉的燃烧效率。表9.4是不同的煤种在正常燃烧的情况下，实验统计得到的沿煤粉炉燃烧室长度的燃尽分数变化。

表9.4 煤锅炉燃烧室中长度的燃尽分数变化

沿燃烧室相对长度	0.15	0.20	0.30	0.40	0.50	0.60
无烟煤和贫煤（$\alpha = 1.22$）	72%~86%	86%~90%	92%~95%	93%~96%	94%~97%	96%~97%
烟煤（$\alpha = 1.20$）	90%~94%	92%~96%	95%~97%	96%~98%	98%~99%	98%~99.5%
褐煤（$\alpha = 1.20$）	91%~95%	93%~97%	96%~98%	97%~98%	98%~99%	99%~99.5%
煤和重油混烧（$\alpha = 1.02$）	—	—	94%~96%	96%~98%	97%~99%	99.5%

燃烧室的大小可以用容积热负荷来描述。容积热负荷的本质是燃烧烟气在燃烧室中的停留时间。煤粉炉燃烧室的容积热负荷定义为

$$q_{\mathrm{V}} = \frac{BQ_{\mathrm{ar,\ net,\ p}}}{V} \tag{9.3}$$

煤粉炉燃烧室的容积热负荷一般为130~220kW/m^3。如果仅为满足工程合理的燃尽分数，容积热负荷一般可以比上述数值增大1倍。但是煤粉炉的燃烧室不仅是用以实现燃料的燃烧达到合理的燃尽分数，还要保证燃烧室壁不结渣，使在燃烧过程中已成半熔融状态的煤灰颗粒靠近水冷壁时，由于辐射传热给水冷壁而冷却凝固，不使灰粒以熔融状态黏结在壁面上。

燃烧室容积热负荷 q_V 越大，则其他情况相同时，燃烧室容积就越小，燃烧室四壁可以用来布置水冷壁的面积也就相对越小。当燃烧室中辐射冷却的四周水冷壁面积不够时，燃烧过程中的熔融的灰分在到达燃烧室出口处，未能得到足够的冷却，灰粒不能从熔融状态完全凝固下来，就会黏结在受热面上，形成大块渣而使煤粉锅炉无法继续运行。为了防止结渣就要对 q_V 值有所限制，这实际上就是要求燃烧释出一定的热量 $BQ_{\mathrm{ar,\ net,\ p}}$，相应地就需要炉内有一定的辐射受热面积 H，这可以用辐射受热面热负荷：

$$q_{\mathrm{H}} = \frac{BQ_{\mathrm{ar,\ net,\ p}}}{H} \tag{9.4}$$

来表征。因为炉内辐射受热面积 H 是和燃烧室容积 V 有关的，所以增大 q_V 值，q_H 值就相应地增大。在一定的锅炉蒸发量下，要求 q_V 不能超过所允许的数值，这意味着燃烧室内具有足够的辐射受热面积。q_H 的值一般与容量的关联很弱，若根据 q_H 值进行设计，q_V 值将随热量的增加而减小。

当锅炉蒸发量 D 增大而保持 q_V 值不变时，燃烧室容积 V 就随 D 按正比例增大。例如，当锅炉的蒸发量分别为410t/h和75t/h时，$BQ_{\mathrm{ar,\ net,\ p}}$ 比值为5.5，若都选用 q_V = 167kW/m^3，而且燃烧室几何形状相似，炉墙上都布满水冷壁，则燃烧室容积分别为

1650m³和300m³，比值也是5.5，但实际上它们的水冷壁面积分别是840m²和270m²，其比值为3.1。这就说明锅炉蒸发量和燃烧室容积增大时，水冷壁面积不是以同样的比例增大，而是增加得较少。为使不同蒸发量的煤粉锅炉在燃烧室出口处燃烧产物和灰粒都能得到足够的冷却，就应对蒸发量较大的锅炉选用较低的 q_V 值，而使 q_H 值尽量不变或变化较小。小型煤粉锅炉每立方米的燃烧室容积可以有较多的辐射受热面积，所以它可以采用较高的 q_V 值。图9.3（a）为中小容量煤粉炉、煤粉燃烧器前后墙布置时，在不同蒸发量 D 和煤灰软化温度 ST 下不致引起结渣的煤粉炉燃烧室容积热负荷 q_V 的上限值。

限制燃烧室容积热负荷值，能使烟气在整个燃烧室中受到水冷壁的冷却，在烟气到达燃烧室出口处得到足够的冷却，可避免燃烧室出口处出现结渣。但燃烧器附近的局部冷却还可能不够，有可能在燃烧器附近的水冷壁上结渣，因此还应使燃烧器附近的水冷壁的热负荷不过高。常用燃烧器标高处的燃烧室横截面积 A 的热负荷 $q_A = \dfrac{BQ_{\text{ar, net, p}}}{A}$ 来代替燃烧器区域水冷壁热负荷 $q_H = \dfrac{BQ_{\text{ar, net, p}}}{H}$ 的指标。因为燃烧器区域每米燃烧室高度所具有的水冷壁面积是和燃烧室横截面的周界长度成正比的。燃烧室横截面形状接近正方形时，周界长度就和燃烧室横截面积 A 的平方根成正比，所以燃烧室截面热负荷越小，就表示在同样的燃料释放热量 $BQ_{\text{ar, net, p}}$ 下燃烧室截面积 A 越大，燃烧器区域每米燃烧室高度的周界水冷壁面积越多，烟气在此区域可得到更充分的冷却而不易结渣。一般采用 $q_A = 2700 \sim 4200\text{kW/m}^2$。图9.3（b）所示为小容量煤粉炉、燃烧器切圆布置时，不同蒸发量 D 和煤灰软化温度 ST 下，不易在燃烧器区域结渣的燃烧室截面热负荷的上限值。

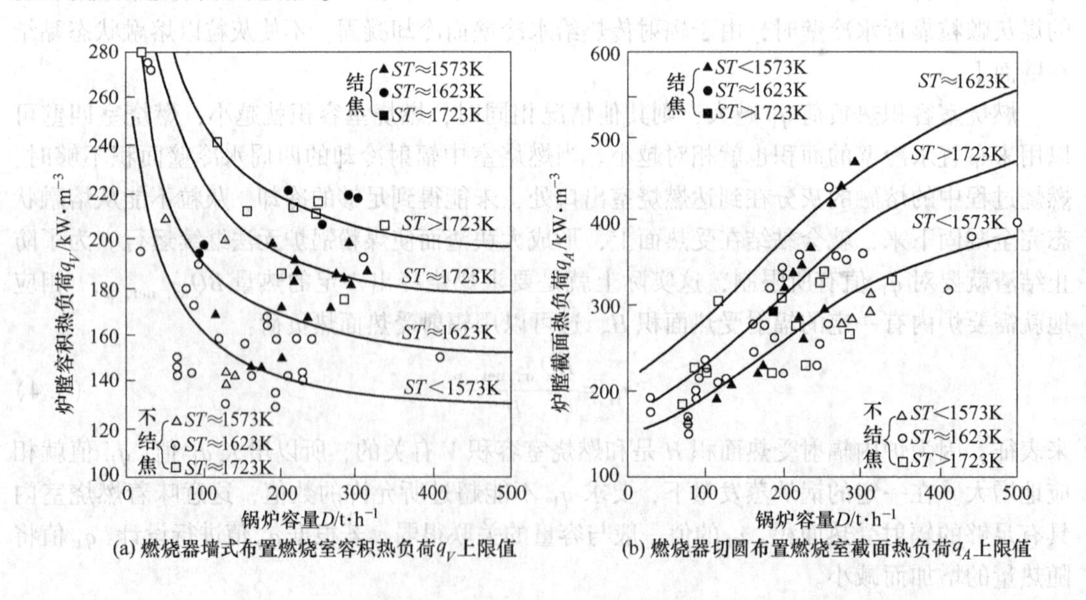

(a) 燃烧器墙式布置燃烧室容积热负荷q_V上限值　　(b) 燃烧器切圆布置燃烧室截面热负荷q_A上限值

图9.3　煤粉燃烧室容积热负荷 q_V 和截面热负荷 q_A 的上限值与锅炉蒸发量 D 及煤灰软化温度的关系

前面已经提到，q_V 反映了燃料在燃烧室内的停留时间，q_V 值越高，停留时间越短，这将影响燃料的燃尽程度。不同燃料所需的燃尽时间不同，例如，200MW 煤粉炉，无烟煤粉在燃烧室内的停留时间一般为 2.16～2.4s，烟煤为 1.6～2.78s，褐煤为 1.2～1.63s。因此，在决定 q_V 的选用值时，应从不同煤种的燃烧特性出发，不仅要考虑 q_V 值与锅炉容设和灰熔点的关系，还要考虑不同煤种燃尽要求对 q_V 值选取的影响。正确地选定 q_V 值，应该按照燃烧和传热的要求，同时考虑煤种的燃烧特性和灰渣的熔融特性，根据锅炉容量的大小，参考上述根据经验统计而得的数值，并进行炉内传热的校核计算。

近年来，为了控制 NO_x 的生成，常采用分级燃烧技术；同时，为了减少燃烧室结渣，国内外都有适当增大燃烧室容积而选取较低 q_V 值的趋势。选定燃烧室容积热负荷后，可按式（9.3）计算出燃烧室容积。但是，只有经过热力计算，将水冷壁布置好，燃烧室尺寸才能最后确定。

燃烧室结构中（图 9.4），在燃烧室出口下有凸出的折焰角，使燃烧室上部形成缩口，不仅可使烟气更好地充满上部空间，而且可改善对燃烧室出口过热器的冲刷。折焰角的长度一般取为燃烧室深度的 1/3 左右。上斜角取 20°～45°，当煤中灰分少、烟气流速高时，可取较小值；下倾斜角取 20°～30°。燃烧室出口高度由烟气温度和流速来决定，烟气流速一般取 6m/s 左右。当燃烧室上部有屏式过热器时，应在确定燃烧室出口高度的同时进行屏式过热器的结构设计。前屏过热器的高度约为燃烧室高度的 1/3。煤粉炉下部有冷灰斗，冷灰斗的形状一般变化不大，取倾斜角不小于 50°，以便灰渣能自行下滑。其下口大小根据锅炉容量大小选取，一般取 0.6～1.4m，如图 9.5 所示，在炉顶与冷灰斗的结构确定以后，即可确定燃烧室主体高度：

$$h_f = \frac{V_f - (V_{roof} + V_{ch})}{A} \tag{9.5}$$

式中，V_f 为燃烧室容积，m^3；V_{roof} 为炉顶容积，m^3；V_{ch} 为冷灰斗高度上一半容积，m^3；A 为燃烧室横截面积，m^2。

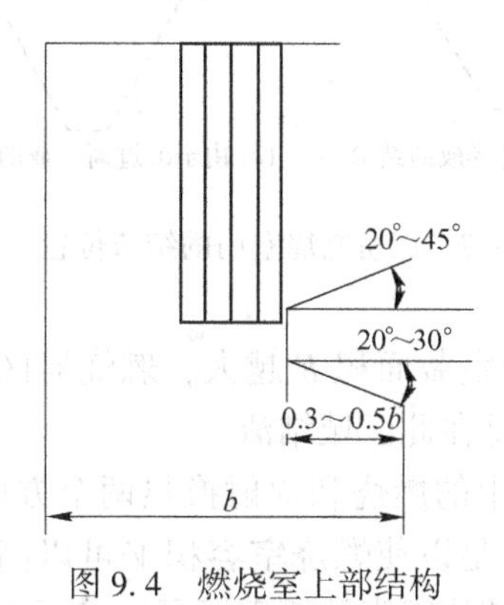

图 9.4　燃烧室上部结构

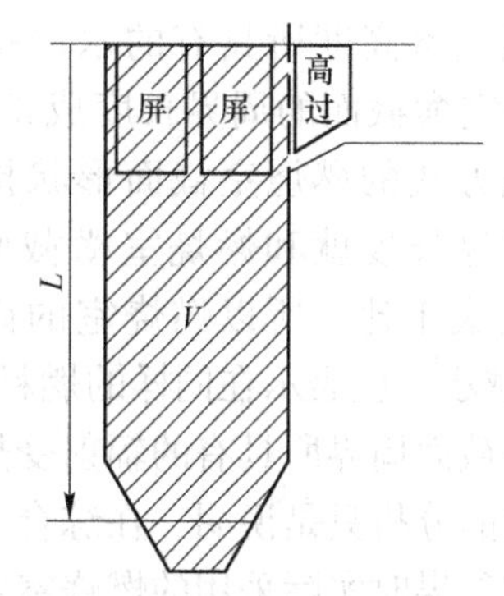

图 9.5　锅炉燃烧室燃烧区域

定义煤粉名义停留时间 τ_0 为

$$\tau_0 = \frac{L}{u_g} = \frac{q_A}{q_V \mu_g} \tag{9.6}$$

式中，μ_g 为烟气流速。

根据数十台运行的煤粉锅炉进行调研分析，结果如图 9.6 所示，发现飞灰含碳量的实际运行结果与燃烧产物名义停留时间之间关系非常密切。随着锅炉容量的增加，燃烧室中的名义停留时间增加，飞灰烧失量降低。

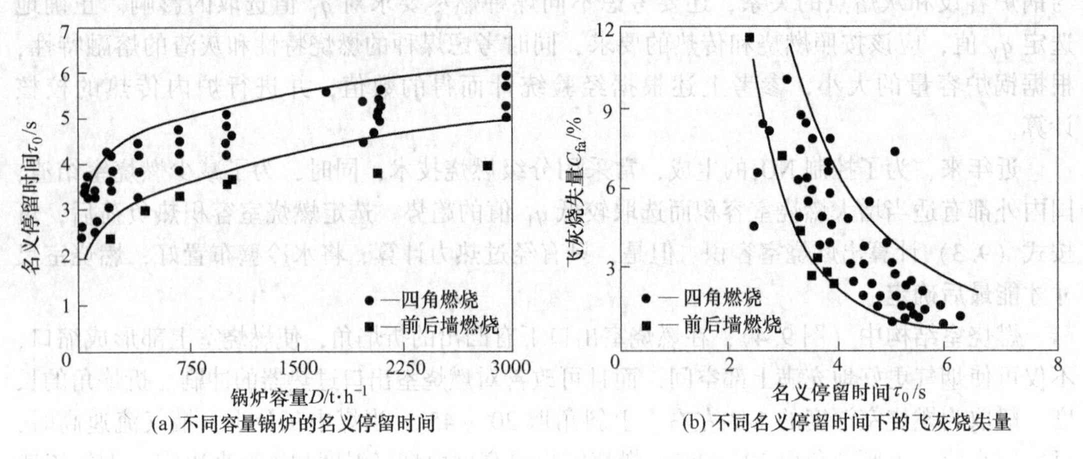

图 9.6 锅炉容量、名义停留时间与飞灰烧失量的关系

图 9.7 所示为 q_A 和 q_V 过高时，燃烧室中不同的结渣位置。正确地选定 q_V 值，是从燃烧室整体防止结渣和燃烧效率的要求出发，保证燃烧室中有足够的辐射受热面，使烟气在到达燃烧室出口时受到足够冷却，燃烧室出口处不出现结渣。但 q_V 值不能说明燃烧器附近水冷壁的热负荷，故可能因燃烧器区域热负荷过高而使附近的水冷壁结渣。因为燃烧器区域每米燃烧室高度所具有的水冷壁面积是和燃烧室横截面的周界长度成正比的，切向燃烧方式的燃烧室截面形状接近正方形，周界长度就和燃烧室横截面积 A 的平方根成正比，所以燃烧室的截面热负荷 q_A 越小，就表示在同样的燃料释放热量下，燃烧室截面积 F 越大，燃烧器区域每米高度沿横截面周界所具有的辐射受热面越多，就越不易在此区域结渣。

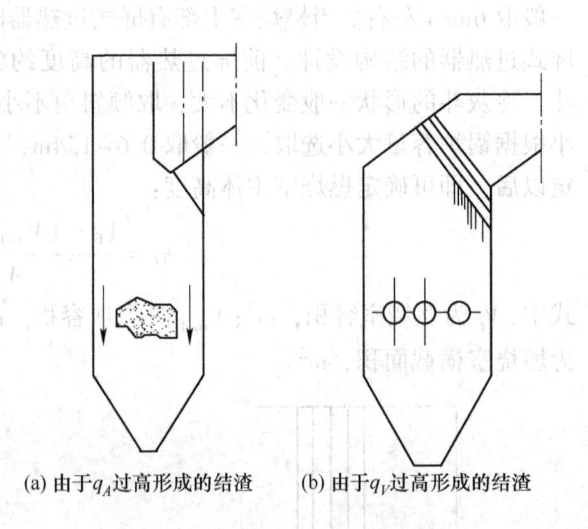

图 9.7 煤粉燃烧室内的结渣位置

以上的分析只是说明，在综合考虑煤粉炉燃烧室中的燃烧和辐射换热两个方面以后，烧烟煤和贫煤时实际采用的燃烧室容积热负荷 q_A 值已足以使燃烧室容积 V 可以满足煤粉气流燃尽的需要。但这不是说，影响煤粉火炬燃尽的其他因素就不重要了。除了容积热负荷外，影响燃尽过程的主要因素还有：

（1）燃烧温度的影响。前面章节中曾讨论过，煤粉只有在燃烧温度超过 1973K 时，燃烧才有可能扩散。实际的固态排渣煤粉炉的燃烧室温度范围一般在 1273～1773K，因此煤粉焦炭颗粒的燃烧反应主要是在动力燃烧和扩散燃烧之间的过渡区进行，提高燃烧室温度有利于焦炭粒的燃尽。但燃烧温度受灰熔点和燃烧室结渣条件的限制，所以燃烧室温度难以进一步提高。对于液态排渣煤粉炉，其燃烧温度可达1923~2023K，燃烧室容积热负荷可比固态排渣煤粉炉大20%~30%，可以达到更高的燃烧效率。但是，过高的燃烧温度引起的NO_x大幅上升是必须关注的问题。

（2）烟气中氧浓度的影响。烟气中氧的浓度对燃烧过程有很大的影响，尤其在燃尽阶段末期，保持一定残余氧的浓度效果更加显著。因此，燃烧室中应保持合适的过量空气和合理地送入二次风，以便正确地组织燃烧，这对焦炭粒的燃尽是十分重要的，即使对同一煤种在同一燃烧室中燃烧，不同的过量空气系数α会有不同的燃尽分数。α过大，则燃烧温度会下降；α过小，接近于1.0，则部分地区会因混合不均匀而缺氧，影响燃烧反应速率，因此，α过大或过小都会使煤粉的燃尽分数降低。所以在不同的情况下存在着一个最佳的α值。近年来，为了控制NO_x的生成，采用的分级燃烧技术中，局部可能出现$\alpha<1$情况，此时应对焦炭燃尽问题高度重视。

（3）燃料特性和煤粉细度的影响。煤的挥发分含量越低，其总包化学反应的活化能E越大、频率因子k_0越小，反应能力越差，燃烧反应速率越慢，着火和燃尽时间都将更长。为了保证这些难燃煤种的燃尽，可以通过提高反应表面的方法提高燃烧反应速率，这就要求煤粉应磨得更细。由前面的固体燃料燃烧理论可知，煤粉越细，燃尽时间越短，但煤粉越细，磨煤的耗电量越大。因此，应该进行技术经济比较，以确定煤粉的最佳细度。

9.1.4 煤粉燃烧器

燃烧器是用来将燃料和空气送入燃烧室并组织气流，使燃料和空气合理地在燃烧室中混合、着火和燃烧的设备。煤粉燃烧器分为旋流式和直流式两大类。旋流式煤粉燃烧器与前面介绍的气、油旋流式燃烧器一样，喷口喷出的旋转射流轴向速度衰减较快，射程不是很远，一般装在煤粉锅炉燃烧室的前墙或前后墙上，如图9.8所示，也有装在两侧墙上的；燃烧室截面常呈长方形。由于采用旋流燃烧器的水冷壁横向热流均匀性相对较好，在大容量电站尤其是超临界煤粉锅炉中有广泛应用。

旋流燃烧器每个都能独立燃烧，燃烧器相互之间、燃烧器与燃烧室之间的关联较弱，具有较强的独立性。而直流煤粉燃烧器要依赖于相互之间的支撑，与燃烧室之间的整体性更强。直流煤粉燃烧器在燃烧室中的安装位置不同，可形成不同形状的火炬。大部分直流煤粉燃烧器时装在燃烧室的四角或接近角部的位置，喷出的射流射向燃烧室截面中央的假想切圆（称为切向燃烧方式）。在切圆燃烧的燃烧器布置上，可以从四角切圆变为墙上切圆，即不布置在四个角上，而是整体旋转一定的角度，使各个燃烧器都位于墙上，进而每面墙上可以布置超过一只燃烧器，形成多角切圆；从各喷口喷出的射流火炬呈L形，共同围绕燃烧室中心轴线旋转，然后向上汇集成略有旋转的上升火焰并向燃烧室出口流出，火炬形状如图9.9所示，燃烧室截面上的实际火炬形状如图9.10所示。

锅炉中的燃烧问题不是独立存在的，而是与锅炉内的工质吸热耦合发生的，炉内燃烧和锅内吸热通过传热联系起来，炉内的温度既是燃烧的结果，也是燃烧持续进行的条件。因此，燃烧室的布置不仅要考虑燃烧问题，还要考虑对受热面的影响。随着容量和蒸汽参

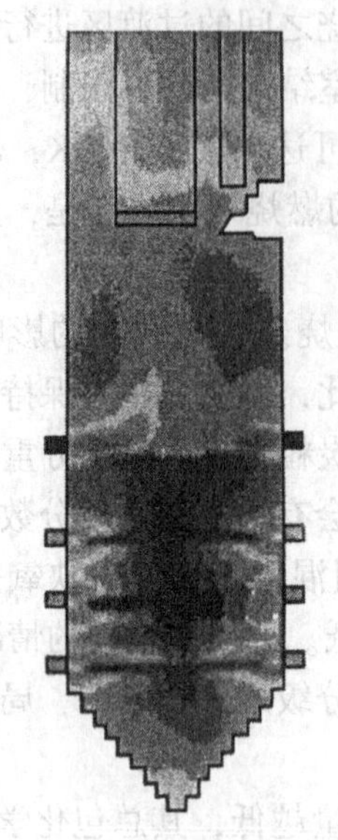

图 9.8 前后墙布置的旋流燃烧器

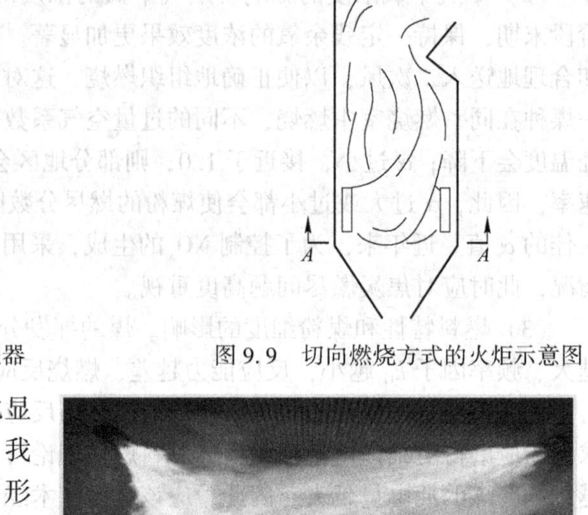

图 9.9 切向燃烧方式的火炬示意图

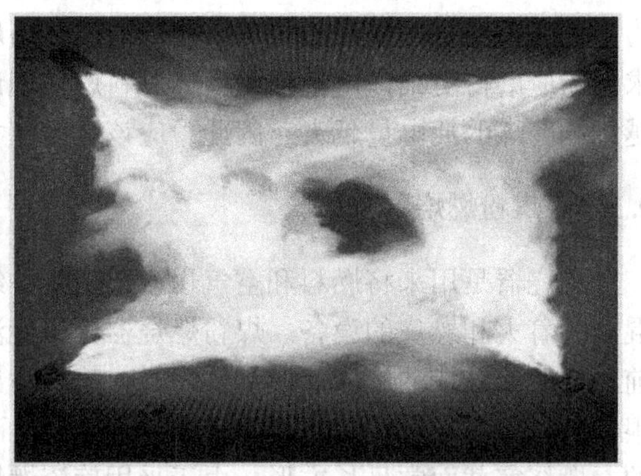

图 9.10 四角切圆燃烧火炬形状

数的提高，受热面的热偏差的重要性尤显突出，并要从燃烧的角度改善热偏差。我国的煤粉锅炉历史上以四角切圆和 π 形布置为主流，在超临界煤粉炉上，近年来人们似乎开始偏爱前后墙对冲布置，以减小热偏差。图 9.11 所示为前后墙对冲 π 形布置的 600MW 超临界煤粉炉结构。该炉设置 6 台磨煤机，设计煤种煤粉细度 $R_{90}=21\%$，煤粉的均匀件系数 $n=0.9\pm0.1$，满负荷时 5 台磨煤机运行。48 个低 NO_x 旋流燃烧器喷口分 3 层布置，并设置 20 个燃尽风喷口。燃烧器的布置如图 9.12 所示。

在锅炉的设计中，π 形是我国用得最广泛的一种布置形式。这种设计形式，锅炉整体由垂直的柱体炉膛、转向室及下行对流烟道三部分组成。这一炉型，布置受热面方便，燃烧室中工质向上流动，锅炉排烟在下部，锅炉构架较低；尾部对流烟道烟气流向下，易于吹灰，并有自吹灰作用；锅炉本身以及机炉之间连接管道不太长。但这种布置会在炉膛和水平烟道之间形成烟气转弯，导致炉膛中的受热面以及水平烟道中的受热面受热不均匀，设计不当可能出现一定的热偏差。这个问题在亚临界条件下不是很突出，但在超临界条件下，对热偏差的要求更高。与其相对应的塔式布置中，几乎全部的对流受热面都布置在炉膛上方的烟道里，取消了易于引起受热面热偏差的烟气转弯，位于燃烧室内部的对流受热面受烟气冲刷均匀。塔式布置中受热面全部水平布置，易于疏水；但过热器、再热器布置得很高，蒸汽管道较长；锅炉构架集中，造价提高。

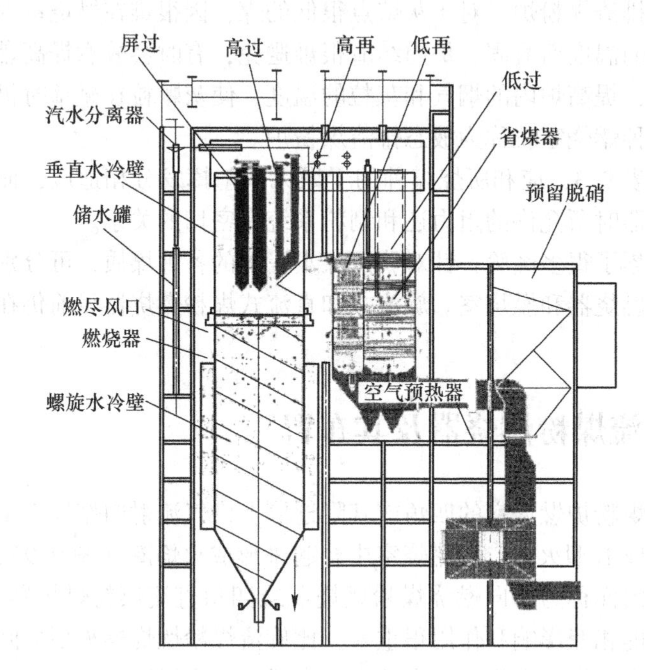

图 9.11 前后墙对冲 π 形布置 600MW 超临界煤粉炉

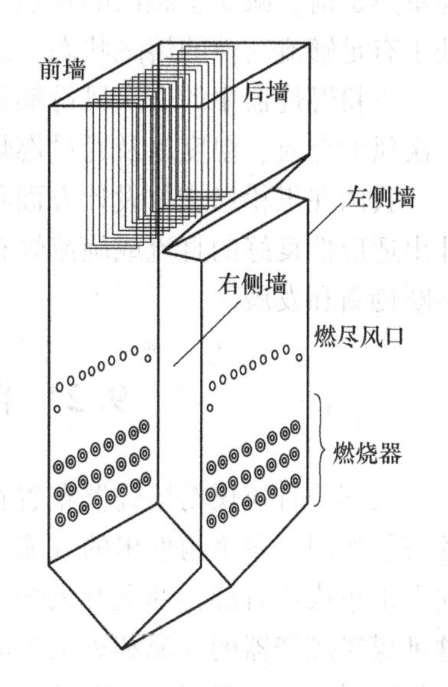

图 9.12 前后墙对冲 π 形布置 600MW 超临界煤粉炉燃烧器布置

从已经投运的超临界锅炉来看，塔式布置或 π 形布置都是可靠的。从热偏差的角度来看，和 π 形布置相比，塔式布置由于没有烟气流的偏，其燃烧室出口及各个受热面的左右烟温偏差很小。在超临界条件下，蒸汽温度提高，高温蒸汽对过热器和再热器受热面的氧化加剧，当负荷变化较大，尤其在启停时，氧化皮由于膨胀差会不可避免地部分自行脱落。过热器和再热器垂直分布时，氧化皮一般沉积在管子下弯管。当蒸汽流量较小时，不能有效带出，沉积到一定程度会堵管，引起流量下降、冷却不足而发生爆管。当蒸汽流量较大时，氧化皮集中带入汽轮机，可能对汽轮机叶片产生侵蚀。而水平布置受热面，蒸汽流量较低时也易于携带氧化皮，在启动阶段通过启动旁路系统直接送入凝汽器，更有利于减小过热器或再热器氧化皮的危害。

直流煤粉燃烧器也有装在燃烧室顶部的，煤粉空气流向下喷射，火焰呈 U 形；还有在燃烧室上部两侧对称地把煤粉气流向下喷射，火焰在燃烧室中心汇集后向上流出，火焰呈 W 形，如图 9.13 所示。这种 W 形火焰在燃烧室中心处温度很高，对称的煤粉火焰互相支持，易于使燃烧稳定，可用来燃烧难以着火的低挥发分无烟煤煤粉。U 形和 W 形火焰中，若燃烧组织不佳，部分煤粉易过早到达燃烧室出门处，引起燃烧不完全热损失，有时甚至引起结渣，这是不利之处。

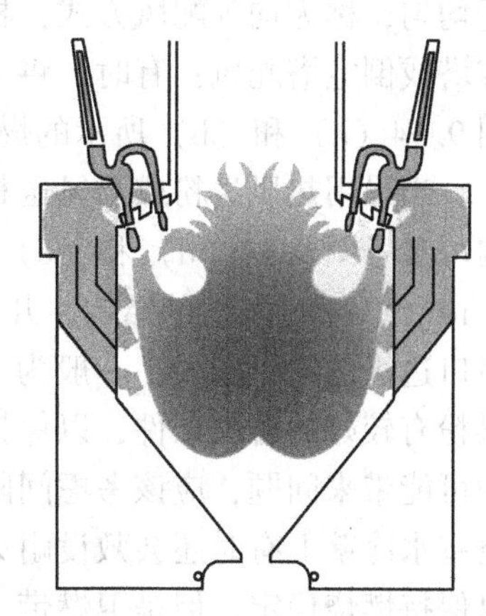
图 9.13 W 形火焰示意图

绝大部分煤粉锅炉都希望燃烧室内受热面上不会黏结灰渣，希望灰粒在碰到壁面以前都能有足够的冷却而凝固。通常将这种燃烧设备称为固态排渣煤粉炉。对于灰熔点很低的煤，因很难在燃烧室内使灰粒碰到壁面前都降低到足够低的温度而凝固，炉内结渣很难避免，有时会故意提高燃烧室热负荷，减少主燃区的吸热量，提高炉内的烟气和灰粒的温度，使灰颗粒在碰壁时仍处于有足够流动性的熔融状态。这种燃烧室就称为液态排渣煤粉炉。

煤粉燃烧器中的一次风份额见表9.3，应和所烧煤种的干燥无灰基挥发分相适应，而一次风的介质、温度以及通过燃烧器时所允许的阻力还和制粉系统有密切的关系。

我国在煤粉燃烧器设计方面积累了很多经验，针对我国煤炭资源的各种煤质，可分别计出适应性良好的直流或旋流煤粉燃烧器和燃烧室。旋流式和直流式煤粉燃烧器目前仍在不断创新和发展。

9.2 直流煤粉燃烧器及其布置

大部分直流煤粉燃烧器布置在煤粉炉燃烧室的四角或其附近墙上，气流射向燃烧室中的假想切圆，每个角射出的气流形成L型火炬，在燃烧室中合起来形成火焰圈（图9.9），向上汇集成略有旋转的上升火焰，因而称为切向燃烧煤粉燃烧器或四角直流煤粉燃烧器。这种煤粉燃烧器的气流和火炬之间的相互影响和作用很重要，比旋流煤粉燃烧器火炬之间的相互影响要大得多。每个角上的直流煤粉燃烧器常由几个一次风、二次风以及三次风的喷口组成，有时还有再燃燃料喷口及降低 NO_x 的火上风口。喷口的结构、特性及其一次排列的布置，相互间均有密切的关系。下面讨论直流煤粉燃烧器和燃烧室的总体特性，然后介绍具体的结构特点。

9.2.1 直流煤粉燃烧器的布置

切圆直流煤粉燃烧器的一、二次风喷口的上下排列方式，应根据燃料性质确定，图9.14（a）和（b）所示是和适合于燃烧易着火煤的类型，常用于烟煤、洗中煤和褐煤。一、二次风喷口常交替间隔排列，各喷口边缘的间距较小，一般为80~160mm，因一次风中携带的煤粉较易着火，希望在着火后迅速和相近的二次风喷口射出的空气流及时混合，使火炬根部不致缺乏空气而燃烧不完全，故沿高度间隔排列的各二次风喷口的风量分配接近均匀，称为均等配风方式；根据燃烧情况，也可调节为上部或下部的风量偏大些，形成宝塔或倒宝塔配风；有时，将上下部分配风偏大，而中间配风较少，则称为束腰式配风，图9.14（a）和（b）所示的燃烧器是针对乏气送粉的情况。

当采用热风送粉或温风送粉时，在最上层二次风口以上还设有三次风，三次风口的结构可参考图9.14（d）和（e）。对于贫煤、无烟煤和劣质煤等难着火煤种，经常采用图9.14（d）和（e）的结构，几个一次风喷口相对地集中在一起并靠近下部，一、二次风喷口边缘的间距较大，一般为160~350mm，目的是推迟一、二次风的混合，使在混合前煤粉有较好的着火条件，以保持煤粉火焰的稳定。当采用低负荷稳燃燃烧器时，一次风集中可能带来问题，应该考虑间隔布置或部分一次风喷口间隔布置。燃烧难着火煤的煤粉燃烧室水冷壁上有时还会敷设耐火绝缘材料，做成卫燃带，以提高煤粉着火区的烟气温度，以保持燃烧稳定。但是卫燃带上容易结渣，尤其是采用后面介绍的各类低负荷稳燃燃烧器时，卫燃带设置不当会产生严重结渣，采用时要慎重。直流煤粉燃烧器的一、二次风喷口边缘的间距和中心线标高差与二次风口宽度的比值的参考数据见表9.5。

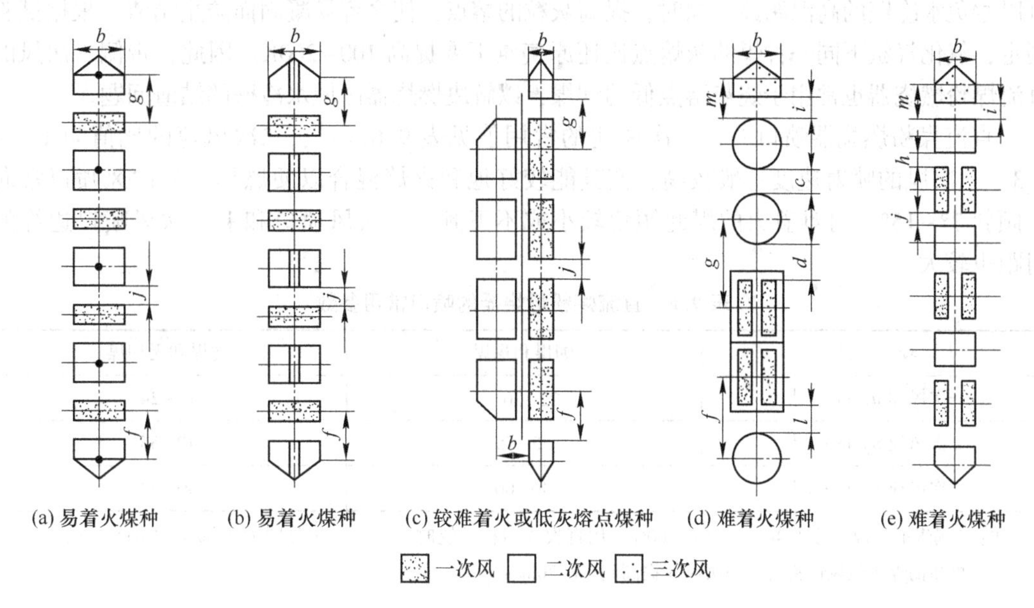

(a) 易着火煤种　(b) 易着火煤种　(c) 较难着火或低灰熔点煤种　(d) 难着火煤种　(e) 难着火煤种

图9.14　各种煤种切圆燃烧的直流煤粉燃烧器常用布置形式

表9.5　切圆直流煤粉燃烧那好器喷口边缘的间距和中心线标高差

项　目			相邻一、二次风喷口边缘的间距/mm	相邻一、二次风喷口中心线标高差与二次风口宽度的比值 $\frac{f}{b}$ 或者 $\frac{g}{b}$	三次风与上二次风喷口边缘的间距/mm	三次风与上二次风喷口中心线标高差与二次风口宽度的比值 $\frac{m}{b}$
固态排渣炉	图9.14（a） 图9.14（b）	褐煤	$j=80\sim100$	0.55~1.0	$i=210\sim395$	1.1~1.7
			$j=220\sim350$	1.05~1.1		
		烟煤	$j=100\sim160$	0.7~1.0	$i=210\sim395$	1.1~1.7
	图9.14（c）	贫煤、烟煤	$k=90\sim130$	1.9~1.5	$i=210\sim395$	1.1~1.7
	图9.14（d） 图9.14（e）	贫煤	$k=280\sim350$ $j=190\sim200$	0.7~1.5	$i=210\sim395$	1.1~1.7
		无烟煤	$c=100\sim200$	1.3~2.6**	$i=210\sim395$	1.1~1.7
			$d=200\sim360$			
			$e=160\sim360$			
液态排渣炉		灰熔点低的烟煤贫煤、无烟煤	$j=100\sim285$	1.0~1.5	$i=20\sim350$	141.7

介于上述两种类型之间的是带侧二次风的直流煤粉燃烧器，如图9.14（c）所示。其一次风喷口相对集中成一列，从邻角燃烧器喷来的火焰正好向着一次风的着火面，使火焰稳定，适合于烧贫煤。在一次风着火面的另一侧喷出速度较高的二次风，称为侧二次风。

在射流火炬向水冷壁面附近弯曲贴近时，由于有侧二次风而在水冷壁面附近形成氧化气氛，可以避免水冷壁的高温腐蚀。同时，提高灰粒的熔点，使之容易凝固而防止结渣。根据试验测定，氧化气氛下同一种煤的灰熔点比还原气氛下要提高100~200K。因此，带侧二次风的直流煤粉燃烧器也常用于烧灰熔点低的烟煤，以解决燃烧器区域水冷壁的结渣问题。

直流煤粉燃烧器喷口一、二次风速的常用值见表9.6，一、二次风速的比值为1.1~2.3。三次风的喷射速度一般较高，使其能较好地和火焰混合以便燃尽。三次风喷口常向下倾斜7°~15°，对难着火的煤此倾角较小或不下倾，三次风喷口和上二次风喷口边缘的间距也较大。

表9.6　直流煤粉燃烧器的喷口常用参数

项　　目	烟煤和褐煤	贫煤和无烟煤
一次风速 $u_1/m \cdot s^{-1}$	22~30*	18~24
二次风速 $u_2/m \cdot s^{-1}$	35~55	40~55
三次风速 $u_3/m \cdot s^{-1}$	40~60	40~60

注：* 褐煤的原煤水分为40%、50%、60%，用直吹式制粉系统时，一次风速分别为20m/s、16m/s、12m/s。烟煤和褐煤用热风送粉时，一次风速提高到28~30m/s。

切圆直流煤粉燃烧器喷出的气流射入较大的有限空间后，受到锅炉引风机的抽吸和燃烧升温后密度降低而向上流动。射流的流动情况有些和相交射流类似。切圆直流煤粉燃烧器的渗流特点是每组燃烧器的各喷口总高度 h_r 和喷口高度 b 的比值较大，一般 $\frac{h_r}{b}=4\sim8$，因此射出的气流向上弯曲较慢；喷口常装设在燃烧室的墙角处，受限空间中的射流会受到附近避免的影响而偏转。由于切圆直流燃烧器喷出的气流是射向燃烧室中心一定尺寸的假想切圆，所以气流偏转的方向是固定的。习惯上常以射流中速度最大值的连线作为射流中心线。从四角喷出的射流中心线在离开喷口不远后，就不再沿射出防线，而是弯曲的，四角射出的气流中心线合起来形成的圆圈称为动力切圆，动力切圆的直径要比喷口出射流指向的假想切圆直径大得多，正常情况下的气流如图9.9所示。但当实际的动力切圆过于偏大时，可能导致射流严重偏转、气流贴壁的情况，如图9.15所示，发生结焦。当水冷壁面附近的烟气为还原气氛时，更易发生结渣现象。

射流中心线在横截面上向壁面弯曲，是由于射向受限空间的假想切圆引起的。射流在出口附近会受到邻角弯曲射流的横向作用，使此射流偏离原来的中心线，如图9.16所示。煤粉的着火过程中，此现象有很大意义，常把此射流迎着邻角射流的一面称为向火面，反之称为背火面。射流弯曲的更主要的原因还在于从燃烧器喷出的射流和相邻壁面的夹角不同，因为被卷吸的气体不断补充混入射流中去，而射流两侧的补气条件不同，便会使射流向一侧弯曲。燃烧器喷口处气流的高宽 $\frac{h_r}{b}$ 较大时，卷吸周围气体主要是在射流的两侧。当一次的补充气体从周围供给的速率不够快时，就会在这一侧形成负压，即射流两侧的补气条件不同时，两侧的周围气体的静压值不同，图9.17所示为在四角切圆燃烧器炉内流场试验时，测得的两侧墙上静压分布；两侧墙的位置如图9.16所示。由于角上的气流和两侧墙不是对称地各偏离45°射出，而是射向假想切圆，设射流对一侧墙的偏离夹角比

45°减小3°以上。只对一个角上的直流燃烧器送风，没有邻角射流的影响时，射流两侧的补气条件也不同，如图9.17中的虚线所示，两侧墙上的静压分布并不相同，射流会有所偏斜，即使射流和两侧墙的夹角各为45°保持集合对称。受限射流保持对称流动是不稳定的，稍有扰动就会偏向某一侧。因而如图9.15所示的故意不对称的射流，必然稳定地偏向前墙。四个角的燃烧器同时送风时，一个角上的两侧墙会明显地向前墙弯曲。正因为四角射出的气流在燃烧室中各向一侧弯曲，就使得各射流两侧的补气条件更不相同，由于相邻角射来的弯曲射流的横向作用，使四股弯曲射流的中心线在横截面上形成的动力切圆直径比假想切圆大得多。如果假想切圆直径过大，$\frac{h_r}{b}$值又较大，而射流弯曲得又过分严重时，射流的最大切向速度将贴近壁面，引起如图9.15所示的气流贴壁和结渣的现象；即使不结渣，也会对水冷壁造成磨损，并伴随高温腐蚀，这是要注意防止的。

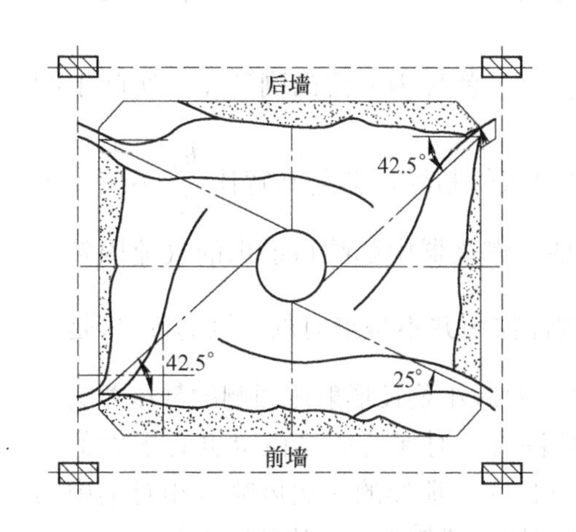

图9.15　煤粉切圆燃烧直流煤粉燃烧器布置不当时气流贴壁引起结渣的情况

（假想切圆直径过大，$\frac{h_r}{b}=9.4$也过大）

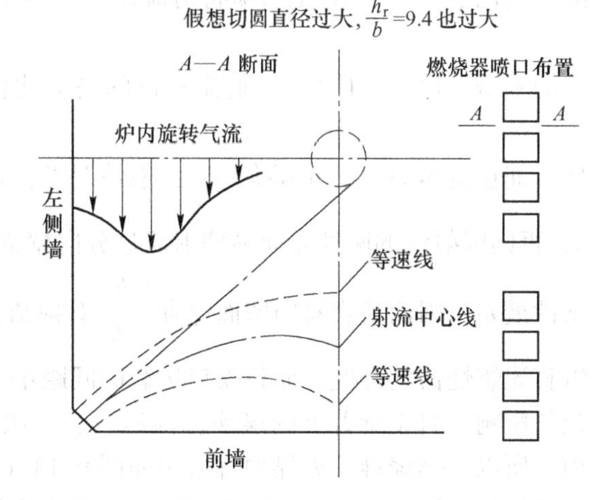

图9.16　煤粉切圆燃烧直流燃烧器出口射流

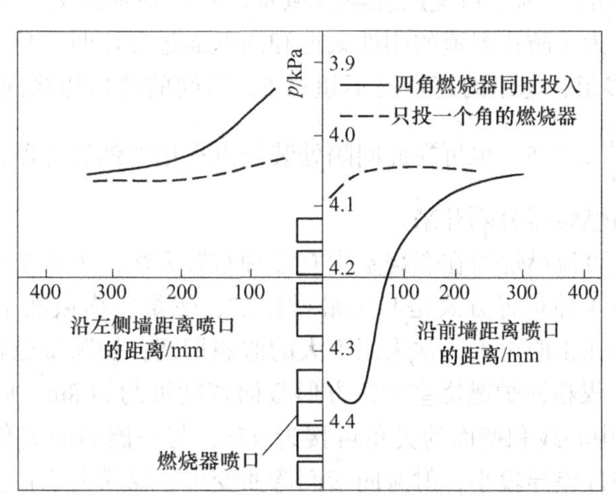

图9.17　角置直流燃烧器两侧墙静压分布测量结果

射流两侧的静压差产生的推力为

$$\Delta F \propto \rho h_r^2 u^2 f(\alpha) \tag{9.7}$$

式中，$f(\alpha)$ 为考虑射流两侧补气条件不同的邻角射流横向动量的影响函数；α 为射流和一侧墙的夹角。

射流的惯性要保持其原来的方向，其动量为

$$M = \rho h_r b u^2 \tag{9.8}$$

$$\frac{\Delta F}{M} \propto \frac{h_r}{b} f(\alpha)$$

因此，比值 $\frac{\Delta F}{M}$ 可反映射流偏离中心线的弯曲程度。可见影响射流弯曲程度有两个因素：一个是射流和侧墙的夹角所决定的 $f(\alpha)$，即假想切圆的大小；另一因素是射流喷口的高宽比值 $\frac{h_r}{b}$。工程上习惯将射流在外力作用下本身是否易于弯曲的性质，借用材料力学的术语，称为“刚性”。射流喷口的高宽比值 $\frac{h_r}{b}$ 大，就称为射流的刚性差。实际上刚性一词在流体力学上并不确切。一般情况下，切圆直流煤粉燃烧器的高宽比 $\frac{h_r}{b}$ 不应大于8，否则因射流的刚性差而易使射流过分向壁面弯曲。燃烧器中部喷口射出的气流因补气条件最差，因而最容易向壁面弯曲。$\frac{h_r}{b}$ 对射流的刚性作用并不是绝对的，因为 h_r 只是每组直流燃烧器的高度，而各喷口边缘的间距增大时，对减小狭长形射流两侧的静压差有一定的影响。对于难着火的煤粉，推迟一、二次风的混合，对保持火焰稳定也有很大的作用。所以，燃烧难着火煤种宜采用如图 9.14（d）和（e）那样的一次风喷口相对集中的直流煤粉燃烧器，且一、二次风的直流燃烧器的高宽比一般较小，射流的刚性较好。

锅炉容量增大时，燃烧器喷口的总面积会增大，但是自然循环锅炉水冷壁弯管后空出燃烧器喷口宽度不能做得很大。200MW 及更大容量煤粉锅炉的直流燃烧器，喷口宽度一般为 500~800mm。因此，为了避免燃烧器区域水冷壁热负荷过大，大容量锅炉直流燃烧器必须要加大高度。为了防止射流的刚性太迟和向壁面过分弯曲，角上的燃烧器可以沿高度分为 2~3 组或更多组，每组的高宽比不超过 6，组间的喷口边缘间距 S_r 要足够大，一般情况下相对间距 $\frac{S_r}{b} > 1.5$。也可在此间隔处装设点火用的油燃烧器，正常运行时停用油燃烧器，将上下两组燃烧器分隔开来。

切向燃烧方式的直流燃烧器在燃烧室中有多种布置方法，表 9.7 是常见的几种布置方式。其中第 1 种和第 4 种布置方式是我国最常用的，燃烧室横截面呈正方形或接近正方形，直流燃烧器就装在正四角上。常采用不大的假想切圆，切圆直径和燃烧室宽度之比为 0.05~0.10。100MW 煤粉锅炉燃烧室的正方形截面宽度可约为 8m，假想切圆直径一般为 500~1000mm，喷口中心线和壁面的夹角可接近 45°，与一侧墙的夹角仅减小 3°~4°，因而射流两侧的补气条件差异较小，射流向壁面弯曲变小。煤粉火焰在燃烧室中发展得较平衡，四周水冷壁沿宽度接受到的火焰辐射也较均匀。近来更常采用表 9.7 中的第 4 种布置方式，即把燃烧室横截面的四角切去，做成切角形水冷壁，增大了直流燃烧器射流向壁面的弯曲，把运行中发现的射流最易弯曲的一对喷口做成对冲喷射，射向燃烧室中心，而另一对喷口改变成射向相反选择的假想切圆，即一对喷口正切大圆，另一对喷口反切小圆。而此对反切小圆的射流受到切向动量更大的邻角正切气流的影响，实验测得的气流方向也是顺着正切大圆的方向旋转。只是燃烧室中总的旋转强度减弱，四角弯曲射流中心线在横截面上形成的圆圈直径稍小些，对防止水冷壁结渣是很有效的。表 9.7 中第 1、3、4 种布置方式的直流燃烧器装在横截面的顶角处，为了使一、二、三次风管和燃烧器的各喷口相连接，燃烧室四角的柱子就必须向两侧移开，让出位置。

表 9.7 切向燃烧的直流燃烧器常见布置方式

布置方式	示 意 图	特 点
1. 正四角切圆	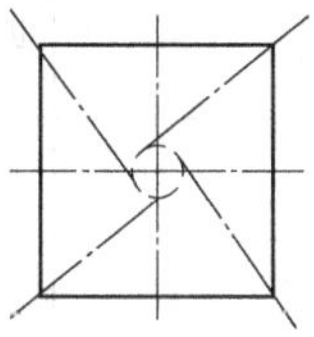	出口气流两侧补气条件差异小，气流偏离较轻，风粉管道对称，四角柱子不宜正四角布置
2. 两侧墙切圆	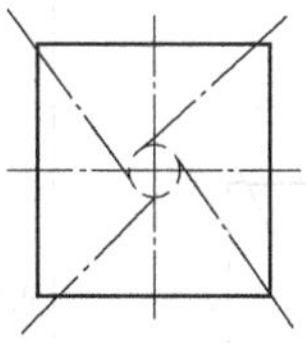	四角柱子可正四角布置，气流出口两侧补气条件相差较大，会加剧气流偏离
3. 两角对冲，两角相切	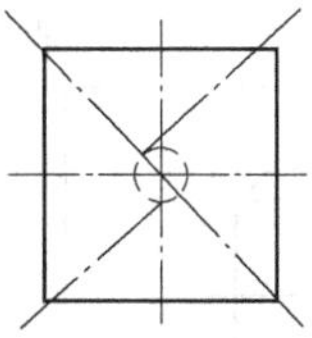	可改善出口气流的偏离，有利于避免燃烧室结渣；上升气流旋转强度较四角切圆布置弱
4. 大切角四角切圆	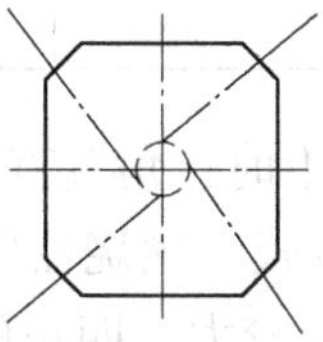	大切角可改善喷口两侧补气条件，切角处的水冷壁弯管和炉墙密封结构较复杂
5. 大小切圆	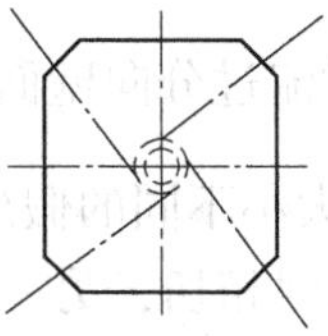	用于截断长宽比较大的燃烧室，可改善气流偏斜，防止设计切圆的椭圆度较大。也有采用一对角正切大圆，一对角反切小圆，利用反切气流减小实际气流的椭圆度

续表 9.7

布置方式	示意图	特点
6. 墙上切圆	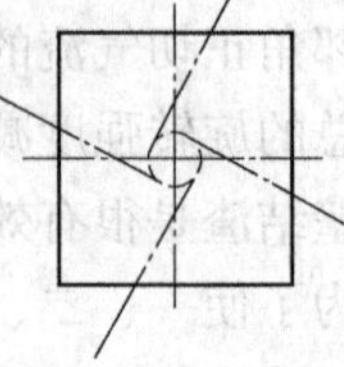	可改善喷口两侧补气条件，适用于大型锅炉
7. 六角切圆	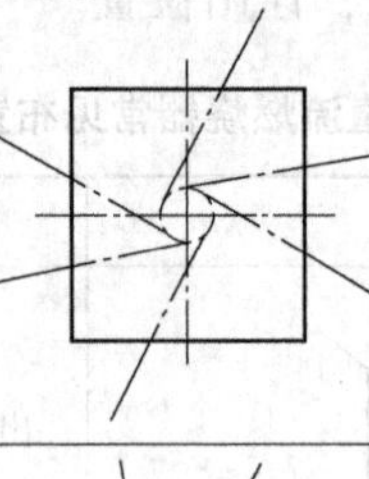	适用于界面较大的单燃烧室，特别是大容量褐煤炉，可保持炉内气流有足够的旋转强度。风扇磨煤机可布置在燃烧室周围。应避免相邻两角燃烧器同时停用，抽炉烟点布置也应恰当
8. 八角切圆	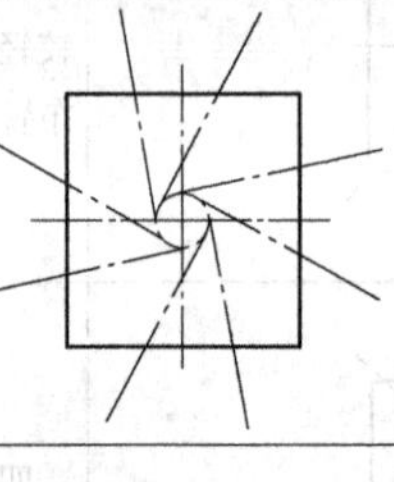	特点和六角切圆相似
9. 双室燃烧室	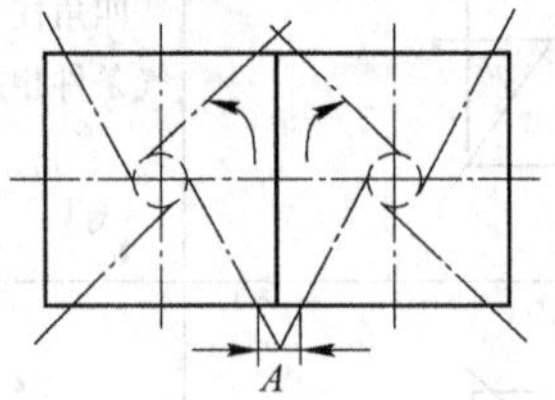 A	燃烧器出口轴线与两侧燃烧室夹角及补气条件相差大。A 值大小、风粉管道与立柱布置应满足双面水冷壁打焦、相邻燃烧器抽出检修的需要。双切圆旋转方向影响燃烧室出口烟温的偏差，可利用两个燃烧室燃烧器的摆动角度调节
10. 切角双室燃烧室	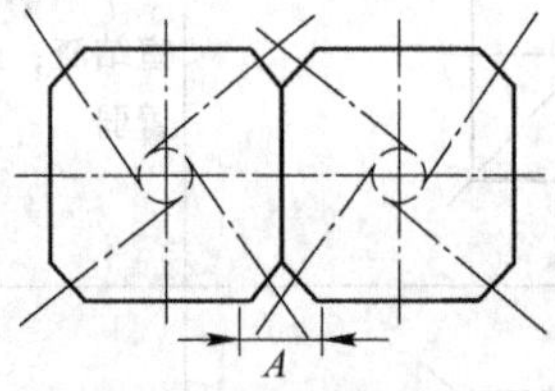 A	大切角可改善出口气流的偏差

燃烧室四角的柱子布置在横截面的顶角上时，角置直流燃烧器就要移到两侧墙上安装在近角的位置。如表 9.7 中第 2、5 种布置方式，燃烧器的喷口中心线和两侧墙的夹角就可能显著偏离 45°，射流两侧的补气条件差异较大，四角的弯曲射流中心线在横截面上常成椭圆圈，设计合理时，可和稍偏扁的矩形燃烧室横截面形状相对应。但是，喷口中心线和一侧墙的夹角过小和 $\frac{h_r}{b}$ 值过大时，会使射流过分向壁面弯曲而引起结渣，如图 9.15 所示。此时，可采用第 5 种布置方式，把两个大小不同的假想圆相切，以减轻气流的贴壁和结渣；或者分别把一对喷口和一个正向大切圆相切，另一对喷口和一个反向的小切圆相切，以更进一步地减小气流在横截面上的椭圆度。

烧褐煤时常采用直吹式风扇磨制粉系统，常要停磨检修，因而要有一定的备用磨煤机和与之相联的燃烧器喷口。褐煤通常灰熔点较低，燃烧室截面热负荷不宜过大，因此燃烧室横截面积常较大，邻角射来的火焰不易抵达装在四角处的喷口射来的根部。为了降低单个燃烧器的出力，褐煤直流燃烧器常采用六角或八角切圆布置，见表9.7的第7、8种布置方式。褐煤燃烧特性较好，不需要更长的停留时间，所以燃烧室的容积热负荷可以较高。这种布置方式在此采用每角配置一台直吹式磨煤机时，停用一台或二台磨，对燃烧的影响较小。

大容量煤粉锅炉燃烧室有时做成双室燃烧室，两个并排的燃烧室横截面都做成接近于正方形是很不容易的。两燃烧室之间由双面曝光水冷壁隔开，为使两燃烧室中的气体压力保持平衡，中间水冷壁上开有很大的平衡口，各燃烧室在四角安装直流煤粉燃烧器，即表9.7的第9、10种布置方式；也可以在两个燃烧室之间不配置隔墙，调节两燃烧室的燃烧强度可以改善燃烧室出口处的横向烟温偏差。

9.2.2 几种常见的直流煤粉燃烧器

9.2.2.1 普通型直流煤粉燃烧器

火力发电厂中使用最多的动力燃料是烟煤。烟煤的挥发分含量和发热量较高，而含灰较少，容易着火和燃尽。

普通型直流煤粉燃烧器以燃用优质动力煤为主，其本身的机构比较简单，图9.18所示是某型煤粉锅炉所用的普通型直流燃烧器。每组燃烧器有几根一次风管分别直接与一次矩形喷口相连；二次风喷口常和燃烧器近旁的共用二次风箱连接，各二次风喷口之前装有小风门挡板，如图9.19所示，可以分别调节各二次风喷口的风量，使各喷口的风量达到最佳状态。切向燃烧直流煤粉燃烧器的一、二次风都以较高的流速直流喷出。根据射流的原理，携带煤粉的一次风射流会把燃烧室中它周围的高温烟气吸入，同时还吸收燃烧室里火焰的辐射热，使它的温度提高而着火。为了使火焰稳定，可以增加一次风喷口的数目，使一次风与燃烧室中的高温烟气的接触面增大，但也不宜将喷口数目增加得过多而减少了射流的刚度，使火焰容易贴墙而结渣；以速度较高但风量较小的二次风保卫着一次风，这部分二次风因流速高而能有效地吸入燃烧室中的高温烟气，使之与一次风混合，这部分二次风称为周围二次风或周界风；加大一、二次风喷口间的距离，使一次风在转货以后，火焰经过一段发展再与二次风混合。

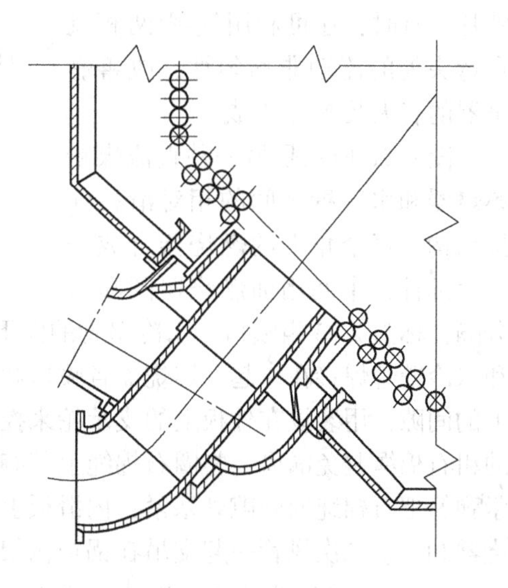

图9.18 直流煤粉燃烧器

近年来，为了降低切向燃烧引起的烟温偏差和降低 NO_x 排放，在燃烧器的垂直布置上也常采取上下层不对称布置方法，例如最上一层二次风或者火上风采用与其他二次风相反的切圆布置，以在一定程度上缓解燃烧室出口气流的残余旋转；上层一次风采用比下层一次风更小的切圆或采用对冲布置以更好地形成“风包火”的低 NO_x 燃烧流动场。

图 9.18 所示的普通型直流燃烧器，是通过专门的固定件与水冷壁管及其护板框架焊接在一起，在水冷壁受热膨胀时随着护板炉墙等一起向下移动。由于二次风道和输送煤粉的一次风管是另外支吊在锅炉架构上的，不是随着水冷壁受热膨胀而一起向下移动的，它们和所连接燃烧器各喷口就有相对移动，因而在连接处都要精心装设膨胀节或联管器，以避免相互间受力过大而破坏。要使一、二次风从燃烧器喷出时在喷口界面上均匀分布，可在进入喷口前的弯头中装设气流导向叶片。有时，还可利用气-固两相流在弯头处的流动非均匀性，改善燃烧器的着火及 NO_x 生成。

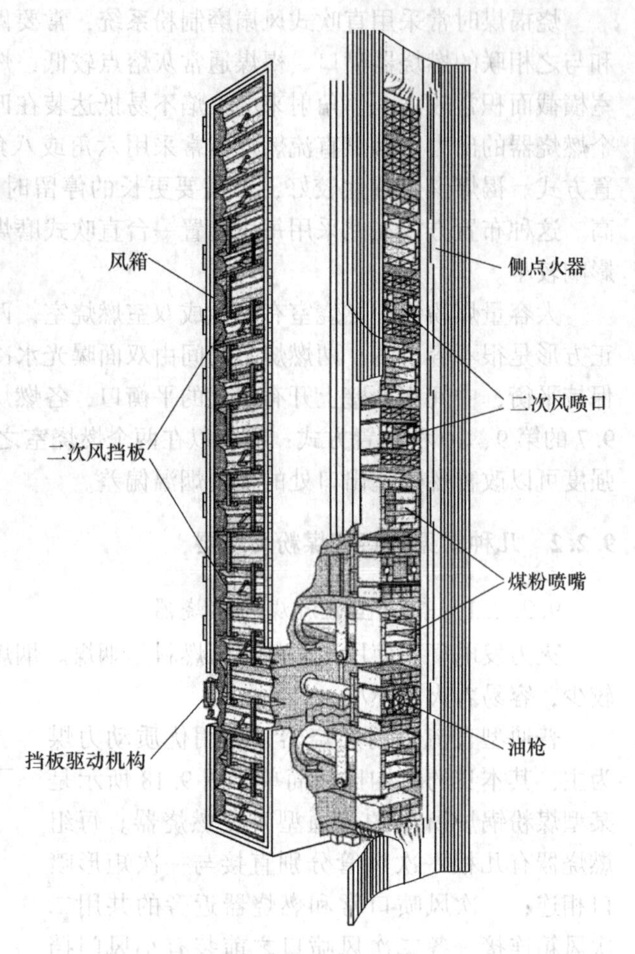

图 9.19　切圆燃烧使用的角风箱的布置

图 9.20 所示是另一种直流煤粉燃烧器和水冷壁之间的相对滑移连接结构。每个角上的燃烧器合成一个大部件，中间用油燃烧器圆喷口分隔，称为 2~3 组喷口。水冷壁管的向下膨胀量可达 100~300mm，把内滑板通过固定件和水冷壁管焊接在一起，燃烧器各喷口和外板固定在一起，内滑板和外板之间有 10mm 以上的间隙，用装设在外板上的支承轮来控制此间隙的大小。间隙的四周填绕直径为 50mm 的粗石棉绳避免漏风，整圈石棉绳上盖有一圈密封压板，再用 7~10 个固定在外板上的压紧弹簧把石棉绳向间隙处塞紧，内滑板上还装有蝶形弹簧把外板向内压紧。此结构可使燃烧器和一、二次风管一起支吊在锅炉构架上，使燃烧器和水冷壁之间有相对滑移。

9.2.2.2　摆动式直流煤粉燃烧器

为了便于运行调解和燃烧调整，直流燃烧器可以是摆动式的，如图 9.21 所示。这种燃烧器不同于上述普通型的固定喷口，各喷口一般可同时上下倾斜摆动 15°~30°，以改变燃烧室内火焰中心位置的高低，便于大型锅炉调节过热蒸汽温度和再热蒸汽温度，还便于在启动和运行过程中进行燃烧调整，以避免燃烧室内局部结渣和燃烧室出口烟气温度过高。

有的燃烧器做成一次风口固定，二、三次风口可以上下摆动，可改变二次风和一次风的交角，从而改变一、二次风混合的早晚，以适应所烧煤种的变化；但喷口的摆动幅度不能很大，以避免一、二次风混合过早。因此对火焰中心高低的调节范围有限，不用来调节

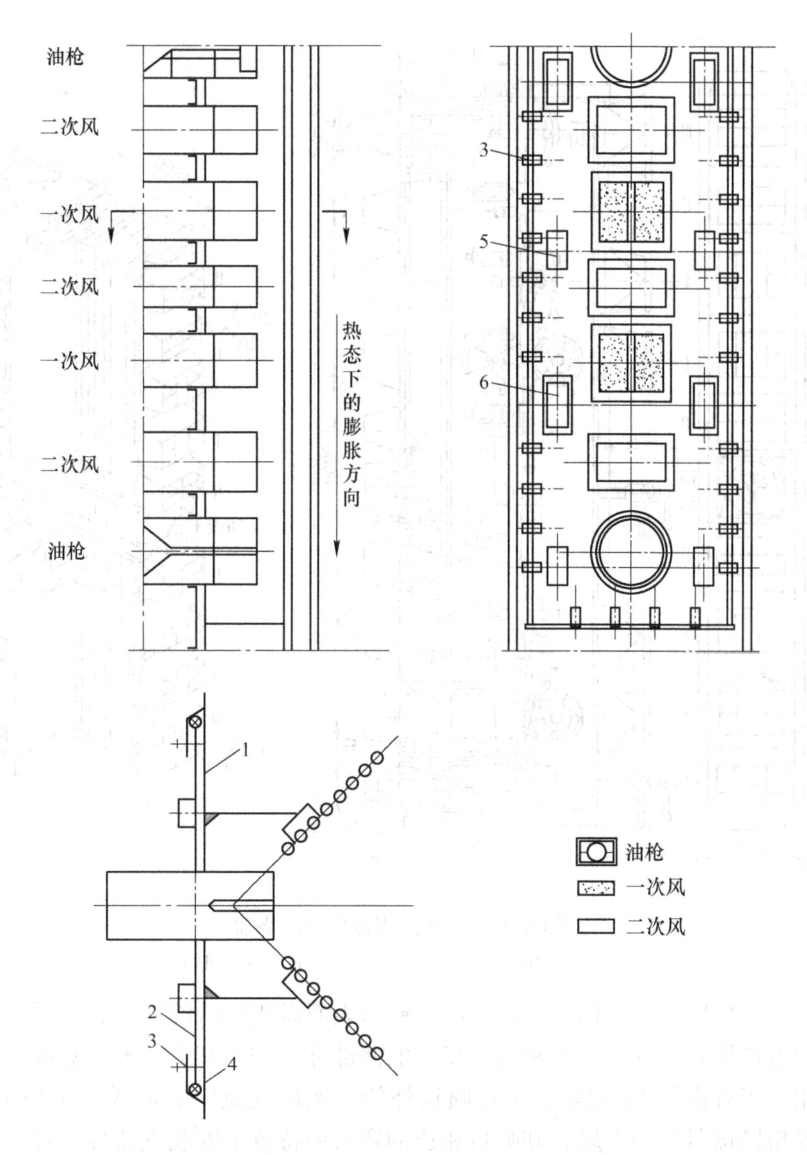

图 9.20 直流煤粉燃烧器的固定结构

1—内滑板；2—外板；3—密封压板；4—石棉绳；5—支撑轮装置；6—蝶形弹簧、压紧装置

过热蒸汽和再热蒸汽的温度。

摆动式直流煤粉燃烧器的整个外壳通常做成弯头形，作为二次风的风箱，所连接的各个二次风喷口前都装有小风门挡板，可分别调节风量。二次风喷口前的弯头中还装设气流导向叶片，使喷口出的气流速度分布均匀些。由于喷口要摆动，喷口壁面就较多地受到火焰辐射热的烘烤，为减少各个喷口受热后变形，喷口中需加装加强采用耐热合金钢制作的短隔板。各喷口套在各风管的出口处应有一小段圆弧面互相配合，并可绕着圆弧的中心用拉杆机构使之摆动。一次风管插在燃烧器外壳中，一次风喷口外面和风箱壁面之间有缝隙，可吹送出少量二次风，并利于避免喷口被烧坏，尤其在部分一次风口停止输送煤粉时，这股冷却喷口的风是很有必要的。

CE（现并入 Alstom）公司很早就采用摆动式直流煤粉燃烧器，还在可摆动的一次风

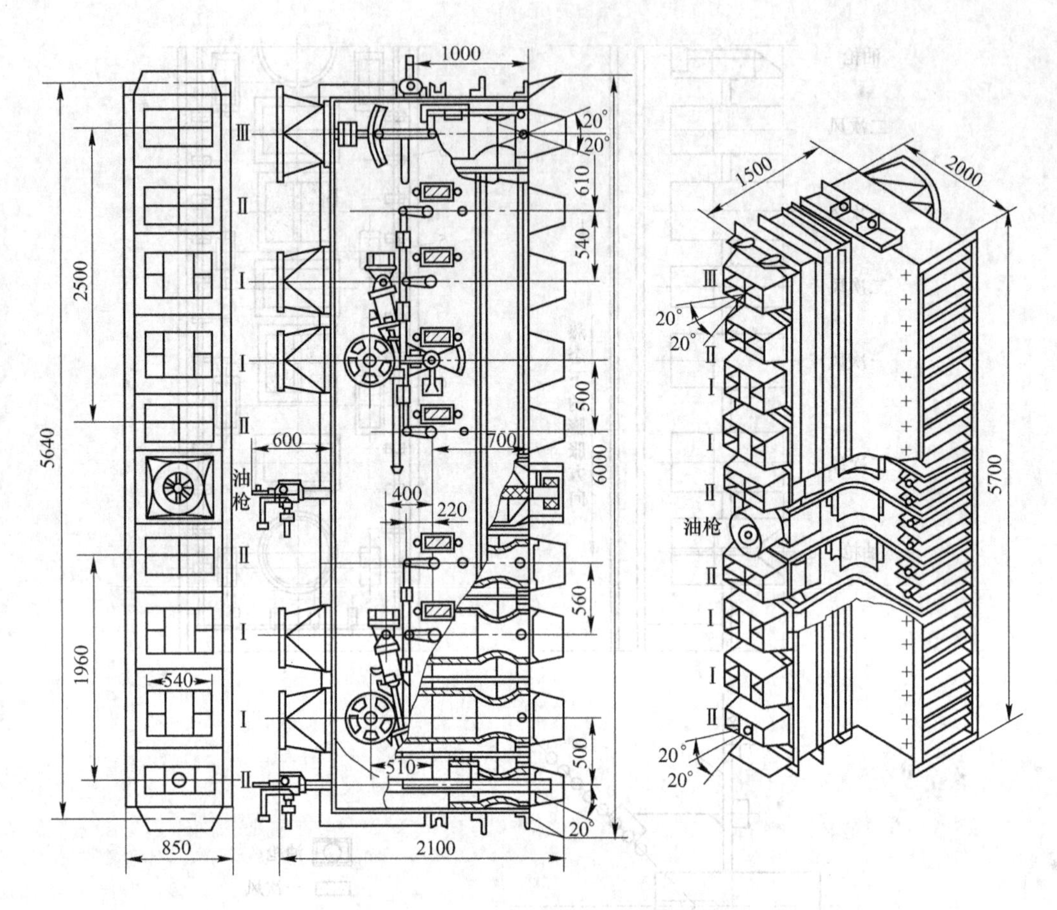

图 9.21 摆动式直流煤粉燃烧器

Ⅰ—一次风喷口；Ⅱ—二次风喷口；Ⅲ—三次风喷口

喷口内装设了三角形扩锥。锥角 $2\alpha = 20°$，锥角表面做成垛状波纹型，如图 9.22（a）所示；或者把喷口做成可分别向上和向下摆动的两部分，如图 9.22（b）所示。在两部分上下张开时相当于有锥角 $2\alpha = 24°$，可在喷口外的一次风气流中心形成一个小小的回流区。由于这种煤粉燃烧器的一次风管和喷口相连的弯头中特意不安装气流导向片，让一次风流经此弯头时因煤粉的惯性分离作用，而使喷口上部气流中所含煤粉浓度较高，下部气流中含煤粉浓度较低，因而使整个一次风喷口的煤粉气流易于着火，提高了煤粉火焰的着火性能；这也使锅炉在低负荷下有较好的煤粉火焰稳定性，使煤粉锅炉有较高的负荷调节比，因此又称为高调节比燃烧器。该燃烧器由于采用了局部富燃料燃烧，因此 NO_x 排放可以降低。

图 9.22（b）的喷口虽然调节的灵活性较大，但需要用两套摆动用的拉杆机构，增加了制造费用和维修工作量，因此图 9.22（a）的喷嘴结构更为实用。

摆动式直流煤粉燃烧器一般适用于烧烟煤，设计合理时，也可用来燃烧较易着火的贫煤，但不适于烧难着火的煤。

摆动式燃烧器多火焰中心的调节如图 9.23 所示。燃料和空气喷口同步摆动，实现对燃烧室水冷壁吸热量的控制，进而改变过热器段和再热器段的吸热；还可以用于缓解燃料变化、负荷变化以及燃烧室水冷壁的污染状况的变化对锅炉性能的影响。

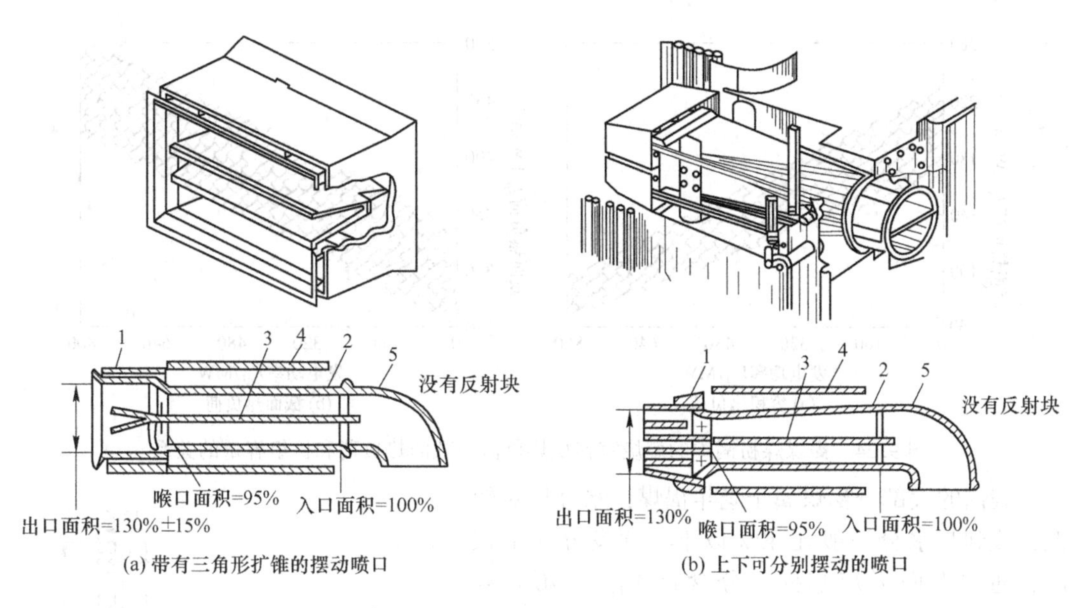

图 9.22　高调节比可摆动一次风喷口

1—摆动喷口；2—一次风管；3—水平肋片；4—燃烧器外壳；5—入口弯头

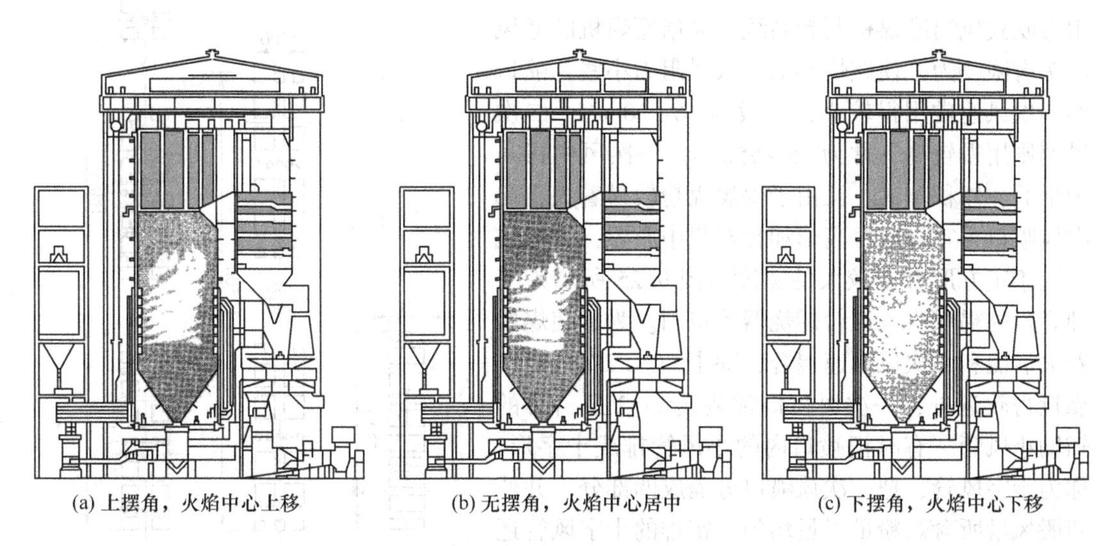

图 9.23　摆动式直流煤粉燃烧器火焰中心的变化

9.2.2.3　褐煤直流煤粉燃烧器

褐煤的特点是挥发分高（V_{daf} = 40% ~ 50%）、灰分大（A_{ar} = 15% ~ 40%）、灰熔点低、水分含量高，有些年轻褐煤的水分 M_{ar} 高达60%，老年褐煤也高于30%。因此，干燥的褐煤煤粉很容易着火。但要注意的是褐煤的灰熔点低，容易在燃烧室内结渣。综合这两个因素来考虑，应该使褐煤煤粉炉中的火焰温度降低，比烧烟煤和贫煤的煤粉锅炉低得多。为此，设计褐煤煤粉炉时选用的燃烧室容积热负荷和截面热负荷都不高，如图 9.24 所示，随着容量的增加，容积热负荷趋于下降，而截面热负荷上升；与同样蒸发量的燃烧烟煤和贫煤的煤粉锅炉相比，燃烧室体积和横截面积都要大得多。

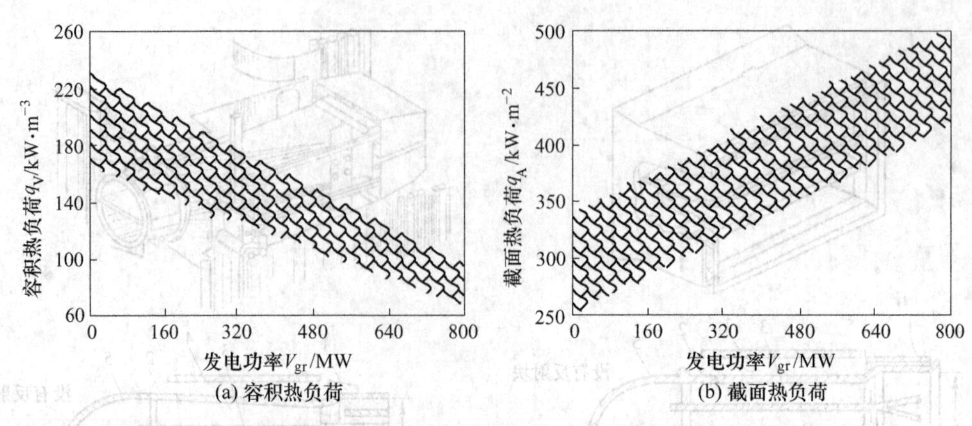

(a) 容积热负荷　　(b) 截面热负荷

图 9.24　褐煤煤粉锅炉的燃烧室容积热负荷、截面热负荷和机组容量的关系

我国的大部分褐煤属于老年褐煤，水分相对较低，收到基水分一般在 40%以下，挥发分含量很高，通常干燥无灰基挥发分含量 V_{daf} = 40% ~ 50%，因此一般不存在煤粉燃烧稳定问题，而应设法降低火焰温度，以避免炉内结渣。烧褐煤常配用直吹式风扇磨煤机制粉系统，风扇磨煤机的通风压头有限，为了使燃烧器的一次风阻力小些，喷口的一次风速常用得较小，一般为 16~30m/s，二次风速则用得较高，常为 35~55m/s。一次风中掺入炉烟后，体积增大。又由于褐煤煤粉较易着火，一次风喷口不宜做成窄高形和相对集中布置，常做成接近于正方形并有较大的宽度。图 9.25 所示是三种容量的褐煤直流煤粉燃烧器喷口图。为了使煤粉着火后能和二次风迅速混合，除了一、二次风喷口靠近得较近外，一次风喷口常装设 1~2 道密排的辅助小风管。有时把喷口内的小风管排成十字形，称为十字风管，把一次风喷口分隔成四部分，并使四股风量所含煤粉量尽量均匀。密排的十字风管还可以起支撑尺寸较大的一次风喷口壁面的作用，抑制受热高温变形；在某风扇磨及其相连的喷口停用时，十字风管中继续送入二次风使其冷却。十字分隔区可减少火焰对尺寸较大的喷口内壁面的辐射传热。

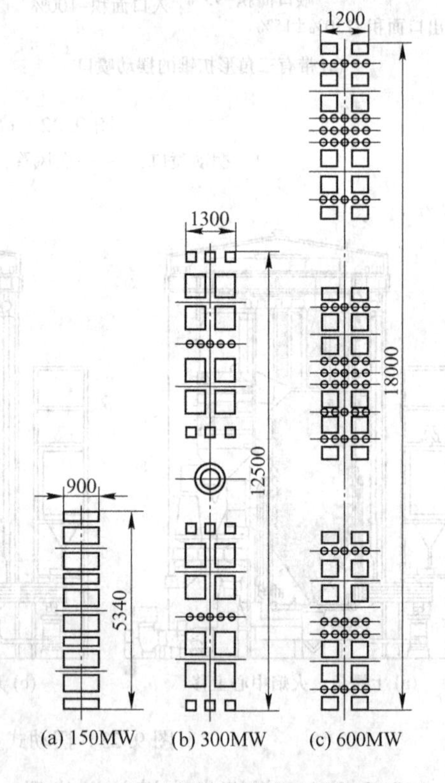

(a) 150MW　(b) 300MW　(c) 600MW

图 9.25　德国褐煤煤粉直流燃烧器喷口

以上讲的是挥发分高且易于着火的褐煤直流煤粉燃烧器的特点。但是在燃烧水分特别高的年轻褐煤时，矛盾又转化了。燃用年轻褐煤时，虽然所含挥发分很大，但因水分特别高，即使是抽取 1073~1273K 的高温炉烟，也因温度为 343~353K 的制粉乏气中含有大量惰性的炉烟和水蒸气，而使燃烧器喷出的煤粉气流不易着火。因而要注意煤粉燃烧的稳定性，并应进一步降低喷口的一次风速度。图 9.26 所示是一种解决方案，即把风扇磨上面

的惯性式粗粉分离器同时用作为制粉乏气分离器。在煤粉的惯性分离作用下，使较多的煤粉进入图中右侧的一次风管，由几个一次风口喷出，使含煤粉较少的乏气进入左侧的风管由三次风口喷出。由于一次风中减少了不利于煤粉着火的惰性气体，又提高了煤粉浓度，故能明显地改善年轻褐煤的火焰稳定性。三次风及其所含的煤粉射入已着火的高温火焰区，有助于这部分煤粉的着火燃烧。但是这种方法不宜用于水分加灰分含量小于60%～65%的褐煤，因为此时燃烧器喷口附近的火焰温度会过高而引起结渣。

9.2.2.4 U形或W形火焰直流煤粉燃烧器

图9.27所示，U形火焰宜于用来燃烧难着火的煤粉。图9.27是一种用于U形火焰燃烧的直流煤粉燃烧器，也称狭缝煤粉燃烧器。狭长的矩形喷口，把煤粉空气混合物撞击在迎面的水冷壁管特制耐磨盖板上，使煤粉颗粒的速度降低，有利于着火、两侧送入二次风。

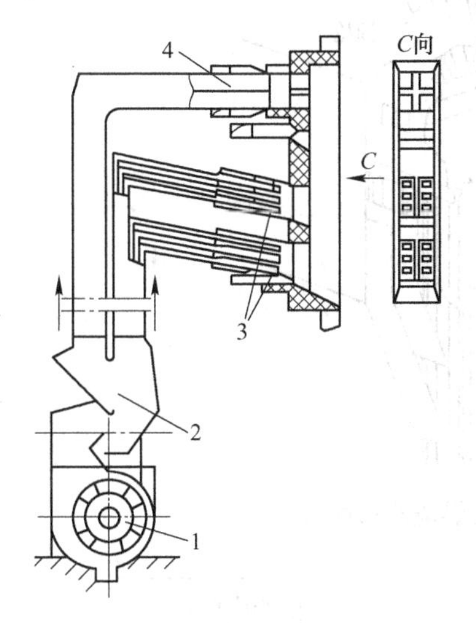

图9.26 某燃用年轻褐煤的煤粉燃烧设备

1—风扇磨煤机；2—惯性式粗粉分离器；
3—煤粉燃烧器的一、二次风喷口；4—三次风喷口

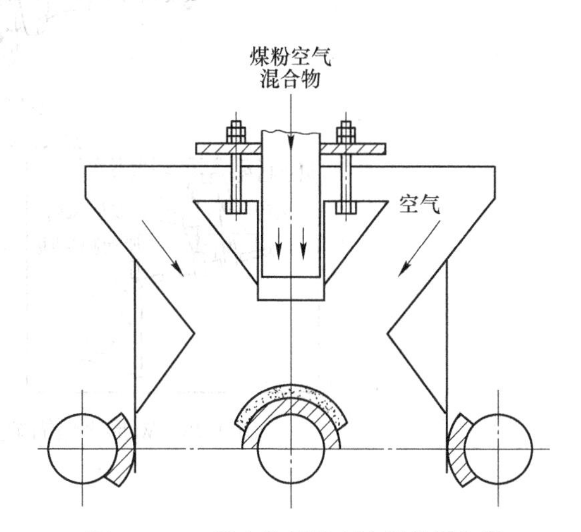

图9.27 U形火焰锅炉直流煤粉燃烧器

W形火焰煤粉燃烧主要针对难于着火和燃尽的低挥发分。典型的W形火焰煤粉燃烧器示意图如图9.28所示。这种燃烧技术配套双进双出钢球滚筒磨煤机直吹式制粉系统，所磨制煤粉的细度及磨煤机的负荷能随锅炉燃烧及负荷的变化而变化，可以较好地满足燃烧过程的要求。由于采用直吹式制粉系统，为了减少低温制粉乏气对煤粉着火过程的不利影响，并减少着火热，可以采用旋风分离器作为煤粉浓缩的直流煤粉燃烧器。当由制粉系统来的煤粉空气混合物经过分离器时，煤粉空气混合物被分成两股，煤粉浓度较高的一股气流由分离器下部经一次风喷口进入燃烧室，和煤粉一起进入燃烧室的一次风占总风量的5%～15%；另一股煤粉浓度较低的气流经分离器上部的乏气管通过单独的喷口送入燃烧室。由于这种燃烧器并排对称地布置在燃烧室腰部的前后拱上，如图9.29和图9.30所示，炉拱下燃烧室中形成的W形火焰的高温烟气正好回流到煤粉气流的根部，十分有利于煤粉的着火。在一次风周围与一次风平行地送入少量三次风，以利于着火以后氧的补充。二次风喷口分几层布置在拱下方前后墙的垂直炉墙上，二次风沿着火焰行程以相交于

火焰的方向逐步送入，以达到分级配风的目的。同时，根据煤种的燃烧和结渣特性不同，在拱下方的燃烧室水冷壁上敷设有一定面积的卫燃带，使下部燃烧室成为高温燃烧区，如图 9.30 所示，在负荷变化时，拱下部燃烧室中火焰的温度变化不大。因此，锅炉低负荷运行时，即使燃烧挥发分很低的无烟煤，也不用或只需投入少量燃料油即可保证稳定燃烧。

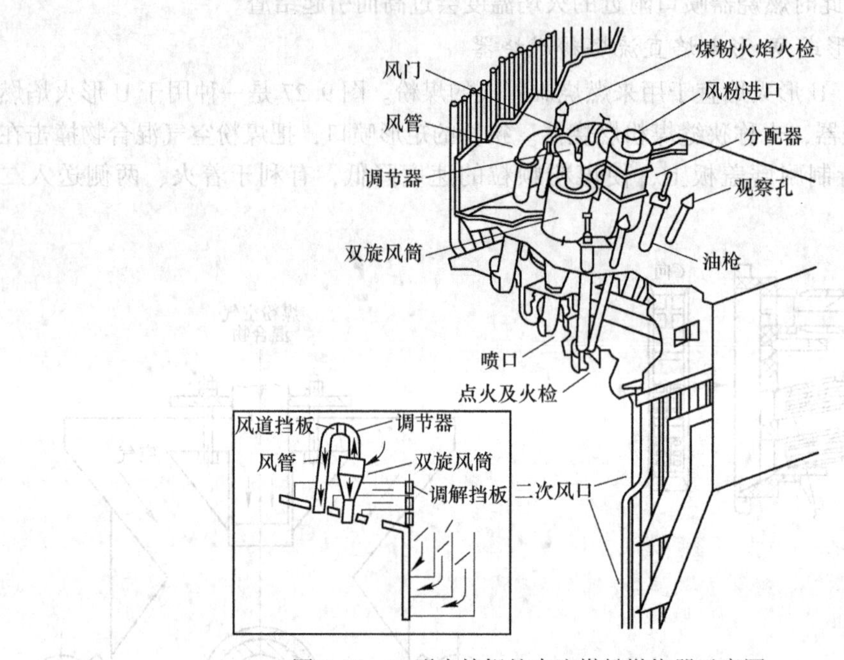

图 9.28　W 形火焰锅炉直流煤粉燃烧器示意图

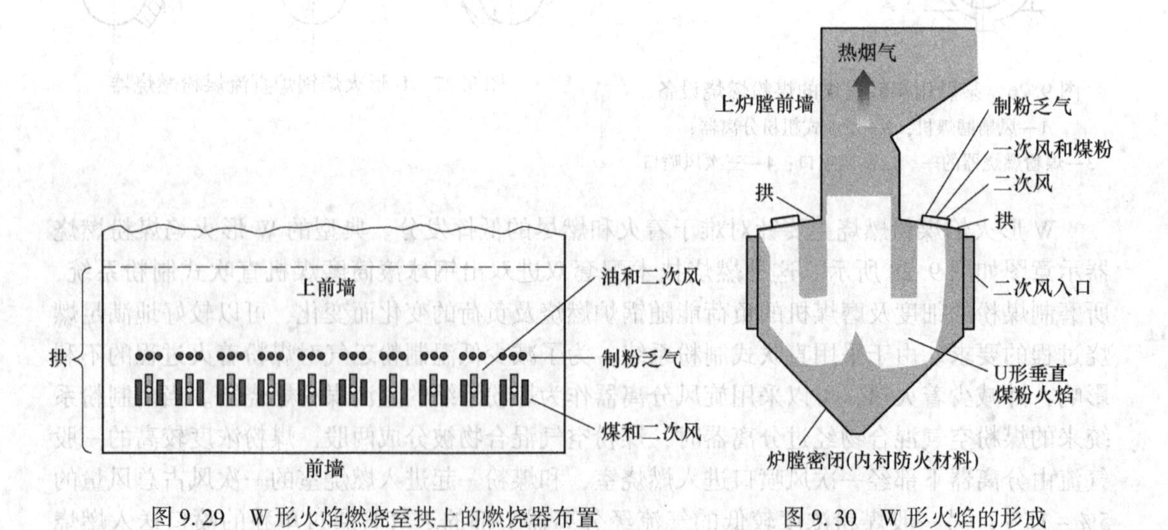

图 9.29　W 形火焰燃烧室拱上的燃烧器布置　　图 9.30　W 形火焰的形成

图 9.31 所示是一种用于 W 形火焰燃烧方式的带旋风分离器的狭缝形直流煤粉燃烧器。

W 形火焰燃烧采用半绝热炉膛燃烧，可以适应难着火和着火后稳燃的无烟煤，其燃烧生成的NO_x排放较高，通常在1000mg/m^3（折含6%O_2）以上，近年来，随着燃烧技术的不断发展，切圆直流燃烧器和墙式旋流燃烧器也能用于燃烧无灰基挥发分含量在9%以上的低挥发分煤，并且燃烧效果与W形火焰燃烧器相比毫不逊色；再加上W形火焰锅炉的成本比普通煤粉炉高30%左右，因而W形火焰燃烧逐渐缩小为燃烧含挥发分极低的无烟煤。

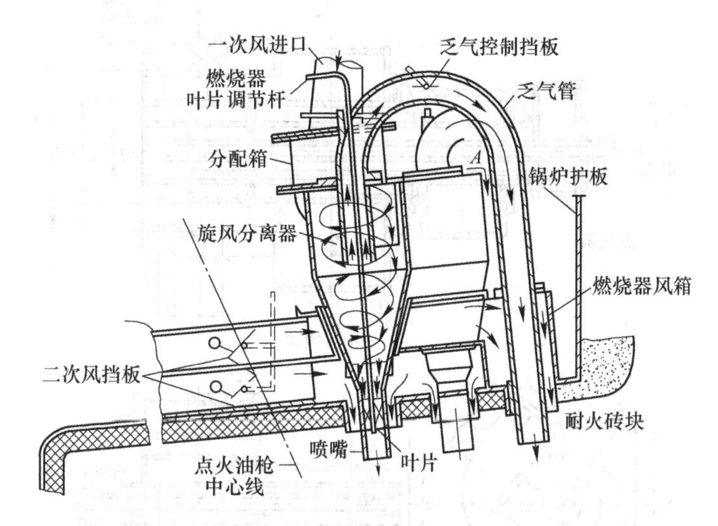

图9.31 W形火焰锅炉狭缝直流煤粉燃烧器

9.3 旋流煤粉燃烧器及其布置

9.3.1 几种常见的旋流煤粉燃烧器

旋流煤粉燃烧器不同于燃油或燃气旋流燃烧器，所用空气分为携带煤粉的一次风和不带煤粉二次风，如图9.32所示。煤粉在进入燃烧器之前已与空气混合好，一、二次风的通道是分开的，油燃烧器的一、二次风可以合用共同的风箱，油在燃烧器一次风喷口处送入并雾化。燃煤粉和燃油的旋流燃烧器中，气流发生旋转的原理和具体结构类似，也是采用蜗壳、轴向叶片或切向叶片，都涉及旋转气流的基本特性，这些都已在前面章节中讨论过，下面介绍几种经典的旋流煤粉燃烧器。

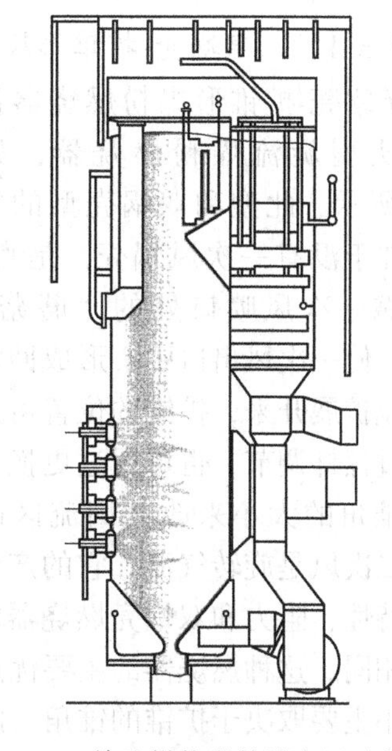

图9.32 旋流燃烧器前墙布置示意图

9.3.1.1 双蜗壳煤粉燃烧器

双蜗壳煤粉燃烧器的一、二次风都旋转，是通过各自的蜗壳形成旋转射流的，其结构如图9.33(a)所示。这种燃烧器的一、二次风的旋流强度都可以用入口处的舌形挡板来调节，但调节性能不是很好，和其他旋流燃烧器相比较，喷口处达到同样的旋流强度时，阻力系数较大，尤其是一次风阻力大，不宜用于直吹式制粉系统，喷口处的气流速度和煤粉浓度的不均匀系数都较大。但是，双蜗壳煤粉燃烧器的结构简单，对于燃烧烟煤和褐煤有良好的效果，我国在中小型煤粉锅炉上采用这种燃烧器，已取得了不少经验。

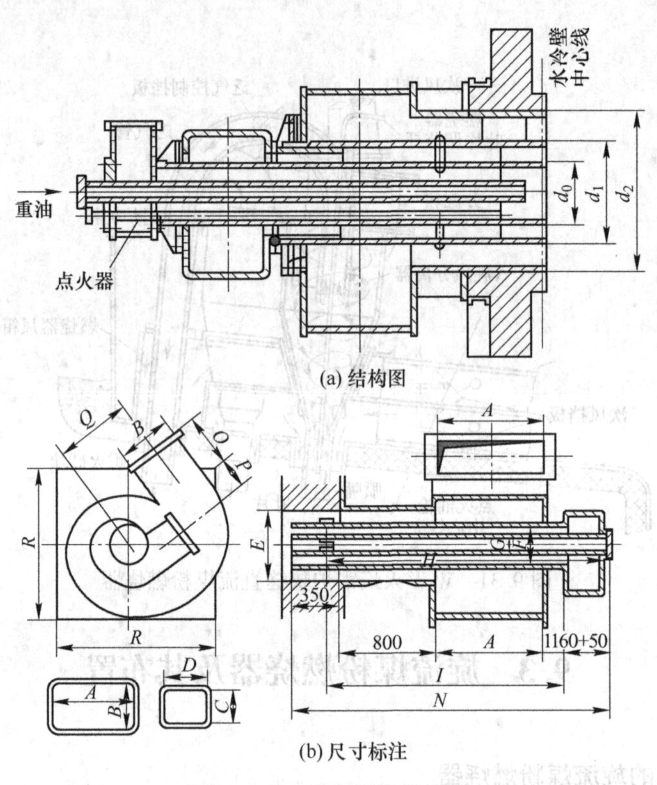

图 9.33 双蜗壳煤粉燃烧器

9.3.1.2 单蜗壳-扩锥形煤粉燃烧器

单蜗壳-扩锥形煤粉燃烧器俗称蘑菇头型旋流煤粉燃烧器，如图 9.34 所示。此型和双蜗壳型的主要区别在于没有一次风蜗壳，是直流，而依靠一次风喷口处的“蘑菇头”扩锥，使一次风出口中心形成回流并使气流扩展开来，扩锥的位置可用手轮通过镙杆调节，也可通过更换扩锥改变锥角的大小来改变回流区的大小。二次风是旋转气流，它的产生方法、特性、阻力和双蜗壳燃烧器的二次风相同。这种燃烧器的主要优点是一次风阻力较小，一次风的气流扩展角和中心回流区的大小主要取决于扩锥的锥角，因此易于保持，一般常用于烧烟煤和褐煤，锥角取为$2\alpha=60°$。在结构合理和风温较高时，也有用来烧贫煤和较易着火的无烟煤，此时锥角取为

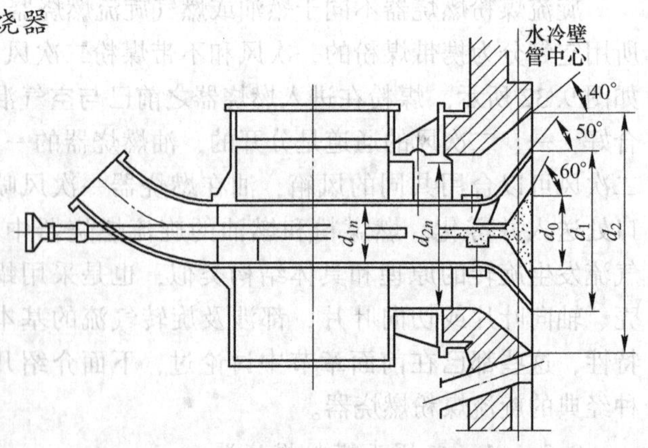

图 9.34 单蜗壳-扩锥型煤粉燃烧器

$2\alpha=90°\sim120°$。和双蜗壳燃烧器相比，其缺点是当中心回流区较大时，扩锥可能被烧坏。

9.3.1.3 轴向叶片式旋流煤粉燃烧器

轴向叶片式旋流煤粉燃烧器如图9.35（a）所示，一次风常不旋转，呈直流，有的在出口处装有扩锥，有的不装扩锥。为避免扩锥或一次风喷口烧坏，中心回流区一般较细较长，因此只宜燃烧易于着火的煤，如褐煤或挥发物含量较高的烟煤等；也可以用同一燃烧器换燃料燃烧重油，具有良好的性能。

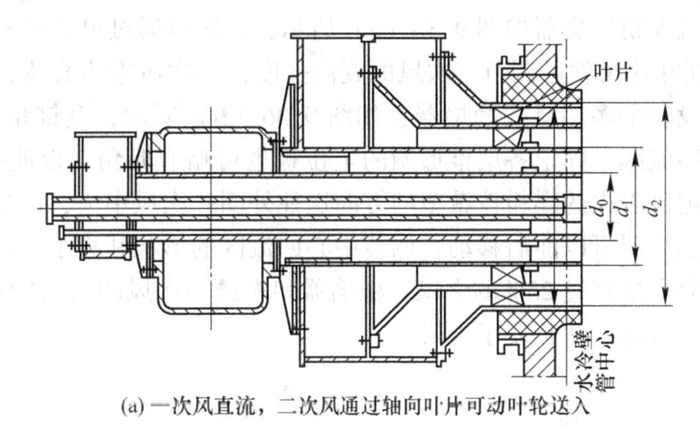

(a) 一次风直流，二次风通过轴向叶片可动叶轮送入

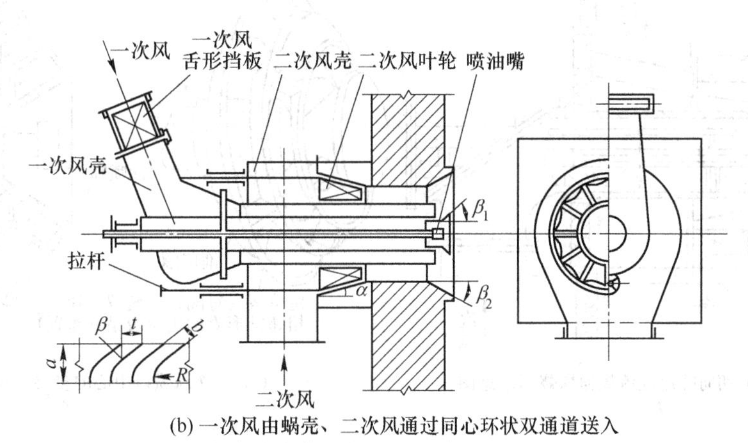

(b) 一次风由蜗壳、二次风通过同心环状双通道送入

图9.35 轴向叶片式旋流煤粉燃烧器

图9.35（b）所示的直流一次风是通过蜗壳送入的，旋转射流的二次风通过轴向叶片送入。图9.35（a）中可用拉杆移动轴向叶片的叶轮，使部分二次风绕过叶轮成为直流风，改变叶轮的前后位置可调节直流风和旋流风的比例，从而可在较大范围内改变二次风的旋流强度。图9.35（b）所示是可以换烧重油和煤粉的旋流燃烧器，二次风通过同心的环状双通道喷出，这两个环状通道中的叶片旋流强度不同。调节通过此两个通道中的风量，可以使燃烧器喷出的二次风混合后有不同的旋流强度，在烧油或烧很易着火的煤粉时，可以减少二次风的旋流强度，缩小扩展角，使二次风能和油雾及煤粉较快地混合，在烧煤粉而火焰不够稳定时，可采用较大的旋流强度，增大中心回流区尺寸。

轴向叶片的倾斜角β对燃烧器的性能有很大的影响，当β过大时会增大二次风的阻力。运行经验表明，对于燃烧褐煤和烟煤，β角一般选$50°\sim60°$，二次风旋转强度的调节用拉杆轴向移动轴向叶片叶轮，使部分二次风不通过轴向叶片而成为直流风。因此，改变叶轮在轴向的前后位置，就可以调节直流风和旋流风的比例，从而可在较大范围内改变二次风的旋流强度，使燃烧器具有很好的调节性能。

轴向叶片旋流煤粉燃烧器不宜用来燃烧挥发分较低的煤粉，在我国主要用来燃烧干燥无灰基挥发分大于25%、发热量大于16.8MJ/kg的烟煤和褐煤，它的煤种适应性不如双蜗壳旋流燃烧器广。近年来利用轴向叶片旋流燃烧器烧贫煤和无烟煤取得了可喜的进步。

9.3.1.4 切向叶片旋流煤粉燃烧器

切向叶片旋流煤粉燃烧器如图9.36（a）所示，二次风通过可动切向叶片送入，页片为8~16片，改变叶片角度可调节二次风的旋流强度，一次风常为直流，不旋转，阻力较小，喷口中心装设一个多层盘式稳焰器，如图9.36（b）所示，其锥角$2\alpha=75°$，可在稳焰器后形成中心回流区。固定各层锥形圈的定位板也可略有倾角，以使一次风轻度旋转，锥形圈还有利于把已着火的煤粉按希望的方向送往外圈二次风中去，以加速一、二次风的混合。多层盘式稳焰器可以前后移动，调节中心回流区的形状和大小。这种燃烧器适于烧干燥无灰基挥发分含量超过25%的烟煤，稳焰器和输送一次风的入口转弯肘管容易磨损，结构设计时应予以考虑，使其便于更换。

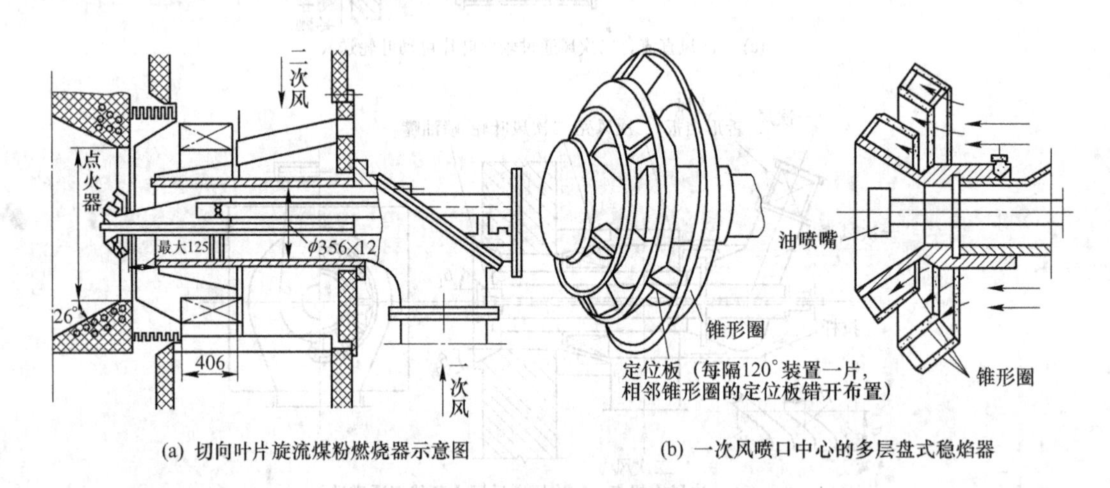

(a) 切向叶片旋流煤粉燃烧器示意图 (b) 一次风喷口中心的多层盘式稳焰器

图9.36 切向叶片旋流煤粉燃烧器

旋流煤粉燃烧器还可以有各种形式，以上所述是典型的几种。煤粉燃烧器的性能除由燃烧器的形式和结构决定外，还和它的参数：一次风率α_1，一、二次风量比，一、二次风速u_1和u_2及风速比u_1/u_2有关。一次风率与煤粉的着火条件密切相关，它取决于煤种，主要与挥发分有关，并且受到制粉系统的影响。旋流燃烧器的一次风率α_1可表9.3选取，其他常用运行参数可按表9.8选取。

表9.8 旋流式燃烧器的常用参数

燃烧器形式	单只燃烧器功率		贫煤和无烟煤		烟煤和褐煤	
	D_r/kg·s^{-1}	Q_r/MW	u_1/m·s^{-1}	u_2/m·s^{-1}	u_1/m·s^{-1}	u_2/m·s^{-1}
双蜗壳式	1.0	25	14~16	18~21	16~25	20~40
	1.4~2.1	35~50	16~18	22~25	16~25	20~40
	4.2	100	20~22	28~33	16~25	20~40

续表 9.8

燃烧器形式	单只燃烧器功率		贫煤和无烟煤		烟煤和褐煤	
	D_r/kg·s^{-1}	Q_r/MW	u_1/m·s^{-1}	u_2/m·s^{-1}	u_1/m·s^{-1}	u_2/m·s^{-1}
单蜗壳-扩锥型	1.0	25	14~16	17~19	16~25	20~40
	1.4~2.1	35~50	14~16	17~19	16~25	20~40
	1~2.1	35~50	18~20	25~28	16~25	20~40
一次风蜗壳和二次风轴向叶片式	4.2	100	20~22	30~32	16~25	20~40
	5.2	125	22~23	32~34	16~25	20~40
	6.2	150	23~25	33~36	16~25	20~40

为保证着火稳定，旋流煤粉燃烧器中，低挥发分煤应采用较低的一次风量，使煤粉与空气的混合物能较快地加热到煤粉着火温度；高挥发分煤应采用稍高一些的一次风量，因为高挥发分煤易于着火，一次风过少时会使火焰距燃烧器喷口太近而把燃烧器烧坏。即无烟煤、贫煤应采用较低的一、二次风速，使煤粉着火较易稳定，烟煤、褐煤则采用较高的一、二次风速。对热功率较大的燃烧器，燃烧容易稳定，也可采用略大一些的一、二次风速。按不同煤种设计的燃烧器，即使容量一样，得到的燃烧器的尺寸也不同，这是旋流燃烧器对煤种适应性不强的原因。

9.3.2 旋流煤粉燃烧器的布置

采用旋流煤粉燃烧器时，如果锅炉容量较小，一般将燃烧器布置在前墙，单排排列；在锅炉容量较大时，可采用前墙多排排列；在锅炉容量更大时，可采用前后墙多排对冲排列，而某些容量不太大的锅炉上也有采用把燃烧器对称布置在两侧墙的方案。表 9.9 为不同容量的锅炉旋流燃烧器的布置方案、燃烧器的数目及每只燃烧器的热功率。

表 9.9 不同容量锅炉的旋流燃烧器的数目和热功率

机组容量/MW	锅炉额定蒸发量 D/kg·s^{-1}	锅炉压力 P/MPa	主燃烧器数目与布置		单只燃烧器的出力 B_r/kg·s^{-1}	单只燃烧器热功率 Q_r/MW$_{th}$	单只燃烧器的名义出力 B_r/kg·s^{-1}
			前墙	前后墙或侧墙			
6	9.7	3.83	2	—	0.83	20	0.83
15	20.8	3.83	3	—	1.03~0.83	25.0~20.2	1.11~0.83
25	36.1	3.83	4	4	1.03	25.0	1.11
50	61.1	9.81	4~6	4~6	2.06~1.03	50~25	2.08~1.11
100	113.9	9.81	8~16	8~16	2.06~1.03	50~25	2.08~1.11
200	186.1	13.73	8~24	8~24	3.11~1.03	75~25	3.16~1.11
300	259.7	13.73	8~36	8~36	4.17~2.78	100~25	4.17~1.11
500	444.4	25.01	—	12~48	4.17~2.78	100~44	4.17~2.78
800	694.4	25.01	—	16~48	5.17~2.78	126~44	5.17~2.78
1000	888.9	25.01	—	16~48	6.19~2.78	160~44	6.19~2.78

注：每台锅炉的燃烧器数目是指在额定负荷下运行时投入的燃烧器数目，实际装设的数目可能更多，这和制粉系统及磨煤机台数有关；煤的低位发热运按 $Q_{ar,net,p}$ = 24.2MJ/kg 计；燃烧器名义出力 B_r>2.08kg/s 时，不宜选用双蜗壳式燃烧器。

当一台锅炉上装有几台旋流燃烧器时，相邻的燃烧器喷出的气流会相互影响，图9.37所示是气流旋转方向相反和相同的两个相邻燃烧器喷出的气流的合成切向速度分布。

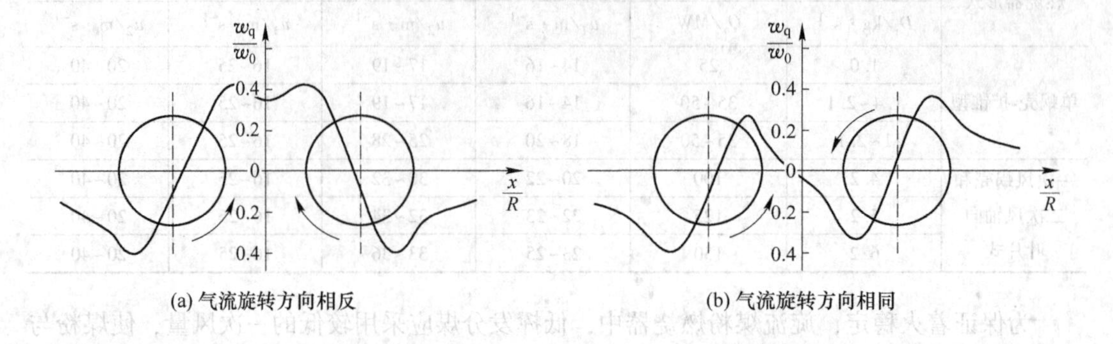

图 9.37 旋流燃烧器不同旋转方向时切向速度的分布图

由图9.37可见，当两个燃烧器的气流旋转方向相反时，燃烧器之间中心处的切向速度升高，近似等于只有单个燃烧器时该点切向速度的2倍，而外侧的气流速度仍与单个燃烧器时相似；当两个燃烧器的气流旋转方向相同时，但速度梯度却很大，传热、传质较强烈。在前一种情况下，由于两个燃烧器之间向上的气流速度加快，使火焰有向上的趋势。

大型锅炉中燃烧器的数量很多，相邻燃烧器气流相互影响的情况更加复杂，但都是图9.37所示两种典型情况的合成。燃烧器气流的旋转方向会影响炉内火焰中心的位置和燃烧过程，并有可能影响过热器、再热器的传热情况和过热蒸汽、再热蒸汽温度。图9.38所示为不同布置的燃烧器气流旋转方向对火焰位置的影响。

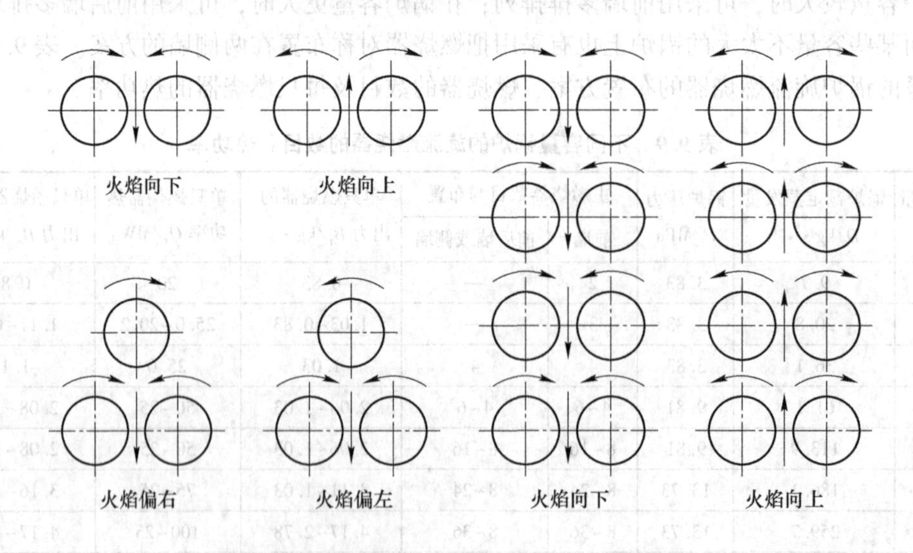

图 9.38 旋流燃烧器不同布置对火焰位置的影响

由此可见，正确选择燃烧器的气流旋转方向是很重要的。为了运行中不结渣，旋流燃烧器距邻近的炉墙、冷灰斗的上沿应有一定的距离。为了每只燃烧器的火炬能正常发展，互不干扰，两个相邻的燃烧器也应该留有足够的距离。采用多排布置时，两排燃烧器之间要留有一定的距离。表9.10给出了这些距离相对于燃烧器喷口直径的倍数值。图9.39中不仅给出了表9.10中表示各项距离符号的意义，而且还给出了燃烧器不同布置时正确的气流旋转方向。其中，对冲的一对燃烧器旋向相同时，称为顺列布置；旋向相反时，称为错列布置。

在旋流燃烧器的数目较多时，燃烧器的轴线应与所在的炉墙垂直。在燃烧器的数目较少只有两三只时，则两边的燃烧器应略向燃烧室中心倾斜，使在停掉一只燃烧器时，燃烧室中温度不致过于不均。一般在前墙上只装两只燃烧器时，燃烧器中心线应向燃烧室中心倾斜10°，而在采用三只燃烧器时，两侧燃烧器中心线向燃烧室中心倾斜6°。

表9.10 旋流燃烧器之间和到水冷壁的距离

名称		符号*	相对距离*
燃烧器与中心线之间的水平距离	单层布置	S_r	(2.0~2.5) d_r
	双层错列布置	S_r	(3.5~4.0) d_r
	双层顺列布置	S_r	(2.5~3.0) d_r
燃烧器中心线之间的垂直距离	错列布置	h_r	(2.0~2.5) d_r
	顺列布置	h_r	(2.5~3.0) d_r
最边上燃烧器中心到邻墙的距离		S_q	≥ (1.8~2.5) d_r
最下层燃烧器出口中心	到冷灰斗上沿（固态排渣）	h_r	(1.4~1.6) d_r
	到出渣口上沿（液态排渣）	h_r	(1.8~2.2) d_r
燃烧器布置在前墙的燃烧室深度	前后墙之间的距离	b	≥ (4~5) d_r
燃烧器对冲布置时的燃烧室深度	装燃烧器的对面墙间距离	a 或 b	≥ (5~6) d_r

注：* 表中符号意义见图9.39。

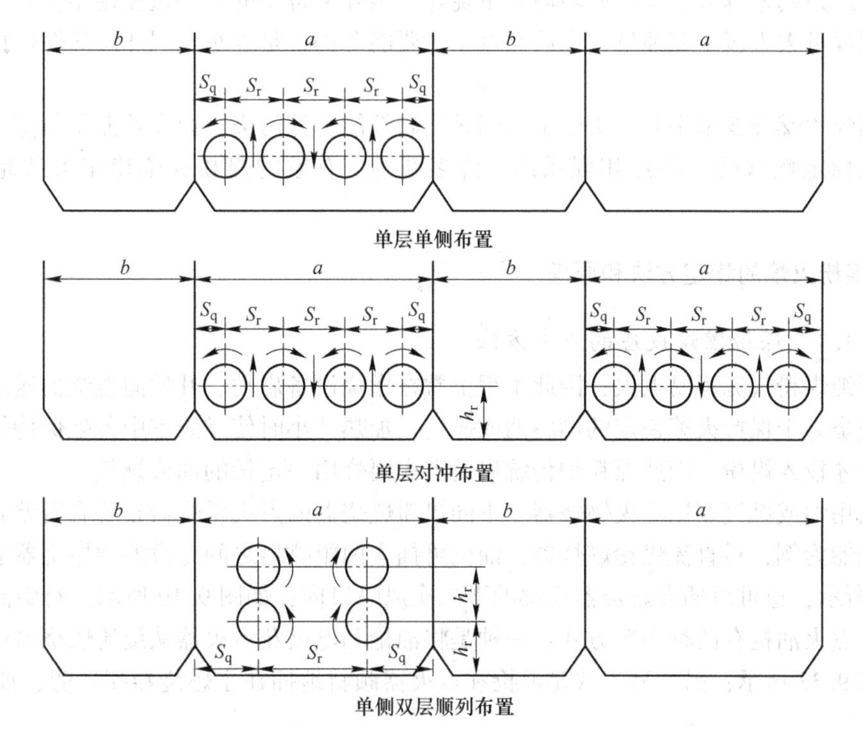

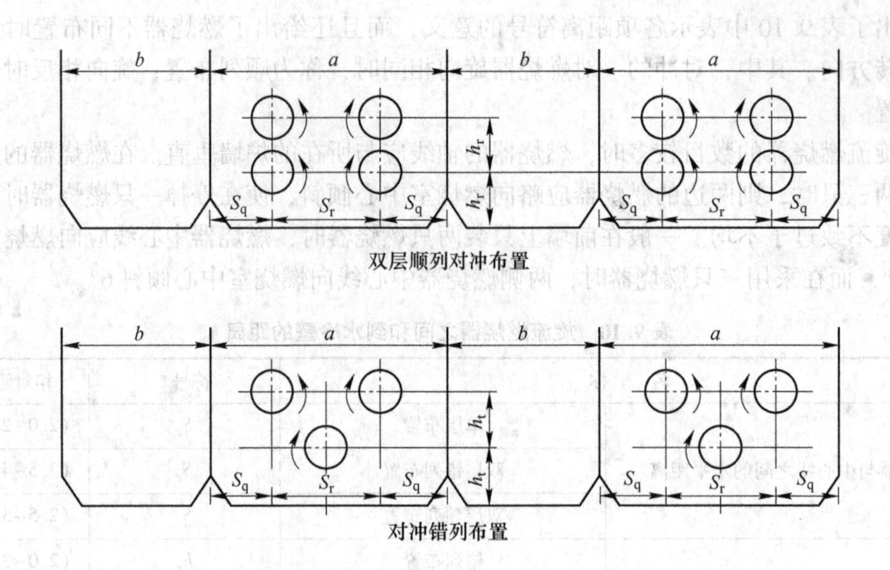

图 9.39 旋流燃烧器之间和到水冷壁的距离以及气流旋转方向

9.4 现代大型煤粉燃烧技术

煤粉燃烧技术至今已发展了近百年，人们进行了不懈的努力，开发了各种技术，取得了明显的进步，现在还在不断发展中。20 世纪 50~60 年代，中东向西方国家提供了大量的廉价燃料油、气，影响了煤的燃烧技术的发展。到 20 世纪 90 年代之后，燃料油、气资源面临的压力越来越大，又开始转向大量烧煤，国际上每年的燃煤量在逐年上升。由于地球上的储煤量大大多于储油量，今后几百年主要能源仍将是煤炭，因此煤的燃烧技术还要大力发展。

目前煤粉燃烧技术中要解决的主要问题是高效能和低污染。而高效能是与煤粉燃烧不易着火和稳定性这两个特点相联系的。许多新的、有效的煤粉火焰稳定方法是我国独创的。

9.4.1 煤粉火焰的稳定方法和原理

9.4.1.1 煤粉燃烧设备的点火方法

由于纯煤粉气流不易点火，因此工程上常在燃烧设备启动、开始向燃烧器送入煤粉之前，先喷烧易于保持火焰稳定的燃料油或燃气，加热几小时使燃烧室中各处保持灼热的高温，然后才投入煤粉。因此煤粉炉传统启动点火要烧用一定量的油或燃气。

点火用油或燃气要用点火燃烧器。不同煤粉燃烧器的点火燃烧器布置有所差异。以油点火燃烧器为例，对直流煤粉燃烧器，油枪可插入两组喷口之间专设的油燃烧器喷口，如图 9.21 所示；也可以插在燃烧器底部的下二次风喷口内，如图 9.19 所示。对旋流式煤粉燃烧器，点火油枪有两种布置方式：一种是将油枪和电火花点火器从旋流燃烧器中心管插入，如图 9.33 所示；另一种方式是油枪和点火器倾斜地插在主燃烧器喷口旁，如图 9.40 所示。

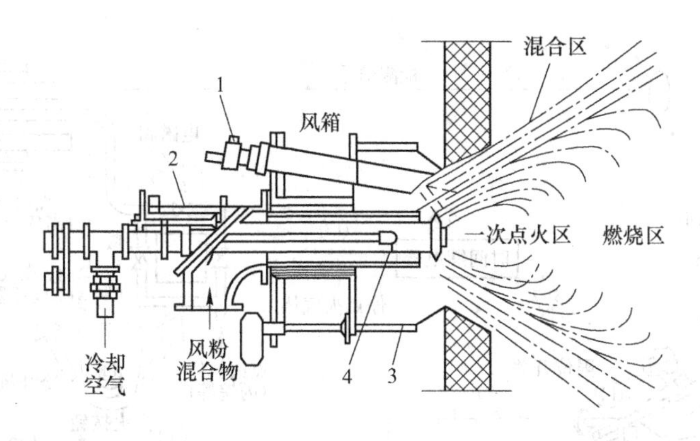

图 9.40 旋流燃烧器点火油枪及点火器倾斜布置

1—点火油枪及点火器；2—调风器操纵杆；3—调风器挡板；4—火焰检测器

火焰检测器是燃烧器自动装置中的重要部件之一，它的作用是对火焰进行检测和监视。在点火时，它检验点火器是否存在引火火焰；当引火火焰工作不正常时，停止点火器工作；在未建立正常运行工况之前防止重新点火；在锅炉低负荷运行或有异常情况时，防止锅炉灭火和炉内爆炸事故的发生。因此，现代化的大容量燃烧器和燃烧室内均装设火焰检测器，以确保安全运行。按工作原理不同火焰检测器可以分为许多不同的种类。目前电厂使用较多的是利用火焰发光性原理制成的检测器，如光电管、光导管、紫外线管和硅光电池等。不管哪种类型，都要求火焰检测器具有测量可靠、有足够的灵敏度、对干扰信号有一定的识别能力、使用寿命较长等特点。

图 9.41 所示为经典的大型煤粉锅炉点火用的油枪及其系统，电点火及喷油和停油的自动操作程序见图注。该系统是用电火花点火器先点燃液化石油气或乙炔、天然气，再用煤气小火焰点燃雾化的燃料油，每支油枪的喷油量一般为 1.5~2t/h，总喷油量的热量可达锅炉燃烧所需总热量的 30%。先烧油数小时把燃烧室烤热，再逐步送入煤粉一起烧，在煤粉火焰稳定后方可逐个停用油燃烧器，把燃料油替换下来；也可用高能量电火花直接点燃雾化的燃料油，可以省去煤气引火枪。

电火花是典型的着火引燃源，高电压无空气的电火花可以稳定可靠地点燃高热值的气体和轻油。典型的电弧点火器组成如图 9.42 所示。

由于煤粉点燃的启动过程要消耗大量的燃料油，因此人们不懈地努力开发各种节油甚至无油点火技术，以降低发电成本。

点火和低负荷用油水平与燃烧器的低负荷稳燃特性直接相关。近年来研制的具有低负荷稳燃或燃用劣质煤的新型煤粉燃烧器，通过合理地组织煤粉气流改变了煤粉的局部浓度，降低了煤粉的着火点，使得煤粉着火容易，稳燃特性有所改善，从而节约点火及低负荷稳燃用油。

电站锅炉传统的点火及稳燃油枪通常是布置在二次风喷口中。这样布置有许多优点，但它的热功率一般比较大。将大油枪布置在二次风喷口中投入运行时首先可提高燃烧室烟气温度，高温烟气再通过对流将热量传递给一次风射流。对于单一的煤粉喷口来说，大油枪中大约 1/4 的发热量参与一次风煤粉射流的对流换热，热量用于点火的效率不高。为了提高油枪燃烧释放热量加热煤粉的效率，将油枪布置在一次风的喷口中，油枪的发热量全

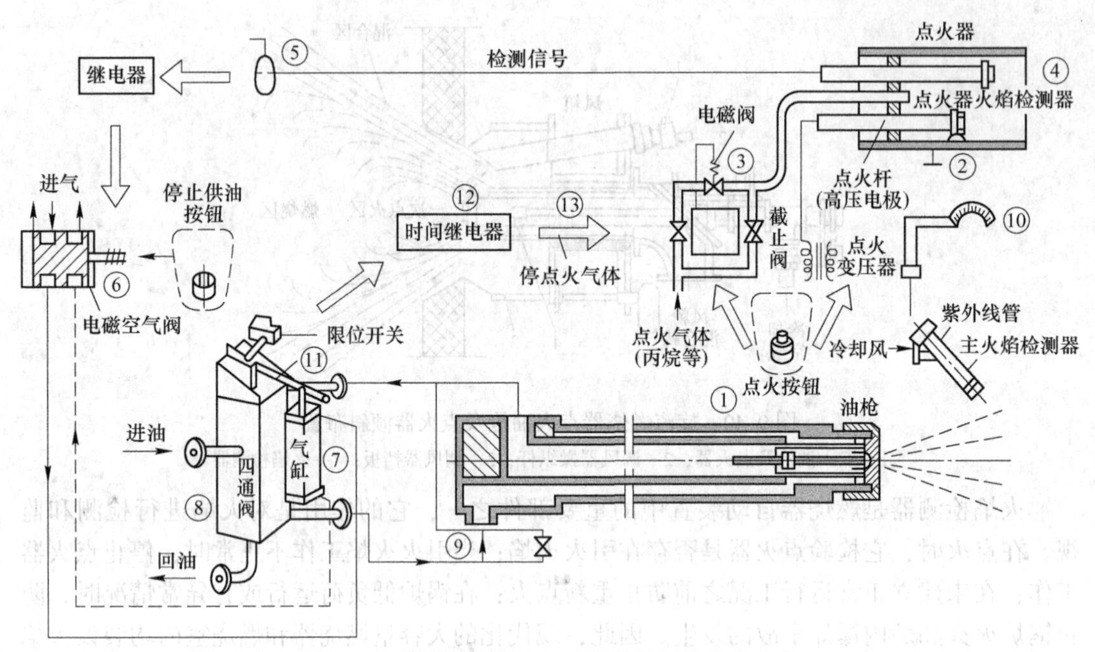

图 9.41 煤粉锅炉点火用油枪及其系统点火程序

点火程序：①按下点火按钮；②打火环产生电火花；③丙烷控制屏在自动位置，丙烷电磁阀开启；④丙烷着火；⑤点火器火焰检测到丙烷着火信号；⑥电磁空气阀切换到进气位置；⑦汽缸活塞下移；⑧四通阀下移到进油位置；⑨从进管进油，经油枪喷入燃烧室内；⑩油燃烧后，主火焰检测器得到信号；⑪回油经过四通阀，阀杆下移；⑫时间继电器工作；⑬经过一定时间后，停止点火，切断丙烷

停油程序：①停止按钮；②电磁空气阀电源闭合，切换到另一位置；③气缸上移；④油从四通阀内流出，进油枪做再循环

部用于煤粉气流的升温。油枪的容量可以很小，只要满足一次风煤粉射流的着火热即可，通过形成煤粉火焰与油火焰的相互支持，从而产生了以煤代油的燃烧效果。这就是小油枪点火技术。小油枪点火有不同的实现形式，其基本原理是一样的。

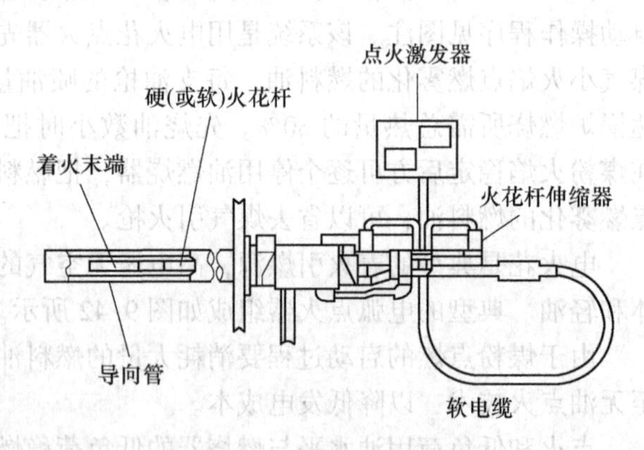

图 9.42 高能电弧点火器

下面以少油煤粉直接点火技术为例进行介绍。少油煤粉直接点火及稳燃喷燃器主要由抛物线内筒构成，外壳全部由钢板焊制，如图 9.43 所示。喷燃器主要由锥形管（或弯管）和抛物线形燃烧筒两部分组成。燃烧筒内筒可把热量聚焦于焦点，与热回流同时对新的煤粉气流加热，这足以满足新煤粉着火需要的着火热和环境温度的需要。燃烧筒内衬由高耐火材料制成。内筒外设双层螺旋形风套供二次风通过，以冷却燃烧筒的内衬，同时加热了二次风，高温二次风沿燃烧筒内筒长度切线方向，由喷嘴分级引出至筒内助燃并兼作吹灰。由于内筒得到足够的冷却，使靠近内筒的飞灰呈固态，在二次风喷口的吹扫下，燃烧筒内衬不易积灰、结渣，又不会烧坏，保证了喷燃器能长期安全稳定工作。锥形管与抛物线形燃烧筒连通为一个整体，锥形管主要设置有一次风

管、小油枪套管。锥形管可使一次风煤粉进入抛物线形燃烧筒发生旋转，在锥形管轴线位置设置小油枪套管，小油枪套管内置小油枪提供点火热源。旋转的气流一方面可以延长煤粉在燃烧筒内的停留时间，另一方面是在锥形管出口处形成回流区，可吸引一部分高温热烟气对风粉根部加热，有利于煤粉提前着火。这两股热量同时对风粉根部加热，足以满足煤粉着火时所需的着火热量。煤粉点燃后通过调整均匀分布在风套上的二次风喷口的风量，使燃烧达到稳定状态。

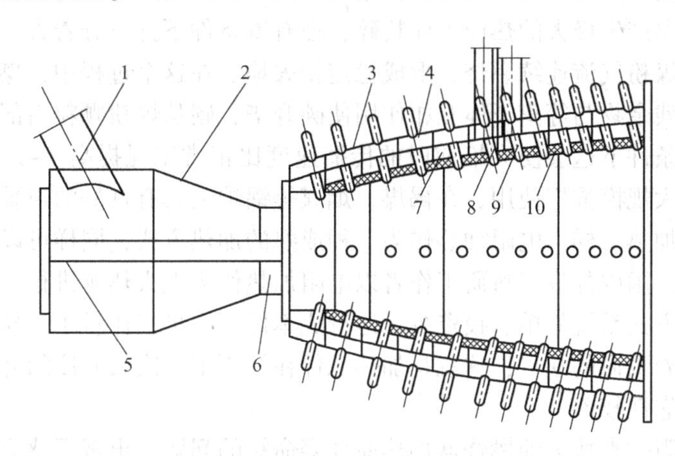

图 9.43 少油煤粉直接点火及稳燃喷燃器

1——一次风进口管；2—锥形管；3—燃烧器外壳；4—外层风套；5—套管；6—旋转叶片（也充作小油枪套管的支架）；7—内层风套（二次风引入螺旋风套加热再通过二次风喷口喷出）；8—隔板（它把风套分割成前后两部分便于分别调整风量）；9—二次风喷嘴（兼作吹灰用）；10 —抛物线形内衬

也可以将点火油枪与煤粉燃烧器结合起来，这就是煤粉直接点火燃烧器。煤粉直接点火燃烧器中装有燃烧管、点火油枪和电弧枪，如图 9.44 所示。煤粉直接点火燃烧器是将直流燃烧器的一次风口分成内外两部分，中心部分称为燃烧管。进入燃烧器的一次风粉混合物的一部分通过燃烧管，其余部分通过燃烧管与外壳之间的环形通道。由于点火燃烧器内安装了一只容量较小的点火油枪，因此开启点火小油枪时，燃油火炬将流过燃烧管的煤粉加热并点燃。燃烧释放出的热量通过燃烧管的管壁向外传递，使流过一次风管与燃烧管之间的煤粉气流加热并升温。这部分煤粉被喷入燃烧室后即被燃烧管中喷出的煤粉火焰点燃。当关闭点火小油枪时，燃烧管内的煤粉气流停止燃烧，使燃烧管像普通的一次风口一样工作。将煤粉直接点火燃烧器与煤粉预燃室比较就可以看出，当点火小油枪开启时，燃烧管相当于一个直流燃烧预燃室，预燃的煤粉是主煤粉气流的一部分，这就省去了煤粉预燃室所需的专用煤粉通道及有关设备，使设备改造简化。一般情况下可节约点火燃料 50%~70%。如煤质较好或煤粉细度大，还可以提高节油率。

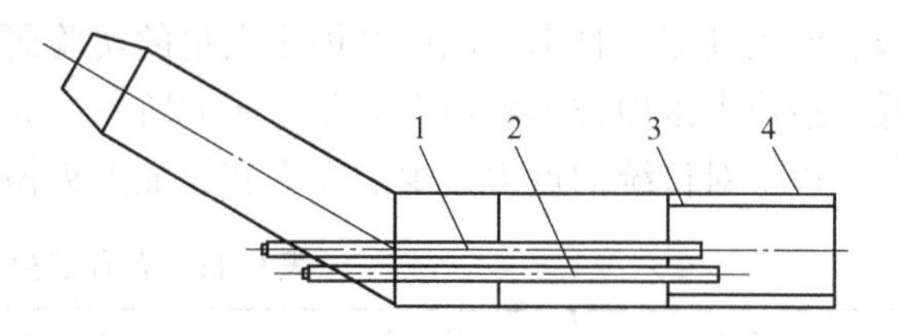

图 9.44 节油点火燃烧器

1—点火油枪；2—电弧枪；3—燃烧管；4—外壳

尽管少油点火节约了大量的燃料油，但还是需要设置消防要求较高的油系统。为此开展了无油点火技术开发，采用等离子体、热壁面、电弧、激光等热源点燃煤粉气流，彻底抛弃原有的燃油点火系统，实现无油电厂。

等离子体是除固态、液态、气态三态以外物质存在的第四态，由电离生成的电子、原子、离子或分子等粒子组成。等离子体煤粉无油点火的机理是，利用直流电流在一定介质气压条件下接触引弧，并在强磁场控制下形成稳定的定向流动离子体，等离子体在燃烧器内局部形成数千度的高温区域，煤粉颗粒进入该区域后闪速热解，迅速释放挥发物，煤粉颗粒由于快速升温产生极大的热应力而粉碎，在有氧条件下挥发分着火，进而点燃粒度极细的固定碳，使煤粉气流连续燃烧，形成稳定粉火焰。在这个过程中，煤粉颗粒承受很大的热强度，焦炭残余物与等离子体互相作用使碳升华，碳从煤粉颗粒内部向反应表面扩散释出，在一定的条件下这会使火焰前段的传播速度比正常工况提高 1~2 个量级。目前该技术已经在我国大规模推广使用，在褐煤、烟煤等锅炉上具有良好的声誉。

与等离子体加热一样，电阻加热作为一种成熟的加热方式，同样可以应用到煤粉的无油点火技术中来。国内外许多科研工作者以电阻加热作为点火热源进行了煤粉无油点火的研究。这种点火方式系统简单、投资少、运行成本低、维护工作量小、易于实现；但这种点火方式也存在着致命的缺点，这就是加热元件在经历了一次大幅度的升降温过程后，非常容易断裂，可靠性较差。

为了解决电阻式直接无油燃烧器加热原件寿命短的问题，出现了感应加热无油点火技术，将成熟的感应加热技术应用到煤粉的无油点火中。感应加热技术具有加热快、功率调节灵敏、可靠性高等优点。

进入 20 世纪 90 年代，世界上一些国家已经转向激光点火的研究。这种点火方式因通过非接触的方式对煤粉进行加热，不存在结渣的问题，所以受到了人们的普遍关注。美国、澳大利亚、日本等国已经做了大量的实验研究。但由于激光器的成本高昂、发射功率低，造成了该项技术停留在实验室研究阶段，尚未应用于工业。

以上对传统油点火、少油点火和无油点火做了介绍。各种点火技术的比较见表 9.11。

表 9.11 各种点火技术的比较

项目	传统点火	小油枪点火	等离子点火	电热管点火
耗油量	大	小	无	无
点火时间	长	小	小	小
点火单位能耗	高	中	低	低
对煤种要求	低	低	高	高
点火成本	高	中	低	低
系统复杂性	一般	较简单	复杂	小
系统投资	中	较小	大	低
系统维护量	中	中	大	高

从燃烧的角度来看，采用少油点火甚至无油点火是完全可行的。但是对于锅炉而言，点火不仅是锅炉本身的问题，还涉及锅内过程，需要综合考虑。这方面的工作还在进行当中。

9.4.1.2 煤粉稳燃技术

优质动力煤在满负荷下通常不存在稳燃问题。但是低负荷下采用不同的燃烧技术，有时会出现火焰不稳定的现象。煤粉燃烧中还会燃用一些难燃煤，包括干燥无灰基 V_{daf} 小于20%的低挥发分固体燃料，如贫煤、无烟煤、石油焦等，以及一些含水分或灰分较高、发热量较低的劣质煤。从能源利用角度来看，需要尽量避免使用劣质煤作为动力燃料，不仅是因为这些劣质煤本身着火难、燃烧效率低，更因为劣质煤的运输实质上是灰或水的远距离搬运，整体经济性和环保性都很差。因此，劣质煤一般只能作为坑口电站燃料，以循环流化床燃烧方式燃烧最优。

但是优质动力煤毕竟有限，在很多情况下，煤粉炉也不得不燃用难燃煤种。难燃煤的燃烧存在着火难、稳燃难和燃尽难的“三难”特点，在煤粉锅炉中需要采用一些特殊的措施。这些措施包括使用着火稳燃性能良好的煤粉燃烧器、合理的燃烧室设计、提高一次风温热风送粉、妥善处理三次风、降低煤粉细度等。在这些措施中，最基本、有效、经济的方法是使用着火稳燃性能良好的煤粉燃烧器。下面分别介绍几种典型的具有稳燃性能的煤粉燃烧技术。由于低负荷稳燃煤粉燃烧器在不同程度上又具有低 NO_x 燃烧的特性，因此相当一部分稳燃煤粉燃烧器技术，将在后面“低 NO_x 煤粉燃烧器”一节中一并介绍。

A 煤粉预燃室

20 世纪 70 年代，清华大学开发了一种带煤粉预燃室的燃烧器，如图 9.45 所示。煤粉空气混合物通过一次风管经过轴向旋流叶片，送入圆筒形预燃室。预燃室进口端盖做成圆锥形，把受限的一次风旋转气流引向壁面，预燃室中央为很大的回流区，把高温烟气反向引回。二次风分成两股，主要部分为根部而次风，经过不旋转的直叶片进入预燃室，另一部分二次风在预燃室出口附近通过直叶片或带有旋流倾角的叶片送入，由于煤粉预燃室中的气流组织得合理，煤粉火焰的稳定性比一般的煤粉燃烧器好得多。在烧烟煤、贫煤或褐煤煤粉时，只需用一次风管中心插入的小油枪喷少量的油，在热风送粉时甚至对易着火的煤粉可不用小油枪而只需用油棉纱引火，就能使预燃室中的煤粉着火，并在停止喷油后继续使火焰保持稳定燃烧。根部二次风并不破坏预燃室的中央回流区，还能增大回流量，并避免壁面沉积煤粉和灰粒，有利于预燃室的持久运行。由于煤粉预燃室燃烧器能使单个燃烧器的煤粉火焰在不喷射辅助燃料油时保持燃烧稳定，因此可以在锅炉启动时节约80%以上的点火用油，在低负荷运行时可节约全部助燃用油。煤粉中的绝大部分挥发物及少量的焦炭可在煤粉预燃室中烧掉，所以旋流式煤粉预燃室燃烧器应尽量采用热风送粉，可使挥发分在预燃室中尽快析出并着火。

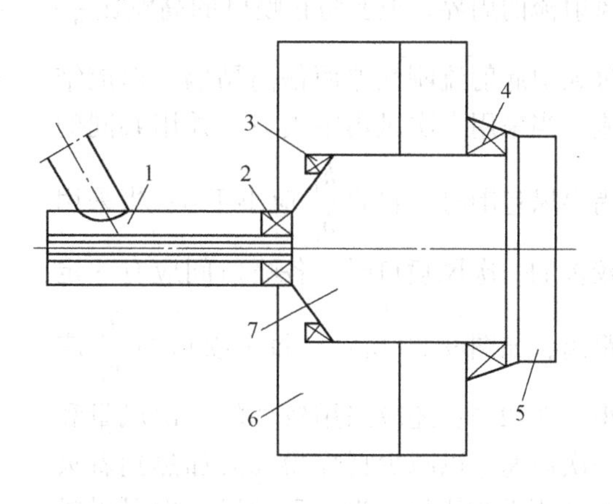

图 9.45 旋流式煤粉燃烧室

1——次风管；2—轴向旋流叶片；3—直叶片；4—带倾角旋流叶片；5—预燃室出口；6—二次风箱；7—圆筒形预燃室

旋转气流喷入大空间燃烧室的旋流煤粉燃烧器的旋流数，一般为强旋流，即 $S>0.6$，采用轴向叶片时倾角大于 50°。与此不同，煤粉预燃室中的旋流强度较弱，一般采用的二次风旋流数仅为$S=0.3\sim0.45$，一次风轴向叶片的倾角一般为20°~35°。很有意思的是，在早期试验过程中曾采用大旋流强度，一次风的轴向叶片倾角为50°，结果在烧很易着火的烟煤时煤粉火焰很不稳定，出现灭火和爆裂炉墙，在叶片倾角改为20°~35°后燃烧就完全稳定了。

尽管旋流式煤粉预燃室存在一些问题，但是该技术研制中发现了很多不同于当时理论的燃烧现象，从中发展了煤粉燃烧理论，为后续的研究提供了支持。并且旋流式煤粉预燃室的很多技术思想是科学的，为后来的很多煤粉燃烧技术借鉴或使用。

B 低挥发分直流燃烧器

为了解决低挥发分煤种着火稳燃问题，多数燃烧无烟煤和贫煤的直流燃烧器，在设计和运行上常采取一些措施，如为了提高着火区域中的煤粉浓度，推迟一、二次风的混合，一次风喷口采用集中布置，如图9.14(d)、(e)及图9.46所示。为了增加一次风射流与周围高温烟气的接触面积，一次风喷口常设计成直立狭长形，以增加一次风射流的周界。但要防止喷口的高宽比$\frac{h_r}{b_r}$过大引起射流刚性差而偏离贴墙，形成结渣。当采用一次风集中喷口，并用共同的周界风包围时，它的$\frac{h_r}{b_r}$应小于4；当采用较多的一次风喷口时，各喷口间应有一定距离，如图9.20所示，每个喷口的$\frac{h_r}{b_r}$应小于2~2.5；还应采用较低的一次风量和一次风速，以减少将煤粉气流加热到着火温度所需的热量。为了不干扰一次风煤粉气流的着火过程，二次风采用分级送入的方式，即随着燃烧过程的发展，将二次风分级逐步加入，避免过早地与一次风混合。一般的，二次风喷口布置在集中布置的一次风喷口的上下方。此时，下部二次风起着浮托煤粉、防止煤粉未完全燃烧下沉形成大渣的作用。根据煤种的着火特性，上面两个二次风喷口以一定的角度与一次风气流相交。这个角度决定了上面两股二次风与一次风气流的混合距离，它对煤粉气流的着火和燃尽过程影响很大，应通过燃烧调整试验来确定。因此，这两个上二次风喷口最好采用摆动式的结构。上二次风是在煤粉气流着火以后逐级混入的，它提供煤粉燃烧后期所需的空气量，因此必须具有较高的风速，才能穿透一次风气流，起搅拌和混合的作用。有的低挥发分煤种的直流燃烧器的一次风喷口四周包有一层速度较高的二次风，称为周界风。周界风的风层薄、风量小而风速高，它有利于将周围的高温烟气卷吸入一次风气流中，周界风的风量一般为二次风量10%左右，风速为30~45m/s，风层厚度为15~25mm。但是，如果设计不当，周界风也会阻碍一次风直接和高温烟气接

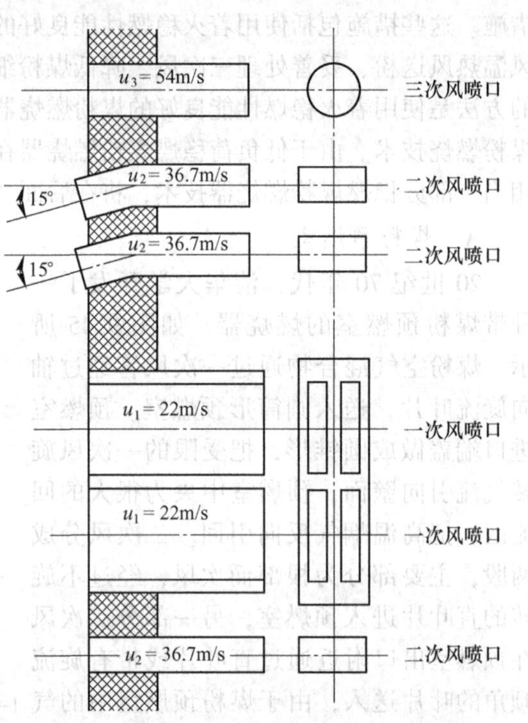

图9.46 燃烧无烟煤的直流燃烧器

触。有的一次风喷口中设置夹心风，夹心风的速度高于一次风，可增加一次风喷口喷出气流的动量，提高气流的刚性。这不会影响一次风气流直接和高温烟气接触，而是有利于煤粉着火以后及时补充氧气。一般夹心层的风量占二次风的10%~15%。同时，为避免在煤粉着火前夹心风过早混入一次风中，夹心风和一次风喷口边缘应有一定间隔。

为了保证低挥发分煤种的着火稳定性，应尽量减少煤粉气流的着火热，燃烧无烟煤的锅炉可采用热风送粉，热风温度一般为653~693K，制粉系统采用中间储仓式。这时，含有10%~15%的煤粉和高湿度低温（<373K）的干燥剂，只能作为三次风送入燃烧室。但是，如果处理不当，大量冷的三次风进入燃烧室会降低燃烧区的温度，影响燃烧过程的正常进行。因此，三次风喷口应布置在上二次风喷口以上一定距离处，采用较高的风速，见表9.6，使其能穿透高温烟气进入燃烧室中心。三次风应既不影响燃烧室内燃烧中心的燃烧过程，又能加强炉内气流的扰动与混合，同时还有利于三次风中的细粉的燃尽。随着燃烧技术的发展，也有将一次风的浓淡燃烧处理思想用到三次风上，效果比较理想。

C 低挥发分旋流燃烧器

传统的旋流煤粉燃烧器一般适用于燃烧干燥无灰基挥发分25%以上、收到基低位发热量 $Q_{ar,net,p}$ 高于17MJ/kg的优质动力煤。在使用旋流燃烧器燃烧低挥发分煤种时，除了采用前面所述的有关措施外，还应特别注意适度增大一次风出口的扩展角，以获得较强高温烟气回流，改善着火过程。

旋流燃烧器出口扩展角如图9.47所示。对燃烧低挥发分煤种的双蜗壳燃烧器，当一次风管出口无扩展角 $\alpha_1=0$ 时，二次风口扩展角 α_2 可选用20°~30°。当一次风口采用扩展角时，建议 $\alpha_1=40°\sim60°$，$\alpha_2=50°\sim60°$，此时中心管也应采用扩口，且 $\alpha_0=40°\sim60°$。对轴向可动叶片旋流燃烧器，应将预混段取消，并采用 $\alpha_2/\alpha_1/\alpha_0=30°/44°/73°$ 的扩展角。对单蜗壳一扩锥形旋流燃烧器，建议扩锥角度 $\alpha_0=60°$，一、二次风扩口为 $\alpha_1=50°$，$\alpha_2=50°$。

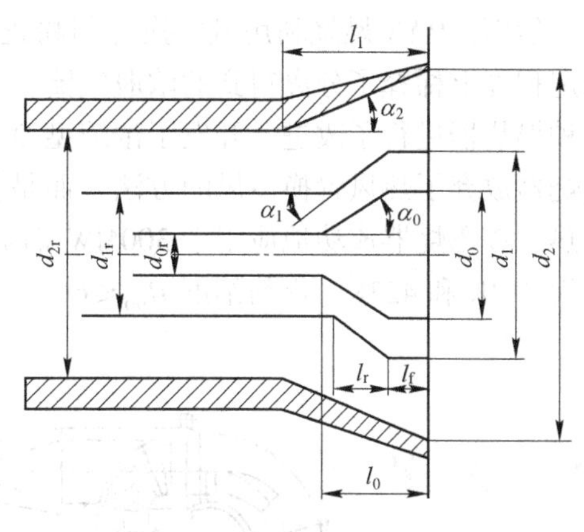

图9.47 燃烧低挥发分煤种的旋流煤粉燃烧器出口的扩展角

对于采用直吹式制粉系统制粉乏气作一次风的旋流燃烧器，在燃烧低挥发分煤种时，为了改善其着火的稳定性，应该特别注意采用一些措施提高一次风的入炉温度和提高煤粉浓度。

燃烧器的一次风阻力较小时，直接采用直吹式制粉系统的制粉乏气作为一次风，这对贫煤或挥发分低的烟煤的燃烧效果往往不太好。对于这些不太容易着火的煤种，如果改用中间储仓式制粉系统和热风送粉并降低喷口的一次风速度，煤粉火焰的稳定性将会有所改善。为了仍然采用较简单的直吹式制粉系统，又能改善烧贫煤或挥发分低的烟煤的煤粉火焰稳定性，北京B&W公司研制了一次风更换型旋流煤粉燃烧器，如图9.48所示，简称PAX。这是在直吹式制粉系统把磨煤机出口的风粉混合物送入燃烧器时用简单的弯头做贯件分离，把其分成两股，将原来在管子中央50%的制粉乏气作为三次风，其中含有总煤粉量的10%左右，通过另外开设在燃烧器周围水冷壁上的三次风口喷入燃烧室；另一股原来靠近管壁面的50%的制粉乏气，携带总煤粉量的90%左右，在燃烧器内向其中掺入热风，混合成温度得到提高的一次风喷出。这种燃烧器借鉴了煤粉中储、热风送粉的基本思路。在结构上，一次风不旋转，喷口处装设一个多层盘式稳焰器，二次风可通过轴向叶片形成旋转气流。PAX 燃烧器在 200MW 四角切圆锅炉上运行成功，开创了大型电站锅炉采用直吹式制粉系统燃用贫煤的先河。

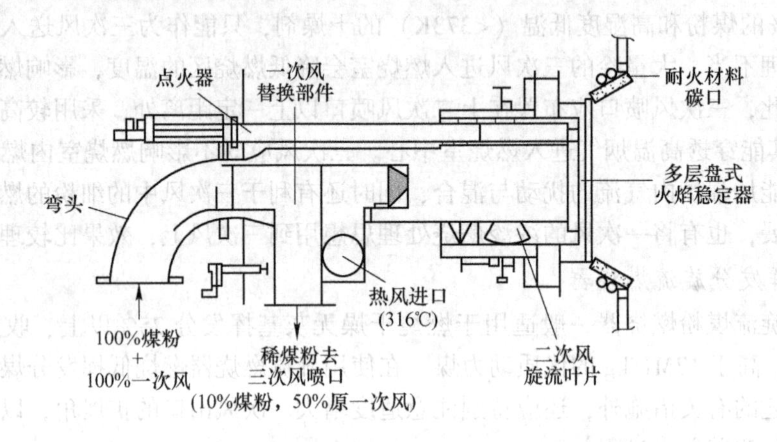

图 9.48　PAX 型双调风旋流燃烧器

然而，PAX 燃烧利用风置换冷制粉乏气的方法在提高一次风入炉温度的同时，又在一定程度上稀释了分离得到的浓股气流，空气燃料比不够理想。后来，北京 B&W 公司对这种燃烧器进行了改进，开发了浓缩型 DRB 双调风燃烧器，如图 9.49 所示。DRB 双调风燃烧器放弃了热风置换冷风的方法，而是将浓缩后的浓股气流直接送入燃烧室，减少了着火热。该燃烧器成功地应用于 300MW 锅炉上，采用双进双出磨煤机，磨煤机出口风温分别为 393K 和 423K，煤粉细度 $R_{90} \leqslant 6\%$，设计煤种 V_{daf} 为 6.1%左右的无烟煤。

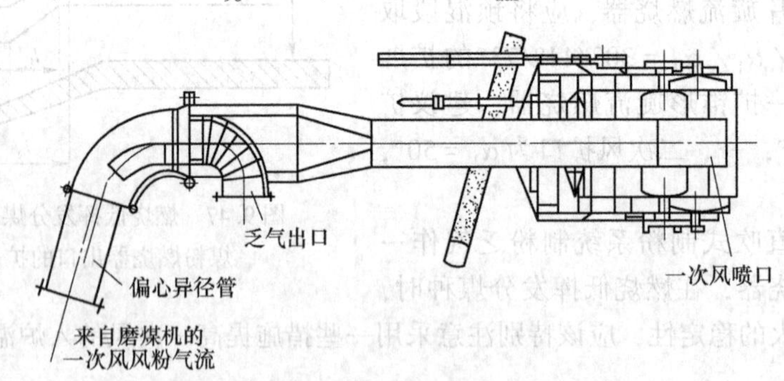

图 9.49　浓缩型 DRB 双调风旋流燃烧器

D　其他煤粉稳燃技术

除了上述技术之外，还有其他一些煤粉稳燃技术。清华大学工程力学系 1985 年研制成功另一种煤粉预燃室，含煤粉的一次风由中心管以 20m/s 左右的速度送入圆筒形预燃室，进口端部不做成圆锥形时是平盖，在离中心线的某一距离上从数十个小喷嘴喷射出高速气流，喷射方向和一次风的方向相同，流速最好接近音速。低速的中央一次风气流和靠边的高速射流组成了大速差同向射流。高速射流的强烈引射作用使位于中央的低速一次风气流中的空气被抽吸到高速射流中去，因而在一次风射流的下游形成了负压，产生了一个回流强度很大的回流区，可使煤粉火焰保持稳定。采用这种煤粉预燃室可以用冷空气携带煤粉，可以燃烧贫煤，甚至无烟煤。但在防止预燃筒烧坏和筒内结渣方面，尚需改进。

中国科学院热物理研究所曾开发了一种环形逆向射流煤粉燃烧技术。和小股中心反向高速射流不同，这是用一圈环形高速射流逆着一次风方向喷射，使煤粉火焰保持稳定。中国科学院力学研究所还研制了在一次风喷口中形成偏转射流的煤粉火焰稳定燃烧技术。

华中科技大学发现，在直流煤粉燃烧器的喷口外安装三角形钝体（图9.50），对煤粉切向燃烧方式的火焰稳定有很大作用，特别是用于燃烧劣质煤和低挥发分煤，还能减少飞灰可燃物热损失。经测定，煤粉气流在钝体后的回流区中及此后的尾迹中温度升高，可达973K以上；还可以使湍流换热和传质加强，煤粉浓度在气流中的分布也有所变化。但是二维钝体下游的流动在流体力学上是很难稳定的，因此该燃烧器的火焰在微观上存在摆动。

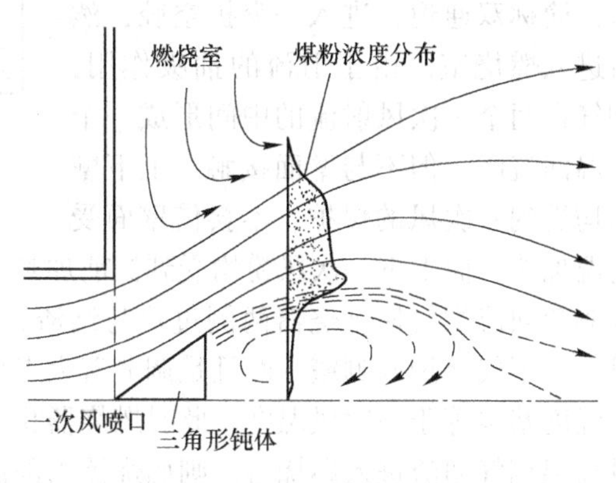

图9.50 钝体直流煤粉燃烧器

西安交通大学和锅炉厂合作研制了夹心风式直流煤粉燃烧器。图9.51（a）是这种燃烧器在130t/h锅炉上应用的实际喷口布置图，图9.51（b）是一次风喷口横截面图。在一次风喷口中间喷出一股速度较高的不携带煤粉的夹心风，吸引两侧的一次风气流向喷口中心偏转，有利于煤粉着火和火焰稳定，并可增大原来速度较低的一次风气流的刚性，在煤粉着火后又可迅速补充一部分空气。

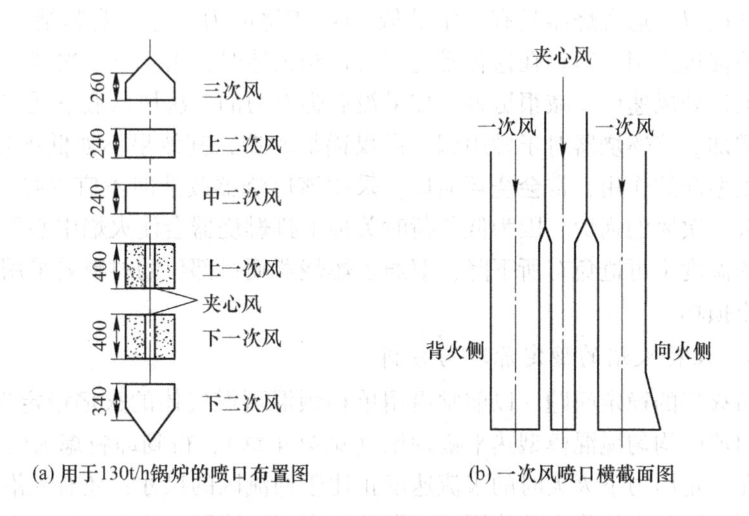

图9.51 夹心风式直流煤粉燃烧器的一次风喷口

清华大学1986年研制成功了火焰稳定船式直流煤粉燃烧器，使煤粉火焰具有良好的燃烧稳定性，还可在低负荷下不投助燃用油，在启动时节省点火用油，可作为主燃烧器可靠地长期使用，能较好地适应煤种较大幅度的变动，还有减少燃烧过程中产生污染物 NO_x 等功能，因而又称为多功能直流煤粉燃烧器。

清华大学研制的双通道自稳型燃烧器的结构示意图如图 9.52 所示。其主要原理为，煤粉一次风气流分两个通道，简称双通道，进入一突扩空腔，然后进入燃烧室。由于射流的抽吸作用，烟气在两个一次风射流的中间形成一个高温回流区，但不与壁面接触。上下壁面均受到一次风的保护，不会使壁面受高温加热，而上下一次风粉均受到提前加热、着火，因此燃烧稳定性优于单一次风通道。为避免回流烟气使燃烧器两侧过热与结渣，在两侧壁腰部各加了一股二次风，称为腰部风。它不仅保护两侧壁，而且是调节着火点位置的重要手段。当腰部风全开时，燃烧器内部温度基本等于一次风温度，此时燃烧器相当于传统燃烧器；相反，当腰部风全关时，大量高温烟气回流进入燃烧器，则燃烧器内部温度急增，煤粉在燃烧器内开始着火，达到强化燃烧状态，可实现锅炉低负荷或低挥发分煤的燃烧。利用腰部风的变化可调节煤粉着火点位置，属于强化型燃烧器，可适应煤质多变及负荷变化。这种燃烧器基本上克服了预热室带来的结渣问题，并且可用于主燃烧器。由于它的调节性能好、煤种适用范围广，在锅炉改造和新炉设计上已得到广泛的应用，尤其是对贫煤、无烟煤燃烧器的改造。这些锅炉投运后，均取得了较好的效果。采用双通道燃烧器后燃烧室温度水平升高，热力型 NO_x 的生成增加，但燃料型 NO_x 生成降低，而且降低的程度超过了热力型 NO_x 增加的程度。所以，总体来说双通道燃烧器具有一定的低 NO_x 燃烧能力，这主要归结于高温回流对煤粉颗粒热解的促进作用。但是在这种燃烧器设计和改造时，由于下一次风口距离燃烧器出口较远，到出口处风速已衰减很厉害，如果没有强有力的二次风从底下托住煤粉，就会造成大渣损失增加。该燃烧器对于燃用烟、褐煤锅炉改造，其效果不如低挥发分煤炉明显，而且由于其预燃筒的作用，常会烧坏喷口。采用该燃烧器改造时不宜选择最下层一次风，特别是对带有三次风的锅炉，因为低负荷时关掉上排燃烧器会使火焰中心下移，过热蒸汽和再热蒸汽的温度不可避免有所下降；双通道燃烧器喷口部位的材料要采用耐高温、耐磨损材料，防止损坏。

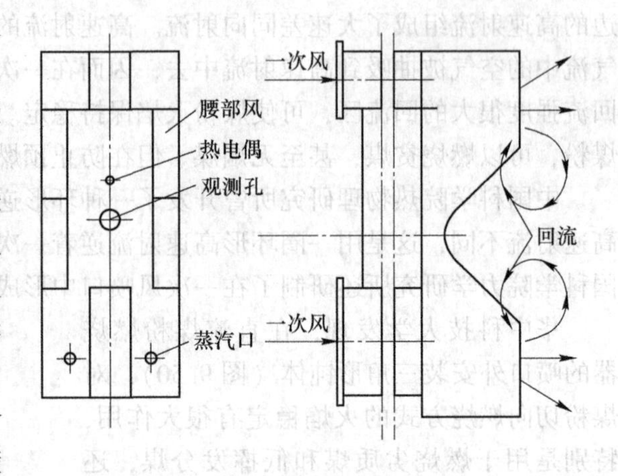

图 9.52 双通道自稳型燃烧器示意图

9.4.1.3 煤粉火焰的稳定原理与分析

关于煤粉火焰的稳定问题，以前常沿用单相预混可燃气体的火焰稳定理论进行分析；也有人沿用回流区均匀搅混模型热平衡理论（见第 4 章），得到即将熄灭时火焰稳定的临界条件，即在一定压力下灭火时的来流速度正比于回流区的尺寸；还有人沿用改进后的预混可燃气体回流区的火焰稳定传热原理，即认为高温回流区的边界上有一个温度更高的火焰区向回流区中传热，以保证高温回流区向新鲜来流提供热量，使来流在沿回流区边界流过不远处能够着火而保持火焰稳定。这些理论都强调，为了使火焰稳定就要扩大回流区尺寸或增大可燃气流的旋流强度。

但是，不少场合下煤粉火焰的稳定性问题，难以用上述理论解释。例如，前面所述的旋流式煤粉预燃室在大旋流强度下煤粉火焰反不如小旋流强度下稳定，对其他一些成功的新的煤粉火焰稳定方法也难以解释。而且煤粉从开始着火产生火焰到煤粉燃烧后期，火焰温度相差很大，难以对着火区附近的煤粉火焰按前述火焰稳定传热理论折算出某个平均的煤粉火焰温度。

Wolanski 曾对层流煤粉气流绕 V 形钝体的火焰稳定问题做了实验研究，还进行了二维煤粉气流燃烧过程的数值计算。他注意到气-固两相流中煤粉颗粒的运动惯性比气体大，因而在层流中取用不同的扩散系数作浓度分布的近似计算。即使在小雷诺数下，气固两相流中颗粒和气体也是有相对滑移，并由此计算得出煤粉气流在钝体后的温度分布以及煤粉挥发物和氧的浓度分布，从而分析来流速度、温度、煤粉浓度、氧浓度、钝体尺寸等不同条件下煤粉火焰的灭火临界条件。计算得到的层流煤粉火焰的灭火条件和实验结果接近。但是，Wolanski 未考虑流线弯曲时煤粉颗粒的离心作用，而且仅分析了小雷诺数（$Re=700\sim2100$）下的层流煤粉火焰的稳定问题。

图 9.53 所示是对工程实用的旋流式煤粉预燃室测得的温度场，对 20～100μm 的不同粒径煤粉颗粒作数值计算得到的燃烧过程中的平均运动轨迹、颗粒随湍动的轨迹和燃烧规律。图中的温度分布是在一次风旋流数 $S=0.28$ 下烧大同煤粉时实验测得的。由计算得知，煤粉在喷出旋流叶片后不远处就有很多颗粒集中在约 973K 的高温区域，此处煤粉的局部浓度为 1kg 气体有 1～3kg 煤粉，而原来一次风中的煤粉浓度为 0.3～0.5kg/kg。实验测得，此局部区域中的氧浓度也比较高，约为 10%。这个具有高煤粉浓度、高温和较高氧浓度的局部区域（简称为三高区），就是保持煤粉火焰稳定的煤粉着火的有利区。在回流区边缘的这个局部区域中煤粉能有较高的浓度，是因为一次风旋流强度较小，煤粉比气体有较大的轴向运动惯性，和一起喷出的气体有相对的滑移和分离，气体较多地贴着圆锥形壁面流动，煤粉在回流区的边缘附近集中，就形成了三高区。煤粉颗粒在此局部区域中被迅速加热升温，很快析出挥发物并着火燃烧，因而成为稳定的煤粉着火有利区。合理设计的预燃室中煤粉颗粒经过此区域着火后，由于及时送入根部二次风和出口二次风，着火的煤粉分散到含氧充分的主气流中去，有利于煤粉的迅速燃尽和继续升温。当旋流式煤粉预燃室中一次风旋流强度过大时，煤粉颗粒由于离心作用会被迅速甩向筒壁，颗粒较长时间处于靠近壁面的温度不高的主气流中，不能形成三高区，煤粉不易着火，火焰就不易稳

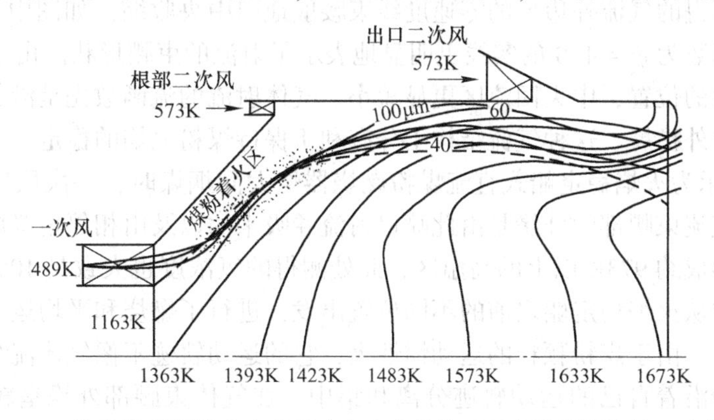

图 9.53　旋流煤粉预燃室中的温度分布和燃烧过程中煤粉颗粒的运动轨迹

定。这就阐明了一次风旋流数 $S>0.6$ 时，煤粉预燃室不易燃烧稳定而且很易在筒壁面堆积煤粉的原因。这与一般地把煤粉气流吸入大空间燃烧室的旋流煤粉燃烧器是不同的。

火焰稳定船式直流煤粉燃烧器的稳燃效果，证实了煤粉火焰稳定的三高区原理。图9.54所示是这种燃烧器一次风喷孔处的横截面图。这是把形状像船的火焰稳定器放在一次风喷口之内，而不是喷口之外的燃烧室中。图9.54中所示的八字形是船形体的横截面，还示出了测得的一次风在喷口中绕流过船形体后的流函数分布。测量表明，中央的回流区很小，而且有约一半缩在喷口之内，伸出喷口的回流区长度仅略大于200mm，即使按预混可燃气体的火焰稳定理论认为喷口中央的回流区保持高温燃烧，也只是在用水冷壁围成的巨大的燃烧室四角存在着小小的仅占壁面宽度约1/35的小火苗。形象地说，就相当于房间内墙角上放着飘忽欲灭的蜡烛火苗，根本不能使很大的煤粉气流稳定地着火。何况实测得到的喷口中央回流区中的气流温度一般仅为373~573K。测得的船形体金属温度也接近此数值，因此船形体不能被破坏，而是十分安全可靠。

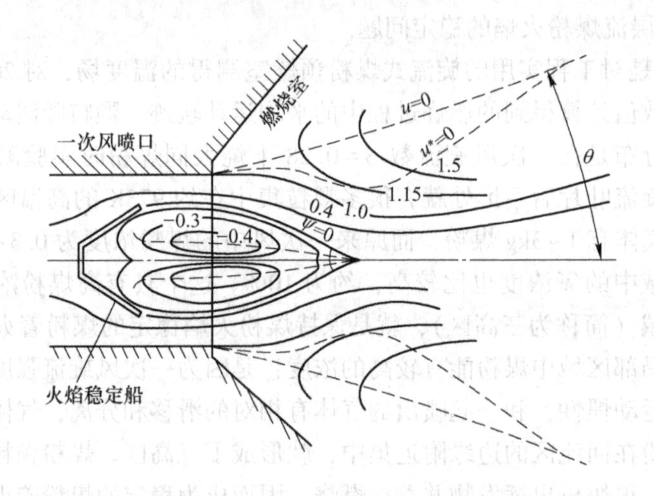

图9.54　一次风喷口绕流火焰稳定船的流函数

图9.54所示的一次风喷口附近的流函数分布说明，火焰稳定船式直流煤粉燃烧器的气流结构有其特色。通常的直流煤粉燃烧器中气流射出时，喷口附近接近于自由射流，零速度边界线是相互成一定夹角的两条直线，即图中 $u=0$ 的两条虚直线。在喷口内装设火焰稳定船后，测得的气流外边界的零速度线束腰般地向中央收缩，如图中 $u=0$ 的虚曲线所示。图中流函数为 $\psi=1.0$ 的实线更明显地表示了射流的束腰形状。由于船形体是放在喷口内接近出口的位置，中央回流区更显短小。气体射流的流函数先是沿着回流区向中心线靠近，然后向外扩展。这种气流结构十分有利于保持煤粉火焰的稳定。

图9.55所示为火焰稳定船式直流煤粉燃烧器烧大同烟煤时，一次风口附近实测温度分布。一次风气流束腰部的外缘是由此喷口射流卷吸来的以及由相邻角置煤粉燃烧器喷来的高温气体，形成约973K以上的高温区，此处测得的氧浓度也大致是10%以上。对不同粒径的煤粉颗粒从火焰稳定船之前的不同位置出发，进行了燃烧和平均运动及随机运动根轨迹的数值计算。由于煤粉颗粒的运动惯性大，它的运动轨迹不像气体流线那样很快地向中央靠近，煤粉沿着自己的运动轨迹分离和集中，在气体束腰部外缘呈较高的浓度。图9.55中标着散点的区域就是这个在气流束腰部外缘的高浓度煤粉区域，正好又具有高温

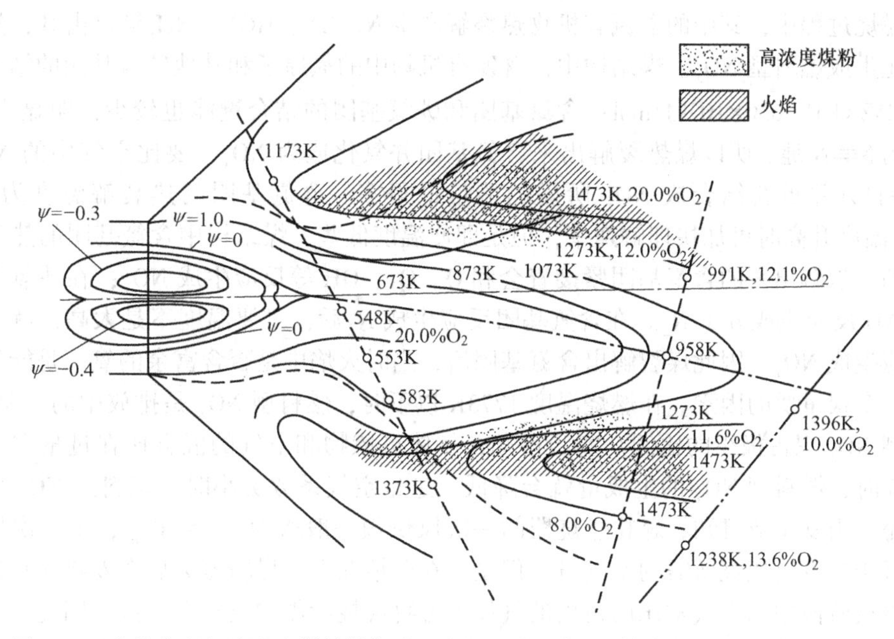

图 9.55 火焰稳定船式直流煤粉燃烧器一次风口附近实测到氧气、温度和煤粉浓度分布

和合适的氧浓度，因而是适于煤粉着火的三高区。计算表明，煤粉颗粒在进入束腰区后迅速着火，而且大部分颗粒在离喷口 350~650mm 就析出所含挥发物的绝大部分并被烧除。实验和观察证实，加装火焰稳定船后煤粉火焰比以前稳定，可在更低负荷下稳定燃烧而不需投用助燃油。

更有意义的还在于煤粉颗粒在气流的束腰部外缘着火后继续向前运动时，正好束腰形气流有逐渐扩展开来，不断和已着火的煤粉颗粒进行湍流混合，并供给燃烧所需的空气。此后，又能补充得到和此一次风喷口隔开一定距离的二次风口送来的空气。这正符合分级供风的煤粉燃烧原则，既有利于煤粉的着火和着火后的逐步燃尽，又有利于减少燃烧过程中 NO_x 的生成，称为多功能直流煤粉燃烧器。

煤粉火焰稳定的三高区原理，不仅有利于阐明已有的煤粉燃烧设备中的火焰稳定措施，也有利于探索和开发新的使煤粉火焰稳定的燃烧技术。

9.4.2 低 NO_x 煤粉燃烧技术

9.4.2.1 低 NO_x 煤粉燃烧技术

前面章节已讨论过，煤燃烧过程中生成的 NO_x 有热力型、瞬时反应型和燃料型。前两者都是由空气中的氮和氧反应生成的。

煤燃烧形成的高温环境中，空气中的氮和氧反应直接生成热力型 NO_x，反应速率按 Arrhenius 定律的温度指数规律变化。空气中的氮和煤先在高温下反应生成中间产物 N、HCN、CN 等，然后很快和氧反应，生成 NO_x，形成瞬时反应型 NO_x。这两种 NO_x 合称为高温型 NO_x，受温度影响大，一般在 1773K 以上生成量明显地增大，因而降低火焰温度能明显地减少高温 NO_x 的生成。降低火焰中的氧浓度、缩短烟气在火焰高温区的停留时间，也可以减少这类 NO_x 的生成，但在工程实施中没有降低火焰温度那样明显有效。

煤燃烧过程中，其中的含氮有机物热裂解产生 N、CN、HCN、NH_i等自由基，然后进一步氧化生成燃料型 NO_x。煤结构中，含氮有机物中的氮原子和其他碳氢基团的结合键能一般为 252×10^3 ~ 630×10^3kJ/mol；含氮基团和碳氢基团的结合键能也较少，明显小于 N_2 分子内的 N≡N 键。所以煤热裂解出来含氮基团并氧化成为 NO_x，要比空气中的 N_2分子 N≡N 键打开并重新结合成 NO_x 所需的能量低得多。含氮基团的热裂解温度为 873 ~ 1073K，温度升高时可加快理解速率，但是即使温度低些，煤结构中含氮基团的热裂解也是很快的。裂解出来的含氮基团紧接着会和 O、O_2、OH 等反应生成 NO_x；在缺氧条件下就会和 NO 反应生成分子 N_2。在含氮基团反应生成 N_2后，只要温度不是太高，就不会再和氧反应生成 NO_x。因此煤裂解出含氮基团后，当时火焰中是否含富余的氧，是能否生成 NO_x 的一个很重要的因素。在燃烧温度 1773K 以下时，燃料型 NO_x 是排放中的主要来源，而高温型 NO_x 只占极少的比例。实验得知，气体可燃物和空气的混合比在过量空气系数低于 1.0 时，燃料型 NO_x 的生成量就会降低，过量空气系数更小时，燃料型 NO_x 更会急剧地减小。由 9.1 节可知，煤粉燃烧器的一次风份额一般取为 $\alpha_1 \approx V_{daf}$，即一次风的空气量接近于挥发物燃烧所需的空气量。但是，在此情况下，煤粉着火后挥发物还在逐渐析出，刚着火阶段中的空气常比已析出的气体可燃物燃烧所需的空气多一些。因此，为了降低煤粉燃烧过程中燃料型 NO_x 的生成，最好让燃烧器中的一次风份额 α_1 值低于 V_{daf} 值，但这个要求是和煤粉的着火和燃尽、煤粉的气力输送以及制粉系统的干燥和通风相矛盾的。所以，控制燃烧过程中燃料型 NO_x 生成的关键，是采用有效的技术手段来降低煤粉着火区中的过量空气系数。

煤中的 N 只有一部分能在燃烧中转变为燃料型 NO_x，将转化为 NO_x 的燃料 N 和与燃料中总 N_{daf} 含量之比，称为燃料型 NO_x 的转化率或称为燃料 N 转化率。实验得知，在同样的过量空气系数下，燃料 N 转化率随燃料含氮量 N_{daf} 增大而减小，如图 9.56 所示。燃料 $N_{daf}=0.1\%$ 时，如果能够全部转化为燃料型 NO_x，则烟气中燃料型 NO_x 的体积分数将为 0.013%。而按图 9.56，$N_{daf}=0.1\%$ 时的转化率约为 83%，则燃料型 NO_x 的体积分数为 0.0108%；在相同条件下，燃料 $N_{daf}=0.2\%$ 时，转化率一般为 60% ~ 70%；$N_{daf}=0.4\%$ 时，转化率为 40% ~ 50%；N_{daf} 再增大时，转化率趋近于 25% ~ 32%，并几乎不再降低。普通的煤粉锅炉燃烧条件下，实际转化率比上述数据低，转化率一般为 20% ~ 25%，高的也不超过 32%。

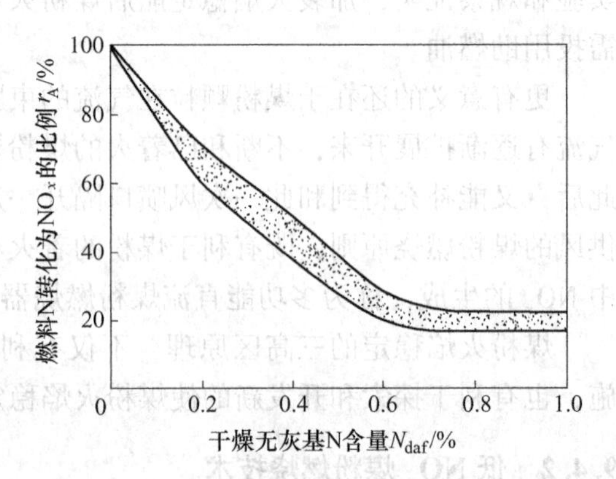

图 9.56 煤燃烧中煤含氧量 N_{daf}转化为 NO_x 的比例之间的关系

煤粉燃烧时生成的 NO_x 大部分是由燃料 N 转变来的，一般煤粉燃烧情况下，燃料型 NO_x 常占 80% ~ 90%，其余的 10% ~ 20% 为高温型 NO_x。因此燃烧高氮含量的燃料时，降低燃烧过程中 NO_x 的生成，主要的着眼点应在于减少燃料型 NO_x 的生成。即使是 W 形火焰燃烧，由于下燃烧室接近半绝热燃烧，燃烧温度很高，NO_x 排放一般较高，其中高温型 NO_x 的比例一般仍低于 30%，只不过由于温度较高，燃料型 NO_x 的生成量也提高。

9.4.2.2 几种典型的低 NO_x 煤粉燃烧技术

根据燃烧过程中产生 NO_x 的不同类型及不同机理，可以针对性地采用不同的控制方法，概括下来，主要是降低火焰温度、空气分级、燃料分级等。这些抑制 NO_x 生成、减少 NO_x 排放的方法，往往和降低飞灰中未燃尽碳的损失以提高燃烧效率的措施相矛盾，因此在减少 NO_x 的生成时，必须进行综合考虑并采取相应的措施，以防止未完全燃烧热损失增加。

A 降低火焰温度法

由前面的分析得知，减少燃烧过程中高温型 NO_x 产生的有效方法是降低火焰温度，这对降低热力型 NO_x 的效果尤为明显。采用烟气再循环可以适当降低炉内温度。燃油时采用的烟气再循环，也可以使用于燃料中 N 含量不很高的煤粉燃烧。在煤粉燃烧条件下，烟气再循环率小于25%。但一次风中含有温度低的惰性烟气对煤粉的着火不利，影响火焰的稳定性。只有在燃用很易着火的褐煤时，结合制粉系统实现，通常再循环烟气混到二次风中。为了减少对火焰稳定性的影响程度，大型煤粉燃烧器上采用如图 9.57 所示的再循环烟气和二次风的混合器，而不混入一次风通道中去。也不把再循环烟气和热空气混合送入燃烧器，而另用喷口送入燃烧室；也有在炉底送入的。不在火焰区喷入排烟的再循环方法，对于改变燃烧室中的烟气温度和炉内吸热量是有效的，常用来调节过热器或再热器的蒸汽温度，但因对火焰区的影响较小，因而对降低 NO_x 的效果较差。采用烟气再循环，烟气应取自除尘器之后；若取自除尘器之前，烟气中含尘量较大，易导致再循环风机磨损。

与油燃烧器一样，烟气再循环可利用燃烧器本身的射流来实现（图 9.57），日本三菱公司的 SGR 型烟气再循环低 NO_x 燃烧器很有代表性，如图 9.58 所示。由图 9.58 可见，再循环烟气不先与空气混合，而是直接送至燃烧器，在一次风煤粉空气混合物喷口的上下各装以再循环烟气喷口，这不仅使二次风喷口离开一次风喷口较远，推迟了一、二次风的混合，而且在一、二次风气流之间隔以温度较低的惰性再循环烟气，从而在一次风喷口附近形成还原性气氛，降低了火焰中心的温度，可抑制 NO_x 的生成。该燃烧器的上二次风起着火上风的作用，当它与从下面升上来的还原性火焰混合时，在 $\alpha > 1$ 的条件下完成燃尽过程。SGR 型燃烧器在火上风过量空气系数为 1.2 时，不同煤种的 NO_x 体积分数在 0.025%~0.09%。

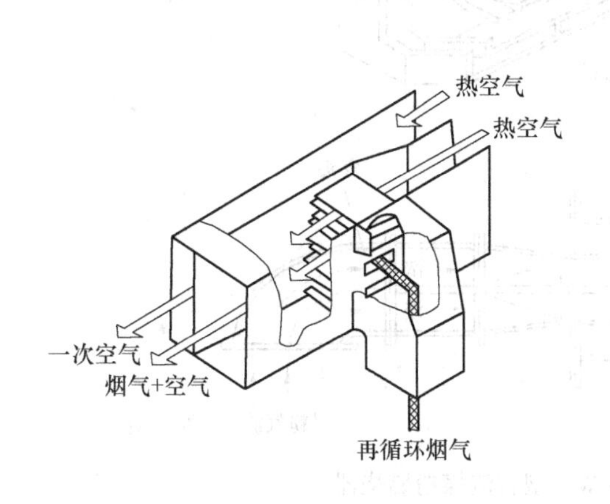

图 9.57 再循环烟气和二次风的混合器

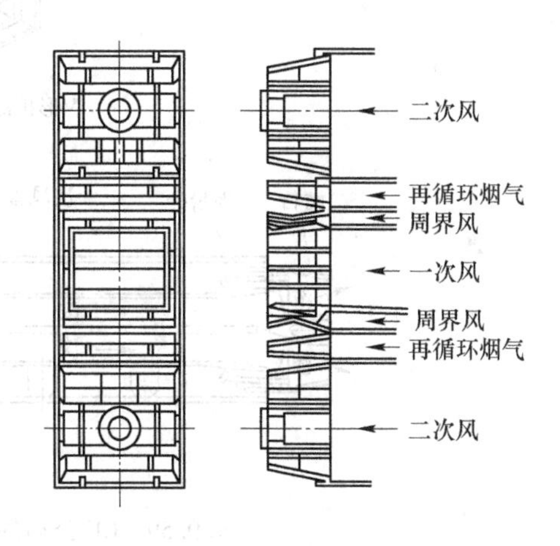

图 9.58 三菱 SGR 型的烟气再循环直流燃烧器

煤粉燃烧中，除了无烟煤燃烧外，通常温度不是很高，高温型 NO_x 本身生成量不大；煤粉燃烧通常不宜大幅度降低火焰温度，否则会影响着火和火焰稳定，甚至影响燃烧效率，因此，降低火焰温度的方法在煤粉燃烧中不具有普遍意义。根本有效的方法是控制燃料 N 转化为 NO_x，这就出现了空气分级降低 NO_x 煤粉燃烧技术。

B　空气分级燃烧法

空气分级燃烧降低 NO_x 生成的方法，是使煤粉燃烧过程中一直处于氧气不足状态，在燃烧接近完成时，再补充部分空气，以使其燃尽。空气分级燃烧有整个燃烧室的分级和单个燃烧器喷口的分级。对于燃烧器的空气分级燃烧而言，是使煤粉在燃烧器不同的喷口中以不同的比例和空气混合，一部分燃料在过量空气系数远大于 1 的条件下燃烧，另一部分燃料则在过量空气系数远小于 1 的条件下燃烧，合起来燃烧器的总过量空气系数仍在燃烧要求的 $\alpha=1.03\sim1.15$ 的合理范围内。为了实现煤粉气流在较低的过量空气系数下着火燃烧，其技术核心是煤粉气流的浓度分离及其射流流场的组织。

a　WR 型燃烧器

原美国 CE 公司（现属 Alstom）的宽调（Wide Range Coal Nozzle-WR）型直流煤粉燃烧器，简称为 WR 型煤粉燃烧器，如图 9.59 所示。它由 90°弯头、带水平倒流板的喷口体和带波纹形钝体的喷口组成。煤粉气流经过 90°弯头后，由于离心作用，煤粉气流分离成上浓下淡两股，60%~70%的煤粉进入上部区域，其余 30%~40%的煤粉进入下部区域，而煤粉气流中的空气基本上按各 50%进入上下两区。水平导流板可保持两股气流分层至喷口出口，从而形成所谓的浓淡偏差燃烧。一次风经过浓淡分离后，大部分的煤粉在空气量少的浓侧，加上出口结构有利煤粉在燃烧室内的进一步浓缩，占总 NO_x 生成量绝大部分的燃料型 NO_x 的生成大幅度降低，燃烧器有较好的稳燃和低 NO_x 生成控制功能。

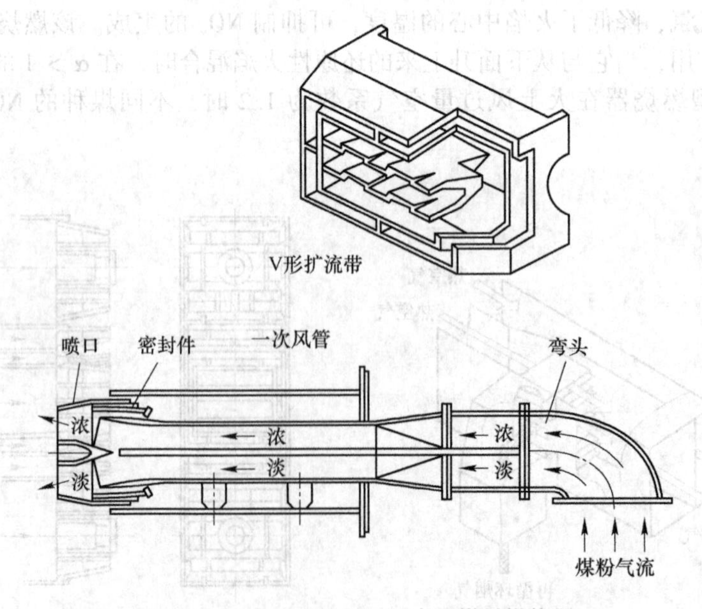

图 9.59　CE 公司的 WR 型直流煤粉燃烧器

哈尔滨锅炉厂、东方锅炉厂和上海锅炉厂都生产 WR 型直流煤粉燃烧器。

b 火焰稳定船煤粉燃烧器

稳定煤粉火焰的一个重要原理，就是要设法在一次风喷口附近的一次风气流中，建立一个具有高煤粉浓度、高温和较高氧浓度的三高区，为煤粉的着火和火焰稳定提供条件。由于局部煤粉浓度较高，火焰稳定船煤粉燃烧器不仅稳燃性能优越，而且具有低 NO_x 排放的功能。由图 9.54 和图 9.55 可见，煤粉在气流束腰部外线着火后继续向前运动时，正好束腰形气流又逐渐扩展开来，不断和已着火的煤粉颗粒进行湍流混合，补充给煤粉燃烧过程所需的空气。此后，一次风中燃烧过程的发展在一定距离后和二次风相遇并混合，这正符合分级燃烧的原理，尤其十分有利于低挥发分煤种煤粉的着火、燃烧和燃尽过程，同时有利于减少燃烧过程中 NO_x 的生成。图 9.60 所示为船形燃烧器降低 NO_x 排放的试验结果。与一次风喷口没有船体的情况相比，NO_x 体积分数降低 0.015%~0.02%，最多下降 30%以上。

由于火焰稳定船煤粉燃烧器具有良好的火焰稳定和降低 NO_x 的性能，非常适合于燃烧劣质煤和低挥发分煤种，而且安置在一次风喷口内的火焰稳定船处于温度小于 573K 的区域，不会被烧坏，运行安全可靠，因此，它很快被推广，在百余台锅炉上获得成功应用。实践表明，加装火焰稳定船后，不仅火焰明显比以前稳定，锅炉不投油低负荷能力增强，而且还有相当的降低 NO_x 排放功能。但是要注意船形体本身的磨损。

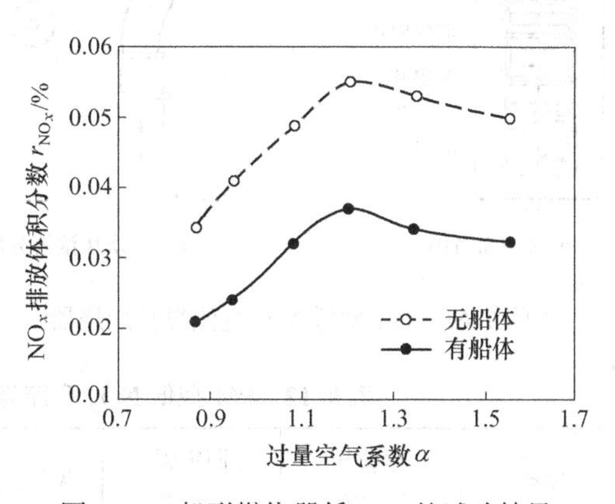

图 9.60 船形燃烧器低 NO_x 的试验结果

c PM 型低 NO_x 直流煤粉燃烧器

在燃油 PM 燃烧器的基础上，日本三菱重工业公司又提出 PM 型低 NO_x 直流煤粉燃烧器，如图 9.61 所示，用于煤粉切向燃烧。它是对煤粉气流在一次风管接近燃烧器处的弯头进行简单的惯性分离，然后分别送入此燃烧器的上下一次风喷口，上喷口是浓煤粉喷口，下喷口是淡煤粉喷口。此两喷口之上各有隔离烟气再循环（SGR）喷口，最上面和最下面才是上下二次风喷口。原来一次风管中输送的煤粉浓度约为 1kg 空气携带 0.5kg 煤粉，相当于一次风份额 α_1 略小于挥发分 V_{daf} 值，经简单分离后，上一次风喷口中的煤粉浓度大于 0.5kg/kg（空气），其中一次风份额 α_1 值就更小了。下一次风喷口中煤粉浓度较小，但是送入的空气量还是小于煤粉燃烧所需的理论空气量。二次风混入火焰区较晚。这种 PM 型煤粉燃烧器的总 NO_x 生成量较低。图 9.62 所示是 CE 和三菱合作改进后的 PM 型煤粉燃烧器的试验结果。采用燃料浓淡法后，NO_x 生成体积分数还可以在火上风和烟气再循环的基础上进一步减少 0.005%~0.010%。试验用煤的成分分析见表 9.12。因此，为了进一步降低高含氮量燃料燃烧时生成的 NO_x，需要同时采用多种措施，对 NO_x 进行综合防治。

PM 煤粉燃烧器喷出的过浓煤粉不能在着火后很快地和二次风混合，燃烧室中气流组织不好时就容易使飞灰可燃物增大，增加机械完全不燃烧热损失，在燃烧干燥无灰基挥发分 V_{daf} 小于 24%的烟煤或贫煤的灰分较大时，煤粉的燃尽就会有问题。表 9.12 所列的试验用煤几乎都是 V_{daf} > 24%、灰分不大的易着火优质动力煤。

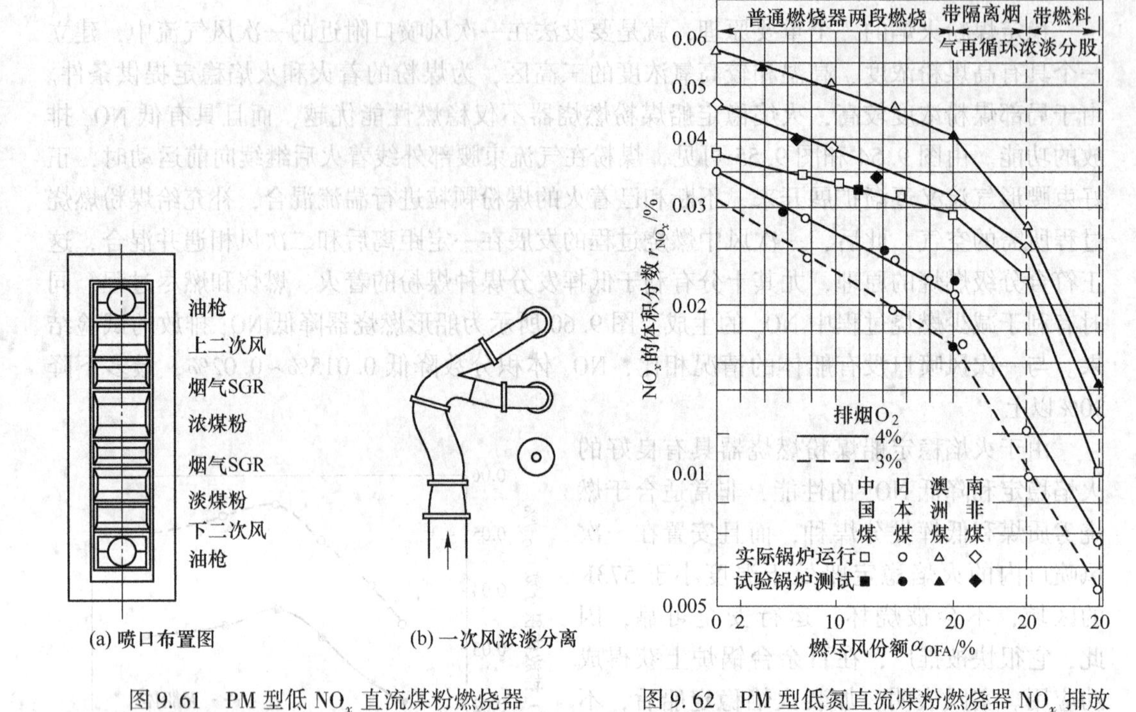

图 9.61 PM 型低 NO_x 直流煤粉燃烧器

图 9.62 PM 型低氮直流煤粉燃烧器 NO_x 排放

表 9.12 PM 型低 NO_x 直流煤粉燃烧器的试验用煤的成分分析

煤种	挥发分 V_{daf}/%	固定碳 FC_{ad}/%	灰分 A_{ad}/%	元素氮 N_{ad}/%	元素氧 O_{ad}/%	高位发热量 $Q_{ad,gr,p}$/kJ·kg^{-1}
日本煤	42.8	40.2	9.2	1.1	13.9	29750
	31.6	46.0	20.5	1.0	6.6	27000
	26.3	59.7	7.5	1.7	9.5	28090
澳洲煤	35.7	50.6	10.1	1.4	9.0	29010
	28.6	50.6	17.8	1.5	8.1	26840
中国煤	34.6	52.6	10.9	1.5	8.3	29810
	30.8	54.1	14.1	1.1	5.8	28180
	27.4	60.6	8.8	0.86	9.8	29730
	25.2	56.1	15.5	1.9	8.4	27300
南非煤	33.9	49.4	12.8	1.7	10.9	27380
	24.1	57.6	15.2	1.5	8.1	27170
	23.7	57.9	14.2	1.6	9.3	26590

d 钝体煤粉预燃室

在喷口外安装了钝体后，气流中煤粉会局部集中（图 9.50）。尾迹回流区边界附近的煤粉浓度比原一次风中的煤粉浓度高 1.2~1.5 倍。和煤粉预燃室的道理一样，钝体后的尾迹区会形成一次风气流中的一个稳定点燃源。此外，由于钝体燃烧器用于切向燃烧方式，直流燃烧器原来外回流点火的作用依然存在，因此它对切向燃烧方式的火焰稳定有很大的作用。在多台锅炉上的应用结果表明，这种燃烧器对劣质烟煤和劣质贫煤有较好的适应能力，可在额定负荷的55%~60%的低负荷下稳定运行。因为煤粉在回流区交界处，有一定程度上的浓缩，所以钝体燃烧器也具有一定的降低 NO_x 燃烧性能。

e　百叶窗水平浓淡燃烧器

水平浓淡煤粉燃烧技术是我国科研人员从20世纪90年代开始研究开发的煤粉燃烧技术，该技术吸收和继承了PM燃烧技术和WR燃烧技术的优点。根据煤粉的燃烧特点（如图9.63所示），在四角切圆锅炉上将燃烧空气水平分级，在一次风浓淡分离后，将浓淡两股气流分别喷入假想切圆的向火侧和背火侧。由于浓股煤粉气流所需的着火热减小、着火时间缩短、火焰传播速度提高和着火温度降低，火焰稳定性得到明显改善；淡股煤粉气流在浓煤粉气流和燃烧室水冷壁之间四角切向喷向燃烧室，在燃烧室水冷壁附近形成氧化性气氛，提高了灰熔点温度，有效抑制了结渣的发生。浓股煤粉气流的过量空气系数很低，燃料型 NO_x 生成量大幅度减小；同时由于煤粉处于不完全燃烧，温度远离理论燃烧温度，热力型 NO_x 生成也减小。由于两股煤粉气流的总一次风率不变，又由于浓煤粉气流稳燃作用可提高燃烧区域温度的温度水平，而一、二次风的混合与传统的燃烧方式无本质区别，因此若处理得好，燃烧效率至少不低于传统的燃烧方式。此外，由于可以避免在水冷壁附近出现还原性气氛，该燃烧器对防止高温腐蚀和防止结渣也有显著的作用。

哈尔滨工业大学开发的百叶窗水平浓淡燃烧器，是这一技术的代表。如图9.64所示，该燃烧器使用百叶窗作为煤粉气流的煤粉浓缩器。当一次风煤粉气流流经百叶窗时，大部分煤粉与浓缩栅碰撞后反弹回浓侧气流，实现惯性浓缩。与此同时，当气流绕过百叶窗时，发生流向变化，颗粒在离心力的作用下，甩到浓股气流中，实现离心浓缩。将一次风在水平方向上分为浓度差异适当的两股，通过调整百叶窗的角度，使四个角的燃烧器都是浓股气流由向火侧喷入燃烧室（图9.63）。其使用效果非常理想，已经用于各种容量、各种煤种的锅炉中。

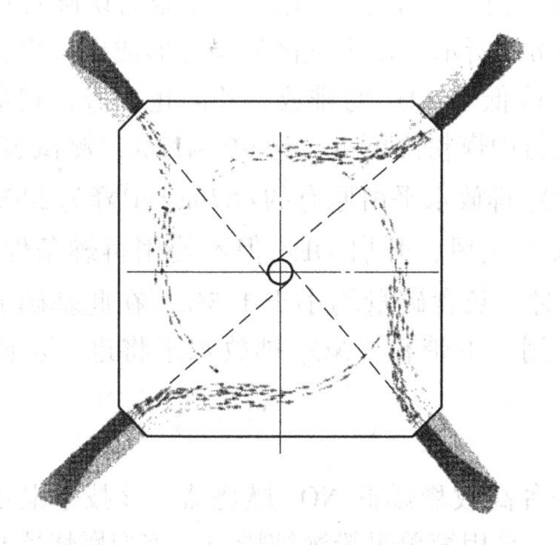

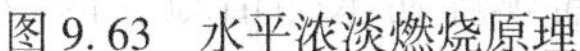
图9.63　水平浓淡燃烧原理

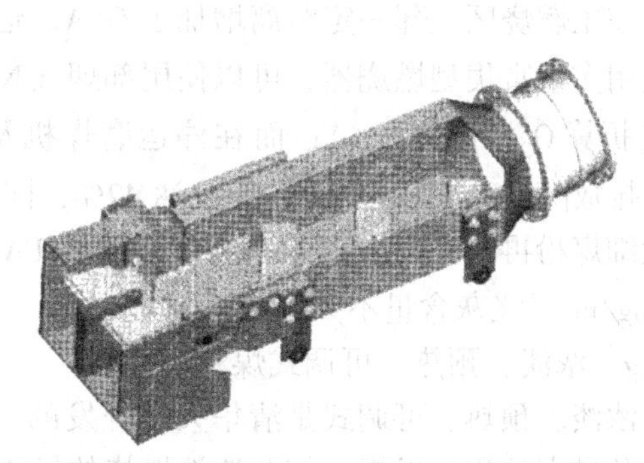

图9.64　百叶窗水平浓淡燃烧器结构图

水平浓淡煤粉燃烧可同时满足高效稳燃、防止结渣和低 NO_x 排放的要求。通过调整百叶窗结构，可控制浓淡两侧气流流率、阻力损失和煤粉浓度。在百叶窗燃烧器的设计和改造中，需要特别注意克服浓缩栅叶片后面可能产生的尾涡和磨损，以及出口结构的设计。

除了上述的百叶窗水平浓淡煤粉燃烧器之外，还有许多单位研制的多种形式的水平浓淡式燃烧器，如浙江大学、西安交通大学等，分离方式有撞击式导向块浓淡、弯头浓淡等，这些燃烧器都有不同程度的应用。

f 多重富集型煤粉燃烧器

清华大学开发的多重富集型煤粉燃烧器也是一种低 NO_x 燃烧器。这种燃烧器是在富集型燃烧器的基础上开发的，采用相同的煤粉气流着火稳燃的基本原理，即煤粉气流先在燃烧器内浓缩分离，分成浓股（小股）和淡股（打股）；组织浓股气流的煤粉在紧靠燃烧器喷口的出口滞止增浓、升温着火，形成小火焰，用以点燃整个一次风大火焰，如图 9.65 所示。与富集型燃烧器不同，多重富集型煤粉燃烧器不依赖于卷吸燃烧室热烟气预热浓股（小股）及浓股急拐弯，以缩小喷口尺寸。为保证稳燃能力，使用多挡块分离元件，以提高浓股煤粉气流的煤粉浓度；将浓股煤粉气流射到向火侧；浓股煤粉气流的出口采用锯齿形稳燃器，其后形成多股小而浓的煤粉气流。多重富集型煤粉燃烧器的浓股气流粉量可达 70%~80%，高浓度煤粉射入高温区并在此滞止增浓、升温后释放出挥发物和着火燃烧。与常规的空气分级燃烧一样，多重富集低 NO_x 型燃烧器是在主燃区和燃烧器上方组织分级送风燃烧，在主燃区上方送入所需的燃尽风，从而降低 NO_x 的排放，可以进一步降低 NO_x 排放 15%~30%。多重富集型低 NO_x 燃烧器的低 NO_x 燃烧器的低 NO_x 效果在实践中得到了验证。例如，在 65t/h 煤粉炉的改造中，将原有两层一次风燃烧器进行更换，改造后，上层一次风燃烧器改成对冲布置，如图 9.66（a）所示；下层一次风燃烧器的切圆直径不变，仍与二次风同切一个假想圆，如图 9.66（b）所示，使主燃区的局部形成风包煤，从而延长了挥发分与 NO_x 还原反应时间，进一步降低了 NO_x 的排放，并防止大渣含碳量增加。在主燃烧区上部一定距离增加了 OFA。运行中煤粉细度 R_{90} 为 9%~12%，测试表明，只使用多重富集型燃烧器，可以使尾部烟气 NO_x 排放水平由原有的 467mg/m^3 降为 340mg/m^3（折算 O_2 浓度为 6%）；而在停运磨煤机及三次风，开启 OFA 但不使用再燃条件下，NO_x 排放降低为 270mg/m^3，降幅达 42%，同时飞灰含碳量均小于 1.5%。在此基础上如加设细煤粉再燃系统，三次风喷口当做 OFA 用，不带粉，NO_x 排放水平将进一步降至 182mg/m^3，飞灰含量不大于 2%。

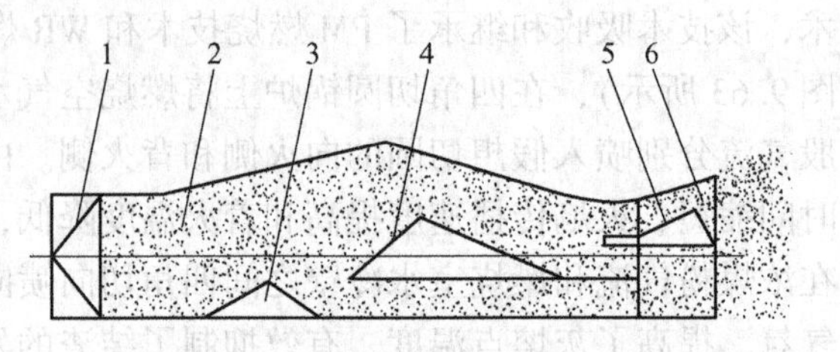

图 9.65 多重富集低 NO_x 型燃烧器原理

1—方圆接头；2—方形风道；3—前挡块；4—中挡块；5—后挡块；6—浓股气流（向火侧）

g 浓淡、预热、可调式煤粉燃烧器

浓淡、预热、可调式是清华大学开发的一种高效稳燃低 NO_x 燃烧器。该技术继承了煤粉预燃室的积极思想，结合浓淡燃烧的优势，采用简单煤粉浓缩措施。该型燃烧器与双通道燃烧器相似，一次风在进入燃烧室前，在一个突扩腔体中，由于浓股射流，在腔体内外形成回流区，抽吸高温烟气，用以迅速加热煤粉颗粒，使其在喷出腔体前接近但不超过该煤种着火温度。煤粉的预热程度可以通过补气门的开度自动调节，避免了设备烧毁和结渣，其工作原理图如图 9.67 所示。煤粉离开腔体进入燃烧室时，在外回流区内进一步滞

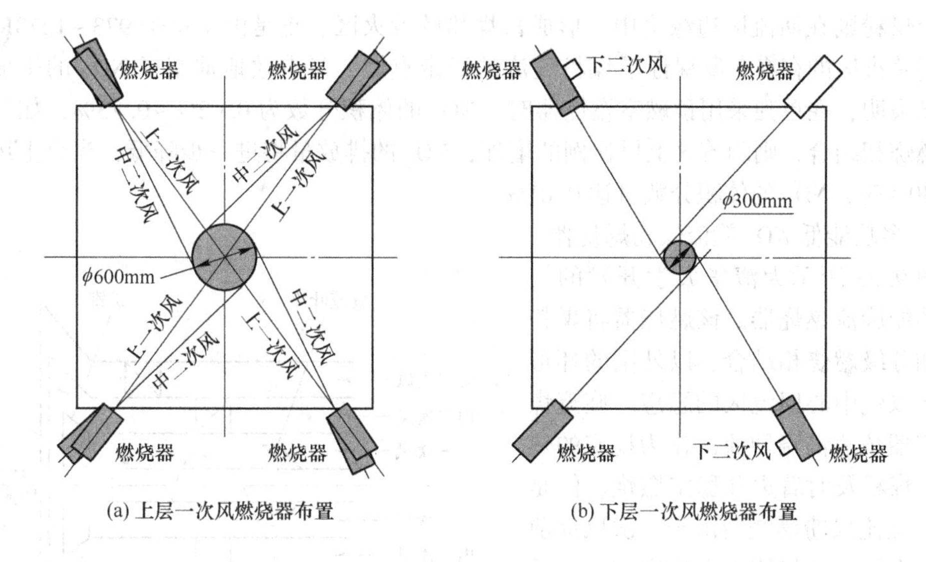

(a) 上层一次风燃烧器布置　　(b) 下层一次风燃烧器布置

图 9.66 多重富集型煤粉燃烧器布置图

止、升温、着火燃烧。与预燃室不同的是，进入腔体的仅为浓股煤粉，使单位质量的煤粉在单位时间内可以获得的热量提高，升温速率快，可加快煤粉挥发分的析出，挥发分析出量大集中。这使得煤种的燃料 N 在进入燃烧室很短的时间内，以挥发分 N 的形式析出，可有效地阻止 N 与外界氧气分子的接触，在局部形成更强的还原性气氛，有力地抑制了 NO_x 的生成，并将部分已生成的烟气中的 NO_x 通过卷吸还原。该原理既可以在直流燃烧器上实现，也可以用于旋流燃烧器。该技术应用于多台燃用低挥发分煤锅炉，甚至燃用 $V_{daf} < 4\%$ 极低挥发分的福建加福无烟煤，表现出优异的稳燃性能和低氮性能。在燃用越南鸿基无烟煤时，锅炉出口的 NO_x 体积分数甚至低于 0.012%（折合 $3\%O_2$）。

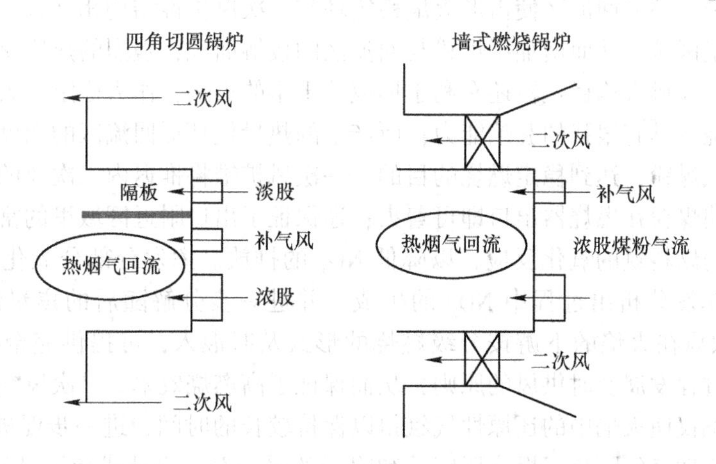

图 9.67 浓淡、预热、可调式煤粉燃烧器原理

h WQ 型煤粉预燃室旋流燃烧器

图 9.45 为清华大学开发的 WQ 型煤粉预燃室燃烧器的示意图。该燃烧器利用气流实现局部煤粉浓度的提高。当一次风的旋流强度较小时，煤粉比气体有较大的轴向运动惯性，这使煤粉和与其一起喷出的气体产生相对的滑移和分离，气体较多地贴着圆筒的壁面

运动，煤粉则在回流区边缘集中，形成富煤粉的着火区。正是由于这个 973~1273K 稳定的燃料着火区的存在，既保证了煤粉气流的稳定点燃，又有效地抑制了 NO_x 的生成。试验测试表明，在单独采用预燃室燃烧器时，NO_x 的体积分数为 0.02%~0.25%，如与空气分级燃烧相结合，则随着火上风比例的增加，NO_x 的排放量将进一步降低，当火上风的比例为 30%时，NO_x 的体积分数可达 0.01%。

i 多功能低 NO_x 旋流煤粉燃烧器

图 9.68 所示为清华大学开发的一种多功能旋流燃烧器。该燃烧器将煤粉浓缩和分级燃烧相结合，以外围的环形回流区取代中心回流区的思想。旋流煤粉燃烧器依靠高温回流区作为稳定的热源，使煤粉及时着火并稳定燃烧。但是普通的旋流煤粉燃烧器由于二次风提前混进一次风，不仅使着火热增加，而且增加了 NO_x 排放，使二次风快速衰减，削弱了后期混合。人们在旋流煤粉燃烧技术中关注提高旋流强度和强化回流效应，却忽略了煤粉浓度，常常出现它与温度分布不匹配的现象。多功能旋流煤粉燃烧器采用了与煤粉浓度相匹配的环形回流区的原理，一次风流经旋流叶片后，煤粉与空气离心分离，在管道近壁处浓缩成一个较高浓度的煤粉环。在经过一次风管出口处的齿形火焰稳定环，及其后面的环形回流区后，进一步减速、滞止和浓缩，形成若干易于着火的高浓度煤粉带。环形回流区使齿形火焰稳定环与一次风扩锥结构相结合，在高浓度煤粉区域内形成高温区域，从而增加了煤粉与回流区的接触面积，强烈的热质交换为煤粉的燃尽创造了条件。齿形火焰稳定器还有利于形成若干小的火焰，作为稳定点火源驻留在燃烧器出口而使燃烧器具有很强的驻焰能力；所产生的热量使环形回流区的温度进一步升高以点燃整个一次风煤粉，达到稳定燃烧的目的。一次风扩锥将推迟内二次风的混入，既可避免着火延迟，使煤粉在燃烧器出口即可着火；还保证了出口附近区域里的富燃料燃烧，抑制了挥发分中的燃料氮的氧化反应，以降低 NO_x 的排放。挥发分部分氧化后生成还原性物质还能阻止挥发分析出过程中 NO_x 的生成，并进一步分解随后的焦炭燃烧时生成的 NO_x。内外二次风在火焰的下游按分级燃烧的形式及时混入，可提供完全燃烧所需的空气，符合燃烧过程发展及时供风的原则，从而保证了高燃烧效率。二次风在火焰周围形成一个氧气层，不仅使火焰中的还原性气氛得以保持较长的时间，进一步促进 NO_x 的降低，而且较强的氧化性气氛隔离了燃烧器区域和附近的水冷壁，也就避免了结渣和高温腐蚀。在容量为 200MW 的电站锅炉上，按照多功能旋流燃烧器的原理仅改造全部燃烧器的 1/4 后，就取得了想到的效果。不投油最低负荷从原来的 70%降到了 50%，在负荷稳定的整个范围内，NO_x 排放量降低了 100~205mg/m^3。

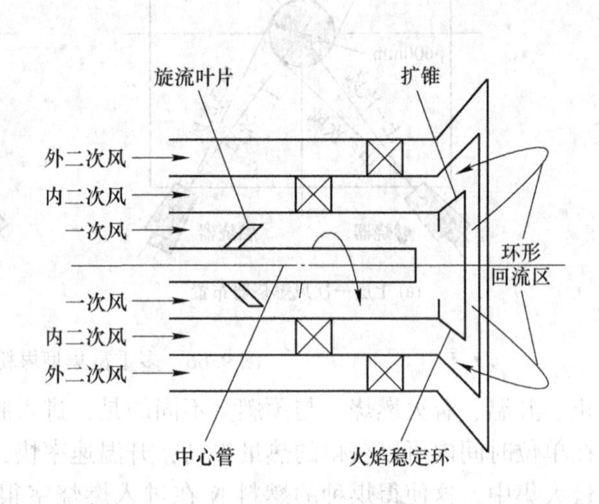

图 9.68 多功能旋流煤粉燃烧器结构简图

j 径向浓淡旋流燃烧器

浓淡燃烧思想也可以用于旋流燃烧器。图 9.69 所示为哈尔滨工业大学开发的径向浓淡旋流燃烧器的结构示意图。该燃烧器的一次风道中加装了一个煤粉浓缩器，从而将一次风粉混合物分成煤粉浓度相差适当的径向两股，靠近中心的一股为煤粉浓度较高的浓股，经过浓一次风通道喷入燃烧室；另外一股为含粉量较少的淡股，经由浓股气流外侧环形通道喷入炉内。同时，二次风通道也分成内外两部分：大部分二次风经过旋流叶片旋转进入燃烧室，在这部分风的外侧，有另一少部分的二次风以直流的形式进入燃烧室。这样，在旋转二次风和扩流锥形成的中心高温回流区的合适区域喷入的是浓煤粉气流，形成一个高温、高浓度和氧浓度适中的三高区域。提高煤粉浓度可以降低着火时间及着火距离，保证煤粉气流及时着火，提高火焰稳定性。淡煤粉气流及二次风在浓煤粉气流着火后及时分级混入，可保证煤粉燃烧所需的氧气，并形成多层分级燃烧，抑制 NO_x 的形成。同时，煤粉向燃烧器中心集中，风速较高的直流二次风将燃烧中心的还原性气氛和水冷壁隔开，保证了在燃烧器水冷壁附近形成相对较强的氧化性气氛，降低结渣倾向，防止燃烧器区域高温腐蚀。该燃烧器主要问题是百叶窗浓缩器的制造、安装难度大，要求严格。

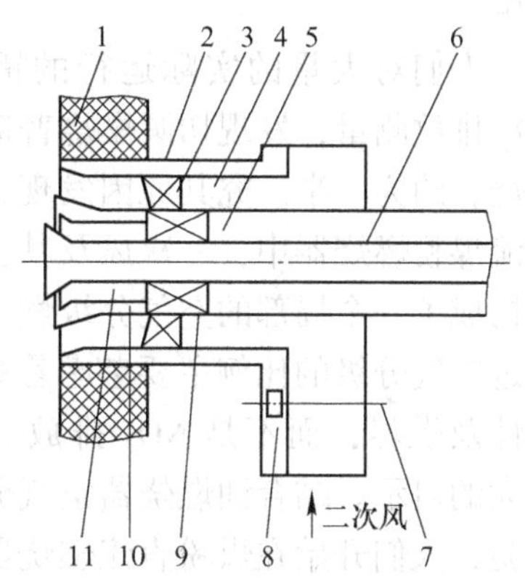

图 9.69 径向浓淡旋流燃烧器结构

1—炉墙；2—直流二次风通道；3—旋流器；4—旋流二次风通道；5—一次风通道；6—中心管；7—挡板轴；8—挡板；9—浓缩器；10—淡一次风通道；11—浓一次风通道

上面讲述的是对燃烧器本身通过各种措施，实现局部的空气分级燃烧。即在一组燃烧器的不同喷口中，通过本身的结构来降低部分燃料着火、燃烧时的过量空气系数，以此降低 NO_x 排放，同时实现快速着火，并尽快将燃烧器附近的氧气耗尽，利于挥发分 N 转化为 HCN 和 NH_3，进而还原为 N_2。下面介绍整体空气分级燃烧技术。

燃油的整体空气分级燃烧在降低 NO_x 生成上具有明显的效果，近年来人们将其用于煤粉燃烧的整体布置上。实践证明，这在一定条件下，对于降低燃煤锅炉烟气中 NO_x 的排放量很有效果，甚至在层燃炉上也有应用。空气分级燃烧是燃烧区局部或者整个主燃烧区的送风量减少。与后面介绍的燃料分级降低 NO_x 是先生成后再还原不同，煤粉燃烧空气分级是在煤粉燃烧过程中抑制 NO_x 生成。煤粉燃烧中，燃烧室整体空气分级的主燃烧区过量空气系数一般为 0.8~0.9。燃尽风口距离燃烧器最高喷口上边缘 1.5~4m。通常，煤粉锅炉中燃尽风份额为 0.2 左右。

煤粉燃烧 NO_x 排放的控制，除了火焰温度不宜过高以抑制高温型 NO_x 生成之外，更重要的方向是将大部分燃料 N 转化为气体分子氮。采用空气分级后，由于主燃烧区中整体处于空气不足状态，煤粉不可能完全燃烧，除了水冷室附近区域外，整体为还原性气氛，放出的热量受到控制，火焰温度较低，有效地抑制了高温型 NO_x 的生成；同时，还原性气氛下，有由于煤裂解的中间含氮组分转化为 N_2 的速率最大，因此燃料型 NO_x 的生成量也明显减少。进入燃尽区后，烟气温度已经降低，再投入燃尽风对烟气温度的增加非常有限，热力型 NO_x 的生成速率很低，而燃料 N（包括焦炭 N 和挥发分 N）在燃烧区中均已基本转化完，剩余可燃物继续燃尽时产生的燃料型 NO_x 就会很少。因此，空气分级燃烧既能降低煤粉燃烧的高温型 NO_x，也能降低燃料型 NO_x，因而能有效地降低 NO_x 的产生。

人们对大量的实际运行的锅炉进行了NO_x排放测量，发现切圆燃烧普遍低于旋流燃烧，约为一半。究其原因发现，切圆燃烧直流煤粉燃烧器中，一次风及其上面的二次风构成了一个局部的空气分级燃烧系统，只不过空气分级的比例主要考虑着火、火焰稳定性及燃尽，而不是NO_x排放。这给人们很大的启示。结合油燃烧器空气分级的成功经验，人们开始在煤粉直流燃烧器上尝试空气分级燃烧，即在最上层煤喷嘴上面加设火上风喷口，如图 9.70 所示，利用火上风喷口将大约 20%的燃烧空气在燃烧器之上送入燃尽区，并探索了燃尽风份额对降低NO_x的影响，如图 9.71 所示。

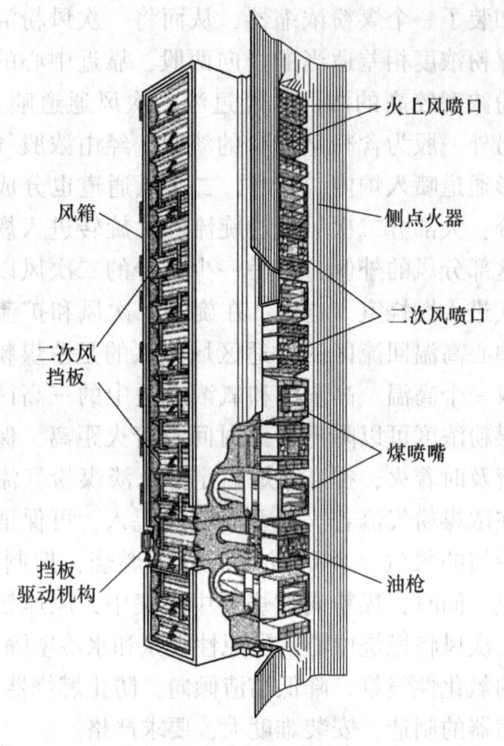

图 9.70 切圆燃烧直流煤粉燃烧器的火上风

燃尽风的布置有两种方式，一种是与主燃烧器上面紧密相邻，即燃尽风口紧挨着主燃烧器的最上面的一个喷口；另一种是与主燃烧器有一定距离的分离式 OFA，如图 9.72 所示。后者可以延长烟气在低过量空气系数下的停留时间。小规模试验的结果和实际锅炉的数据都证明，紧密相邻 OFA 和分离式 OFA 应该结合起来使用，效果更佳，优于任一种方法单独使用的性能。

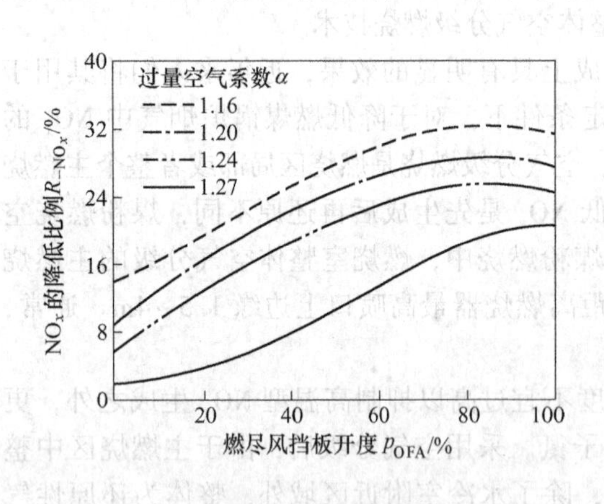

图 9.71 燃尽风对NO_x生成的影响

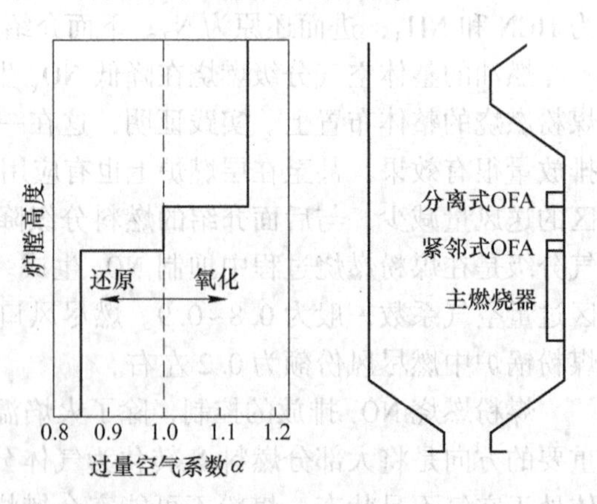

图 9.72 紧邻式 OFA 和分离式 OFA

采用空气分级燃烧煤粉时，主燃烧区中空气不足，烟气呈还原性气氛，煤的灰熔点呈现下降的趋势。若煤的灰熔点本来就比较低，则在采用空气分级时，易在燃烧器区域出现结渣，甚至出现水冷壁高温腐蚀。因此，当采用燃烧室整体空气分级时，需要与燃烧器本身的空气分级结合起来，或者采用侧二次风，在保持燃烧区总的过量空气系数仍为 0.8~0.9 下，使水冷壁面附近的烟气不致含氧过少，即形成风包煤燃烧。由于燃烧区中缺氧，煤粉火焰将拉长，焦炭粒难以燃尽，因此燃烧室中的气流要组织好，以避免飞灰可燃物增加和结渣。这就形成了空气立体分级。

空气分级燃烧原则也可以用在旋流煤粉燃烧器上。例如双调风型低 NO_x 旋流燃烧器（图9.73），一次风份额较小，仅15%~20%，二次风分成内外两股，内二次风为35%~45%，外二次风为55%~65%，使二次风逐步混入火焰中去；为了隔开一、二次风并减缓其混合，一次风喷口周围送入再循环烟气或冷空气。这种燃烧器因二次风有内外两个调风器，故称双调风型低 NO_x 燃烧器。也有把二次风量减少，并在各旋流燃烧器的周围另开4个相隔90°的三次风喷口，可有更明显的空气分级燃烧作用。采用这种燃烧器，也要注意局部区域空气不足而形成还原气氛而易结渣，以及飞灰所含可燃物增大的问题。也可将主燃烧器区整个的过量空气系数控制在0.8~0.9，而将其余的风在距离燃烧器上缘的4m左右的高度上送入燃烧室，实现整体分级。目前该方法利用较多，效果很好，但同样应该注意燃烧器区域的结渣及附近受热面的高度腐蚀。

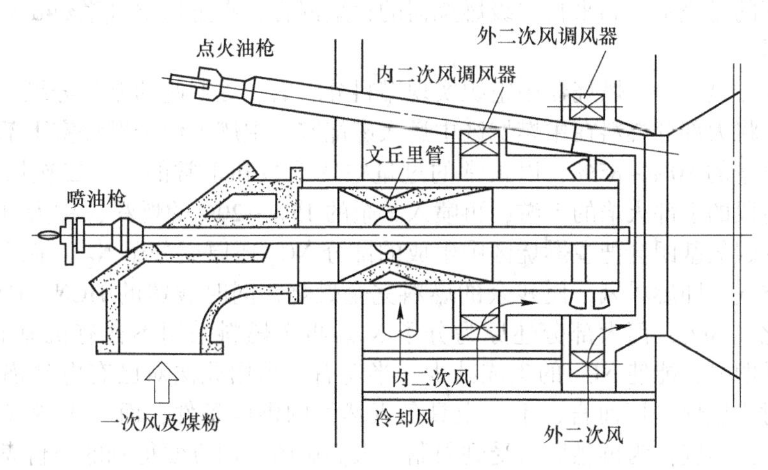

图9.73　双调风型低 NO_x 旋流燃烧器

C　燃料分级法

上述的空气分级均是在燃烧器并借助于燃烧室实现低 NO_x 燃烧，其抑制 NO_x 思路是从根本上减少 NO_x 的生成。也可以先燃烧生成 NO_x，然后再还原，这就是燃料分级。

空气分级燃烧由于着火区为富燃料燃烧，氧量不足，在控制不好时有可能导致着火过程的不稳定。为了提高着火过程的稳定性和进一步降低 NO_x 的浓度，Stein Miller公司开发出一种按照燃料分级燃烧原理设计的MSM型旋流煤粉燃烧器，如图9.74所示。图中，1为一次燃料的煤粉气流喷口，一次风煤粉混合物在喷口1附近着火并与旋流的二次风混合，形成一级燃烧区。一级燃烧区中，燃烧在 α 略小于1的条件下进行，因此可以保证煤粉在锅炉运行的全部负荷范围内均有很高的着火稳定性。在距中心一次燃料喷口一定距离处，沿半径方向对称布置有4个二次燃料喷口2。二次燃料和一次燃料一样，均为煤粉。二次燃料在 $\alpha_2 = 0.55$ 的条件下被送入燃烧室，并在距离喷口一定距离处和来自一级燃烧区的火焰混合，形成还原性气氛很强的二级燃烧区。这样不但可以抑制 NO_x 的生成，而且可以部分还原一级燃烧区中生成的 NO_x。从整体上二级燃烧区推迟了燃烧过程，使火焰温度降低，抑制了热力型 NO_x 的生成。保证煤粉完全燃烧的“火上风”由OFA喷口3送

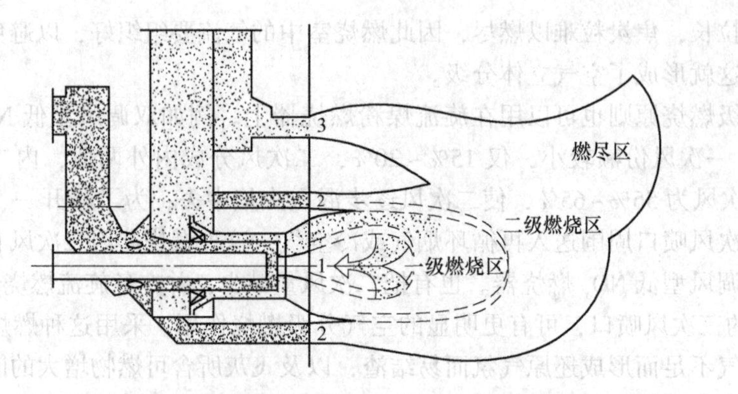

图 9.74　Stein Miller 的 MSM 低 NO_x 旋流燃烧器

1—过量空气系数略小于 1 的一次燃料喷口；2—过量空气系数大大小于 1 的二次燃料喷口；3—完全燃烧所需的 OFA 喷口

入燃烧器上部的燃烧室，和来自二级燃烧器的火焰混合，在过量空气系数 $\alpha = 1.25$ 的条件下将煤粉燃尽。

上述燃烧器是在单个燃烧器中组织实现燃料分级的。更普遍的燃料分级是在整个燃烧室中实现的，将大部分燃料在主燃烧区中送入燃烧室。主燃区位于燃烧室下部，主燃烧器的燃料量占总量的 80%～85%，以正常的过量空气系数和正常的一、二次风比例进行燃烧。在主燃烧段的上部火焰的下游，再喷入其余的 15%～20%的燃料，称为再燃段。燃烧过程中产生的碳氢基团会把主燃烧区中生成的部分 NO_x 还原成分子 N_2。最后在喷入燃烧所需的其余空气，即燃尽风，使残余的燃料完全燃烧，同时残留的 HCN、CN、NH_i 等也会小部分氧化成 NO_x，而大部分还原为分子 N_2。再燃燃料采用不含有机氮的天然气时，此法的效果最明显，能使 NO_x 的生成减少一半左右。采用此法对已有电站锅炉改装也较容易。但是对于燃煤电厂而言，不一定具备天然气的供应条件，而且天然气价格相对较高，因此采用天然气作为再燃燃料受到限制。人们试图采用方便得到的廉价煤粉作为再燃燃料。然而，大量的试验发现，以煤粉为再燃燃料时，再燃对燃料型 NO_x 生成的控制影响极为有限，而且会因焦炭不易燃尽而增大飞灰含碳量。也有人试图采用超细煤粉作为再燃燃料，效果改善不大。采用高挥发分煤粉作为再燃燃料，对 NO_x 排放的降低效果依赖于空气分级的作用。

从上面的介绍中可以看出，稳燃、低 NO_x 煤粉燃烧技术存在着潜在的高温腐蚀、主燃区结渣等可能性，一般会伴随飞灰含碳量升高的问题。相对而言，利用燃烧器喷口实现稳燃、低 NO_x 燃烧的煤粉燃烧器更值得关注。利用燃烧室实现低 NO_x 煤粉燃烧，可以借鉴空气分级的思想，在水平方向上考虑空气分级。例如，采用将除最下一层、二次风外，让其余一、二次风作为小夹角微量反偏转，也可以考虑在冷灰斗设置贴壁风，如图 9.75 所示，以消除火焰背火侧还原性气氛的影响，保护水冷壁。

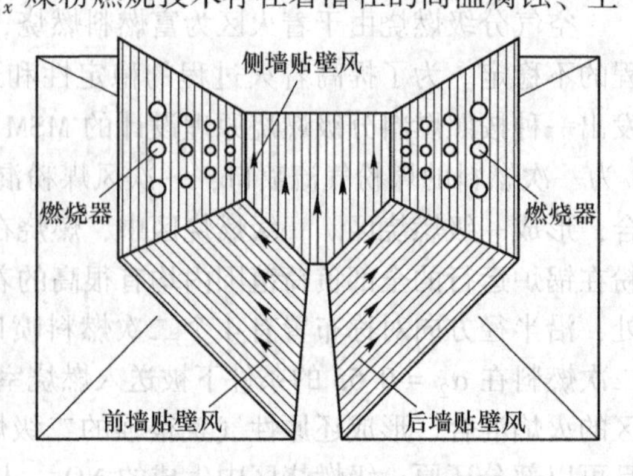

图 9.75　贴壁风防止高温腐蚀

10 新型燃烧技术概述

燃烧科学与技术于当今世界仍在蓬勃发展，产生了很多新型燃烧方式。本章简单介绍催化燃烧、富氧燃烧技术和化学链燃烧等几种新型燃烧技术。

10.1 催化燃烧

催化燃烧是多相催化反应中的完全氧化反应，可燃气体借助催化剂的作用，能在低温下完全氧化。也就是说，催化燃烧是一种“弱火焰”过程。催化燃烧常常用于气体燃料的热值很低或者浓度很低的情况。

10.1.1 催化燃烧控制 NO_x 和 CO 生成的原理

催化燃烧由 Pfefferle 等在 20 世纪 70 年代提出。该方案一经提出就受到人们的广泛重视。与火焰燃烧相比，催化燃烧用于燃烧有机燃料提供能量时，具有以下突出的优势：

（1）火焰燃烧法因为引发大量的自由基，反应加速很迅猛，反应过程难以有效控制。引入催化剂后，使燃烧成为一个可控制的过程；同时，由于燃烧机理的改变，自由基不在气相引发而在催化剂表面引发，不生成电子激发态产物，无可见光放出，避免了一部分能量损失。

（2）火焰燃烧过程中，由于燃烧不完全，会有剩余的烃类或烟尘排放到大气中；而且，由于火焰燃烧温度高于 1400℃，会产生 NO_x 污染。而将催化剂引入燃烧过程后，可在更低的燃料/空气范围（1%~5%）内稳定燃烧，加之催化剂表面活性氧参与，促进了含碳物质的完全氧化，因而大大降低了 CO 及烃类的生成。同时，在保证燃烧效率的前提下，使燃烧过程可在低于热力型 NO_x 生成温度下进行，NO_x 的产生被明显地抑制，如图 10.1 所示。

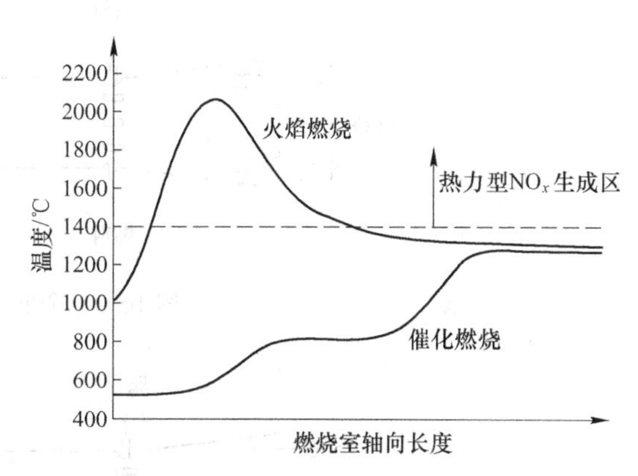

图 10.1　燃烧室中温度分布与 NO_x 排放情况

（3）火焰燃烧需要考虑有机燃料的燃烧浓度范围和爆炸极限，而催化燃烧可通过使用适当的催化剂避免上述问题。

（4）燃料和空气预混，避免形成富燃料区，有效预防了快速型 NO_x。

（5）催化燃烧中温度的可操纵性与高空燃比燃烧的稳定性，使其具有节能和低 CO、NO_x 排放的特点，并且催化燃烧缓和安全，是一种非常理想的燃烧方式。

图 10.2 所示为燃气轮机常规火焰燃烧与催化燃烧系统的比较。常规火焰燃烧系统（图 10.2（a））中，高浓度甲烷在燃气轮机燃烧室中燃烧，释放大量热量，温度达 1600～1800℃。高温下，空气中的 N_2 和 O_2 反应生成热力型 NO_x。从燃烧室释放的高温气体，经旁路空气降温后进入燃气轮机；催化燃烧系统（图 10.2（b））中，燃料和空气按一定比例预混后进入燃烧室，控制空气量，使得燃气轮机的工作温度为 1000～1300℃，低于热力型 NO_x 的生成温度，确保低 NO_x 燃烧。

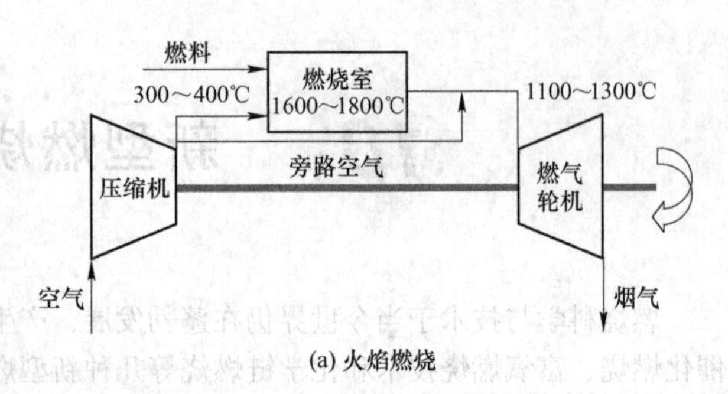

(a) 火焰燃烧

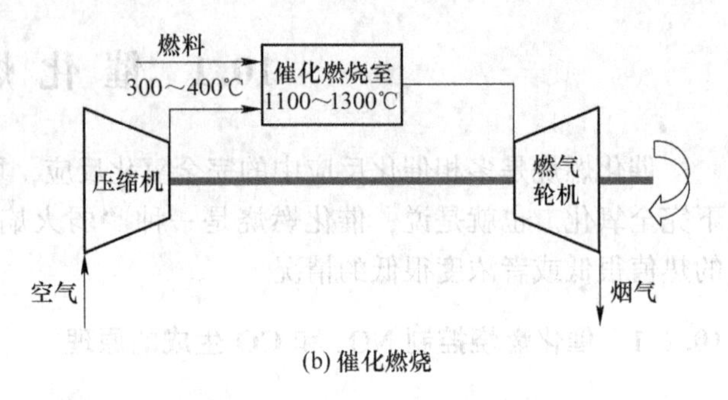

(b) 催化燃烧

图 10.2 燃气轮机常规火焰燃烧与催化燃烧系统的比较

10.1.2 典型催化燃烧室

由图 10.2 可见，催化燃烧系统中，燃烧室入口处的气体温度为300～400℃，燃烧室出口处的气体温度最高，达到 1000～1300℃，整个燃烧室内温度范围很宽。目前尚无催化剂能在这么宽的温度范围内兼顾活性和热稳定性。根据组织燃烧使用的催化剂的特点，催化燃烧系统大体上分为四类，如图 10.3～图 10.5 所示。

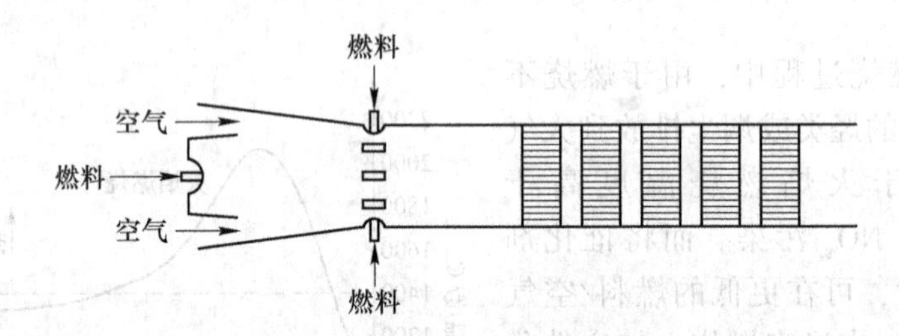

图 10.3 全催化燃烧室

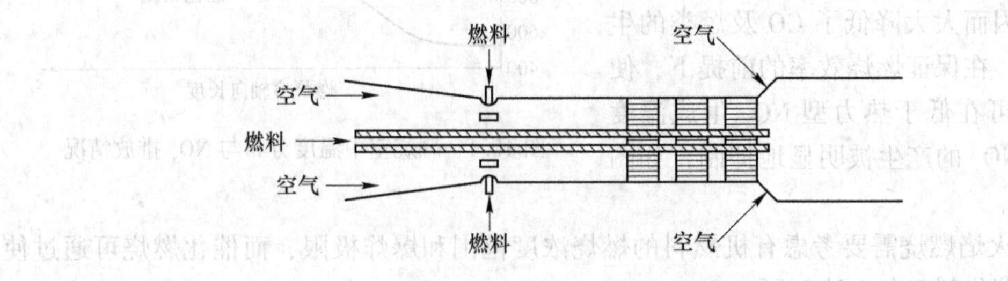

图 10.4 燃料分级燃烧装置

10.1.2.1 全催化燃烧室

全催化燃烧室由大阪气体公司（Osaka Gas Company）提出，是多催化剂联用的燃烧

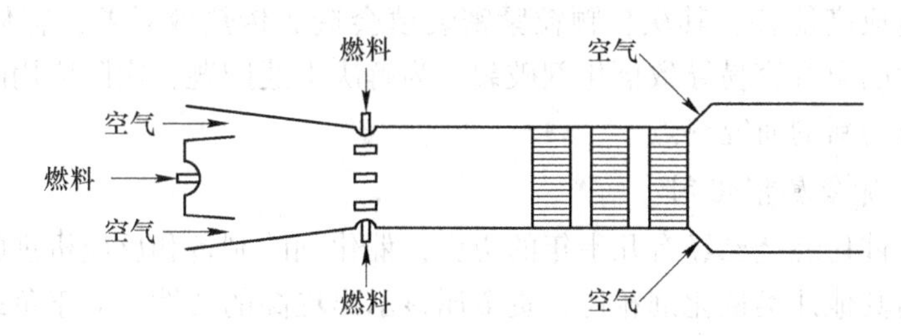

图 10.5 空气分级催化燃烧室

室，所有燃料和空气混合均匀后依次经过各段催化剂。根据各种催化剂的工作温度特点，在燃烧室的不同温度区间布置不同种类的催化剂。在低温段采用活性高但高温易烧结的 Pd 催化剂，经过预热的 CH_4-空气混合气在低温催化段上部分 CH_4燃烧放出热量，使 CH_4、空气、烟气混合气的温度升高，达到高温催化剂的工作温度范围；在高温段使用活性较差但热稳定性高的六铝酸盐催化剂，在催化剂作用下，使剩余 CH_4燃烧。

10.1.2.2 燃料分级催化燃烧室

东京电力公司（Tokyo Electric Power Company）提出了燃料分级燃烧催化室。在该种组织方式中，催化剂工作温度在 1000℃以下，只有部分燃料和空气混合均匀后进入催化段发生催化燃烧，燃烧后生成的高温烟气进入均相燃烧段；剩余的燃料和空气加入高温均相燃烧段。燃料分级催化燃烧室中，催化剂对下游均相燃烧起预热作用。

10.1.2.3 空气分级催化燃烧室

Lyubovsky 等提出了空气分级催化燃烧室。在低温着火段采用富燃料燃烧，在催化段过量空气系数为 0.2~0.5。由于富燃料燃烧，燃烧产生的烟气中不仅有 CO_2和 H_2O，还有部分不完全燃烧生成的 CO、H_2，以及剩余的 CH_4。烟气进入均相燃烧段后，加入剩余空气，确保燃尽并达到最终温度。

10.1.2.4 半催化燃烧室

日本的日立公司（Hitachi）和美国的催化能量系统公司（Catalytica Energy System）提出了半催化燃烧室。低温段和全催化燃烧室类似，全部燃料和空气混合均匀后进入催化段，在催化段发生部分燃烧，气体升温。半催化燃烧室未使用高温催化剂，从低温段产生的高温烟气直接进入均相燃烧区燃烧。

10.1.3 催化燃烧催化剂的研究进展

催化燃烧催化剂的工作环境具有高温、高水蒸气含量、热和机械冲击力强的特点，因此对催化剂性能的要求较高。一般来说，燃烧催化剂应满足以下几个方面的要求：

（1）高活性，尽可能使 CH_4在较低的温度下起燃，并且在高空速工作条件下也能保证完全燃烧；

（2）高热稳定性，可满足在燃烧温度高于 1000℃时长期使用；

（3）有良好的耐压、耐磨损等力学性能。

然而，很难有一种催化剂能同时满足上述要求，实际应用中应根据对活性、稳定性的需求，使用不同种类催化剂。已经提出的催化剂可分为四大类：贵金属催化剂、非贵金属简单氧化物催化剂、钙钛矿催化剂、六铝酸盐催化剂。首先，常规的颗粒填充反应器的床层压降过大会造成高能耗；其次，颗粒紧密装填会造成传热效果差，容易引起催化剂烧结；最后，较大的温升容易导致催化剂破裂。为解决上述问题，实际应用时可采用整体式催化剂，其已成为新的研究热点。

10.1.3.1 贵金属催化剂

贵金属用于催化燃烧已经有几十年的历史，催化剂的制备和反应机理的研究已经取得了一些成果。与其他几类催化剂相比，贵金属显示出更高的活性。对于负载型贵金属催化剂主要有 Pd、Pt、Rh 和 Au 等元素。一般地，贵金属的氧化活性顺序是：Ru>Rh>Pd>Os>Ir>Pt。但在碳氢化合物的催化燃烧应用中，除 Pd 和 Pt 外，其他贵金属催化剂由于在燃烧反应中不稳定、易挥发、极易氧化和有限的资源供应而受到限制。Pt 和 Pd 对各种常见燃料均具有很好的完全氧化活性。贵金属的高活性来自于金属状态的原子对 O—O、C—H 键有较强的活化能力，使得原本很稳定的分子形成反应性能极强的自由基，从而触发链式反应。其中 Pd 较适用于 CO、天然气和烯烃类燃料，Pt 则对于长链烷烃（$n>3$）燃料具有较好的起燃活性。为节约贵金属并提高催化剂的高温稳定性，实际应用中，通常把贵金属负载到大比表面积的载体上制备成负载型催化剂。对于贵金属催化剂，必须提高低温活性和高温稳定性。

A　载体的影响

负载型催化剂的甲烷燃烧活性和稳定性与载体关系密切，寻找合适的载体以及研究它们对催化剂活性的影响，一直是催化燃烧研究工作者的热门课题。目前，应用于催化燃烧的载体种类繁多，主要有 Al_2O_3、SiO_2、ZrO_2、Si_3N_4、TiO_2、$LaMnO_3$、分子筛等。

Al_2O_3具有良好的热稳定性、大的比表面积、抗热冲击、抗机械振动和经济可行性，在催化剂工业中被大量用于活性组分的载体，负载型 Pd、Pt 催化剂最早使用的就是 Al_2O_3。但 Al_2O_3在 1000℃以上时，通过表面阴阳离子空位迁移和羟基间脱水发生 γ→α 转晶，使表面积大幅度下降。MgO 熔点较高，单晶 MgO 在 1500℃焙烧 4h 比表面积仍保持 $72m^2/g$，被认为是最有希望的热稳定性载体，但由于其在酸性气氛中（CO_2气氛）的化学稳定性差而研究不多。

Widjaja 等对不同金属氧化物 MO_x（M＝Al，Ga，In，Nb，Si，Sn，Ti，Y，Zr）的负载型 Pd 催化剂做了研究，所有催化剂在 800℃下焙烧而成，对 CH_4的催化活性见表 10.1。Al_2O_3和 SiO_2的比表面积远远大于其他催化剂，但活性最高的是 SnO_2，T_{10}（CH_4转化率为 10%时候的温度）仅 440℃。但在高温酸性气氛中，SnO_2较 Al_2O_3活泼，容易和 CO_2反应，参考文献中没有对其稳定性进行研究。

分子筛是研究人员较多使用的另一类催化剂载体材料。自从 Firth 和 Holland 首次报道了 Pd/13X 分子筛催化剂用于 CH_4催化燃烧反应以来，有关分子筛负载 Pd 催化剂在这一领域的研究已有广泛的报道。迄今报道的用于负载 Pd 催化剂主要有 ZSM-5、Mordenite、Ferrierite 和 SAPO。这些 Pd/分子筛催化剂主要采用离子交换法制备，催化剂表现了高的甲烷低温燃烧活性。目前，分子筛催化剂的主要缺点是水热稳定性差。Pd/HZSM-5 在水热条件下（500℃，气氛为体积分数 4%的 H_2O 和 He 混合物）处理 18h 后，其 CH_4燃烧活性温度 T_{50}升高了 500℃，水热稳定性不好。所以，由于分子筛水热稳定性差，目前仅停留在实验室阶段。

表 10.1 Pd 催化剂对 CH_4 的催化活性

催化剂	比表面积/$m^2 \cdot g^{-1}$	T_{10}/℃	T_{30}/℃	T_{70}/℃	T_{90}/℃
Pd/Al_2O_3	109.1	365	400	445	495
Pd/Ga_2O_3	—	365	420	765	815
Pd/In_2O_3	5.1	390	440	520	590
Pd/Nb_2O_3	—	565	665	840	875
Pd/SiO_2	108.3	420	585	680	860
Pd/SnO_2	6.4	325	355	390	440
Pd/TiO_2	—	400	720	840	885
Pd/Y_2O_3	—	505	565	635	700
Pd/ZrO_2	5.6	325	355	400	490

注：本表的反应条件为：CH_4摩尔分数为 1%；空气摩尔分数为 99%；空速为 13.333s^{-1}。

近年来，部分研究人员使用钙钛矿类物质和六铝酸盐类物质作为贵金属催化剂的载体。由于钙钛矿和六铝酸盐本身是高温催化剂，高温下能保证结构稳定，故用做贵金属的载体时能保证稳定性。但高温催化剂制备复杂，成本高于 Al_2O_3 等传统载体，限制了其工业应用前景。同时，高温催化剂种类繁多，选择合适的高温催化剂作为载体值得进一步研究。

B 掺杂元素的影响

在载体中掺入其他组分或助剂是另一种提高活性或稳定性的方法。掺杂不仅能改变催化剂的催化活性，有时掺杂本身也具有一定的氧化活性。

Ahstrom-Silversand 用浸渍方法向 Al_2O_3 载体中添加 Si、La、Ba 等元素，以提高热稳定性。Si 是对热稳定性提高最多的元素。Si 添加量在 0.5%~8%（摩尔分数）范围内。向 Pd 催化剂中添加 La 能提高热稳定性，但会使催化活性降低。

Persson 研究了添加 Pt、Co 等元素对活性稳定性的影响。活性影响实验中，制备一系列 Pd 催化剂，Pd 占总质量的 2.5%，添加元素占 2.5%。制备过程中，Pd 和添加元素同时浸渍，300℃下干燥 4h，1000℃下焙烧 1h。活性改善实验结果见表 10.2，元素的加入没有提高活性，但 Pt 的加入能提高水热稳定性。Fraga 和 Liotta 采用浸渍法，向质量分数为 1%的 Pd/Al_2O_3 催化剂中添加 La、Sn、Ba、Ce 等，改善催化剂的活性和稳定性。结果表

表 10.2 Pd/Al_2O_3 催化剂中添加其他元素对 CH_4 催化活性的影响

催化剂	T_{10}/℃	T_{30}/℃	T_{50}/℃	催化剂	T_{10}/℃	T_{30}/℃	T_{50}/℃
PdCo	520	620	710	PdCu	750	840	900
PdRh	540	650	780	PdAg	570	700	930
PdIr	660	880	930	PdAu	680	920	600
PdNi	500	590	660	Pd	470	530	
PdPt	500	600	660				

注：表中 Pd 催化剂的 Pd 负载量为 5%（质量分数），其余催化剂 Pd 负载量为 2.5%（质量分数）。

明：La 和 Sn 的加入提高了热稳定性，但对低温活性没有提高；稀土元素 La 通过与 Al_2O_3 特定空穴的作用，形成 $LaAlO_3$，从而有效地阻止铝离子在高温时的表面扩散；Ba 能大幅度提高热稳定性，含 12%（质量分数）的 Ba 稳定性最好，Ba 改性 Al_2O_3 主要是 Ba 进入 Al_2O_3 体相形成耐高温的 β-Al_2O_3（即六铝酸盐）相。

10.1.3.2 非贵金属简单氧化物催化剂

贵金属催化剂价格昂贵，储备量少。相比之下，非贵金属简单氧化物催化剂具有原料丰富、价格低廉等优点。为降低催化剂价格，非贵金属氧化物是首先考虑的对象。由于非贵金属氧化物催化剂具有多种价态，因而这类催化剂容易形成氧化还原循环，可以使晶格氧顺利释放和修复，形成活性。有学者研究了非贵金属氧化物对 CH_4 的催化燃烧。Co、Cr、Mn、Fe、Cu、Ni 等氧化物活性较高，具有一定的应用前景。但由于催化燃烧一般都在较高温度下进行，并且容易产生局部升温现象，所以，和贵金属催化剂类似，非贵金属简单氧化物催化剂大都比较容易烧结，不能在高温下使用。为了研制出能在高温下长时间使用的催化剂，各国研究者把注意力集中到具有特定结构的复合氧化物催化剂上。

10.1.3.3 钙钛矿催化剂

钙钛矿型复合氧化物开始是以缺电性、压电性、热电性、磁性及光电效应等多种物理性质引起人们的注意与研究，后来才逐渐认识到其重要的化学特性，如化学结构适用于相当多种的阳离子、晶体结构中的阳离子可被其他阳离子部分取代、能稳定氧缺陷和过量氧等。1972 年 Voorhoeve 等将其用于汽车尾气处理，活性可与 Pt、Pd 催化剂体系相比。随后便被作为负载型催化剂活性组分广泛地用于催化燃烧研究中。

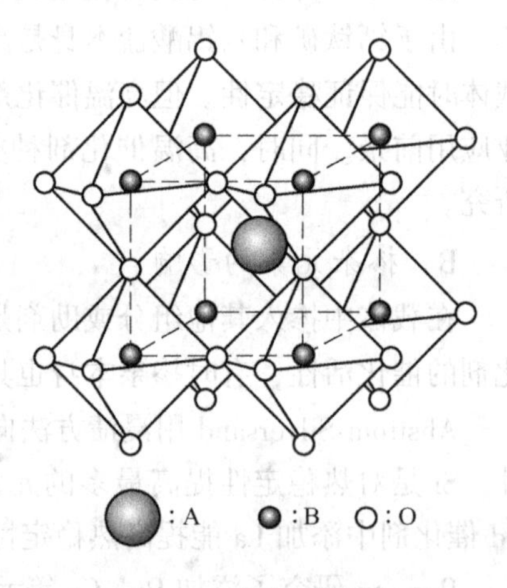

图 10.6 钙钛矿结构

钙钛矿结构如图 10.6 所示，B 位过渡金属离子与周围 6 个氧离子组成八面体配位结构的 BO_6，A 位稀土离子处于以简单六方排列的共角连接的 BO_6 八面体的中心空隙内。

虽然对 CH_4 的催化燃烧已进行了部分研究，但由于各研究者的催化剂制备方法、活性测试条件的差异，对最佳活性金属氧化物的报道并不相同。此外，对 CO、H_2 以及多变组分混合气的催化燃烧研究极少。

10.1.3.4 六铝酸盐催化剂

钙钛矿催化剂的热稳定性较贵金属催化剂虽然有所提高，但仍存在高温烧结引起比表面积降低和甲烷燃烧活性下降的问题，使其应用受到限制，超过 900~1000℃ 时应该使用热稳定性更好的六铝酸盐催化剂。

六铝酸盐通式可以表示为 $AAl_{12}O_{19}$。六铝酸盐结构具有很高的热稳定性，过渡金属离子部分取代 Al^{3+} 离子后，得到的取代型六铝酸盐同时具有很高的热稳定性和催化燃烧活性。

六铝酸盐结构有两种：磁铅石型（magnetoplumbite）和 β-Al_2O_3（β-Alumina）型，如图 10.7 所示。

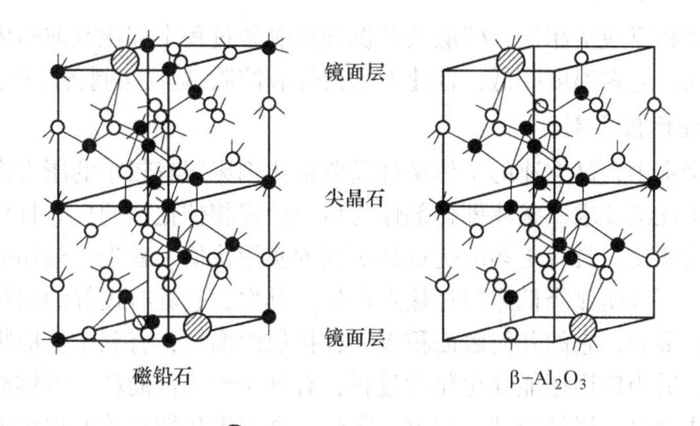

图 10.7 磁铅石和 β-Al_2O_3的晶体结构

六铝酸盐是六方层状结构，尖晶石单元被层状分布的离子半径较大的阳离子分割。氧离子在尖晶石单元中填充得很紧密，在镜面层上填充较松散，使镜面层更有利于氧的扩散，因而六铝酸盐更容易沿垂直于 c 轴的方向生长，并且 c 轴方向的尖晶石单元被镜面分离，使晶体沿 c 轴方向的生长受到抑制。六铝酸盐具有各向异性，当 c/a 较大时，晶体不稳定，因为这会增加表面能，所以六铝酸盐晶体沿 a 轴方向的生长受到抑制，这就是六铝酸盐具有高热阻和高比表面积的主要原因。可以把六铝酸盐的结构分成两个部分：镜面层上的大阳离子（如 Ba^{2+}、La^{3+}）起着维持比表面积的作用，六铝酸盐晶格中的取代 Al^{3+} 的过渡金属离子提供催化活性。根据六铝酸盐的结构，一般具有很高的热稳定性，但活件较差。为了提高六铝酸盐的活性，最常用的方法是在不改变六铝酸盐晶型结构的情况下，向结构中引入掺杂离子来改善催化活性。

六铝酸盐催化剂的性质不仅取决于组成，还与制备方法密切相关。主要有以下制备 4 种方法：

（1）固相反应法。采用氧化物、氢氧化物或碳酸盐作为原料，混合后高温焙烧即得到目标反应产物。固相反应法原料价廉易得，制备过程简单，存在的主要问题是固相反应中组分间混合的均匀性太差，得到的催化剂不仅含有六铝酸盐，还包含其他杂相，致使催化剂的比表面积大幅下降，着火温度升高。固相反应法在早期的六铝酸盐制备过程中经常使用，现在逐渐被其他方法代替。

（2）基于醇盐水解的溶胶-凝胶法。该方法可以实现前驱体各组分间分子水平上的混合均匀，所制备的六铝酸盐催化剂具有较大的比表面积和较高的催化活性，是目前此类催化剂的主要制备方法之一。然而采用此法制备需要无水无氧条件，操作繁杂且原料价格昂贵，不利于工业上大规模应用。

（3）反相微乳液合成法。由水、表面活性剂和有机溶剂配制成反相微乳液，分散在油相中的水胶束成为一个个“纳米反应器”，Ba 和 Al 的异丙醇盐在其中水解成纳米溶胶，陈化后溶胶凝聚成凝胶。凝胶经干燥、焙烧后生成六铝酸盐。实验表明，即使经过 1300℃的煅烧，获得的六铝酸盐仍具有高的催化活性和稳定性。但该方法存在溶胶-凝胶法的所有缺点。除此之外，大量表面活性剂与凝胶的分离也是影响此法应用的一个重要问题。

（4）碳酸铵共沉淀法。此方法原料易得，无须在无水无氧条件下进行，易于工业上大规模使用。与固相反应法相比，碳酸铵共沉淀法制备过程中催化剂前驱体各组分间混合的均匀性大大提高，起燃温度降低，催化剂的活性和溶胶-凝胶法制备的样品接近。

10.1.3.5 整体催化剂

燃气轮机燃烧室中，高空速的工作条件需要催化剂床层有较小的压力降，而整体催化剂的出现就满足了此项要求。整体催化剂作为传统的多相催化剂的良好替代品，与传统的颗粒填充床反应器相比，具有更多的优点和更高的实用价值。首先，整体催化剂床层压降低，浓度梯度小，可以明显降低床层过热点产生；其次，它具有良好的耐热性以及改善传质和传热等特性；最后，它的几何表面积较大，扩散距离短，有利于反应物的快速进入和反应产物的排出，适当应用还能强化化学过程，有助于形成低能耗、零排放的新催化工艺过程，因而使其成为汽车尾气处理、烟道气净化、高温催化燃烧等的理想催化剂。

图 10.8 所示为理想的整体催化剂反应模型。反应物进入孔道中，与孔道壁上的催化剂接触，反应后反应产物从孔道中流出。可以看出，整体催化剂一般由三个部分组成：载体、涂覆于载体上的多孔氧化物以及分散于氧化物表面上的活性组分。

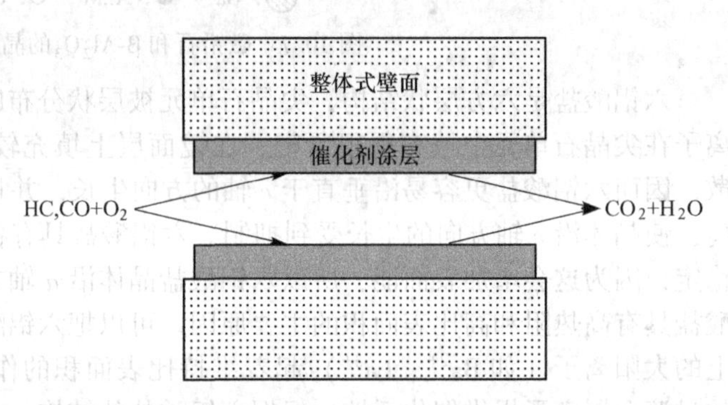

图 10.8 理想整体催化剂孔道中的反应

整体式催化剂中的载体起着承载涂层和活性组分的作用，并为催化反应提供了合适的流体通道。常用的载体具有均一的平行孔道，开孔数多在 31~62 孔/cm^2之间，在它的直通道内存在有限的径向混合，而相邻通道之间几乎无任何传质作用。图 10.9 所示为常见的整体催化剂载体结构。整体催化剂也可以加工成其他形状，这主要取决于反应的要求和加工成本、操作条件的综合权衡。

图 10.9 整体催化剂载体结构

已经应用于工业的载体主要是陶瓷载体和金属载体。陶瓷载体材料主要有刚玉（α-Al_2O_3）、堇青石、富铝红柱石、ZrO_2、TiO_2、SiC、钛酸铝、硅酸镁等。在这些载体材料中，堇青石蜂窝载体（$2MgO \cdot 2Al_2O_3 \cdot 5SiO_2$）是使用最多的一种，汽车尾气净化转化器大多数使用这种载体。蜂窝载体的典型特点是具有纵向连贯通道，孔隙率高，排气阻力小。金属整体催化剂具有规则的开孔结构，可以在气相反应时产生较小的压力降，而且有很好的耐热和机械冲击性。金属载体常使用不锈钢或含铝的铁素体合金，尤其以耐高温的 FeCrAlloy 使用最为广泛。但金属载体的抗高温氧化性能和高温下的水热稳定性能还有待于进一步提高；同时，载体与催化剂或涂层之间的黏附性还需增强。还有其他类型的载体，如沸石分子筛载体、玻璃纤维载体、碳纤维载体等，不过多处于实验室研究阶段，距离实用还有一定差距。

由于载体的比表面积很小，而且与活性组分的作用力极弱，因此需要在载体表面涂覆一层高比表面积的多孔氧化物，以增加载体的比表面积。涂层质量的好坏直接影响整体催化剂的性能，好的涂层应满足以下要求：（1）高的比表面积；（2）高的热稳定性；（3）厚度均匀；（4）与载体结合牢固。常见的制备涂层的方法有胶体溶液法、溶胶-凝胶法、悬浮液法。

在已有涂层的载体上负载活性组分的方法与通常在颗粒载体上负载活性组分类似，常见的有粉末涂覆法、浸渍法、离子交换法和沉积沉淀法。但由于整体催化剂结构的特殊性常常会导致活性组分分布不均，所以对于整体催化剂，活性组分的负载方法和后处理过程是很重要的步骤。

如果催化剂本身容易被加工成型，且具备足够的机械强度，就可以将催化剂与粘接材料均匀混合在一起，挤压成整体催化剂。采用六铝酸盐作为燃烧催化剂时，可以直接把六铝酸盐加工成蜂窝状。该方法的适用性取决于材料性质，并且成本要低，活性要高，且能够加工。

10.2 富 氧 燃 烧

富氧燃烧（oxygen enriched combustion）技术是在现有电站锅炉系统基础上，用高纯度的氧气代替助燃空气，同时辅助以烟气循环的燃烧技术，可获得体积分数高达80%的CO_2烟气，从而以较小的代价冷凝压缩后实现CO_2的永久封存或资源化利用，具有相对成本低、易规模化、可改造存量机组等诸多优势，被认为是最可能大规模推广和商业化的碳捕集、利用和封存（carbon capture，utilization and storage，CCUS）技术之一。其系统流程如图10.10所示，由空气分离装置制取的高纯度氧气（O_2体积分数在95%以上），按一定的比例与循环回来的部分锅炉尾部烟气混合，完成与常规空气燃烧方式类似的燃烧过程，锅炉尾部排出的具有高浓度CO_2的烟气产物，经烟气净化系统净化处理后，再进入压缩纯化装置，最终得到高纯度的液态CO_2，以备运输、利用和埋存。

富氧燃烧技术最早是由Abraham于1982年提出的，目的是产生CO_2，提高石油采收率（EOR）。随着全球变暖的加剧以及气候的变化，作为温室气体主要因素的CO_2排放问题逐渐引起了全球的关注。因此，富氧燃烧技术作为最具潜力的有效减排CO_2的新型燃烧技术之一，成为全球研究者关注的热点。本章给出了从20世纪80年代以来各国研究机构从实验室规模到商业应用的历程

目前，富氧燃烧技术在美国、日本、加拿大、澳大利亚、英国、西班牙、法国、荷兰等国家都得到重视和发展。主要的研究机构和公司包括：美国的能源与环境研究中心（EERC）和阿贡国家实验室（ANL）、巴威公司（B&W）和空气产品公司（Air Products）以及阿尔斯通（Alstom）美国分公司，日本的石川岛播磨重工业（IHI）、日立公司（HI-TACHI），加拿大矿物与能源研究中心（CANMET），荷兰国际火焰研究基金会（IFRF），澳大利亚的必和必拓集团（BHP）和纽卡斯尔（Newcastle）大学、昆士兰能源公司（CS Energy），西班牙德拉城基金会能源公司（CIUDEN），法国阿尔斯通公司（Alstom），英国

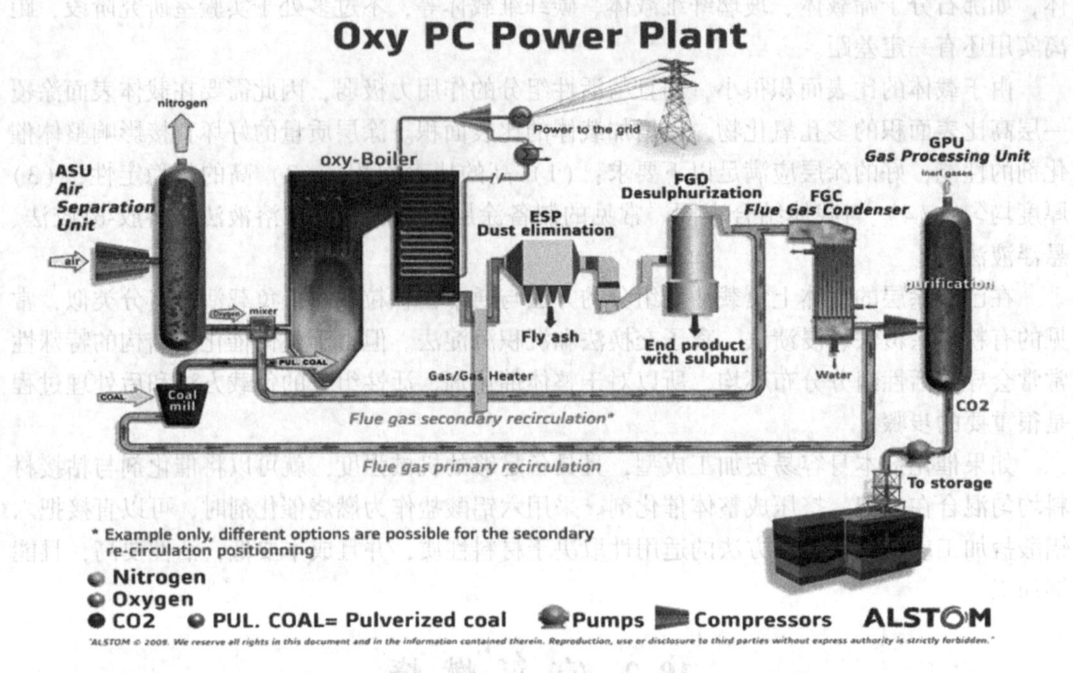

图 10.10　富氧燃烧技术系统示意图

斗山巴布科克公司（Doosan Babcock），以及瑞典大瀑布电力公司（Vattenfal）等。

2005 年以来，富氧燃烧的工业示范取得了突出的进展。瑞典大瀑布电力公司 2008 年在德国黑泵建成了世界上第一套全流程的热功率 30MW 富氧燃烧试验装置；2009 年，法国道达尔拉克热功率 30MW 天然气富氧燃烧示范系统投入运行；澳大利亚昆士兰能源公司 2010 年在卡利德（Callide）建成了目前世界上第一套也是容量最大的 30MW（电）富氧燃烧发电示范电厂；西班牙德拉成基金会能源公司建成了一套热功率 20MW 的富氧燃烧煤粉锅炉和世界上第一套热功率 30MW 富氧流化床试验装置。

10.2.1　煤粉在富氧燃烧条件下的着火和燃烧特性

富氧燃烧条件下，煤粉颗粒的着火和燃烧特性与常规空气燃烧有明显差异。通过分析烟煤颗粒燃烧光强分布曲线（图 10.11），可揭示低氧浓度条件下，用 CO_2 替代 N_2 导致着火时间延长和脱挥发分燃尽延迟的原因：由于富氧燃烧气氛下 CO_2 的大量存在，导致气相体积比热容上升，使得着火时间有所延长；同时高浓度 CO_2 还使得燃料和 O_2 扩散速率降低，进而影响挥发分的燃尽。

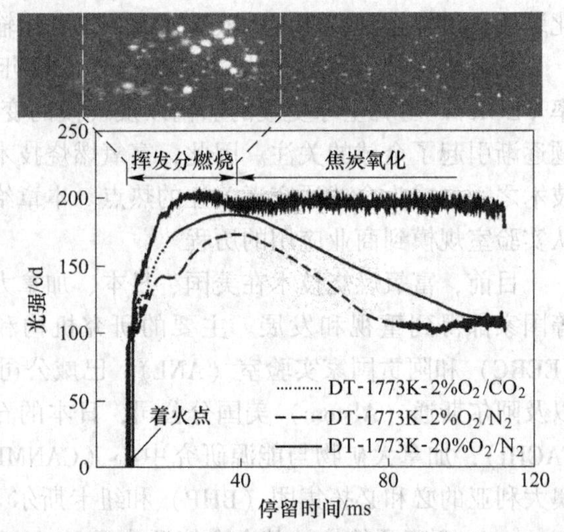

图 10.11　烟煤颗粒燃烧光强分布曲线

10.2.2　富氧燃烧污染物释放和控制

富氧燃烧方式下炉内钙基的脱硫效率

较常规空气气氛高，高 CO_2 浓度对 CaO 烧结的抑制是钙基固硫效率显著提高的主要原因，高 CO_2 浓度抑制了 $CaCO_3$ 的分解，使得其直接脱硫效率大幅提高。

富氧燃烧方式下生成的 NO_x 比空气燃烧方式下少，循环 NO 的减少是富氧燃烧条件下低 NO 排放的主要原因（贡献率超过 70%）。各种因素对 NO 排放的贡献率如图 10.12 所示。

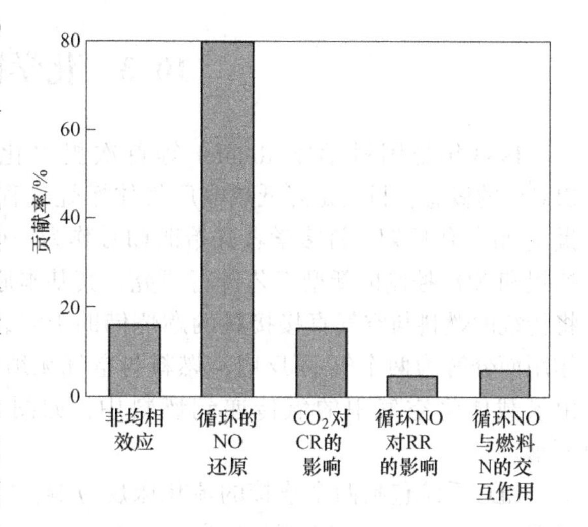

图 10.12 各种因素对 NO 排放的贡献率

富氧燃烧气氛下颗粒物和重金属的排放也与常规空气燃烧有较大差异，高 CO_2 浓度使得脱挥发分过程中生成的焦颗粒尺寸更小，进而同等氧浓度水平下富氧燃烧气氛下将产生更多的细灰颗粒。富氧燃烧气氛在一定程度上会抑制痕量元素的蒸发，同时 CO_2（气态用 g 表示）也会抑制痕量元素向气相氧化物及单质的转化；烟中 As(g)、Hg(g)、Sb(g) 等稳定存在的温度范围变窄。

10.2.3 富氧燃烧方式下矿物质转化及灰熔融特征

富氧燃烧条件下高 CO_2 浓度会加剧灰沉积的形成，各种矿物质的迁移转化也有较大差异。与常规空气燃烧相比，富氧燃烧气氛下黄铁矿的分解氧化过程失重稍增加，CO_2 浓度的增加会导致黄铁矿分解过程缩短，氧化过程延长。Yu 等采用沉降炉研究了高 Fe 煤及掺铁煤样在富氧燃烧气氛下含铁矿物的迁移规律，与空气燃烧相比，富氧燃烧气氛下含铁矿物更倾向于转化为赤铁矿（Fe_2O_3）；随着 O_2 体积分数由 21%增加到 32%，灰中赤铁矿含量增加，而磁铁矿含量减少，这也对灰沉积产生重要影响。

10.2.4 经济性评价

富氧燃烧系统发电成本是传统燃烧系统的 1.39~1.42 倍，氧燃烧系统 CO_2 减排成本和 CO_2 捕获成本的范围分别为 160~184 元/t 和 105~128 元/t（2010 年前后的核算价格）。考虑到氧燃烧技术在燃烧效率、脱硫脱硝效率等方面的优势，如果对电厂排放的 CO_2 征收碳税和找到高浓度 CO_2 的销售出口，或对电厂建设的融资和原煤价格进行政策倾斜，或提高制氧系统和烟气处理系统的功耗价格比，富氧燃烧电站可望达到或接近传统电站的经济性。

富氧燃烧系统中组件产品的单位㶲成本约为传统燃烧系统中相应值的 1.1 倍，而单位热经济学成本是传统燃烧系统中对应值的 1.22 倍左右。当考虑环境因素的影响时，在环境损害模型下求得的组件产品单位环境热经济学成本最大，这表明对污染物质进行脱除是必要且有利的，减排 CO_2 的富氧燃烧技术不仅对环境友好，且具有经济竞争力。合理税收是将环境损害的外部性内部化的有效措施，当前分析工况下的合理 CO_2 排放税收额为 140 元/t 左右。

10.3 化学链燃烧

1983年德国科学家 Richter 等首次提出化学链燃烧（chemical-looping combustion, CLC）的概念，目的是降低热电厂气体燃烧过程中产生的熵变，提高能源使用效率。20世纪90年代后期，许多学者开始把CLC作为一种CO_2捕捉和NO_x控制的新型工艺进行研究。其基本原理是将传统的燃料与空气直接接触的燃烧借助于氧载体的作用而分解为两个气-固反应，燃料与空气无须接触，由氧载体将空气中的氧传递到燃料中，如图10.13所示。

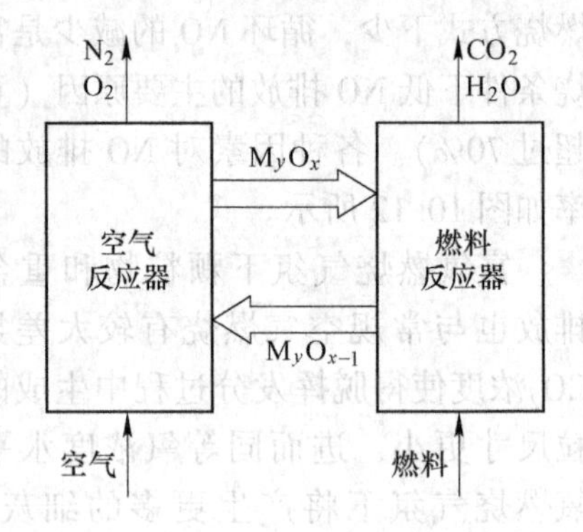

图10.13　化学链燃烧原理示意图

CLC系统包括两个连接的流化床反应器：空气反应器（air reactor）和燃料反应器（fuel reactor），固体氧载体在空气反应器和燃料反应器之间循环，燃料进入燃料反应器后被固体氧载体的晶格氧氧化，完全氧化后生成CO_2和水蒸气。由于没有空气的稀释，产物纯度很高，将水蒸气冷凝后即可得到较纯的CO_2，而无需消耗额外的能量进行分离，所得的CO_2可用于其他用途。其反应式为

$$(2n+m)M_yO_x + C_nH_{2m} \rightleftharpoons (2n+m)M_yO_{x-1} + mH_2O + nCO_2 \tag{10.1}$$

在燃料反应器中完全反应后，被还原的氧载体（M_yO_{x-1}）被输送至空气反应器中，与空气中的气态氧相结合，发生氧化反应，完成氧载体的再生。其反应式为

$$M_yO_{x-1} + \frac{1}{2}O_2 \rightleftharpoons M_yO_x \tag{10.2}$$

综上可以看出，燃料反应器中没有空气的稀释，产物为纯的CO_2和水蒸气，可以通过直接冷凝分离，而不需消耗额外的能量；空气反应器中没有燃料，氧载体重新氧化在较低的温度下进行，避免了NO_x的生成（NO_x生成温度通常在1200℃以上），出口处的气体主要为氮气和未反应的氧气，对环境几乎没有污染，可以直接排放到大气中。

如从能量利用的角度来看，化学链燃烧过程中，氧化反应和还原反应的反应热总和与传统燃烧的反应热相同，化学链燃烧过程中没有增加反应的燃烧焓，但CLC过程把一步的化学反应变成两步化学反应，实现了能量梯级利用，且燃烧后的尾气可与燃气轮机、余热锅炉等构成联合循环，提高能量的利用率。

因此，这种对于CO_2具有内在分离特性，同时能避免NO_x等污染物的生成，有更高的燃烧效率的新型燃烧方式具有很好的经济和环保效益。

10.3.1 氧载体

化学链燃烧过程是以氧载体在两个反应器之间的循环交替反应来实现燃料的燃烧过程。氧载体在两个反应器之间循环既传递了氧，又传递了反应生成的热量，是整个化学链燃烧过程中最重要的因素。化学链燃烧要得到大规模的应用，必须找到相匹配的氧载体。加拿大 Mohammad M. Hossain 等总结了化学链燃烧过程指出，氧载体的性能可以从氧传递能力、氧化还原反应速率、力学性能（抗烧结、团聚、磨损、破碎）、抗积炭、生产成

本、环境影响等方面来评价。氧载体按其成分可分为金属氧化物氧载体、硫酸盐氧载体、钙钛矿氧载体等。

10.3.2 化学链燃烧反应器

对300W反应器（图10.14）以天然气或合成气为燃料测试了镍基氧载体化学链燃烧。实验结果显示，对于两种镍基氧载体，天然气燃料转化率高达99%，CH_4转为CO_2的转化率取决于反应系统中的固体流量和温度。在稳定操作条件下，使用两种或三种不同的氧载体混合可得更好的甲烷转化率。

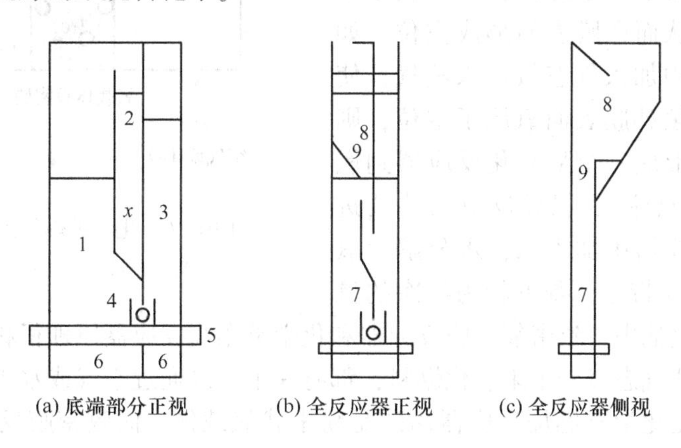

图10.14　反应器主要结构

1—空气反应器；2—下导管；3—燃料反应器；4—狭槽；5—气体分布盘；6—风室；7—反应区；8—颗粒分离器；9—斜壁

瑞典查尔姆斯理工大学（Chalmers）的Lyngfelt等在2002年搭建了世界上第一台连续运行的10kW串行流化床化学链燃烧系统，以天然气为燃料，NiO/Al_2O_3为氧载体，完成了100h连续运行试验。试验结果表明燃料转化率达到99.5%，无气体泄漏，氧载体基本不失活，磨耗率非常低，首次中试证明化学链燃烧具有高效率且可实现CO_2的内在分离。在此之后，Prtill等设计了120 kW双流化床反应器（图10.15），该装置由两个相互连接循环流化床反应器组成，材料为不锈钢。以天然气和合成气为燃料在反应器中进行了测试，结果表明，理想的合成气转化温度为950℃，但甲烷的转化率较合成气低30%～40%，甲烷的转化与钛铁矿的装填方式有关，在氧载体中加入天然的橄榄石，会使甲烷转化率有适当提高。

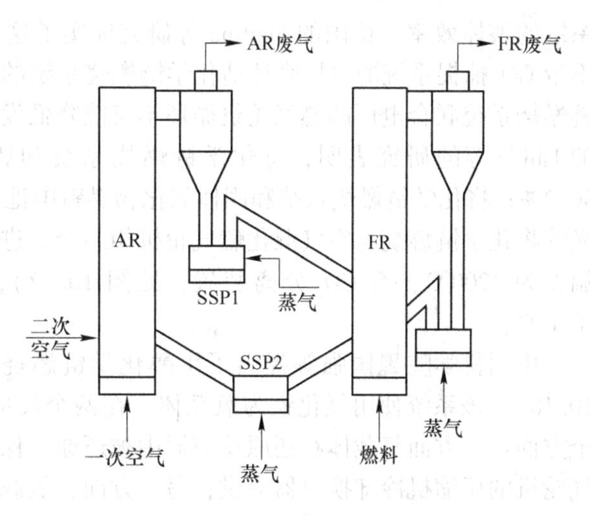

图10.15　120kW双流化床反应器

上述几个类型的反应器均需要固体原料在两个反应器之间的循环，这不但会增加能耗，还容易造成粒子和反应器的磨损、颗粒的破碎等。为了解决该问题，希腊的 Nalbandian 等提出了致密膜反应器，它的原理是使用致密的混合传导膜在两侧同时实现氧化和还原反应（图 10.16）。反应器由两部分组成，中间由致密传导膜隔开。在燃料反应器中，CH_4在没有氧气的状态下被从传导膜上“拉”过来的氧原子氧化；在膜的另一侧，由于化学势的存在，氧原子向燃料侧传递，从而在膜表面形成空位。如果在氧化反应器中加入气态氧或水蒸气，使其在膜表面分解填补膜表面氧原子空位，则可以在传导膜中形成一个从氧化反应器到燃料反应器的“净氧流”，保证反应的持续进行。如在氧化反应器中加入水，水分解后氧原子“被”传导膜带走，剩下较为纯净的氢气，可用于燃料电池中。致密氧化膜反应器和化学链燃烧反应器原理很相似，都是使用固体中的晶格氧而非气态氧分子来氧化燃料，都有一个可以通过空气或水再生固体的氧化反应器，不同之处是化学链燃烧反应器用的是粉末状氧载体，而致密膜反应器用的是膜本身，因此两个过程是相似的，但致密膜反应器的优点是确保持续和等温的操作，并且不需要驱动固体循环的能量损耗。

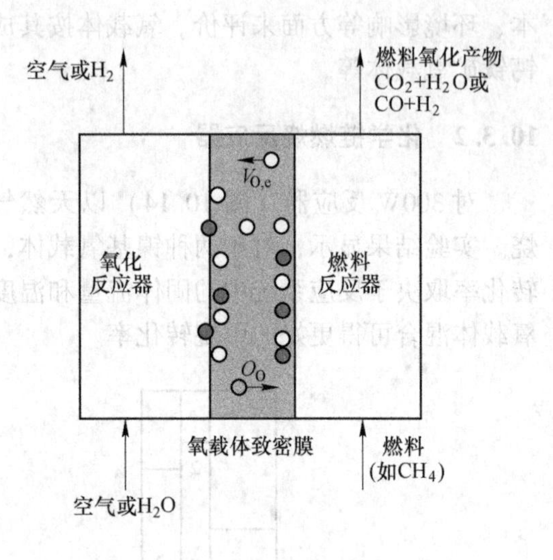

图 10.16 化学链燃烧致密膜反应器

$V_{O,e}$—氧空位；O_O—氧原子

化学链燃烧反应器从固定床、小型流化床发展到串行流化床反应器、致密膜反应器。总体而言，研究还不太成熟，缺乏反应器长期运行的数据，许多基础研究有待于进一步开展。

10.3.3 化学链燃烧系统与其他系统耦合

如将 CLC 系统与其他系统联合起来取长补短，不仅能实现 CO_2内在分离，还能提高系统的整体效率。德国的 Fontina 等研究证实了这一点，他通过对比具有 CO_2捕捉系统和不带 CO_2捕捉系统的电厂来评估化学链燃烧系统的经济效益和环境效益。结果表明，化学链燃烧系统联合电厂的燃气轮机循环不仅能降低发电成本，还能减少对环境的污染。日本的 Ishida 等的研究表明，将化学链燃烧系统和燃气轮机相结合可使系统整体效率达 50.2%；将化学链燃烧系统和固体氧化物燃料电池相结合，系统效率可高达 55.1%；金红光等将化学链燃烧与空气湿化燃气轮机相结合，进行联合循环（燃气透平 GT 进口气体的温度为 1200℃，有 CO_2分离装置，见图 10.17），与传统的循环相比，系统效率提高了 17%。

中国科学院魏国强等提出了甲醇化学链燃烧中间冷却联合燃气轮机循环系统（图 10.18）。该系统使用氧化铁为氧载体，在两个反应器之间循环。系统的反应过程分为两个方面：一方面氧载体在还原反应器中被还原，保持没有空气混入，反应所需的热量由燃气轮机的压缩机冷却换热器提供；另一方面，氧载体在氧化反应器中发生氧化反应，反应热用来加热压缩空气。该系统的热效率可达 56.8%，CO_2的回收率达 90%。与相同的带

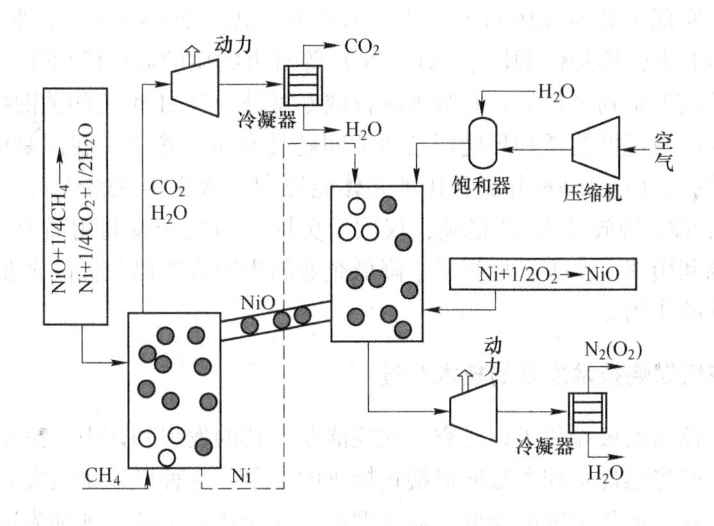

图 10.17 化学链燃烧燃气轮机循环示意图

CO_2捕捉的燃气轮机循环相比，热效率提高了 10.2%。实验结果证实，这种新颖的热力循环可有效利用甲醇的化学能而不用在 CO_2分离上浪费能量。

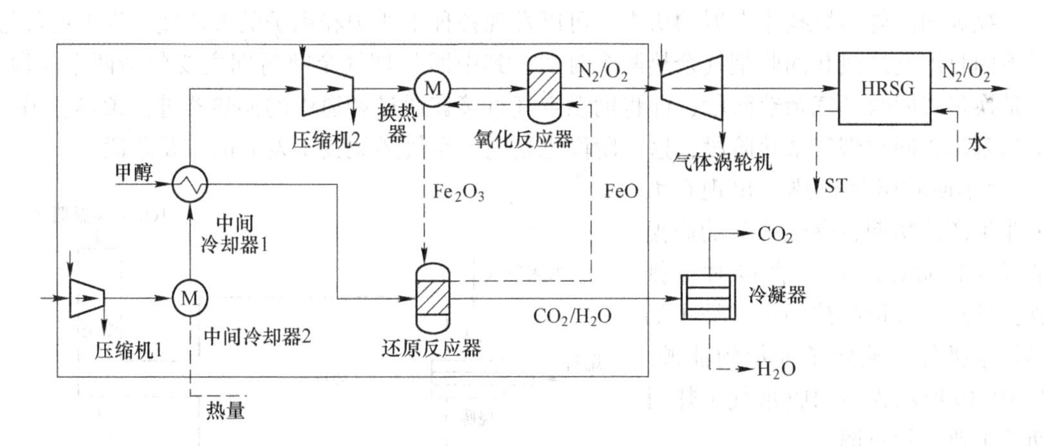

图 10.18 CLC 中间冷却联合燃气轮机循环系统

McGlashan 等提出了基于液态金属 Na 在燃气轮机燃烧的化学链燃烧系统，该系统使用镍基氧载体化学链燃烧，联合燃气轮机可同时发电和产氢。分析指出，该系统在理想的条件下，系统效率可以超过 75%。

总之，CLC 与其他系统相结合，可以达到取长补短的效果，既能使反应中的㶲损失大大减少，又可使 CO_2容易分离而不需过大的能耗，从而提高了系统的整体效率，对工业发展大有裨益。

10.4 高温空气燃烧技术

高温空气燃烧技术（high temperature air combustion，HTAC），是 20 世纪 90 年代以来在工业炉领域内得到大力推广应用的一项全新燃烧技术。它通过极限回收烟气余热并高效预热助燃空气，实现了高温（1000°C 以上）和低氧浓度（2%～5%）条件下的弥散燃烧，具有大幅度节能和大幅度降低烟气中 CO_x、NO_x 等有害物质的双重优越性。这项技术产生的节能和环保的效果是划时代的。它被国际权威专家誉为“21 世纪的关键技术之一”，对解决人类面临的能源过度消耗和环境污染两大问题具有重大意义。我国是能源消耗大国，据国家能源局数据，截至 2009 年，我国的整体能源利用效率为 33%左右，比发达国家约低 10 个百分点，CO_2排放量为 27 亿吨，仅次于美国。因此开发利用高温空气燃烧技术，对提高我国能源利用率、改善环境污染、降低企业的生产成本以及提高企业的竞争力，同样具有不可低估的作用。

10.4.1 高温空气燃烧技术发展的技术背景

将现象的主控因素极端化予以研究，往往能获得新的发现和认识。高温空气燃烧方式的发现，正是人们将燃烧主控参数向极端化推进的结果。这种极端化表现为氧化剂初始温度的提高和初始含氧体积浓度的降低。而新型蓄热式换热技术的出现则为这种新型燃烧方式的工业化提供了技术支持。早期的高温空气燃烧源于单纯追求低能耗，因为节能可以减少 CO_2排放，源于追求低碳。但高 NO_x 排放却是早期高温空气燃烧未能解决的问题，即低碳不低硝。当代的高温空气燃烧则源于追求两低——低碳和低硝。

纵观国内外燃烧技术发展的历史，可以发现各种工业炉和锅炉的节能技术发展都经过了不回收烟气余热和回收烟气余热两个时期，其中回收烟气余热时期主要包括两个阶段：一是换热式回收烟气余热阶段，即将助燃空气直接在通过烟道中的换热器进行预热；另一个是蓄热式回收烟气余热阶段，这一阶段也是高温空气燃烧技术发展的主要阶段。

“不回收烟气余热”出现在大工业生产的初期，燃烧产生的高温烟气（1000℃左右）直接对空排放，导致了大量的热损失，炉子的热效率极低，浪费了大量的能源。图 10.19 所示为不回收烟气余热时期的工业炉示意图。

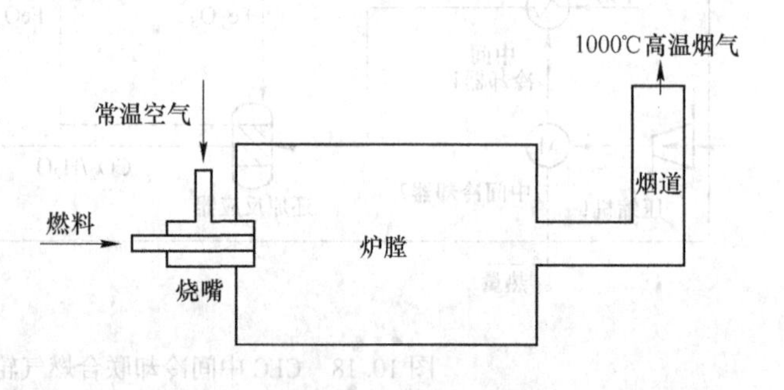

图 10.19 不回收烟气余热工业炉示意图

从 20 世纪六七十年代开始，人们开始意识到有必要回收高温烟气的余热，如用来加热助燃空气，于是工业界纷纷在炉子烟道上安装了空气预热器来回收烟气带走的热量，这就是所谓的“换热式回收烟气余热阶段”，其示意图如图 10.20 所示。

通过这种方式，不仅降低了烟气的温度，而且提高了进入炉膛的助燃空气的温度，促成了良好的燃烧性能，起到了一定的节能作用。尽管如此，这种方式依然存在很多问题：

（1）其回收热量的数量有限，助燃空气的预热温度一般不超过 600℃，而烟气温度仍有 500℃之高；

（2）烟道中的换热器使用寿命短、设备庞大、投资成本高且维修困难；

（3）助燃空气的温度提高以后，火焰中心的温度也大幅度提高，造成了炉膛局部高温区的存在，不仅影响炉膛局部耐火材料和炉内金属构件的寿命，而且使产品质量下降；

(4) 助燃空气温度的增高导致火焰温度增高，NO_x 的排放量大大增加（甚至可以达到 0.1% 以上），对大气环境仍然造成了严重的污染。

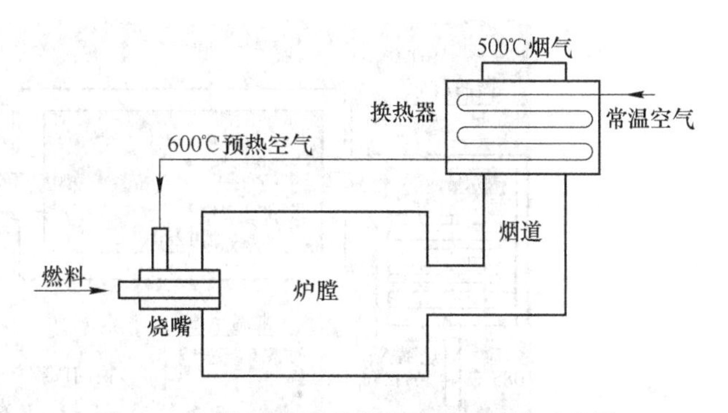

图 10.20 换热式回收烟气余热工业炉示意图

为了得到更加可观的节能效果，科研领域与工业应用领域的相关人士认为需要更彻底地回收烟气余热，于是燃烧节能技术进入了"蓄热式回收烟气余热阶段"，即高温空气燃烧从无到有的发展阶段。

从 20 世纪 80 年代初开始，在英国天然气公司（British Gas）与 Hot Work 公司共同努力下，开发出了一种装备有陶瓷球的蓄热式高温空气燃烧器。该燃烧器是高温空气燃烧技术的雏形，其工作原理与本书所介绍的高温空气燃烧技术是一样的。与换热式空气预热方式相比，该燃烧器在一个循环周期内可将助燃空气预热到 1000℃的水平，使烟气余热利用达到接近极限的水平。

应用蓄热式燃烧，燃烧产生的热量不是白白排掉，而是有效地回收，因而可实现大幅节能（大约 30%），并能阻缓全球变暖的趋势。然而，NO_x 的排放量随着助燃空气温度的升高而增加，因此，在节能的同时并没有达到环保的目的，如何在节能与环保之间找到一个平衡点，成为后来国内外学术界对蓄热式高温空气燃烧技术研究的重点。

20 世纪 90 年代以后，人们对蓄热式燃烧技术进行了深入的研究，旨在同时达到节能和降低 CO_2、NO_x 排放的双重目标。日本工业炉株式会社（NFK）田中良一领导的研究小组采用热惰性小的蜂窝式陶瓷蓄热器，并采用高频换向设备，经检测，NO_x 排放量减少；且当通入炉内的空气流速增大时，NO_x 量会进一步地减少。同时，由于助燃空气温度很高，使得低氧气氛的燃烧成为可能。因此，在助燃空气中添加惰性气体制造出低氧气氛后再通入炉膛参与燃烧反应，炉内火焰透明无色，炉内温度分布几乎均匀，不存在局部高温区，破坏了 NO_x 的生成条件，也使得 NO_x 的生成量大大降低，可达到节能和环保的双重目标。于是，高温低氧条件下的蓄热式燃烧技术诞生了，即现在的"高温空气燃烧技术"，它可将助燃空气预热到 1200℃，不仅可解决 NO_x 排放的问题，而且更进一步地提高了炉子的热效率。

10.4.2 高温空气燃烧工作原理与技术优势

高温空气燃烧技术的基本原理如图 10.21 所示。

高温空气燃烧装置系统主要由炉膛、蓄热室（内有蓄热体）、换向系统、排烟系统四大部分组成。蓄热室成对布置在炉膛的两侧，切换换向阀，使常温空气或经添加惰性气体稀释过的空气由蓄热室 B 进入，在经过蓄热室 B（陶瓷球或蜂窝体）时，在极短时间内常温空气被加热到接近炉内温度（一般比炉温低 50~100℃），在鼓风机驱动力的作用下，高温空气以较高的速度喷入炉膛内，卷吸周围烟气后使得含氧量进一步降低，形成一股含氧体积浓度极低的高温低氧气流，同时往炉膛内注入燃料（燃油或燃气），燃料在低氧

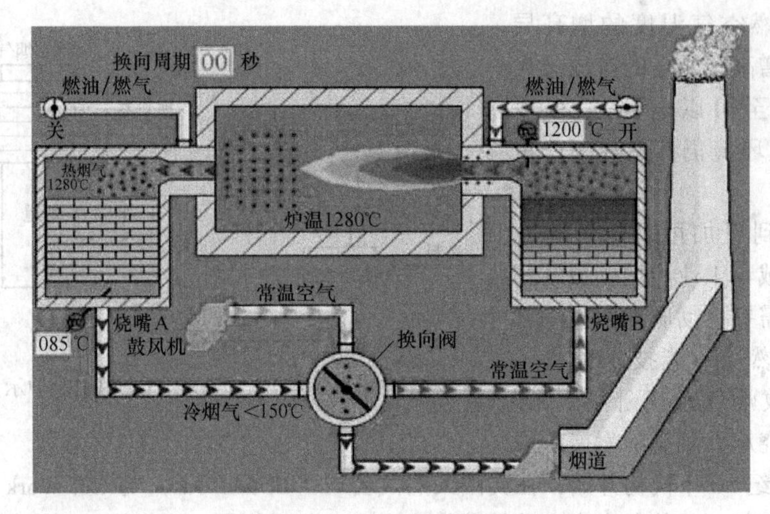

图 10.21 高温空气燃烧示意图

(2%~20%) 状态下进行燃烧。燃烧后的高温烟气在引风机的作用下进入对面的蓄热室A，并将烟气余热储存在蓄热室A中，然后以低于150℃的温度经过换向阀排出。这就是完成一次燃烧的全过程，当换向阀以一定的频率进行切换时，可使两个蓄热室处于蓄热与放热交替的循环工作状态，从而达到节能和降低 NO_x 排放量等目的。常用的换向周期为30~200s。

HTAC 技术的优势如下：

(1) 回收烟气余热 85%~95%，节能效果显著。

(2) 炉温分布均匀，有助于提高产品产量和质量，延长炉膛内相关设备寿命。

(3) CO_x 和 NO_x 排放量大大减少。

(4) 扩展了低热值燃料的应用范围。借助高温预热的空气，可以使低热值的燃料（如高炉煤气、发生炉煤气、低热值的固体燃料、低热值的液体燃料等）点火容易、不脱火，并且可以获得较高的炉温。

因此，不仅在工业领域，而且在研究领域，高温空气燃烧技术一时被认为是新型的燃烧技术，成了关注的焦点，并在世界范围内得到了广泛的发展。

10.4.3 高温空气燃烧烧嘴形式

经过20余年的发展，高温空气燃烧技术得到国内外研究人员的广泛关注，相关的研究活动、现场应用等十分活跃。

在国外，研究单位主要包括日本工程技术株式会社（JFE）、工业炉株式会社（NFK）、石川岛播磨重工业有限公司等企业和东京大学、大阪大学、东北大学、关西大学、秋田县立大学、长冈技术科学大学等学术研究机构；美国马里兰大学等；英国帝国学院、英国煤气公司米德兰（Midlands）研究所等；德国克劳斯彻尔工业大学等；瑞典皇家工学院等；荷兰火焰研究基金会等；还有意大利等国家的相关企业和机构。其中，几个工业发达国家十分重视高温空气燃烧技术的研究与开发应用工作，都在高温空气燃烧的原理基础上形成了各自的技术特点。

20世纪90年代以来，日本开发出了 HRS 烧嘴（图 10.22）和 FDI 烧嘴（图 10.23），其原理是利用额外热焓减少 NO_x 的排放；德国发展了“无焰氧化”燃烧技术（flameless oxidation，FLOX）（图 10.24）；意大利开发了“中度与强化的低氧稀释”燃烧技术（moderate and intensive low oxidation dilution，MILD）（图 10.25）；美国开发了“低氮氧化物喷射”燃烧技术（low NO_x injection，LNI）（图 10.26）。

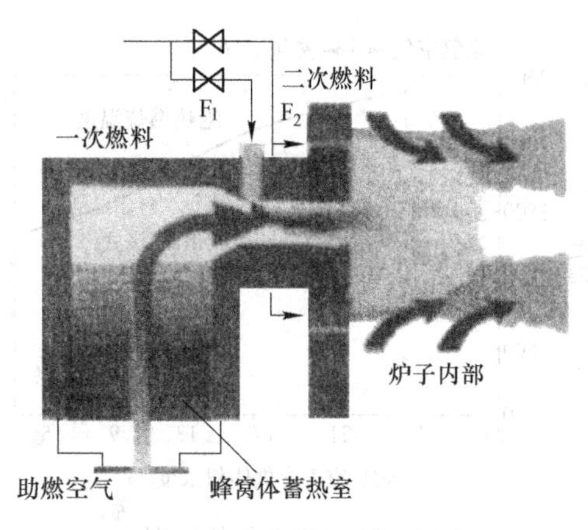

图 10.22　HRS 烧嘴结构示意图

目前，这些技术已成功应用于加热炉、热处理炉等工业炉窑，不仅节能效果明显，而且降低了污染物排放，并使产品质量得到提高。

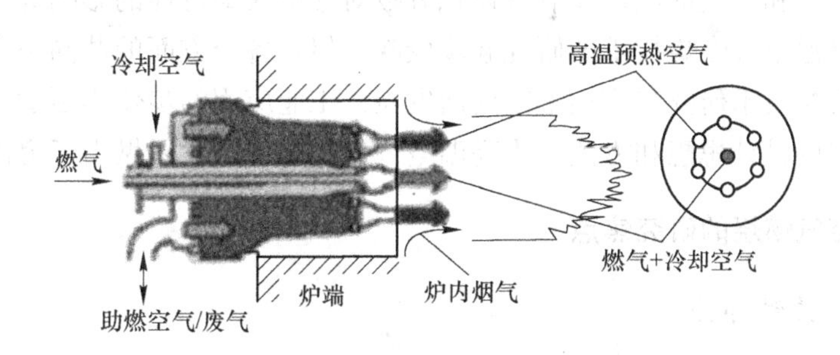

图 10.23　FDI 烧嘴结构示意图

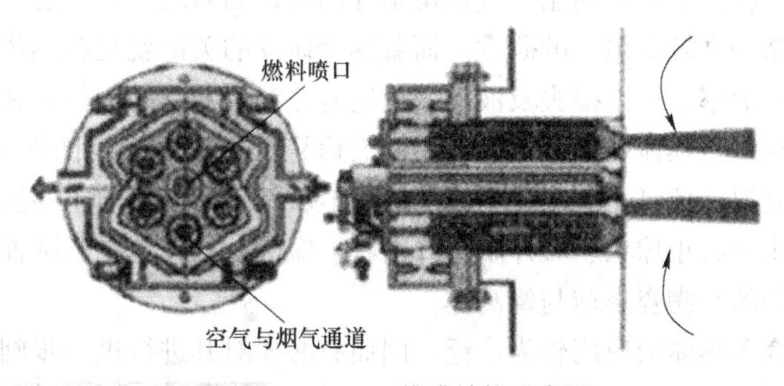

图 10.24　FLOX 烧嘴结构示意图

高温空气燃烧技术在 20 世纪 80 年代末、90 年代初进入我国，并且应用在一些工业炉窑上，但当时并没有引起广泛的关注，直到 1999 年 10 月在北京举办的“高温空气燃烧新技术国际研讨会”后，高温空气燃烧技术才引起我国科技工作者的高度重视。国内先后有众多科研院校与企业对高温空气燃烧的机理、低污染特征与应用技术进行了一系列研究，如台湾工业技术研究院、清华大学、北京科技大学、中南大学、东北大学、北京工业大学、中科院工程热物理研究所、浙江大学、上海交通大学宝钢技术中心、钢铁研究总院冶金工艺研究所、中元国际工程设计研究院（原机械部设计院）、大连北岛能源技术发展有限公司、北京神雾热能技术有限公司，其关注点主要集中在火焰特性、温度场的均布、氮氧化物排放等机理研究和蓄热体、换向阀等关键部件的材质、形状的选用及其布置，以

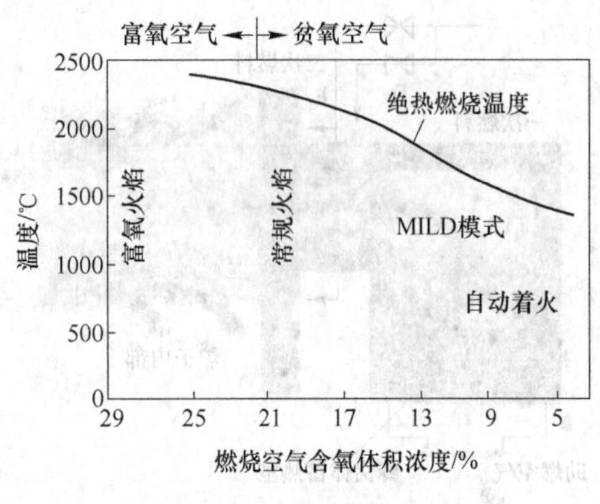

图 10.25 MILD 燃烧原理

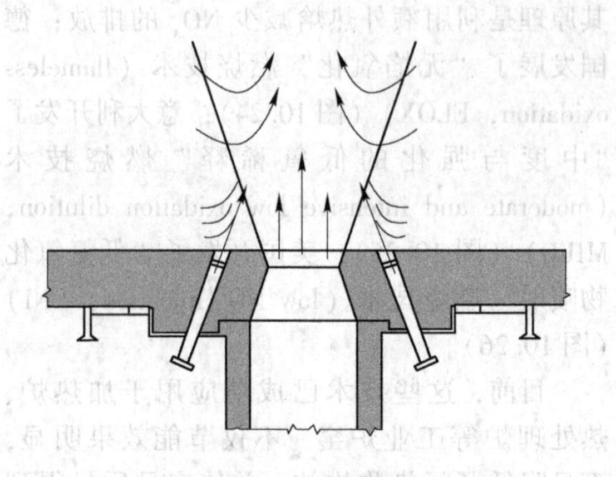

图 10.26 LNI 烧嘴结构示意图

及换向时间、燃气和空气的流速及氧气体积分数对燃烧火焰特性的影响等方面。

尽管我国高温空气燃烧技术的研究起步较晚，但在各个方面的共同努力下，它推动着国内高温空气燃烧技术研究与应用不断向前发展，工业应用的步伐不断加快，如今已经形成了一套较完善的设计思想和方法，为高温空气燃烧技术的发展做出了突出的贡献。

10.4.4 高温空气燃烧的研究焦点

10.4.4.1 关键部件

A 蓄热室

蓄热室的工作特性是影响高温空气燃烧指标的关键因素之一。高温空气燃烧技术的发展，就是得益于新型高效蓄热室的研发。而蓄热室研发的关键就是蓄热体的材质。

热效率、温度效率、压力损失及波动、使用寿命和清灰难易等都是评价蓄热室中蓄热体性能的重要指标。蓄热体可选用的材料主要有陶瓷类、耐热耐腐蚀钢类以及碳素钢类。由于陶瓷材料耐高温、抗氧化、耐化学腐蚀等性能较好，所以目前主要选用陶瓷材料。常见的蓄热体形状主要有小球状、大片状、蜂窝状、短圆柱状、短空心圆柱状、算盘珠状和枣状等，广泛应用的是陶瓷小球与蜂窝体。

由于蜂窝陶瓷蓄热体的应用较为广泛，因而有必要对其进行进一步阐述。蜂窝陶瓷蓄热体（亦称“薄壁蓄热体”）如图 10.27 所示，其比表面积更大，对相同换热量而言，温度效率和换热效率大大提高，流动阻力损失更小，且体积和重量会减小。

图 10.27 蜂窝陶瓷蓄热体

薄壁蓄热体在交替蓄热放热工作中的最大温度效率、最大热效率和相应的最佳切换时间，是高温空气燃烧装置结构尺寸和操作控制参数优化的前提，对高温空气燃烧炉窑实现最优节能性能和最低污染物排放水平，具有重要的理论意义和应用价值。

B 换向阀

换向控制有集中换向控制和分散换向控制两种。评价换向阀的主要标准有体积大小、换向动作的快慢、机械性能的可靠程度、寿命的长短等。换向阀的频繁动作，应以不过多影响炉内压力波动和气氛变化为宜。集中换向控制指单个蓄热室对应若干个烧嘴，采用气体或液体驱动。该换向方式集中了换向配置并简化了管路，但难以控制炉压和炉内气氛。由于换向阀距离蓄热体较远，换向操作时残留在管道内的燃气会随烟气排出，且检修时必须停产。分散换向控制由于每个蓄热室都有自己独立的换向系统，而且换向阀可紧靠蓄热体，因此可以克服集中换向的缺点，避免了燃料浪费；但更改换向方式造价较高，管道布置复杂，占地面积较大，一般仅适用于单烧嘴型蓄热室。北京科技大学的研究人员对传统的五通换向阀、旋转式四通换向阀和直通式四通换向阀分别进行了研究，认为旋转式四通换向阀动作灵活，寿命较长；直通式四通换向阀可实现对炉温的精确控制，适宜于分散控制。北京神雾热能技术公司还开发了安装方便的升降开闭式四通换向阀。

根据蓄热体的传热特性和燃烧需要等，换向周期的确定要合乎操作工艺要求。换向周期的长短通常是根据烟气排出温度进行确定，排烟温度的高低又与蓄热体的几何结构、传热特性以及热负荷密切相关。因此，不同的燃烧系统，换向周期并不相同，一般应控制在30~200s之间。

10.4.4.2 燃烧机理

A 火焰外观特征和稳定性

火焰外观特征主要包括三个方面：（1）火焰形状；（2）火焰体积；（3）火焰亮度和颜色。

气体燃料的火焰特性已被相关研究人员知晓。本书作者分析了丙烷在不同预热温度及不同含氧气氛中的火焰特征。在助燃剂氧气体积分数变化范围为21%~27%，助燃气预热温度最高为1000℃左右时，随着助燃剂预热温度及氧气体积分数的降低，火焰体积不断增大，形状越来越不规则，火焰由具有明显前沿面逐渐变为没有明显界面，火焰亮度变得越来越柔和，颜色由黄色变为蓝色、蓝绿色、绿色，甚至无色。

火焰稳定区也随含氧体积浓度的降低而不断扩大，氧浓度极低时，即使在空气流速较大时也能保持稳定燃烧。

B 火焰温度特征

传统扩散燃烧采用氧量为21%和温度低于600℃的空气，与燃料相遇后，边混合边燃烧。在燃料和空气混合的交界面上产生剧烈的燃烧反应，火焰峰值温度非常高，形成发光火焰，火焰峰面呈纺锤状，体积非常小，中心是未燃燃料，外围是空气；在尾部由于烟气掺入空气中，氧气浓度非常低，只是形成轮廓模糊不清的火焰，炉内的温度场、浓度场以及燃烧反应区域分布非常不均匀。

而对HTAC系统而言，燃料和空气喷口之间有一定间隔，高温空气和燃气在混合之前，通过高速射流产生的卷吸效应，与周围的烟气混合，形成低氧气氛（通常可以降低到15%以下，最低可降低到2%左右），并利用助燃空气的高温预热可满足燃料在低氧浓度下燃烧对温度的要求，保证燃烧的稳定性；同时，可延缓初期混合燃烧反应，使燃烧在整个炉内空间进行，燃烧火焰不明显，体积显著增大，温度梯度减小，分布更加均匀，不存在局部高温区，炉内平均温度明显提高。因此，炉内温度场分布更加均匀、温度更高。

C CO_2排放

只要碳氢化合物燃料还在使用，二氧化碳的排放量就与所烧燃料中碳的含量成正比，除非是人为地予以固定或转移。对燃烧工程师而言减少二氧化碳排放的唯一途径就是节约能源，提高燃烧设备的热效率。高温空气燃烧利用高效陶瓷换热器最大限度地回收了烟气余热，回收率达到85%~95%，燃烧热效率大大提高，节省燃料达30%~50%。燃料中的C在燃烧时转化为CO_2，节省燃料就减少了CO_2的排放，节省燃料越多，CO_2的排放量就越少。从这个意义上讲，HTAC技术对于减少CO_2排放量，减缓温室效应具有巨大的潜力和吸引力。

D NO_x 排放特性

NO_x 的生成机理主要有三类：热力型NO_x、燃料型NO_x和催化型NO_x。其NO_x生成量随燃烧温度的变化关系如图10.28所示。从图中可以看出，热力型NO_x的排放量随燃烧温度的上升呈指数增长，尤其当温度高于1600℃时，NO_x的生成速度随温度升高而急剧加快。

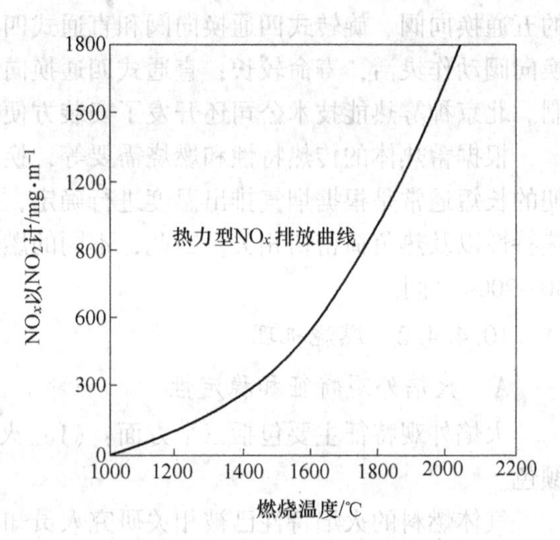

图10.28 热力型NO_x排放量与燃烧温度的关系

高温常氧空气燃烧过程产生NO_x主要有两方面的原因：一方面由于助燃空气温度上升至1000℃左右，使得炉膛内火焰存在局部高温区而产生热力型NO_x；另一方面因常温空气含氧量为21%，相对较高，由化学反应动力学原理可知，O_2、N_2在局部高温反应区的浓度越高也会增加NO_x的生成量。虽然火焰存在局部高温问题难于解决，但我们可以特别地注意氧气浓度对NO_x形成的影响。

当高温空气以通常速度的3~4倍高速喷入炉内时，会造成烟气回流，使助燃空气和回流的烟气混合，导致氧浓度大幅度下降；或将助燃空气用惰性气体稀释到氧浓度极低时，再通入炉膛参与燃烧。研究人员发现，NO_x的排放量大大降低，主要是由于O_2浓度降低所致，低氧条件既可解决O_2浓度的问题，也可解决炉膛局部高温区的问题。原因在于O_2浓度的降低，使得大量的燃料分子必须到炉膛大空间中才能与氧分子相遇而发生燃烧，延缓了初期混合燃烧反应，使燃烧在整个炉内空间进行，燃烧火焰不明显，体积显著增大，因此温度梯度小，分布更加均匀，因此不存在局部高温区。

针对高温空气燃烧的NO_x排放特性，国内外研究者已开展了较广泛的研究。

在国内，清华大学、中南大学、东北大学、同济大学、中国科学院工程热物理所、宝钢技术中心、北京工业大学等科研院所都在从事有关降低NO_x排放的研究，主要采取控制炉温、二段燃烧、废气再循环、二次燃烧、炉内还原等措施，达到降低NO_x的目的。在实际应用中，采用烟气循环方法降低NO_x需要付出的代价大，因为增加烟气循环装置后设备投资增大，却很难将氧气体积分数真正稳定降到足够小的程度，因而应直接利用炉内烟气，甚至燃烧器内高温烟气回流，使低氧和相对低温的烟气直接进入火焰高温反应区，并降低其最高温度和局部氧气质量分数。北京工业大学武立云等提出了独特的互补型蓄热燃烧的概念，即将燃气与二次助燃空气逆向给进，可有效降低 NO_x 生成量，但会生成 CO。为解决这个问题，他们使用燃气与一次预混空气、二次助燃空气交替换向的双向给进方式，并对降低 NO_x 的排放做了进一步研究和开发，包括利用受控脉冲燃烧技术在燃烧器内交替进行富氧和富燃气的燃烧，用氧气质量分数和温度的双重作用降低 NO_x 生成，排烟温度降低到50℃以后利用天然气烟气中的水蒸气冷凝热提高余热回收，吸收烟气中的污染物等措施。

清华大学祁海鹰等研究了燃烧中 O_2 的质量分数对燃烧特性和氮氧化物排放的影响，并对甲烷预混火焰进行数值模拟，得到了温度、速度和 CO、NO 的质量分数分布，预测了进气流量脉动时的燃烧流场特性。北京工业大学刘赵淼等对高温预热空气燃烧过程中氧气质量分数和燃气流速的变化对火焰燃烧特性的影响、互补型高温蓄热空气燃烧系统的动力学特性和 NO 排放情况进行了数值分析，与实验结果吻合较好。中国台湾工业技术研究院研究了重油的高温空气燃烧，对气体燃料的高温空气燃烧系统作了适当的改动，探讨了降低 NO_x 的途径。

在国外，瑞典皇家工学院研究了火焰组织对火焰特性和 NO 排放的影响。韩国科学技术院采用非稳态火焰面模型分析了高温稀释空气燃烧同轴射流火焰中 NO 的形成机制，为抑制 NO 的排放提供了相应的参考和依据。日本长冈技术科学大学在往复式炉排型焚化炉上进行了相关的研究，测试结果表明采用高温空气燃烧技术的焚化炉可显著减少 NO_x 排放。日本东北大学、韩国首尔国立大学和日本秋田县立大学共同研究了高温空气燃烧条件下的湍流射流非预混火焰，证明燃气管道中的湍流流动在减低 NO_x 排放方面发挥了重要的作用。日本关西大学研究了二甲醚（DME）燃烧的基本特性，探讨了废气循环（FGR）比率、预热空气温度和氧气质量分数对降低 NO_x 排放的影响。

10.4.4.3 燃料适用性

高温空气燃烧时需要采用较高的预热空气，对于一些低热值的燃料，如高炉煤气等以前被当成废气直接排出的烟气，可以预热到较高温度，使得点火比较容易，并在新型燃烧炉上得到应用。我国钢铁企业放散的高炉煤气如果全部得到利用，相当于节约 7.61×10^7 GJ 的能量。国内很多钢铁公司在加热炉上应用高炉煤气获得良好的效果，减低了成本，节约了能源，提高了产品竞争力。但这项技术主要应用于天然气、煤气等，还不适宜于煤的直接燃烧，因煤的灰尘较重，对蓄热体的堵塞和换向阀的磨损比较严重，故应先将其转化成煤气再应用到蓄热炉上。

同时，由于天然气本身就是一种还原性保护气氛，用天然气制备吸热式气氛是国外渗碳的主流技术方法。如果天然气在热处理炉工业大量应用，可为提高热处理产品质量做出贡献。我国正在加大天然气的广泛应用，为进一步开发和推广这一高效、节能、低污染的先进燃烧技术提供了广阔的发展前景。

同时，国内外的一些研究机构也开展了有关液体燃料和固体燃料应用高温空气燃烧技术的研究工作，并取得了一定的成果。显然，液体和固体燃料高温空气燃烧系统不同于传统的气体燃料。

清华大学和日本石川岛播磨重工业株式会社首先共同研究了煤粉高温空气燃烧的 NO

排放，提出煤粉高温空气燃烧中的低 NO 机制。HCN 浓度高，NO 的生成就较快。但是，高浓度的 HCN 和 NO 将使 NO 迅速减少。通过合理组织流态，在一次风喷嘴附近可以得到高浓度的 HCN 和 NO，这样，NO 的生成和破坏可以达到一个平衡点，使 NO 的净排放率很低。随后，他们又共同开发了一种 PRP 的特殊燃烧器，并应用于燃用矿物燃料的煤粉锅炉。德国克劳斯彻尔工业大学对天然气重质与轻质油燃料和煤在高温空气燃烧机理和工业应用方面进行了研究探索。芬兰赫尔辛基工业大学对液体燃料的高温空气燃烧开展研究。可以预见，液体和固体燃料高温空气燃烧的研究将有更大进展，其应用将很快得以推广和普及。

10.4.5 高温空气燃烧的应用

10.4.5.1 HTAC 技术的应用范围

HTAC 技术的优良特性，使它的应用范围较广。它能应用在适合多种不同工艺的工业炉上。目前可使用该技术的炉型有大中型推钢式及步进式轧钢加热炉、均热炉、罩式热处理炉、辐射管气体渗碳炉、钢包烘烤炉、玻璃熔化炉、熔铝炉、锻造炉等。应用范围涉及冶金、金属加工、化工、陶瓷和纺织等行业。

10.4.5.2 HTAC 技术的工艺应用

HTAC 技术适合不同工艺的工业炉，其中包括加热炉、热处理炉、熔铝炉、锻造炉等。主要应用是工业炉窑的加热炉，其次是热处理炉、熔铝炉、反射炉、退火炉、辐射炉等。HTAC 技术自 20 世纪 90 年代以来在世界范围内得到了广泛应用。日本 NKK 公司福山热轧厂 230t/h 热轧步进式加热炉 1996 年采用 HTAC 技术后节能率达到了 25%，显示出了优良的节能效果。日本政府为执行京都会议所承诺的 2010 年降低大气层中 6% 的 CO_2 排放量的指标，于 1993~1999 年投入 150 亿日元用于开发研究。从 1999 年起，日本政府每年提供 38 亿日元用于其工业性推广应用，计划至 2005 年结束。仅 1999~2000 年，日本就将高温空气燃烧技术应用到 41 台加热炉、55 台热处理炉和 13 台熔炼炉上；并先后将其广泛应用于各种炉窑、钢包烘烤器和辐射管加热器上。

美国研发“低氮氧化物喷射”燃烧技术（LNI），先后在至少 12 座工业炉上应用了由“北美制造公司”研制的蓄热式高温空气燃烧器，其中一座玻璃炉、几座锻造炉和热处理炉已正常工作，均取得 40%~50% 的节能效果。在一台大型精密锻造飞机部件的锻造炉上使用了这种新型燃烧器后，不仅节约了燃料，而且锻件温度分布均匀，提高了工件的加工质量。

近年来，我国在高温空气燃烧技术上进行了大量的工作，特别是在应用方面取得了很大的进步；并且在冶金行业的多种炉窑上得到了成功的应用，取得了良好的经济效益。高温空气燃烧技术应用于国内各行各业炉窑上已取得十分喜人的成绩，具有显著的环境效益、经济效益和社会效益。然而，我国仍然有相当多的工业炉窑和工业锅炉效率低下，亟需改造。从经济发展看，中国工业在较长一段时间内，依然不可避免地要消耗大量能源和资源，由此带来的能源安全和环境问题也十分突出，高能源消耗和高环境污染的经济发展模式亟待改变。

另一方面，旨在遏制全球变暖而要求减少包括 CO_2 在内的六种温室气体排放的《京都议定书》，已于2005年2月16日正式生效，尽管中国为发展中国家，不承担定量减排CO_2的义务，但由于发展中国家温室气体排放数量的快速增长，发达国家要求发展中国家参与温室气体排放或限排承诺的压力与日俱增。同时我国在“十一五”规划纲要中也提出了“节能减排”的政策，这都为我国工业炉窑和工业锅炉的改造提出了更高的要求。

因此，在我国必须加大力度，积极发展与应用集高效节能（低CO_2排放）、低NO_x排放于一体的高温空气燃烧技术，以推动国内节能和环保事业，改善能源结构，缓解来自国内外节能与环保的双重压力。

10.4.6　高温空气气化

伴随着高温空气燃烧在工业炉领域的成功应用和推广，高温空气气化技术（high temperature air gasification，HTAG）自然也受到了重视。二者虽然目的不同，但使用的反应气体都是高温空气，因此本书也将高温空气气化作为主要内容之一予以介绍。高温空气气化技术的开发应用始于20世纪90年代末。1997年日本启动了MEET（multi-staged enthalpy extraction technology）新项目，即“多段焓提取技术”，用于处理固体废弃物，即将固体废弃物气化。随后，美国与日本合作，开发了更为先进的MEET-IGCC生物质燃料气化系统。以下对高温空气气化技术进行概述。

10.4.6.1　高温空气气化与传统气化对比

传统的固体燃料气化工艺常采用固定床气化和流化床气化，气化剂采用中低温空气，气化效果不是很理想。同时适用气化的燃料范围小，一般是成块木材和煤等，不适用于含水量高、品质差的生物质和城市生活垃圾，限制了其应用范围。富氧或纯氧气化，尽管能够提高燃气热值和气化效率，但需要空气分离装置，动力消耗大、系统复杂、整体经济效益不高。

针对煤的气化，汤健中申请了“煤的高温气化法”发明专利。该工艺以1000～1600℃的高温空气水蒸气混合气代替氧气/水蒸气作煤的气化剂，生产廉价的燃料气和原料气。高温气化剂中蒸汽体积含量占40%～75%，用在流化床气化炉中气化效果最佳。高温气化剂利用蓄热式热风炉预热，热风炉的燃料由气化炉自产煤气供给。该气化法具有如下优点：可使空气/水蒸气气化的煤气热值提高到氧气气化的水平；投资和制气成本与氧气法相比可大幅度降低；加压气化动力费可明显下降。但是该工艺也存在一些不足，如只针对煤气化，气化燃料范围小；对低热值劣质煤，气化效果也不是很理想，限制了其应用范围。

针对日益严重的城市生活垃圾处理问题，20世纪80年代末90年代初出现了将传统的生活垃圾焚烧技术的飞灰和炉渣进行高温熔融处理，以分解其中的二噁英毒性物的垃圾焚烧+灰渣熔融处理的新技术，之后出现了将生活垃圾先在450℃～600℃的条件下进行气化，形成易燃烧的可燃气体和易于铁、铝等金属回收的残留物，再在另一熔融炉中进行可燃气体焚烧和抑制二噁英产生的高温熔融处理的垃圾气化+气化残留物熔融处理的新技术，以及将垃圾的气化和气化残留物熔融处理置于一台炉子中进行的生活垃圾直接气化熔融焚烧技术。气化熔融技术将焚烧和熔融溶为一体，相对传统的焚烧+灰熔融处理而言，气化熔融在控制二噁英排放、减容性、物质回收等方面更具吸引力。气化熔融技术的特点主要包括无害化、减容化、物料的广适应性、能源的高效回收等。

后两种新技术属于第二代垃圾焚烧技术，其主要特征是将低温气化和高温熔融焚烧技术相结合。国外有三种典型的气化工艺技术：移动床气化炉方式、回转窑气化炉方式、流化床气化炉方式。这三种气化方式均存在一些不足。例如移动床气化要在炉底部形成1700~1800℃的高温区，因而难免要使用焦炭等辅助燃料，因此运行费用高，同时移动床气化在气体的上升过程中会产生偏流，对稳定运行不利；回转窑气化采用传热效率差的外部加热法，导致炉子尺寸偏大，投资费用增加；流化床气化没有设置脱除酸性气体的装置，将造成余热锅炉高温腐蚀，直接影响气化效率。这三种气化方式的共同特点是设备复杂，投资和运行费用高，因而限制了其在我国推广应用。

昆明理工大学开发了一种城市生活垃圾直接气化的熔融焚烧技术。其工艺流程示意图如图 10.29 所示。该技术的最大特点是不用价格昂贵的焦炭，而是采用从炉膛底部随富氧或空气一道向炉内喷入煤粉，进行垃圾直接气化熔融焚烧处理。工艺流程为：将配好料的垃圾置于温度为1350~1500℃、炉内气氛为还原性的气化熔融炉中进行处理，过剩空气系数一般控制在 0.6 左右，辅助燃料添加量视垃圾成分或热值的情况而定；可燃气体产物进入二次旋风燃烧室完全燃烧后进行余热发电；熔融渣和金属从渣口中排出并被水急速冷却，经分选机分选出金属和无机残渣后再生利用。该炉的基建投资和运行费用比国外研制的垃圾直接气化熔融炉要低得多。

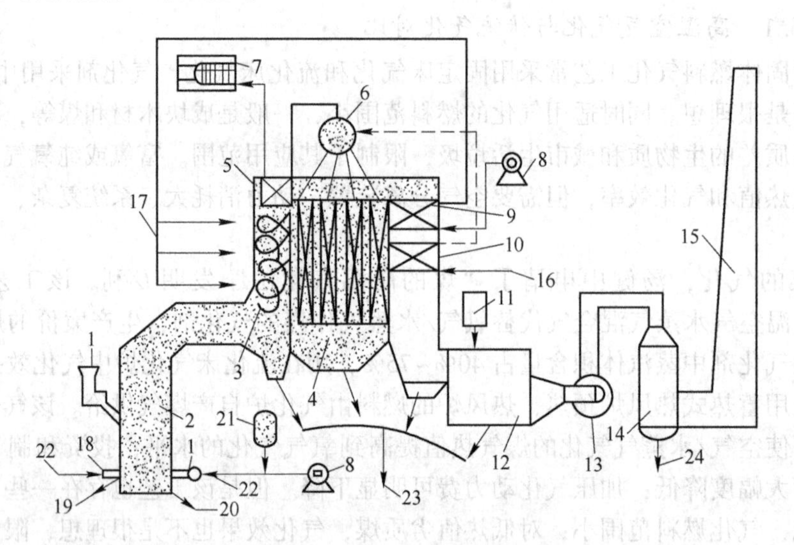

图 10.29　垃圾直接气化熔融焚烧工艺流程

1—给料机；2—气化燃烧炉；3—二次燃烧室；4—余热锅炉；5—蒸汽过热器；6—锅炉汽包；7—发电机；8—风机；9—空气预热器；10—省煤器；11—净化药剂；12—烟气净化装置；13—引风机；14—脱硝反应塔；15—烟囱；16—锅炉给水；17—二次热风；18—喷嘴；19—熔融渣；20—合金；21—辅助燃料；22—燃料与一次空气；23—飞灰；24—无害化处理的飞灰

东南大学开发出适合我国垃圾特点的第二代垃圾焚烧炉，其工艺流程如图 10.30 所示。垃圾经预处理后送入全封闭振动流化床干燥器，加料器将干燥后的垃圾送入循环流化床低温气化炉，气化炉温度控制在600℃，在气化过程中向回料器中加入石灰石等吸附剂定向脱除氯、氟、硫等污染物；气化炉排出的含灰可燃气体进入高温熔融焚烧炉，在高温焚烧过程中将二噁英彻底分解，同时将绝大部分飞灰熔融固化；高温烟气经余热锅炉产生蒸汽，蒸汽进入汽轮发电机组产生电能；烟气然后通过空气预热器，预热后的空气进入气化炉、熔融炉作为燃烧气，随后烟气进入净化器处理，达到高要求的排放标准后排空。

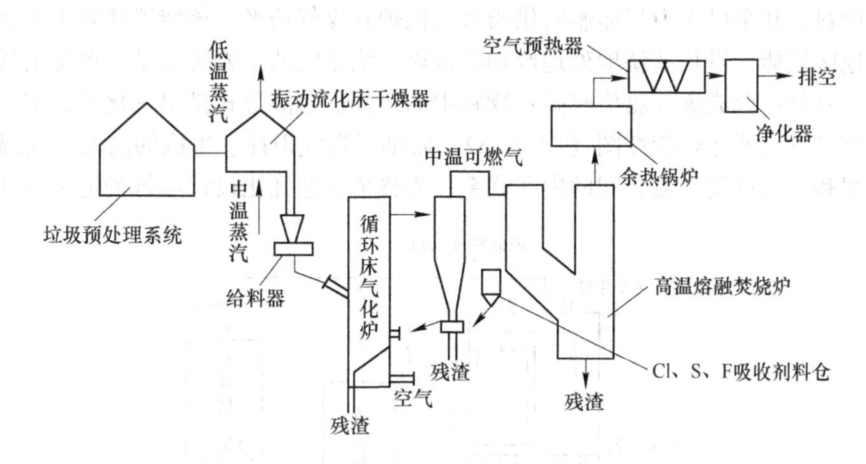

图 10.30 第二代垃圾焚烧炉系统流程

该低温气化和高温熔融焚烧技术和设备具有以下优点：垃圾适应性广，由于采用了全封闭惰性介质振动流化床干燥器和循环流化床低温气化炉等设备，对垃圾随季节波动和垃圾预处理要求不高，尤其对高水分、低热值特别适合，符合我国垃圾水分高，随季节波动性大，且垃圾未能有效分类的国情；气化熔融炉可将二噁英和重金属等二次污染降低到最低限度；物料循环可提高脱氯、脱硫、脱氟和气化效率；低温热解可以使某些重金属（如镉、铅等）留在残渣中，同时对回收金属，特别是低熔点金属（如铝）有利，而且缺氧条件可有效抑制二噁英生成；设备紧凑，易于大型化。

20 世纪 90 年代，日本和美国提出了一种全新的气化方法——高温空气气化法。其机理是采用超过 1000℃的高温空气，使固体燃料（如垃圾、生物质燃料）中的可燃成分在 1300℃以上的高温环境下发生不完全燃烧，获得含大量 CO、H_2及低分子烷烃的燃气，而不可燃成分转变成熔渣。

为了克服现有基于常温空气、富氧或纯氧的固定床或流化床气化的不足，蒋绍坚根据高温空气气化机理，申请了“一种处理低热值燃料的气化工艺”发明专利。该气化系统由高温空气发生器、气化器、气渣分离器、蒸汽发生器和气体净化器组成，如图 10.31 所示。发生器为对称布置的高效烟气余热回收器，顶部设有辅助空气入口；气化器内布置热稳定器，设有排放灰熔渣使用的通道；切换阀控制空气和烟气的通道。该气化工艺的特点如下：

（1）水蒸气在混合气化剂中的体积含量为 5%～30%。低空气系数以控制燃料和气化剂比例方式实现。空气系数为 0.1～0.5。

（2）气化温度始终高于灰熔点，灰渣以熔融状态排出。

（3）气化器热稳定器由耐高温的卵石球组成。

（4）设有蒸汽发生器，以回收燃气余热，产生水蒸气气化剂。

（5）设有气体净化器，以去除燃气烟尘和酸性气体。

中南大学蒋绍坚将高温空气燃烧技术应用到城市生活垃圾、生物质和低热值煤的气化处理领域。设计了高温气化器，并搭建了一个由高温空气发生器、高温气化器、集渣器、余热锅炉和净化器组成的液态排渣闪速气化系统。低热值燃料在高温（>1000℃）下气化，气化产物经净化处理去除 H_2S、HCl 和烟尘。净化后的合成燃气一部分用作高温空气发生器的燃料，其余可作为气体燃料供给蒸汽锅炉和煤气透平。该装置适宜于小型化，适用于城市地区供能、供热及就地处理废物和垃圾。该系统的主要优点是：可使用低热值燃料和可燃废弃物；合成燃气热值较高；物料中的灰分以熔渣形式排出气化炉；NO_x 生成量少。高温空气发生器运行特性图（图 10.32）归纳了燃气消耗、生成的高温空气温度和流量、热效率和空气过剩系数之间的内在联系，为整个工艺优化设计运行创造了条件。

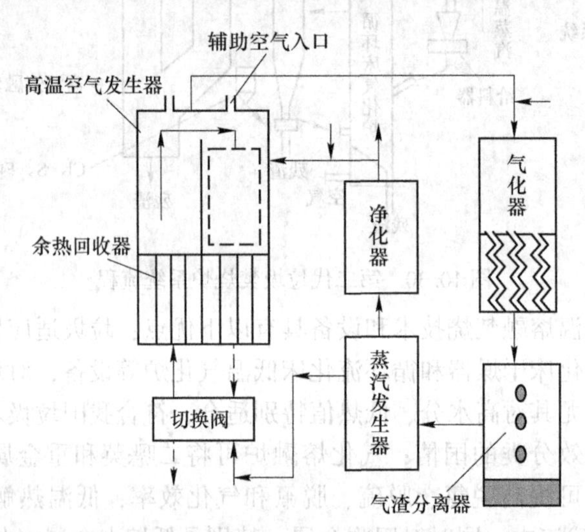

图 10.31　一种新型低热值燃料气化工艺

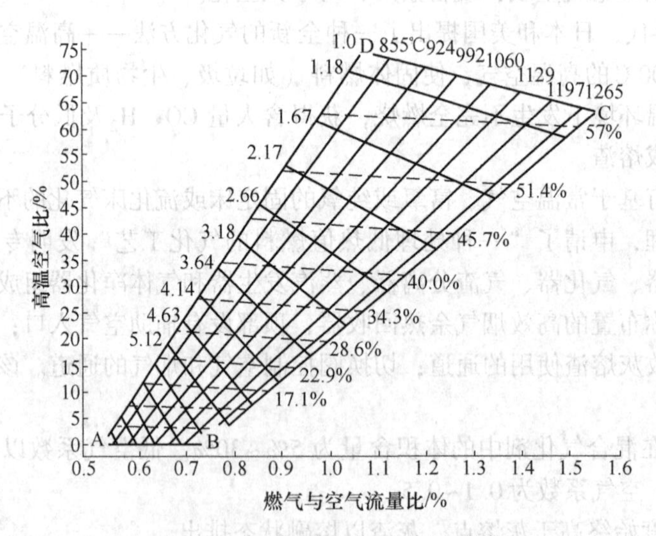

图 10.32　高温空气发生器运行特性

10.4.6.2　高温空气气化优越性

高温气化工艺在气化机理与气化设备上都与以往气化工艺不同，主要体现在采用高温预热空气作为气化剂和采用卵石床气化炉作为气化设备。它具有如下优点：

（1）可获得中热值燃气。采用高温空气气化，气化反应增强，空气过剩系数大大降低，如可采用常温空气气化一半的空气量，同时可允许较大比例的水煤气反应，单位燃气的热值明显提高，可达到中热值燃气，扩大了燃气的用途。

（2）对环境污染小。由于二噁英在 400~500℃ 开始形成，在 700~800℃ 形成较快，而在 800℃ 以上便开始分解，因此采用高温空气气化，气化温度控制在 1000℃ 以上，可抑制二噁英的生成；同时烟气与蓄热体热交换后迅速冷却到 200℃ 以下，也有利于抑制二噁英的再生成。燃气中 NO_x 的来源物 NH_3 及 HCN 等在气体湿式净化过程中已经除掉，加之空气发生器的燃烧室内采取烟气再循环实现高温低氧燃烧，可有效抑制 NO_x 的生成，NO_x 的排放浓度很低，仅为 $(30\sim50)\times10^{-6}$。燃气中的硫化物、HCl 等也在净化过程中除去，烟气中不存在 SO_x、HCl 等有害气体。因此，该技术可称为“环保型”气化技术，可实现“零”排污生产系统。

（3）燃气焦油含量少。高温空气气化由于气化温度很高，燃气在气化室内的停留时间长，焦油、酚类等物质在高温下可分解，出口燃气中焦油含量显著减少，故可满足集中送气或直接送燃气轮机发电对燃气中焦油含量的要求。

（4）燃料适应范围扩大。一方面，气化剂温度高，能加速气化反应；另一方面，气化室中采用了一定高度的卵石层，具有较大的表面积和蓄热能力，能起到延长气化时间和稳定气化温度的作用。因此对输入固体燃料的热值、成分和种类均有较强的适应能力。这正好与生活垃圾、生物质燃料等属性多变的特性相适应。采用该技术可以有效地利用那些在传统气化方法看来无法利用或利用价值不大的低热值固体燃料，燃料的利用范围显著扩大。

（5）结构简单、紧凑，气化效率高，经济性好。采用高温空气气化，无须使用氧气，系统内部构成一个封闭式循环系统，结构简单、紧凑，操作灵活，适应性强。该系统不需要联合循环气化所需的空气分离装置，也不需要流化床气化所需的大功率动力装置，生物质无须进行复杂的预处理，气化系统热效率比采用常温空气气化显著提高，处理煤的气化系统热效率高达 46%，处理生物质可燃废弃物的气化系统热效率达 45.1%，而且所得燃气的热值大大提高，系统的经济性明显。

10.4.6.3 高温空气气化应用前景

高温空气气化技术是 20 世纪 90 年代发展起来的能源利用领域的高新技术。HTAG-MEET 气化系统由于采用了高温空气气化工艺和新型的气化炉，因而具有很多特点。采用高温空气进行燃气化，可以处理各类热值的燃料，包括低热值煤、工业废弃物、城市生活垃圾以及生物质等，而且产出的燃气热值较高；燃气中焦油含量少和灰尘含量低；反应的二噁英和 NO_x 生成受到抑制；结构简单、经济性好等。随着旨在遏制全球气候变暖的《京都议定书》于 2005 年 2 月 16 日正式生效，HTAG 将具有更大的市场潜力。

随着经济的发展，我国城市生活垃圾产生量不断增长，1998 年的产量达到了 1.5×10^8t，并以每年 8%~10% 的速度增长。然而 2018 年城市生活垃圾焚烧处理率只有 40%，其中无害化处理和资源化利用率则更低。大量城市生活垃圾露天堆放或简易填埋处理，“垃圾围城”现象在全国各大城市十分普遍，因而对环境造成巨大危害。即使部分城市采用传统的焚烧工艺来处理，但也存在适应性差、燃烧稳定性不好、热利用效率低以及产生二次污染等问题。我国是煤炭大国，但很多属于低热值的劣质煤，一般用于直接燃烧，热效率低，而且造成严重的环境污染。我国是农业大国，生物质燃料分布极其广泛，总量也十分巨大，仅农村每年产生的生物质燃料可折合 2.7×10^{9} t 标准煤，占农村总能耗 40%左右，其中秸秆产量超过 7×10^{8} t，谷壳 4×10^{7} t。但是，目前生物质燃料利用程度不高，利用率也很低，大量的生物质燃料被白白浪费。全国有近一半的秸秆在田间直接焚烧，木材加工、木制品生产产生的大量木屑、锯木等被废弃，食品加工产生的壳、皮等被当作垃圾填埋。近年来，我国政府也意识到了开展生物质燃料气化利用的重要意义，在"七五"、"八五"及"九五"期间，均把生物质气化技术的研究与开发列为国家重点科技攻关项目。我国已在部分地区、部分领域进行了生物质燃料利用的研究和推广工作，但在不同程度上存在着技术经济问题，有待进一步解决。利用高温空气气化技术处理诸如城市生活垃圾、部分工业垃圾、医疗垃圾、生物质废料、造纸厂污泥以及低热值煤等固体废弃物，不仅可有效地处理这些废弃物，而且可以实现资源优化利用，变废为宝。

A 低热值煤能量利用

煤作为燃料具有悠久的历史，其利用方式通常有直接燃烧、液化和气化。其中煤气化是清洁、高效利用煤的一种重要途径。20 世纪 70 年代以来发达国家加快了新一代煤气化技术的开发和工业进程。固定床、流化床和气流床等几种不同类型的煤气化技术均取得了较大的发展和较好的效果。固定床气化常见的有间歇式气化和连续式气化两种；流化床常见有温克勒、灰团聚、循环流化床和加压流化床等；气流床以德士古（Texaco）和谢尔(Shell) 为代表。近 20 年来，我国煤气化研究和技术开发方面取得了引人瞩目的成效。1988 年，中国科学院能源研究所的汤健中申请了"煤的高温气化法"发明专利。江苏理工大学与郑州永泰能源有限公司共同开发了 FM1.6 型常压间歇流化床气化炉，并分别于1998 年、1999 年应用于郑州和南阳城市煤气站，生产城市燃气；2000 年又推出了 FM2.5型炉，并设计用于生产合成气。中国科学院山西煤炭化学研究所从 20 世纪 80 年代开始研究"灰熔聚流化床煤粉气化技术"，目前已可以进行大型工业化装置的设计工作；现在正在进行加压（1~1.5MPa）实验，并取得了一定的经验和成果。然而，针对低热值劣质煤气化效果比较好的装置还没有研制出来。

B 城市生活垃圾能量利用

城市生活垃圾处理已成为世界各国面对的共同课题，常见的处理方式有填埋、堆肥、热解、焚烧等。目前普遍认为焚烧法处理垃圾是实现减量化最快捷有效的技术方法，同时能够彻底消除有害细菌和病毒，并可回收能量。国外最早进行垃圾焚烧技术研究开发的是德国。第一代垃圾焚烧炉基本上以炉排层燃方式为主，少量采用回转窑和流化床方式。第二代垃圾焚烧工艺技术路线均是低温气化加高温熔融焚烧。德国目前已有 50 余座从垃圾中提取能量的装置及十多家垃圾发电厂。法国巴黎有 4 个垃圾焚烧厂，年处理量 1.7×10^{6} t，占全市垃圾总量的 90%。美国从 20 世纪 80 年代起，政府投资 70 亿美元，兴建了 90 座焚烧厂，年处理能力 30×10^{6} t。日本已有垃圾发电厂 130 多座。丹麦、瑞典等国也有类似的焚烧发电厂。深圳自 1985 年首次引进日本三菱公司的 150t/d 垃圾焚烧炉以来，目前已有杭州、中山等城市有垃圾发电厂建成投产。到 2010 年，我国将建有各类垃圾能源工厂150~200 座。昆明理工大学和东南大学正在开发适合我国垃圾特点的第二代垃圾焚烧炉。研发新型低热值固体燃料燃烧气化新技术，可扩宽城市生活垃圾、部分工业垃圾、医疗垃圾、生物质、造纸厂污泥及低热值煤的应用范围，促进我国新能源开发水平，缓解我国面临的日益严重的环保压力。

目前许多垃圾焚烧电站利用箅式炉焚烧废料，其综合热效率只有15%~20%，但产生的HCl常常造成锅炉管道的严重锈蚀。为避免管道锈蚀带来的问题，有厂家采用流化床处理可燃废弃物，热效率可提高到30%；也有厂家为了提高燃气的发热值，在处理废弃物时采用富氧燃烧技术。根据高温空气燃烧技术的特点，用燃烧后的烟气余热来预热空气，可以提高低热值垃圾废物的燃烧温度，提高垃圾的燃烧稳定性，使燃烧完全，对二噁英等有害气体的控制效果会更好。利用高温空气燃烧技术产生高温空气，再对煤或可燃固体废弃物进行燃气化处理，在温度达1000℃的空气下处理煤或可燃固体废弃物生成的燃气热值可明显高于25℃空气下获得的燃气热值。

C　生物质能利用

国外生物质能开发利用是从20世纪70年代末期开始的，现在已有很大进展。目前，直接燃烧秸秆的先进设备已投放市场，生物质供热、发电或热电联供已成为现实。在厌氧方面，中温和高温下的产气率可达$5m^3/(m^3 \cdot d)$，百千瓦级的沼气发电机组每立方米发电量可达1.4~2.6kW·h，发电效率达38%。在热解气化技术方面已有多项技术设备进入商品化阶段。如荷兰BTG开发成功的生物质热解产气率达66%；德国、美国等开发出自动化程度相当高的家用生物质气化炉用于用户热水和供暖；同时产热量达（0.63~2.1）×10^7kJ/h的大型生物质气化装置也已开发成功。日本利用高温空气气化技术已建成规模为15t/d的STAR-MEET工厂，并于2002年投入运行。自1998年以来，继日本、美国之后，瑞典、意大利、丹麦、奥地利等国也已投巨资用于高温空气气化技术的研究。生物质的加压气化已在瑞典的Varnamo电厂进行示范，另一个生物质气化演示项目是英国的ARBRE电厂，以木材林和薪材林提供的木材碎片作燃料，发电能力为10MW，采用高效的联合循环将木材转化为燃气。常压气化产生的生物质燃气可用来取代大型煤粉锅炉的部分用煤，这项技术已在芬兰、荷兰及澳大利亚等国使用。

从“六五”以来，我国对生物质能的利用先后进行了研发，取得了一定的成绩，在厌氧消化方面，目前国内处理有机废弃物的沼气示范工程已有600多处，总计2×10^5 m^3，年产沼气$1\times10^8 m^3$左右，经过10多年的研究开发，厌氧消化技术已经取得了较大进展，例如猪粪中温厌氧消化USR装置产气率达到$2.2\ m^3/(m^3 \cdot d)$。在热解制油方面，浙江大学开展了液化机理性试验研究，并于20世纪90年代中自行研制开发了国内第一台小型生物质流化床闪速热裂解试验装置。东北林业大学研制了椎式生物质中温闪速热解液化装置。在热解气化方面，低热值的ND-400、600、900型秸秆气化装置相继研制成功并投放市场，建立了100多个气化集中供气村。另外，以生物质能利用技术为核心的综合利用技术模式，由于取得明显的经济和社会效益，而得到快速发展。

10.5　微尺度燃烧技术

10.5.1　技术背景

微小尺度燃烧技术需求源于军事和民用两个方面。例如，不断涌现的微小型飞行器、微小机器人、单兵作战系统以及各种便携式电子设备对动力的迫切需求。目前，这些设备大都由传统的化学电池驱动；然而，化学电池存在能量密度小（使用时间短）、体积和重量大、充电时间长等缺点，而氢气和碳氢化合物燃料相对于电池来说有着高几十倍的能量密度。Fernandez-Pello 教授在第 29 届国际燃烧会议的特邀报告中分析指出，典型液体碳氢化合物燃料的能量密度约为 45MJ/kg，而锂电池的能量密度约为 1.2MJ/kg。因此，如果能够实现稳定、高效的燃烧，基于燃烧的微小型动力装置和系统就具有与化学电池竞争的巨大潜力。

在经典燃烧学文献中，很多学者对表面散热损失对燃烧的影响进行了研究。在预混气体中，当燃烧放热量减去从气体传出的热量后，小于点燃混合气所需的能量时，火焰将会熄灭。对管内预混燃烧的研究表明，如果火焰管的内径小于某个临界直径，从火焰锋向管壁的传热将使反应发生淬熄。在这个临界直径以下，燃烧波只有依靠外界对管壁的加热才能稳定。这个临界直径一般称为淬熄直径（或称消焰直径），对平行通道而言称为淬熄距离。例如，当量比为 1 时，H_2和 CH_4的淬熄直径分别约为 0.64mm 和 2.5mm。

关于“微尺度燃烧”的定义，Ju 和 Maruta 在综述文章中进行了总结和讨论。他们指出，由于随意选择参考长度尺寸，“微尺度燃烧”的定义变得模糊不清，有时和“介观尺度燃烧”相混淆。在以往研究中，“微尺度燃烧”的定义通常使用三种不同的长度尺寸。第一种被广泛用来定义“微尺度”和“介观尺度”燃烧的长度尺寸是燃烧器的物理尺寸。如果燃烧器的物理尺寸小于 1mm，燃烧就被称为微尺度燃烧；否则，如果燃烧器的物理尺寸大于 1mm，但处于 1cm 量级，燃烧被称为介观尺度燃烧。这种定义在开发微型内燃机时被广泛采用。第二种定义使用火焰的参考长度尺度——淬熄直径。在这种方式中，如果燃烧器尺寸小于（大于）淬熄直径，被称为微尺度（介观尺度）燃烧。这个定义从火焰的物理状态角度来说更有意义，因此进行微尺度燃烧基础研究的学者更乐于采用。然而，由于淬熄直径是混合物组成（当量比）和壁面性质（温度和表面反应性）的函数，故很难定量地定义微尺度和介观尺度燃烧的边界。第三种定义微尺度和介观尺度燃烧的方式是为了相似目的，而使用整个装置与传统大尺度装置的相对长度尺度。例如，用于微卫星的微燃烧器并不必要意味着燃烧器是微尺度。它仅仅表明该燃烧器用于微卫星，这种卫星的质量为 10~100kg，与典型商业卫星（1000kg 以上）相比是微小的。因此，这种定义常被开发特殊用途的微型推进器的研究者所采用。

由于本节主要讨论微小尺度下燃烧的基础问题，同时为了方便起见，故本节将小于或接近淬熄直径的燃烧统称为微小尺度燃烧，而不再详细区分微尺度和介观尺度。在微小尺度下，燃烧室特征尺寸已经接近或小于燃料的淬熄直径或淬熄距离，从而使得燃烧不稳定性急剧增加。面对这个挑战，从 20 世纪 90 年代开始，关于微动力系统和微小尺度燃烧的研究就得到世界各国科学家的高度重视，我国学者也进行了大量研究。

10.5.2 微小尺度燃烧的应用

为了让读者对微小尺度燃烧的具体应用有个大致的了解，本节介绍国内外已经出现的一些微小型动力/电力系统（micro power generation system）。

10.5.2.1 微小型热电/热光伏系统

A 微小型热电系统（μ-TE）

微小型热电系统的原理是利用热电材料的塞贝克效应（Seebeck effect），将燃烧产生的热能直接转换为电能。这些设备的明显优点是没有运动部件，缺点是整个系统的效率过低。尽管有些热电材料的效率不错，但这些材料的冷、热端难以维持一个大的温差。这是因为设备的尺寸太小，同时也因为热的良导体一般来说也是电的良导体。因此，进行良好的热管理，以及能否对导热和导电进行解耦是这些设备成功的关键。

南加州大学开发的微型 Swiss-roll 燃烧器已经被用来进行热电发电。研究表明，尽管该设备的效率不高，但已经能够产生电能。因为热量损失极小，这些设备（图 10.33）的三维 Swiss-roll 造型看起来非常适合 MEMS 大小的设备。

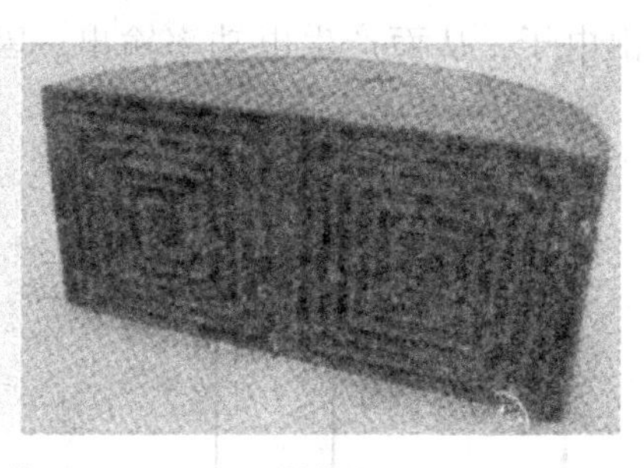

图 10.33 用于微型热电装置的 Swiss-roll 燃烧器

普林斯顿大学研发的 MEMS 大小的化学能转换和发电装置由再循环催化剂、氧化铝陶瓷制作的 12.5mm×12.5mm×5.0mm 的微型反应器（二维 Swiss-roll），以及一个热电堆单元构成。在实验样机中加入氢气和丁烷运行。在使用氢气的情况下，燃料/空气混合物在较大范围内都能连续运行，化学能输入从 2W 到 12W，运行温度控制在 300℃。这一装置产生的电能足以驱动 100mW 的电灯泡发光。通过将这些设备堆叠成三维结构有望减少热量损失、提高发电机效率。

密歇根大学研发出一种在微燃烧室内基于催化燃烧的热电发电机。燃烧室尺寸为 2mm×8mm×0.5mm，表面覆盖了一层整合了多晶硅和铂热电堆的电介质隔膜。这一设备采用氢气/空气混合燃烧，每个热电偶能产生大约 1μW 的功率。研究人员希望通过对设备的几何结构进行改进，提高隔膜的温度梯度，从而使每个热电偶的输出功率达到 10μW 的水平。

太平洋西北国家实验室开发了一种微尺度发电设备，它包含燃烧驱动的燃料重整器和燃料电池。微型燃料重整器将氢从碳氢化合物燃料（如甲醇）提取出来，然后富氢流体加入燃料电池产生电能。到目前为止，已经组装出 10~500mW 的蒸汽重整器系统，其反应器容积大约为 0.5mm^3。在初步测试中，使用甲醇或丁烷的燃料重整器能够提供 100mW 的氢气，效率达到 4.8%。即使是启动过程，这种设备也可以在不依赖于附加的外部加热条件下运行。

耶鲁大学研发了一种介观（约 $16\times10^3mm^3$）催化燃烧器，液体燃料采用电喷雾方式注入燃烧室。这一燃烧器与直接能量转换模块耦合进行发电。用正十二烷和 JP8 喷气式飞机燃料在质量流量为 10g/h、当量比在 0.35~0.7 内对燃烧器进行了测试。催化表面温度变化范围为 650~1000℃，具体的温度取决于当量比。正十二烷的燃烧效率约为 97%。采用电喷对于微尺度燃烧器中的液体燃料燃烧来说是一个重要贡献，因为这项技术看起来对 MEMS 设备是潜在可行的。

B 微小型热光伏系统（u-TPV）

微小型热光伏系统是另一种直接将热能转换为电能的装置，其工作原理如图 10.34 所示。TPV 系统一般由 4 个基本部件组成，分别是热源、选择性发射器、过滤系统，以及低能带隙光伏转换器。首先，燃料在燃烧室内将化学能转换为热能，被选择性发射器吸收。当发射器被加热到足够高的温度时，便向外发射光子。因此，选择性发射器是用来将热能转换为辐射能的，它可以用宽带材料（SiC），或者选择性发射材料（$Er_3Al_5O_{12}$，氧化铒）、Co/Ni 掺杂的 MgO 和 Yb_2O_3（氧化镱），或者采用微加工制作的表面微结构。宽带发射器的光谱通常工作在 1000～1600K。当发射器发出的光子撞击在 PV 阵列上时，它们将诱发自由电子，从而产生电功率输出。因此，光伏转换器的功能是将热辐射转换为电能。

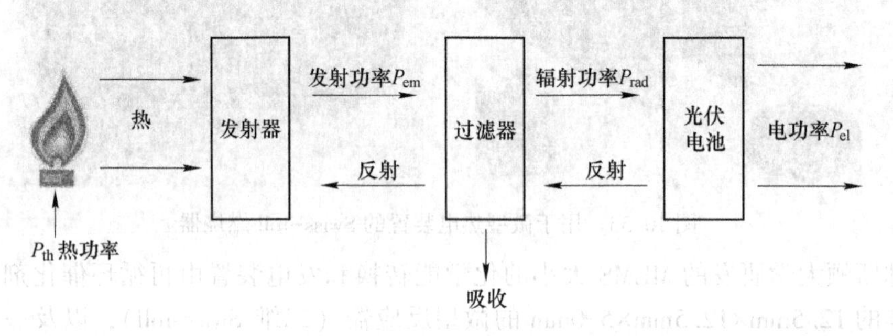

图 10.34　热光伏发电系统的布局示意图

然而，发射器发出的光子中只有能量高于光伏电池的带隙（例如，对于 GaSb 电池为 0.72eV，对应的波长为 1.7μm）才能被转换为电能。换句话说，波长大于 1.7μm 的光子撞击到 PV 电池上时不能产生自由电子和电能。如果这些光子没有被中途停止，它们将被 PV 电池吸收，从而会成为导致系统元件破坏的热负荷，这将降低系统的转换效率。因此，为了改善系统效率，这些光子应该被送回到发射器。这样，在传统的 TPV 系统设计中经常采用一个过滤器，用来将低于带隙的所有低能光子反射回发射器，实现再循环；同时将可转换的光子传输到 PV 阵列。但是，在微型 TPV 系统中，过滤器的存在将会使制造复杂化，并增大系统的体积。

Nielsen 等开发了应用于便携式电源的热光伏发电系统。新加坡的研究小组在此方面也做了大量的研究工作，图 10.35 所示是他们开发的微型 TPV 发电装置的横截面结构示意图。

10.5.2.2　微型燃气轮机和内燃机

MIT 燃气轮机实验室研发了一种基于 MEMS 的燃气轮机发电机，总体积约为 $300mm^3$，设计功率为 10～20W，其原理图如图 10.36 所示。它包括径向压缩机/透平单元、燃烧室和一个与压缩机合为一体的发电机。压缩机和透平直径为 12mm，厚度为 3mm，材料选用传统的 CMOS 材料，设计转速超过了 100 万 r/min。从燃

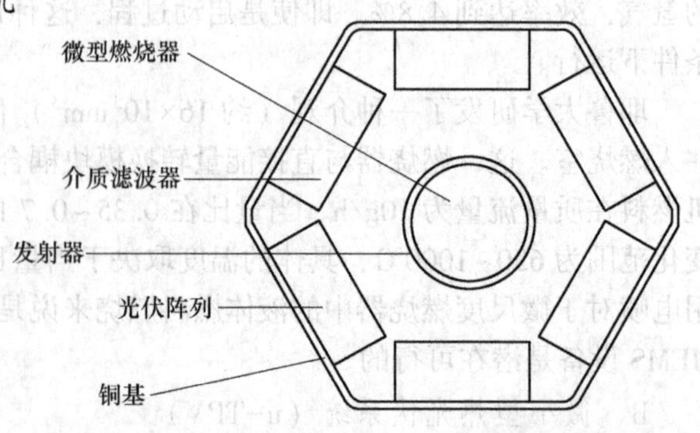

图 10.35　微型 TPV 发电装置的横截面结构示意图

烧室到压缩机/入口空气的传热以及实现良好制造公差的困难，是使系统效率低下的主要原因。但是仍然取得了一些主要成就，在使用空气轴承和采用H_2/空气混合物的硅基燃烧器连续运行的基础上，透平转速达到130万r/min。后来，他们又开发了微型催化硅基燃烧器，采用碳氢化合物作为燃料。

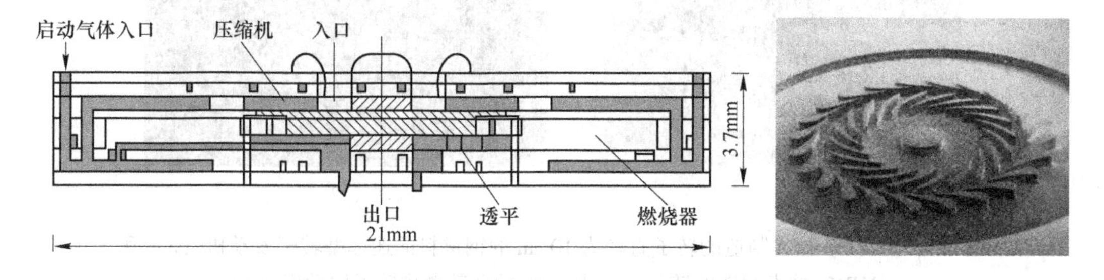

图10.36 MIT开发的微型燃气轮机剖面图以及微型透平的照片

加州大学伯克利分校的燃烧实验室开发了一系列以液烃做燃料的微小型内燃转子（汪尔克型）发动机：一种是介观尺寸的“迷你转子发动机”，能产生大约30W的功率；另一种是微观尺度的“微型转子发动机”，设计功率为毫瓦级。迷你型转子发动机采用EDM技术制造加工，材料为钢，外壳形状为外摆线型，转子尺寸大约为10mm。迷你转子发动机最简单的形式如图10.37（a）所示。其对不同设计的迷你发动机进行了测试，以考察密封性、点火、设计、热管理对效率的影响。在9000r/min的转速下，尽管效率很低（约0.2%），但还是获得了3.7W的净功率。效率不高的主要原因是由于转子顶点密封和外壳之间以及转子表面的泄漏导致压缩比太低。发动机的尺寸为EDM制造技术的下限，因此，即使采用了顶点密封也很难达到设计所要求的公差并获得良好的密封性。这是以后需要重点研究的方面。微型转子发动机的研究使用MEMS技术，旨在开发转子尺寸为毫米级的发动机。由于转子发动机采用了平面结构、部件少、能够自我开关调节运行，故非常适合采用MEMS制造技术。有学者采用不同材料加工了两种微型转子发动机：一种采用SiC，转子直径为2.7mm；另一种采用Si，转子直径为1mm（图10.37（b））。第一批研发的微型转子发动机采用压缩气体进行测试，以确定其泄漏量和耐磨性能。此外还将考虑应用热量管理技术，包括将燃烧部分外壳周围的排气进行回热，将发动机用气凝胶/真空容器进行包装以减少热损失，采用催化表面使燃烧在低温下进行，使用废热来蒸发液体燃料。

霍尼韦尔公司研发了一种基于烃类燃料均质压燃技术的自由活塞“爆震”微型发动机，其目标是在$10mm^3$的空间内产生大约10W的电功率。为了使燃料能可靠地自动点燃并提高能量密度，同时考虑所允许的着火延迟时间的限制，发动机必须在kHz频率下运行。因为压缩和膨胀的时间要远小于热扩散的特征时间，这样的运行频率几乎可以产生绝热压缩或膨胀的效果，从而获得更高的总热效率。佐治亚理工学院开发了一种基于铁磁体活塞在磁场中来回摆动的自由活塞/汽缸发电机。汽缸两端的烃类燃料/空气混合物交替燃烧，驱动活塞运动；围绕汽缸的永磁体MEMS阵列产生磁场。这一系统同样与MEMS点火器合为一体，已经研发出一个冲程为4.3cm、排量为$12.4cm^3$的发动机。因为活塞汽缸单元的密封问题导致其效率还不太高，但目前已能产出12W的电功率。

(a)

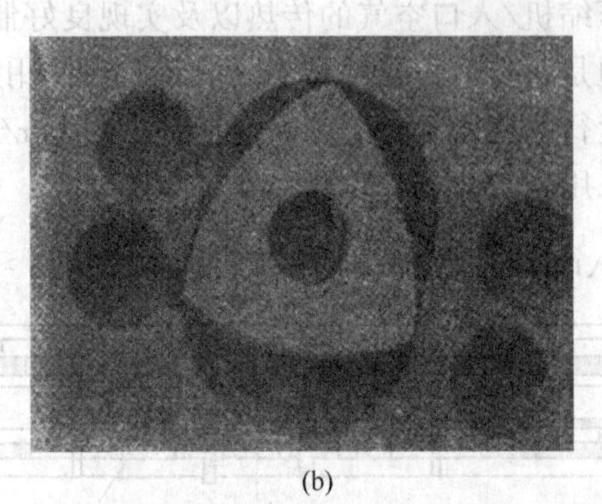
(b)

图 10.37 EDM 技术制造的转子直径为 10mm 的钢材料的迷你型转子发动机（a）和 MEMS 技术制造的转子直径为 1mm 的硅基微型转子发动机（b）

密歇根大学研发了一种摇摆自由活塞发动机（图 10.38），它在一个独立基座（外壳）和摇动臂的基础上形成了 4 个不同的燃烧室。该装置采用四冲程奥拓循环。摇动（活塞）的振荡降低了力矩效率，但对于直接发电机来说，其结构相对简单。这一介观装置的设计目标是采用液烃燃料燃烧时产生 20W 的功率，其设计质量为 54g，体积为 $17\times10^3 mm^3$。

图 10.38 微型摇摆式内燃发动机

10.5.2.3 微型推进系统

发展微小型推进器的主要原因之一是它能获得更高的推重比（*F/W*）。Yetter 等在文献中列出了微型推进在航天器驱动方面的各种应用，包括微型航天器的轨道改变和姿态控制，用于检查和维修大航天器的小航天器等。

燃料阀
氧气阀
燃烧室
燃料泵
氧气泵
喷嘴
2mm
冷却通道
12mm

图 10.39 能够产生 15N 推力的微型二元推进剂可再生的火箭发动机的概念图

图 10.39 为能够产生 15N 推力的微型二元推进剂可再生火箭发动机的概念图。TRW 制造了如图 10.40 所示的微型推进器阵列，它用于皮卫星和微型航天器的轨道控制和位置保持。这一微型火箭有三层，包括封装三硝基间苯二酚铅推进剂的推进腔，Si_3N_4 爆炸隔膜以及用作点火器的微型电阻。当电阻通电后，推进剂被点燃，燃烧腔内的压力提高使得隔膜破裂。初步的测试显示它能够产生 10^{-4} N/s 的冲量和 100W 的功率。加州大学伯克利分校制造了一种以 HTPB 和高氯酸铵为燃料的硅基探测微型火箭（图 10.41），其质量为 1g，用于推动传感器检测大气。这一微型火箭在 8s 内依靠燃烧产生了 4mN 的最大推力。MIT 制造了一种高压二元

推进剂微型火箭发动机并进行了测试。其质量为1.2g，燃烧室压力为1.2MPa，能产生1N的推力并传递750W的推动功率。宾州大学研发了一种用于小型航天器的液态推进剂微型推进器，并对其原型在气体反应物条件下进行了测试。研发的推进剂包括环境友好的高能氧化剂，乙醇作为燃料，水作为小液体载体。

图10.40　基于MEMS技术制造的微型推进器阵列

图10.41　基于MEMS技术制造的硅基固体燃料微型火箭

10.5.2.4　微小型加热器

除了以上一些应用之外，微小型燃烧器还可以直接用来做加热器，比如：小型燃料电池的蒸发器、氢气改质器的热源；液晶基板制造过程的加热；等离子体显示器的透明导电膜的加热粘贴；以及调理器具（煎锅等）。Maruta教授课题组开发了圆盘形Swiss-roll燃烧器用来做加热器。Kim等和相墨智对这种燃烧器的性能进行了系统的研究。测试结果表明：基于微小型Swiss-roll燃烧器直接加热的方式比传统的电加热方式节能50%，CO_2排放也减少50%左右。此外，可以将单个微小型燃烧器组合成阵列的形式，以满足不同加热功率的要求。

10.5.3　微小尺度燃烧面临的挑战

与传统燃烧过程相比，微小尺度燃烧至少面临以下四个方面的挑战。

10.5.3.1　散热损失大

在传统的燃烧器中，通过壁面的热损失通常可以忽略不计。然而，对于微小型燃烧器来说，这却是一个非常重要的因素。微尺度燃烧器的水力直径是2mm的数量级，比常规燃烧器水力直径小数百倍。因此，热损失与产热量之比要比常规燃烧器大两个数量级。大的表面热损失对均匀气相燃烧有两重影响。首先，大的热损失对总的燃烧效率有直接影响。因此，微小型燃烧器不太可能达到常规燃烧器情况下高达99%的效率。其次，热损失会降低反应温度，从而增加化学反应时间，并使可燃极限变窄。这将使停留时间短这一约束条件更加恶化。

10.5.3.2　气体混合物停留时间短

对于能量转换应用来说，功率密度是最重要的度量标准。微型燃烧器的高功率密度是每单位体积对应的高质量流量的直接结果。因为化学反应时间并不随质量流量或燃烧器容积而变化，高功率密度的实现要看气体混合物在通过燃烧器的时间内能否完成燃烧过程而定。

一种减小化学反应时间尺度的方式，是发挥非均相表面催化作用。这种氧化过程与气相燃烧有基本的不同。通常，反应会更加显著加快，而且没有火焰结构，因为化学反应发生在催化剂表面。然而，使用催化反应要考虑引入另一个时间尺度，即扩散时间。因为反应组元扩散到催化表面常常是催化反应的控制因素。

10.5.3.3 材料方面的限制

对于硅制造的微燃烧系统来说，在材料方面也有几个限制。最重要的要求是壁温极限要低于1300K。高于此温度水平时，硅开始软化，失去它的结构完整性。然而，硅的高表面传热性能（辐射）和高的导热系数对此情况是有利的，能够通过将热量传递到外界环境使燃烧器壁温保持在1300K以下。此外，对于有旋转部件的微型内燃机来说，出于防止材料蠕变的考虑，必须保持更低的壁温，比如低于1000K。如果使用贵金属催化剂薄膜，对系统材料还有更进一步的限制。例如，当铂催化剂长时间暴露于超过1200K时，开始发生凝聚结块现象，这将减小发生催化作用的活性表面积。

在温度要求更高的情况，经常使用SiO_2、SiC、Si_3N_4和Al_2O_3之类的陶瓷材料，它们能够承受大约1700K的温度，因此是非常好的候选材料。但是，这些材料容易因为热应力导致破裂而损坏，文献中就有这方面的报道。

10.5.3.4 化学基元的壁面淬熄

对于微小尺度燃烧，由于表面积与体积的比率大大增加，这不仅会导致从燃烧器壁面散失的能量增加，也会提高反应自由基与壁面碰撞而销毁的可能性。这些机理都会增加化学反应时间，甚至可能会阻止气相燃烧反应的开始，或者导致正在进行的反应发生淬熄。因此需要采用一定的热、化学管理措施。

10.5.4 微小尺度下的稳燃方法

前已论述，微小尺度燃烧存在的主要问题在于缺乏足够的燃烧时间，并且燃烧反应还可能因为壁面散热和自由基销毁而溶熄。对于催化反应，停留时间还与反应物向壁面的扩散率和壁面的吸收率/解吸率相关。总的来说，微小尺度燃烧的停留时间较小，因此控制燃烧时间对于确保燃烧器内燃烧过程的完成就至关重要。一般来说，可以通过提高燃烧温度来减小化学反应时间，这反过来又需要减小燃烧器的热量损失、提高反应物温度、采用化学恰当比（理论当量比）的混合物，以及使用高能燃料。

下面简单介绍几种常用的稳燃方法。

10.5.4.1 采用催化燃烧

尽管微型燃烧器的面体比大对气相燃烧来说是一个问题，但这对催化燃烧又是有利的。其优点主要体现在：首先，催化燃烧的反应区域固定，使燃烧器的设计趋于简单；其次，催化燃烧能够降低点火所需的活化能；最后，催化燃烧在催化表面进行，使其更加适用于面体比很大的微小型燃烧器。实践表明，采用催化反应的微尺度燃烧器比采用气相反应的燃烧器更容易实现。例如，对于前面提到的Swiss-roll燃烧器，如果在燃烧器表面加入催化剂，氢气/空气的混合物可以在室温下被点燃，其他燃气（丁烷和丙烷）可以在低于200℃的温度下点燃。此外，MIT的研究小组也在微型燃气透平的燃烧腔内加入各种不同的催化剂进行实验研究。

需要指出的是，催化剂在使用一定时间后存在活性降低和失效的问题。此外，长期在高温作用下还会出现凝聚结块现象。

10.5.4.2 对燃烧室表面进行惰性化处理

Miesse等组成的联合研究小组采用了对燃烧室表面进行惰性化的处理方法。在机械加工完成之后，采取三个步骤来处理薄板表面，使其成为化学惰性表面，以减少对活性自由基的捕获。首先，将去离子水、浓盐酸和过氧化氢按6：1：1的容积比例配成溶液，加热到80℃并保持恒温，将薄板放置其中浸泡10min，洗掉表面上的离子和重金属污染物；然后，在1550℃下于空气氛围中进行退火处理1h，去除试件表面的晶界缺陷和其他缺陷；最后，将各个薄板用氧化铝黏结剂沿着边缘密封起来，再将整个燃烧器用氧化铝纤维绝热材料包起来，用电阻丝加热的方法将其加热到1000℃，同时往燃烧室中通入氧气，保持12h。最后这一道工序是为了进一步钝化微燃烧室表面，尽可能减少表面反应的发生。扫描电镜照片显示处理后的燃烧器表面非常光滑，晶界缺陷也很少。当然这种方法也有缺点：一是处理程序比较麻烦、费时；二是使用一段时间后燃烧室表面也有可能再次被污染（特别是在不完全燃烧的情况下），导致效果降低。

实验表明，经过这种惰性化表面处理的Y形通道燃烧器，在间隙为0.75mm时能实现H_2/O_2扩散燃烧，但是大部分工况下微通道中存在的是沿流动方向离散分布的小火焰，而很少能形成连续的火焰。因此，可以看出燃料和氧化剂之间的混合还没有很好地解决。

10.5.4.3 采用热管理措施，减少散热损失

这类方法主要是利用热循环来减少散热损失，通过预热低温预混气，提高进气温度，实现“超焓燃烧”（或称“过余焓燃烧”）。另外，利用多孔介质来稳燃也是类似的原理。实现热循环最简单的结构就是U形微通道，低温预混气在流向燃烧室的过程中，通过中间隔板与高温燃烧产物进行热交换，以达到回热目的。如果将U形微通道以燃烧室为中心进行卷曲，就形成所谓的“瑞士卷”结构。这种燃烧器最初由Lloyd和Weinberg提出，主要用来燃烧低热值燃料。现在，美国南加州大学、日本东北大学和清华大学的研究小组采用“瑞士卷”结构来实现微尺度稳燃，取得了较好的效果。

此外，曹海亮和徐进良制造了具有“C”形结构的回热型燃烧器。蒋利桥等开发了多孔壁面的低热损微燃烧器。新加坡、美国和我国江苏大学的研究小组在微燃烧室内通过加装少量金属丝网，在一定程度上利用了多孔介质“超熔燃烧”效应来稳定燃烧。

10.5.4.4 基于回流区稳燃

传统燃烧器中利用回流区稳燃的方法在微尺度燃烧中同样值得借鉴。例如，新加坡、美国和我国江苏大学的联合研究小组开发了带突扩型燃烧室的微型热光伏系统，利用突扩处回流区低速、高温的特点来稳定燃烧，取得了较好的效果。

笔者通过在平板型微通道燃烧器内安装三角形钝体，同样实现了很好的稳燃效果。数值模拟表明，当通道间距为1mm、钝体边长为0.5mm、微通道长度为10mm时，对于当量比为0.5的氢气/空气预混气，无钝体时微燃烧器的吹熄极限只有4m/s，而有钝体的情况则达到了16m/s。燃烧效率也维持在很高的水平。

10.5.4.5 采用液体燃料燃烧

当液态燃料在燃烧室壁面形成液膜进行燃烧时，能够减少燃烧器的热损失，因为这可以使燃烧器壁面冷却（液体沸点）。这种方式同样可以阻止壁面溶熄，因为它能使气相燃烧发生远离壁面处，同时因为微尺度燃烧器的大面体比，所以可以维持足够大的蒸发率。研究证实，在小型圆柱燃烧器中，产生一个漩涡气流可以使液态燃料在壁面上形成薄膜。这一设备设计可用来传送从10W到千瓦级的功率。

然而，液体燃料需要附加的时间和空间来蒸发和混合。这一时间与预混气体的停留时间相比非常大，因为在微尺度燃烧系统中，雷诺数一般很低，液体蒸发和混合的速率通常很慢，说明在使用液态燃料的微型燃烧器内，采用喷雾燃烧是一种较好的替代方式。

10.6 多孔介质燃烧技术

20世纪初，C. E. Luke在燃烧器中堆积颗粒多孔介质，使预混气体在多孔层表面燃烧，开展多孔介质燃烧技术研究。20世纪70年代，Weinberg提出利用多孔介质将燃烧产物的净焓量传递给新鲜预混气体燃料的设想，指出燃烧火焰的最高温度可高于预混气体燃料的绝热燃烧温度，出现“超焓火焰”。多孔介质预混燃烧是指气体燃料和氧化剂在预先混合完毕后进入多孔介质并在其中的孔隙内或表面进行燃烧的过程。多孔介质材料一般耐高温、导热性好，如颗粒或小球填充床、蜂窝陶瓷、泡沫陶瓷、筛孔板、毛毡滤芯、金属薄片叠层、纤维膨化结构等。多孔介质燃烧通常以预混燃烧方式为主，扩散燃烧方式相对较少。在多孔介质燃烧过程中，由于多孔基体的存在，预混气体流经多孔介质的同时，在多孔介质中进行燃烧；气体在多孔介质孔隙内部产生旋涡、分流与汇合，剧烈扰动，燃烧产生的热量通过多孔介质的导热和辐射效应不断地向上游传递并预热新鲜燃气，同时通过多孔介质本身蓄热能力回收燃烧产生的高温烟气余热。这样不仅可提高气体燃料的燃烧效率，降低污染物排放，而且能够显著拓宽燃料贫燃极限，同时无须传统的换热设备来进行燃烧余热的回收和传递，在减小设备体积、实现燃烧设备小型化方面具有强大的优势，为天然气等气体燃料，特别是低热值气体燃料高效清洁燃烧提供了一条新途径。

10.6.1 多孔介质燃烧机理

10.6.1.1 绝热燃烧

绝热燃烧是指燃料在燃烧过程中没有热量损失的理想燃烧。在绝热燃烧状态下，燃烧气体所能达到的最高温度称为理论燃烧温度，又称为绝热燃烧温度。它是指在一定的初始温度和压力下，给定的可燃混合物（包含燃料和氧化剂）在等压绝热条件下进行化学反应时，燃烧系统（属于封闭系统）所达到的最终温度，是表征燃料燃烧的重要参数。在大多数传统燃烧技术中，燃烧火焰的热量有一部分以热辐射和对流的方式损失掉，绝热燃烧温度基本上很难达到。绝热燃烧温度的高低与燃料在系统内的有效发热量成正比，与烟气体积成反比；有效发热量又与燃料热值、燃烧效率、热风温度等成正比，烟气体积与燃料特性及过量空气系数有关。过量空气系数越大，当量比越小；燃料热值越低，绝热燃烧温度越低。

10.6.1.2 “超焓”燃烧

“超焓”燃烧又称为“超绝热”燃烧，是指燃料在燃烧过程中，燃烧产生的热量通过热量回流方式传递到上游预热新鲜燃料，使燃烧达到的最高火焰温度超出燃料本身在传统自由空间中绝热燃烧温度的一种燃烧状态。

“超焓”燃烧是相对于传统自由空间中的燃烧而言的，而不是特指在没有热量损失状态下的燃烧。所以，即使在有热量损失的情况下，只要预热新鲜燃气的热量回流量大于热量损失量，“超焓”燃烧现象仍然可以实现。

“超焓”燃烧的物理意义主要体现在比较混合燃气在不同燃烧系统中的焓值变化上，如图10.42所示。图中虚线为燃气在自由空间燃烧系统中的焓值变化过程，实线表示燃气在有热量回流条件下燃烧系统中的焓值变化。前者由于存在热量损失，且没有预热效应，燃烧温度很难达到绝热燃烧温度，烟气排出温度较高；后者表示在燃烧系统中采用了较好的换热和余热回收措施，将回收的热量预热新鲜燃气，使之在到达燃烧区域前充分预热，温度显著提高，在到达燃烧反应区后迅速燃烧放热，预热量和燃烧热相叠加，使燃烧区域内的热量超过了燃气本身燃烧所放出的热量，出现“超焓”燃烧现象。

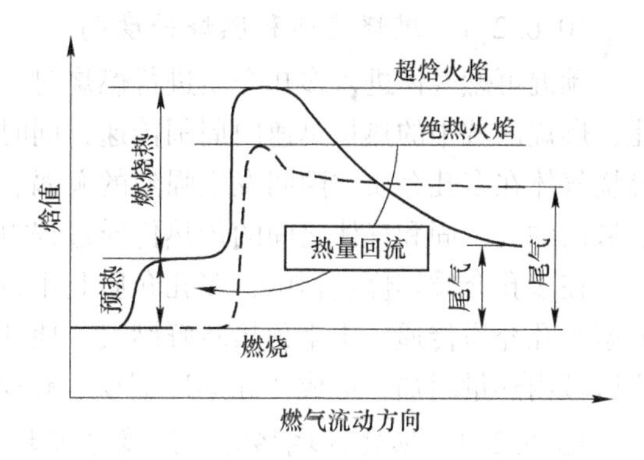

图10.42 “超焓”燃烧

“超焓”燃烧的形成机理主要是通过热量回流预热新鲜燃气作用形成。热量回流主要有两种方式：一是通过燃烧系统自身组织的热回流和热反馈；二是通过外界条件强迫实现，如通过安装换热回流装置、周期性换向等手段来实现。

10.6.1.3 多孔介质燃烧

由于多孔介质基体结构的复杂性和随机性，燃气在多孔介质中的燃烧，过程非常复杂。涉及的传热方式包括气体间导热和辐射换热、气固间的对流和辐射换热以及固体间的导热和辐射换热等。

多孔介质燃烧传热机理如图10.43所示。燃烧过程中，多孔介质内气体燃烧放出的热量通过导热、对流和辐射换热迅速向周围传递，使多孔介质燃烧区内温度峰值降低，温度分布比较均匀，燃烧区域拓宽；位于燃烧区域下游的多孔介质通过本身的蓄热能力吸收烟气热量，实现烟气余热的回收，并以辐射和导热形式向燃烧区中的多孔介质基体传递；在燃烧区内，燃烧放出的热量以对流和少量气体辐射形式传递给多孔介质基体，多孔介质基体又通过本身的导热和辐射作用将热量向燃烧区上游传递，加热新鲜预混燃气，

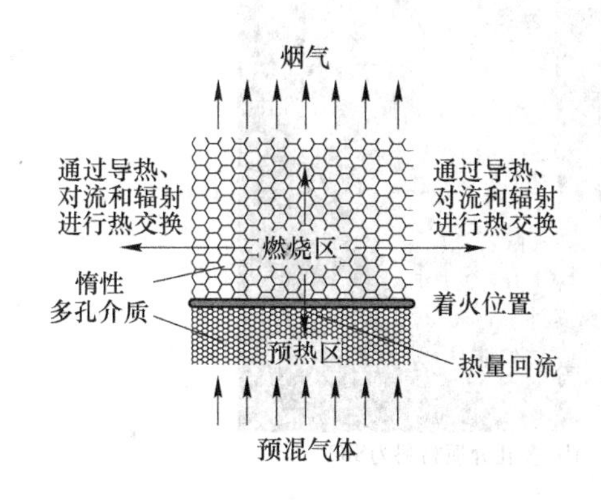

图10.43 多孔介质预混燃烧机理

形成热量回流；这样新鲜燃气的预热、多孔介质的蓄热和传热、燃烧区域的放热三者共同作用，可实现自我组织的热量回流效应，使燃烧过程所具有的热量超过了预混燃气本身燃烧所放出的热量，燃烧温度超过预混燃气绝热燃烧温度，即所谓的“超焓”燃烧。

10.6.2 多孔介质燃烧特点

与传统自由空间燃烧火焰相比，多孔介质燃烧技术是一种独特新颖的燃烧方式，是气体燃料在多孔介质中燃烧。其特点主要表现在以下几点。

10.6.2.1 燃烧速率和燃烧强度高

预混可燃气体进入多孔介质进行燃烧时，由于多孔介质良好的导热性能和高温辐射性能，燃烧区域中的热量迅速向周围传递，同时在多孔介质中存在漩涡结构和大摩擦系数，燃烧气体在多孔介质空隙间发生强烈的漩涡、分流和合流，湍动混合强烈。多孔介质燃烧区域内的气、固和气体之间的传热传质过程得到强化，燃烧反应加快，燃烧速率提高。

在多孔介质燃烧过程中，多孔介质利用自身的导热和辐射性能，将燃烧区中的热量向上游多孔介质传递，用来预热新鲜燃气，使新鲜燃气在到达燃烧区时具有一定热量，使燃烧区域内热量增加，形成“超焓”燃烧，燃烧强度增加。

10.6.2.2 燃烧区域拓宽，温度分布均匀

一方面，预混燃气的燃烧是在多孔介质“骨架”间的微小空隙中燃烧，燃烧火焰不再是传统的峰面火焰，而是被分离成许多“小火焰”，呈现出“离散化”状态；燃烧反应区域拓宽，燃烧区内温度梯度减小，温度分布均匀。

另一方面，多孔介质较高的孔隙率、良好的导热和辐射性能，强化了燃烧区域内的传热。燃烧放出的热量能够迅速传递给燃烧区域的多孔介质，多孔介质再通过辐射和本身的导热不断地向燃烧区域上游传递热量，加热新鲜燃气，避免燃烧区域内部出现局部高温，同时温度分布更加均匀；燃烧火焰下游的多孔介质通过本身的蓄热特性回收高温烟气热量，拓宽燃烧区域，延长反应时间，降低温度分布梯度，使温度分布均匀性增加（图10.44）。

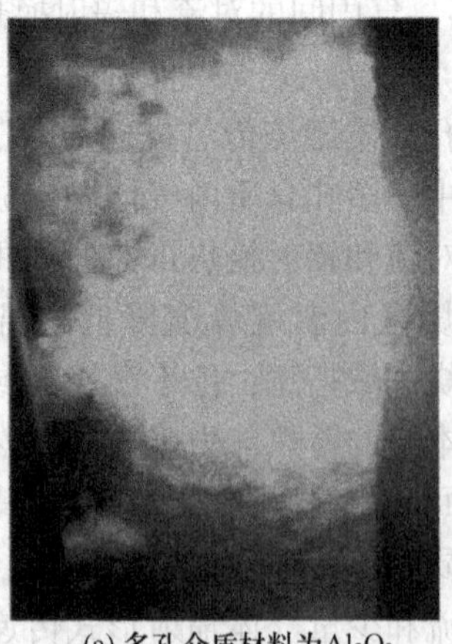

(a) 多孔介质材料为Al_2O_3

(b) 多孔介质材料为SiC

图 10.44 预混燃气在多孔介质中燃烧

10.6.2.3 燃烧效率高，污染物排放低

多孔介质燃烧过程中，拓宽的燃烧反应区域延长了燃气流经燃烧区域的时间，燃气燃烧更加完全，CO 生成降低，燃烧效率提高。

同时，多孔介质利用自身良好的导热和辐射特性将燃烧区域中的热量迅速向周围传递，燃烧区域内的温度梯度减小，温度分布均匀，可避免产生高温区域，降低 NO_x 生成。实验结果表明，与自由空间燃烧相比，多孔介质燃烧热强度高（约 $40MW/m^3$），污染物排放低（如 CO：$<10mg/(kW \cdot h)$，NO_x：$<70mg/(kW \cdot h)$）。

10.6.2.4 拓宽贫燃极限，负荷调节比大

基于多孔介质燃烧区域宽、温度均匀、强度高、燃烧稳定的特性，预混气体燃料在多孔介质中燃烧的贫燃极限降低了。对于甲烷/空气预混气体燃料，多孔介质稳定燃烧极限可达当量比为 0.4，甚至 0.35。

多孔介质热容量比气体的热容量大数百倍到数千倍，热惰性强，即多孔介质中存储的热量可以缓冲系统热量的急剧变化。这样在燃烧过程中，燃气当量比和燃烧负荷变化对燃烧稳定性的影响会降低，燃烧负荷变化范围得到拓展，多孔介质燃烧稳定性提高。在多孔介质燃烧中，只要多孔介质的温度高于混合气的着火温度，只需改变混合气体的流量即可实现燃烧负荷的改变。传统自由空间燃烧技术的功率调节范围一般为（2~3）：1，而多孔介质燃烧的功率调节可以达到 20：1，功率密度甚至可以达到 $40MW/m^3$。

10.6.2.5 结构紧凑，设备体积小

一方面，流体流经多孔介质会产生强烈的湍流效应，加上多孔介质结构网格具有很大的比表面积，可强化气体燃料和多孔介质之间动量和能量交换，使燃烧区域中的传热传质过程得到增强；另一方面，多孔介质良好的导热性能和辐射能力进一步强化了燃烧区域的传热效应。两者共同作用，气体燃烧可在比自由火焰小得多的多孔介质空隙中完成。燃烧器体积显著减小，结构紧凑。在相同热负荷下，多孔介质燃烧器和热交换器体积可为传统的燃烧器和热交换器的 1/20。

10.6.3 多孔介质燃烧方式

根据多孔介质在燃烧过程中所起的作用，多孔介质燃烧可以分为多孔介质催化燃烧、可燃多孔介质燃烧、惰性多孔介质燃烧。多孔介质催化燃烧是指在燃烧过程中，多孔介质作为催化剂，或多孔介质表面附有催化剂的燃烧过程；可燃多孔介质燃烧是指燃烧过程中，多孔介质参与燃烧的燃烧过程，如吸烟燃烧、固定床料的燃烧等；惰性多孔介质燃烧是指燃烧过程中，多孔介质不参与燃烧化学反应，只是起到强化燃烧、传热、蓄热的作用。本书中介绍的多孔介质燃烧，主要是指惰性多孔介质燃烧。

10.6.3.1 多孔介质燃烧分类

（1）单向流动燃烧，往复流动燃烧。根据预混气体在燃烧器内的流动方向，多孔介质燃烧可分为单向流动燃烧和往复流动燃烧。单向流动燃烧是指在多孔介质燃烧过程中，燃烧器内混合气体流动方向始终从燃烧器进口进入，从燃烧器出口流出；往复流动燃烧是指在多孔介质燃烧过程中，燃烧器内气流流动方向发生周期性交替变化的燃烧。

（2）浸没燃烧，表面燃烧，层间燃烧。根据燃烧火焰在多孔介质中的位置，多孔介

质燃烧可以分为浸没燃烧、表面燃烧和层间燃烧。

浸没燃烧是指预混燃烧气体在相对较大的孔径内，在一定的燃烧负荷下，燃烧火焰能够稳定在多孔介质区域内部的燃烧（图10.45）。浸没燃烧的燃烧速率主要受多孔介质辐射作用影响，多孔介质导热作用影响相对较小。在燃烧区域内，多孔介质具有强烈的辐射和导热作用，浸没燃烧火焰燃烧速率增高，可达到绝热燃烧火焰速度的10倍左右。这样燃料供应与燃烧速率平衡比较困难，导致浸没燃烧火焰较难稳定在多孔介质内部区域的某一固定位置上，燃烧火焰容易向燃烧区上游或下游区域传播。火焰稳定性问题是多孔介质浸没燃烧技术应用中存在的主要问题。

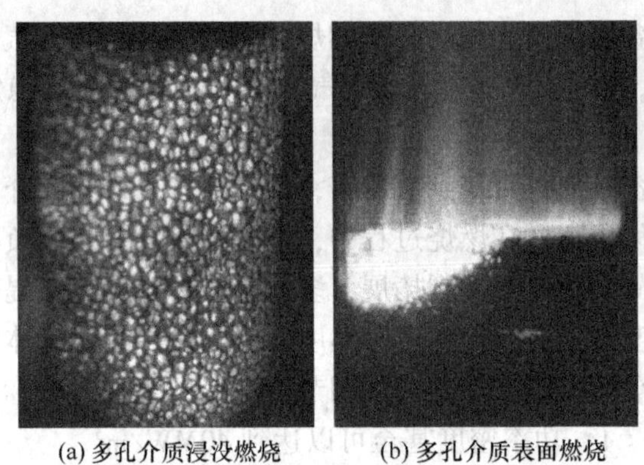

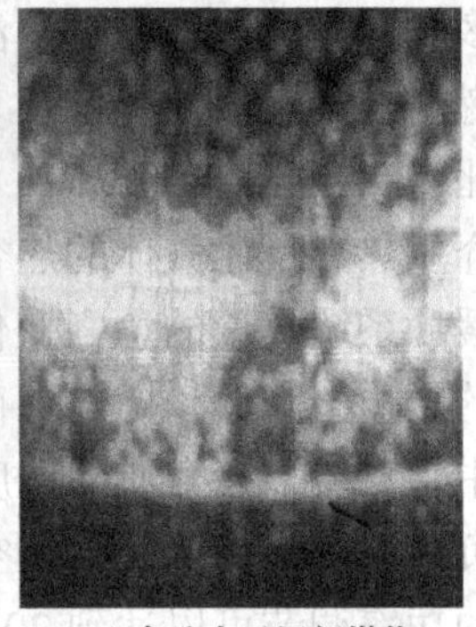

(a) 多孔介质浸没燃烧　(b) 多孔介质表面燃烧　(c) 多孔介质层间燃烧

图10.45　多孔介质燃烧方式

表面燃烧是在多孔介质燃烧过程中，在一定的燃烧速度范围内，燃烧火焰稳定在多孔介质外部的表面附近形成稳定的燃烧。表面燃烧时，燃烧区向上游传递热量的方式主要是以多孔介质的热传导为主，热辐射相对较小。与浸没燃烧火焰相比，在相同的工况条件下，表面燃烧火焰产生时，燃烧器内多孔介质孔径小于浸没燃烧火焰；表面燃烧的反应速度更加稳定，燃烧火焰相对稳定，但是辐射输出效率降低。多孔介质表面辐射燃烧同样具有低污染、高负荷变化调节比等优点，被广泛地应用于加热、烘干系统中。

层间燃烧是浸没燃烧的一种特殊情况。在多孔介质燃烧器内，填装两层（以上）不同孔径（孔隙率）的多孔介质，孔径相对较小的多孔介质作为扩散层，孔径相对较大的多孔介质作为火焰支持层。在不同条件下，燃烧火焰可能稳定在上游扩散层内和两层多孔介质交界面处，或交界面偏下游火焰支持层内，此种燃烧方式称为层间燃烧。若燃烧器内只有两层不同孔径的多孔介质，又可称为两层燃烧；若其中一层厚度较小，且靠近燃烧器出口位置，此时层间燃烧火焰同时具备浸没火焰燃烧和表面火焰燃烧的特性。研究表明，层间燃烧技术对火焰稳定具有一定的优势，被迅速地应用到燃烧、加热、干燥等领域中。

（3）稳态燃烧，准稳态燃烧，非稳态燃烧。根据燃烧状态是否稳定，多孔介质燃烧可分为稳态燃烧、准稳态燃烧和非稳态燃烧。

稳态燃烧是指多孔介质燃烧过程中，在一定预混燃气参数和外界边界条件下，燃烧反应区稳定在多孔介质内或者多孔介质表面，产生稳定的燃烧火焰，形成多孔介质稳态燃烧。如果在燃烧器内存在热力不平衡，燃烧反应区会以稳定的或非稳定的燃烧波方式向燃烧区气流的上游或者下游区域传播，产生火焰移动，形成准稳态和非稳态燃烧。如果燃烧火焰始终在多孔介质一定区域内传播移动，称为准稳态燃烧；如燃烧火焰经过足够长的时间最终传播到多孔介质区域之外，产生自由空间燃烧或者熄火，称为非稳态燃烧。通常，多孔介质内的预混燃烧一般是指稳态火焰燃烧。

多孔介质内的准稳态燃烧和非稳态燃烧也称为过滤燃烧。按照燃烧过程中相间相互作用的特点和燃烧波传播速度的区段，过滤燃烧还可以分为低速、高速、音速、低速爆炸、爆震波过滤燃烧等燃烧方式。

对多孔介质预混燃烧，人们关注较多的是稳态燃烧和过滤燃烧的超绝热燃烧。实际过程中，多孔介质预混燃烧可以是各种方式的组合。

10.6.3.2 单向流动燃烧

单向流动多孔介质燃烧器结构简单，主要由多孔介质燃烧换热器、供气系统、流量控制部分、温度检测部分等组成（图 10.46）。多孔介质燃烧换热器由多孔介质燃烧器和换热器构成，多孔介质燃烧器由燃气预混室和多孔介质燃烧室构成（图 10.47）。供气系统包括燃气供气、空气供气和预混室。流量控制主要是调节控制燃气和空气流量。

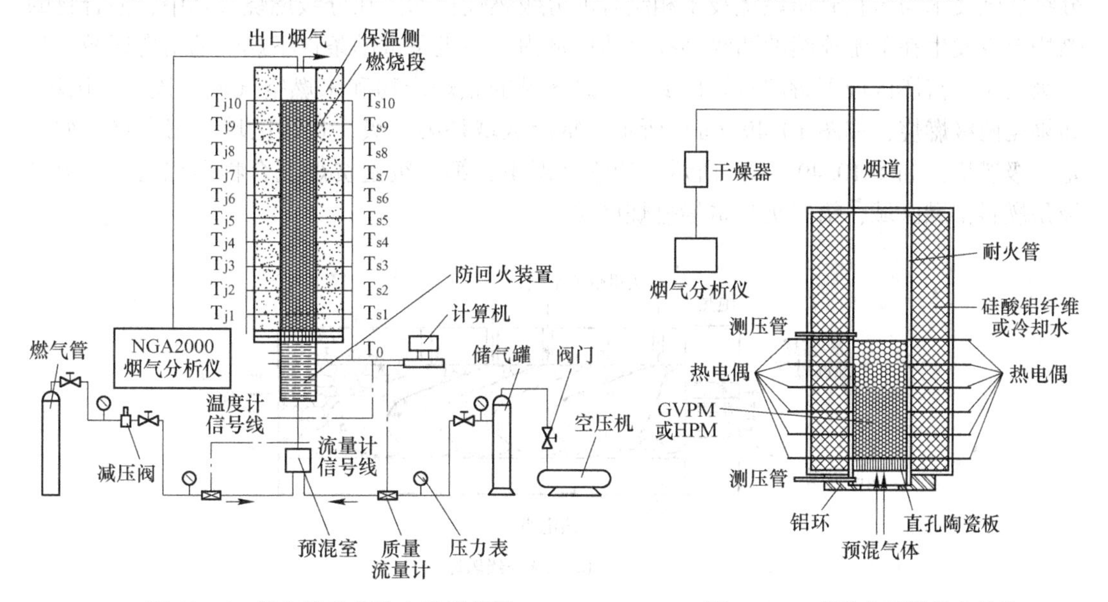

图 10.46 单向流动多孔介质燃烧器

图 10.47 多孔介质燃烧室结构

单向流动多孔介质燃烧时，新鲜气体燃料和空气在燃气预混室内混合后，进入多孔介质燃烧器燃烧，燃烧产生的高温烟气经过下游多孔介质和换热器吸收热量成为低温烟气，排出系统。

单向流动燃烧结构简单、设备体积小、操作控制简捷、维护方便。

根据预混气体在多孔介质燃烧器内的流动过程，单向流动燃烧主要有以下两种类型。

A 直线型

直线型燃烧方式（分级注入燃烧空气方式）是多孔介质预混燃烧中最简捷的燃烧方式。1913 年，C. E. Luke 利用颗粒堆积床研究单向流动的表面燃烧装置，指出该燃烧装置与本生燃烧器相比可提高燃料利用率 35%～45%。该燃烧方式流程如图 10.48 所示，新鲜预混燃气进入多孔介质燃烧区域上游，经过多孔介质预热后，进入燃烧区进行燃烧放热反应，产生的燃烧产物经下游多孔介质蓄热后排出燃烧器。整个燃烧过程中，预混燃气的进口和燃烧产物的出口不变，燃烧器内流体流动方向不变。

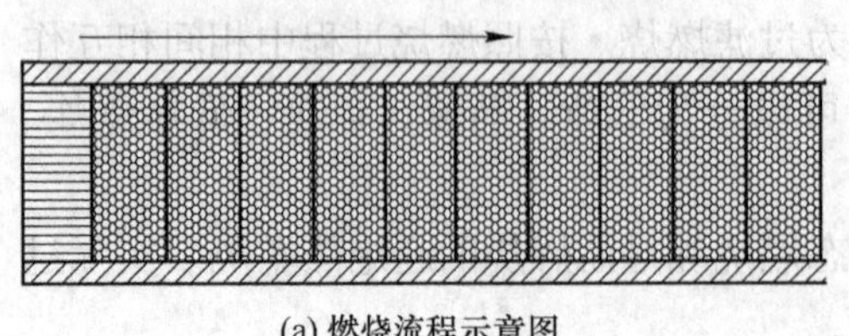

(a) 燃烧流程示意图

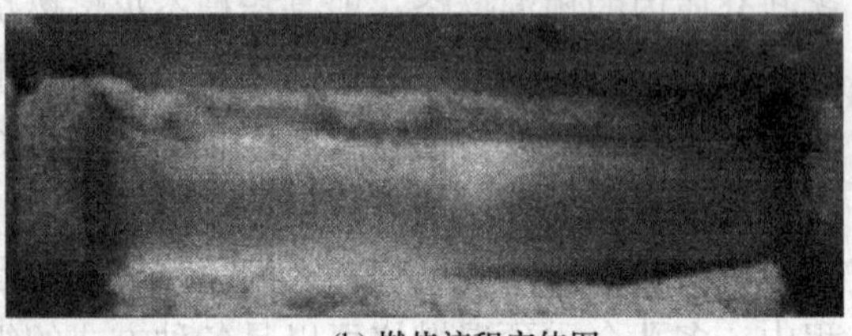

(b) 燃烧流程实体图

图 10.48 直线型多孔介质燃烧方式

燃烧器结构简单、设备体积小、操作控制方便、布置安装灵活，适应于受限条件下的燃烧过程，但是燃烧火焰容易发生传播，不易稳定。

为进一步提高燃烧效率，降低 NO_x 排放，在直线型单向流动燃烧过程中，可采用将分级燃烧技术与多孔介质燃烧技术相结合的分级燃烧技术。在分级燃烧过程中，混合物的燃烧至少发生在下游连续的两级多孔介质区域内，一级是富燃条件下燃烧的富燃区域，另一级是位于富燃区域下游的贫燃区域，富燃区域的燃烧产物和未燃空气流入该贫燃区域。如果是两级燃烧，如图 10.49（a）所示，富燃区域是第一级，贫燃区域是第二级；如果是三级燃烧，如图 10.49（b）所示，通常情况下，第一级是贫燃混合物燃烧区域，第二级是燃料富燃区域，第三级是贫燃燃烧区域。

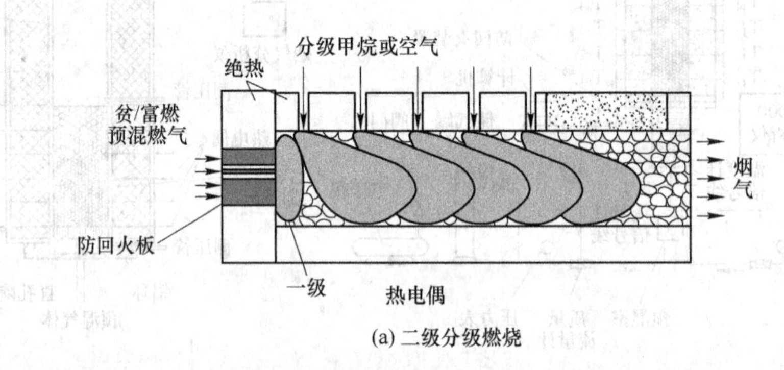

(a) 二级分级燃烧

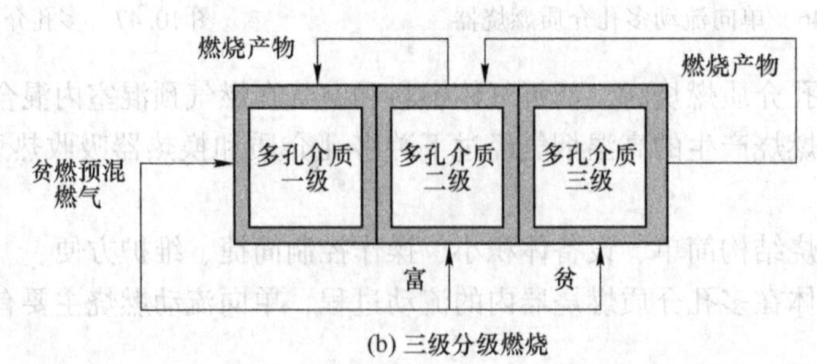

(b) 三级分级燃烧

图 10.49 分级送风多孔介质燃烧室

采用多孔介质分级燃烧方式，调整预混气流流动条件和各单级当量比，能够改善燃烧器内的温度分布，提高燃烧效率和辐射输出量，降低 CO 和 NO_x 排放水平。研究表明，在总当量比相同的情况下，多孔介质分级燃烧 NO_x 排放比单级燃烧器低，有时甚至可低 30%~40%，CO 依然能够控制在较低水平，燃烧器功率调节范围增大，在高一次风比下，燃烧更容易稳定。不过，相对于一级预混燃烧，多孔介质多级燃烧使燃烧器结构设计变得相对复杂。

B 双螺旋线型

双螺旋线型燃烧方式又称环形燃烧，构成的燃烧器称为 Swissroll（瑞士卷）燃烧器。双螺旋线结构的 Swisroll 燃烧器主要针对低热值燃料燃烧提出。该燃烧器结构如图 10.50 所示，预混燃气从燃烧器的外围开始，由外向里逐层环绕燃烧器进入中心区域的多孔介质，并在多孔介质区域内进行燃烧反应，燃烧产物从中心区域的多孔介质另一端排出，然后同样是由里向外逐层环绕燃烧器，将燃烧产物排出。整个燃烧过程中，预混燃气的进口和燃烧产物的出口不变，燃烧器内流体流动方向不变。

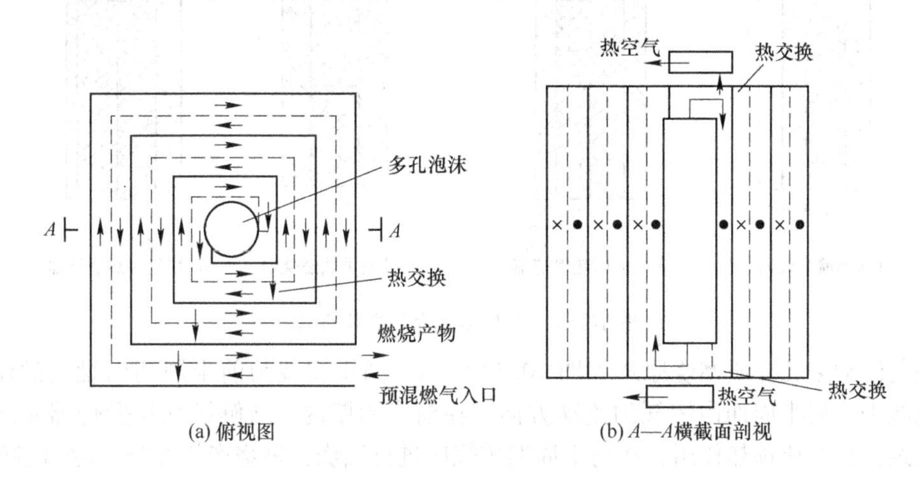

图 10.50 双螺旋线型多孔介质燃烧

这种燃烧方式无须复杂的换向控制机构，燃烧产物排出流道与预混燃气流道逐层相隔，对应预混燃气逐层预热，这种双螺旋结构能够实现燃烧产物和新鲜燃气高效换热，实现烟气余热的高效回收。

在应用中，燃烧器中心区可设置高温换热装置。高温换热器吸收燃烧区热量，既避免直接采用水冷却带走过多热量，造成反应区域温度过分降低；又避免系统过热，可调节最高烧温度，获得高品位能量，通过自动控制实现反应区温度的稳定。此外，考虑中心区域两边的高温换热器长期在氧化环境和高温条件下工作，高温换热器可采用高热导率的耐热陶瓷表面材料制作，在满足热特性指标的同时，可提高系统的使用寿命。

10.6.3.3 往复流动燃烧

A 往复流动燃烧的提出

为进一步拓宽预混燃气的稳定贫燃极限，人们假想当燃烧后气体沿着多孔介质无限长流动，将燃烧放出的绝大部分热量存储于多孔介质内，以最大限度地减小热量损失，并可通过多孔介质的蓄热特性和传热作用（导热、对流、辐射）来进一步强化燃烧。但实际燃烧器内多孔介质不可能无限延长。如果将有限长度多孔介质与往复式换向流动相结合，以近似完成上述功能，实现预混气体周期性循环燃烧，就称为往复流动多孔介质燃烧。传统往复流动燃烧较早出现在化工催化反应领域中。瑞典 ADTEC 公司将往复换向流动与多孔介质预混燃烧技术相结合，研制出往复流动多孔介质燃烧器，并成功地应用在汽车喷漆车间排气中有机物的处理上。

白俄罗斯国家科学院 Luikov 传热与传质研究所的 K. V. Dobrego、N. N. Gnesdilov 与 I. M. Kozlov 等人结合传统逆流回热燃烧器与往复供热燃烧器优点，研制出了一种往复回热过滤燃烧器（图 10.51d），这种新型的燃烧器在提高系统燃烧稳定性、降低出口烟气的温度、降低 NO 排放、拓展燃烧极限方面比图 10.51（a）、（b）、（c）所示的其他三种形式燃烧器更优，此外，在处理有机废气中的有机挥发分（VOC）方面也有更加明显的优势。

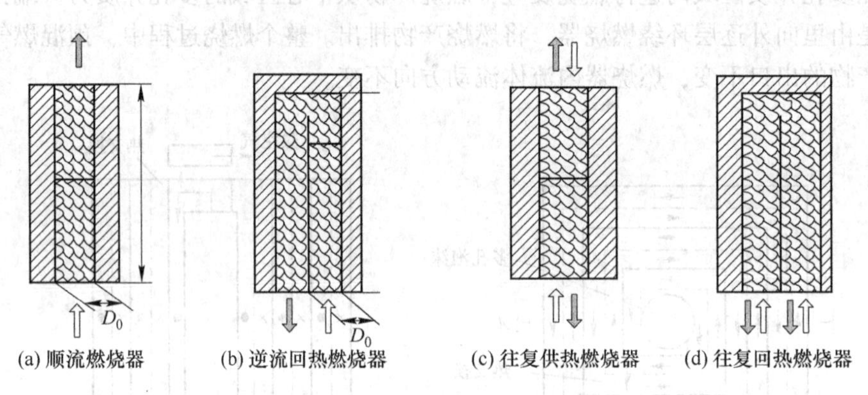

图 10.51 四种多孔介质燃烧方式

往复流动多孔介质燃烧原理如图 10.52 所示。图中实线为前半周期内燃气的流动方向，虚线表示后半周期内燃气的流动方向。在前半周期内，新鲜燃气从燃烧器左端进入后，经过多孔介质预热作用，在前半周期燃烧区进行燃烧，燃烧产物经过下游的多孔介质吸收热量后从燃烧器右端排出，直至前半周期结束；在后半周期内，气流流动方向换向，新鲜燃气从燃烧器右端进入后，经过多孔介质预热，在后半周期燃烧区进行燃烧，燃烧产物经过下游的多孔介质吸收热量后从燃烧器左端排出，直至后半周期结束。每经过半个周期，预混燃气进出燃烧室的方向就会互换，预热区和余热回收区同样互换。这样不停地周期交替互换燃烧，不仅可以充分回收烟气余热，而且可以最大限度地利用前半周期多孔介质存储的热量来预热新鲜燃气。因此，与单向流动多孔介质预混燃烧相比，往复流动多孔介质燃烧具有更好的预热效果，燃烧区域更宽，热利用效率更高，燃料贫燃极限进一步拓宽。

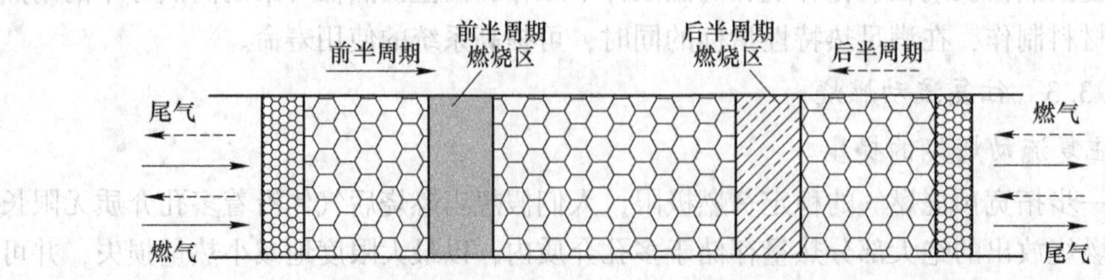

图 10.52 往复流动多孔介质燃烧的原理示意图

B 往复流动燃烧特点

往复流动多孔介质燃烧是多孔介质预混燃烧与往复换向流动相结合的新型燃烧方式。其与常规多孔介质燃烧相比，除具有一般单向流动多孔介质燃烧特点外，还具有以下三个优点：

（1）燃烧区域拓宽，温度分布均匀。预混燃气在周期性换向装置控制下，进行周期性换向流动燃烧，每经过半个周期，预混燃气在燃烧器内的流动方向互换，燃烧反应交替发生，在燃烧器内出现不同火焰反应区域，多孔介质预热区和余热回收区交替互换，最大限度地预热新鲜燃气，充分实现了烟气余热回收。燃烧反应区域显著拓宽，燃烧区域内温度分布更加均匀。

（2）相对消除火焰飘移。对单向流动的多孔介质燃烧，预混燃气在多孔介质燃烧时，不论气体燃料是富燃状态还是贫燃状态，很多情况下会存在燃烧火焰飘移现象，即燃烧波传播现象，呈现出非稳态燃烧。这种火焰燃烧波传播特性对于燃烧系统的稳定运行不利，限制了多孔介质燃烧技术的应用推广。

往复流动多孔介质燃烧过程中，预混燃气在多孔介质中燃烧时，虽然大多数情况下燃烧火焰飘移现象仍然存在，但是，由于换向半周期相对较小，燃烧波传播速度较小（0.1mm/s），燃烧火焰在还没来得及传播，或者传播较小距离的情况下，就进行了换向燃烧。因此，对于一定工况，燃烧火焰基本确定在特定位置附近，可认为相对消除了燃烧火焰飘移现象，成为了准稳态过滤燃烧。

（3）拓宽贫燃极限。往复流动多孔介质燃烧与单向流动多孔介质燃烧最大区别在于通过周期性换向流动，实现了多孔介质预热区和余热回收区交替互换，这样不仅充分利用了多孔介质自身组织热量回流的作用，而且不断吸收上个半周期下游多孔介质存储的烟气热量，因此，预混燃气的预热效果显著改善，进一步拓宽了预混燃气的贫燃极限。

C　往复流动燃烧系统

a　传统往复流动燃烧系统

传统往复流动多孔介质燃烧系统主要由多孔介质燃烧器、周期性换向控制系统、流量控制系统、供气系统和数据采集系统五部分组成（图10.53）。其中，数据采集系统主要

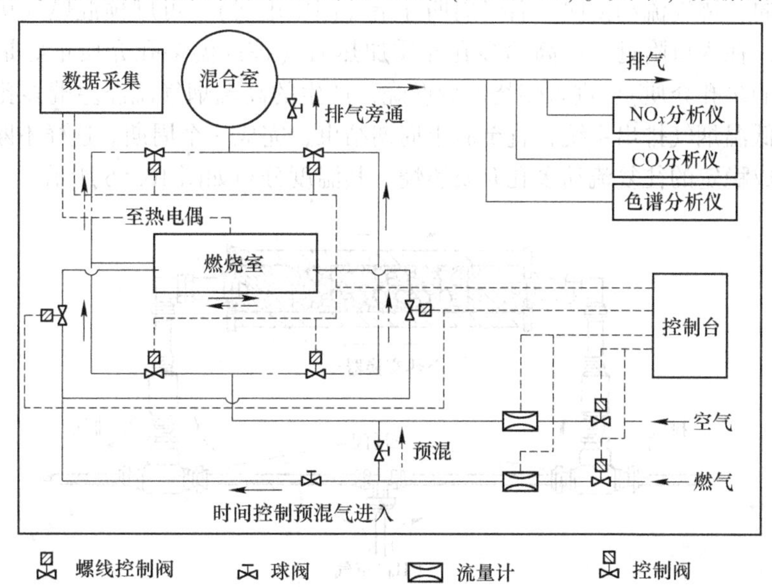

图10.53　传统往复流动多孔介质燃烧系统

包括燃烧器温度分布采集和燃烧产物的烟气成分分析采集；周期性换向系统主要由时间继电器和控制阀门组成；供气系统主要由燃气气体供气和空气供气系统组成。

多孔介质燃烧器主要由装满多孔介质的燃烧室和燃烧室两端的换热器组成（图 10.54a）；换热器也可以布置在多孔介质燃烧室的中心位置（图 10.54b）；此外，在往复流动多孔介质燃烧器内，可在多孔介质中心区域布置或者留出一段空隙结构，以限制燃烧火始终在多孔介质燃烧器内的传播，增大往复流动多孔介质燃烧系统的燃烧负荷变化范围（图 10.54c）。

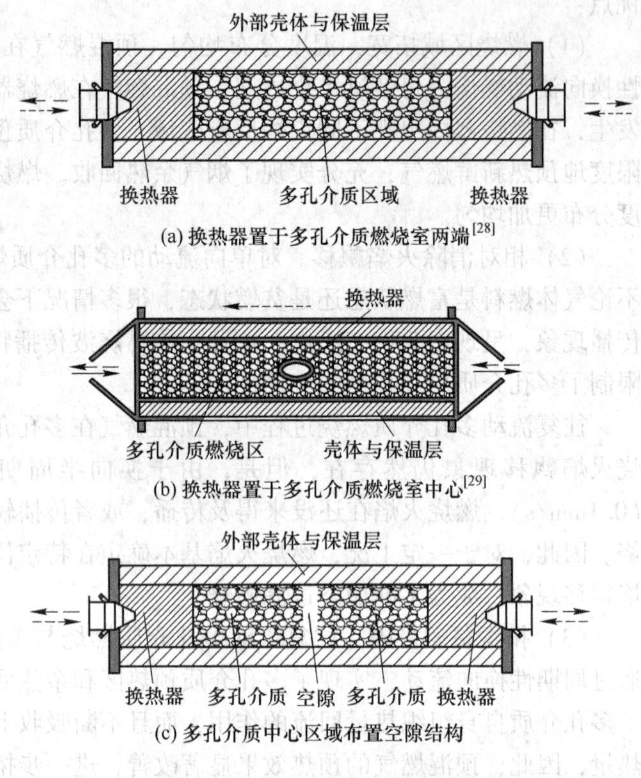

图 10.54 往复流动多孔介质燃烧器结构

传统往复流动多孔介质燃烧流程如图 10.55 所示。在前半周期内（图中实线），可燃预混燃气经开启的控制阀，从左端进入多孔介质区进行燃烧，燃烧产生的高温烟气在流经右端多孔介质区域放热后，成为低温烟气，从右端排出系统，直至前半周期结束；随后，换向控制系统进行换向，燃气流动换向，后半周期开始（图中虚线），可燃预混燃气从右端进入多孔介质区域，在入口附近。被高温多孔介质加热后（该高温多孔介质正好是前半周期高温烟气加热的多孔介质），进入燃烧区域燃烧，产生的高温烟气流经左端多孔介质区域放热后，成为低温烟气排出系统，直至后半周期结束，完成一个周期。这样不断地周期性换向运行，形成稳定的往复流动多孔介质燃烧。其温度分布如图 10.56 所示。

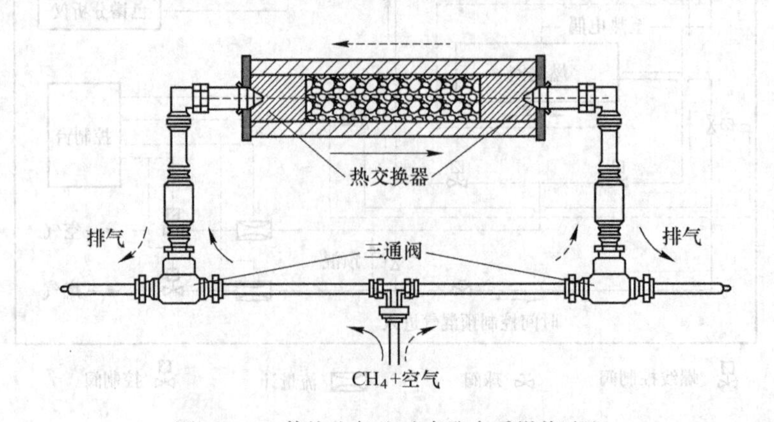

图 10.55 传统往复流动多孔介质燃烧流程

传统往复流动多孔介质燃烧系统存在的不足之处主要表现在：

（1）系统在进行周期性切换瞬间，燃烧器内流体流动方向改变，刚进入燃烧器的燃气尚未燃烧或者未充分燃烧就被排出，在换向管路和燃烧室入口之间的燃气被当作废气直接排出，造成浪费，甚至产生污染。换向半周期越小，系统切换频率越大，直接被排出的混合燃气量越多；燃烧器负荷越大，管径相对增加，驻留在换向管道内的预混燃气越多，直接被排掉的燃气量也越大。

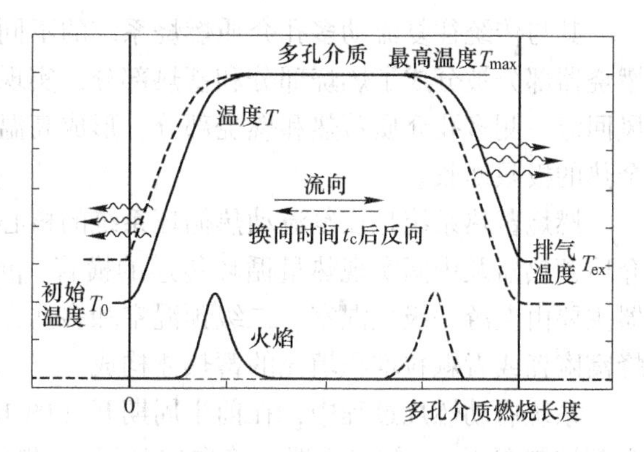

图 10.56 传统往复流动多孔介质燃烧温度分布

（2）在换向瞬间，新鲜燃气开始逆向进入燃烧器内，在被多孔介质加热的过程中，同时与该区域内的烟气混合，使燃气浓度降低，这在一定条件下对燃烧器稳定性能造成影响，在燃烧极低热值燃气时尤为突出。

（3）多孔介质燃烧蓄热一体，特点不分明。如系统燃烧区域采用多孔介质泡沫陶瓷，孔隙率较高，燃烧效果较好，但蓄热能力相对低；若燃烧区采用蓄热小球，蓄热能力较高但孔隙率较低，不利于燃烧。

b 往复热循环多孔介质燃烧

针对传统往复流动多孔介质燃烧上述不足之处，浙江大学将多孔介质燃烧技术与HTAC中的多孔介质蓄热技术相结合，对传统往复流动多孔介质燃烧进行了改进，提出往复热循环（渐变）多孔介质燃烧概念与技术。图 10.57 所示为往复热循环多孔介质燃烧系统示意图。

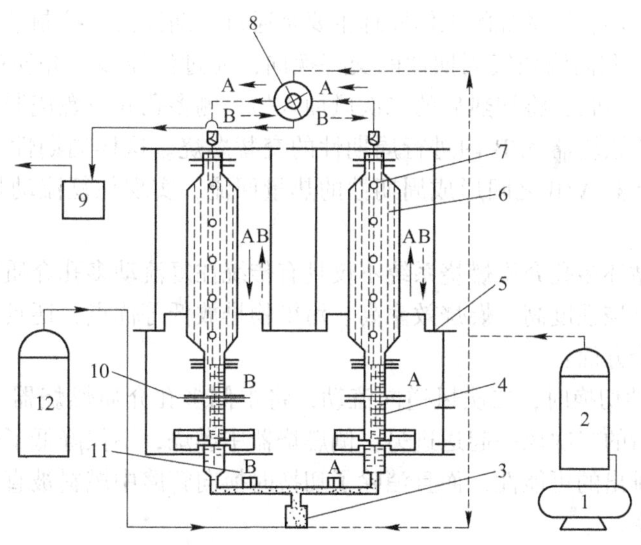

图 10.57 往复式热循环多孔介质燃烧系统

1—空压机；2—空气罐；3—一级燃气预混室；4—多孔介质燃烧器；5—保温层外壳；6—多孔介质蓄热器；7—温度侧孔；8—换向控制阀；9—燃气储罐；10—电点火器；11—电磁控制阀；12—天然气储罐

其与传统往复流动多孔介质燃烧系统的不同主要在于在往复热循环多孔介质系统中，燃烧器部分被分成了燃烧部分和蓄热部分，实现燃烧和蓄热功能的结合。同时，利用二次风回流一侧多孔介质蓄热和燃烧部分，形成高温空气助燃另一侧多孔介质燃烧，实现烟气余热的极限回收。

燃烧蓄热系统是往复流动热循环系统的核心，主要由一对多孔介质燃烧器、一对多孔介质蓄热器及中间实现热量循环传递的横管（或高温空气分流器）组成。多孔介质燃烧器主要由上游一级预混室、二级预混室和多孔介质燃烧室组成。多孔介质蓄热器主要是由蜂窝陶瓷或者颗粒堆积填充的蓄热体构成。

系统启动燃烧过程中，在前半周期开（图 10.57 中实线），周期性换向控制系统启动底部控制阀 A、A 侧点火器、换向控制阀 8，燃烧空气经过储气稳压罐后分两路进入系统，一次风和天然气从底部进入一级预混室 3 混合后，经底部控制阀 A 到达二级预混室进一步混合，进入多孔介质燃烧器 A 后，由点火器 A 点火燃烧；同时，二次风由系统顶部，经换向控制阀，进入多孔介质蓄热器和燃烧器 B 吸收热量被加热，成为高温空气后，沿中间横管进入多孔介质燃烧器 A 助燃，产生的高温烟气经蓄热器 A 吸收热量降为低温烟气，通过换向控制阀排出系统，直至前半周期结束。

后半周期开始时（图 10.57 中虚线），周期性控制系统瞬时关闭底部控制阀 A、A 侧点火器，同时开启底部控制阀 B、B 侧点火器和切换换向控制阀，一次预混燃气由底部控制阀 B 进入二级预混室 B 进一步混合，之后进入多孔介质燃烧器 B，由点火器 B 点火燃烧；同时，二次风经换向阀进入多孔介质蓄热器和燃烧器 A，吸收热量被加热后，沿中间横管进入多孔介质燃烧器 B 助燃，产生的高温烟气经蓄热器 B 吸收热量后成为低温烟气，由换向控制阀排出，直到前半周期重新开始，形成一个完整周期。

连续运行一定的周期后，燃烧器内温度高于燃料自燃温度时，关闭两侧点火器，系统自动换向后自动着火燃烧，实现系统的周期性稳定运行。

往复流动热循环燃烧系统的工作原理主要是通过周期性换向控制系统，利用二次风常温空气（二次风）和高温烟气周期性的交替换向，通过流经多孔介质的高效蓄热体，实现烟气余热的极限回收，将加热后的二次风加入另一侧多孔介质燃烧器中进行助燃，使气体燃料在多孔介质燃烧器 A/B 内进行周期性的交替燃烧。这样周期性交替循环流动，在两侧多孔介质燃烧器 A/B 之间形成周期性的热量回流，实现往复流动热循环燃烧系统稳定运行。

往复流动热循环多孔介质燃烧系统不仅具有传统往复流动多孔介质燃烧的优越性，如燃烧稳定性强、燃烧强度高、燃烧效率高、污染物排放低等优点，还具有独特的优点，主要表现在以下几个方面：

（1）在周期性切换时，二次风逆向流动，将本侧多孔介质燃烧器内尚未完全燃烧的气体燃料与加热后的二次风一起送进另一侧燃烧器中燃烧，不仅降低了燃烧器内尚未完全燃烧燃料被直接排出的可能性，而且消除了切换时换向管路中燃料被直接排出，提高了系统性能和燃烧效率。

（2）二次风和高温烟气周期性交替流经多孔介质燃烧器和多孔介质蓄热器，使多孔介质燃烧器内温度水平较易得到控制，避免出现燃烧器内温度水平超出多孔介质材料最高使用温度的现象，有利于系统安全运行，延长多孔介质材料使用期限。

(3) 二次风周期性交替流经多孔介质燃烧器和多孔介质蓄热器过程中，在吸收热量成为高温空气后，经过中间横管，流入多孔介质燃烧室中助燃。在中间横管内的始终充满高温空气，在两多孔介质燃烧器之间来回流动，形成了周期性的热量循环，使多孔介质燃烧室处于“超焓”燃烧状态。

(4) 燃烧区内采用较高孔隙率的多孔介质，蓄热区内采用相对较低孔隙率的多孔介质高效蓄热体，实现了燃烧区和蓄热区分离，避免了燃烧器由于孔隙率较高蓄热能力低下的弊端，优化了系统结构组合。

根据往复流动热循环多孔介质燃烧系统的结构对称性和气体流动方向的周期互换性，可在系统中间对称中心安装高温空气分流器，将加热后的二次风部分分流，一部分去另一侧燃烧器助燃，一部分从高温空气分流器中排出，成为高温空气，实现连续产生高温空气，使该系统成为一种高效低污染、体积小型化多孔介质高温空气发生系统，如图 10.58 所示。

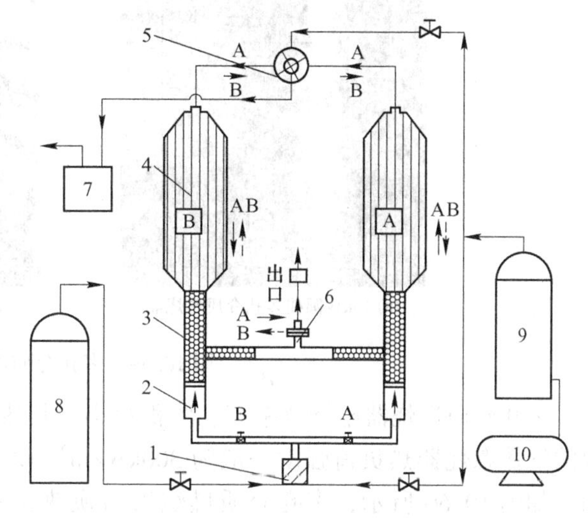

图 10.58 往复式热循环多孔介质

1——级预混室；2—二级预混室；3—多孔介质燃烧器；4—多孔介质蓄热器；5—四通换向阀；6—高温空气分流器；7—烟气分析仪；8—燃气储罐；9—空气储罐；10—空气压缩机

10.6.4 多孔介质燃烧应用

惰性多孔介质燃烧技术与传统燃烧技术相比具有燃烧速率高、稳定性好、负荷调节范围广、燃烧强度高、燃烧器体积小、污染物排放低、燃烧极限宽等优点，据此技术设计出来的多孔介质燃烧器有功率范围可调、高功率密度、极低的 CO 和 NO_x 排放量、安全稳定燃烧等优点。而且很重要的一点是，多孔介质燃烧器的结构紧凑，尺寸大为减小、占用空间小、制造成本低、系统效率较高、消除了额外能耗。在其他燃烧设备无法使用的条件下，多孔介质燃烧器显出独特优势。

如德国 Erlangen-Nurnberg 大学的 Trimis 等设计了两台换热器与燃烧器一体的多孔介质燃烧器样机（图 10.59），体积比已有的燃烧器和热交换器最大可减小 20 倍，而负荷调节范围分别可达 1∶10 和 1∶20，烟气温度可以降到低于水蒸气凝结温度，有效提高了系统热效率，而且污染物排放很低（在过量空气系数为 1.1~1.9 的范围内，CO 排放都小于 30mg/(kW·h)，NO_x 排放小于 50mg/(kW·h)，欧洲标准中规定 CO 排放限值为 50~100mg/(kW·h)，NO_x 排放限值为 60~200mg/(kW·h)）。燃烧器对燃料的适应性很强，当量比调节范围也很宽。

多孔介质燃烧器可应用于家用采暖系统、动力设备、汽车发动机和各种各样的工业用途。据国内外的文献报道，可以把惰性多孔介质燃烧技术的应用归于以下几个方面。

10.6.4.1 民用加热器

多孔介质燃烧器可以用于民用加热器与暖风机中。因为它的负荷调节比大，在大功率条件下启动可以减小污染物排放，温度正常时，可以方便地调小热负荷输出以减小能源消

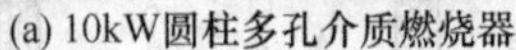
(a) 10kW圆柱多孔介质燃烧器

(b) 20kW平面多孔介质燃烧器

图 10.59　多孔介质燃烧器

耗。多孔介质燃烧器燃烧效率高、体积很小，其热负荷强度可以达到 3500kW/m^2，而常规的气体燃烧器热负荷强度一般为 300kW/m^2。采用该民用加热系统，可以大大节省空间。如图 10.60 所示，多孔介质燃烧器与换热器一体布置，仅占常规加热系统的一半空间。

为提高传热效率和多孔介质的安全性，还可采用在多孔介质燃烧换热器的多孔介质中内嵌换热面的方式（图 10.61）。

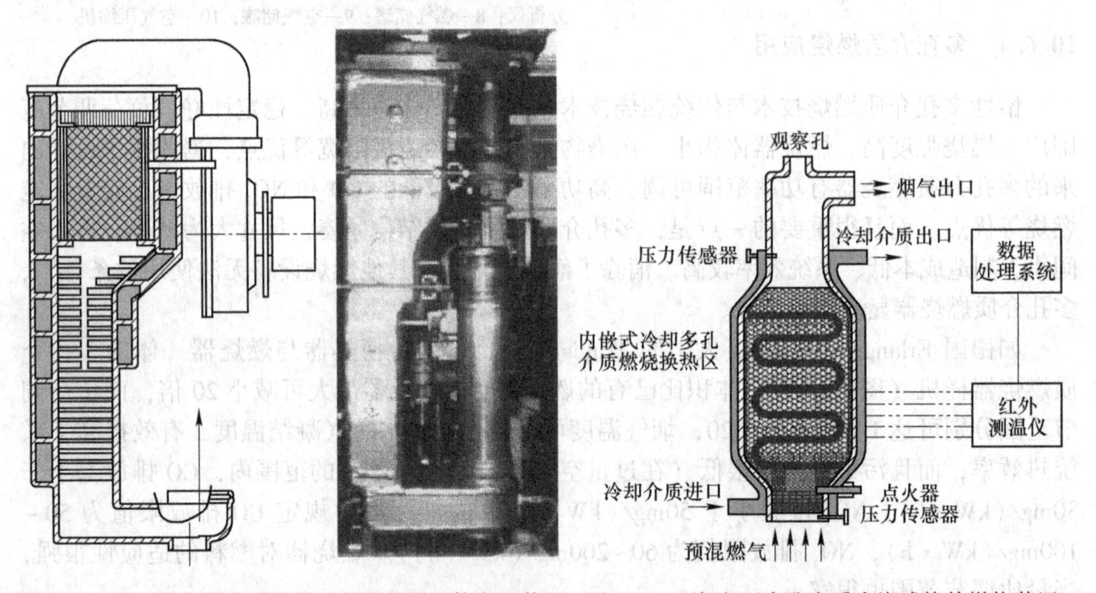

图 10.60　民用多孔介质燃烧器与换热器整体布置装置　图 10.61　渐变型多孔介质内嵌式换热燃烧装置

10.6.4.2　多孔介质燃烧器与预混式工业燃烧器的联合利用

常规预混式燃烧器的功率调节范围只有 1：2.5，当它们与环形多孔介质燃烧器联合使用时，这个联合的燃烧器系统功率调节范围可增大到 1：50，同时对有害气体的排放没有任何不良影响。如图 10.62 所示在传统的预混式燃烧器周围放一个环形多孔介质燃烧器，与多孔介质燃烧器联合使用，可以克服常规的预混式工业燃烧器功率调节范围小的缺点。

多孔介质燃烧器在燃烧煤油、庚烷、癸烷等液体燃料时，表现出很高的燃烧稳定性、功率调节范围和辐射输出能力。多孔介质燃烧器可以很方便地用于燃烧气体或液体的混合燃料，包括天然气、生物质气燃料油、菜籽油、发动机油等多种燃料。

10.6.4.3 干燥器的空气加热系统

在制造工业中经常要用到干燥器。一般在干燥过程中，干燥器将燃气燃烧器产生的烟气与冷空气适当比例混合调节到合适温度作为干燥介质。在许多干燥器中，混合气体的热量是直接传给被干燥物的。

当火焰是自由火焰、部分预混火焰或扩散火焰的时候，火焰长度往往在1~3m之间。这就需要大空间燃烧室，在实际应用中很不方便。多孔介质燃烧器燃烧长度可以仅为10cm，这样可用多孔介质燃烧器方便地实现体积小且结构紧凑的空气加热系统，并且还附带了一些其他的优点，如低污染物排放、大的功率调节范围等。可见多孔介质燃烧器在干燥领域具有很好的应用前景（图10.63）。

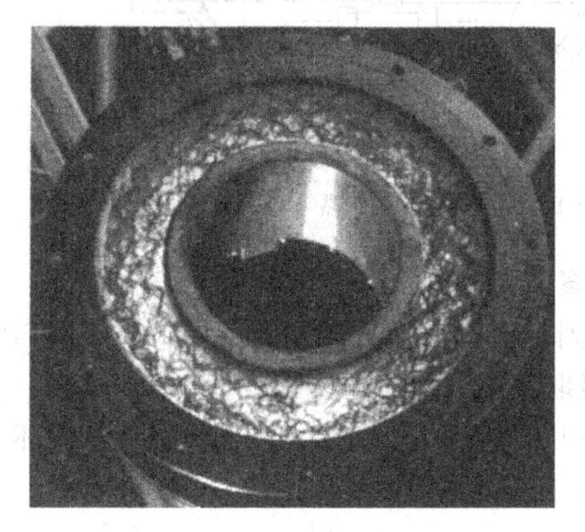

图10.62 与工业预混式燃烧器联合使用的多孔介质燃烧器

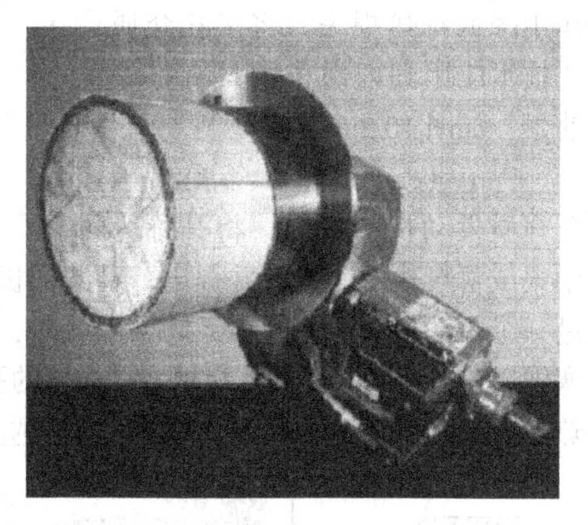

图10.63 空气加热系统用到的最大功率为25kW的多孔介质燃烧器

10.6.4.4 燃气轮机燃烧室

目前燃气轮机燃用预混燃气可以达到低NO_x与CO排放。但是，如果将它的功率降到额定功率的50%，燃气轮机里的燃烧过程将变得不稳定。在这种情况下，就需要切换为扩散燃烧方式，这样会产生NO_x和CO高排放；或者关闭部分燃烧器，这又会使燃气轮机叶片温度分布不均而减少使用寿命。应用多孔介质燃烧室可以克服这两种缺陷。不过，多孔介质燃烧器在燃气轮机高压条件下的燃烧特性还不是很清楚。为了研究高压下多孔介质中火焰的稳定性和绝热燃烧过程，Kesting和Trimis设计了一个高压（10bar，$1bar=10^5Pa$）多孔介质燃烧室（图10.64），并且通过测量温度和污染物排放分布，对不同多孔介质的情况进行了研究，发现将这种绝热燃烧室用于部分负荷下的燃气轮机或焚化炉很有潜力。

10.6.4.5 汽车的加热系统

未来交通工具的发展趋势是朝着舒适、长寿命、安全化的方向发展，特别是小轿车和大客车。因此，车上的新型加热系统变得越来越重要，预热器可防止车窗上结冰或结露，而且在启动时，对发动机进行预热，可以减小磨损，延长发动机寿命并降低启动时的尾气排放量。传统的加热器出现的问题是体积庞大且污染物排放高，而多孔介质燃烧器可以解决这些问题。图 10.65 所示为德国 Erlangen-Nurnberg 大学设计的基于多孔介质燃烧器的汽车加热系统。

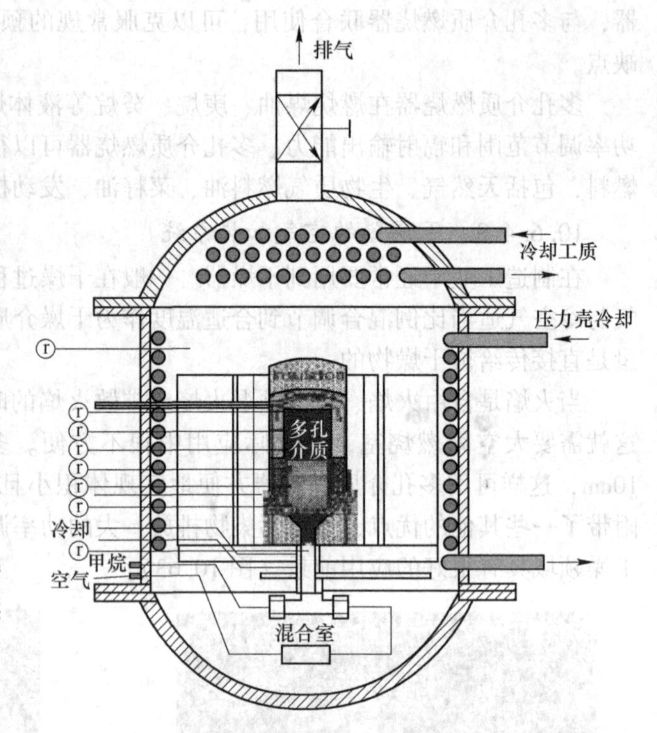

图 10.64　多孔介质燃气轮机燃烧室

10.6.4.6　超绝热燃烧发动机、内燃机

多孔介质既有利于燃烧又可优化环境，采用多孔介质燃烧既可以实现低 NO_x 燃烧，又可以通过蓄热作用降低排热损失。将多孔介质燃烧技术应用到内燃机中具有很好的前景，如图 10.66 所示。

Ferrenberg 于 1990 年提出了多孔介质发动机的概念，将其称为再生式或蓄热式发动机，并提出一种柴油机改造方案：将多孔介质蓄热器置于汽缸顶部，通过一个驱动杆与活塞同步运动。吸气时，蓄热器固定在缸盖上，压缩行程中，蓄热器与活塞做反向运动，迫使气体穿越多孔介质的孔隙，吸取其中已积蓄的热量；喷油和燃烧后，蓄热器向上而活塞向下运动，高温燃气穿越多孔介质并将热量传给后者，从而完成一个循环。

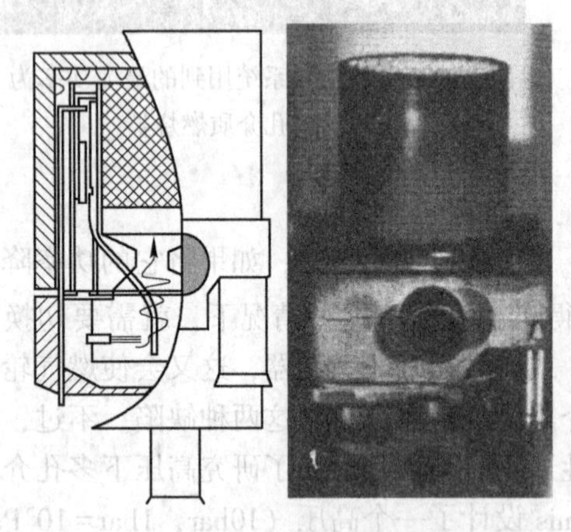

(a) 多孔介质燃烧器和换热器

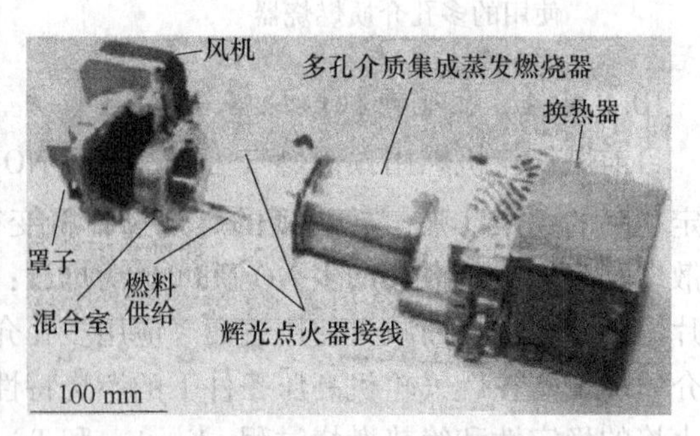

(b) 多孔介质燃烧器

图 10.65　基于多孔介质燃烧器的汽车加热系统

Hanamura 等人在超绝热燃烧方面做了许多开拓性的工作。他们在 1995 年就提出了超绝热发动机的概念，并试制出一台样机。其设计思想类似于斯特林发动机。它由两个活塞

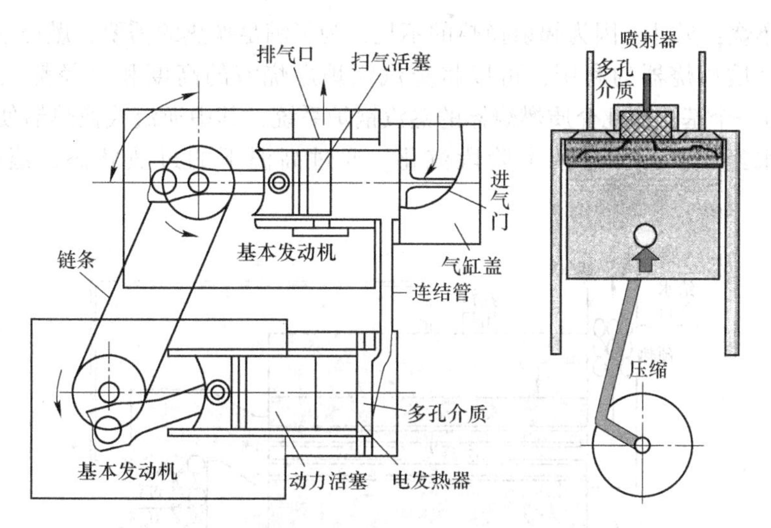

图 10.66 超绝热燃烧试验用内燃机

(动力活塞与扫气活塞) 和一个多孔介质蓄热器组成 (实际上两个活塞分别置于两个汽缸内通过联动机构实现同步运动)。蓄热器位于两个活塞顶之间且固定不动。计算表明，即使对压缩比仅为 2 的情况，其热效率仍然可达 26%，高于常规的 Otto 循环和 Diesel 循环。在此基础上，可以研制出低压缩比的环保性好的高效率新型内燃机。

Hanamura 等对多孔介质中超绝热燃烧的内燃机进行了理想循环的热力学考察，考虑到反应动力学的一维数值模拟结果表明，采用高辐射吸收系数的多孔介质材料，可以使燃烧室温度升高，有效扩大热机的可燃极限。

Durst 和 Teclast 也以实验室已经发展的民用或工业用多孔介质中稳态燃烧技术为基础，应用到非稳态过程，提出一种内燃机概念，并制出原理性样机。

多孔介质内燃机的出现，作为一种新型的内燃机形式，可能会引起内燃机工业的重要变革。

10.6.4.7 蒸汽发动机

为了提高燃料的利用效率，并且使交通工具变得高效、轻便和清洁，德国 IAV 公司的研究人员在 20 世纪 90 年代中期在原有蒸汽发动机的基础上，发展了新的低污染蒸汽发动机 (图 10.67)。这种发动机可以用在火车和大型的机车上，它采用多孔介质燃烧器作为燃烧系统，缩小了系统的体积，而且尾气中的污染物排放极小，NO_x 排放低于 10×10^{-6}，HC 和 CO 的排放更低，可以认为是一种零排放的发动机。

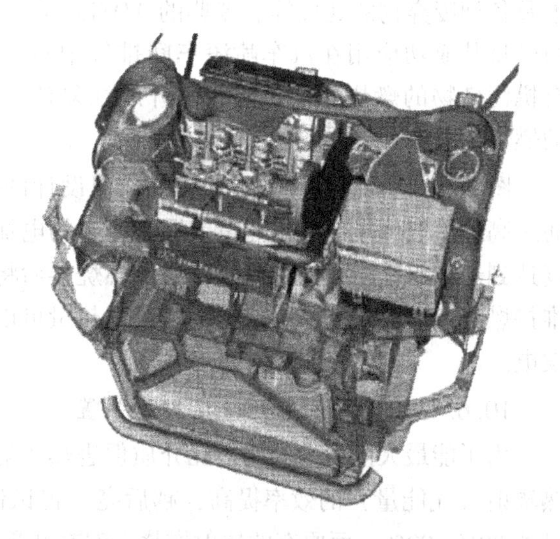
图 10.67 多孔介质零排放蒸汽发动机

10.6.4.8 蒸汽锅炉

为了使燃料完全燃烧，常规锅炉设备的设计尺寸都较大，因为常规燃烧器需要较长的火焰来完成燃烧；另外，因为辐射换热的不足，为了满足换热的需要，燃烧室的直径也要很大。多孔介质燃烧器的利用，可以将蒸汽锅炉燃烧室的高度和直径都大大减小。图10.68所示为一个基于多孔介质燃烧器的蒸汽锅炉系统，其中逆流式换热器使传热效率显著增大，给水经预热后，分两个阶段汽化。通过高温下的过热状态，蒸汽能被加热到400℃。

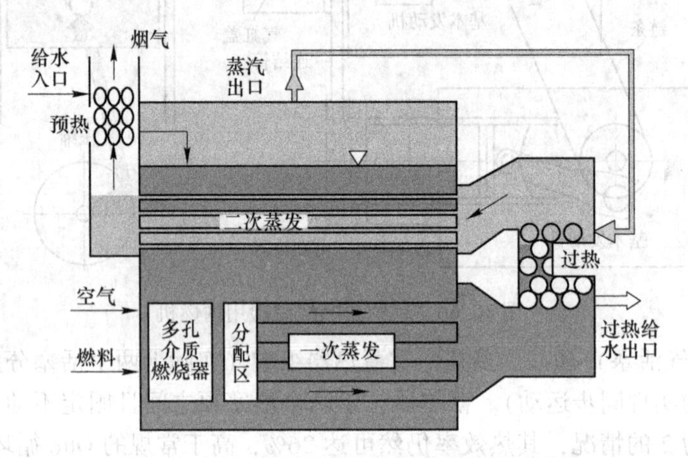

图10.68　采用多孔介质燃烧室的蒸汽锅炉系统

10.6.4.9　低热值气体燃烧装置

由于采用循环往复式燃烧方式的多孔介质燃烧器的火焰温度比自由空间中的普通火焰理论值高出13倍，可燃极限最小可达当量比为0.026，可以实现极稀薄混合气或超低热值的气体稳定燃烧，如用于矿山废气、有害垃圾及各种废弃物的处理等。瑞典的ADTEC公司已将其成功应用在汽车喷漆车间排气中对有机污染物的燃烧净化。他们设计的往复流动燃烧设备原理模式图如图10.69所示。

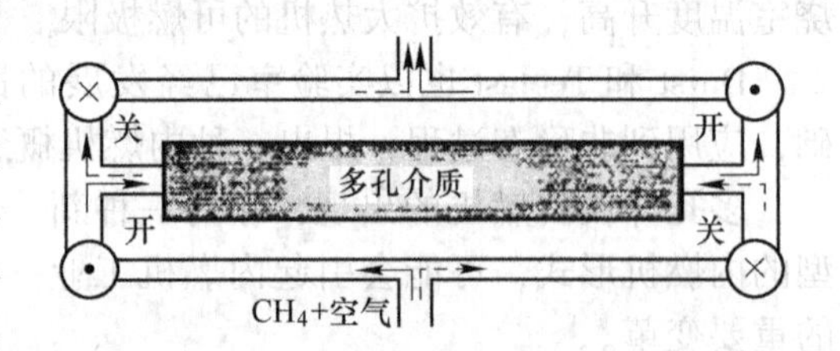

图10.69　往复流动燃烧设备的原理图

图10.70所示为瑞典MEGTEC公司设计的大型往复式蓄热燃烧器。该系统启动时，通过高热值气体燃烧放出热量或通过内置的电加热装置对系统进行加热，当燃烧器内的温度达到一定水平时，低热值气体通过燃烧器后将发生化学反应，化学反应放出的热量可以维持燃烧器内的温度。燃烧器中富余的热量可以用以产生热水，或者产生蒸汽推动汽轮机发电。

10.6.4.10　高效率光转换燃烧装置

为了能最大限度地利用多孔介质促进热辐射的功能，尽可能将燃料具有的能量转换为热辐射（光能量）的效率提高，越后亮三曾试制了一个多孔介质燃烧器，转换效率最高可达80%~90%，而原有的辐射燃烧器对热辐射的转换效率仅约30%。

如果能实现对光能量的高效率转换，就有可能在更广泛的领域为使用尖端技术提供新途径。如工业用的各种加热、干燥、照明装置等，还可根据光反应将其应用于生物技术或农业、高性能光发电等。

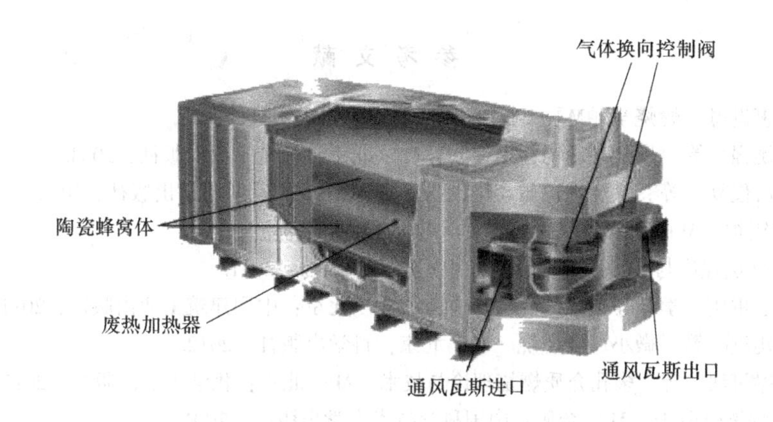

图 10.70 瑞典的 MEGTEC 公司的大型往复式蓄热燃烧器

10.6.4.11 多孔介质往复式燃烧热电管

基于多孔介质往复式燃烧的热电管（图 10.71）具有很高的效率，能够方便地将热能转化为电能，可以作为便携式电源运用于各种场合。Echigo 等提出了将 RSCP 直接与热电转换装置组合，提高热电转换效率，以最小的能量输入产生高温差和高温度梯度，这一点用热电材料组成的多孔介质就可以实现该设想。

10.6.4.12 其他用途

在环保和节水方面也会用到多孔介质燃烧技术，主要是利用多孔介质燃烧技术的高效、低污染和燃烧器体积小的特点。美国 Wilmington 公司的研究人员在半导体工业排放系统中也采用了多孔介质燃烧器，这种燃烧器体积很小、燃烧效率高、传热效果好，该装置如图 10.72 所示。

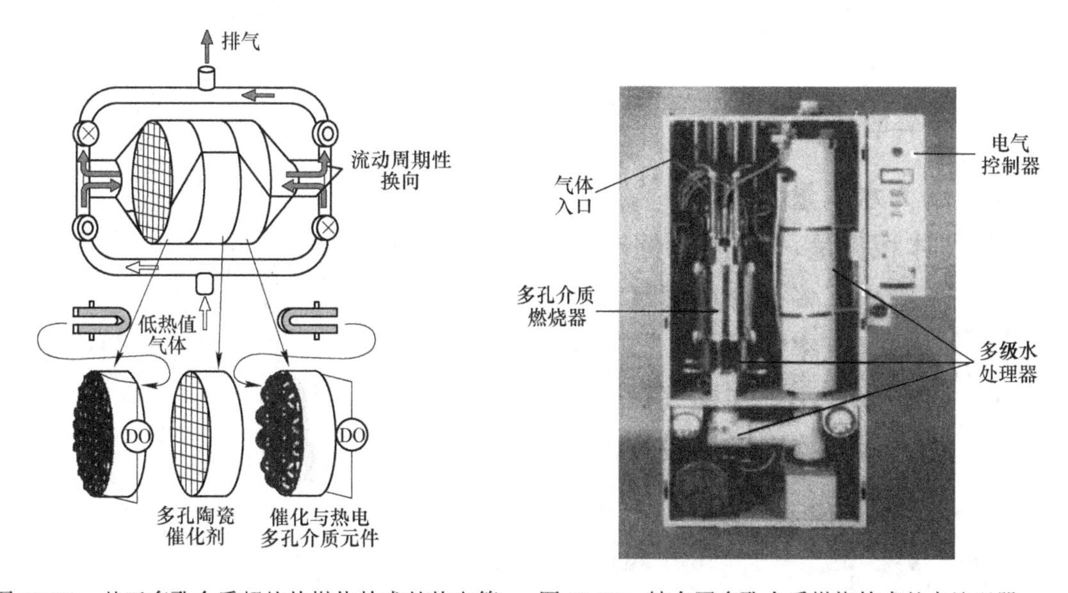

图 10.71 基于多孔介质超绝热燃烧技术的热电管　　图 10.72 结合了多孔介质燃烧技术的水处理器

参 考 文 献

[1] 徐通模，惠世恩．燃烧学［M］. 2版. 北京：机械工业出版社，2017.
[2] 岑可法，姚强，等．燃烧理论与污染控制［M］. 北京：机械工业出版社，2004.
[3] 徐旭常，吕俊复，等．燃烧理论与燃烧设备［M］. 2版. 北京：科学出版社，2012.
[4] 车得福．锅炉［M］. 西安：西安交通大学出版社，2012.
[5] 李永华．燃烧理论与技术［M］. 北京：中国电力出版社，2011.
[6] 同济大学，重庆大学，等．燃气燃烧与应用［M］. 北京：中国建筑工业出版社，2011.
[7] 范爱武，姚洪，等．微小尺度燃烧［M］. 北京：科学出版社，2012.
[8] 程乐鸣，岑可法，等．多孔介质燃烧理论与技术［M］. 北京：化学工业出版社，2012.
[9] 霍然．工程燃烧概论［M］. 合肥：中国科学技术大学出版社，2001.
[10] Stephen R. Turns. 燃烧学导论：概念与应用［M］. 3版. 北京：清华大学出版社，2015.

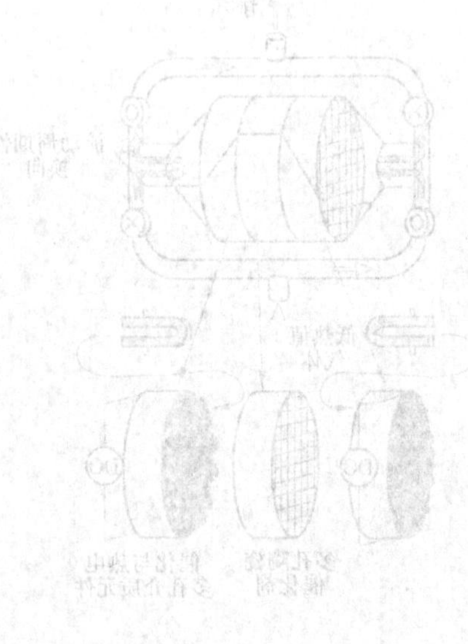

冶金工业出版社部分图书推荐

书　名	作　者	定价(元)
安全生产与环境保护（第2版）	张丽颖	39.00
安全学原理（第2版）	金龙哲	35.00
大气污染治理技术与设备	江　晶	40.00
典型砷污染地块修复治理技术及应用	吴文卫　毕廷涛　杨子轩　等	59.00
典型有毒有害气体净化技术	王　驰	78.00
防火防爆	张培红　尚融雪	39.00
防火防爆技术	杨峰峰　张巨峰	37.00
废旧锂离子电池再生利用新技术	董　鹏　孟　奇　张英杰	89.00
粉末冶金工艺及材料（第2版）	陈文革　王发展	55.00
钢铁厂实用安全技术	吕国成　包丽明	43.00
高温熔融金属遇水爆炸	王昌建　李满厚　沈致和　等	96.00
化工安全与实践	李立清　肖友军　李　敏	36.00
基于“4+1”安全管理组合的双重预防体系	朱生贵　李红军　薛岚华　等	46.00
金属功能材料	王新林	189.00
金属液态成形工艺设计	辛啟斌	36.00
矿山安全技术	张巨峰　杨峰峰	35.00
锂电池及其安全	王兵舰　张秀珍	88.00
锂离子电池高电压三元正极材料的合成与改性	王　丁	72.00
露天矿山和大型土石方工程安全手册	赵兴越	67.00
煤气作业安全技术实用教程	秦绪华　张秀华	39.00
钛粉末近净成形技术	路　新	96.00
羰基法精炼铁及安全环保	滕荣厚　赵宝生	56.00
铜尾矿再利用技术	张冬冬　宁平　瞿广飞	66.00
系统安全预测技术	胡南燕　叶义成　吴孟龙	38.00
选矿厂环境保护及安全工程	章晓林	50.00
冶金动力学	翟玉春	36.00
冶金工艺工程设计（第3版）	袁熙志　张国权	55.00
增材制造与航空应用	张嘉振	89.00
重金属污染土壤修复电化学技术	张英杰　董　鹏　李　彬	81.00